Original illisible

NF Z 43-120-10

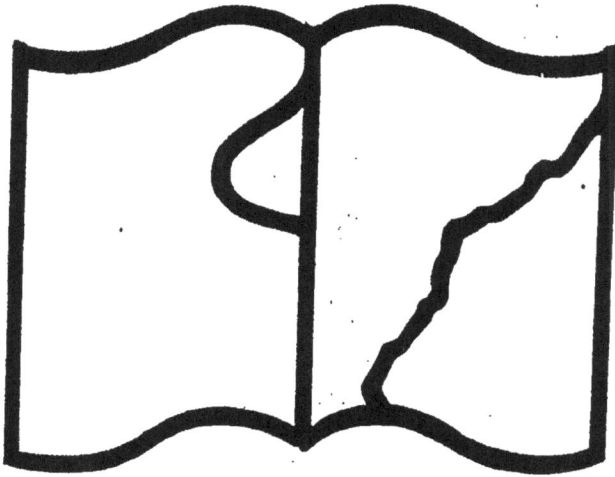

Texte détérioré — reliure défectueuse

NF Z 43-120-11

"VALABLE POUR TOUT OU PARTIE DU DOCUMENT REPRODUIT".

CONQUÊTES DE LA SCIENCE

—

L'ÉLECTRICITÉ

H. Thiriat sc.

Louis Figuier

LES NOUVELLES CONQUÊTES

DE

LA SCIENCE

PAR

LOUIS FIGUIER

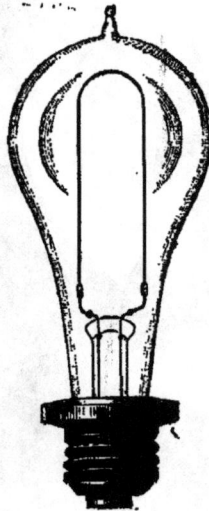

L'ÉLECTRICITÉ

VOLUME ILLUSTRÉ DE 215 GRAVURES ET PORTRAITS

D'APRÈS LES DESSINS DE

MM. J. FÉRAT, A. GILBERT, BROUX, etc.

———

PARIS

LIBRAIRIE ILLUSTRÉE	MARPON & FLAMMARION
7, RUE DU CROISSANT	RUE RACINE, 26

Droits de propriété et de traduction réservés

PRÉFACE

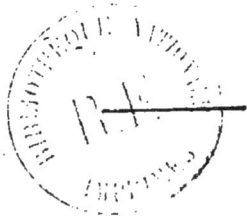

Rien ne donne l'idée de la rapidité avec laquelle se développent et se succèdent, de nos jours, les inventions scientifiques, comme la simple énumération des découvertes nouvelles qui ont apparu depuis l'année 1870 jusqu'au moment présent. Depuis que la physique a porté ses clartés dans cet ordre étrange et mystérieux de phénomènes qui se passent dans l'intimité des molécules des corps, — ce que l'ancienne physique avait entièrement méconnu, — depuis que la féconde théorie de l'unité des forces et de leur transformation mutuelle, c'est-à-dire la transformation du mouvement en chaleur, de la chaleur en électricité, de l'électricité en lumière, de la lumière en sonorité, a pris pied dans la pratique; enfin, depuis que l'art de l'ingénieur s'est enrichi, grâce à la machine à vapeur et à de nouveaux agencements mécaniques, de procédés rapides et précis, une foule d'inventions ou de travaux que l'on soupçonnait à peine il y a vingt ans, a surgi comme à l'envi. Le téléphone, — le microphone, — le phonographe, — l'éclairage par l'électricité, — le transport de la force à distance par le courant électrique, — les applications multipliées de la puissance de la vapeur, — les chemins de fer s'élevant le long des montagnes, — la base des Alpes plusieurs fois traversée de part en part, pour recevoir des voies ferrées dans ses profondeurs, — des canaux de grande navigation creusés à travers les isthmes, — le dessous de l'Océan labouré, pour opérer la jonction de la France et de l'Angleterre, — l'art de la guerre révolutionné par l'invention d'armes nouvelles et par les dimensions de plus en plus colossales données aux bouches à feu, — les torpilles appliquées à la guerre maritime et à la défense des côtes, etc.; — voilà, en quelques traits, ce qui a été créé, dans l'ordre des sciences appliquées, depuis l'année 1870 jusqu'aujourd'hui.

On se propose, dans cet ouvrage, d'exposer quelques-unes des nouvelles créations de la physique moléculaire, et de décrire les chefs-d'œuvre de l'art de l'ingénieur qui ont excité et excitent encore une admiration générale.

On remarquera peut-être que, dans le présent volume je me suis attaché à donner un certain développement à la partie anecdotique et littéraire des sujets que j'avais à traiter. Je ne voudrais pas qu'une critique discourtoise prétende que les lauriers de M. Jules Verne m'empêchent de dormir; mais je reconnais que l'œuvre de mon honorable confrère a un peu déteint sur ma propre manière, et que, plus qu'autrefois, j'ai cédé au désir de tenir en haleine la curiosité du lecteur par l'imprévu et la variété de la narration, par la forme romanesque du récit, quand le sujet le permettait. J'ai tenté, en un mot, d'allier une œuvre littéraire à un exposé scientifique. Si l'alliage est incohérent et sonne faux, que l'on pardonne à l'auteur, en faveur de l'intention, qui était bonne en soi, car il s'agissait de conquérir de nouveaux prosélytes à la science et à ses doctrines.

On ne doit pas s'attendre à trouver ici l'étude complète des inventions et découvertes qui ont vu le jour depuis 1870. Je ne traiterai que celles pour lesquelles je possède des renseignements et documents assez nombreux. Quant à vouloir étudier et décrire, avec quelque développement historique et technique, toutes les manifestations récentes du génie des savants des deux mondes, il y aurait folie à le tenter.

Assis sur un rivage de l'Océan, un enfant s'amusait, du creux de ses petites mains roses et blanches, à remplir d'eau une coquille, placée devant lui :

« Que fais-tu là, mon petit ami? lui dit un passant.

— Je veux mettre dans ma coquille, dit le présomptueux bambin, toute l'eau de la grande mer. »

Moi aussi, je remplis ma coquille; mais je sais bien qu'elle ne tient pas toute l'eau de l'Océan.

LES NOUVELLES CONQUÊTES

DE LA SCIENCE

LES APPLICATIONS NOUVELLES

DE

L'ÉLECTRICITÉ

Bon lecteur, en ouvrant ce volume, consacré, comme son nom l'indique, à exposer les nouvelles conquêtes de la science dans le domaine de l'électricité, tu t'attends sans doute à trouver, à cette première page, une explication doctorale de tout ce qui concerne les propriétés générales de l'agent mystérieux que l'on nommait autrefois le *fluide électrique*, et que l'on ne sait guère comment appeler aujourd'hui, le mot de *fluide* étant généralement honni et conspué, sans que l'on ait encore rien trouvé à mettre à sa place. Ami, rassure-toi. A notre première entrevue, je ne t'infligerai pas une leçon de physique. Pour l'étude générale de l'électricité, je m'en réfère, et crois devoir te renvoyer, aux ouvrages de nos maîtres qui ont approfondi ce sujet : aux excellents *Traités de physique* de M. Jamin, de M. Daguin (de Toulouse), de M. Desains, de Pouillet, ainsi qu'aux nombreuses publications spéciales du comte Th. du Moncel (de l'Institut), qui a tant fait pour répandre dans le public savant la connaissance des phénomènes électriques.

D'ailleurs, si nous rencontrons quelque question d'un ordre un peu compliqué, je m'efforcerai de l'élucider de mon mieux, et à la satisfaction de tous.

Pour comprendre, par exemple, le fait général qui sert de base à *l'éclairage électrique*, il suffit de se rappeler une expérience que tout le monde a vu faire dans les cours de physique des lycées ou des Facultés, ainsi que dans les conférences de science populaire ; et cette expérience, la voici :

Quand on réunit, bout à bout, les deux fils dont les extrémités constituent les pôles opposés d'une pile voltaïque, et que l'on établit ainsi (ou que l'on *ferme*, selon l'expression consacrée) le courant, rien de particulier ne s'observe si le fil qui réunit les deux pôles est suffisamment gros, ou s'il est formé d'une substance très conductrice. Mais si ce fil est mince, s'il n'est pas très bon conducteur, et qu'il oppose, dès lors, une grande résistance au passage du courant, l'électricité s'accumulant en masse sur ce point, et se trouvant gênée dans son libre écoulement, se resserre, se condense, et l'on voit alors le fil rougir, devenir incandescent, répandre de la lumière. Si l'on écarte légèrement l'un de l'autre les deux fils conducteurs entre lesquels s'établit et se continue le courant, on voit une étincelle, ou un petit arc lumineux, jaillir entre les deux conducteurs disjoints, et constituer un sillon étincelant de lumière.

Dans cette expérience de la lumière se produit, et cette lumière est provoquée par un courant électrique. Il y a donc, ici, électricité et éclairage : il y a *éclairage électrique*, c'est-à-dire le phénomène dont nous avons à traiter dans cette Notice.

En effet, cher lecteur, entre l'étincelle qui jaillit de l'un à l'autre des deux conducteurs d'une pile électrique mis en regard à très faible distance, et le splendide éclat de l'arc voltaïque qui inonde nos places publiques, nos ateliers et nos grands établissements, de sa rayonnante clarté, rivale du soleil, il n'y a de différence que dans l'intensité. Au fond, c'est le même phénomène. Qu'un fil métallique manifeste une faible incandescence quand il sert à relier les deux pôles du courant d'une pile, ou qu'un foyer étincelant, alimenté par une machine à vapeur, lance ses feux resplendissants au plus loin de l'espace, c'est toujours un courant électrique qui est en cause et en action ; et il n'y a, nous le répétons, entre ces deux effets, d'autre différence que celle de l'humble veilleuse à la lampe brillante, de la pauvre chandelle à la flamme du gaz.

Comment est-on passé, de la simple lueur de l'étincelle électrique aux lampes voltaïques, dont nous admirons aujourd'hui la puissance et l'éclat ? C'est là précisément ce que nous avons à faire connaître ; c'est cette histoire que nous avons à raconter. Et sans plus attendre, nous aborderons notre sujet ; nous entrerons au cœur de la question, *in medias res*, comme disent ceux qui aiment les citations empruntées à la langue de Virgile.

Disons donc tout de suite que l'éclairage électrique a été créé en France, à Paris ; et nous ajouterons qu'il est sorti d'un hôpital de femmes en couches.

A cette assertion, chacun va se récrier. Avant de nous taxer de légèreté ou d'ignorance, que l'on veuille bien écouter le véridique récit qui va suivre.

Je dis que l'éclairage électrique a vu le jour dans un hôpital de femmes en couches, et je n'aurai, pour le prouver, qu'à invoquer des souvenirs personnels. En effet, durant ma longue carrière, j'ai été assez heureux pour voir par moi-même la plupart des choses que j'avais à raconter, pour tracer, comme écrivain scientifique, l'exposé des inventions modernes; et si mes récits inspirent quelque confiance, s'ils jouissent de quelque autorité, c'est parce que j'ai été, de près ou de loin, en rapport avec les inventeurs, presque tous mes contemporains. Le lecteur aime assez qu'on lui dise, avec le Fabuliste:

« J'étais là, telle chose m'advint. »

Et ce témoignage m'est particulièrement acquis en ce qui concerne l'invention de l'éclairage électrique, dont je vais donner la chronique familière, d'après mes souvenirs.

L'ÉCLAIRAGE ÉLECTRIQUE

I

Léon Foucault et le Dr Donné à l'hôpital des cliniques. — Léon Foucault remplace le soleil, dans le microscope solaire, par la lumière électrique, en faisant usage de *charbon de cornue de gaz.* — Première expérience publique d'éclairage par l'arc voltaïque, faite à Paris, sur la place de la Concorde, par Deleuil et Léon Foucault, en décembre 1844. — Léon Foucault invente, en 1848, le régulateur de la lumière électrique. — M. Archereau, fait, en 1849, des démonstrations publiques de l'illumination des grands espaces par l'arc voltaïque.

Nous sommes en 1841. Celui qui écrit ces lignes, docteur en médecine de 21 ans, fraîchement débarqué de sa province, achève son modeste repas à la table d'hôte de Mme de Beaurepaire, rue Voltaire, n° 7. Il se hâte de quitter la table, et laisse en présence des noisettes et des raisins secs, son camarade, le docteur Kaula, venu, comme lui, de Montpellier, avec le professeur Lallemand, dont il était l'élève, — son ami, Adolphe Wurtz, enfant de Strasbourg, ruminant une expérience de chimie à faire au laboratoire de la Faculté de médecine, sous les yeux d'Orfila, et ne se doutant guère alors qu'il sera un jour sénateur, et sénateur de la République, chef d'école en chimie et membre de l'Institut, — et son compatriote, le docteur Courty, se préparant à aller recueillir, à l'hôpital Saint-Éloi de Montpellier, l'héritage chirurgical de Lallemand. Il descend la rue Voltaire, et franchit rapidement cet escalier historique de la rue de l'Observance (aujourd'hui rue Antoine-Dubois) qu'ont foulé tant d'illustrations médicales de la Faculté de Paris, et il se trouve sur la place de l'École-de-Médecine, devant cette jolie colonnade, aujourd'hui disparue, qui servait de vestibule architectural à l'hospice des femmes en couches, fort mal dénommé *hôpital des cliniques*, attendu qu'on y faisait des accouchements et point de clinique. En passant devant la salle de garde des internes, il serre la main à Charles Robin, cet autre travailleur, destiné un jour à tous les honneurs sénatoriaux, universitaires et académiques, et il entre dans la cour de l'hospice.

Aux premières heures de la nuit, les arceaux symétriques de cette cour, noyés dans l'ombre, ressemblent à la colonnade intérieure d'un cloître, dont ils ont le silence et le recueillement. Le sombre aspect de ces galeries désertes, ferait rêver un poète; mais il n'impressionne guère l'étudiant, qui s'empresse d'entrer dans une vaste salle du rez-de-chaussée, pour arriver à temps au cours particulier d'anatomie microscopique fait le soir par le Dr Donné.

Aujourd'hui que les cours auxiliaires, complémentaires, secondaires, etc., fourmillent à la Faculté de médecine de Paris, on ne comprend guère que le cours particulier du Dr Donné ait marqué un événement dans le monde médical de cette époque. C'est que l'enseignement libre, si florissant aujourd'hui et qui s'exerce sous l'égide et avec le concours de professeurs et agrégés de la Faculté, était alors une institution infime, que le haut enseignement voyait d'assez mauvais œil. Dans un petit bâtiment adossé au *Musée Dupuytren*, construction délabrée, aujourd'hui démolie, et qui était baptisée du nom d'*École pratique*, quelques réduits sombres et bas recevaient un petit nombre d'élèves, auxquels des professeurs, qui pourtant devaient devenir célèbres plus tard, les Malgaigne, les Grisolle, les Vidal (de Cassis), les Chassaignac, préparaient les étudiants aux examens, pour la modique somme de 25 francs. Tout au contraire, le cours particulier du Dr Donné était fait sans aucune rétribution de la part des élèves; et, chose inouïe, il était autorisé par la Faculté!

Comment le Dr Donné avait-il obtenu cette faveur insigne? C'est que le Dr Donné était rédacteur du feuilleton scientifique du *Journal des Débats*, qu'il était gendre du rédacteur en chef, M. de Sacy, et qu'on ne pouvait rien refuser à un journal qui faisait la pluie et le beau temps, en politique comme en littérature, qui nommait les ministres, comme il nommait les académiciens et les professeurs. Le Dr Donné n'avait donc eu qu'à exprimer un désir, et tout aussitôt, Orfila, le doyen de la Faculté de médecine, s'était empressé de mettre son cours particulier sous l'égide officielle de l'École.

Le Dr Donné faisait, d'ailleurs, d'excellentes leçons de microscopie. C'est certainement à lui, ainsi qu'au Dr Mandl et à M. Charles Robin, que la génération scientifique actuelle doit la connaissance des applications du microscope à la médecine. C'est lui qui, le premier, a fait comprendre l'utilité du microscope dans l'art de guérir.

La salle dans laquelle professait le Dr Donné, était vaste, bien disposée, et pouvait contenir une soixantaine d'élèves. Mais ce qu'il y avait de plus remarquable, c'est qu'après chaque leçon, les assistants trouvaient une douzaine de bons microscopes, rangés en bataille sur une planche, et au moyen desquels ils pouvaient revoir, tout à loisir, ce que le professeur venait de décrire. Un préparateur, attaché au cours, était chargé de guider les élèves, dans leurs observations après la leçon.

Ce préparateur s'appelait Léon Foucault.

Comment Léon Foucault était-il investi des fonctions de préparateur du cours de microscopie du Dr Donné?

Né à Paris, en 1819, Léon Foucault était le fils d'un libraire-éditeur, qui avait fait une certaine fortune, en publiant le recueil de mémoires sur l'histoire de la révolution française, rassemblés par Monmerqué. Après la mort de son mari, Mme Foucault avait tenu le cabinet de lecture qui existe encore, près de la place de l'Odéon, au n° 10 de la rue Voltaire, et elle avait vu, grâce à l'épargne, grossir sa fortune; de sorte que son fils avait été laissé libre de choisir une profession conforme à ses goûts. Le jeune homme s'était décidé pour la chirurgie, car il était excessivement adroit de ses mains. Il était entré, par la voie du concours, comme élève externe, à l'Hôtel-Dieu.

Seulement, Léon Foucault avait dans l'esprit une indépendance absolue. Il n'avait pu jamais rester dans aucune pension, ni dans aucun lycée, parce qu'il était impatient de tout joug intellectuel, et qu'il n'aimait à étudier que par ses méthodes. On avait dû, finalement, terminer son éducation à domicile, avec des maîtres particuliers.

Le service de l'hôpital ne trouva pas Léon Foucault plus docile que la règle du lycée. Il avait senti de bonne heure se développer en lui un penchant décidé pour la mécanique et la physique. Il construisait, de ses mains, des modèles de machines, et il avait, par exemple, exécuté un petit modèle de machine à vapeur, pourvu de tous ses organes, qui était une merveille d'exécution.

Cependant, il ne pouvait se livrer à son goût pour la physique et la mécanique sans négliger son service à l'hôpital. Le chirurgien en chef — c'était Denonvilliers — ne tarda pas à s'en apercevoir, et à s'en plaindre.

Un jour, Denonvilliers, trouvant quelque chose à reprendre dans le service de son externe, l'appela, et devant les élèves, lui parla ainsi :

« Monsieur Léon Foucault, vous vous occupez beaucoup de physique?

— Sans doute, monsieur le professeur, répondit Léon Foucault.

— Mais vous vous occupez un peu moins de chirurgie.

— Peut-être, monsieur le professeur....

— Quand on aime la physique et qu'on n'aime pas la chirurgie, savez-vous ce que l'on fait, monsieur Léon Foucault?

— Que fait-on, monsieur le professeur?

— On abandonne la chirurgie, et l'on s'adonne à la physique. »

Léon Foucault, qui avait la décision prompte, répliqua, en jetant son tablier d'externe : « Vous avez parfaitement raison, monsieur Denonvilliers ; je quitte l'hôpital. »

Voilà comment Léon Foucault déserta la chirurgie pour la physique, et l'Hôtel-Dieu pour la Sorbonne.

Il était déjà en relations d'amitié avec le Dr Donné, qui lui avait demandé son aide pour installer ses microscopes. Dès qu'il eut quitté l'hôpital, il se mit entièrement à la disposition de son ami.

C'est pour cela que nous trouvions, après chaque leçon de M. Donné, le secours actif, intelligent et serviable du jeune physicien, qui nous faisait répéter les observations microscopiques dont le professeur avait parlé.

Le Dr Donné était d'autant plus heureux d'avoir sous la main un physicien aussi expert que Léon Foucault, qu'il avait souvent besoin des lumières d'un homme spécial. Dans son feuilleton scientifique du *Journal des Débats*, il avait cru, fort mal à propos, — peut-être par motif politique, — devoir prendre une attitude hostile à l'égard de François Arago ; et ce dernier, qui avait l'épiderme sensible, rendait coup pour coup au rédacteur scientifique du journal de la rue des Prêtres. Avec sa verve ordinaire, le Secrétaire perpétuel de l'Académie des sciences aimait à relever les faux pas que son adversaire faisait dans ses attaques contre lui. On se rappelle encore les sarcasmes que François Arago, en dépouillant la correspondance académique, lança contre le Dr Donné, à propos de l'eau fangeuse qui sortait du puits de Grenelle, dans les premiers mois de l'achèvement du forage. Le Dr Donné, qui n'avait cessé d'argumenter contre la lenteur des opérations du puits de Grenelle, se rejetait, une fois l'œuvre menée à bien, sur les masses énormes de terre que l'eau entraînait avec elle. Il prétendait que les grandes quantités de terre ainsi enlevées par les eaux artésiennes, compromettaient la solidité des maisons du quartier du Gros-Caillou. Le puits avait 550 mètres de profondeur ! Vous pensez si Arago faisait des gorges-chaudes de cette bévue du feuilletoniste.

On comprend donc que le secours des connaissances spéciales de Léon Foucault n'était pas de trop pour le Dr Donné.

C'est ce que l'on vit bien, du reste, dans l'invention de l'éclairage électrique, à laquelle nous arrivons.

Le Dr Donné a publié, en 1845, en commun avec Léon Foucault, un magnifique *Atlas d'anatomie microscopique*. Les dessins qui ont servi à graver ces planches, étaient obtenus au moyen du microscope solaire, qui éclairait les images, amplifiées par la puissante lentille de l'instrument

L'objet étant fortement éclairé par la concentration des rayons solaires, on projetait sur un écran l'image agrandie de cet objet. Cette image agrandie était alors dessinée, et plus tard gravée. Mais le soleil, on le sait de reste, n'est pas un hôte assidu de l'horizon parisien. Il était donc important de pouvoir remplacer l'astre radieux, comme l'appellent les astronomes, par une source de lumière équivalente, que l'on pût produire à volonté.

Il y avait bien la lumière oxy-hydrique, c'est-à-dire la flamme résultant de la combustion du gaz hydrogène par l'oxygène pur, qui donne une source lumineuse d'une prodigieuse puissance, quand on interpose dans cette flamme un fragment de chaux ou de magnésie. Mais ce n'est pas sans raison que le mélange des gaz hydrogène et oxygène porte le nom de *gaz tonnant*. Sans doute pour justifier son nom, le gaz *tonnant* avait plus d'une fois détoné, et fait sauter les appareils, entre les mains du docteur. De pareilles commotions étaient fort mal à leur place dans un hospice de femmes en couches. Aussi le directeur de l'hôpital avait-il mis son *veto* administratif sur l'emploi de ce dangereux mélange.

C'est dans ces circonstances que Léon Foucault eut l'idée de remplacer le soleil par la lumière électrique. Pour éclairer l'instrument amplificateur, il chercha à utiliser la lumière que produit le courant électrique placé dans certaines conditions.

Trente années auparavant, c'est-à-dire en 1813, un chimiste anglais, dont nous aurons à raconter plus loin la vie et les travaux, Humphry Davy, avait découvert ce fait fondamental, que si l'on se sert de pointes de charbon de bois, comme pôles terminaux d'une pile voltaïque, et que l'on fasse passer la décharge de la pile entre ces deux pointes de charbon, on obtient une lumière d'une puissance extraordinaire, par suite de la résistance que le charbon oppose au passage du courant. Seulement, comme le charbon de bois est essentiellement combustible, la lumière durait à peine quelques instants, en raison de l'inflammation du charbon. Pour assurer la persistance de l'arc électrique lumineux, Davy avait été obligé d'enfermer les deux pointes de charbon dans un globe de verre où il faisait le vide. Dans cet espace, artificiellement privé d'air, le charbon ne pouvait se consumer et l'arc électrique se maintenait indéfiniment.

L'expérience de Davy était splendide, et depuis trente ans on la répétait dans les cours publics de physique des Facultés; mais elle restait à l'état de curiosité scientifique, et personne encore n'avait songé à en tirer le moindre parti.

C'est alors que Léon Foucault eut une idée, une inspiration de premier ordre. L'appareil de Davy, où il faut faire le vide, ne pouvait être utilisé dans la pratique. Mais on pouvait chercher un charbon moins combus-

LÉON FOUCAULT

tible, avec lequel on opérerait en plein air. Après avoir, avec une patience infinie, passé en revue toutes les variétés possibles de l'immense groupe des charbons, pour trouver un charbon peu combustible à l'air, — ce qui paraissait, soit dit en passant, une sorte de pierre philosophale, — Léon Foucault trouva le phénix cherché. Ce charbon-phénix, ce charbon peu combustible à l'air, c'est celui que l'on retire des cornues ayant longtemps servi à distiller la houille, pour la préparation du gaz de l'éclairage. Cette sorte de coke, qui a été calciné pendant plusieurs semaines, a acquis une densité considérable, qui le rend très peu combustible à l'air; et en même temps, il est devenu très bon conducteur de l'électricité, ce qui manque au charbon végétal. Léon Foucault tailla dans ce coke calciné, qu'on appelle aujourd'hui, et d'après lui, *charbon de cornue de gaz*, de petites baguettes, lesquelles, amincies en pointe, lui servirent à forer les deux pôles d'une pile voltaïque. Il put ainsi obtenir, en plein air, une lumière d'une prodigieuse intensité, et qui durait longtemps, par suite de la grande densité des charbons servant de conducteurs.

Par une de ces coïncidences heureuses qui se rencontrent quand l'heure a sonné des grandes découvertes utiles au progrès de l'humanité, le physicien allemand Bunsen venait, deux années auparavant, de créer son excellente pile à deux acides. Jusque-là on n'avait disposé, avec la pile à auges, que d'un courant électrique d'une intensité très faible; de sorte que pour effectuer l'expérience de Davy, il fallait réunir un nombre énorme de couples voltaïques. Grâce à la découverte de la pile de Bunsen, qu'il adopta tout de suite, Léon Foucault put disposer d'une source puissante et constante d'électricité.

C'est en 1844 que Léon Foucault, grâce à l'emploi du *charbon de cornue de gaz* et de la pile de Bunsen, remplaça le soleil dans l'instrument amplificateur qui servait à faire les projections des objets microscopiques, pour l'*Atlas du cours de microscopie* du Dr Donné, qui fut publié deux années après[1].

L'hôpital des cliniques fut donc le premier théâtre de cette découverte, si féconde en conséquences pour l'avenir. Léon Foucault put, dès lors, renoncer au gaz tonnant, et travailler à ses projections microscopiques, sans crainte de faire tressauter dans leurs lits les nouvelles accouchées. Peut-être même, aux premières heures du soir, plus d'une femme, sur son lit de douleur, eut-elle l'heureuse surprise d'une clarté sidérale venant illuminer subitement les sombres arceaux de la triste cour de l'hospice.

---

[1] *Atlas du cours de microscopie, exécuté d'après nature, ou microscopo-daguerréotype,* par Alfred Donné et Léon Foucault. Paris, 1846; in-folio de 20 planches, contenant 80 figures gravées et un texte descriptif.

Cet atlas faisait suite à l'ouvrage du Dr Donné, publié sous ce titre : *Cours de microscopie complémentaire des études médicales. Anatomie et physiologie des fluides de l'économie,* Paris, 1844.

Il y avait pourtant un inconvénient grave dans la lampe électrique simple que Léon Foucault venait de créer; et cet inconvénient, chacun le devine. Quelque peu combustible que soit le *charbon de cornue de gaz*, cependant il brûle à l'air, quoique dans une faible proportion. Par la combustion, les pointes s'usent; dès lors, la distance entre les deux charbons étant trop grande, le courant ne passe plus, et l'arc lumineux disparaît; en d'autres termes, la lumière s'éteint.

Pour remédier à cet inconvénient fondamental, Léon Foucault, dans la lampe électrique primitive, rapprochait, tout bonnement à la main, les charbons l'un de l'autre, à mesure qu'ils s'usaient par la combustion. A cet effet, chaque charbon était attaché à une tige métallique, que l'on faisait avancer à volonté, dans une coulisse.

Cependant l'*appareil photo-électrique de Foucault et Donné* ne devait pas rester longtemps confiné dans les projections et agrandissements d'objets microscopiques. C'est, avons-nous dit, en 1844 que nos deux physiciens firent l'application de leur système d'illumination électrique par l'électricité, aux projections d'objets d'anatomie microscopique L'année 1844 ne s'était pas écoulée qu'un habile opticien de la rue Dauphine, Deleuil, rendait les Parisiens témoins de la première expérience d'éclairage public qui ait été faite en aucun lieu du monde.

Au mois de décembre 1844, à 8 heures du soir, la place de la Concorde était remplie de curieux, accourus de tous les points de la capitale, pour assister à l'expérience que les journaux avaient annoncée la veille. On pense bien que les jeunes pensionnaires de Mme de Beaurepaire se trouvaient tous, à l'heure dite, à ce rendez-vous de la science; et un spectacle admirable devait largement satisfaire leur curiosité.

Dans la foule entière, il y eut une véritable stupéfaction. Bien qu'il existât un brouillard assez intense, la lumière électrique en perçait les vapeurs, et inondait toute la place de la Concorde. Je constatai que l'on pouvait lire un journal au pied de l'Obélisque, malgré la nuit noire qui couvrait l'espace non éclairé, et le brouillard qui s'étendait partout.

L'appareil d'éclairage, c'est-à-dire les deux pointes de charbon entre lesquelles s'élançait l'arc voltaïque, était placé, du côté de la rue Royale, sur les genoux de la statue de la ville de Lille, et cent éléments de Bunsen étaient logés dans la petite pièce, fermée par une porte de bronze, qui est ménagée dans le soubassement de la statue.

N'y a-t-il pas un curieux et intéressant rapprochement dans le fait de cette statue de notre industrielle et savante cité de Lille, prenant sur ses genoux, comme pour l'accueillir et la bercer, à sa naissance, la jeune invention de l'éclairage électrique? C'est d'une ville française, symbolisée dans son image de pierre, que partirent les premiers rayons d'une aurore qui devait bientôt répandre partout d'éblouissantes clartés.

A partir de cette soirée mémorable, l'éclairage public par l'arc voltaïque était créé.

L'expérience fut répétée par Deleuil, quelques jours après, sur le quai Conti, en plaçant l'appareil dans le pavillon que cet opticien possédait alors sur ce quai, pour les opérations du daguerréotype.

Mais l'appareil que Deleuil avait employé, c'est-à-dire la *lampe photoélectrique* de Léon Foucault, n'était que l'enfance de l'art. Ainsi qu'il vient d'être dit, deux éléments fondamentaux en faisaient la valeur : 1° la pile inventée deux années auparavant par le chimiste allemand Bunsen, et qui avait permis de développer une masse considérable d'électricité, que n'aurait jamais pu donner la pile jusque-là en usage; 2° le *charbon de cornue de gaz*, employé comme conducteur terminal des deux pôles. Mais l'usure des charbons, et leur usure inégale, était un inconvénient capital. Comme nous l'avons dit, Deleuil et Léon Foucault avaient été obligés, pendant l'expérience de la place de la Concorde, de rapprocher à la main les supports métalliques des deux charbons, à mesure qu'ils s'usaient et brûlaient à l'air. Il fallait perfectionner ce primitif engin. Pour avoir un appareil scientifique, pour obtenir un éclairage régulier, constant, il fallait s'arranger pour obtenir le rapprochement des charbons *automatiquement*, c'est à-dire sans aucun secours de la main.

C'est ainsi que Léon Foucault fut conduit à l'une des plus brillantes découvertes physico-mécaniques de notre siècle. Nous voulons parler du *régulateur de la lumière électrique*, conception due en propre à ce grand physicien.

Pendant la révolution de 1848, il y avait, à la Préfecture de police de Paris, un homme qui attira sur lui l'attention par un mot juste et bien placé. Caussidière se vanta de faire de *l'ordre avec du désordre*, c'est-à-dire de faire de la police et de la bonne surveillance municipale, en utilisant les personnages dangereux qui remplissaient Paris insurgé.

Est-ce le mot de Caussidière, prononcé en 1848, qui inspira à Léon Foucault l'idée de son régulateur, imaginé la même année? On pourrait le croire, car à l'exemple du Préfet de police de 1848, Léon Foucault fit de l'ordre avec du désordre. Il réalisa dans la physique ce que Caussidière faisait dans l'administration municipale. Il y avait du désordre dans l'éclairage de sa lampe photo-électrique, et ce désordre provenait de l'irrégularité du courant électrique. Avec ce désordre, c'est-à-dire avec le courant

FIG. 2. — PREMIÈRE EXPÉRIENCE PUBLIQUE D'ÉCLAIRAGE PAR L'ÉLECTRICITÉ FAITE A PARIS, SUR LA PLACE DE LA CONCORDE, PAR DELEUIL ET LÉON FOUCAULT, AU MOIS DE DÉCEMBRE 1843

électrique même, Léon Foucault fit de l'ordre, c'est-à-dire rendit l'éclairage régulier. Expliquons ce rébus.

Dans le *régulateur de la lumière électrique* que l'on doit à Léon Foucault, c'est le courant électrique lui-même qui règle le rapprochement des cônes de charbon, au fur et à mesure de leur usure par la combustion à l'air. Voici comment ce résultat est obtenu.

Les deux baguettes de charbon sont continuellement poussées l'une contre l'autre par un petit ressort. Mais l'action de ce ressort est suspendue par l'effet d'un *électro-aimant*. Tout le monde sait ce que l'on appelle *électro-aimant*. C'est un petit barreau de fer pur, autour duquel s'enroule un fil isolé, que peut parcourir le courant d'une pile. Le courant voltaïque d'une pile circulant ainsi autour d'un barreau de fer pur, le transforme en aimant, c'est-à-dire lui donne la propriété d'attirer le fer. Or, dans le *régulateur de la lumière électrique* de Léon Foucault, le courant électrique qui aimante cet électro-aimant est le même qui produit l'arc électrique éclairant : c'est une portion dérivée de ce même courant. Quand les charbons s'usent par leur combustion à l'air, la distance entre eux augmente, et le courant électrique ayant un plus grand espace à franchir à travers l'air, perd de son intensité. Ayant perdu de son intensité, le courant aimante avec moins de force l'électro-aimant qui paralyse l'effet du ressort rapprochant les charbons. Dès lors, ce ressort, étant moins contenu, agit et rapproche un peu les charbons. Ce rapprochement se fait jusqu'à ce que la distance primitive soit rétablie. Quand le courant électrique a repris son énergie première, l'arc lumineux recouvre sa puissance éclairante.

Ces effets de contre-balancement de l'action du ressort et de reprise de la puissance du même ressort, se continuent, selon les variations de l'écart des deux charbons, et par cette répétition d'effets, la lumière de l'arc électrique demeure constante.

Ainsi, c'est l'agent producteur du phénomène lumineux, c'est-à-dire le courant électrique lui-même, qui gradue et modère les irrégularités de la longueur de l'arc. L'ordre, c'est-à-dire l'uniformité d'effet éclairant, est produit par le désordre, c'est-à-dire par les irrégularités dans la distance des pointes de charbon.

Voilà le rébus expliqué.

Le *régulateur de la lumière électrique* imaginé par Léon Foucault, en 1848, fut perfectionné dans ses détails par un habile opticien de Paris, M. Jules Duboscq, à qui Léon Foucault en avait confié la construction. Simplifié par M. Jules Duboscq, le *régulateur* de Léon Foucault, que l'on trouve décrit, dans les ouvrages de physique, sous le nom de *régulateur de Léon Foucault et Duboscq*, est représenté dans la figure 3. La légende accompagnant cette figure donne l'explication de ses organes.

M. Jules Duboscq se servit de ce *régulateur* pour effectuer l'éclairage du microscope photo-électrique, c'est-à-dire pour obtenir les projections d'objets divers d'histoire naturelle et d'anatomie; comme aussi pour éclairer l'image des astres agrandie au foyer d'un télescope à miroir concave; en un mot, pour exécuter toutes les projections d'objets scientifiques, qui, depuis ce moment, devinrent à la mode dans les cours publics de sciences et dans les conférences populaires. M. Jules Duboscq a promené dans toute la France son régulateur et son microscope photo-électrique, pour le plus grand bien et la meilleure instruction de tous.

Nous ajouterons que, dès sa création, le *régulateur Foucault et Duboscq* servit à inaugurer l'éclairage électrique au théâtre.

En 1849, l'Opéra de Paris montait le *Prophète* de Meyerbeer. On sait que le grand compositeur veillait avec une sollicitude extrême à la mise en scène de ses ouvrages. Il n'était pas satisfait du moyen que l'on se proposait d'employer pour produire l'effet de soleil levant, qui termine le troisième acte de cet opéra. Léon Foucault venait précisément de créer l'éclairage élec-

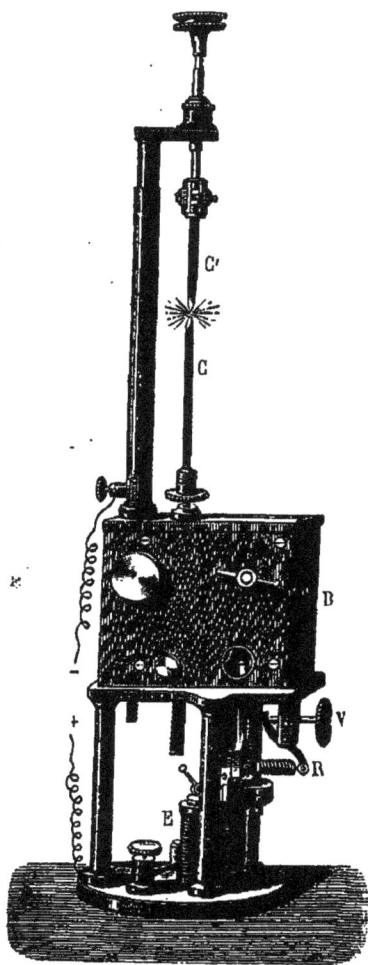

Fig. 3. — RÉGULATEUR DE LA LUMIÈRE ÉLECTRIQUE DE FOUCAULT ET DUBOSCQ.

E, électro-aimant, actionné par le courant qui produit l'arc voltaïque et qui tend à rapprocher les deux charbons. — R, ressort antagoniste qui paralyse l'effet de l'électro-aimant. — B, boîte contenant dans son intérieur des rouages d'horlogerie et une crémaillère, qui peuvent faire rapprocher ou éloigner les deux charbons et qui sont en rapport avec le ressort R. — V, vis de rappel réglant la force des ressorts d'horlogerie contenues dans la boîte B. — C, C', charbons entre lesquels s'élance l'arc voltaïque.

trique, et Deleuil avait fait sur la place de la Concorde l'expérience mémorable dont nous avons parlé. Meyerbeer saisit l'à-propos. Il s'adressa à Léon Foucault, pour que le savant voulût bien appliquer son système d'éclairage à l'imitation de l'effet du soleil sur la scène. Il fallait, pour cela, disposer un réflecteur parabolique autour du foyer de la lumière électrique et de son régulateur. Léon Foucault s'appliqua à exécuter un miroir répondant aux conditions demandées.

La figure 4 représente la disposition que Léon Foucault, aidé de M. Jules Duboscq, adopta pour imiter, à l'Opéra, l'effet du soleil levant. Comme on le voit, la lumière est placée au foyer d'un miroir parabolique, qui la réfléchit et la renvoie parallèlement à l'axe de ce miroir. A peu de distance est disposé un écran transparent, à travers lequel la lumière se tamise, et prend des tons plus harmonieux, ou plus doux. Des toiles légères sont sus-pendues un peu plus loin, et flot-tant devant l'appareil, estompent l'éclat et graduent l'effet de la lu-mière.

Pour produire l'effet du soleil montant à l'horizon, la lampe et tout le système que nous venons de décrire s'élevaient, d'un mou-vement uniforme, grâce à un res-sort moteur produisant un mou-vement ascensionnel.

Tout cela n'avait pas été combiné ni exécuté sans difficultés. D'un

FIG. 4. — APPAREIL DE LÉON FOUCAULT ET JULES DUBOSCQ PRO-DUISANT, AVEC L'ARC VOLTAÏQUE ET UN RÉFLECTEUR, L'EF-FET DU SOLEIL LEVANT, SUR LA SCÈNE DE L'OPÉRA, DANS LE « PROPHÈTE. »

A, régulateur de la lumière électrique. — R, réflecteur parabolique. — C, l'un des châssis transparents, à tra-vers lesquels se tamise la lumière.

autre côté, Meyerbeer n'était pas facile à contenter, dans son désir de mettre tous les effets de la mise en scène à la hauteur de ses chefs-d'œuvre. Aussi, Léon Foucault avait-il beaucoup de peine à satisfaire l'illustre com-positeur. Il faisait tous ses efforts dans ce but, sans y parvenir toujours.

A cette époque, Léon Foucault, qui ne disposait pas encore de la fortune de sa mère, était heureux de trouver dans son feuilleton scientifique du *Journal des Débats*, les ressources de sa modeste existence. Il dînait, avec nous, à une table d'hôte de la rue des Beaux-Arts. Pendant trois mois, il nous arrivait chaque jour, portant sous son bras le fameux réflecteur qu'il venait d'essayer sur la scène de l'Opéra, et il se dédommageait avec nous, en exhalant ses plaintes pour l'ennui que lui donnaient les exigences du maëstro.

Cependant tout finit par marcher à la satisfaction générale.

Nous ajouterons que l'appareil électrique exécuté en 1849, pour les représentations du *Prophète*, est encore appliqué; et qu'à chaque représentation de cet opéra, aujourd'hui, comme autrefois, c'est le même réflecteur qui est employé. Bien plus, comme en 1849, le courant électrique est produit par la pile de Bunsen. Ce qui prouve que la bonne mécanique et la grande musique bravent les efforts du temps.

L'éclairage public, l'éclairage des grands espaces, étant devenu facile avec le *régulateur* de Léon Foucault et la pile de Bunsen, quelques physiciens commencèrent à s'adonner à la propagation de la nouvelle source lumineuse, et cherchèrent, en même temps, à assurer, par d'autres moyens mécaniques, la fixité de l'arc éclairant.

Parmi ceux qui s'occupèrent, à cette époque, avec le plus d'ardeur, à répandre la connaissance et l'usage de l'éclairage électrique, il faut citer M. Archereau.

M. Archereau était un amateur de sciences qui, possesseur d'une certaine fortune, la consacrait à des recherches et à des travaux de physique. Il s'était fait connaître par une modification de la pile de Bunsen. Il avait retourné, comme un habit, la pile du physicien allemand. Il avait mis dehors ce que Bunsen avait mis dedans, et mis dedans ce que Bunsen avait mis dehors. M. Bunsen plaçait le charbon de son générateur d'électricité à l'extérieur et le zinc à l'intérieur. M. Archereau fit l'inverse, ce qui était beaucoup plus commode pour la taille du charbon. Mais surtout, il avait changé l'espèce de charbon dont M. Bunsen avait fait usage. Le physicien d'Heidelberg employait un mélange pulvérulent de houille grasse et de coke; M. Archereau le remplaça par le *charbon de cornue de gaz*, que Foucault avait fait servir à composer les baguettes conductrices de l'arc voltaïque.

M. Archereau avait enfin résolu, par un moyen autre que celui de Léon Foucault, le problème consistant à maintenir égal l'écartement des charbons. Il plaçait la gaine métallique du porte-charbon dans un électro-aimant cylindrique creux. Dans ces conditions, c'est-à-dire avec un électro-aimant creux, ou ce que les physiciens appellent un *solénoïde*, quand le courant vient animer l'électro-aimant creux, son armature, qui n'est autre chose que le porte-charbon négatif, est attirée. Mais le courant électrique perd de sa puissance, le porte-charbon négatif, tiré par un contrepoids, s'élève, et le point lumineux reste invariable.

Le moyen était ingénieux et simple, mais il était bien inférieur, en précision, à celui de Léon Foucault.

La figure 5 représente le régulateur de la lumière électrique de M. Archereau. La légende qui accompagne cette figure donne l'explication du mécanisme de cet instrument.

C'est avec sa pile de Bunsen perfectionnée et son *régulateur à solénoïde* que M. Archereau commença, en 1847, à faire des expériences publiques d'illumination par l'électricité.

Survinrent les événements de révolution de 1848, qui lui enlevèrent, par un de ces revers trop communs à cette époque, la presque totalité de sa fortune. Dès lors, notre physicien fit par nécessité ce qu'il avait fait par goût. Il loua une petite boutique sur le quai des Orfèvres, vendit ses nouvelles piles de Bunsen, et fit des essais publics d'illumination électrique, à l'exemple de M. Jules Duboscq.

En juillet 1848, l'appareil de M. Archereau lançait sa gerbe lumineuse à travers la Seine, et allait vivement éclairer la colonnade du Louvre. Ce spectacle attirait un nombre considérable de curieux. Bientôt, et presque chaque soir, M. Archereau projetait le long du

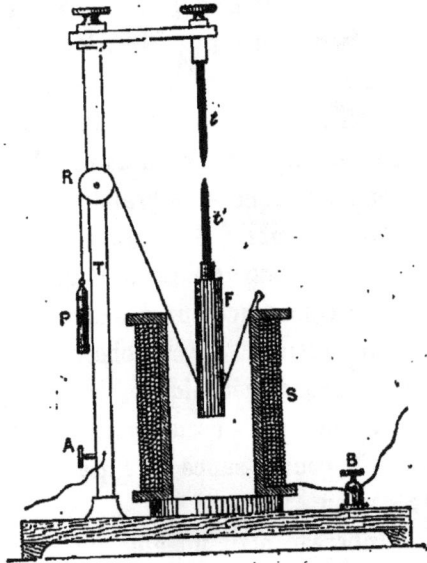

FIG. 5. — RÉGULATEUR DE LA LUMIÈRE ÉLECTRIQUE DE M. ARCHEREAU.

S, coupe verticale du solénoïde, ou *électro-aimant creux*, recevant le courant qui lui donne son aimantation du courant même qui produit l'arc voltaïque. F, barreau de fer suspendu au milieu de l'électro-aimant creux, et soutenu par une corde et un contrepoids P, de manière qu'il puisse monter ou descendre sous l'influence de ce courant. t', charbon négatif attaché au système mécanique du barreau de fer; t, charbon positif, qui est attaché à la potence T de l'appareil. Le courant électrique entrant par la potence T, arrive au charbon positif, forme l'arc voltaïque, et après avoir traversé cet arc, ainsi que le barreau F, passe dans l'aimant creux S, et revient à la pile par la borne métallique B, placée sur le socle et isolée.

Si les charbons s'écartent trop l'un de l'autre et que la résistance de l'arc augmente, l'intensité du courant diminue dans l'électro-aimant S, le fer est moins fortement attiré et le charbon négatif, relevé par le contrepoids, se rapproche du charbon positif. A l'inverse, si les charbons se rapprochent, le courant augmente d'intensité, ce qui produit une plus forte attraction de la part de l'électro-aimant sur le fer doux, et détermine l'éloignement des charbons.

quai le faisceau de lumière émané de son puissant foyer électrique.

Ces exhibitions amusaient le public parisien, et le familiarisaient avec le nouveau mode d'éclairage.

II

Le mouvement commencé en France se propagea rapidement à l'étranger. En Angleterre, W. Staite faisait, dans la salle d'un hôtel de la ville de Sunderland, un essai d'éclairage par l'électrité, dont le *Times* rendait compte, le 2 novembre 1848, avec de grands témoignages d'admiration.

« La puissance de cet éclairage est immense, disait le journal de la Cité.

« Il ressemble au soleil ou à la lumière du jour, et obscurcit l'éclat des bougies, comme le ferait le soleil lui-même. »

Il est bon de noter, en passant, que W. Staite avait construit un régulateur de la lumière fondé sur le même principe que celui de Léon Foucault. Il avait même pris un brevet antérieur à celui de Léon Foucault, qui ne s'avisa de faire breveter son régulateur que lorsqu'il apprit que W. Staite, en Angleterre, avait obtenu un privilège pour le même appareil. Mais il est parfaitement établi aujourd'hui que le régulateur de Léon Foucault est sa propre et personnelle découverte, et que le physicien anglais ne fit que breveter, en Angleterre, ce que Léon Foucault avait inventé en France; absolument comme un industriel anglais, qui répondait au nom de Gaine, prenait, à la même époque, un brevet à Londres, pour le *papier-parchemin* que j'avais découvert, à Paris, en 1846. C'est ce qui peut s'appeler le *détroussement scientifique international*.

Grâce à son régulateur, W. Staite popularisa en Angleterre l'éclairage électrique. Pendant quatre ans, il promena son appareil dans les principales villes du royaume. Sa mort, arrivée en 1852, arrêta l'essor de sa propagande.

On continuait, en France, à s'intéresser aux débuts de l'éclairage par l'électricité. A Lyon, Lacassagne, essayeur à la Monnaie, et Rodolphe

Thiers, chimiste, avaient imaginé un système fort ingénieux de régulateur. L'un des deux charbons produisant l'arc lumineux, reposait sur une petite colonne de mercure, laquelle, grâce à un mécanisme spécial, soulevait ce charbon, et le rapprochait de son congénère, à mesure qu'il se raccourcissait par sa combustion à l'air.

C'est au mois de juin 1855, sur le quai des Célestins, que Lacassagne et Rodolphe Thiers firent, à Lyon, la première expérience publique de leur système d'éclairage. Les journaux de Lyon la rapportèrent avec un véritable enthousiasme.

« Le quai tout entier, écrivait le *Salut Public*, était inondé d'une
« lumière fulgurante, qui permettait de lire à une distance de 400 mètres
« du foyer lumineux. Les oiseaux eux-mêmes, croyant le jour déjà revenu,
« quittèrent leurs nids sous les combles, pour venir battre de l'aile dans
« les rayons du nouveau soleil. »

Les expériences de Lacassagne et Thiers furent répétées, au mois de juillet, à Château-Beaujon, chez le peintre de marine Théodore Gudin. Les journaux de Paris ne furent pas moins enthousiastes, dans leurs descriptions de l'expérience de Château-Beaujon, que l'avaient été les feuilles lyonnaises. Voici, par exemple, ce qu'écrivait la *Gazette de France* du 5 juillet 1855 :

« Hier, les promeneurs qui se trouvaient, à neuf heures du soir, dans les environs de Château-Beaujon, ont été tout à coup inondés d'une lumière aussi puissante que celle du soleil. En effet, on eût dit que le soleil venait de se lever, et telle était l'illusion que des oiseaux, surpris dans leur sommeil, ont voltigé devant ce jour artificiel. Le foyer lumineux partait de la terrasse du Château-Beaujon, où MM. Lacassagne et Thiers, chimistes lyonnais, démontraient devant une société d'élite, réunie chez M. Théodore Gudin, les avantages de la lumière électrique sortie des langes de la théorie, et abordant franchement le domaine du fait accompli. L'expérience a été complète.

« La puissance du foyer lumineux embrassant une vaste surface était si fulgurante, que les dames conviées à l'expérience ont ouvert leurs ombrelles, non pour faire une galanterie aux innovateurs, mais pour se garantir contre les ardeurs de ce mystérieux et nouveau soleil. »

La puissance du foyer que l'on comparait alors à un mystérieux soleil, n'était pourtant que de 60 becs Carcel. Qu'aurait dit la *Gazette de France* si la lampe Lacassagne et Thiers eût brillé d'un éclat égal à 150 becs Carcel, comme brillent aujourd'hui quelques lampes électriques alimentées par des machines électro-dynamiques?

Au mois d'octobre 1856, une grande démonstration de la puissance des effets de l'éclairage électrique fut donnée, au plus haut de l'Arc de triomphe de l'Étoile. Pendant quatre heures, l'avenue des Champs-Élysées fût splendidement éclairée par les appareils Lacassagne et Thiers. On voulait attirer sur cette merveilleuse invention l'attention de l'Empereur Napoléon III.

Pendant cette même année 1856, les expériences d'éclairage électrique faites sur des places publiques, se multiplient. On les trouve réalisées à Paris, à l'Alcazar et au Jardin d'hiver; à Lyon, à l'observatoire de Fourvières.

En janvier 1857, Lacassagne et Thiers tentent l'éclairage permanent de la rue Impériale, à Lyon, avec deux foyers seulement. Mais la mort de Lacassagne arrêta l'entreprise.

Au mois de mars, à Toulon, on essaye d'éclairer, par ce moyen, le port intérieur.

On commençait à comprendre l'utilité de la lumière électrique; mais on croyait devoir la limiter à l'éclairage, pendant la nuit, des chantiers et usines, quand les circonstances exigeaient un travail en dehors des habitudes ordinaires.

En 1855, la Commission impériale du palais de l'Industrie fit éclairer par la lumière électrique les ouvriers occupés à la décoration de la grande nef de l'Exposition, pour la solennité de la clôture. Une lampe électrique avait été placée à chacune des deux extrémités de la nef; chaque lampe était mise en action par une pile, formée de cent éléments de Bunsen. La première de ces lampes marcha de 5 heures à 10 heures et demie du soir; la seconde de 10 heures et demie à 3 heures du matin, et de 3 heures à 6 heures. On réunit ensuite les deux lampes, et on les fit fonctionner ensemble jusqu'au lever du jour.

L'éclairage électrique prenant décidément possession des chantiers de travaux pendant la nuit, on s'occupa d'en faciliter l'emploi. La pile de Bunsen était encore le seul agent de production d'électricité, et l'on n'en entrevoyait pas d'autre. Tous les efforts se portaient donc sur le perfectionnement du régulateur de lumière.

De 1850 à 1860, on vit apparaître un grand nombre de *régulateurs de lumière*. Le régulateur de Léon Foucault et Jules Duboscq et celui d'Archereau ont servi de types à la construction de la plus grande partie de ces appareils, dus aux physiciens, ou opticiens, Gaïffe, Burgin, Chertemps, Jaspar, Carré, Siemens, Lontin, Rapieff, Brush, de Mersanne, Fontaine, etc.

Nous nous dispenserons de décrire ces divers appareils. Nous nous bornerons à signaler celui qui a servi à la plupart des éclairages par l'électricité que l'on ait exécutés en France, jusqu'à l'apparition de la bougie Jablochkoff. Nous voulons parler du régulateur de M. Serrin.

Le *régulateur Serrin* (fig. 6) est celui qui répond le mieux à toutes les exigences de la pratique. Il laisse les deux charbons en contact quand le courant électrique ne circule pas. Lorsque le courant est fermé, il tient les charbons à l'écart voulu, et les rapproche graduellement, sans les laisser arriver de nouveau au contact. Si un accident quelconque, par exemple un violent coup de vent, ou la rupture d'un charbon, vient à interrompre l'arc lumineux, l'appareil ramène de nouveau les deux charbons au contact, puis il les éloigne à la distance nécessaire pour que l'arc voltaïque se rétablisse.

Voici par quels moyens ingénieux ce résultat est obtenu. C'est le poids du porte-charbon supérieur, C′, c'est-à-dire du charbon positif, qui constitue le moteur. Une crémaillère taillée dans la partie inférieure de la tige SS′, qui porte ce charbon, engrène avec une série de roues à ailettes, R. Quand le courant électrique n'est pas établi, les engrenages tournent, jusqu'à ce que les charbons soient en contact. Ce contact ferme le courant électrique, et

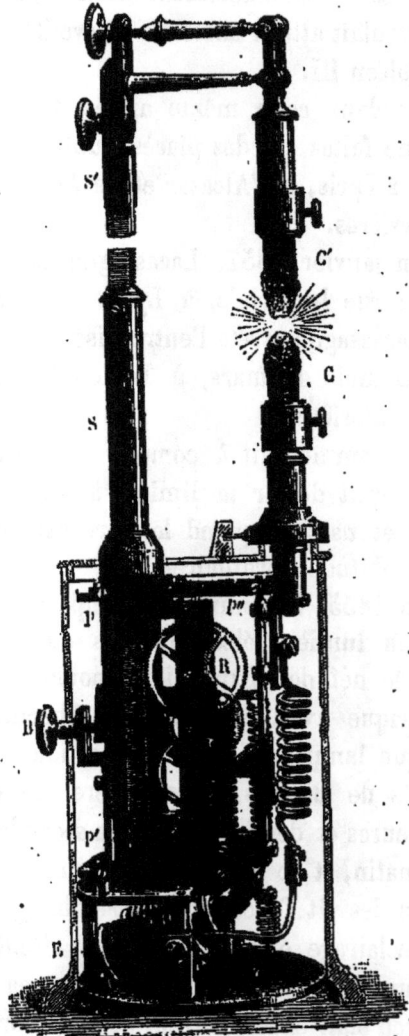

FIG. 6. — RÉGULATEUR DE LA LUMIÈRE ÉLECTRIQUE DE M. SERRIN.

aussitôt l'électroaimant, E, attire une armature de fer, à laquelle est fixé un parallélogramme en cuivre, PP′P″. Ce parallélogramme saisit la roue à ailettes R, l'embraye, et arrête la descente du charbon supérieur. Mais ce parallélogramme, composé de substance métallique conductrice, est relié au charbon inférieur, C. Par suite de son mouvement, il fait descendre le charbon inférieur, et de cette manière il détermine un écart des deux charbons, ce qui fait naître l'arc voltaïque. Quand les charbons se consument, par l'action de la haute température et de l'air, leur écart augmente ; mais l'électro-aimant, perdant de sa force, laisse libre le parallélogramme, qui rapproche les charbons, et ainsi de suite.

Le bouton B, sert à tendre ou à détendre le ressort antagoniste qui fait équilibre à l'action de l'électro-aimant F.

Le *régulateur Serrin* est, on le voit, une application du système de Léon Foucault, dans lequel les irrégularités du courant voltaïque qui produit la lumière, servent à amener le rapprochement régulier des deux charbons, mais une application singulièrement perfectionnée et merveilleusement entendue pour les fonctions diverses que doit remplir cet appareil. Le parallélogramme métallique qui oscille pour arrêter les rouages d'horlogerie, est une invention mécanique très ingénieuse et d'un effet remarquable.

C'est grâce au *régulateur Serrin* que l'éclairage électrique se répandit et se popularisa en France, depuis l'année 1860 jusqu'à l'année 1868.

Disons, par exemple, que c'est le régulateur Serrin qui fut adopté quand, pour la première fois, l'éclairage par l'électricité fut substitué à l'éclairage à l'huile, dans les phares de France. Le 25 novembre 1865, quatre régulateurs Serrin remplacèrent les lampes à huile dans les deux phares du cap de la Hève.

Nous ajouterons que ce même régulateur est encore aujourd'hui en usage, en dépit des bougies Jablochkoff. C'est ainsi que l'Hippodrome de Paris est éclairé en partie par des régulateurs Serrin adaptés aux charbons de l'arc voltaïque ; que le théâtre du Châtelet en fait également usage, et qu'une foule d'ateliers aujourd'hui éclairés par l'électricité fournie par la machine Gramme, n'emploient pas d'autre régulateur.

À l'Exposition universelle de 1855, M. Jaspar, constructeur à Liège (Belgique) montrait, pour la première fois, son régulateur, basé sur le système Archereau, et qui, successivement perfectionné par lui, devait obtenir la médaille d'or à l'Exposition universelle de 1878.

Ce régulateur réunit les types Archereau et Léon Foucault. Comme dans le système Archereau, un électro-aimant creux rétablit la distance normale entre les deux charbons, par l'intermédiaire de cordes et de poulies d'inégale longueur, et d'inégal diamètre, qui agissent sur les supports des charbons.

M. Jaspar donne à son régulateur une disposition très originale, qui ajoute beaucoup à l'effet lumineux. L'arc voltaïque pourvu de son régulateur est entièrement caché. Ainsi que le représente la figure 7, il est

enfermé dans un tube noir, suspendu par des tringles à un grand
réflecteur qui produisant l'effet d'un abat-jour, renvoie la lumière

FIG. 7 — LAMPE JASPAR.

de haut en bas, de manière à éclairer très vivement et sans blesser la
vue. Le courant est amené par les tringles, qui servent de conducteurs
opposés.

III

Suite des travaux de Léon Foucault. — L'expérience du pendule au Panthéon. — Le gyroscope. — Travaux de Léon Foucault à l'Observatoire de Paris. — Mort de ce physicien.

Pendant que l'éclairage électrique, issu de la fertile imagination de Léon Foucault, progressait ainsi, d'un pas assuré, dans la carrière, que faisait l'inventeur de ce système? Léon Foucault n'avait pas cessé de s'intéresser au succès qu'obtenait l'éclairage électrique auprès des physiciens et du public; mais son génie mécanique l'entraînait en d'autres directions. Nous n'avons pas à faire ici l'histoire particulière des découvertes de Léon Foucault en physique ni en astronomie; cependant nous ne pouvons nous empêcher de signaler une de ses découvertes qui constitue pour la France un titre de gloire nationale.

Qui ne connaît, qui n'a entendu parler de la célèbre expérience par laquelle Léon Foucault démontra et rendit visible, pour ainsi dire, à tous les yeux, le mouvement de déplacement de la terre?

Il est intéressant de savoir comment Léon Foucault fut mis sur la voie de son importante démonstration du mouvement de notre globe dans l'espace.

On sait que Galilée découvrit l'égalité de l'*isochronisme* des oscillations du pendule en observant le mouvement tranquille et régulier d'une lampe suspendue à la voûte de la cathédrale de Pise. C'est par un hasard semblable, fécondé également par l'observation et la réflexion, que Léon Foucault fut conduit à la découverte qui rendra son nom à jamais célèbre.

Pendant une excursion qu'il faisait sur les côtes de Normandie, à l'époque des vacances, Léon Foucault, en faisant la traversée de Honfleur au Havre, essuya une tempête d'une extrême violence. Le bateau à vapeur était affreusement ballotté par les vagues. Roulis et tangage mettaient les passagers aux plus rudes épreuves. Seul peut-être, parmi le petit équipage, Léon Foucault demeurait insensible aux fureurs de la mer. Il était tout entier à l'examen d'un phénomène qui frappait vivement son esprit. Pendant que le bateau, sous l'impulsion des vagues, exécutait des mouvements désordonnés, une petite vergue, suspendue au sommet d'un mât, demeurait immobile, ou pour mieux dire, tout en suivant le mouvement de translation du bateau, ne sortait pas un seul instant du plan qu'elle occupait dans l'espace.

Pour un physicien observateur, il y avait là le germe d'une démonstration de la réalité du mouvement de translation de la terre, démonstration expérimentale que l'on cherchait, depuis Galilée, sans l'avoir trouvée.

C'est ce que Léon Foucault ruminait dans sa tête, en descendant du bateau à vapeur du Havre, pour revenir à Paris. Mais il fallait vérifier le fait par une expérience directe. Il fallait s'assurer qu'avec une tige aussi longue que le mât du bateau à vapeur, le point de suspension, le point le plus élevé, demeurerait immobile dans le même plan, pendant que la terre se déplacerait au-dessous, par son mouvement propre.

Le philosophe romain Sénèque a écrit, dans ses *Lettres morales*, un chapitre sur le *Mépris des richesses*. Mais il faut ajouter que le même Sénèque, précepteur et ministre de Néron, jouissait d'une fortune d'un million de sesterces; ce qui était une manière de protester par ses actions contre la thèse qu'il avait soutenue dans ses écrits. La richesse n'est pas, en effet, un élément inutile à un philosophe qui veut pénétrer les arcanes de la nature. Si Léon Foucault n'eût été qu'un pauvre diable, logé dans une mansarde, il n'eût jamais trouvé le moyen d'exécuter l'expérience qui le mit sur le chemin de la gloire. Il habitait, depuis la mort de sa mère, une jolie maison de la rue d'Assas, qui lui appartenait. Il put donc, sans avoir à s'inquiéter ni du propriétaire, ni des voisins, ni d'un cerbère en loge, faire l'étrange expérience que voici. Au plus haut de la voûte de l'escalier de sa maison il attacha une tige métallique, grâce à un mode de suspension, chef-d'œuvre de son ami Gustave Froment, qu'ont admiré tous les connaisseurs en mécanique, et il fit descendre cette tige jusque dans la cave, en lui pratiquant un passage suffisant à travers le sol, au rez-de-chaussée. Il obtint ainsi un pendule aussi haut que le mât du bateau à vapeur qu'il avait observé, et à l'extrémité inférieure de ce pendule, c'est-à-dire dans la cave, il attacha une masse pesante.

Il reconnut, en faisant osciller cette immense tige pourvue de sa masse pesante, que le point d'attache au sommet de la maison demeurait toujours dans le même plan, tandis que la terre se déplaçait au-dessous de lui. Et ce déplacement, il le rendit sensible par un moyen ingénieux. Il présentait à la masse terminale du pendule, taillée en pointe, de petits tas de sable. La pointe démolissait successivement ces tas de sable. C'était évidemment la terre qui, en se déplaçant, venait présenter les petits amas sablonneux à l'extrémité du pendule qui, lui-même, ne sortait pas de son plan.

Cette expérience fit grand bruit dans Paris; elle fut bientôt transportée de la maison de la rue d'Assas à l'Observatoire, dans la grande salle de la Méridienne.

Le président de la République, le prince Louis-Napoléon, informé de cette belle découverte, voulut qu'elle fût répétée magnifiquement. C'est à l'intérieur du Panthéon, sous la coupole, que fut installé, au mois de février 1851, le pendule de Léon Foucault. Le point de suspension à la voûte, de l'extrémité de cette interminable tige, était, comme nous l'avons déjà dit, un chef-d'œuvre d'art et de précision, dû à Gustave Froment. Des monticules de sable humide, installés sur une petite galerie circulaire, recevaient, à chaque oscillation, le choc d'une pointe fixée à la boule du pendule. A chaque retour du pendule, la brèche ainsi formée s'agrandissait de quelques millimètres, vers la gauche de l'observateur. Par ce remarquable artifice, l'habile expérimentateur rendait sensible à tous les yeux le sens invariable suivant lequel se produit le mouvement de la terre.

L'histoire de la science contemporaine compte bien peu d'exemples d'une expérience ayant aussi vivement frappé l'esprit du public et celui des savants. Ce fut, en France, un succès populaire pour l'auteur, et à l'étranger, un concert unanime d'admiration et d'éloges.

La démonstration qu'il donnait du mouvement de la terre par cet imposant système, Léon Foucault la reproduisit, en 1852, dans un appareil, de dimensions ordinaires, qui est aujourd'hui classique dans les cabinets de physique et dans les écoles, et que l'on désigne sous le nom de *gyroscope*.

De nouveaux travaux, qu'il publia sur la chaleur et le magnétisme, achevèrent de faire connaître Léon Foucault comme un savant de premier ordre.

Dès lors, les distinctions lui arrivèrent de tous les côtés. Tandis que la *Société royale de Londres* lui décernait la médaille de Copley, il entrait, en qualité de physicien, à l'Observatoire de Paris, en 1855.

C'est vers cette époque qu'il imagina une expérience extrêmement remarquable, aujourd'hui décrite dans tous les Traités de physique, et qui consiste à mettre en évidence, par un exemple qui frappe les yeux, la conversion du travail mécanique en chaleur. Dans cette expérience, éminemment propre à mettre en évidence la grande théorie moderne de la conversion mutuelle des forces les unes dans les autres, on pro-

FIG. 8 — L'EXPÉRIENCE DU PENDULE DE LÉON FOUCAULT SOUS LA COUPOLE DU PANTHÉON, EN 1851.

duit une température très élevée, à l'aide d'un simple aimant.

Prenant au sérieux son rôle de physicien de l'Observatoire, Léon Foucault s'ingénia à perfectionner les instruments de physique de cet établissement. Adaptant au télescope à réflexion des miroirs argentés par un procédé à lui, il donna à cet instrument beaucoup de puissance et de netteté. Puis, il changea la forme de ces miroirs : de sphérique qu'elle était, il la fit parabolique, prouvant qu'on obtenait ainsi de meilleurs effets. Il surveillait tous les détails de la fabrication de ces miroirs, et inventait un procédé pour reconnaître s'ils avaient bien la forme voulue.

Ces travaux désignaient Léon Foucault pour remplir une place, de création récente, au Bureau des Longitudes : il obtint cette place, en 1862.

C'est alors que, reprenant un projet annoncé en 1850, il mesura directement la vitesse de la lumière, à l'aide de l'appareil à miroirs tournants. Il reconnut que cette vitesse était de 298 millions de mètres par seconde, et non de 308 millions, comme on l'avait cru jusqu'alors.

Léon Foucault remplaça Clapeyron à l'Académie des sciences, en janvier 1865.

Ce ne fut pas, d'ailleurs, sans une très longue attente qu'il fut admis dans l'illustre aréopage. Ses travaux, universellement admirés, marquaient depuis longtemps sa place dans la section de physique de l'Institut. Mais il avait remplacé le Dr Donné dans la rédaction du feuilleton scientifique du *Journal des Débats*, et l'indépendance de ses jugements, en ce qui concerne les travaux scientifiques qu'il avait mission de faire connaître au public, ne lui avait pas créé des appuis parmi les membres de l'Institut. Ce fut par un concours de circonstances inattendues, qu'il fut admis aux honneurs du fauteuil académique, où il ne devait, d'ailleurs, siéger que peu d'années.

Ce qui fait le mérite de Léon Foucault, c'est la grande originalité de son esprit scientifique. Aucune de nos grandes écoles ne l'avait formé; aucun maître ne l'avait guidé; aucune théorie, aucune formule toute faite, ne s'étaient imposées à son esprit. Il restait constamment lui-même. Doué du génie inventif par excellence, il a usé sa vie à chercher et à trouver des solutions aux problèmes les plus divers, passant, avec une étonnante facilité, des questions de physique à celles de mécanique.

En raison même de cette ardeur d'esprit qui le poussait toujours en avant, il prenait rarement la peine d'exposer les principes qui l'avaient guidé dans ses recherches, et bien qu'il maniât très facilement la plume, il n'a laissé aucun ouvrage. C'était par une sorte de tour particulier de son esprit, qu'il dédaignait le secours du calcul. Contrairement aux principes de la majorité des physiciens, il entendait ne demander qu'à l'expérience seule des conclusions que l'on tire, d'ordinaire, par la voie des mathématiques, d'un fait, une fois bien acquis par l'expérience. Ce que la plupart des physiciens auraient déduit simplement des résultats de l'analyse algébrique, ou intégrale, il s'attachait, lui, à le découvrir directement, par l'expérience.

On ne saurait prononcer avec assurance sur les avantages d'une telle marche dans la voie des découvertes scientifiques. Ce qui est certain, toutefois, c'est que ce mépris du calcul obligeait Léon Foucault à de prodigieux efforts de réflexion, d'observation et de mémoire.

Cette perpétuelle tension d'esprit, qui faisait succéder des nuits sans sommeil à des jours sans repos, devait finir par briser son intelligence et son corps.

Le 10 juillet 1867, dans la force de l'âge et du talent, Léon Foucault fut frappé d'une attaque d'apoplexie. Les premiers symptômes de la paralysie s'annoncèrent, chez lui, par un engourdissement de la main, qui l'empêchait de signer son nom. Dès la première heure, il se sentit perdu. Il avait trop de connaissances en médecine pour se faire illusion sur le sort qui l'attendait. Bientôt, la langue s'embarrassa ; ensuite la vue fut abolie. Tout ce qui sert à la manifestation extérieure de la pensée, lui faisait défaut, alors que son intelligence demeurait intacte.

L'infortuné savant eut donc la douleur de se voir mourir peu à peu, et d'assister à la destruction partielle de son être. Il vit s'éteindre graduellement cette lumière intérieure, qui avait brillé d'un si vif éclat, et qui l'avait classé parmi les gloires de la science française. Ses amis, ses parents, assistaient, avec un morne chagrin, aux efforts qu'il faisait pour exprimer, par quelques mots incohérents, le désespoir de son âme. « Mon Dieu ! mon Dieu ! que vous ai-je fait ? » s'écriait-il, quelquefois, à travers mille difficultés. Mais le plus souvent, un seul mot s'échappait de ses lèvres contractées, et ce mot c'était : « Malheur ! »

Le 11 février 1868, Dieu mit un terme à son long martyre. Léon Foucault expira, en prononçant encore le mot funeste : « Malheur ! »

IV

Invention de la bougie électrique. — La vie et les travaux de M. Paul Jablochkoff. — Description de la bougie électrique. — Applications réalisées en 1876, 1878 et 1879, de l'éclairage électrique avec le système Jablochkoff.

En 1868, à l'époque de la mort de Léon Foucault, la question de l'éclairage par l'électricité était encore peu avancée. L'application de la machine magnéto-électrique de la Compagnie *l'Alliance*, au moyen de laquelle on produit de l'électricité sans l'emploi de pile voltaïque, et par le seul effet de la transformation en électricité du mouvement de fils conducteurs tournant autour d'aimants naturels, avait sans doute prouvé que l'on pouvait engendrer de la lumière dans des conditions très pratiques; mais le défaut de l'éclairage électrique, chose singulière! résidait dans sa puissance même. Le singulier reproche que quelques opposants aveugles avaient adressé au gaz, à l'époque de ses débuts, celui d'éclairer trop, était le principal argument que l'on présentait contre l'éclairage électrique. On l'accusait de donner une lumière éblouissante. On regrettait de ne pouvoir distribuer en un certain nombre de modestes flambeaux cet étincelant foyer : on aurait voulu pouvoir le diviser en petites masses éclairantes, de la seule force d'une lampe Carcel. Mais aucun moyen n'avait encore été trouvé pour transformer cette magnifique source lumineuse en un éclairage domestique, de nature à s'introduire dans les maisons et les appartements. La lumière électrique recevait quelques applications; mais tout se bornait à l'éclairage des chantiers de travaux, pendant la nuit, ou à des éclairages de *gala*, dans les nuits de fête, chez les ambassadeurs et les banquiers.

Le *régulateur Serrin* servait à effectuer ce mode d'éclairage, dans les rares occasions où l'on y avait recours, et les éléments de Bunsen étaient les générateurs de l'électricité.

Mais tous les régulateurs de lumière électrique sont coûteux, délicats, et ne peuvent être maniés que par des physiciens de profession.

Aussi les appréciations des savants concernant l'avenir de la lumière électrique, étaient-elles fort peu encourageantes. Nous n'en voulons pour preuve que le jugement que portaient deux physiciens de mérite, MM. Boutan et d'Almeida, sur l'utilité de l'éclairage électrique, dans leur *Cours de physique*, publié en 1869:

« La lumière de l'arc voltaïque a été bien souvent essayée pour l'éclairage des villes, disent ces auteurs, et jusqu'ici elle l'a été sans succès... Ces petits soleils disséminés sur les places et dans les carrefours, fatigueront les habitants, éblouis par l'éclat insupportable d'une lumière aussi vive. On demandera à revenir immédiatement au mode actuel d'éclairage. On pourrait, à la vérité, amortir l'éclat par des verres dépolis; mais alors la perte serait considérable, et comme la production d'électricité est très coûteuse, nous ne voyons pas trop l'avantage qu'il y aurait à substituer cette lumière affaiblie à celle du gaz. »

Pauvres MM. Boutan et d'Almeida! vous étiez mauvais prophètes! Un intervalle de quelques années devait démentir vos prévisions.

C'est en 1876 qu'un véritable coup de théâtre se produisit dans la question de l'éclairage électrique, et qu'une révolution, dans la bonne acception du mot, se fit dans cette industrie savante. Pendant que les électriciens s'évertuaient à perfectionner les régulateurs de lumière, dont le nombre s'accroissait tous les jours, sans aucun profit, une invention du caractère le plus original, surgit, et vint rejeter dans l'ombre tous ces appareils mécaniques.

D'où nous venait la bougie électrique, où avait-elle pris naissance?

C'est du nord aujourd'hui que nous vient la lumière.

Ce vers de Voltaire s'applique parfaitement à l'origine de la découverte dont nous parlons. C'est, en effet, la Russie qui apporta au reste de l'Europe le précieux et nouveau flambeau qui, par sa simplicité et son cachet usuel, mérite parfaitement le nom de *bougie électrique* que lui donna l'inventeur.

La *bougie électrique* supprime toute espèce de mécanisme. Plus de rouages d'horlogerie, plus d'électro-aimant, aucun de ces engins de cuivre, de fer et d'acier, qui compliquent l'éclairage. Le charbon brûle de haut en bas, régulièrement, tranquillement, comme une bougie, et sans autre secours que lui-même.

Cette invention parut une merveille, et elle était, en effet, merveilleuse. A son apparition, l'industrie de l'éclairage électrique fut créée, pour ainsi dire, tout d'un coup. Les hommes de finances, qui, jusque-là, avaient considéré avec indifférence l'industrie de la lumière électrique, entrèrent avec une ardeur sans égale dans la nouvelle carrière qui leur était ouverte. Grâce aux capitaux dont on put aussitôt disposer pour son exploitation, la bougie électrique servit à l'éclairage dans certain nombre de magasins, d'établissements publics et de lieux de réunion, sans parler des places publiques et des chantiers de travaux. La bougie électrique forçait les portes qui étaient restées fermées devant les régulateurs.

C'est la Russie, disons-nous, qui avait fait à l'Europe ce magnifique présent de la science et de l'industrie. C'est, en effet, à un savant russe, à M. Paul Jablochkoff, qu'est due l'invention de la bougie électrique.

M. Paul Jablochkoff est né à Serdobsk (gouvernement de Saratow), le 14 septembre 1847. Il appartient à une famille distinguée, en possession d'une certaine aisance. Son père était conseiller municipal et membre du Conseil général de sa province. Son frère était, à l'âge de 28 ans, lieutenant-colonel du génie, et il avait fait partie, en qualité d'ingénieur, de l'expédition qui fut conduite dans l'Asie centrale par l'illustre Solokef, le héros moscovite, dont sa patrie déplore encore la perte. Le lieutenant-colonel Jablochkoff périt glorieusement, sur le champ de bataille, pendant cette expédition.

Destiné, comme son frère, au métier des armes, le jeune Paul Jablochkoff fit ses études à l'École du génie militaire de Saint-Pétersbourg. Il en sortit, en 1866, à l'âge de 19 ans, avec le grade de lieutenant, dans le 5ᵉ régiment de sapeurs, qui tenait garnison à Kiew.

Comme il manifestait déjà un goût décidé pour les sciences, il fut envoyé à l'École militaire *galvano-technique*, établissement que le gouvernement russe a créé pour former les officiers qui auront à accomplir, au régiment, des travaux nécessitant des connaissances spéciales en physique ou en mécanique. Entré dans cette école en 1868, M. Paul Jablochkoff la quitta, après avoir terminé les études auxquelles on y est astreint, et il retourna dans son régiment de sapeurs, pour y faire le service qui est obligatoire pour les officiers sortis de cette école.

Son service militaire dura deux ans. Il avait la double qualité de *chef de la compagnie des mines galvaniques* et *d'aide de camp de régiment*, grade particulier à l'armée russe.

Dans la *compagnie des mines galvaniques*, le jeune officier commença de s'initier, par la voie pratique, aux phénomènes généraux de l'électricité. Ses aptitudes pour les sciences, particulièrement pour l'électricité, ayant été remarquées de ses chefs, il fut appelé, en 1871, à la direction générale des télégraphes de Moscou à Koursk.

Comme directeur d'une ligne télégraphique assez étendue, M. Jablochkoff eut à sa disposition les ateliers où se construisaient et se réparaient tous les appareils télégraphiques; ce qui lui permit d'étudier de près l'électricité, au point de vue pratique. C'est alors qu'il commença de s'intéresser au perfectionnement de l'éclairage électrique, question qui occupait un certain nombre de physiciens de l'Europe.

Son attention fut particulièrement appelée sur la nécessité de perfectionner ou de supprimer les régulateurs de la lumière voltaïque, dans une circonstance qu'il est intéressant de rapporter.

En 1872, le parti nihiliste russe n'inspirait pas encore sans doute toutes les appréhensions qu'il devait faire naître et justifier plus tard par d'horribles attentats, cependant il commençait à éveiller assez de craintes pour que l'on jugeât prudent de veiller sur les jours de l'Empereur. Lorsque Alexandre II voyageait sur la ligne de Moscou à Koursk, ordre était donné d'éclairer la voie, à grande distance en avant, par un foyer électrique. Comme directeur de la ligne télégraphique entre ces deux villes, M. Jablochkoff était chargé d'installer et de surveiller l'appareil d'éclairage de la voie, et quand le train impérial voyageait, pourvu de ce puissant moyen d'éclairage (fig. 9), il se plaçait sur la locomotive, en tête du train, à côté du mécanicien.

Ainsi exposé aux chocs et trépidations du convoi, le régulateur de la lumière électrique était soumis à une rude épreuve, et il n'en sortait pas toujours à son avantage. M. Jablochkoff était obligé de porter souvent remède aux dérangements de son mécanisme. Il est donc probable que ce fut la conviction, qui entra alors profondément dans son esprit, de l'insuffisance des régulateurs de lumière, qui amena notre jeune physicien à l'idée de supprimer un engin par trop délicat.

En 1875, M. Jablochkoff prit la grave résolution de renoncer à son emploi dans le service télégraphique, pour s'adonner à des recherches scientifiques, dont la pensée l'occupait sans cesse. C'est en vain que l'administration voulut retenir un employé dont la supériorité était reconnue. Il résista à toutes les offres qui lui étaient faites. Son intention était de se perfectionner dans la connaissance de l'électricité, pour mener à bien un système tout nouveau qu'il entrevoyait et qui consistait à faire brûler sans aucun appareil les charbons de l'arc voltaïque consacrés à l'éclairage.

L'Amérique préparait alors son Exposition universelle de Philadelphie, et l'on annonçait que l'on y verrait des merveilles. La promesse ne fut, d'ailleurs, aucunement justifiée, car l'Exposition de Philadelphie de 1876 fut assez médiocre. Elle avait toutefois excité, par avance, de grandes

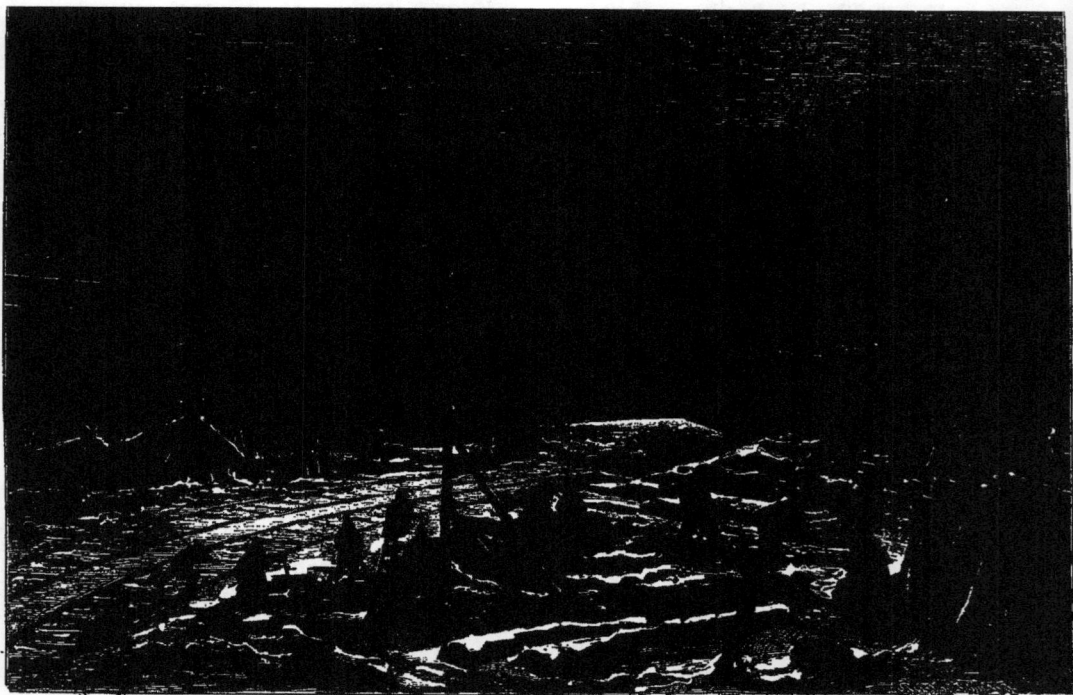

FIG. 9. — LE TRAIN IMPÉRIAL DE RUSSIE, SUR LE CHEMIN DE FER DE MOSCOU A KOURSK, ÉCLAIRÉ PAR L'ÉLECTRICITÉ.

espérances à l'étranger. M. Jablochkoff résolut de se rendre à Philadelphie, pour y étudier l'état et les ressources de l'éclairage par l'électricité.

Pour un Russe, Paris est sur le chemin de l'Amérique. M. Jablochkoff s'arrêta donc à Paris, avant de s'embarquer pour le Nouveau Monde.

On raconte que plus d'un peintre ou d'un antiquaire, arrivés à Rome, pour y faire un séjour d'une semaine, pendant le cours d'un voyage en Italie, n'ont plus quitté la ville éternelle, séduits par l'abondance et l'intérêt des richesses de toute sorte qu'elle leur offrait Ainsi il advint à M. Jablochkoff, qui, s'arrêtant à Paris pour quelques jours, n'en est plus sorti. La capitale de la France présentait au savant voyageur en quête d'études techniques, ce que nulle autre cité des deux mondes n'aurait pu lui offrir, et Philadelphie était bien loin de réunir, en ce qui concerne l'électricité et les arts qui s'y rattachent, les ressources que Paris renferme.

C'est ce que fit comprendre à M. Jablochkoff le chef de la maison Bréguet, avec lequel le voyageur russe s'était mis en rapport, dès son arrivée à Paris. Il y avait en ce moment, à Londres, une exposition nationale d'appareils scientifiques : M. Bréguet offrit à l'ingénieur russe d'aller représenter sa maison à cette Exposition. C'était pour notre jeune physicien la meilleure manière de s'initier à l'état de la question qu'il voulait étudier, et au lieu d'un coûteux voyage dans le Nouveau-Monde, il trouvait une juste rémunération de son temps et de son travail

L'Exposition américaine fut donc oubliée; Londres prit la place de Philadelphie.

Ayant accompli à Londres l'office que lui avait confié M. Bréguet, M. Jablochkoff revint à Paris, et il se trouva naturellement dans les meilleurs rapports avec le savant physicien-constructeur, digne héritier d'un nom célèbre. M. Bréguet mit ses ateliers à la disposition de M. Jablochkoff, pour perfectionner une invention dont il avait apporté avec lui l'idée, mais qui attendait encore son complément. C'est ce que l'on va comprendre, et l'on verra, en même temps, par quelle suite d'observations M. Jablochkoff a réalisé sa découverte.

Voulant supprimer toute espèce de mécanisme dans l'éclairage par l'électricité, désirant rendre inutile un régulateur quelconque, et faire brûler l'arc lumineux qui jaillit entre les deux conducteurs comme brûle une bougie ou une chandelle, M. Jablochkoff avait eu une idée qui m'a personnellement — et je ne crois pas être le seul — frappé d'admiration, quand j'en ai eu connaissance pour la première fois. Il avait eu la pensée de disposer les deux baguettes de charbon parallèlement en face l'une de l'autre, en les séparant par une substance devenant, à la chaleur rouge, conductrice de l'électricité, telle que le kaolin ou le plâtre, et de faire décharger le courant électrique entre les extrémités supérieures des deux charbons. Le kaolin, ou le plâtre, fondent, par la température prodigieusement élevée du foyer électrique. Dès lors, à mesure que les charbons s'usent par leur combustion à l'air, le plâtre qui les sépare fond également, se volatilise, et disparaît; de sorte que les deux baguettes de charbon brûlent régulièrement et de haut en bas, comme une chandelle ou une bougie. De là le nom de *bougie électrique*, parfaitement justifié, de titre et de fait.

Évidemment l'idée est charmante. Seulement — il y a un seulement, et il est grave — les deux charbons ne brûlent pas avec la même vitesse. Tous les électriciens savent depuis longtemps que dans l'éclairage électrique par les cônes de charbon, le charbon attaché au pôle positif brûle deux fois plus vite que le charbon négatif. C'est ce qui arrivait avec la bougie de M. Jablochkoff. Le charbon positif s'usant plus rapidement que le charbon opposé, les deux pointes libres n'étaient bientôt plus en regard l'une de l'autre, et le courant électrique ne passait plus : la bougie s'éteignait, et de cet inconvénient fondamental M. Jablochkoff n'avait jamais pu triompher.

C'est dans les ateliers de M. Bréguet qu'il trouva, après huit mois d'expériences, la solution qu'il cherchait. La machine *magnéto-électrique*, dite de la Compagnie *l'Alliance*, qui sert à engendrer l'électricité au moyen d'un assemblage de fils conducteurs tournant autour d'aimants naturels, donne des courants alternatifs. Quand l'électricité est employée à faire naître de la lumière, le courant qui traverse les deux charbons, est tantôt positif et tantôt négatif. Ce système était le salut dans le cas de M. Jablochkoff, et l'inventeur le comprit dès qu'il fut initié au jeu de la machine *magnéto-électrique* de la Compagnie *l'Alliance*. En se servant, pour composer l'arc voltaïque, de cette machine, au lieu d'une pile de Bunsen, on obtenait une usure égale des deux charbons, parce que chaque charbon recevant alternativement les deux courants contraires, les deux pointes brûlaient avec la même vitesse, sans que le circuit électrique fût jamais interrompu.

Ainsi fut portée à sa perfection, par l'inventeur, la bougie électrique.

La *bougie Jablochkoff* se compose, en résumé, de deux baguettes de charbon placées parallèlement l'une à côté de l'autre, à une distance convenable, et qui dépend de l'intensité de la source électrique. Ces charbons sont séparés par une matière isolante, fusible et volatile, c'est-à-dire par du kaolin ou du plâtre, ce qui donne au tout l'apparence d'une bougie.

L'extrémité des deux charbons est seule visible. Ces deux extrémités sont donc comme deux mèches de bougies, placées en regard l'une de l'autre.

P. JABLOCHKOFF.

C'est entre les deux extrémités libres que jaillit l'arc voltaïque, lorsqu'on met les deux extrémités inférieures en communication avec le courant

6

électrique (fig. 11). A mesure que les charbons brûlent, le plâtre qui les entoure, fond, comme le corps gras d'une bougie; il se volatilise, et laisse ainsi à nu continuellement la même longueur des deux charbons, nécessaire à l'entretien de l'arc lumineux.

Il suffit donc de placer cette espèce de bougie dans le lieu qu'il s'agit d'éclairer, et de la mettre en rapport avec la source électrique, pour obtenir l'effet qu'on produit avec l'attirail mécanique compliqué d'un *régulateur de lumière.*

Les bougies Jablochkoff sont renfermées dans un globe de verre dépoli, qui a pour effet d'atténuer le trop vif éclat de l'arc électrique, lequel, vu directement, blesserait les yeux.

Nous représentons dans la figure 12 le globe de verre qui enveloppe la bougie Jablochkoff, ainsi que le disque sur lequel sont posés les *porte-charbon.*

Chaque *porte-charbon* consiste simplement en un ressort qui presse la base de la bougie contre un support métallique.

Cinq ou six bougies électriques, avec le *porte-charbon*, sont placées dans chaque globe. Quand une des bougies est consumée,

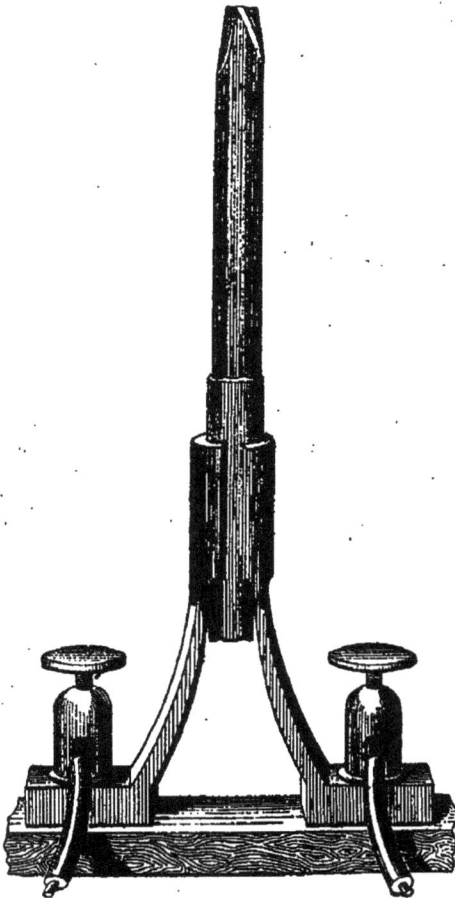

Fig. 11. — BOUGIE JABLOCHKOFF.

une autre doit la remplacer, et il ne faut pas que l'éclairage soit interrompu, pendant l'instant de ce remplacement. A cet effet, à chaque intervalle d'une heure et demie environ, un surveillant vient faire tourner le disque mobile qui supporte les bougies, et mettre, par ce mouvement, une bougie nouvelle en communication avec le courant électrique.

On appelle *commutateur* le disque mobile qui permet, par son déplacement, de faire communiquer une nouvelle bougie avec le courant. C'est avec une clef dont il est porteur que le surveillant fait marcher le *commutateur*.

Toutefois, la nécessité de se pourvoir d'un gardien était un inconvénient. M. Jablochkoff est parvénu, grâce à une ingénieuse application de la dilatation des métaux par la chaleur, à rendre le remplacement des charbons automatique.

Un petit levier métallique coudé porte sur la partie tout à fait inférieure de la bougie. Lorsque la bougie a été usée jusqu'en ce point, la tige métallique manque de point d'appui ; dès lors, elle bascule et vient s'appliquer sur la bougie suivante, dans laquelle elle fait passer le courant.

Une bougie Jablochkoff de 25 centimètres de long et de 4 millimètres de large, dure une heure et demie. La couleur de la lumière dépend de la matière employée pour séparer les charbons. Avec le kaolin, la lumière est blanche ; avec le plâtre, elle est plus ou moins rosée.

Nous ne représentons qu'une seule bougie dans la figure ci-contre, pour simplifier le dessin ; mais, en réalité, comme il est dit plus haut, chaque globe enveloppe cinq ou six bougies. Le courant passe de l'une à l'autre chaque heure et demie ; soit que le gardien vienne pousser à la

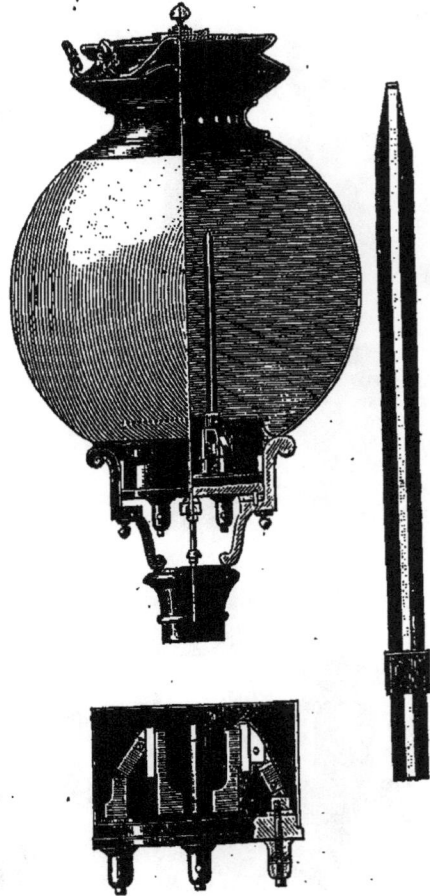

Fig. 12. — GLOBE DE LA BOUGIE JABLOCHKOFF ET DISQUE MOBILE, AVEC SON PORTE-CHARBON.

main le *commutateur*, soit que le *commutateur* fonctionne automatiquement, par le moyen mécanique que nous venons de décrire.

La bougie Jablochkoff, qui simplifiait d'une façon inespérée l'éclairage par l'arc voltaïque, donna une impulsion considérable à cette branche de l'industrie. A partir de l'année 1876, date de la découverte du physicien russe, l'éclairage électrique prit un essor qui ne devait plus s'arrêter.

Une compagnie financière qui s'était formée pour exploiter les brevets de M. Jablochkoff, avait proposé au Conseil municipal de la ville de Paris d'éclairer, par ce nouveau procédé, la place et toute l'Avenue de l'Opéra jusqu'au Théâtre-Français, pour le même prix, à lumière égale, qui était payé à la Compagnie du gaz. Le Conseil municipal avait accepté cette offre ; de sorte que le 31 mai 1878, une magnifique rangée de candélabres, portant des globes Jablochkoff, faisait son apparition sur la place et sur l'Avenue de l'Opéra.

L'éclairage par le système Jablochkoff ainsi établi au centre du plus beau quartier de la capitale, vint donner la preuve de sa puissance et de ses avantages. Nous entrerons dans un autre chapitre, c'est-à-dire en parlant des applications diverses de l'éclairage électrique, dans les détails techniques qui concernent l'installation du système Jablochkoff à l'Avenue de l'Opéra. Nous nous contentons, pour le moment, de signaler le fait.

La démonstration, que donnait, chaque soir, l'éclairage électrique de la place et l'Avenue de l'Opéra, porta ses fruits. Bientôt, des magasins, des ateliers, plusieurs places ou rues, des établissements publics, l'Hippodrome et quelques gares de chemins de fer, furent illuminés par le nouveau système.

Les magasins du Louvre adoptèrent les premiers ce mode d'éclairage. Le danger d'incendie qui est inhérent à l'éclairage au gaz, dans des pièces remplies d'étoffes, de tissus légers et de toutes sortes d'objets inflammables, était la principale cause qui avait décidé le propriétaire de ces vastes magasins de confection à adopter le nouveau moyen d'éclairage. L'incendie des magasins du Grand-Condé, la même catastrophe arrivée aux magasins du Grand-Monge, et plus tard à ceux du Printemps, occasionnés tous par le gaz, parlaient éloquemment en faveur d'un procédé d'éclairage dans lequel la lumière, contenue dans un globe de verre, ne peut jamais communiquer au dehors ni flamme, ni chaleur.

L'éclairage des Magasins du Louvre commença, en 1878, par la rotonde qui porte le nom de *Halle Marengo*. Six mois après, douze foyers nouveaux étaient installés dans d'autres salles du rez-de-chaussée. Le chef de cet établissement prit là une initiative, qu'il est juste de constater.

Dans certains hôtels, tels que l'hôtel Continental et le Grand-Hôtel, le système Jablochkoff fut également adopté.

A l'Hôtel Continental (fig. 13), la lumière électrique fournie par les bougies Jablochkoff produisait un effet éminemment curieux au milieu des ornements et des peintures, à caractère arabe, de la *Salle mauresque*.

FIG. 13. — LA SALLE MAURESQUE DE L'HÔTEL CONTINENTAL, A PARIS, ÉCLAIRÉE PAR LES LAMPES JABLOCHKOFF.

Mais l'effet le plus artistique fut obtenu dans la cour du Grand-Hôtel. Au milieu de cette cour est un grand bassin circulaire, entouré d'une bordure de fleurs et de plantes vertes (fig. 14). Du centre de ce bas-

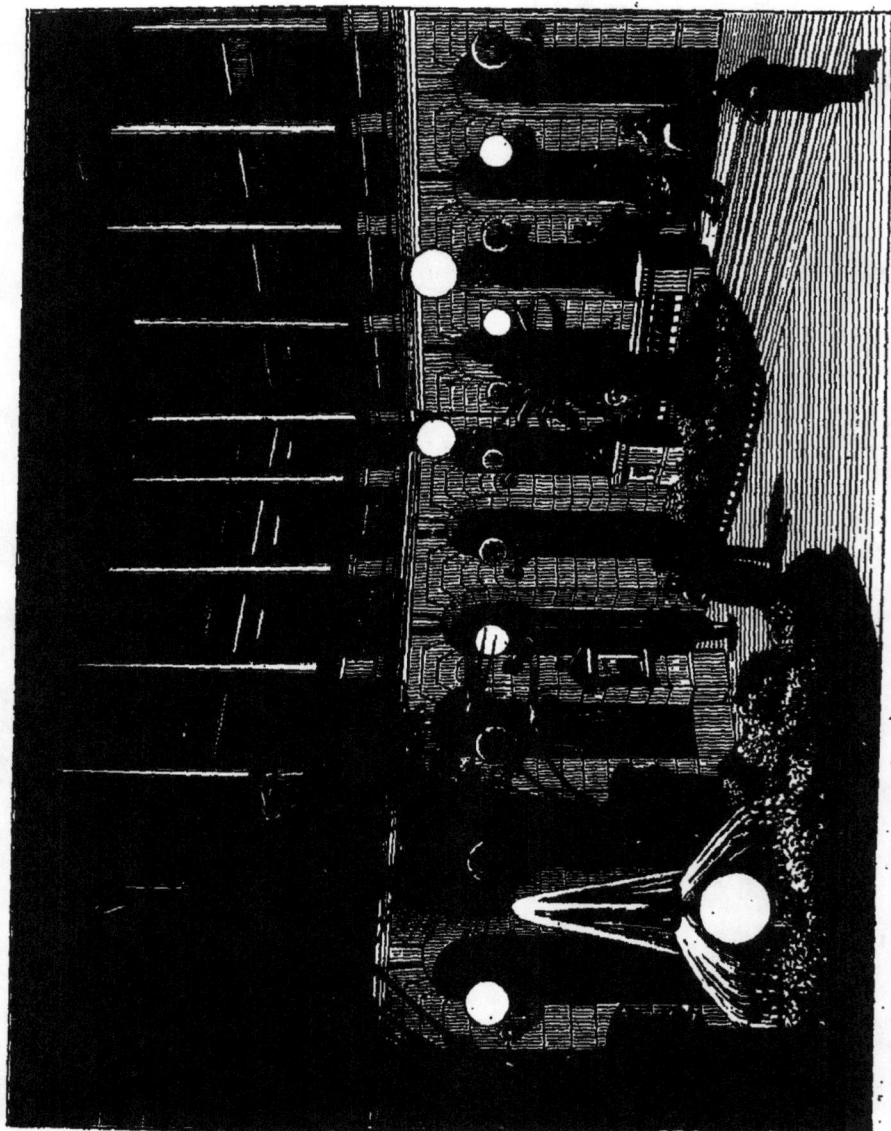

FIG. 14. — LA COUR ET LE BASSIN DU GRAND HÔTEL, A PARIS, ÉCLAIRÉS PAR LES LAMPES JABLOCHKOFF.

sin, un peu au-dessus du niveau de l'eau, s'élève un socle, supportant un large globe opalin, surmonté lui-même d'un plateau convexe. Le tout est dominé par une vasque d'eau qui tombe en gerbes, avec pulvérisation d'une partie de liquide. La lumière traversant l'enveloppe d'opale et la nappe d'eau qui en ruisselle, produit de très jolis effets,

On fit, à Rome, à la même époque, une application de la lumière Jablochkoff des plus intéressantes, au point de vue artistique. Nous voulons parler de l'éclairage du Colisée.

Le Colisée n'est pas la plus vaste ruine de l'ancienne Rome ; car les Thermes de Caracalla, qui pouvaient recevoir trois mille baigneurs à la fois, et dont les immenses salles, promenoirs, piscines et galeries, occupent autant d'espace qu'une petite ville, lui sont bien supérieurs en étendue ; mais c'est le plus architectural des monuments de l'antiquité. Rien ne donne mieux l'idée de l'énorme chiffre de la population de la Rome impériale, que ce cirque colossal où cent mille spectateurs trouvaient à s'asseoir commodément. Commencé sous Vespasien, inauguré pendant le règne de son fils, Titus, le Colisée, après avoir subi, au temps des barbares et au Moyen âge, les plus rudes assauts, est encore debout aujourd'hui, ébréché sans doute, mais toujours imposant et superbe.

Quand on embrasse d'un coup d'œil l'intérieur de cette construction monumentale, on comprend que l'on est bien en présence du lieu de plaisirs d'un peuple cruel et pourtant raffiné. On voit encor les traces du *velarium*, immense tente, composée de la réunion de trois cents voiles de navires, que manœuvrait une armée de marins, et qui arrêtait les rayons du soleil. On reconnaît que les gradins étaient partagés en trois étages, et que chaque étage était desservi par des galeries voûtées, servant de promenoirs pendant les intermèdes. On voit les *vomitorii*, qui laissaient entrer et sortir librement le public, pendant toute la durée du spectacle ou des combats. On aperçoit même les fenêtres des caves, encore garnies de barreaux, où l'on renfermait les bêtes féroces. Le bas peuple se logeait au haut de l'édifice. Les gradins du milieu appartenaient au gros de la population : jeunes hommes nouvellement revêtus de la robe virile, vestales au long voile, nobles dames, sénateurs, esclaves et affranchis. Les patriciens se plaçaient près de l'arène, sur une estrade aux draperies de pourpre.

L'aspect de cette arène rappelle involontairement à l'esprit du visiteur ces tueries d'hommes que les consuls ou les empereurs offraient à une multitude sanguinaire et blasée. Les scènes de carnage et de mort, la vue de la souffrance et de l'agonie, étaient les distractions favorites des Romains.

Pendant l'inauguration du Colisée de Titus, qui dura cent jours, dix mille victimes humaines furent livrées aux bêtes. C'est sur ce même sol que les gladiateurs combattaient entre eux, sous les yeux de la foule, et l'on sait

FIG. 15. — LE COLISÉE DE ROME ÉCLAIRÉ PAR LA LUMIÈRE ÉLECTRIQUE.

avec quelle joie féroce vingt mille mains se levaient, vingt mille poitrines frémissantes et enivrées jetaient au gladiateur le signal d'immoler son adversaire vaincu et terrassé. Plus tard, les martyrs chrétiens, selon le

courage ou la terreur qu'ils éprouvaient devant les tigres et les lions, reçurent les applaudissements ou les insultes de ce peuple sanguinaire.

Le mur d'enceinte du Colisée est loin de s'être conservé intact. Une
portion seule possède les trois étages de portiques qui formaient l'ancien
édifice. Tout le reste est privé du dernier rang d'arcades, et le pan resté
debout, coupé comme par un coup de hache, trace sur le fond du ciel une
ligne géométrique nettement accusée.

Dans cette vaste ruine, tout ce qui tient à l'homme paraît mesquin dans
son essence et chétif dans ses proportions. On s'abstient d'y parler, car la
voix humaine y produit un son grêle et faux. Quand j'entrai au Colisée,
pour la première fois, il y avait dans l'arène une chaire à prêcher et une
guérite de factionnaire. Cela jurait tellement au milieu de tant de ves-
tiges de l'antiquité, que j'aurais voulu faire rentrer sous terre la chaire
à prêcher, la guérite et le factionnaire. Tout ce qui ne rappelle pas les
souvenirs classiques est ici comme une note discordante dans un concert
harmonieux.

Mais c'est la nuit qu'il faut voir le Colisée; car il prend alors un
aspect fantastique. Les pâles rayons de la lune, venant éclairer le grandiose
édifice, l'entourent d'une auréole d'argent et prêtent à ses murailles
démantelées une poésie étrange. Il n'est pas de spectacle plus solennel
que celui de ce colosse de pierre en partie perdus dans d'épaisse ténèbres,
en partie baigné dans la molle lueur des étoiles.

L'art est très heureusement intervenu pour s'associer au sentiment
d'admiration qu'éveille le Colisée contemplé dans la sérénité de la nuit. Il
a permis d'accroître et de provoquer à volonté cette heureuse impression de l'âme et des yeux. A la lueur trop capricieuse de notre satellite, on
a substitué la clarté de l'arc voltaïque, diffusée par des globes opalins,
qui reproduisent l'effet du clair de lune. La vue de la masse imposante du
Colisée sur lequel se jouent les blanches lueurs de la lumière électrique,
le contraste entre cette lumière vigoureuse et les noires profondeurs
de l'ombre dans lesquelles sont plongés les gradins, les arceaux et les
voûtes de l'antique cirque romain, produisent un effet saisissant. Depuis
1870, époque à laquelle on en fit le premier essai, on donne ce spectacle
aux étrangers et touristes qui peuvent s'offrir ce régal des yeux.

La mode étant établie d'éclairer magnifiquement par la lumière élec-
trique les salons et les palais, les soirs et nuits de *gala*, les lampes,
Jablochkoff permirent de prodiguer fastueusement ce mode d'éclairage.
On a conservé en Angleterre le souvenir du splendide spectacle que pré-

Fig. 16. — LE CHATEAU DE WINDSOR (ANGLETERRE ÉCLAIRÉ PAR LA LUMIÈRE ÉLECTRIQUE.

senta le château de Windsor, résidence de la reine Victoria, situé à environ trois kilomètres de Londres, sur la rive droite de la Tamise, pour célébrer le mariage du prince Léopold, duc d'Albany, dernier fils de la reine, avec la princesse de Waldeck-Pyrmont, sœur de la reine de Hollande.

Pendant la soirée qui suivit la célébration du mariage, la lumière électrique projetait ses brillants éclats sur l'architecture grandiose du château et sur les pittoresques sites au milieu desquels se dresse le majestueux édifice. Aucune région ne pouvait mieux se prêter à un grand effet d'éclairage que le célèbre château royal d'Angleterre. Avec ses dépendances, ce château couvre une étendue de 13 hectares. Il est bâti sur une colline dominant la vallée que parcour la Tamise. Ses nombreuses terrasses, ses grands murs, ses innombrable tourelles et clochetons, enfin la tour qui le surmonte, offrent l'aspect le plus imposant (fig. 16).

A l'intérieur des diverses cours du château on avait disposé une série de lampes Jablochkoff, dépourvues de globe. Leur clarté s'apercevait, par transparence, de l'extérieur à travers les fenêtres du palais ; en même temps que la grande silhouette de l'édifice entier profilait au loin ses ombres puissantes. Un énorme foyer électrique, qui avait été installé sur la plate-forme du donjon, était aperçu, à des distances considérables, par tous les habitants du pays, qui n'oublieront pas l'impression que produisait sur eux ce soleil de la nuit.

V

La bougie Jablochkoff a été diversement modifiée par des physiciens empressés de la perfectionner, et bien qu'aucun des systèmes qu'on lui a opposés n'ait manifesté de supériorité bien marquée, nous devons cependant, pour être complet, donner une idée de ces nouvelles dispositions.

En 1879, M. Wilde, physicien constructeur de Manchester, supprima la matière qui, dans la bougie Jablochkoff, sépare les deux charbons. Les charbons sont placés parallèlement, simplement séparés l'un de l'autre par une couche d'air, c'est-à-dire par un éloignement de quelques millimètres. Un petit mécanisme, fondé sur l'emploi d'un électro-aimant, fait passer l'électricité de l'un à l'autre charbon pour les allumer. Lorsque le courant voltaïque ne passe pas, le porte-charbon, poussé par un ressort, fait appuyer les deux baguettes l'une contre l'autre. Quand le circuit est établi, l'arc jaillit entre les deux charbons; l'électro-aimant mis en action attire l'armature du porte-charbon et éloigne les baguettes l'une de l'autre. L'arc éclairant est ainsi établi. Quand le courant est interrompu, les deux charbons viennent se remettre en contact.

La bougie Wilde peut brûler de haut en bas, ce qui n'a pas, d'ailleurs, d'avantage particulier.

M. Jamin (de l'Institut), professeur de physique à la Sorbonne, a reproduit la disposition et le mode d'allumage de la lampe Wilde, c'est-à-dire a supprimé la matière qui sépare les deux charbons dans la bougie Jablochkoff. Il pose simplement les deux charbons parallèlement en regard l'un de l'autre, comme le fait M. Wilde, en laissant entre eux une distance de quelques millimètres.

Ce que M. Jamin a ajouté à la lampe Wilde complique ce système, sans grande utilité.

M. Jamin fait circuler plusieurs fois autour des charbons le courant électrique, ce qui doit, selon lui, maintenir la fixité et accroître l'étendue du point lumineux. Mais cette disposition, reconnue peu utile, est le plus souvent supprimée; de sorte que la lampe Jamin actuelle ne diffère pas sensiblement de la lampe Wilde. Elle est enfermée dans un long manchon de verre, d'un effet peu gracieux.

Nous représentons dans la figure ci-dessous la lampe Jamin sans son

Fig. 17 — LAMPE JAMIN.

manchon de verre. La planche qui suit montre l'installation de ce mode d'éclairage dans un établissement public, un café-concert.

Une disposition particulière de la bougie Jablochkoff a été réalisée, en 1881, par MM. Bureau et Clerc, qui lui donnèrent le nom de *lampe-soleil*, M. Clerc est un ancien ingénieur de la compagnie Jablochkoff.

Voici la disposition de la *lampe-soleil*.

Les deux charbons (fig. 19) sont placés obliquement l'un à l'égard de l'autre. Ils sont séparés par un bloc de chaux, dont ils émergent d'une petite quantité, à peu près comme la lame d'acier d'un rabot de menuisier fait saillie hors de son enveloppe de bois. Le tout est con-

FIG. 18. — LA LAMPE ÉLECTRIQUE JAMIN ÉCLAIRANT UN CAFÉ-CONCERT.

tenu dans une boîte en bois, ouverte par le bas, suspendue par une tige en forme de fer à cheval, à laquelle aboutissent les fils conducteurs du courant. L'arc voltaïque jaillit par le dessous de la boîte, avec un très grand éclat, dû à la fois au foyer électrique et à l'interposition, dans ce même foyer, du bloc de chaux, qui augmente encore son pouvoir éclairant, ainsi qu'il arrive avec la lumière dite *oxy-hydrique*, dans laquelle un fragment de chaux interposé au milieu de la flamme accroît dans des proportions considérables la puissance lumineuse de cette flamme (fig. 20, page 58).

La *lampe-soleil* a l'avantage de donner à la lumière une grande fixité,

Fig. 19. — LAMPE-SOLEIL, DISPOSITION DES DEUX CHARBONS.

ce qui n'arrive pas avec les bougies Wilde et Jamin, dans lesquelles, aucun corps étranger n'étant interposé entre les deux charbons, il se manifeste des variations d'éclat par le rapprochement fortuit des deux baguettes de charbon.

La *lampe-soleil* paraît présenter des avantages pour l'application de l'éclairage électrique aux salles de peinture et de sculpture dans les musées, quand on veut prolonger leur exhibition pendant les soirées.

La *lampe-soleil* a servi à effectuer divers grands éclairages. Nous citerons l'essai qui en a été fait avec succès pour éclairer l'entrée du passage Jouffroy, à Paris. La figure 21 montre cette installation.

En Angleterre, une disposition toute spéciale de l'arc voltaïque éclairant a obtenu une grande faveur, et a servi à populariser l'éclairage électrique dans ce pays. Nous voulons parler de la lampe *Werdermann*.

Un physicien français, M. Reynier, avait antérieurement employé une disposition fort analogue à celle dont M. Werdermann faisait usage en

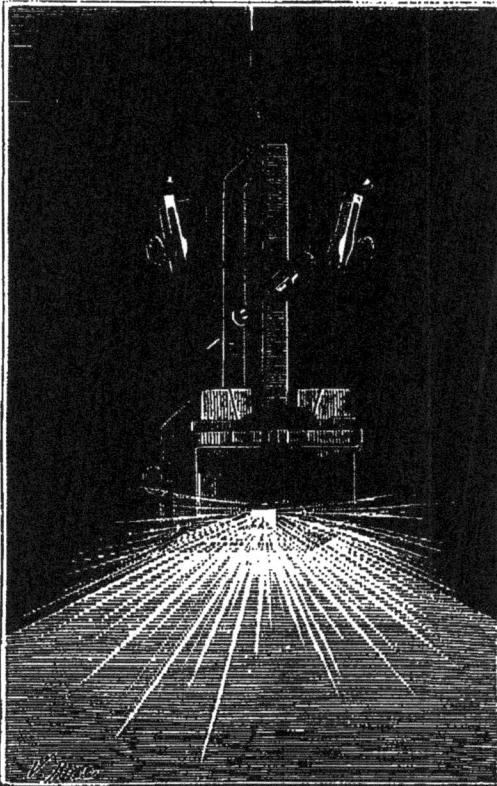

Fig. 20. — LAMPE-SOLEIL, POSITION DU FOYER RAYONNANT.

Angleterre; mais les deux inventions ayant fusionné, nous les décrirons sous le nom commun de *système Werdermann*.

Une baguette métallique est mobile à l'intérieur d'un tube métallique. Au moyen d'un contrepoids attaché à une corde qui se réfléchit sur une poulie, cette baguette peut élever le charbon, par le seul effet de son poids. L'extrémité supérieure du charbon vient buter contre un disque de cuivre, qui est en rapport avec le pôle négatif de la pile ou du générateur de l'électricité, tandis que le tube métallique communique avec le pôle positif. Il y a donc, comme le montre la figure 22 (page 60), contact continuel entre le charbon et le disque de cuivre. Aucun arc ne se

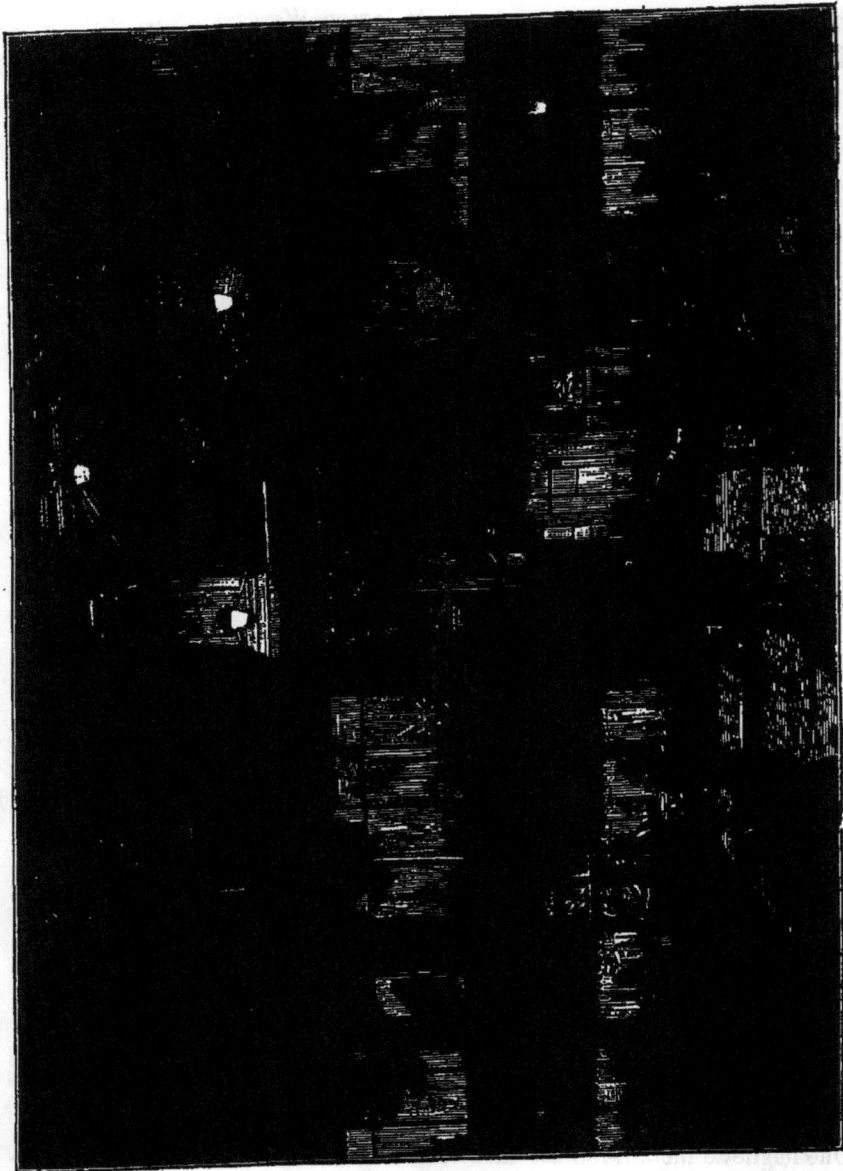

FIG. 21. — LA LAMPE-SOLEIL ÉCLAIRANT L'ENTRÉE DU PASSAGE JOUFFROY, A PARIS.

produit; seulement le charbon qui sert à obtenir la continuité du courant, est porté à la chaleur rouge-blanc, et par sa vive incandescence constitue le foyer rayonnant.

C'est une disposition, on le remarquera, essentiellement différente de toutes celles que nous venons de décrire, et dans lesquelles c'était l'arc voltaïque jaillissant entre les deux charbons qui produisait la lumière. Dans le système Werdermann, il n'y a point d'interruption de courant.

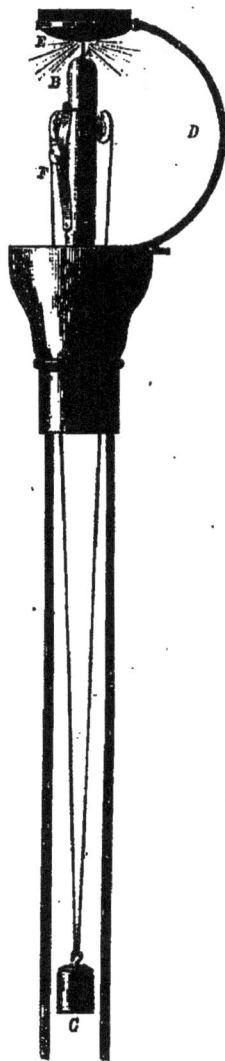

Le circuit est continu; c'est l'incandescence du charbon parcouru par le courant électrique qui forme le point lumineux.

La figure ci-contre représente la partie essentielle de la lampe Werdermann. Le charbon, contenu dans une gaine, est poussé de bas en haut par l'effet d'un poids C, et d'une corde F se réfléchissant sur une poulie. Le pôle positif est à l'extrémité A du charbon et le pôle négatif à l'extrémité qui termine la tige recourbée D. Le charbon poussé de bas en haut par le poids C vient buter contre le disque de cuivre E, et le contact s'établit entre le charbon et le disque. L'extrémité du charbon rougit par l'afflux de l'électricité et par la recomposition des deux électricités contraires. Il y a ainsi une très-vive incandescence du conducteur, représenté par le charbon.

La lampe Werdermann importée d'Angleterre en France, en 1879, a été le sujet d'études attentives ayant pour but de rendre pratique ce système, et de l'appliquer à de véritables lampes rappelant, par leur aspect, les lampes à huile ou à gaz.

Dans le petit théâtre de l'Athenæum, au faubourg Montmartre, à Paris, on avait établi cet éclairage et installé des statues, des tableaux, des tentures, pour essayer l'effet de ces lampes. Le public assistait à ces expériences, pendant lesquelles on produisait à volonté, grâce à un *régulateur*, la graduation de la lumière, son extinction et son rallumage.

Fig. 22. — LAMPE WERDERMANN.

La forme à donner aux lampes Werdermann fut l'objet de longues études de la part de MM. Napoli et Penaud. Il n'était pas facile de leur donner un aspect décoratif et d'en composer un lustre, en raison de la longue et grande queue qui sert de gaine au charbon. On s'est tiré de la difficulté en inclinant les globes, et cachant les queues dans les cristaux. En réunissant un certain nombre de globes inclinés, on est arrivé à constituer des lustres assez élégants (figure 23).

M. Penaud, directeur des ateliers de la rue des Martyrs, où ces lampes se construisaient, en a beaucoup varié les formes. Dans le dessin d'en-

FIG. 23 — LUSTRE WERDERMANN.

semble que donne la figure 24 (page 63), on voit la disposition de ces divers modèles, depuis le support à applique très simplement orné, jusqu'au piédestal surmonté de statues qui portent les lanternes.

Comme la lampe Werdermann donne une intensité de lumière de beaucoup inférieure à celle des bougies Jablochkoff, on peut l'utiliser pour l'éclairage des appartements, et cette application a même pris un certain développement en Angleterre.

En France, la lampe Werdermann a été mise à l'essai dans des conditions très intéressantes. Elle participa aux expériences d'éclairage électrique qui furent faites, en 1881, à Paris, au théâtre de l'Opéra.

Divers systèmes avaient été admis à cette expérience comparative, sur laquelle nous aurons à revenir. En ce qui le concernait, le système Werdermann avait eu pour mission d'éclairer le foyer des abonnés, c'est-à-dire le vestibule circulaire qui est situé au-dessous de la salle. La lumière Werdermann y fonctionnait seule. Un lustre portant 16 foyers était suspendu au milieu de la salle (fig. 25, page 65) et éclairait la rotonde.

Dans les essais qui furent faits à l'Opéra en 1881, la lumière Werdermann fut, après la *lampe-soleil*, celle qui donna les meilleurs résultats.

Tels sont les divers systèmes qui ont été réalisés après la découverte de M. Jablochkoff, pour entrer en lutte avec les bougies du physicien russe. Ces divers systèmes se sont disputé les suffrages du public. Une occasion intéressante permit à toutes ces inventions nouvelles de se faire apprécier des connaisseurs et des intéressés. A l'époque de l'Exposition universelle de 1878, l'aspect de plusieurs quartiers de Paris permit de juger, en connaissance de cause, l'état de cette question. Pendant les grandes assises de la science et de l'industrie qui se tenaient au palais du Champ de Mars, Paris était, chaque soir, inondé de flots de lumière électrique. Cet éblouissant éclairage semblait, en ce moment, caractériser, symboliser les progrès des sciences appliquées à l'industrie. Aussi l'avait-on prodigué. La place et l'avenue de l'Opéra, la façade du Corps législatif, la place du Théâtre-Français, la place de la Madeleine, le pourtour de l'Arc de triomphe de l'Étoile, etc., étaient illuminés par ce nouveau feu d'artifice.

Cependant, le problème général de l'éclairage par l'électricité n'était pas encore résolu. Que présentaient, en effet, au public, les lampes Jablochkoff, les *lampes-soleil*, les lampes Jamin, les lampes Siemens, Werdermann, Lontin, etc., alors distribuées sur divers points de la capitale? Des lumières d'une intensité éblouissante, de la valeur de cinquante becs Carcel environ, puissance excessive, inutile presque toujours, puisqu'il fallait l'éteindre par des globes de verre dépoli, qui absorbaient 40 pour 100 de la lumière du foyer voltaïque. Ce que l'on attendait, ce que l'on demandait, c'étaient de petits foyers du faible pouvoir éclairant de deux à trois becs Carcel. Or, c'est ce que personne n'avait encore pu réaliser. Les lampes Werdermann seules auraient pu prétendre à un office de ce genre, car on peut réduire leur éclat à trois ou quatre becs Carcel.

La pratique en était donc toujours au même point. On avait un énorme foyer qui éblouissait les yeux, et dont on était forcé d'atténuer l'éclat par des globes demi-transparents. On s'en servait pour éclairer de

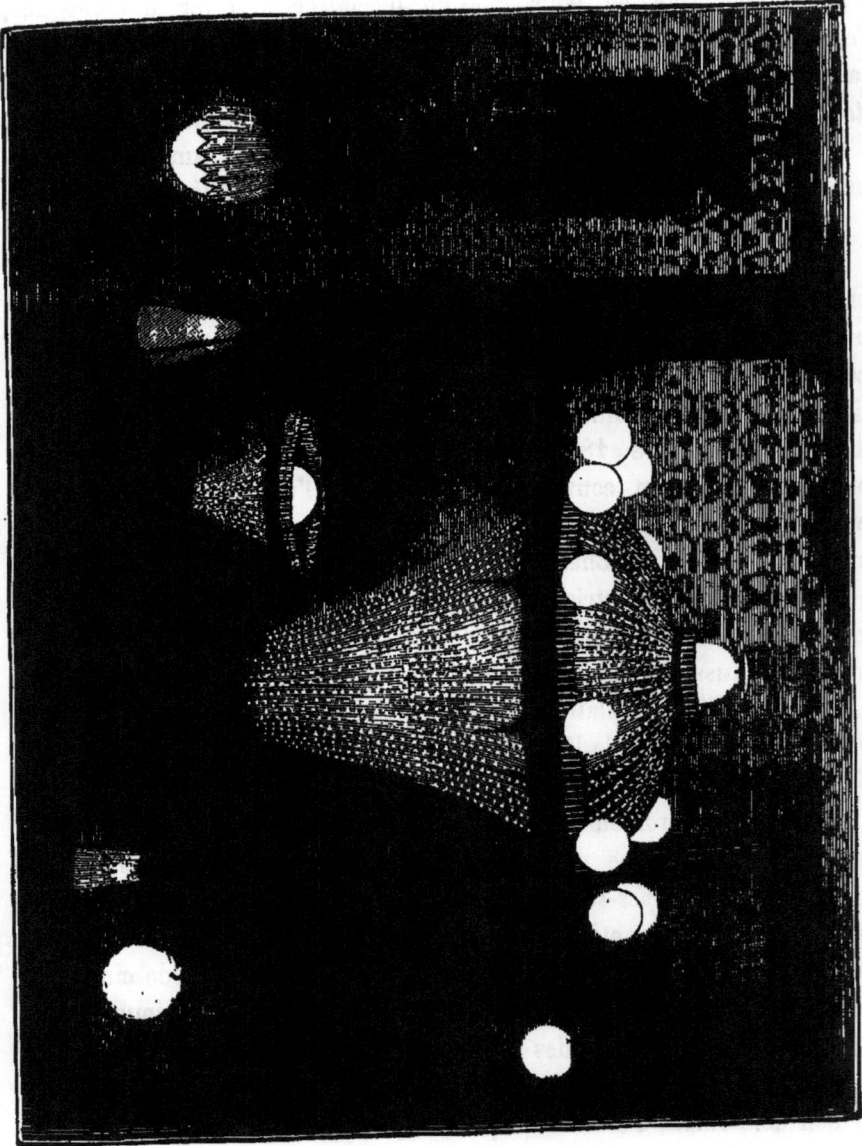

FIG. 24. — DIVERS TYPES DE LAMPES WERDERMANN.

grands espaces, de vaste chantiers de travail ou des places publiques; mais quant à introduire l'éclairage électrique dans les maisons parti-culières, on ne pouvait encore s'en flatter.

Une année se passa ainsi, et la question de l'éclairage électrique semblait sommeiller, lorsque tout d'un coup, le 27 décembre 1879, arrive d'Amérique à Paris l'étonnante nouvelle que, dans ce pays privilégié de l'extraordinaire en fait d'art mécanique, on vient de faire la découverte de l'éclairage électrique à faible intensité, c'est-à-dire de résoudre le problème, depuis si longtemps poursuivi, de l'éclairage domestique par l'électricité.

Hâtons-nous de dire que, dans les premiers temps, personne, ni physicien ni constructeur, n'ajouta foi à cette nouvelle, et qu'une incrédulité universelle l'accueillit. Cependant, informations prises, il fallut bien se rendre à l'évidence, et reconnaître que le fait annoncé était réel, et que l'industrie serait bientôt en possession de l'éclairage domestique fourni par l'électricité; c'est-à-dire que l'on pourrait, avec le courant électrique convenablement mis en œuvre, produire des luminaires d'un petit volume, parfaitement applicables à l'éclairage des appartements.

Quel est le procédé qui avait apporté la solution de ce problème capital? C'est le procédé que les physiciens appellent l'*incandescence du conducteur*. La lampe Werdermann, que nous venons de décrire, est une sorte de transition entre les deux systèmes.

Nous avons dit, à la première page de cette Notice, que si l'on réunit les deux pôles d'une pile voltaïque par un fil métallique, la recomposition des deux électricités contraires qui s'opère dans ce conducteur, ne s'accompagne d'aucun phénomène extérieur, si le fil a certaines dimensions; mais que, s'il est mince et ne peut livrer à l'écoulement de l'électricité qu'un passage rétréci, l'électricité s'accumulant en grande quantité dans ce faible espace échauffe le conducteur, le fait rougir, le porte à l'*incandescence*. C'est sur ce principe qu'est fondé l'*éclairage électrique par incandescence du conducteur*, que l'on pourrait appeler, d'une manière plus rigoureuse, *incandescence par le courant électrique continu*.

C'est grâce à l'emploi d'un conducteur d'une nature toute spéciale, que l'on peut faire servir à l'éclairage l'incandescence provoquée par un courant électrique.

Mais comment est-on parvenu à appliquer à l'éclairage l'incandescence d'un corps parcouru par un courant électrique? Nous avons personnifié l'histoire de la découverte de l'éclairage par l'arc voltaïque dans deux grandes individualités scientifiques, à savoir Léon Foucault et M. Jablochkoff. La création de l'éclairage électrique par l'*incandescence* se résume, de même, dans deux grandes figures scientifiques : Humphry Davy et Thomas Edison. Nous allons donc raconter le développement et les progrès de cette seconde découverte, en y mêlant, comme nous l'avons fait dans

FIG. 25: — LA LUMIÈRE WERDERMANN AU FOYER DES ABONNÉS, A L'OPÉRA DE PARIS.

la première partie de cette Notice, le récit de la vie des inventeurs.

VI

La vie et les travaux de Sir Humphry Davy.

Humphry Davy naquit à Penzance, dans le Cornouailles, le 17 décembre 1778. C'était l'aîné des enfants de Robert Davy, qui avait exercé quelque temps, dans sa ville natale, la profession de sculpteur en bois. Mais cet art, lucratif au Moyen âge, à l'époque où la décoration des cathédrales catholiques nécessitait beaucoup d'ouvrages de boiserie sculptée, avait perdu toute son importance depuis la conversion de l'Angleterre au protestantisme. Robert Davy se retira à *Varfell*, petite propriété qu'il possédait à une lieue de la ville, sur le bord de la baie du Mont, dans la paroisse de Ludgvan, et il s'attacha à faire valoir cette ferme, qui ne suffisait qu'à grand'peine aux besoins de sa famille. Le jeune Humphry fut laissé à Penzance, chez un ami, le docteur Tomkin, qui se chargea de son éducation.

L'enfant fut placé dans une école élémentaire, ensuite dans l'école, plus élevée, du docteur Cardew. Mais il prit peu de goût aux leçons de ses maîtres, soit que l'originalité de son esprit s'accommodât mal de la règle et du régime classiques, soit qu'il eût de la peine à fixer encore l'activité de ses pensées. On le rencontrait plus souvent sur le chemin de Penzance à Varfell que sur les bancs du docteur Cardew. Pendant des jours entiers, il errait solitairement, au bord de la mer, ou s'enfonçait dans les montagnes des districts environnants. Il chassait, il pêchait, il jetait au vent les premières inspirations de sa jeunesse. A douze ans il était poète. Le premier livre tombé entre ses mains, *le Voyage du pèlerin*, de Bunyan, avait produit sur sa jeune imagination un effet prodigieux. Bientôt il lut Homère, qui changea la direction de ses idées, et il entreprit un poème épique sur Diomède. On assure que cette production d'un poète de douze ans offrait une variété extraordinaire d'incidents et d'aventures.

Au retour de ses excursions solitaires, il rassemblait ses petits camarades sous le balcon de l'auberge de l'Étoile, et comme Gœthe, comme

Walter Scott enfants, il tenait son jeune auditoire sous le charme de mille histoires merveilleuses, dont son imagination multipliait les incidents à l'infini. Le sujet de ses narrations était puisé le plus souvent dans les *Nuits arabes*. Il l'empruntait aussi aux légendes des vieux habitants du pays et aux traditions de sa grand'mère qui, dans les longues soirées d'hiver, l'endormait aux souvenirs des récits merveilleux de la contrée. La bonne grand'mère croyait fermement aux revenants et aux sorciers; et plus d'une fois le jeune Humphry, dans un accès de malice espiègle, avait revêtu, à minuit, le long drap blanc du fantôme, et défilé silencieusement devant la vénérable dame, recueillie et tremblante au coin de son foyer. Un instant après, il revenait s'asseoir près d'elle, et écouter, en jouant l'incrédulité, le récit de l'apparition. Si, par aventure, il trouvait une charrette oubliée sur la grande place, il y grimpait, et sur ce théâtre improvisé il mettait en action, devant ses camarades, les scènes les plus célèbres des poètes. Pour ajouter à l'illusion, il couronnait le dénoûment par l'explosion de pétards et de feux d'artifice.

Cependant, son père essayait inutilement de lutter contre ses embarras de fortune. Les revenus de la ferme ne pouvant couvrir les dépenses de sa maison, il perdit courage, et mourut, à quarante-quatre ans, en jetant un regard désolé sur l'avenir de sa famille. Mais sa veuve ne se laissa point abattre. C'était une femme d'un esprit résolu, qui ne recula pas devant la tâche qui lui était léguée. Elle revint à Penzance, et rassembla ses ressources, pour tenir une maison garnie, et recevoir, comme pensionnaires, les étrangers qu'attiraient dans le pays la salubrité de l'air et la beauté du climat. En même temps, elle ouvrit, avec une jeune émigrée française, un magasin de modes, qui ne tarda pas à prospérer. A la mort de son mari, son revenu se bornait à 150 livres sterling, et ses propriétés étaient grevées d'une dette de 1300 livres. En peu de temps elle réussit à éteindre la dette, sans que l'éducation des enfants fût interrompue.

Mais déjà le jeune Humphry voulut prendre sa part des charges de la famille. Il chercha un état, se décida à embrasser la médecine, et entra, à dix-sept ans, comme apprenti chez Borlase, chirurgien-apothicaire de Penzance. On sait qu'en Angleterre les médecins peuvent tenir officine, et préparer eux-mêmes les médicaments qu'ils prescrivent.

Le jeune apprenti était chargé par son patron de porter les remèdes aux clients de la campagne, et dans ces courses en pleine nature, il retrouvait les traces de ses inspirations premières. Livré à ses seules pensées, loin des ennuis de l'officine, il reprenait là, sur leur ancien théâtre, la chaîne brisée des impressions de son enfance. Un jour, chargé

de porter un médicament dans une paroisse voisine, il s'oublia longtemps
à déclamer au bord du rivage, et dans la chaleur du débit, il jeta son
flacon à la mer. Il fut tout surpris, en arrivant à la porte du malade, de se
présenter les mains vides : « Quel songe-creux que ce garçon ! » disait
l'apothicaire.

Jusqu'à ce moment la science l'avait fort peu occupé. Il avait lu à peine
quelques livres de chimie ou d'histoire naturelle, mais rien ne faisait pres-
sentir chez lui la vocation scientifique. Une circonstance fortuite vint la
faire éclore.

Grégoire Watt, fils du célèbre James Watt, à qui l'on doit les plus grands
perfectionnements de la machine à vapeur, fut envoyé à Penzance, pour
se remettre des suites d'une affection de poitrine, et il vint loger dans la
maison garnie tenue par Mme Davy. Ravi à la pensée de se trouver en rapport avec le fils de James Watt, le jeune Davy eut à cœur de paraître à ses
yeux sous son jour le plus brillant, et dès la première entrevue, il mit
la conversation sur la métaphysique et la poésie, objets de ses études favorites. Grégoire Watt avait vingt-deux ans : il sortait de l'Université de
Glascow, bourré d'érudition et rompu aux joutes littéraires. Battu dès la
première rencontre, le pauvre Humphry fut, en outre, déconcerté par les
façons aristocratiques de son adversaire. Cependant il ne se rebuta pas; car
pour rien au monde il n'eût voulu laisser au jeune savant une opinion
défavorable de sa personne. Il résolut de l'amener sur le terrain de la
science, et de l'attaquer sur la chimie. Mais pour discuter sur la chimie,
il fallait la connaître, et c'est à peine s'il en était aux éléments. Aussitôt,
il emprunte dans la ville la traduction du *Traité de chimie* de Lavoisier.
En deux jours le livre est dévoré, et le jeune homme déclare à son antagoniste qu'il est prêt à lui prouver la fausseté de toute la doctrine du chimiste français.

On devine aisément que Grégoire Watt renversa bien vite l'échafaudage
des objections de l'écolier; mais il fut frappé, durant ces conférences, de
l'ardeur et de la clarté de ce jeune esprit, et il se lia dès lors intimement
avec Humphry Davy.

Les conséquences de cette amitié furent immenses pour Davy. Il puisa
dans le commerce de son compagnon un goût déclaré pour les sciences, en
particulier pour la chimie; et pendant les longues excursions qu'ils firent
ensemble, il fut initié peu à peu aux éléments des sciences naturelles.

Le lieu de leurs entretiens était la vieille mine de Whéry, dont les galeries s'étendent jusque sous la mer, et où l'on entend le bruit des vagues
et le choc des galets, à travers la faible épaisseur de terre qui sépare la

mine du lit de l'Océan. Ce fut sous la profondeur de ces voûtes solitaires, ayant sur sa tête les grandes voix de la nature et autour de lui les richesses qu'elle dérobe à nos yeux, que le jeune Davy put entrevoir, pour la première fois, le monde de la science, monde plein de mystères, mais bien différent de la région des rêves qu'il avait affectionnés jusque-là. Dès ce jour il entra dans la voie où sa destinée l'appelait.

Ce fut le hasard qui le mit en état de réaliser les rêves de sa jeune ambition scientifique.

En 1798, un physicien de quelque mérite, Davis Guilbert, arrivait à Penzance. Passant, devant la boutique de Borlase, il aperçut le jeune Humphry qui, assis sur le seuil de la porte, se balançait nonchalamment, se laissant aller à ses rêveries accoutumées. Guilbert fut frappé de son front rêveur, de ses yeux noirs et pleins de feu, de son attitude recueillie et pensive. Il s'informa de lui, et il apprit que dans la ville, on citait ce jeune homme comme s'occupant d'expériences de chimie. Guilbert désira le connaître, et ils eurent ensemble une entrevue.

Davy lui communiqua les résultats de quelques travaux de chimie qu'il venait d'exécuter. Guilbert fut bientôt convaincu qu'il venait de trouver dans une obscure boutique de Penzance un savant destiné à honorer sa patrie, et il s'empressa d'écrire à son ami Bedoès, pour lui faire part de sa découverte.

Bedoès, en réponse, fit proposer à Davy de se rendre auprès de lui, à Bristol, pour diriger le laboratoire de l'*Institution pneumatique*.

L'*Institution pneumatique* de Bedoès était un établissement qui venait d'être créé sous l'impulsion des idées nouvelles que la chimie naissante provoquait dans toute l'Europe. Les gaz commençaient à être bien connus, et comme de tous les agents nouvellement révélés aux hommes, on en espérait des prodiges. Leur emploi dans le traitement des maladies semblait promettre des guérisons miraculeuses. On avait donc fondé, par souscription, à Bristol, un établissement, renfermant un hôpital et un laboratoire pour l'étude expérimentale des propriétés physiologiques des gaz. La place offerte à Davy était celle de directeur de ce laboratoire.

Le 6 octobre 1798, Humphry Davy dit adieu à sa ville natale, et se rendit à Bristol.

C'est là qu'il fit la découverte des propriétés *hilarantes* du gaz protoxyde d'azote, effets physiologiques bizarres, qui tiennent à une action toute particulière de ce gaz sur le système nerveux.

Le phénomène physiologique découvert, à Bristol, par Humphry Davy, fit beaucoup de bruit dans le monde savant; mais il ne fut, à cette époque, que l'objet d'une curiosité stérile. Repris en Amérique, en 1846, il devint, entre les mains du docteur Jakson et du dentiste Morton, le signal de l'une des inventions les plus merveilleuses de notre siècle. Nous voulons parler de l'*anesthésie*, ou anéantissement de la douleur dans les opérations chirurgicales, découverte à laquelle les deux expérimentateurs américains Jakson et Morton furent conduits par la connaissance des propriétés stupéfiantes du gaz protoxyde d'azote.

L'ouvrage dans lequel Davy fit connaître les effets du *gaz hilarant*, commença à lui faire une certaine réputation. Bristol parut, dès lors, un théâtre trop étroit pour son mérite, et il fut appelé à Londres, pour remplacer, à l'*Institution royale*, le professeur de chimie.

Dès les premières leçons qu'il fit à l'*Institution royale*, sa réputation fut fondée. C'est alors que commença pour lui l'existence brillante, qui, pendant vingt ans, devait l'entourer de ses séductions. Son talent lui ouvre les salons du grand monde. Recherché de tout ce que Londres renferme de plus éminent, comblé de présents et d'invitations, il devient l'homme à la mode. Sans doute, la faveur singulière avec laquelle la chimie naissante était partout accueillie, à la fin du siècle dernier, entrait pour quelque chose dans cette heureuse fortune. En Angleterre, comme en France, la chimie, alors à ses débuts, excitait un enthousiasme universel. Mais les qualités personnelles de Davy devaient ajouter à l'entraînement du jour. Il avait vingt-cinq ans à peine, des traits pleins de distinction; ses leçons étaient toujours longuement préparées, et son style, très soigné, se ressentait de ses habitudes littéraires.

Davy se laissa un moment éblouir par ce brillant accueil du monde. Il s'enivra des joies de son triomphe. Mais ce moment fut court. Il comprit qu'il n'avait donné jusque-là que de grandes espérances, et il mit son orgueil à les justifier par l'importance de ses travaux.

Le monde savant était alors extrêmement préoccupé des découvertes capitales par lesquelles Alexandre Volta, l'immortel physicien d'Italie, venait de révéler dans l'électricité l'agent le plus extraordinaire de la nature. Davy aborda l'un des premiers l'étude de ce genre de phénomènes. Les travaux par lesquels il a rattaché à la chimie les phénomènes électriques, ont en eux-mêmes une telle importance, et ont exercé sur les progrès de la science une influence si profonde, qu'il est indispensable d'entrer à cet égard dans quelques développements.

C'est en 1800, à l'aurore de notre siècle, qu'Alexandre Volta découvrit la pile, « le plus merveilleux instrument que les hommes aient jamais inventé, a dit Arago, sans en excepter le télescope et la machine à vapeur. »

On raconte que dans son enfance, le chimiste allemand Bergmann restait des heures entières debout, devant un foyer, sans pouvoir détacher ni son

LA STATUE D'ALEXANDRE VOLTA A CÔME,
D'APRÈS UNE PHOTOGRAPHIE.

esprit, ni ses yeux, du spectacle de la combustion. Quel est le physicien qui, lui aussi, n'ait passé de longues heures dans une contemplation muette devant les effets de l'instrument admirable que nous devons au génie de Volta?

Quoi! avec quelques couples de cuivre et de zinc baignés par un liquide, avec quelques morceaux de zinc et de charbon plongeant dans des acides, avec cet assemblage, inerte en apparence, on peut séparer en leurs éléments primitifs toutes les combinaisons naturelles; on peut les défaire, comme un ouvrier défait les anneaux rivés d'une chaîne! Les composés les plus résistants, ceux que maintient l'attraction la plus énergique et qui ont mis des siècles à se former, aussi bien que les combinaisons passagères que le hasard des affinités a fait éclore un jour, pour les effacer le lendemain, tous peuvent se dissocier sous nos yeux! Et non seulement cet instrument dispose de la puissance de l'analyse, mais il est aussi un agent de synthèse. Cette force qui sépare, peut aussi réunir; ces combinaisons que vous avez détruites, vous pouvez les reconstruire, et renouer à votre gré les anneaux de cette chaîne rompue! Cet agent mystérieux se prête, s'élève et se plie à tout; il peut exciter les actions chimiques les plus violentes ou réaliser le plus humble des phénomènes naturels. Et ce n'est pas seulement sur les corps bruts que l'électricité agit avec tant de puissance; elle produit sur le corps humain les plus étonnants effets, et semble jouer un rôle essentiel dans les principales fonctions de la vie!

L'enthousiasme qui portait les savants, au commencement de notre siècle, vers l'étude de l'électricité, s'explique donc sans peine.

Davy se jeta avec ardeur dans cette voie nouvelle. Il entreprit sur l'électricité une longue série de recherches, dont l'histoire des sciences conservera toujours le souvenir.

Il avait déjà appliqué la pile de Volta à l'analyse d'un certain nombre de corps. Après avoir, en particulier, mis hors de doute le fait de la décomposition de l'eau par la pile, phénomène mal étudié jusqu'à lui, Davy prouva que tous les composés chimiques, quels qu'ils soient, peuvent, tout aussi bien que l'eau, se réduire en leurs éléments.

Il avait déjà constaté que tous les corps, sous l'influence d'un courant électrique, peuvent être ramenés aux éléments qui les composent. Il posa, dès lors, en principe, que la cause de la combinaison des corps se résume dans une attraction électrique; et par une série d'inductions et d'expériences qu'il serait hors de propos de rapporter, il proclama ce fait, que *l'affinité chimique n'est autre chose que l'électricité;* en d'autres termes, que la force qui détermine l'union des corps et qui maintient les combinaisons formées, est identique avec la force électrique. Telle est l'origine de la théorie électro-chimique, qui a fourni à Berzélius l'occasion de si brillants succès, et qui a régné dans la science pendant un demi-siècle.

Le travail de Davy sur les rapports de l'affinité chimique et de l'électricité obtint en Europe un retentissement prodigieux. Les témoignages

HUMPHRY DAVY

de l'admiration publique ne manquèrent pas à son auteur. La *Société royale de Londres* lui décerna la médaille de Baker.

1.

10

La décomposition des alcalis et des terres par la pile voltaïque suivit de près le mémoire général de Davy dont il vient d'être question.

C'est en 1807 que Davy fit cette grande découverte, que la potasse et la soude, aussi bien que la chaux et la baryte, ne sont que des oxydes d'un métal prodigieusement avide d'oxygène. Il isola, par un moyen des plus ingénieux, le métal de ces alcalis et de ces terres.

La découverte des radicaux métalliques, le sodium, le potassium, le baryum, le calcium, n'était pas seulement remarquable en elle-même; elle ouvrait une voie toute nouvelle à la physique et à la chimie, en permettant de dévoiler la nature d'une série de corps analogues à la potasse, à la soude, à la baryte, à la chaux. Peu d'années après, la silice et l'alumine étaient décomposées, et leur radical métallique était isolé.

A cette époque, une grave maladie vint mettre ses jours en danger. Pendant sa convalescence, une pile de Wollaston, de 600 plaques, de quatre pouces chacune, fut construite et mise à sa disposition.

Bientôt après, la munificence de quelques particuliers lui en offrit une plus énergique encore. C'était la pile la plus forte que l'on eût encore construite. Elle se composait de 200 couples. Chacun de ces couples renfermait dix doubles-plaques de zinc et de cuivre. Le nombre total des éléments était donc de 2000. Chaque couple ayant 32 pieds carrés, la surface totale était de 128 000 pieds carrés. Le liquide excitateur était une dissolution d'alun, aiguisée d'acide sulfurique.

Cette puissante batterie fut installée, en 1813, dans les caves de l'*Institution royale*. Elle permit à Davy d'étudier, dans toute leur ampleur, les effets physiques et chimiques de l'électricité sous forme de courant.

C'est en se servant d'acide azotique étendu d'eau, comme liquide excitateur de sa puissante pile, que Davy découvrit le phénomène fondamental qui devait conduire un jour à l'éclairage par l'électricité. En terminant les pôles de cette pile par deux pointes de charbon, il reconnut que quand on approche ces charbons l'un de l'autre, à une très faible distance, on voit aussitôt jaillir entre les deux conducteurs une étincelle d'un éclat incomparable. Si l'on éloigne peu à peu les charbons, il se forme, à travers l'air, un arc étincelant de lumière.

Mais nous n'avons pas besoin de le dire, l'expérience ainsi effectuée dans l'air n'avait qu'une durée presque insignifiante, en raison de la rapide combustion du charbon. Davy eut alors l'idée féconde d'enfermer les charbons dans le vide, pour empêcher leur combustion. Il plaça donc les deux pôles de la pile terminés par les deux pointes de charbon, dans un vase de verre, de forme ovale, hermétiquement clos, et dans lequel on faisait le vide à l'aide de la machine pneumatique. Les deux conducteurs de la pile voltaïque pénétraient à l'intérieur du globe de verre, par deux ouvertures

FIG. 28. — L'ŒUF ÉLECTRIQUE DE DAVY.

mastiquées par un enduit résineux, et enveloppées d'un manchon de cuivre, ainsi que le montre la figure 27.

Cette magnifique expérience fut répétée, en 1813, par Humphry Davy, dans son cours de chimie à l'*Institution royale de Londres* (fig. 28). Elle excita la plus vive admiration. On était loin cependant de prévoir alors qu'il y avait là le prélude d'une révolution dans l'éclairage.

La même expérience fut répétée dans beaucoup de centres scientifiques de l'Europe. Seulement, en raison de la puissance qu'il fallait donner au courant électrique, elle était difficile à faire, à une épobue où l'on ne pouvait développer que des effets d'une intensité médiocre, puisqu'on ne disposait que de la pile de Wollaston, et de la pile à auges.

Par l'ensemble de ses travaux, qui avaient tant ajouté à la connaissance des effets physiques et chimiques de l'électricité, agrandi le théâtre et les moyens d'action de la chimie, et modifié les doctrines générales de cette science, Davy s'était placé à la tête des chimistes de son temps. Membre de la *Société royale de Londres* depuis 1803; son secrétaire, en 1807, et plus tard, son président; chargé, pendant dix ans, par le bureau d'agriculture, d'un cours de chimie agricole, dans lequel il fonda une science sans précédents avant lui; brillant professeur à l'*Institution royale;* comblé enfin des dons de la fortune, il semblait devoir réunir en lui toutes les conditions du bonheur. Son ambition n'était pourtant pas satisfaite. Dans son orgueil il avait rêvé une place plus haute encore; la soif des honneurs politiques et des distinctions nobiliaires le dévorait. Mais, en Angleterre, la carrière des honneurs publics ne s'ouvre qu'aux privilégiés de la naissance. En 1812, il fut créé chevalier par le régent; et il put signer : « Sir Humphry Davy ». Plus tard, on le fit baronnet. Mais tout finit là, et plus d'une fois il dut cruellement ressentir la distance qui sépare, dans son pays, l'héritier d'une grande famille de l'homme sorti des rangs inférieurs.

Il ne résista pas aux mécomptes de sa vanité. Il laissa voir dans les actions de sa vie les ressentiments de son cœur. C'est alors que se manifesta, chez lui, cette sorte de révolution morale, dont ses contemporains ont raconté, et même exagéré, les effets. Il se laissait aller à une hauteur révoltante de tons et de manières, que l'on mettait sur le compte de l'irritation secrète qui le tourmentait, à l'idée de ne pas briller au plus haut degré de l'échelle sociale.

Pour distraire ses ennuis, il se mit à voyager sur le continent. Il promena sa mélancolie dans toutes les parties de l'Europe, passant de Paris à Rome, de Rome à Vienne, et de Vienne à Genève. Il s'oubliait parfois dans les vallées de la Suisse ou dans les montagnes du Tyrol, parce qu'il y retrouvait le calme de ses premières années.

En 1813, il obtint de Napoléon Ier la permission de traverser la France pour se rendre en Italie. Cependant, on l'arrêta, comme il débarquait à Morlaix. Un Anglais pénétrer en France en 1813! cela semblait si étrange

FIG. 28. — HUMPHRY DAVY FAIT L'EXPÉRIENCE DE L'ARC VOLTAÏQUE ÉCLAIRANT, DANS SON COURS DE CHIMIE A L'INSTITUTION ROYALE DE LONDRES.

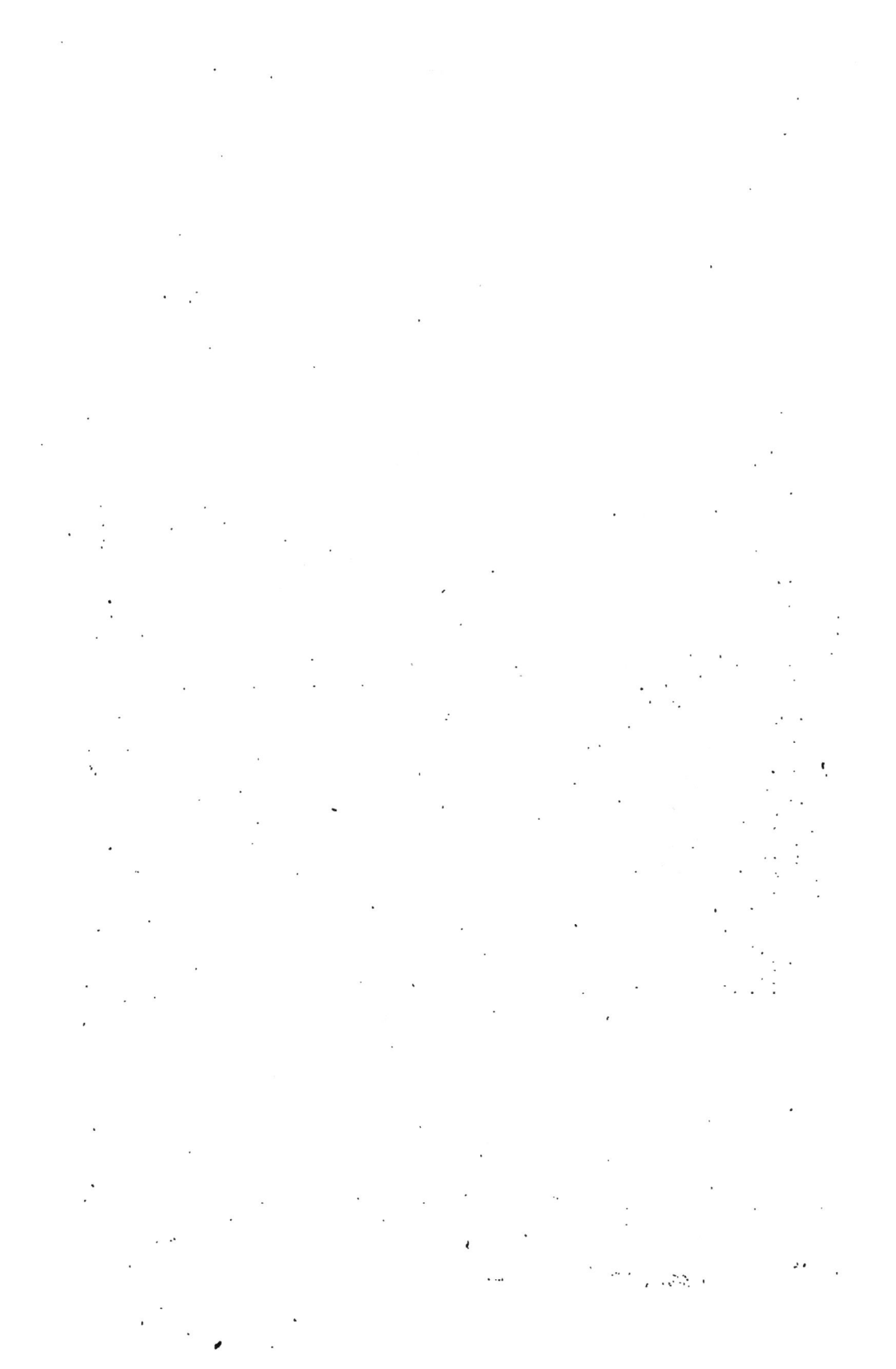

qu'on ne pouvait s'empêcher d'y chercher quelque motif suspect. Mais des ordres arrivèrent de Paris, et le voyage put être repris.

Davy passa deux mois dans notre capitale, recherché de tous, fêté par les savants. Ampère, Cuvier, Laplace, Gay-Lussac, Thenard, Berthollet, se faisaient remarquer par leur empressement auprès du célèbre étranger. A une assemblée de l'Institut, à laquelle il assista, assis à la droite du président, celui-ci annonça que la séance était honorée par la présence du *chevalier* sir Humphry Davy.

Il quitta Paris en janvier 1814, et se rendit en Auvergne, dont il examina les volcans éteints. De là, il partit pour l'Italie, en traversant le midi de la France.

A Montpellier, où il séjourna deux mois, il reçut l'accueil le plus chaleureux de tous les hommes distingués de cette ville savante. Étienne Bérard, un des meilleurs élèves de Berthollet, qui venait de remplacer mon oncle, Pierre Figuier, comme professeur de chimie à l'École de pharmacie de Montpellier, lui fit les honneurs de la contrée. Mon père, qui aimait à montrer les curiosités du pays aux savants de distinction, était toujours de ces excursions. On fit visiter au célèbre touriste les Pyrénées, les Cévennes, et tous les sites géologiques intéressants des environs de Montpellier.

Davy entra en Italie par Turin. Il fit à Gênes quelques expériences sur les propriétés électriques de la torpille. A Milan, il eut une entrevue avec l'illustre Volta. A Florence, il répéta, dans le laboratoire de l'ancienne Académie *del Cimento*, les expériences sur la combustion du diamant, en se servant des lentilles mêmes que le grand-duc Côme III avait fait construire, en 1695, pour les physiciens Averani et Targioni.

Dans un séjour assez long à Rome, il fit des expériences très curieuses sur la nature des couleurs qu'employaient, pour leurs peintures, les Romains et les Grecs. Peu de temps auparavant, quelques pots de terre remplis de couleur avaient été trouvés, en pratiquant des fouilles, dans les ruines de la salle des bains du palais de Titus, où l'on a découvert, comme on le sait, les plus belles fresques antiques qui soient conservées aujourd'hui à Rome, et notamment les originaux d'après lesquels ont été faits les dessins du Vatican. Cette circonstance suggéra à Davy l'idée de quelques recherches qui ne manquent pas d'importance pour l'histoire des arts.

Davy conclut de ses expériences que les artistes grecs et romains se servaient déjà de toutes les couleurs qu'ont employées les grands peintres italiens à l'époque de la Renaissance. Il reconnut même deux couleurs, l'azur égyptien et le pourpre de Tyr, qui étaient employées par les anciens, et dont la peinture moderne ne fait plus usage.

Il constata également que les anciens possédaient mieux que les modernes la préparation et l'emploi des couleurs à la fresque. Les fresques du palais de Titus présentent, en effet, une fraîcheur et un degré de conservation que sont loin d'offrir les ouvrages du même genre de quelques artistes célèbres appartenant à l'époque de la Renaissance. Davy a fait, à ce sujet, quelques observations très justes sur le choix des substances colorantes et sur la nature des enduits qui peuvent le mieux mettre les fresques à l'abri des ravages du temps. Ces indications, fondées sur des faits chimiques incontestables, mériteraient d'être prises en considération par les artistes, qui pourraient y trouver les moyens, trop négligés aujourd'hui, d'assurer la perpétuité des peintures à la fresque.

Continuant son voyage, Davy visita Rome, Florence et Venise. Il passait les étés sur les bords du lac de Genève, et faisait, de là, de fréquentes excursions dans le Tyrol. Il rentra en Angleterre par le Tyrol et l'Allemagne, pour éviter la France qui, dans ce moment, lui était fermée, car on était aux Cent jours.

Son retour était attendu à Londres avec l'impatience la plus vive.

Tout le monde a entendu parler du *feu grisou*, cet accident terrible qui, dans les houillères, coûte la vie à tant d'ouvriers mineurs. Il se dégage souvent, des couches de houille en voie d'exploitation, un gaz inflammable, l'hydrogène bicarboné. Ce gaz paraît être engagé dans les fissures et les cavités des couches de charbon. Mis en liberté par la pioche du mineur, qui attaque ces couches, il se répand dans les galeries, se mêle à l'air atmosphérique, et finit, quand il s'est accumulé en quantité considérable, par constituer un mélange explosif. Ce mélange gazeux s'enflamme et détone quand les ouvriers pénètrent dans la mine avec une lampe allumée.

Ce qui fait le danger de ces explosions, ce n'est pas, comme on pourrait le penser, la chaleur produite par l'inflammation du gaz, mais bien la violence avec laquelle l'air se précipite, pour combler le vide déterminé par cette combustion. Il en résulte un vent terrible, qui lance les ouvriers contre les murs et les écrase. Au temps d'Humphry Davy, ces malheurs étaient si fréquents, dans les houillères anglaises, qu'un grand nombre de mines avaient dû être abandonnées.

En 1812, dans la mine de Filling, près de Sunderland, une seule de ces explosions fit périr cent et un mineurs. Chaque matin, les ouvriers de cette houillère se séparaient de leurs familles comme des soldats qui vont faire le coup de feu.

Pendant la même année, dans une houillère de Liège, en Belgique, une explosion se fit entendre et coucha sur le sol soixante-huit ouvriers. Les malheureux auraient pu se sauver, car la plupart n'étaient que blessés, mais le gaz continuant à se dégager, les asphyxia tous, le *grisou* étant irrespirable en même temps qu'inflammable.

Les moyens de défense contre ces désastres étaient alors nuls, ou sans valeur. Pour s'éclairer dans les ténèbres des galeries, les ouvriers se servaient quelquefois d'un appareil que l'on montre encore dans les anciens cabinets de physique. C'est une roue d'acier de 15 à 18 centimètres de diamètre, dont un engrenage augmente la vitesse, et qui, rencontrant à sa périphérie un silex, fournit des étincelles. La faible clarté

Fig. 30. — LA LAMPE DE SURETÉ D'HUMPHRY DAVY DANS UNE MINE DE HOUILLE.

de ces étincelles guidait le mineur jusqu'au lieu de son travail. Cependant cet appareil même déterminait encore quelquefois des explosions.

Quand le grisou avait envahi une mine, ou bien lorsque celle-ci se trouvant disposée en cul-de-sac, la ventilation ne pouvait s'y établir facilement, les ouvriers, avant de s'introduire dans les galeries, étaient obligés de mettre le feu au gaz. Pour cela, un homme, couvert de vêtements mouillés, armé d'un masque avec des yeux de verre, et muni d'une torche portée à l'extrémité d'une longue perche, pénétrait dans la mine, et s'avançait à plat ventre, en poussant la perche devant lui, jusqu'à ce qu'il eût atteint la région du gaz, et que l'on eût entendu la détonation. Quand le grisou avait détoné, on pouvait entrer dans la mine en toute sécurité.

Les dangers et les inconvénients attachés à l'exploitation des houillères étaient si graves, qu'un comité, composé de propriétaires de mine, se forma à Newcastle, en 1814, pour chercher les moyens d'y remédier. Depuis un an on s'occupait de la question, sans espoir de succès, lorsque le retour de Davy vint ranimer les espérances. On lui confia cette recherche. Porter le feu au milieu d'un magasin à poudre, en supprimant le danger, voilà ce qu'on demandait à la science.

Tout le monde connaît la solution brillante que Davy donna de ce difficile problème, par sa célèbre invention de la *lampe de sûreté*, aujourd'hui en usage dans les mines du monde entier, et qui a préservé jusqu'à ce jour des milliers d'existences. Davy renferma la lampe dans une enveloppe de toile métallique, qui refroidit assez la flamme pour l'empêcher de communiquer le feu au grisou, s'il existe dans la mine, ce qui n'empêche pas la lampe d'éclairer le mineur.

La *lampe de sûreté de Davy* est un des plus beaux exemples des services que peut rendre à l'humanité le secours des sciences. La gratitude publique ne manqua pas, d'ailleurs, à l'inventeur et au philanthrope. La *Société royale de Londres* l'honora de la médaille de Rumford; les propriétaires des mines lui offrirent un service de vaisselle plate, évalué 1200 livres sterling, et l'Empereur de Russie lui envoya un magnifique vase de vermeil, avec une lettre autographe, où il exprimait toute son admiration pour sa découverte. C'est à cette occasion que Davy fut créé baronnet.

La lampe de sûreté, rapidement popularisée, produisit une véritable révolution dans l'industrie des houillères. Sans cette lampe beaucoup d'exploitations auraient été impossibles, et l'on se remit à extraire le charbon de plusieurs mines que l'on avait été forcé de noyer.

Davy se refusa avec beaucoup de noblesse à tirer aucun parti pécuniaire de sa découverte. Ses amis lui conseillaient de prendre un brevet d'invention, lui faisant espérer un revenu annuel de 1000 livres sterling. Comme un ami le pressait, un jour, à ce sujet :

« Non, dit-il, je n'ai jamais songé à rien de semblable; mon seul but « a été de servir la cause de l'humanité, et je suis assez payé par la satisfac- « tion que j'en éprouve. »

Et son interlocuteur insistant :

« J'ai tout ce qu'il me faut, répliqua-t-il, pour mes besoins et « mes projets; de plus grandes richesses ne pourraient rien ajouter à ma ré-

« putation ou à mon bonheur. Elles me permettraient, à la vérité, d'avoir
« quatre chevaux au lieu de deux, mais à quoi me servirait-il d'entendre
« dire que sir Humphry Davy attelle quatre chevaux à sa voiture? »

En 1815, il repartait pour l'Italie, appelé par le directeur du Musée de
Naples, pour chercher les moyens de dérouler les manuscrits sur papyrus,
trouvés dans les fouilles d'Herculanum.

Après avoir rempli la tâche qui lui était confiée, Davy profita de son
nouveau séjour à Naples pour faire des recherches sur la cause des
éruptions volcaniques. Il a consigné dans deux mémoires sa théorie sur
ce grand phénomène de la nature.

Humphry Davy expliquait l'éruption des volcans par l'existence, à l'intérieur du globe, de dépôts immenses de métaux alcalins, qui seraient mis
en liberté par de puissantes actions électriques. Selon lui l'eau, arrivant au
contact de ces métaux, se décomposerait et provoquerait un dégagement de
chaleur considérable, ce qui produirait tous les phénomènes volcaniques.
La position habituelle des cratères en activité, qui presque tous sont
placés près de la mer, l'incandescence de la lave, le bruit qui précède
l'éruption, les exhalaisons gazeuses et salines qui l'accompagnent, tout le
confirmait dans cette hypothèse.

Pendant longtemps les géologues ont jugé avec défaveur la théorie de
Davy sur l'origine des volcans. Cependant c'est cette théorie, ou du moins
son principe, que professe aujourd'hui la majorité des savants. Sans doute
on considère comme surannée la théorie du chimiste anglais, en ce qui
concerne l'existence de métaux alcalins dans les profondeurs de la terre;
mais, tout en mettant de côté la réaction chimique qu'invoquait Humphry
Davy, les géologues contemporains proclament, à peu près unanimement,
que la cause des éruptions volcaniques ne peut se trouver que dans une
communication accidentelle entre l'eau de la mer et l'intérieur du globe,
porté à une température excessive, par suite de l'existence de ce que
l'on nommait autrefois le *feu central*, et que l'on nomme aujourd'hui,
— ce qui revient au même — l'incandescence des parties profondes du
globe.

Si l'on jette les yeux sur une carte représentant la situation géographique
de tous les volcans actuels, on reconnaîtra que presque tous sont placés
près de la mer. Ce n'est que par une exception excessivement rare que l'on
voit des bouches volcaniques à l'intérieur des continents. Et même dans
ce dernier cas, peut-on signaler de grands lacs à proximité des cratères.

C'est la situation des volcans, c'est-à-dire leur voisinage presque constant
des côtes maritimes, qui a conduit, de nos jours, à expliquer les phéno-

mènes volcaniques par une communication entre l'eau de la mer et la lave brûlante qui se trouve dans les profondeurs du globe. Puisque les bouches volcaniques avoisinent presque toujours les côtes, on a pensé que le phénomène des éruptions est dû à la communication qui peut s'établir entre le bassin de la mer et l'intérieur de la terre, à une très grande profondeur, là où la température est prodigieusement élevée. Par suite de la communication entre la mer et les parties profondes et brûlantes du sol, l'eau réduite en vapeur, ou décomposée par la chaleur intérieure du globe, se ferait jour au dehors, en disloquant les couches qui pèsent sur ces vapeurs et ces gaz. Ainsi se produiraient les tremblements de terre et les éruptions volcaniques.

Ce qui confirme cette théorie, c'est que la presque totalité des vapeurs et des gaz qui s'échappent des cratères est composée de vapeur d'eau. La prétendue *fumée* des volcans n'est autre chose que de la vapeur d'eau; et la lave, quand elle coule au dehors et qu'elle se refroidit, laisse dégager des quantités considérables de vapeur d'eau. D'après Ch. Sainte-Claire Deville, les 99 centièmes de ce que le vulgaire nomme la *fumée* des volcans, sont composés de vapeur d'eau. M. Fouqué, le successeur de Ch. Sainte-Claire Deville au Collège de France, a calculé que le cratère de l'Etna, pendant l'éruption de 1865, lançait des colonnes de vapeur d'eau qui, à l'état liquide, auraient représenté l'écoulement d'un ruisseau donnant 250 litres d'eau par seconde. Il arrive souvent que la vapeur d'eau lancée par un cratère se résout en eau liquide, et retombe, sous forme de pluie, le long des flancs de la montagne.

Ce serait donc, en résumé, l'eau de la mer qui, mise en communication avec l'intérieur de la terre, et reparaissant au dehors, à l'état de vapeurs, constituerait les exhalaisons des volcans.

La composition des gaz et des matières solides qui sont lancés par les cratères, en même temps que la vapeur d'eau, montre que c'est bien de l'eau de la mer que doivent provenir ces produits. Du gaz acide chlorhydrique, des chlorures, des sels de soude, des sels ammoniacaux, tels sont les composés chimiques qui sont lancés des cratères, ou qui tapissent leurs bords. Le sel marin provenant de l'eau de la mer, peut fournir, par sa décomposition, ce gaz chlorhydrique, ces chlorures, et ces sels de soude.

Les matières qui constituent la lave proprement dite sont d'origine souterraine. Elles proviennent des roches profondes mises en fusion par la chaleur ou réduites à l'état pâteux. Ce sont des silicates d'alumine, de potasse ou de chaux, combinés à beaucoup d'eau. Le fer entre aussi dans la composition des laves, et c'est le chlorure de fer qui colore en jaune les

[Fig. 31. — HUMPHRY DAVY, AU PIED DU VÉSUVE, ÉTUDIE LES PHÉNOMÈNES QUI ACCOMPAGNENT UNE ÉRUPTION VOLCANIQUE.

bords de beaucoup de cratères. Pendant une ascension au cratère du Vésuve, que nous fîmes en 1865, [nous remarquâmes que ses bords étaient teints d'une coloration rougeâtre, qui nous rappelait complètement la couleur du chlorure de fer de nos laboratoires. On lit, d'autre part, dans la relation donnée, dans les *Comptes rendus de l'Académie des sciences*, par M. de Saussure, de l'éruption de l'Etna du mois de juin 1879, que les neiges étaient fortement colorées en jaune par du chlorure de fer. Or, les eaux de la mer sont chargées de chlorures alcalins, qui, combinés à quelque composé ferrugineux du terrain, peuvent donner du chlorure de fer.

Ainsi, d'après la nouvelle théorie que des chimistes, comme Ch. Sainte-Claire Deville, et des géologues, comme M. Daubrée en France et M. Fuchs en Allemagne, soutiennent, avec preuves à l'appui, les éruptions volcaniques ne seraient que des phénomènes locaux et accidentels. D'après leurs calculs, l'eau de mer, pénétrant à une profondeur de 15 kilomètres au-dessous de la surface du sol, y trouverait une température suffisante pour que la vapeur et les gaz résultant de sa décomposition aient une force de 1500 atmosphères. Cette tension serait assez énergique pour soulever les assises terrestres ou liquides qui les surmontent, et pour chasser au dehors des colonnes de vapeur d'eau et de gaz. C'est par cette pression s'exerçant sur les laves, c'est-à-dire sur les roches profondes mises en fusion, que ces laves liquides pourraient s'élever au niveau du sol, et couler à sa surface, mêlées à des torrents de vapeur d'eau.

On reconnaît, à ces traits généraux, la théorie chimique qu'Humphry Davy trouva en étudiant les éruptions du Vésuve. Un système de vues scientifiques est oublié ou décrié pendant cinquante ans; et après ce long intervalle, on le voit renaître, restauré et rajeuni.

Multa renascentur quæ jam cecidere,

dit Horace.

Les premiers travaux scientifiques de Davy, ceux qui avaient fondé sa gloire, se distinguent par la puissance de la portée théorique; ceux qu'il exécuta dans la seconde partie de sa carrière, dénotent une continuelle tendance à l'application de la physique et de la chimie aux objets d'utilité publique. On en a vu plus haut un exemple dans l'invention de la *lampe de sureté*. Le dernier n'est pas le moins remarquable. Nous voulons parler des recherches que le chimiste anglais entreprit, en 1823, sur l'invitation de l'amirauté britannique.

Pour défendre la quille des vaisseaux des atteintes de l'eau de la mer, et pour la mettre à l'abri des attaques de certains mollusques, du genre des *teredo* et des *pholades*, on se servait, aux premiers temps de la marine anglaise, de peaux d'animaux recouvertes de poix. Vers la fin du seizième siècle, on eut recours à un doublage extérieur en plomb, que les Romains avaient déjà employé. Le cuivre fut ensuite substitué au plomb, et le premier essai de ce métal fut fait en 1761, sur la frégate *l'Alarme*. En 1780, tous les vaisseaux anglais étaient doublés de cuivre. Cependant le cuivre s'altère à la mer avec une rapidité extrême, surtout dans quelques golfes et embouchures de fleuves des côtes de l'Afrique, en raison du gaz sulfhydrique qui s'y dégage. La corrosion de cette doublure étant pour la marine une source de dépenses considérables, les commissaires de l'amirauté demandèrent à la *Société royale de Londres* les moyens de la prévenir. Davy se chargea de cette recherche.

Le problème fut résolu par lui, de la manière la plus élégante, en vertu d'une simple application de sa théorie générale sur les relations de l'électricité avec les phénomènes chimiques. L'altération du cuivre des navires était due à l'action de l'eau de la mer sur le métal. Sous l'influence de l'air, le sel marin donnait naissance à un chlorure de cuivre, et il se précipitait, en même temps, de l'hydrate de magnésie, provenant de l'action de l'oxyde de cuivre sur le chlorure de magnésium dissous dans l'eau de la mer. Selon Davy, l'action chimique est réglée par l'état électrique des corps; par conséquent, sa théorie indiquait qu'en changeant l'état électrique du cuivre, on pourrait empêcher l'action chimique de s'établir. Le cuivre est positif dans l'échelle électro-chimique; c'est en raison de ce fait que l'oxygène de l'air peut se fixer sur ce métal, et former de l'oxyde de cuivre, lequel, agissant ensuite sur les sels tenus en dissolution dans l'eau de la mer, donne lieu aux produits indiqués plus haut. En rendant le cuivre électro-négatif, cette réaction devait être empêchée.

Comment placer le cuivre dans un état d'électricité négative? En le mettant simplement en contact avec un autre métal, capable de s'électriser positivement. Ainsi, en plaçant sur la doublure du navire quelques morceaux de zinc ou de fer, on devait prévenir toute réaction de cette espèce. Et comme, d'ailleurs, la tension électro-positive du cuivre est très faible, une quantité relativement très petite du nouveau métal devait réaliser l'effet défensif.

L'expérience confirma pleinement ces déductions de la théorie. Un morceau de zinc, de la grosseur d'un pois, ou la tête d'un simple clou de fer, conservaient quarante ou cinquante pouces carrés de cuivre. Pour mettre la doublure des navires à l'abri de toute altération de la part de l'eau de la mer, il suffisait donc de la recouvrir, de place en place, de quelques morceaux de zinc, ou, plus simplement encore, de réunir les feuilles de cuivre au moyen de clous de zinc ou de fer.

Informée du résultat des recherches de Davy, l'amirauté donna l'ordre aussitôt d'en faire l'expérience sur des bâtiments de l'État. L'essai fut tel-

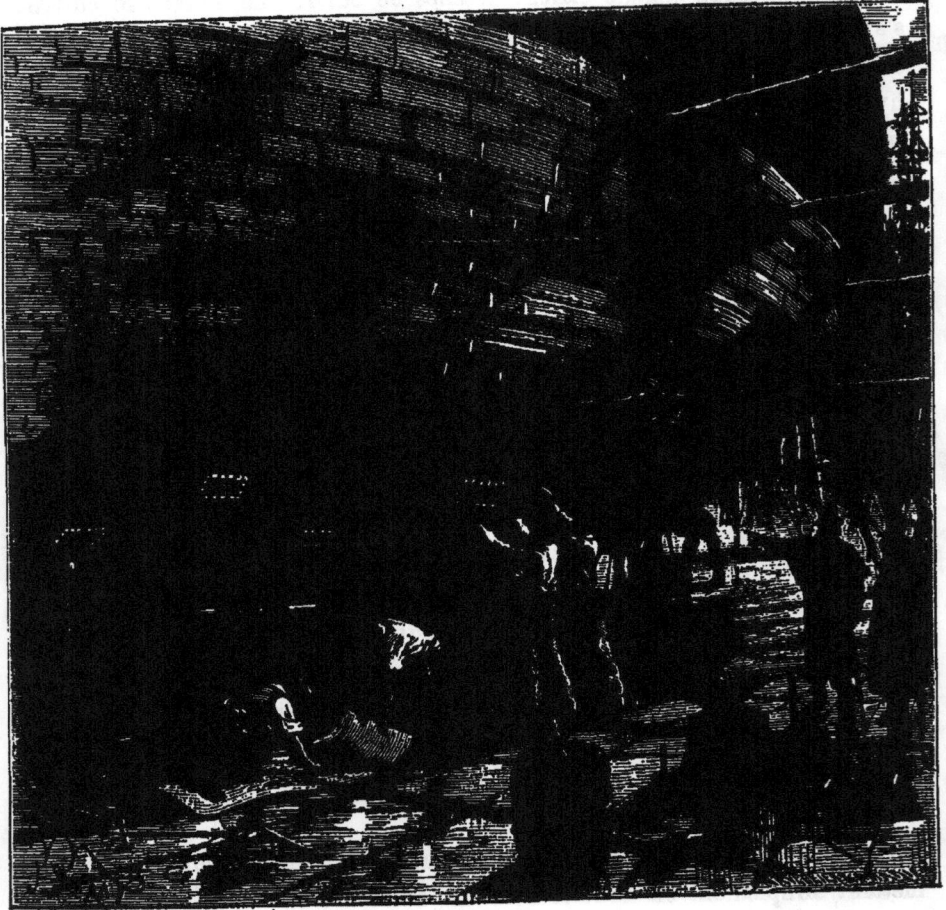

FIG. 32. — HUMPHRY DAVY FAIT EXÉCUTER, A L'ARSENAL DE PORTSMOUTH,
LE DOUBLAGE GALVANIQUE DE LA COQUE D'UN NAVIRE.

lement satisfaisant que trois mois après, toute la marine royale avait adopté le nouveau moyen de protection emprunté à la théorie électro-chimique. En France, on commença également à l'appliquer.

Mais bientôt, tout changea. Les bâtiments ainsi traités, qui étaient partis pour des expéditions lointaines, revinrent aux ports dans un état de délabrement imprévu. La doublure métallique était percée sur tous les points; la coque mise à découvert et fortement endommagée. Que s'était-il passé ?

1.

En rendant le cuivre électro-négatif, on l'avait bien mis à l'abri de l'action de l'oxygène; mais sous ce nouvel état, il pouvait attirer les corps électro-positifs, comme les bases insolubles, la magnésie et la chaux contenues dans l'eau de la mer. Au bout d'un certain temps, le doublage des navires était recouvert d'un sédiment formé de chaux et de magnésie. Sur ce dépôt les plantes marines, les crustacés, les coquilles, les zoophytes, venaient se fixer. Il fallait enlever ces incrustations avec la hache. Elles occasionnaient des altérations chimiques sur les deux métaux, qui se trouvaient bientôt percés, et la coque du navire, dénudée, était exposée aux ravages des mollusques et des zoophytes. L'adhésion de cette couche parasite allait au point de diminuer la vitesse de marche du navire; elle devenait aussi lente que si l'on eût ajouté quelque mortier au doublage du bâtiment.

A la vue de ce résultat, il n'y eut qu'un cri contre le chimiste. L'amirauté, qui perdait des sommes considérables, ne lui épargna pas les mots amers. Le public rit tout haut de l'événement. En trop d'occasions Davy s'était montré intraitable envers ses inférieurs pour que l'on ne profitât pas de la revanche qui se présentait.

Cette hostilité le blessa et l'irrita profondément. Il se remit à l'œuvre, pour trouver quelque biais; mais il se rebuta vite, car le gouvernement ne le soutenait plus, et le courage l'abandonnait, en présence d'injustes attaques. Sa santé en fut altérée.

« Un esprit susceptible, écrivait-il à un ami, pourrait éprouver du « dégoût et se dire : Pourquoi travailler pour son pays, quand on n'en « reçoit que des outrages? Je suis plus affecté que je ne devrais l'être; « mais je deviens plus sage de jour en jour, en songeant à Galilée et aux « siècles où les philosophes et les bienfaiteurs de l'humanité étaient brûlés, « pour les services qu'ils rendaient au monde. »

Mais sa résignation n'était qu'apparente. Cette nouvelle atteinte portée à son orgueil réveillait toutes les blessures de son âme. Dévoré d'une noire mélancolie, il quitta l'Angleterre, et chercha dans les voyages sa consolation accoutumée. Ses dernières années se passèrent loin du ciel de sa patrie. Il se remit à parcourir la Suisse, l'Illyrie, le Tyrol, l'Italie, ne revenant à Londres que pour fort peu de temps et à de rares intervalles.

Depuis longtemps il avait abandonné toutes ses places. En 1827, il envoya, de Salzbourg, sa démission de président de la *Société royale*. Dans ses excursions, il poussa jusque dans le nord de la Suède; mais à Stockholm, il n'eut pas même le désir de voir Berzélius. Le hasard seul amena une entrevue entre ces deux hommes illustres, mais elle fut courte et insignifiante.

Davy était devenu insensible aux souvenirs de sa gloire scientifique; il ne demandait plus que des distractions à l'amertume de ses pensées.

Il n'y trouva d'adoucissement que dans son retour aux travaux littéraires. Ce sera la gloire éternelle des lettres d'apporter aux âmes blessées la consolation suprême. Le savant déçu dans les espérances de son orgueil, s'efforçait de retrouver le calme des premières années en revenant aux études littéraires qui avaient occupé sa jeunesse. C'est en Italie qu'il écrivit son curieux et touchant ouvrage intitulé *Consolations en voyage*.

Le livre des *Consolations en voyage, ou les Derniers jours d'un philosophe*[1], renferme la plus éloquente expression des sentiments philosophiques de l'auteur. Dans une série de dialogues, divers interlocuteurs se livrent aux considérations les plus élevées sur les points fondamentaux de la philosophie. Le spiritualisme, poussé jusqu'au point de l'idéalisme platonicien, résume la pensée de ce livre. Les progrès de l'espèce humaine, la destinée de l'homme, le rôle des milliers de globes qui composent le monde visible, y sont le sujet de dissertations, dans lesquelles on retrouve, avec l'éclat de l'imagination la plus hardie, des spéculations métaphysiques d'une grande valeur.

Mais c'étaient là les lueurs dernières. Depuis longtemps les forces de notre philosophe errant déclinaient; les moindres promenades le fatiguaient. Deux ans auparavant, il avait éprouvé, en Angleterre, une légère atteinte de paralysie. A Rome, le 20 février 1829, et sans aucun symptôme précurseur, il fut frappé d'une nouvelle attaque. Il se rétablit pourtant, et son frère John Davy vint le rejoindre. Ensemble, ils reprirent tristement le chemin de l'Angleterre. Ils franchirent les Alpes, et arrivèrent en Suisse, en passant par Aix et Chambéry. Durant ce voyage, Davy semblait renaître à l'existence; la vue des campagnes de la Suisse, qui rappellent certaines contrées du centre de l'Angleterre, lui faisait éprouver de douces émotions. Il se croyait revenu aux années de son enfance; il retrouvait comme un écho des jours heureux.

Cet éclair fut court. Le 28 mai, on arriva à Genève. Davy se coucha assez tranquille; mais à 3 heures du matin, le domestique vint annoncer à John Davy que son frère était fort mal. On entra; il était sans connaissance, et quelques instants après, il expira.

Genève tout entière assista au convoi du philosophe, que le gouvernement honora de funérailles publiques. Il repose dans le cimetière de Plain-Palais, auprès de la tombe de Pictet.

---

[1] Cet ouvrage a été traduit dans notre langue, en 1868, par M. Camille Flammarion, et cette traduction compte aujourd'hui huit éditions.

VII

L'expérience de l'*œuf électrique* faite par Humphry Davy, en 1813, dans son cours de chimie à l'*Institution royale de Londres*, renfermait la solution anticipée du problème de l'éclairage électrique, tel qu'on le voit aujourd'hui mis en pratique pour l'éclairage intérieur. L'*éclairage par incandescence*, comme on l'appelle aujourd'hui, consiste, en effet, à faire passer le courant électrique à travers un conducteur de charbon, placé dans une cloche vide d'air, ainsi qu'opérait Humphry Davy. Dans l'éclairage électrique moderne, le courant est continu, tandis que dans l'expérience de Davy le courant était interrompu, et donnait naissance à un arc entre les deux conducteurs, un peu écartés l'un de l'autre : voilà toute la différence. En réduisant l'*œuf électrique* d'Humphry Davy à de plus petites dimensions, en maintenant l'arc sans discontinuité, et faisant usage de courants plus faibles, pour obtenir un moindre éclat lumineux, on a créé la *lampe à incandescence* actuelle.

Voyons comment on est arrivé à ces modifications.

La *lampe à charbon et à incandescence dans le vide* est le résultat des recherches successives de beaucoup de physiciens. Les premiers créateurs de ce système sont : en Amérique, W. Starr (1845); en Belgique, M. de Changy (1858). Si les essais de ces deux chercheurs n'aboutirent point, il ne faut en accuser que le sort contraire et la fatalité qui les poursuivit l'un et l'autre. L'invention de W. Starr fut arrêtée par la mort mystérieuse de l'auteur, événement que l'on n'a jamais pu expliquer. Et quand on se rappelle que l'inventeur du gaz de l'éclairage, le Français Philippe Lebon, périt, en 1804, sous les coups d'assassins restés inconnus, on ne peut se défendre d'un singulier et triste rapprochement entre la fin tragique et secrète de ces deux premiers créateurs de branches nouvelles de l'art de l'éclairage.

J. W. Starr était un savant et un écrivain de Cincinnati. Il avait publié plusieurs ouvrages de philosophie naturelle, et s'était, en même temps, occupé d'applications de la physique. Comment arriva-t-il à rendre pratique, pour l'appliquer à l'éclairage domestique, l'expérience d'Humphry Davy? On l'ignore, mais il est certain qu'en 1845, W. Starr avait fait usage, comme agent d'éclairage, d'un fil mince de charbon enfermé dans une cloche privée d'air et parcouru par un courant voltaïque. On trouve même consigné dans son brevet d'invention, qu'il faisait usage d'une machine magnéto-électrique pour produire l'électricité.

En sa double qualité de savant et de philosophe, W. Starr était pauvre. Mais il y avait alors à New-York un philanthrope éminent, Peabody, de Danvers (Massachusetts), mort à Londres en 1869, à qui les États-Unis devaient la création de beaucoup d'institutions scientifiques ou charitables, et qui s'était fait une grande renommée en Amérique et en Angleterre, comme le Mécène déclaré des idées et des hommes de valeur. W. Starr demanda à Peabody les fonds qui lui étaient indispensables pour perfectionner sa découverte. Le philanthrope répondit généreusement à cet appel. Il remit à W. Starr la somme qui lui était nécessaire.

L'Amérique n'avait pas alors, comme aujourd'hui, la prétention de donner seule l'éclosion aux créations nouvelles de la science. La vieille Europe conservait encore ce privilège. Peabody conseilla à son protégé de se rendre à Londres, pour communiquer sa découverte aux électriciens de la métropole britannique. En même temps, comme l'assistance d'un homme versé dans les affaires est indispensable à un philosophe, trop souvent détaché des intérêts de ce bas monde, il lui adjoignit un agent, nommé King, chargé de le diriger dans ses démarches, et de le garer des embûches des exploiteurs d'idées, lesquels ne manquent pas, à ce que l'on assure, aux bords de la Tamise.

Dès leur arrivée à Londres, W. Starr et King se mirent en rapport avec les professeurs de l'*Institution royale*, particulièrement avec l'illustre Faraday, qui était l'oracle de l'électricité dans toute la Grande-Bretagne; puis ils s'occupèrent de faire une expérience publique de leur système d'éclairage. En bon Américain, W. Starr installa dans un immense candélabre, vingt-six lumières, pour symboliser les vingt-six États que comptait alors l'Union américaine.

L'expérience réussit parfaitement. La lumière fournie par le candélabre aux vingt-six lampes était d'une grande intensité et d'une teinte agréable. Faraday admira beaucoup la découverte de W. Starr, et lui prédit le plus grand succès. Il lui conseilla, en même temps, de prendre, sans plus tarder, un brevet d'invention.

Le brevet fut pris. Seulement, King, au lieu de faire délivrer la patente au véritable inventeur, la demanda et l'obtint pour lui-même. C'est à peine si W. Starr, ravi de son succès, s'aperçut de la déloyauté de son agent.

Il est dit, dans ce brevet, que le conducteur à employer est le charbon *de cornue de gaz*, réduit à l'état de fil, — que l'on peut placer plusieurs appareils d'éclairage sur le même circuit, — et que l'on peut emprunter le courant soit à une pile, soit à une machine magnéto-électrique.

Quelques jours après la prise du brevet, W. Starr s'embarquait, avec King, sur le navire *Le Monde*. Mais le second jour de la traversée, W. Starr fut trouvé mort dans sa cabine. La mort était-elle naturelle? Y avait-il eu suicide ou crime? C'est ce que l'on s'occupa fort peu de rechercher. Un homme de plus ou de moins n'est pas ce qui inquiète beaucoup les citoyens de la jeune Amérique.

King débarqua donc seul à New-York. Il demanda au philanthrope Peabody la faveur de remplacer W. Starr dans l'exploitation de la nouvelle lampe. Mais celui-ci, ne lui témoignant aucune confiance, lui refusa tout appui financier. Et King n'ayant pas trouvé d'autre bailleur de fonds, l'invention en resta là.

Bientôt après, King disparut; on n'entendit plus parler de lui, et cette dernière circonstance ajoute encore à l'étrangeté de cette affaire.

L'année suivante, en 1846, deux Anglais, Greener et Staite, qui avaient eu connaissance du brevet de W. Starr, prenaient, à Londres, un brevet presque pareil, mais ils n'arrivaient pas plus que l'Américain King à faire exploiter ce système.

Douze ans après, la même invention, c'est-à-dire *la lampe à incandescence, à conducteur de charbon* et *à courant continu*, apparaît en Belgique. L'inventeur est un ingénieur des mines, M. de Changy.

Le directeur du Musée industriel de Bruxelles, le spirituel Jobard — celui de tous les hommes qui a fait le plus mentir son nom — se fit l'apôtre de la découverte de M. de Changy. Combien de fois ne lui ai-je pas entendu raconter les merveilles de cette invention, et déclarer que là était la seule solution du problème de l'éclairage par l'électricité! Je ne prenais pas toujours au sérieux les enthousiasmes de Jobard; l'expérience a prouvé que Jobard voyait juste.

On lit dans tous les ouvrages qui ont traité de l'éclairage électrique, que M. de Changy est Belge. M. de Changy n'est pas plus Belge que ne l'était Jobard. Bien qu'on l'ait toujours appelé Jobard (de Bruxelles), Jobard était Bourguignon, quant à M. de Changy, il est Tourangeau. La France ne doit laisser perdre aucun des rayons de son auréole scientifique.

M. de Changy résidait à Bruxelles. Ce fut Jobard, son professeur et son ami, qui tourna ses idées sur la question de l'éclairage par l'électricité. En 1838, Jobard avait émis, dans le Courrier belge, cette idée, qu'un fragment de charbon servant de conducteur et placé dans une chambre vide d'air, ainsi qu'avait opéré Humphry Davy, donnerait une lumière fixe, durable et d'une grande intensité. Ingénieur des mines, M. de Changy fut frappé de la possibilité d'appliquer une pareille lampe à l'éclairage des galeries de mines de houille, pour remplacer la lampe de sûreté de Davy, et il se mit à l'œuvre.

M. de Changy commença ses expériences en 1844. Il fit usage du seul charbon conducteur de l'électricité que l'on possédât alors, c'est-à-dire du charbon de cornue de gaz. Il tailla des baguettes aussi fines que possible de ce charbon, et les enferma dans des ampoules de verre, préalablement privées d'air par la machine pneumatique; puis il mit ces petites cloches en communication avec les deux conducteurs d'une pile voltaïque.

La nature du charbon dont l'inventeur faisait usage, apportait un obstacle particulier à la réussite de pareils essais, déjà si difficiles par eux-mêmes, à une époque où tout était encore à créer en ce genre. Le charbon de cornue de gaz n'est jamais bien homogène ; en sorte que la baguette, sous l'influence électrique, se détruisait toujours par quelque point. M. de Changy essaya de lui donner de l'homogénéité en remplissant ses pores. Pour cela il trempait la baguette de charbon dans des résines fondues ou des solutions sucrées, et il la faisait ensuite recuire. Le résultat fut meilleur, et M. de Changy constitua un type de lampe dont nous donnons, dans la figure 29, une représentation au trait.

Le succès était satisfaisant, au point de vue de l'invention, dont le principe était trouvé. Sans doute, de tels appareils ne pouvaient être sérieusement utilisés; c'était là pourtant un progrès digne de remarque, en supposant, toutefois, que l'auteur ignorât les curieuses expériences de W. Starr, qui furent publiées vers 1844, et que nous venons de rapporter,

M. de Changy ayant été, sur ces entrefaites, appelé en Angleterre, comme ingénieur en chef des mines de Weal-Ocean et de WealRamoth, ses recherches furent suspendues pendant quelques années.

Toutefois, l'idée qui l'avait conduit à les entreprendre, c'est-à-dire l'éclai-

rage des mines, ne pouvait cesser de le préoccuper, surtout dans les
fonctions auxquelles il était appelé. Il inventa même, à cette époque, une
lampe à huile, qui fut longtemps en usage sous le nom de *Victoria-safety-
Lamp*. Mais ce n'était qu'une sorte de pis-aller; la lampe électrique n'ayant
pas cessé de lui apparaître comme l'idéal pour l'éclairage des mines.
Aussi, lors de son retour à Bruxelles, en 1850, reprit-il ses recherches,
d'abord avec des interruptions, puis très activement, vers 1855.

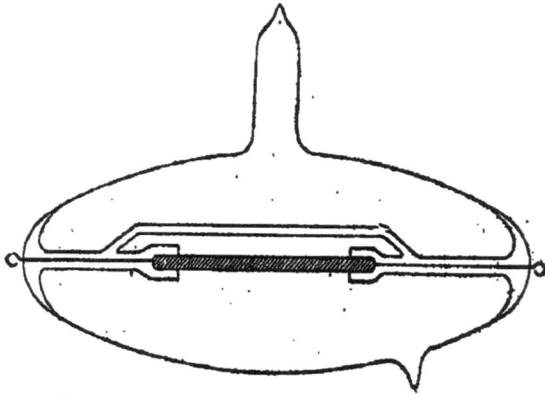

FIG. 33. — PREMIÈRE LAMPE A INCANDESCENCE DE M. DE CHANGY.

M. de Changy dirigea ses essais dans deux sens en même temps. Sans
abandonner le charbon, il s'occupa de constituer une lampe dans laquelle
le platine, devenant incandescent par le passage du courant, produisait
l'effet lumineux.

Le platine n'a pas, comme agent de ce mode d'éclairage, les qualités du
charbon de cornue, mais il n'a pas, non plus, certains de ses défauts, et
on devait penser qu'il permettrait d'arriver plus rapidement à un système
pratique. Seulement, si l'on fait usage du platine, ce métal étant fusible,
tandis que le charbon est absolument infusible, il faut éviter la fusion et la
destruction du fil incandescent, même dans le vide, et pour cela il faut
limiter strictement l'intensité du courant qui le traverse. D'autre part,
pour que le système soit pratique, il faut que l'on puisse placer plusieurs
lampes sur un même circuit, les foyers étant trop peu intenses pour
pouvoir être employés, avec économie, si chacun d'eux réclamait un
circuit.

W. Starr, en Amérique, avait résolu le problème, et il avait rendu les
physiciens de Londres témoins de ses expériences. Mais, comme nous l'avons
dit, la mort de l'inventeur avait arrêté ces premières tentatives. Un physicien
anglais, W. Staite, prit, en 1858, un brevet pour l'emploi d'un métal moins

fusible que le platine, l'iridium. Les dispositions indiquées par W. Staite étaient rationnelles; mais Staite était obligé de donner un courant à chaque

M. DE CHANGY.

lampe, et de plus, l'iridium est un métal fort rare et fort cher; en sorte que ce système n'était nullement pratique.

Des expériences méthodiquement suivies conduisirent M. de Changy à reconnaître que le platine doit recevoir une préparation particulière. Il ne doit pas être, dès le premier abord, porté à l'incandescence; il faut, pour ainsi dire, l'accoutumer peu à peu au genre de service qu'on lui demande. A cet effet, il faut le maintenir à des chaleurs rouges modérées, pour le faire peu à peu et lentement monter au degré de température où il doit être entretenu. Edison devait trouver ce même fait, environ vingt ans plus tard.

M. de Changy avait également reconnu qu'il y a intérêt à pne as employer le platine pur, mais légèrement carburé. A cet effet il lui faisait subir une opération assez semblable à la cémentation de l'acier; il le chauf-

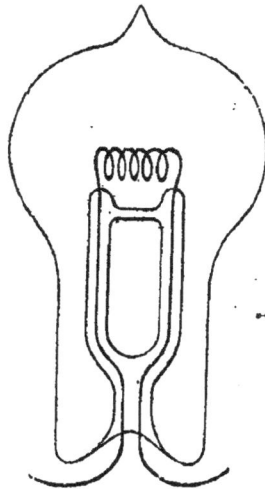

Fig. 35. — PREMIÈRE LAMPE A INCANDESCENCE DE M. DE CHANGY, COMPOSÉE D'UN CONDUCTEUR DE PLATINE.
(GRANDEUR NATURELLE.)

fait dans des poussières de charbon, et le faisait ensuite repasser à la filière.

C'est par cette série de recherches que l'ingénieur français arriva à constituer des lampes dans lesquelles le platine ne fondait pas, et qui produisaient une assez vive lumière. Nous donnons ici (fig. 35) la représentation, en vraie grandeur, de cette lampe.

Ayant ainsi atteint le but qu'il s'était proposé, c'est-à-dire ayant constitué une nouvelle lampe de sûreté pour l'éclairage des mines, destinée à remplacer la lampe de sûreté de Davy, M. de Changy se hâta de soumettre son invention à un ingénieur en chef des mines, qui faisait autorité en Belgique, M. Devaux.

L'objection que fit à M. de Changy l'ingénieur en chef des mines de Belgique, est assez singulière pour être rapportée ici.

« Votre lampe, dit-il à l'inventeur, a un défaut : elle est parfaite. »

Et comme M. de Changy manifestait sa surprise :

« La lampe de Davy, ajouta M. Devaux, pour justifier sa critique, nous avertit de la présence du gaz, parce que sa flamme s'allonge, quand le *grisou* existe dans la mine. Alors, l'ouvrier, prévenu par ce phénomène, se hâte de sortir de la galerie. »

Mais il y a bien d'autres signes que celui de l'allongement de la flamme, dans la lampe de sûreté de Davy, pour déceler la présence du grisou. En outre, l'usage d'une lampe brûlant dans un air chargé de grisou, est un danger permanent, car les mailles de la toile métallique n'empêchent pas toujours l'inflammation du gaz. Il arrive, en effet, assez souvent, qu'un ouvrier imprudent, ou n'y voyant pas assez clair, ouvre sa lampe de sûreté, et met le feu au gaz. C'est ce qui produit les trois quarts des accidents. Donc, un éclairage d'où est exclue toute flamme était une découverte capitale pour la sûreté des mineurs.

Mais le siège de l'ingénieur en chef était fait : M. Devaux refusa son approbation à ce nouveau système d'éclairage des mines.

Cela n'empêcha pas l'inventeur de continuer ses recherches et de perfectionner sa lampe. A la date du 17 mai 1858, il prit un brevet pour un *système complet de régulation et de division du courant pour la lumière électrique à incandescence*. Voici le mécanisme fort curieux de ce *régulateur*.

Chaque lampe était placée sur un circuit dérivé du courant général, lequel traversait, en outre de la lampe, le fil d'un électro-aimant. Un deuxième circuit branché sur le premier, était formé par le noyau de cet électro-aimant et son armature. Ce deuxième circuit n'était donc fermé que si l'électro-aimant, étant actif, mettait son armature en contact avec le noyau. On conçoit, alors, comment les choses se passaient. Dans l'état normal, le circuit renfermant la lampe et le fil de l'électro-aimant était seul fermé, le ressort antagoniste de l'électro-aimant étant réglé de façon que le courant convenable pour l'incandescence n'était pas assez fort pour le vaincre. Si le courant augmentait trop, le magnétisme de l'électro-aimant augmentait avec lui, le ressort antagoniste était vaincu, l'armature revenait au contact du noyau, et formait ainsi un circuit dérivé, de petite résistance, qui détournait le courant, devenu trop intense et dangereux pour l'appareil.

La quantité d'électricité absorbée par la lampe étant ainsi limitée, il devenait possible d'en mettre plusieurs sur le même circuit, ce qui réalisait les deux buts cherchés : la régularisation du courant et la division de la lumière.

Nous avons dit que tout en travaillant l'incandescence par les métaux, M. de Changy n'avait pas abandonné le charbon. Dans cette période il essaya, ne trouvant pas de charbon convenable, d'en fabriquer de toutes pièces. Il fit passer par une filière des pâtes de plombagine, pour en former des baguettes fines, qu'il cuisait ensuite. Mais il était obligé d'introduire des corps agglomérants, par exemple de l'argile, la plombagine seule n'ayant pas assez de consistance.

Toutefois, on n'obtenait pas encore ainsi des baguettes résistant à l'incandescence électrique; elles présentaient une certaine tendance au ramollissement. Vers 1859, M. du Moncel avait obtenu une lumière très brillante en se servant, comme conducteurs, de languettes de charbon obtenues par la calcination de fibres végétales, telles que du liège, de la basane, préalablement trempés dans l'acide sulfurique et carbonisés. M. de Changy essaya des matériaux de ce genre; mais il fallait prendre certaines précautions, augmenter la conductibilité, l'homogénéité, qui n'étaient pas d'abord suffisantes. C'est ce qui décida l'inventeur à combiner les deux genres de conducteurs, et à réaliser un type de lampe assez curieux, où l'incandescence du platine est réunie à celle du charbon. A cet effet une spirale de platine s'enroulait autour du charbon.

Nous représentons une de ces lampes (fig. 57) de grandeur naturelle.

Étant ainsi parvenu à résoudre le problème, que l'on appelait alors la *division de la lumière électrique*, et qui était généralement considéré comme une espèce de quadrature du cercle, M. de Changy s'occupa de faire connaître sa découverte. Il commença par la soumettre, à Bruxelles, aux personnes compétentes et en état de la faire adopter.

Au premier rang se trouvait Jobard, qui n'avait, d'ailleurs, jamais cessé de suivre avec un vif intérêt les essais de notre inventeur.

Satisfait des résultats acquis, Jobard en fit le sujet de diverses communications. Il adressa, en particulier, une lettre à l'Académie des sciences de Paris, le 27 février 1858, antérieurement à toute prise de brevet. Dans cette lettre, Jobard résumait les expériences de l'inventeur, et énumérait les applications de la lampe électrique qu'il avait conçues.

Ces applications sont assez singulières, soit dit en passant. Les voici :

« 1° Éclairage des mines;

« 2° Lampes immergées pour la pêche de nuit ;

« 3° Bouées lumineuses;

« 4° Télégraphie nautique, obtenue à l'aide de tubes colorés renfermant « les hélices incandescentes, et dont les combinaisons obtenues à l'aide d'un « clavier, formeraient des signaux lumineux au haut d'un mât de navire. »

Fig. 36 — M. DE CHANCY MET EN EXPÉRIENCE, DEVANT L'INGÉNIEUR EN CHEF DES MINES DE BELGIQUE, SA LAMPE ÉLECTRIQUE A INCANDESCENCE.

On ne peut s'empêcher de sourire quand on lit l'étrange énumération, faite par l'excellent Jobard, des applications que pourrait recevoir la lumière électrique. C'est le cas d'invoquer Boileau, et de dire, avec le satirique :

> Oh! le plaisant projet d'un *honnête savant*,
> Qui, de tant de héros, va choisir Childebrand!

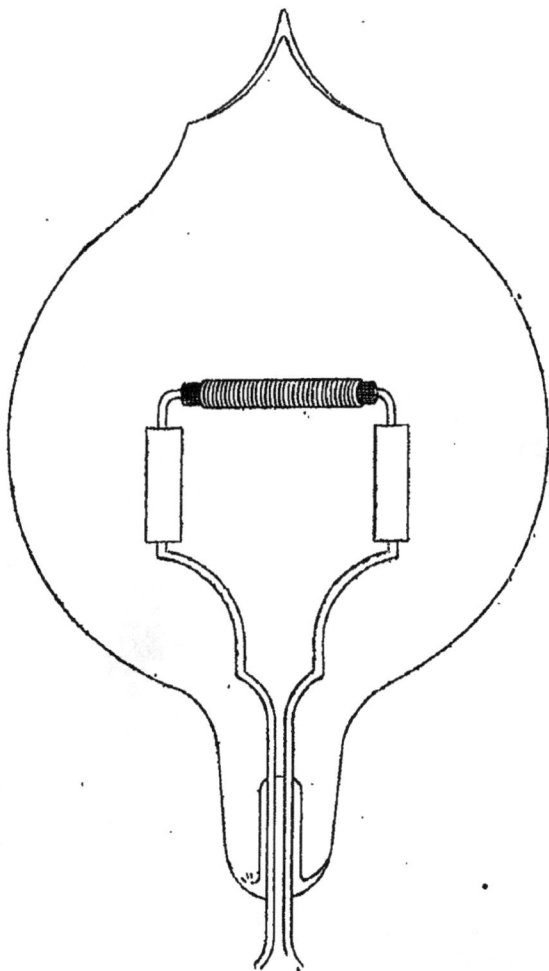

FIG. 37. — DEUXIÈME LAMPE A INCANDESCENCE DE M. DE CHANGY, COMPOSÉE D'UN CONDUCTEUR DE CHARBON
ET D'UNE SPIRALE DE PLATINE (GRANDEUR NATURELLE).

Les physiciens de notre temps ont vu plus vite et plus sûrement ce que l'on pouvait faire de la lumière électrique divisée en petits foyers. Leur première pensée n'a pas été de la faire servir à la pêche de nuit !

C'est peut-être en raison de la façon naïve dont la nouvelle invention lui était présentée, que l'Académie des sciences de Paris lui fit un assez froid accueil. Ce qui est certain, c'est que le secrétaire perpétuel, Flourens, refusa l'insertion de la note de Jobard dans les *Comptes rendus de l'Académie*, faveur qu'il accordait, chaque semaine, aux plus insignifiantes broutilles, pourvu qu'elles fussent marquées à l'estampille de la science courante.

Dans cette conjoncture, Jobard m'adressa la lettre dont l'Académie des sciences avait refusé l'insertion, en me priant de la faire paraître dans le feuilleton scientifique que je donnais chaque semaine, au journal *la Presse*. Ce que je fis incontinent.

La lettre persécutée trouva donc asile dans la *Presse* du 13 mars 1858. En voici le texte :

« Je m'empresse, écrivait Jobard au Président de l'Académie des sciences de Paris, de vous annoncer la découverte du fractionnement d'un courant électrique pour l'éclairage, en autant de filets que l'on désire.

« On sait que l'arc lumineux produit entre deux charbons ne peut donner qu'un foyer très intense, très désagréable et très coûteux. Un jeune chimiste, physicien, mécanicien et praticien à la fois, M. de Changy, très au courant des découvertes et des instruments nouveaux, vient de résoudre le problème de la divisibilité du courant galvanique.

« C'est en sortant de son laboratoire, où il travaille seul depuis six ans, que je viens donner un aperçu de ce que j'y ai vu, c'est-à-dire une pile de 12 éléments Bunsen perfectionnée par lui, produisant un arc lumineux constant, sans intermittence et sans crépitation, entre deux charbons rapprochés par un régulateur de son invention, le plus parfait et le plus simple que je connaisse. De plus, une douzaine de petites lampes de mineur mobiles sur des tringles ou des fils de cuivre, dont il peut allumer ou éteindre l'une ou l'autre ou toutes ensemble, sans que l'intensité de la lumière augmente ou diminue par l'extinction des lampes voisines. Ces lampes, contenues dans des tubes de verre hermétiquement fermés, sont destinées à l'éclairage des mines à grisou, aussi bien qu'aux réverbères des rues, qui s'allumeraient et s'éteindraient seuls dans toute une ville, en ouvrant ou fermant le circuit. Cette lumière est blanche et pure comme celle du gaz Gillard, avec lequel elle a ce seul point de contact que c'est l'incandescence du platine qui la produit. Les tuyaux de conduite du gaz seraient alors remplacés par de simples fils et ne pourraient occasionner ni explosions, ni incendies, ni mauvaises odeurs.

« J'ai vu également une ampoule lumineuse en verre épais, que l'on peut immerger à des profondeurs considérables, sans qu'aucun mouvement ou bouleversement puisse l'éteindre. Elle a déjà été essayée en rivière et a servi à prendre des poissons, qui sont attirés et non effrayés, comme on le craignait, par la lumière. Il est probable que, dans un temps donné, la mer inépuisable nourrira la terre, et que les pêches miraculeuses ne le seront plus.

« Ce simple aperçu suffira pour faire comprendre à combien d'applications diverses peut se prêter la découverte que j'ai l'honneur de signaler, avec la conviction que je n'ai pas été la dupe d'une illusion, malgré mon étonnement de voir une lampe s'allumer dans le creux de ma main, et rester allumée en la mettant dans ma poche, avec mon mouchoir par dessus. JOBARD. »

Cependant, tout en refusant d'insérer la lettre de Jobard sur la *division de la lumière électrique* réalisée par M. de Changy, l'Académie des sciences avait nommé une commission pour examiner le fait annoncé. Le physicien Becquerel père, Despretz et Babinet composaient cette commission.

Pour être renseigné exactement sur l'invention qui lui était soumise, Becquerel pria Quételet, secrétaire perpétuel de l'Académie royale des sciences de Bruxelles, de prendre des informations sur cette découverte, et Quételet chargea de cette enquête M. Melsens, l'un de ses collègues. Celui-ci assista aux expériences de M. de Changy, les suivit de près, et à la date du 3 avril 1858, il rendit compte à Despretz de ce qu'il avait vu.

Dans cette lettre, M. Melsens constatait qu'il avait vu sur un même circuit voltaïque, alimenté par une pile Bunsen de douze éléments, plusieurs lampes que l'on pouvait allumer, soit ensemble, soit en groupe, soit isolément, à volonté, sans que l'éclat de chacune d'elles fût modifié. Il déclarait donc que la division de la lumière électrique était obtenue.

La commission, imparfaitement satisfaite, désira avoir des renseignements plus précis de la part de l'inventeur lui-même; et le secrétaire perpétuel, Flourens, fut chargé d'écrire à M. de Changy, pour lui communiquer ce désir de la commission.

Jobard se chargea de répondre à la lettre de Flourens, et il le fit en les termes suivants, dans une lettre adressée de Bruxelles, que nous transcrivons:

« Monsieur le Secrétaire perpétuel,

« J'ai bien reçu la lettre dont vous m'avez honoré, jointe à la copie de la note de M. Becquerel, qui demande des explications sur les moyens de M. de Changy pour obtenir la division de la lumière électrique.

« Je n'avais voulu faire part à l'Académie que des résultats que j'ai vus, et qui ont été, depuis, vérifiés et confirmés par ordre de l'Académie de Bruxelles, sur la demande de M. Despretz.

« Si l'Académie, qui ne considère que l'intérêt de la science, abstraction faite de l'intérêt de l'inventeur, n'a pas trouvé ma notice plus explicite, on ne doit s'en prendre qu'au défaut de garantie de la propriété des inventeurs; car c'eût été dépouiller celui-ci de tout espoir de rémunération positive; et tous les inventeurs ne sont pas à même de se contenter de récompenses purement honorifiques.

« M. de Changy a dépensé trop d'argent en essais, pour ne pas conserver l'espoir, quelque aléatoire qu'il soit, de tirer profit de sa belle découverte, et je lui ai conseillé de n'en publier les détails qu'après avoir pris, autant que possible, ses sûretés contre les frelons de l'industrie.

« Si les inventions communiquées à l'Académie valaient les brevets définitifs ou provisoires, comme celles que l'on met aux Expositions officielles, ce qui serait fort à désirer et parfaitement praticable, l'Académie n'aurait plus à se plaindre d'aucune réticence de la part des inventeurs.

« Agréez, monsieur le Secrétaire, mes très humbles salutations.

« JOBARD. »

« Bruxelles, le 16 avril 1858. »

Cela voulait dire que M. de Changy, ayant dépensé beaucoup de temps et d'argent pour réaliser sa découverte, n'était pas disposé à la rendre publique avant de s'en être assuré la possession par un brevet bien en règle.

Cette lettre mit le feu aux poudres. A sa réception, Despretz déclara que M. de Changy, « voulant faire de son invention un objet de lucre, ne méri- « tait pas le nom de savant, et que l'Académie ne devait pas s'occuper de « ses travaux ! »

Il y a des mots qui tuent, qui tuent soit les hommes, soit les idées. Le mot de Despretz : « M. de Changy ne mérite pas le nom de savant », ne tua pas l'ingénieur français, mais il tua son idée. A partir de ce moment, il se sentit inquiet, découragé. Il se demanda s'il faisait acte de loyal savant et d'homme de progrès, en voulant tirer un profit pécuniaire de sa découverte, comme le lui conseillait Jobard; et finalement, il laissa tomber, sans s'occuper de l'exploiter, son brevet d'invention.

Il nous paraît tout simple aujourd'hui qu'un inventeur retire un bénéfice de son invention, qu'un chimiste vive de la chimie et un physicien de la physique, comme le prêtre vit de l'autel et le médecin de la médecine. On voit même, de nos jours, bien des savants n'entreprendre des recherches que dans le but unique d'un bénéfice d'argent. Mais, en 1858, on raisonnait autrement. On élevait à un autre niveau, on portait en des sphères plus hautes la mission de l'homme de science. Sous ce rapport, nous avons fait, depuis, beaucoup de chemin. Est-ce en avant, est-ce en arrière? Au lecteur de le décider.

Pendant que je travaillais dans le laboratoire de la Sorbonne, de 1852 à 1854, pour aider à la préparation du cours ou aux recherches particulières de Balard, qui fut mon maître en chimie, j'ai beaucoup connu Despretz, le *père Mansuette*, comme nous l'appelions, parce qu'il s'appelait, de ses prénoms, *César Mansuette*, ce qui n'était pourtant pas sa faute. Il est mal, assurément, de médire de ses professeurs, mais M. Despretz, — Dieu veuille avoir son âme! — était lourd comme une locomotive et épais comme le mont Blanc. C'était un vrai paysan du Danube universitaire. Il avait une grosse tête, de gros yeux, de gros sourcils, de grosses mains, de grosses épaules, et il marchait dans de gros souliers. Quand il faisait, à la Sorbonne, son cours sur la lumière, l'opticien Henri Soleil était chargé de manœuvrer, de l'intérieur de l'amphithéâtre, le miroir plan, qui, placé au travers d'un carreau de la fenêtre, devait réfléchir les rayons du soleil et les amener dans la salle. Et quels bons rires nous faisions, quand l'opticien étant occupé à guetter une éclaircie de l'astre radieux, à travers les nuages qui le cachaient trop souvent, Despretz lui disait, de sa voix de basse-taille enrhumée: « Monsieur Soleil, le voyez-vous? »

Professeur médiocre, Despretz a laissé de bons souvenirs comme physicien. Il a poursuivi, pendant plus de quarante ans, l'étude des grands phénomènes de la physique : le son, l'électricité, la densité des liquides, etc. Son nom se retrouve dans tous les traités classiques, tant il a fait d'expériences précises, mesuré de nombres importants pour la science, coordonné de faits épars et isolés. Peu de cours réunissaient un auditoire aussi nombreux que celui qu'il faisait à la Sorbonne, car ses expériences brillaient par la grandeur des moyens mis en œuvre. Ses énormes piles, ses diapasons monstres, etc., étaient passés en proverbe. Il n'avait pas de facilité naturelle, mais ses efforts persévérants avaient fini par lui conquérir la situation qu'il ambitionnait. C'est ainsi qu'il parvint à obtenir la première chaire de physique de France, voire même le fauteuil de la présidence de l'Académie des sciences.

Despretz était cité pour l'austérité de sa vie et la simplicité de ses habitudes. Les seules récréations qu'il se permit étaient la chasse (le duc d'Aumale l'avait, un jour, autorisé à tuer la petite bête dans ses forêts) et des excursions annuelles en Allemagne, en Italie, en Angleterre. Il aimait aussi à parcourir les provinces de la France; mais il avait tant fait subir d'examens de baccalauréat, et dans ces examens il s'était toujours signalé par tant de bienveillance, que dans chaque ville, à son grand désespoir, il se voyait reconnu et arrêté dans la rue. C'était assez pour le faire fuir aussitôt.

Il menait une vie uniforme et solitaire. Chaque jour, il faisait sa promenade matinale au jardin du Luxembourg; et dans sa promenade du soir, il parcourait les quartiers plus animés de la ville. A dix heures du matin, il se rendait à la Sorbonne, et il n'en sortait qu'à cinq heures.

Despretz a publié un *Traité élémentaire de physique*, un *Traité de chimie*, et il a fait paraître, dans les *Comptes rendus* de l'Académie, un grand nombre de mémoires, sur divers points des sciences physiques. Dans une brochure intitulée : *Des Collèges et de l'instruction professionnelle des Facultés*, il a essayé de défendre l'étude des lettres contre celle des sciences, thèse assez étrange pour un physicien, et qu'il fallait laisser aux professeurs de rhétorique, que les sciences physiques et naturelles enseignées dans les lycées empêchent de dormir.

En définitive, Despretz était un physicien de grande valeur. Mais malgré tout, je ne puis, dans mes souvenirs, me le représenter autrement qu'écrasant sous le poids de sa lourde personne, l'idée féconde que M. de Changy apportait, dès l'année 1858, à la cause du progrès scientifique.

VIII

Les lampes électriques russes. — Lampe à incandescence et à conducteur de charbon de M. Lodyguine; ses défauts. — Lampe du même système de MM. Konn et Bouliguine. — Encore M. Jablochkoff; sa lampe à incandescence à conducteur de kaolin.

Repoussé à l'Académie des sciences de Paris par l'opposition de Despretz, l'éclairage par un courant continu rendant incandescent un fragment de charbon ou de platine, sommeilla pendant quinze ans. C'est en Russie, dans ce même pays qui devait plus tard doter la science et l'industrie de la découverte fondamentale de la bougie électrique, que cette question fut reprise. En 1873, un physicien russe, M. Lodyguine, invente une disposition particulière de lampe à incandescence et à charbon, qui lui vaut un des grands prix de l'Académie des sciences de Saint-Pétersbourg.

En exposant les travaux de M. Lodyguine, M. Wild, membre de l'Académie des sciences de Saint-Pétersbourg, chargé du rapport, fit ressortir toute la supériorité que présentait le charbon sur le platine, pour la production de la lumière par incandescence.

Le pouvoir rayonnant du charbon est de beaucoup supérieur à celui du platine, et la capacité calorifique du charbon est beaucoup moindre; de sorte qu'une même quantité de calorique porte le charbon à une température plus élevée qu'il ne ferait d'un fil de platine. De plus, la résistance du charbon au passage du courant est 250 fois celle du platine; on peut donc prendre un crayon de charbon beaucoup plus gros, à égalité de température. Enfin, avantage inappréciable, le charbon est infusible.

M. Lodyguine employait des crayons de *charbon de cornue de gaz* d'une seule pièce, en diminuant leur épaisseur au point où se trouvait le foyer lumineux. Il plaçait deux charbons dans un même appareil, qu'il munissait d'un petit *commutateur* extérieur, pour faire passer le courant dans le deuxième charbon, quand le premier était usé. Enfin, comme l'avaient fait avant lui W. Starr, en Amérique, et M. de Changy, à Bruxelles, pour empêcher la combustion du charbon, il l'enfermait dans une cloche de verre hermétiquement close.

Au début, M. Lodyguine avait fait le vide dans ses récipients de verre. Mais cette opération avait présenté des difficultés que le physicien russe n'avait pu surmonter. Il se contentait donc, comme il vient d'être dit, de clore le mieux possible l'appareil. L'oxygène de l'air contenu dans la cloche étant brûlé, il ne devait rester dans le récipient que de l'azote et du gaz acide carbonique. Mais c'était là de la théorie. En fait, on n'opérait pas dans un espace vide d'oxygène. Aussi les aiguilles de charbon se brisaient-elles fréquemment, et il était difficile de les remplacer. De plus, les parois de la cloche se recouvraient d'une poussière opaque, qui enlevait une partie de la lumière.

Cependant, avec la machine magnéto-électrique de la compagnie *l'Alliance*, pour fournir le courant électrique, on obtenait un effet assez satisfaisant de quatre lampes de ce genre placées sur un même circuit.

L'inventeur chargea un de ses compatriotes, M. Kosloff, de Saint-Pétersbourg, de se rendre à Paris, pour perfectionner son appareil, ou pour en tenter l'exploitation commerciale. Mais on n'obtint jamais rien de sérieux. M. Truk, lampiste de Paris, chez lequel M. Kosloff faisait ses expériences, y travailla lui-même avec beaucoup d'ardeur, mais sans grand résultat.

Pendant que l'on s'efforçait, à Paris, de perfectionner les lampes de M. Lodyguine, deux autres ingénieurs russes, M. Konn, d'une part, et M. Bouliguine, d'autre part, créaient des lampes fondées sur le même principe, et les soumettaient à des expériences attentives. Mais rien d'important ne sortit de ces tentatives, que nous nous contenterons de signaler.

Toutes les *lampes russes*, dont plusieurs, comme il vient d'être dit, furent imaginées à Paris, avaient un défaut capital et commun à toutes. Le crayon de charbon employé comme conducteur, se désagrégeait et tombait en morceaux. Et ce n'était pas par suite de la combustion, car cette désagrégation se manifestait dans des lampes parfaitement vides d'air. Le crayon s'amincissait graduellement en son milieu, et finissait par se rompre. Aucun moyen ne put réussir à prévenir cet accident.

M. Jablochkoff appliqua également son esprit inventif à la création d'une lampe à incandescence, et il obtint un résultat très encourageant.

M. Jablochkoff portait à l'incandescence une aiguille d'argile de *kaolin* interposée dans le courant électrique. Mais comme le kaolin offre une assez grande résistance au passage du courant, il fallait employer des courants d'une grande tension. M. Jablochkoff avait donc eu l'idée, très ingénieuse, d'interposer entre l'aiguille de kaolin et le fil conducteur de l'électricité, un véritable *condensateur* électrique, lequel se chargeait d'électricité quand elle devenait surabondante, et se déchargeait ensuite de cet excès d'électricité à travers la substance du kaolin.

Ces recherches de M. Jablochkoff datent de l'année 1878. L'auteur accorde toujours une grande confiance à ce système, bien que la pratique ne l'ait pas encore sanctionné.

Depuis l'année 1873 jusqu'à l'année 1878, les lampes à incandescence se débattaient au milieu de difficultés insurmontables, et l'on commençait à désespérer d'en triompher jamais, lorsque Thomas Edison, en Amérique, eut connaissance de l'importance de cette question. Ce fut pendant un voyage aux montagnes Rocheuses, accompli en 1878, en compagnie du physicien américain John Draper, qu'Edison reçut de ce dernier le conseil de s'occuper de cette grande question.

Le sujet était alors assez complexe, et quelque peu embrouillé, par suite des échecs répétés de beaucoup d'inventeurs qui avaient essayé de tirer parti de l'incandescence électrique d'un corps, charbon ou métal, pour constituer un agent d'éclairage. Edison résolut de prendre, comme on dit, le taureau par les cornes. En d'autres termes, il posa le problème dans toute son étendue et avec toutes ses conséquences. Il voulut obtenir avec la lumière électrique tout ce que donne le gaz, c'est-à-dire une lumière d'intensité constante, facile à manier, pouvant se placer partout en petites masses, et d'un pouvoir éclairant médiocre, équivalant à environ deux lampes Carcel, pouvant enfin se distribuer, par des canaux conducteurs, tout comme le gaz d'éclairage.

Ce programme, vaste autant que difficile, Edison parvint à le remplir. Comment ce résultat fut-il atteint? C'est ce que l'on apprendra par la lecture des pages qui vont suivre, et dans lesquelles, tout en racontant la vie de Thomas Edison, nous exposerons ses travaux sur l'éclairage par l'électricité.

IX

Thomas Edison. — Sa vie et ses travaux.

Un soir d'hiver de l'année 1859, trois personnes, le père, la mère et un jeune garçon, achevaient un pauvre repas dans une arrière-boutique de la triste ville de Port-Huron, dans le Michigan, aux États-Unis d'Amérique. Les murs de l'arrière-boutique où la famille était en ce moment rassemblée, étaient couverts de tableaux éventrés, de toiles sans cadre et de vieux cadres éraillés, à la dorure absente. Quelques casiers de bois peint, contenant des registres et surmontés de paperasses poudreuses, achevaient l'ameublement de cet obscur réduit. Quant à la boutique, on y trouvait tout l'arsenal ordinaire du brocanteur : bahuts boiteux, chaises dépareillées, porcelaines et faïences ébréchées, pendules sans balancier, lampes sans globe, tourne-broches sans volant, caves à liqueurs sans liqueurs, lits sans sommiers, fauteuils sans housses, housses sans fauteuils, boîtes à musique sans cylindre, habits et gilets sans boutons, armes hors d'usage, revolvers et carabines réformés, mais que les aventuriers, qui partaient pour les mines d'or de la Californie ou les sources de pétrole d'*Oil-kreek*, étaient heureux d'emporter, pour deux ou trois dollars.

Le maître de ce misérable logis s'appelait Edison. D'origine hollandaise, il était venu de bonne heure chercher fortune en Amérique; mais il l'avait poursuivie sans le moindre succès, pendant toute sa vie. Tour à tour tailleur, pépiniériste, grainetier, il exerçait alors, à Port-Huron, l'état de brocanteur, auquel il joignait, quand il le pouvait, l'office d'intermédiaire pour la vente des propriétés. Mais, malgré son intelligence et son énergie, il n'avait réussi, dans aucune de ces professions diverses, à acquérir l'aisance; et une gêne, voisine de la misère, régnait dans l'intérieur du Hollando-Américain.

Sa femme, bonne et courageuse enfant du pays, avait, avant son mariage, trouvé des ressources en tenant, comme le font beaucoup de jeunes Américaines, une école primaire. Elle avait ainsi acquis quelques notions rudimentaires de calcul, de littérature, d'écriture et de dessin, qu'elle fut heureuse de pouvoir transmettre à son fils.

TH. ALVA EDISON.

Celui-ci, du reste, Thomas Alva Edison, avait rapidement dépassé le petit cercle de connaissances qu'il devait à la tendresse de sa mère. Il

15

avait un prodigieux désir d'apprendre : mais dépourvu de direction et de maître, il avait dépensé sa jeune énergie sans parvenir à meubler efficacement son esprit. D'un caractère concentré, et même un peu sauvage, il recherchait la solitude, afin de pouvoir s'adonner librement à la passion effrénée qu'il avait pour la lecture. Il dévorait avec une égale avidité, et sans préférence, tout ce qu'il pouvait lire gratis dans les boutiques des libraires et des marchands de journaux de Port-Huron. Livres, brochures, revues, recueils illustrés, il lisait tout, et prenait intérêt à tout ce qu'il lisait; mais cela sans méthode, sans règle, ni plan préconçu. Avec une telle indiscipline intellectuelle il n'avait rien retenu de sérieux; et de fait, il ne savait encore que lire, écrire et un peu calculer.

Notre jeune homme, le repas étant terminé, se disposait à se lever de table, pour aller rejoindre ses camarades sur la grande place, lorsque son père le retint du geste, et ajouta aussitôt :

« Reste, Thomas; j'ai à te parler. »

L'air un peu solennel avec lequel son père avait prononcé ces mots, et l'attitude triste et résignée de sa mère, qui se disposait à écouter religieusement le chef de la famille, inquiétèrent un peu le jeune garçon, qui, pourtant, se rassit avec déférence, se tenant prêt à entendre la communication paternelle.

Le père, Edison ayant bourré et allumé sa pipe, aspiré et rejeté quelques bouffées de fumée, prit alors la parole :

« Mon fils, dit-il, te voilà dans ta douzième année[1]. A ton âge et dans notre pays, quand on n'a pas, dans un bon sac de cuir, une quantité raisonnable de dollars, ou dans sa caisse un nombre suffisant d'actions de la Banque des États-Unis, ou des mines de l'*Oil-kreck*, on va chercher fortune hors du logis. C'est ce que j'ai fait à l'âge de quinze ans. Tu es bien portant, agile et vigoureux. Tu as quelque instruction. Tu pourras te pousser dans le monde.

— Je sais, mon père, répondit Thomas, que le moment est venu pour moi de débarrasser la maison d'une bouche inutile, et d'aller gagner ma vie avec ma tête et mes bras. Mais à quelle profession me destinez-vous? Je ne peux pas être tailleur, comme vous l'avez été; car je n'ai jamais pu, ajouta-t-il avec gaieté, assujettir mes jambes à demeurer immobiles pendant trois minutes, sur un établi. Je ne connais rien aux plantes, ni aux graines, n'ayant jamais perdu mon temps à regarder les arbres, ni les fleurs. La vue des tableaux m'ennuie; ce qui fait que je serais un mau-

---

[1] Thomas Edison est né à Milan, comté d'Érié, dans l'Ohio, le 10 février 1847.

vais acheteur de peintures; et n'ayant jamais eu un demi-dollar dans ma
poche, je ne saurais ni vendre ni acheter des propriétés, comme vous le
faites quelquefois, mon père. Je ne vois donc pas bien quelle profession
vous m'avez choisie?

— Tu seras, répondit le père Edison, en rallumant sa pipe qui venait
de s'éteindre, tu seras homme d'équipe dans le fourgon à bagages du
railway du *Canada et Central Michigan.* »

Et comme le jeune Thomas ne pouvait dissimuler une légère grimace,
à la pensée de la profession peu distinguée qu'on lui annonçait :

« Attends, mon garçon, dit le père Edison, je n'ai pas fini. Il y a huit
jours, comme je raccommodais l'uniforme du chef de gare de notre station
du railway du *Canada et Central Michigan,* j'ai arrangé avec lui toute
ta position. Tu ne seras pas seulement occupé à placer et à redescendre
les bagages. Le propriétaire du buffet te confiera des gâteaux, du pain et
des saucisses, que tu pourras distribuer aux voyageurs, pendant la marche
du train. De plus, le marchand de journaux te charge de vendre, pour lui,
des revues à images et des journaux. Tu seras donc un petit commerçant. Et,
ajouta-t-il, comme il faut à un commerçant de l'argent pour commencer
les affaires, voici tes frais de premier établissement. »

Ce disant, le père Edison tendit à son fils, fièrement et comme s'il lui
remettait un trésor, trois dollars, que celui-ci prit et mit dans sa poche, en
étouffant un soupir.

« Et quand dois-je partir? demanda-t-il à son père, d'un air assez
décidé.

— Le premier train passe à notre station à sept heures et demie du matin.
Tu partiras demain à sept heures et demie. Tout est préparé pour que tu
emportes du buffet et de la boutique du marchand de journaux ton
premier fonds de commerce. D'ailleurs, ajouta-t-il, pour atténuer un peu
l'effet de ses paroles, nous ne nous séparons pas complètement. Le train
s'arrête chaque deux jours à Port-Huron; tous les deux jours, nous
pourrons te serrer la main à ton passage. » ·

Le jeune Thomas se leva et dit, simplement et courageusement :

« C'est bien, mon père; je partirai demain. »

Sur ces mots, il embrasse avec effusion sa mère, serre la main au vieux
brocanteur, et se retire dans le pauvre réduit qui lui sert de chambre,
pour faire ses préparatifs de départ, laissant ses parents à leurs tristes
pensées, et aux regrets que leur fait éprouver le départ d'un fils digne de
leur affection.

Le lendemain, comme le train du *Canada et Central Michigan* entrait en gare à Port-Huron, Thomas Edison sautait dans le fourgon à bagages, et commençait gaiement son métier.

Le voilà donc parcourant le train pendant la marche, pour offrir aux voyageurs des journaux, des *magazines* illustrés et des brochures, le tout entremêlé de pâtisseries, de sandwichs, de fruits, de cigares, de pipes et d'allumettes chimiques.

Au bout de quelques jours, il possédait tous les trucs du métier. Dès qu'il eut réalisé quelques bénéfices, il embaucha, pour les mettre à sa place, trois ou quatre enfants du voisinage, qu'il chargea de colporter la marchandise, tandis qu'il s'établissait et prenait domicile dans le fourgon aux bagages. Dans le petit réduit qu'il s'était ménagé, il lisait, ou plutôt il dévorait les livres qu'il avait achetés de ses premières économies (fig. 39). Le hasard l'avait fait tomber sur la traduction du *Traité d'analyse chimique* de Frésénius, et bien qu'il ne pût rien y comprendre, cette lecture lui inspira le goût de la chimie. Il trouva moyen d'installer dans son fourgon une espèce de laboratoire, où il s'essayait à des expériences de chimie.

Malheureusement, pendant la marche, un flacon de phosphore, placé sur une étagère, tomba, s'enflamma à l'air, et mit le feu au plancher du wagon. Ce commencement d'incendie fut arrêté par le conducteur du train, qui, furieux de l'aventure, jeta sur la voie le laboratoire ambulant, avec accompagnement d'une bonne correction manuelle administrée au malencontreux chimiste.

Ne pouvant travailler de ses mains, le jeune homme se mit à travailler de ses yeux. A chaque arrêt que faisait le convoi dans une localité de quelque importance, il entrait dans les ateliers de mécanique, dans les imprimeries, dans les bureaux de télégraphe, et tout en s'approvisionnant de journaux ou d'autres objets de son petit commerce, il regardait, observait, prenait des informations et des leçons sur tout ce qui s'offrait à sa vue.

Comme le train s'arrêtait quelques heures dans la ville de Détroit, il courait à la bibliothèque. Il s'était imposé la tâche d'en lire tous les ouvrages. Dans ce but, il avait commencé ses lectures par un bout, avec le projet de parcourir jusqu'à l'autre bout tous les volumes placés sur chaque rayon. Heureusement, le bibliothécaire, pris d'admiration pour cette tentative folle, mais qui dénotait un esprit singulièrement trempé, lui fixa un ordre et un choix pour la lecture des ouvrages de science, auxquels il s'engagea à s'en tenir.

Comme il ne pouvait rester un seul instant oisif, il s'était procuré

des fils de télégraphe électrique, et lorsqu'il s'arrêtait chez son père, à Port-Huron, il organisait des télégraphes, qu'il mettait en action par des piles électriques, composées avec de vieux pots et des débris de métaux ramassés dans la boutique du brocanteur.

La maison de son père était située à vingt minutes de marche de la station. D'après la maxime anglaise : *Time is money*, il voulut gagner ces vingt minutes. Pour cela, il disposa devant la maison de son père, en face de la voie, un gros tas de sable; et au moment où le train passait à toute vapeur, il s'élançait de son fourgon. Cette manière de descendre d'un chemin de fer, qui n'est pas à la portée de tout le monde, peut donner une idée de l'agilité et du courage de notre *yankee*.

Il donna, un jour, une preuve émouvante de son intrépidité et de la bonté de son cœur. Il attendait le train, sur le quai de la gare de Port-Clément, lorsqu'il aperçut près de lui, à vingt mètres d'une locomotive, qui arrivait à toute vapeur, un petit enfant, jouant sur les rails. Sans réflexion, et comme d'instinct, il bondit sur la voie, saisit le baby, et franchit les rails, comme un oiseau, tenant par un bras l'enfant, miraculeusement préservé de la mort. Le tampon de la machine les effleura, sans les atteindre.

Le père de l'enfant était le chef de gare de Port-Clément. Pour s'acquitter envers le sauveur de son fils, il lui enseigna le maniement du télégraphe électrique et son vocabulaire.

Cependant Edison était un jeune homme pratique, toujours à l'affût de ce qui pouvait lui être utile. Tout en continuant son métier de marchand de journaux sur le train du *Central Michigan*, il avait essayé, à l'exemple de son père, différentes professions, jusqu'à celle de cordonnier, dont il avait voulu tâter, semblable, en cela, au célèbre botaniste suédois, Linné, qui tira l'alène dans sa jeunesse, d'après quelques biographes.

Aucune profession ne lui ayant encore réussi, il tenta celle de journaliste.

Se trouvant un jour, dans les bureaux d'un journal de la ville de Détroit, le *Free Press Detroit*, il vit procéder à la vente de caractères typographiques usés et réformés, provenant de l'imprimerie de ce journal. Il acheta, pour quelques dollars, ces caractères de rebut, se procura, au même prix, les accessoires et le matériel d'un rudiment d'imprimerie, et emporta le tout dans son fourgon à bagages, qui était toujours son centre d'opérations.

Quelques jours après, il publiait un journal qu'il intitulait *The grant Trunk Herald*, et dont il était le rédacteur, le compositeur, le prote, le correcteur, le pressier, le plieur, et qu'il vendait aux voyageurs du train. Les nouvelles que contenait ce journal ne pouvaient être plus fraîches, puisqu'elles étaient encore humides de l'encre d'imprimerie du fourgon à bagages !

La singularité du fait attira l'attention publique. Le *Times* de Londres le signala comme une des plus étranges manifestations de l'esprit initiateur des Américains du Nord.

Encouragé par ce premier succès, notre imprimeur ambulant se mit en tête de publier une feuille plus assise. Ce qui veut dire qu'il fonda un journal, qu'il faisait composer et paraître à Port-Huron. Le journal s'appelait *Paul l'indiscret (Paul Pry)*, et il était consacré à recueillir les racontars et les scandales du jour. Tout rédacteur qui se présentait était bien accueilli, à la condition de n'être jamais payé. C'est ce qui entraînait ce petit journal à garder peu de réserve à l'égard des personnes, et à justifier son titre par toute sorte d'indiscrétions sur la vie privée des gens et par une critique sans mesure des institutions et des choses.

Un habitant de Port-Huron, plus mal mené que les autres par la feuille à scandales, se fâcha, et sut venger, en même temps, et lui-même et les autres victimes des indiscrétions du *Paul Pry*. Rencontrant un jour Thomas Edison sur le quai du port, il le saisit par le fond de son pantalon et le jeta à l'eau.

Heureusement le jeune homme savait nager. Il se sauva, mais le journal fut noyé.

Dégoûté, par ce bain forcé, de la profession de petit journaliste, Edison se tourna vers une occupation plus sérieuse. Nous avons dit que le chef de gare, dont il avait sauvé le *baby* par son courage et son intrépidité, lui avait, en retour du service rendu, enseigné la manœuvre et le vocabulaire du télégraphe électrique. Edison demanda une place d'employé dans les bureaux du télégraphe de la ligne du chemin de fer de Michigan.

Il n'y avait de vacant qu'un poste d'employé de nuit; Edison l'accepta.

C'est ainsi qu'il entra dans une carrière qui convenait à ses aptitudes, et où les quelques connaissances scientifiques qu'il avait acquises pouvaient trouver leur application.

Nous n'avons pas besoin de dire que son apprentissage ne fut pas long. En peu de temps, il devint un manipulateur adroit et habile. Seulement, c'était le plus détestable des employés. Toujours occupé d'un travail personnel, étranger à son service, il laissait trop souvent en souffrance des dépêches publiques ou privées,

C'est pour cela qu'il fut successivement envoyé de Louisville à Cincinnati, et de Cincinnati à Stratford.

Un soir, le directeur des télégraphes du Canada, qui connaissait les défauts de son employé, afin d'être sûr qu'il ne déserterait pas son poste, lui intime l'ordre d'avoir à télégraphier, chaque demi-heure, le même mot de Stratford à la station voisine, sans préjudice de son service de nuit. Edison, qui avait arrêté un autre emploi de son temps, improvise un petit appareil, que la grande aiguille de la pendule venait toucher chaque demi-heure, ce qui faisait télégraphier automatiquement le mot prescrit.

C'est, pour le dire en passant, ce que faisait à Paris mon ami, le célèbre constructeur Gustave Froment (de l'Institut). Dans son atelier des machines à diviser, célèbres dans toute l'Europe, les machines ne se mettaient en marche qu'à minuit, lorsque le mouvement des voitures avait cessé dans la ville. J'ai souvent vu Froment, en soirée ou en promenade, tirer sa montre et dire : « En ce moment mes machines à diviser commencent à travailler. » Son secret, c'est qu'il attachait le fil conducteur d'une pile à un mouvement d'horlogerie qui venait, à minuit se mettre en contact avec le balancier d'une horloge. Quand minuit sonnait, le balancier de l'horloge rencontrait le fil conducteur, et un petit électro-aimant faisait partir le rouage qui actionnait les machines à diviser. A cinq heures du matin, le balancier de la même horloge rencontrait un autre fil conducteur, qui, par le même mécanisme, arrêtait le travail des machines à diviser.

C'est par quelque moyen analogue que le jeune employé du bureau de Stratford avait chargé le balancier ou l'aiguille de la pendule de télégraphier le même mot, à chaque demi-heure, à la station voisine. Si bien que la station voisine ne reçut aucune dépêche de la nuit, mais qu'en revanche, elle entendit deux fois par heure retentir la même syllabe.

Le directeur des télégraphes du Canada n'approuva pas cette application de la mécanique, et il envoya le trop ingénieux employé dans une autre ville, à Memphis.

Ceci se passait en 1864. C'est à Memphis qu'Edison manifesta, pour la première fois, son esprit d'invention. Il eut l'idée de faire passer simultanément deux dépêches télégraphiques en sens inverse, par le même fil. Aujourd'hui ce prodigieux résultat s'obtient comme en se jouant. Demandez à M. Baudot, dont l'appareil, partout en usage, fait servir le même fil à expédier jusqu'à dix dépêches à la fois. Mais en 1864, l'idée de faire parcourir à un fil télégraphique deux dépêches se croisant en sens opposé, était considérée comme le rêve d'un cerveau dérangé.

C'est pour cela qu'après avoir entendu Edison expliquer son système d'expé-

dition par le même fil de deux dépêches en sens contraire, le directeur du bu
reau télégraphique, s'adressant à notre jeune homme, laissa tomber dédai-
gneusement, de ses lèvres administratives, ces seuls mots : « Vous êtes fou! »

Cependant l'un des employés qui avaient entendu Edison expliquer le
mécanisme qu'il projetait, ne partagea pas l'opinion de son chef sur
l'état mental de son camarade. Ce qui le prouve, c'est qu'il n'eut rien
de plus pressé, le lendemain, que de courir au bureau des patentes de
Memphis, et de faire breveter en son nom et comme sa propre invention, l'appareil qui avait été décrit devant lui.

Ceci donna à réfléchir à notre inventeur, qui se promit d'être plus
circonspect à l'avenir sur le chapitre de ses idées. Et il donna bientôt
la preuve de son parti pris d'être discret.

Il avait mis dans sa tête d'établir une communication télégraphique entre
deux trains de chemin de fer en marche. C'est le problème que l'ingénieur
italien, Bonelli, avait résolu, et qu'il expérimenta, le 19 mai 1855, sur le
chemin de fer de Turin à Gênes, et au mois de novembre de la même année,
sur le chemin de fer de Paris à Saint-Cloud, en présence de notre ministre
de l'Agriculture et du Commerce, et de M. de Cavour, avec l'appareil qu'il
appelait le *télégraphe des locomotives*. Cette même invention a été renouvelée, en 1882, par un habile électricien dont nous avons décrit l'appareil
dans notre 26ᵉ *Année scientifique*[1].

Mais Edison n'était pas encore de la force de Bonelli en électricité.
L'événement le prouva. Il avait été autorisé à essayer son appareil entre
deux trains circulant sur la voie ferrée qui passe à Memphis. Mais
comme il n'avait confié à personne le secret de son mécanisme, son
appareil fut installé d'une manière défectueuse. Les deux trains se rencontrèrent, et il y eut entre eux un choc, qui aurait pu avoir des conséquences
graves, mais qui, heureusement, n'entraîna pas de dommages sérieux.

Edison eut quelque peine à échapper à la colère du Directeur du
chemin de fer qui avait eu l'imprudence de l'écouter. Toutefois, il fut définitivement remercié par son administration.

Cependant l'affaire avait eu du retentissement, et en Amérique on ne
se formalise pas pour une marmelade de locomotives. Au contraire, l'importance de l'accident attira sur lui l'attention des mécaniciens des
États-Unis. Peu de mois après, il était appelé à New-York, par la compagnie financière *Gold and stock*, pour réparer un *indicateur mécanique
du cours des valeurs*, qui s'était dérangé juste à l'heure de la Bourse,

1. 1883. Pages 123-125.

c'est-à-dire au moment où l'on avait le plus grand besoin de ses services. Edison remit promptement le mécanisme en état, et en même temps il présenta au directeur de cette société financière un appareil de son invention, qui imprimait sur un tableau, sans perte de temps, les plus petites variations survenues dans le cours des valeurs.

Les mauvais jours étaient passés ; la fortune commençait à lui sourire. La compagnie de l'*Union des télégraphes de l'Ouest* le prit comme ingénieur, avec un traitement assez élevé. On appréciait ses talents de mécanicien, ainsi que ses facultés d'invention, et on était disposé à lui fournir tous les moyens de les exercer.

Bientôt on créa pour lui, près de New-York, à Menlo-Park, un laboratoire, qui fut admirablement organisé. On mit sous ses ordres une armée d'aides et d'employés d'intelligence reconnue et parfaitement payés, et on le laissa libre de travailler à sa guise.

Riche, indépendant et dans toute la fleur de la jeunesse, Edison put, dès lors, se consacrer entièrement à la science et à l'industrie. L'argent qu'il gagne, il le consacre à préparer de nouvelles inventions, et tout en dépensant des sommes énormes, quand il s'agit d'une expérience à faire, ou d'une substance rare et chère à se procurer, il continue à mener l'existence d'un modeste employé.

Absorbé par ses travaux de chaque jour, Thomas Edison n'avait pas encore songé au mariage, lorsqu'il fut frappé, à Newark, où il visitait une fabrique, de la physionomie douce et charmante d'une ouvrière. Au milieu de ses études et de ses calculs, l'image de la jeune Marie Stilvell venait souvent flotter dans sa pensée. Cette vision souriante révéla à son cœur l'existence d'un sentiment qu'il avait ignoré jusque-là : l'amour parlait à sa jeunesse. Quand il se fut bien assuré du sentiment qui venait de s'éveiller en lui, il eut vite pris son parti, et sans autres déclarations, phrases, ni compliments, il alla trouver la jeune fille et lui proposa de l'épouser. Marie Stilvell, quelque peu surprise d'une demande ainsi formulée, ayant demandé le temps de réfléchir, Edison lui accorda huit jours et retourna chez lui.

La semaine écoulée, Marie Stilvell était la fiancée d'Edison.

Le mariage se fit peu après. En sortant de l'église, Edison conduisit la jeune épousée dans le petit cottage qu'il habitait, et qui était situé près de ses ateliers de Menlo-Park. Après lui avoir montré son usine, la distribution des travaux, le rôle de ses aides et employés, il lui demanda la permission de la quitter un instant, pour aller terminer, dans son laboratoire, une expérience importante, promettant d'aller la rejoindre à la table de noce.

Ceci se passait à midi. La soirée entière s'écoula sans que l'on vît reparaître le marié. Le repas de noce s'était achevé sans lui, le jour allait finir et il ne revenait pas! Absorbé par son expérience, Edison avait oublié son mariage!

Il fallut que le cortège nuptial, la mariée en tête, vînt frapper à la porte du laboratoire de notre savant, par trop distrait, pour lui rappeler qu'il est des époques et des moments dans la vie où il faut faire trêve à la physique.

Le laboratoire de Menlo-Park et le cottage d'Edison ont été décrits, en ces termes, par un auteur moderne, M. P. Bacué, dans un livre publié en 1882 :

« Menlo-Park, où Edison a fixé sa résidence, est, dit M. P. Bacué, une petite station du chemin de fer de Pensylvanie, située à une heure de New-York. Le village, ou plutôt le hameau, bâti sur un coteau qui domine la voie ferrée, se compose d'une douzaine de cottages assez coquets. A peu de distance se trouve la belle propriété de M. Adolphe Préterre, le fameux dentiste de New-York, qui a gagné six ou sept millions dans sa profession, et qui consacre ses loisirs à des études scientifiques et agricoles.

« Le pays est riant, verdoyant et tranquille. C'est la vraie campagne. Edison y a fait construire, presque au sommet du coteau, au milieu d'un terrain clos par une haie verte, un bâtiment rectangulaire, élevé d'un seul étage, long de trente-cinq mètres environ et large de dix. La construction est faite en bois, comme la plus grande partie des cottages américains. Sa façade, qui est sur l'un des petits côtés, est précédée d'un péristyle soutenu par des piliers ornés de plantes grimpantes formant balcon au premier étage.

« C'est là qu'il travaille. Sa maison d'habitation, son *home* est à peu de distance. Cela ressemble de loin à un établissement public quelconque; maison d'école ou mairie.

« Si l'extérieur de ce vaste laboratoire est un peu banal, l'intérieur présente un aspect tout à fait original. Au rez-de-chaussée se trouve la machine à vapeur qui distribue partout la force motrice dont Edison fait un fréquent usage. On y admire aussi une splendide collection d'outils de toute nature au moyen desquels il peut travailler instantanément toutes les matières connues. Une escouade d'habiles mécaniciens, soigneusement choisis par lui, exécutent, sous ses indications et sous sa surveillance, des travaux variés à l'infini et dont lui seul connaît le but et la portée. Là encore se trouvent la collection des dessins et des plans, et l'atelier des dessinateurs.

« Le premier étage, qui ne forme qu'une seule et immense pièce, sert de laboratoire au maître. C'est là qu'il se tient, c'est là qu'il reçoit les visiteurs et qu'il travaille jusqu'à une heure très avancée de la nuit, souvent jusqu'à l'aube.

« Les murailles de cette grande salle sont garnies, du plancher au plafond, de rayons, où sont rangés d'innombrables flacons, des bocaux, des vases, des boîtes, des paquets contenant des échantillons de toutes les substances connues : minéraux, métaux, sels, acides, etc. etc., et une grande quantité de menus outils et de petits appareils. Il s'est arrangé de façon à avoir sous la main tout ce qu'il peut

FIG. 40. — LE MARIAGE D'EDISON.

souhaiter, pour n'être pas exposé à se voir forcé d'interrompre une expérience, faute d'un produit ou d'un outil quelconque.

« Dans un angle, se trouve un fourneau, surmonté d'une large hotte, où brûlent continuellement des lampes construites et réglées pour produire la plus grande somme de fumée possible. Le noir qu'on en retire est soumis à une forte pression, moulé en plaques, et sert à faire les disques de charbon des téléphones et divers organes extrêmement délicats. Edison a découvert l'extrême sensibilité du charbon, dont il a fait plusieurs applications ingénieuses, et le procédé que je viens de décrire, pour obtenir des plaques de cette substance à l'état le plus pur.

« De grandes tables, espacées de distance en distance, supportent des batteries électriques, des électro-aimants, des appareils de toutes formes et de l'aspect le plus étrange. Le plancher lui-même est parsemé d'objets qui n'ont pas trouvé place sur les tables. Enfin, pour compléter le tableau, des fils métalliques se croisent au plafond et viennent se fixer à des appareils prêts à fonctionner.

« Dans ce laboratoire gigantesque, travaillent des préparateurs appartenant à diverses spécialités industrielles ou scientifiques, occupés à suivre des expériences commencées souvent depuis plusieurs mois. Il y a là des chimistes, des physiciens, des électriciens, des mécaniciens, et jusqu'à un mathématicien chargé de réduire algébriquement certaines expériences, et d'en donner la forme abstraite. Quelques aides d'une capacité moins haute, moins remarquables par leurs aptitudes, exécutent ce que j'appellerais les travaux manuels.

« Voici le mode de procéder adopté par Edison et qui mérite d'être mis en lumière. Il prend une substance quelconque, le charbon, par exemple, dans lequel il a découvert des propriétés et une sensibilité que personne avant lui n'avait soupçonnées ; il la met dans les mains de chacun de ses aides, en lui donnant une tâche différente et en rapport avec ses aptitudes. L'un doit la soumettre à l'action de la chaleur, l'autre à celle de la lumière, celui-ci à celle de l'électricité, celui-là au son, etc., dans les conditions les plus variées, et chacun est tenu d'enregistrer scrupuleusement les phénomèmes dont il est témoin.

« D'autres fois, il fait soumettre par ses aides toute une série de substances de même nature, les métaux par exemple, à une action déterminée dans des conditions nettement fixées par lui à l'avance, et d'après les résultats fidèlement indiqués dans des rapports, il choisit, en connaissance de cause, celui qu'il doit employer pour le but qu'il veut atteindre. C'est de la sorte qu'il a découvert, entre tous les métaux, celui qui convenait le mieux pour imprimer automatiquement les dépêches à l'arrivée, sur du papier humecté d'eau salée où les caractères s'impriment en noir.

« Le hasard, qui a fait faire de si magnifiques découvertes aux alchimistes qui poursuivaient le grand œuvre au moyen âge et presque jusqu'à la fin du siècle dernier, fournit souvent à Edison ses matériaux les plus précieux.

« Les notes, les rapports détaillés de ses collaborateurs sont remis à Edison, et transcrits après qu'il les a lus, sur des registres spéciaux, qui s'accumulent dans sa bibliothèque. Il possède ainsi une série de volumes manuscrits remplis des résultats des expériences faites d'après ses ordres. Il les consulte souvent.

« Tout cela occasionne des frais énormes, auquel il subvient au moyen des ressources que lui procurent ses inventions actuellement exploitées. Le chiffre de ses dépenses en recherches dépasse certainement, à l'heure qu'il est, des millions. »

La compagnie de l'*Union des télégraphes de l'Ouest* paye à Edison cent dollars par semaine, pour avoir le droit de lui acheter ses inventions concernant l'électricité, à un prix fixé par arbitres. Si la compagnie renonce à exploiter cette invention, Edison a le droit d'en tirer parti pour son compte. C'est ainsi qu'il est resté propriétaire de son invention de la *plume électrique*, et qu'il a donné à une personne de confiance la mission de faire connaître en Europe son phonographe.   •

Nous aurons à parler, dans la suite de cet ouvrage, des découvertes d'Edison : son transmetteur du téléphone et son phonographe. Pour le moment, nous n'avons à nous occuper que de ses travaux sur l'éclairage électrique par incandescence.

Nous avons déjà dit que c'est en 1878 qu'Edison songea, pour la première fois, à s'occuper de la question de l'éclairage électrique, d'après le conseil du physicien John Draper, avec lequel il s'était rencontré dans un voyage aux montagnes Rocheuses.

De retour à Menlo-Park, il résolut de traiter à fond toutes les questions que soulève l'application de l'électricité à l'éclairage public et privé.

Son laboratoire était alors rempli de téléphones, de microphones, de phonographes, et toutes sortes de matières destinées à la construction de ce genre d'appareils. Il se débarrassa de ces divers engins, pour faire place à une installation nouvelle, dans laquelle l'électricité tenait le premier rang.

Son premier soin fut de répéter les expériences déjà connues concernant l'application à l'éclairage de l'arc voltaïque et des régulateurs. Mais il jugea qu'un système d'éclairage par l'électricité ne devait pas se réduire à alimenter d'électricité quatre ou cinq grands foyers, mais bien à créer toute une série de petits foyers, alimentés par le même courant. En d'autres termes, l'éclairage électrique devait se faire, selon lui, par une canalisation de conducteurs électriques distribuant de petites masses de lumière dans les habitations. Être forcé de mettre chaque jour une baguette de charbon dans une lampe, est un assujettissement incompatible avec nos habitudes. Il fallait pouvoir se procurer de la lumière en tournant un robinet, comme on le fait avec le gaz, sans avoir à s'occuper de l'appareil. Il fallait, en un mot, créer un système complet d'éclairage par l'électricité qui se substituât purement et simplement au gaz, et qui joignît à tous les avantages que présente le gaz tous ceux qui sont inhérents à l'électricité.

Ce plan de recherches excluait l'éclairage par l'arc voltaïque et les régulateurs. Il ne laissait subsister que l'éclairage par un courant continu, produisant l'incandescence d'un corps placé dans ce courant.

Les substances qui avaient été essayées jusque-là, dans ce but, avec des succès variés, mais qui avaient, en fin de compte, donné de bons résultats, étaient au nombre de deux : les métaux, particulièrement le platine, et le charbon.

Edison s'occupa d'abord de constituer une lampe électrique avec le platine.

FIG. 41. — MENLO-PARK.

Le platine est assez ductile pour se réduire en fils aussi minces qu'on le désire, et ses fils peuvent s'enrouler de toute manière, sans se briser. Il prit un fil de platine qu'il contourna en spirale, ainsi que l'avaient fait avant lui M. de Changy et les inventeurs de ce que nous avons appelé les *lampes russes*, et il enferma ce fil de platine dans une ampoule de verre, de la forme et de la grosseur d'une petite poire. Le bas de cette espèce d'ampoule était fermé par une masse de plâtre, que traversaient les deux conducteurs du courant électrique.

Il fallait faire le vide dans cette petite ampoule, et c'est là que commençait la difficulté. Les prédécesseurs d'Edison, W. Starr, M. de Changy et les physiciens russes, avaient fait usage de la machine pneumatique; mais ils n'avaient obtenu ainsi qu'un vide insuffisant. Il n'y a qu'un vide parfait: c'est le vide barométrique. Déjà W. Starr avait essayé d'employer le vide du baromètre pour ses petites lampes de platine que nous avons décrites en racontant ses travaux; mais cette manipulation en grand avait été pour lui presque impossible, et il avait été forcé de l'abandonner. Il y a aujourd'hui dans tous les laboratoires de chimie un appareil, la *pompe à mercure de Sprengel*, qui réalise le vide du baromètre. Dans cet appareil on fait tomber du mercure dans un tube; le mercure chasse l'air, puis il s'écoule, et laisse derrière lui un espace absolument vide. Edison employa la *pompe de Sprengel* pour opérer le vide dans ses petites poires de verre.

Cette opération ne se fit pas, néanmoins, sans de grandes difficultés au début. Il fallait verser le mercure à la main, et comme on opérait dans des pièces chauffées à de hautes températures, qui allaient jusqu'à + 45°, les vapeurs mercurielles se répandaient dans le laboratoire. Edison faillit être empoisonné par ces dangereuses émanations, et il en arriva autant à ses principaux collaborateurs, notamment à MM. Batchelor et Moser, qui furent plus tard ses représentants à Paris.

Un troisième compagnon de travail, Ségador, fut encore plus affecté que les autres par les vapeurs mercurielles. Il demeura plusieurs jours entre la vie et la mort.

Ségador était un botaniste espagnol. Son intime amitié avec Edison le poussait à participer ou à assister à toutes ses recherches. Au lieu d'étudier les plantes au sein de la nature, en plein bois, dans les champs ou les prés, il avait eu le courage de s'enfermer, avec son ami, dans une véritable atmosphère mercurielle. Pauvre Ségador!

Par l'action du vide, un effet très curieux se produisit sur le platine. On reconnut ce fait singulier, que M. Dumas découvrait en France, à la même époque, dans le cours d'autres recherches, que le platine renferme des gaz, lesquels s'échappent par l'action du vide. On constata ensuite que sur ce platine, déjà modifié par la perte des gaz qu'il retenait, le passage du courant électrique, continué quelque temps, produit la plus singulière modification physique, à ce point qu'on le prendrait pour un métal nouveau. Il devient prodigieusement dur, extrêmement élastique, et aussi facile à polir que l'argent. Enfin, il n'entre en fusion qu'à une température supérieure au point de fusion du platine ordinaire.

Cependant, en dépit de ces importantes modifications physiques, il arrivait encore trop souvent que le platine entrait en fusion par l'action du courant électrique. L'obstacle qui avait arrêté M. de Changy, vingt ans auparavant, subsistait toujours.

Edison espéra prévenir cet accident funeste en recouvrant le fil, au moyen d'un pinceau, d'une mince couche d'un oxyde métallique. Tous les oxydes métalliques, depuis les plus usuels, tels que la magnésie, la chaux et l'oxyde de zinc, jusqu'aux plus rares, tels que les oxydes de glycénium, de zirconium et même de thorium, furent essayés, sans aucun succès.

Une anecdote assez significative se rattache à l'expérience qu'Edison voulut faire avec l'oxyde de thorium.

Ce métal, rarissime, n'existe dans les laboratoires qu'à l'état d'échantillon. On ne le trouve pas dans le commerce, et pour s'en procurer une certaine quantité, Edison dut s'adresser au plus célèbre des minéralogistes du Nouveau Monde. L'illustre savant lui répondit, non sans quelque intention ironique, qu'il ne demanderait pas mieux que de lui envoyer du thorium pour des milliers de lampes, mais qu'il n'en existait pas dix grammes dans tous les États-Unis !

Ayant reçu cette réponse, Edison fait venir M. Moser et lui dit :

« Le thorium existe dans la *monazite*, minerai de la Caroline du Nord, où il est mêlé aux mines d'or que l'on exploite dans ce pays. Vous allez partir tout de suite. Vous ne regarderez pas à la dépense : voici une lettre de crédit. Vous me rapporterez, le plus tôt possible, 50 kilogrammes de *monazite*. »

Trois jours après, M. Moser arrivait dans la Caroline du Nord, à la tête de vingt ouvriers, qu'il faisait travailler aussitôt aux mines d'or. Les vingt ouvriers étaient largement payés; ils gardaient pour eux toutes les pépites d'or qu'ils recueillaient, et remettaient seulement à M. Moser les petits cristaux de *monazite* qu'ils avaient trouvés.

Quelques semaines après, M. Moser revenait à Menlo-Park avec 50 kilogrammes de *monazite*.

Le jour même, Edison commençait à expérimenter cette substance, qui, malheureusement, comme il vient d'être dit, ne donna pas de bons résultats, et en même temps il s'empressait d'adresser un kilogramme de ce minerai à l'illustre savant qui lui avait déclaré qu'il n'existait pas dix grammes de thorium dans tous les États-Unis.

Dans le minerai de platine, on trouve d'autres métaux, le palladium, le rhodium, l'osmium, l'iridium, le ruthénium. L'un de ces métaux, le rhodium, est moins fusible que le platine. Edison essaya de l'employer au lieu du platine, mais le résultat ne fut pas meilleur.

Il dut se contenter du platine.

La forme définitive de la lampe qu'il adopta, se réduisait donc à une ampoule de verre, contenant un filament de platine tourné en spirale et en rapport avec un courant électrique.

Cette lampe à incandescence, dont le brevet français porte la date de 1879, n'était pourtant qu'un demi-succès.

Edison sentait bien qu'il n'avait pas encore touché le but qu'il visait. Il songea donc à reprendre les essais que beaucoup d'inventeurs avaient faits avant lui, avec le charbon, comme conducteur incandescent. Il se demanda si, en traitant le charbon comme il traitait le platine, il ne parviendrait pas à lui donner la qualité exceptionnelle de ductilité qu'il avait réussi à communiquer à ce métal. Le charbon étant absolument infusible et d'un pouvoir rayonnant supérieur à celui du platine, la substitution du charbon au platine devait présenter toutes sortes d'avantages.

Une fois mis sur cette voie, l'inventeur américain ne la quitta plus, et elle devait le conduire au succès.

La première difficulté, c'était d'obtenir le charbon à l'état de filaments aussi minces que les fils de platine, assez flexibles pour être tournés en spirale, et assez fermes pour conserver la forme qu'ils auraient reçue.

Pendant que cette idée préoccupait Edison, le hasard lui mit littéralement dans les mains la solution qu'il cherchait. Ayant allumé sa cigarette avec un morceau de papier fortement roulé et pressé, il remarqua que le charbon de ce papier resté dans sa main était une mince spirale, fragile sans doute, mais qui se maintenait quelque temps. Or, qu'était-ce que ce charbon? Il provenait d'une matière végétale. Il manquait encore de la ténacité et de l'élasticité suffisantes, mais on pouvait chercher des matières végétales capables de donner un charbon ayant les propriétés désirées.

Suivant sa méthode d'expérimentation à outrance, Edison commença par étudier les charbons végétaux de toute origine. Il prit du charbon provenant de toutes les essences de bois, des charbons obtenus par la combustion, opérée en vases clos, de toutes les graminées; des tiges de toutes les plantes herbacées, annuelles ou vivaces; des stipes de toutes les variétés de palmiers. D'autre part, il fit étudier, au même point de vue, par ses aides, les charbons de toutes les sortes de papier.

Le meilleur résultat fut fourni par le charbon d'un papier spécial qu'il avait fait fabriquer tout exprès avec un coton qui se récolte dans certaines îles, situées près de Charleston. Ce charbon, traité comme le platine, pour le débarrasser des gaz qu'il contient, jouit de toute l'élasticité voulue pour donner un filament éclairant. Il n'avait qu'un défaut : sa lumière était sujette à des variations d'éclat.

A force de réflexions, Edison trouva l'explication de ce défaut. Le papier est une matière feutrée, c'est-à-dire composée de fibres inégalement distribuées, tantôt accumulées, tantôt disséminées. Les fibres qui composaient la matière végétale ayant servi à donner la pâte du papier étaient entières en certains points, coupées en d'autres. A travers cette masse hétérogène, le courant électrique rencontrait des résistances inégales. La lumière émise par ce courant devait donc varier d'éclat en traversant cette masse. Au contraire, avec le charbon provenant de la calcination du bois, la trace des fibres naturelles s'étant conservée, malgré l'action du feu, le travail géométrique de la nature qui a tracé les fibres parallèles dans la substance ligneuse, persiste, et le courant électrique parcourt un sillon toujours homogène.

De cette remarque subtile Edison conclut qu'il fallait abandonner le charbon provenant du papier, et concentrer ses recherches sur le charbon provenant du bois.

Bien que peu admirateur des œuvres de la nature, Edison dut, ce jour-là, reconnaître que la mécanique humaine doit quelquefois s'incliner devant la mécanique sortie des mains de Dieu.

Une fois la résolution prise d'adopter le bois carbonisé comme conducteur des lampes à incandescence, Edison s'occupa de réunir tous les bois, toutes les fibres végétales de chaque pays du globe. Il expédia des voyageurs en Chine, au Japon, aux Indes et au Brésil. Un botaniste européen, Brennam, qui avait accompagné le célèbre naturaliste suisse, Agassiz, dans son grand voyage scientifique au Brésil, fut chargé de retourner dans les mêmes forêts, pour y recueillir des plantes inconnues, ou n'existant que dans les herbiers. Enfin, il pria son ami, le botaniste espagnol Ségador, de parcourir le sud des États-Unis et les Antilles.

Ségador, quoique faible et malade, commença son voyage, empressé de concourir à l'œuvre de son ami. Mais en débarquant à la Havane, il fut attaqué de la fièvre jaune, et mourut. Il n'avait échappé aux vapeurs meurtrières du laboratoire d'Edison que pour succomber aux fatigues de son voyage. Quand cette nouvelle parvint à Menlo-Park, il y eut bien des regrets et des tristesses pour cette intéressante victime de la science, du travail et de l'amitié.

Grâce aux envois des voyageurs, des montagnes de bois ou de plantes s'accumulèrent bientôt dans le laboratoire d'Edison. Tout fut expérimenté, et par des éliminations successives, on arriva à donner la préférence à la fibre du bambou.

Mais il y a bien des variétés de bambous, et il fallait choisir la plus avantageuse. M. Moser fut envoyé en Chine, pour parcourir les diverses fabriques où l'on travaille le bambou, et visiter toutes les plantations de ce roseau gigantesque. M. Moser recueillit jusqu'à des échantillons de vieux morceaux de bambous ayant servi à la construction de maisons plusieurs fois centenaires. La variété du bambou qui fut reconnue la meilleure est très commune au Japon; de sorte que l'on n'aura jamais la crainte d'en manquer.

Ce qui a fait donner la préférence au bambou, pour l'application qui nous occupe, c'est la parfaite régularité de ses fibres, et la facilité avec laquelle on peut tailler en un mince fil le chaume du bambou. Ce fil ne doit présenter, en effet, qu'une épaisseur d'un cinquième de millimètre. Le travail de division du bambou s'exécute à la mécanique, avec une promptitude merveilleuse. Au lieu de la forme en spirale qu'il donnait primitivement au fil de platine, Edison taille le filament de bambou en fer à cheval allongé, car le charbon du bambou lui-même ne se laisserait pas rouler en spirale aussi facilement que le platine.

Voici donc comment, à l'usine de Menlo-Park, on prépare les filaments de charbon au moyen du bambou.

Une machine divise les tiges de bambou en baguettes de moins d'un millimètre d'épaisseur et de 12 centimètres de longueur. On recourbe chacune de ces baguettes, de manière à lui donner la forme d'un U allongé, et on l'introduit dans un petit creuset de fer, sillonné, le long de sa paroi intérieure, d'une rainure, pour recevoir le filament végétal. On dispose 500 ou 1000 de ces creusets de fer dans un four, que l'on chauffe rapidement. Le bambou étant carbonisé, on retire de chaque creuset un fil de charbon de la grosseur d'un crin de cheval.

Pour assujettir ce filament de charbon dans la cloche de verre qui doit le renfermer, on a préparé d'avance une sorte de bouchon de plâtre, qui ferme très exactement la cloche, et qui est lui-même traversé par deux fils de platine destinés à amener le courant électrique au filament de charbon. On attache les deux bouts de ce filament aux deux conducteurs de platine. On soude la cloche de verre à son support de plâtre, et la cloche est ainsi prête à être soumise à l'opération qui doit en expulser l'air.

La cloche est percée, à son sommet, d'un petit tube ouvert. On fixe ce petit tube ouvert sur la pompe pneumatique qui doit extraire l'air de cette petite capacité.

Cette pompe pneumatique, c'est celle de Sprengel, dans laquelle le mercure, en tombant dans un espace limité d'air, remplit un récipient de plus de 76 centimètres de hauteur, équivalant à la pression atmosphérique, chasse l'air de ce récipient et laisse derrière lui le vide. C'est dans la partie de l'appareil où le vide sera fait que l'on place la petite cloche. Le mercure tombe dans le récipient, et l'air de la cloche est expulsé.

Il y a, à Menlo-Park, 500 pompes de Sprengel qui, heureusement modifiées par Edison, fonctionnent seules, sans l'emploi d'aucun ouvrier, et sans produire aucune émanation de vapeurs de mercure. Elles ne se révèlent que par la chute du mercure, qui tombe avec un bruit de grêle.

La perfection du vide est une condition importante, car un filament de charbon qui, dans le vide obtenu simplement par l'ancienne machine pneumatique des cabinets de physique, donnerait une intensité lumineuse équivalente à dix bougies, brûle avec une intensité de seize bougies, quand le vide a été obtenu avec la pompe à mercure de Sprengel.

Il faut ajouter que pendant que la pompe de Sprengel chasse l'air des petites cloches, on fait passer à travers le fil de charbon le courant électrique, qui le porte à l'incandescence. La chaleur rouge chasse les

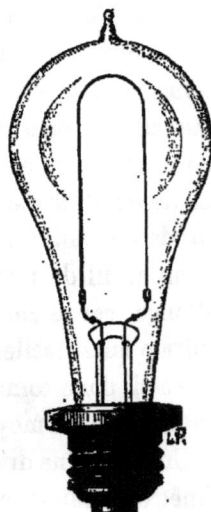

Fig. 42. — LA LAMPE EDISON.

gaz qui étaient contenus dans le charbon, et qui disparaissent avec l'air. Ce traitement, imité de celui que l'on faisait subir autrefois au platine, dans les mêmes circonstances, a pour résultat de donner au charbon une grande rigidité et une résistance qui assurent sa durée et sa bonne contenance en présence du courant électrique qui doit le traverser plus tard, c'est-à-dire pendant son service comme agent d'éclairage.

Le vide étant bien opéré, et les gaz entièrement chassés, il ne reste qu'à fermer l'ampoule de verre pour qu'elle demeure vide d'air. Un jet de flamme du chalumeau, dirigé sur le petit tube qui a été ménagé au sommet de la cloche, fait fondre le verre, et la cloche est hermétiquement close.

La lampe à incandescence et à courant continu construite par Edison, présente, en définitive, la forme que représente la figure 42.

La figure 43, de grandeur naturelle, permettra de comprendre la marche du courant dans l'ensemble de ce système.

Les fils de platine sont reliés par leurs bouts libres, à deux armatures de cuivre D, E, isolées l'une de l'autre, et scellées dans un tampon en plâtre, qui forme le socle de la lampe. L'une de ces armatures, E, est un pas de vis; l'autre, D, recouvre le dessous du tampon de plâtre.

Les douilles reproduisent en creux la disposition du socle de la lampe. Leur intérieur est donc garni de deux armatures en cuivre, C et F, dont l'une, F, forme écrou, et dont l'autre, C, recouvre le fond de la douille. Elles sont isolées au moyen d'une plaquette L, de composition spéciale. M est un manchon également isolant.

Aux deux armatures C et F viennent s'attacher les fils de cuivre qui amènent le courant. Quand on place une lampe dans la douille, il s'établit un contact entre la vis E et l'écrou F, et un autre entre les deux plaquettes C et D.

La douille se visse aux extrémités des bras d'appliques ou de lustres, à l'intérieur desquels circulent les fils conducteurs du courant.

Il est aisé de suivre le passage du courant. Amené par l'un des fils conducteurs à l'armature C de la douille, il traverse successivement le fil de platine qui part de la plaque D, le charbon et le deuxième fil de platine, pour aboutir, après s'être replié en arc, à l'armature E. Ici, il rentre dans la douille et s'écoule dans le fil de retour.

Le charbon opposant une forte résistance au courant, s'échauffe rapidement et devient incandescent.

On emploie des cloches de dimensions différentes, en donnant aux fils de charbon une longueur et une disposition en rapport avec cet accroissement de grandeur. Dans les *lampes entières* (fig. 42), le fer à cheval du charbon a près de 12 centimètres de développement, et dans les *demi-lampes* 6 centimètres seulement. L'intensité de la lumière varie naturellement selon le volume du conducteur du charbon et l'intensité du courant. Dans les *lampes entières* l'intensité lumineuse est équivalente à environ deux becs de la lampe Carcel, et d'un bec Carcel dans les *demi-lampes*.

On arrive d'une autre manière à augmenter la puissance éclairante. On place parallèlement, dans la petite ampoule de verre, plusieurs filaments de charbon. Les figures réunies sous le n° 44 montrent ces dernières dispositions.

Dans la figure 44 (c), deux fers à cheval de charbon sont placés parallèlement l'un à côté de l'autre et sont réunis de manière à concentrer dans la lampe deux foyers lumineux exactement semblables. Ils présentent alors une intensité lumineuse double de celle des lampes ordinaires. Dans le modèle que représente la figure 44 (a) il y a quatre fers à cheval

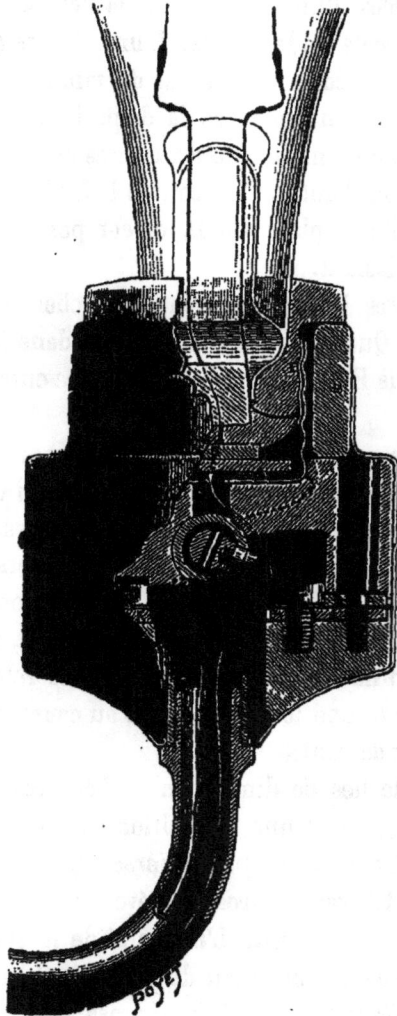

Fig. 43. — COUPE DE LA LAMPE EDISON ET DE SON SOCLE. (JONCTION DES FILS DE PLATINE DE LA LAMPE AUX FILS DE CUIVRE DU CIRCUIT.)

D, armature de la lampe; E, pas de vis; G, Armature de la douille; F, écrou; L, plaquette isolante; M, manchon isolant; A K, plaquettes de raccordement des fils intérieurs et des fils extérieurs.

de charbon, ce qui quadruple l'intensité lumineuse. Dans le modèle d, on a concentré dans un espace plus restreint la lumière fournie par un long charbon incandescent en tortillant le fil en hélice, comme M. Th.

du Moncel avait fait dans ses tubes de *Geissler* destinés à éclairer les cavités obscures du corps humain. Enfin, dans le modèle *b*, on a employé des

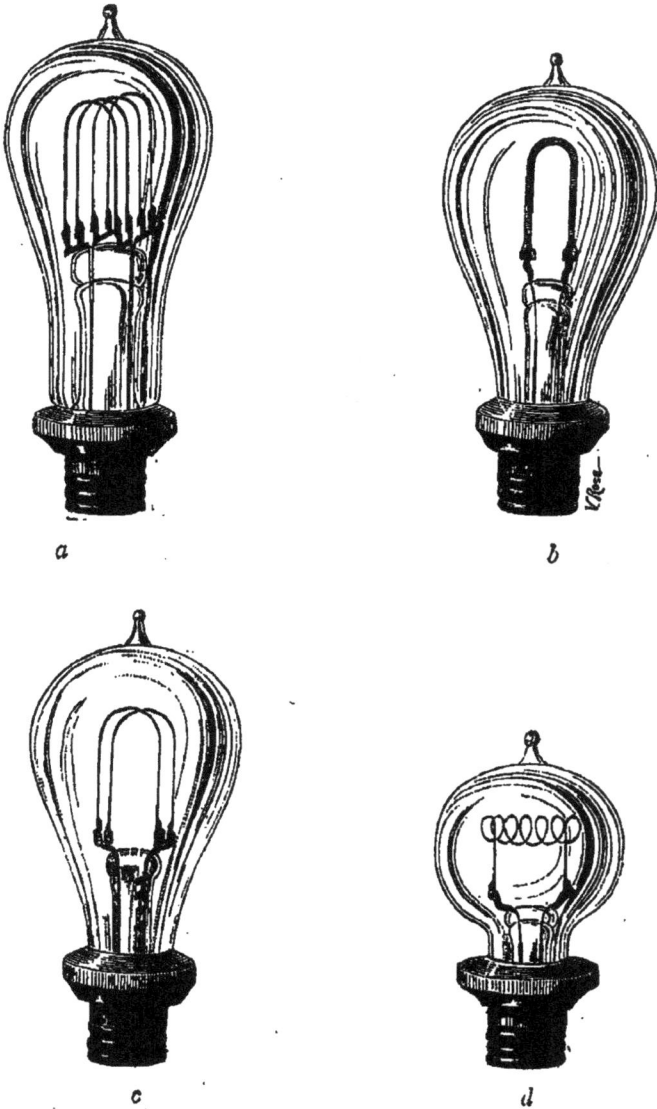

Fig. 44. — DIVERS TYPES DE LA LAMPE EDISON.

charbons d'une plus grande section, pour supporter sans se rompre de plus fortes intensités électriques, et par conséquent pour fournir des foyers beaucoup plus intenses. Mais cette dernière disposition ne peut toujours se réaliser avec une lampe à incandescence, dont le courant électrique alimentaire n'est pas calculé pour développer une grande intensité lumineuse dans chaque bec.

Les lampes à incandescence sont beaucoup plus solides qu'on ne le croyait au début. Il en est qui suffisent à sept ou huit cents heures d'éclairage. La perte d'une cloche n'est pas, d'ailleurs, un accident d'importance ; il n'a pas plus de gravité que la casse d'un verre de cristal de nos lampes à huile. On les remplace au prix de 1 franc 25 centimes la pièce.

Les lampes, de quelque modèle qu'elles soient, sont munies d'un pas de vis qui permet de les fixer, si on le veut, et de leur donner toutes les formes que l'on désire. On peut donc les disposer sur des appliques, sur des lustres, et même sur des chandeliers portatifs. En outre, les lampes à incandescence se prêtent beaucoup mieux à l'ornementation que le gaz ou les bougies, car elles brûlent dans tous les sens. La lumière enfin y est utilisée d'une façon plus avantageuse, puisqu'on peut la diriger, au moyen de réflecteurs, sur tel point qu'on le veut. C'est une qualité précieuse pour éclairer le travail des ouvriers. Dans les lustres on pourrait mettre la lampe la tête en bas : toute la lumière serait réfléchie vers le sol sans projeter aucune ombre.

Edison a ajouté, quand il existe un groupe de lampes composant un lustre, un *commutateur*, pour distribuer la lumière à une distance quelconque, et à un nombre quelconque de lampes composant ce lustre. On peut, de la même manière, commander tout un groupe de lampes d'un atelier, et en réaliser avec la plus grande facilité l'allumage et l'extinction instantanés.

Les *commutateurs* se placent sur les deux fils principaux de l'appartement ou du local, le long desquels se ramifient les fils plus petits des appareils dispersés. Il est facile de les fixer, à l'aide de vis, contre une cloison ou un mur.

Pour satisfaire à certaines exigences spéciales, comme celles des théâtres par exemple, où il est nécessaire de pouvoir affaiblir ou augmenter à volonté l'intensité d'un groupe de becs, Edison a adjoint à ses lampes un *régulateur*, c'est-à-dire un appareil qui permet de régler à volonté l'intensité de la lumière d'un lustre ou d'une réunion de cloches éclairantes.

Le *régulateur* est formé de l'assemblage de cinq baguettes de charbon, dans l'une desquelles on peut à volonté faire passer le courant qui se rend aux lampes. Il suffit, pour cela, de rattacher électriquement le *régu-*

lateur au socle qui supporte les lampes. Ces baguettes de charbon sont de grosseur différente, et, selon leur grosseur, elles offrent au passage du courant plus ou moins de résistance; ce qui diminue la quantité d'électricité envoyée à la lampe, et par conséquent réduit son éclat.

La figure 45 représente le *régulateur* de la lumière électrique, qui permet d'affaiblir la lumière dans la proportion que l'on désire. On voit qu'il est composé de sept crayons de charbon, de différentes grosseurs. Suivant qu'on fait passer le courant à travers tel ou tel d'entre eux, on obtient une intensité de lumière correspondante.

Comme le montre la figure 46, l'appareil est enveloppé d'une chemise cylindrique, qui est percée de trous, pour éviter une trop grande chaleur.

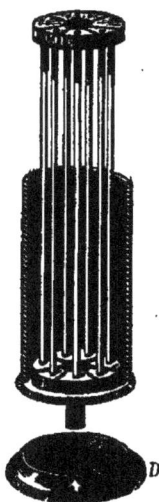

Fig. 45. — RÉGULATEUR EDISON SANS SON ENVELOPPE.

Fig. 46. — RÉGULATEUR EDISON AVEC SON ENVELOPPE.

Elle est surmontée d'une petite lampe à incandescence, qui indique à l'œil le degré d'affaiblissement de lumière que l'on a obtenu.

L'appareil se pose sur le disque *D* que l'on voit séparément, à la partie inférieure de la figure 45. Pour le manœuvrer, on tourne le disque de manière à faire appuyer un ressort de contact sur tel ou tel des supports des charbons, ce qui est indiqué à l'extérieur par un index et par des divisions gravées à la base du cylindre.

C'est le même résultat que l'on obtient dans les lampes à huile en baissant ou en élevant plus ou moins la mèche, au moyen du bouton qui est fixé à la crémaillère agissant sur le porte-mèche.

Telle est la *lampe électrique à courant continu et à conducteur de*

FIG. 47. — L'ESCALIER DE L'EXPOSITION INTERNATIONALE D'ÉLECTRICITÉ, EN 1881, ÉCLAIRÉ PAR LES LAMPES ÉDISON ET SWAN.

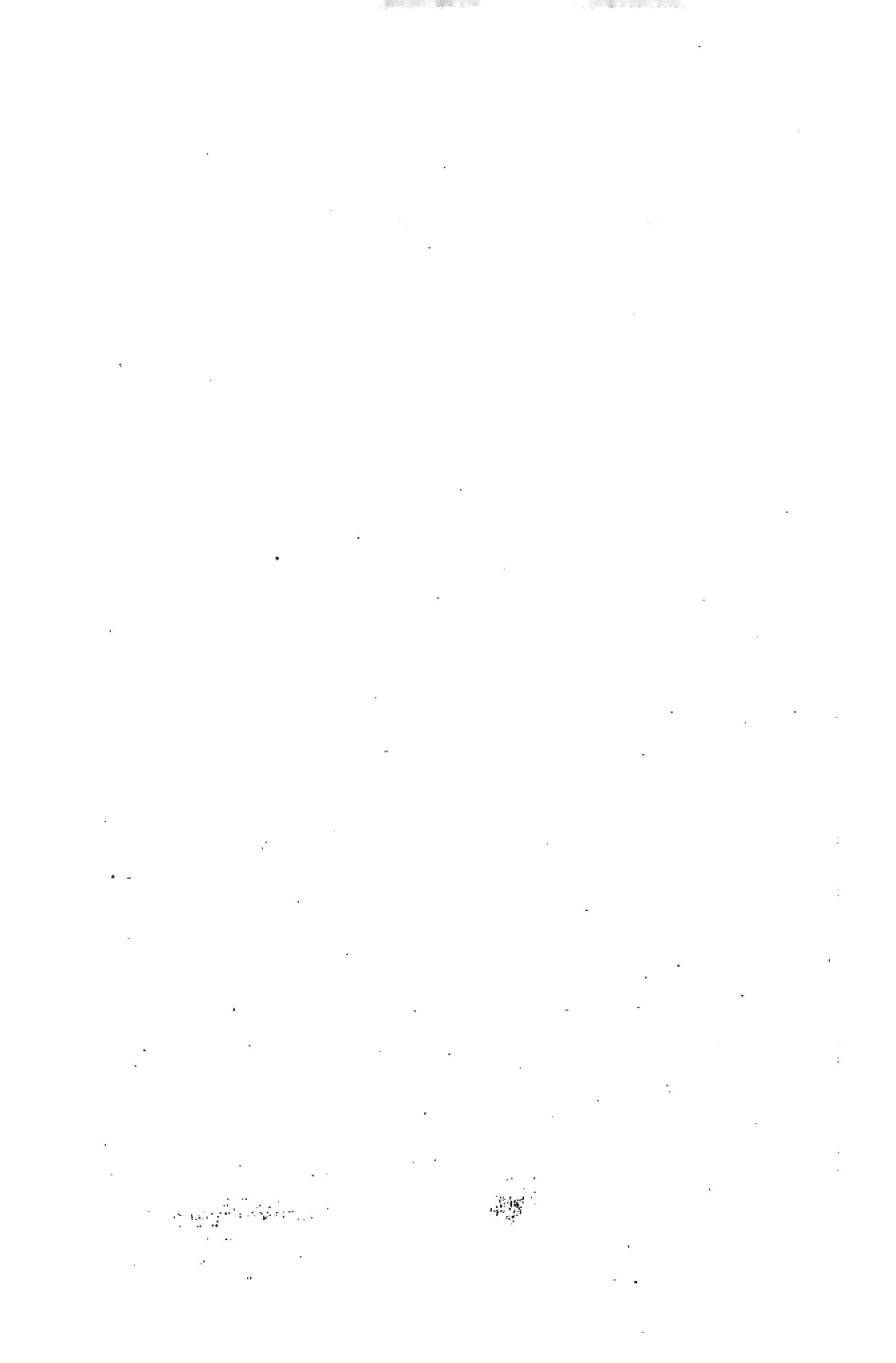

charbon, que nous devons à Edison, et pour laquelle le physicien de Menlo-Park a mis à profit les travaux de tous ses devanciers.

Le mérite d'Edison ne réside pas dans la construction de la lampe à *courant continu et à conducteur de charbon*, évidemment connue avant lui. Ce qu'on lui doit particulièrement, c'est la série de dispositions qu'il a imaginées pour généraliser ce mode d'éclairage.

Tout n'est pas terminé, en effet, quand on a construit une lampe électrique donnant une bonne lumière et revenant à un prix modique. Il faut fournir à cette lampe le courant électrique qui doit l'illuminer. On ne saurait exiger de chaque particulier qu'il installe dans sa maison une machine à vapeur et une machine génératrice d'électricité; pas plus qu'on ne voudrait installer chez soi une usine pour la préparation du gaz. Il faut donc alimenter cette lampe d'électricité, d'une façon indépendante du consommateur. Il faut que le particulier n'ait qu'à tourner un robinet, pour avoir de la lumière, absolument comme il fait avec le gaz.

C'est d'après ces considérations qu'Edison aborda le problème suivant : produire de l'électricité dans une usine centrale et la transporter au lieu de consommation, au moyen d'une canalisation souterraine. Nous exposerons dans le chapitre des *Applications de l'éclairage électrique* en traitant de l'*éclairage à domicile* les dispositions qu'Edison a imaginées pour réaliser, avec plus ou moins de succès, la *canalisation de l'électricité*.

Les lampes Edison, telles que nous venons de les décrire, apparurent pour la première fois, en Europe, en 1881. Elles figuraient au nombre des plus intéressantes nouveautés de cette merveilleuse Exposition internationale d'électricité, qui a été l'un des événements scientifiques les plus importants de notre siècle, car elle révéla aux savants, comme au vulgaire, les progrès extraordinaires qu'avaient faits dans un bref intervalle les applications de l'électricité.

Dans cette belle Exposition les lampes Edison concouraient à l'éclairage du grand escalier allant de la nef aux galeries du premier étage. Nous représentons, dans la figure 47, l'escalier du Palais de l'Industrie éclairé par les lampes Edison et Swan.

A la même Exposition, les divers appareils et inventions de Thomas Edison occupaient deux grandes salles du premier étage. Nous représentons dans la figure 48 l'aspect de l'une de ces salles.

La *Société électrique Edison* a créé à Paris, en 1882, une usine pour la fabrication des lampes à incandescence. M. Th. du Moncel a publié, dans le journal la *Lumière électrique*, une description intéressante de cette usine, dirigée par l'un des collaborateurs d'Edison, M. Batchelor, et située à Ivry, dans les bâtiments de l'ancienne fabrique d'orgues Alexandre.

C'est dans les diverses parties de ces vastes bâtiments que sont installées les machines destinées à la fabrication économique des engins entrant dans le système d'éclairage par incandescence.

Nous reproduirons quelques passages de la description donnée par M. Th. du Moncel, de l'usine d'Ivry.

Dans l'un des bâtiments se trouvent les tours et outils d'ajustage nécessaires pour la construction des machines dynamo-électriques destinées à la production de la lumière. On en construit de plusieurs modèles, qui peuvent fournir individuellement l'éclairage de 17, 60, 100, 125, 150, 250, 500 et 1200 lampes.

Dans d'autres bâtiments sont les ateliers affectés à la fabrication des lampes. On y voit les petites lamelles de bambou qui arrivent du Japon, par bottes, passer par diverses mains, pour se trouver réduites à l'épaisseur voulue, qui est celle d'une feuille de papier, et être, en fin de compte, découpées, de manière à présenter la grosseur d'un filament délié, parfaitement calibré et terminé à ses deux bouts par une sorte d'évasement, au moyen duquel on le fixe aux fils du circuit voltaïque.

Ailleurs, on procède à la carbonisation des filaments. On commence par les mettre dans de petits moules plats et hermétiquement fermés, en les recourbant en fer à cheval; puis on place les moules dans des caisses en graphite bien closes, que l'on met, à leur tour, dans des fours, chauffés à une haute température.

La fabrication des ampoules de verre de ces sortes de lampes s'effectue dans deux ateliers différents. Dans l'un on construit les tubes de verre à travers lesquels sont soudés les fils de platine auxquels doivent être attachées les extrémités des filaments de charbon; dans l'autre, on fabrique les ampoules au sein desquelles les tubes précédents doivent être introduits avec leur charbon, et qui doivent être soumises à l'action du vide.

C'est une chose curieuse que de voir la promptitude avec laquelle ces diverses opérations sont effectuées. On peut fabriquer jusqu'à 500 lampes par jour. Mais ce qui excite surtout l'intérêt, c'est la manière dont le vide est fait dans ces lampes. Il y a là toute une installation de cabinet de physique. Qu'on imagine, dans une vaste salle, une sorte d'enceinte allongée, fermée par trois cloisons, de 2 mètres environ de hauteur, et sur les parois desquelles sont installés extérieurement, par séries, 500 tubes barométriques à mercure. A chacun de ces tubes, est adapté, une lampe, avec son ampoule non encore fermée, et au milieu de l'espace confiné par les cloisons, deux grands tubes de fonte, d'environ 20 centimètres de diamètre, communiquant avec les 500 tubes,

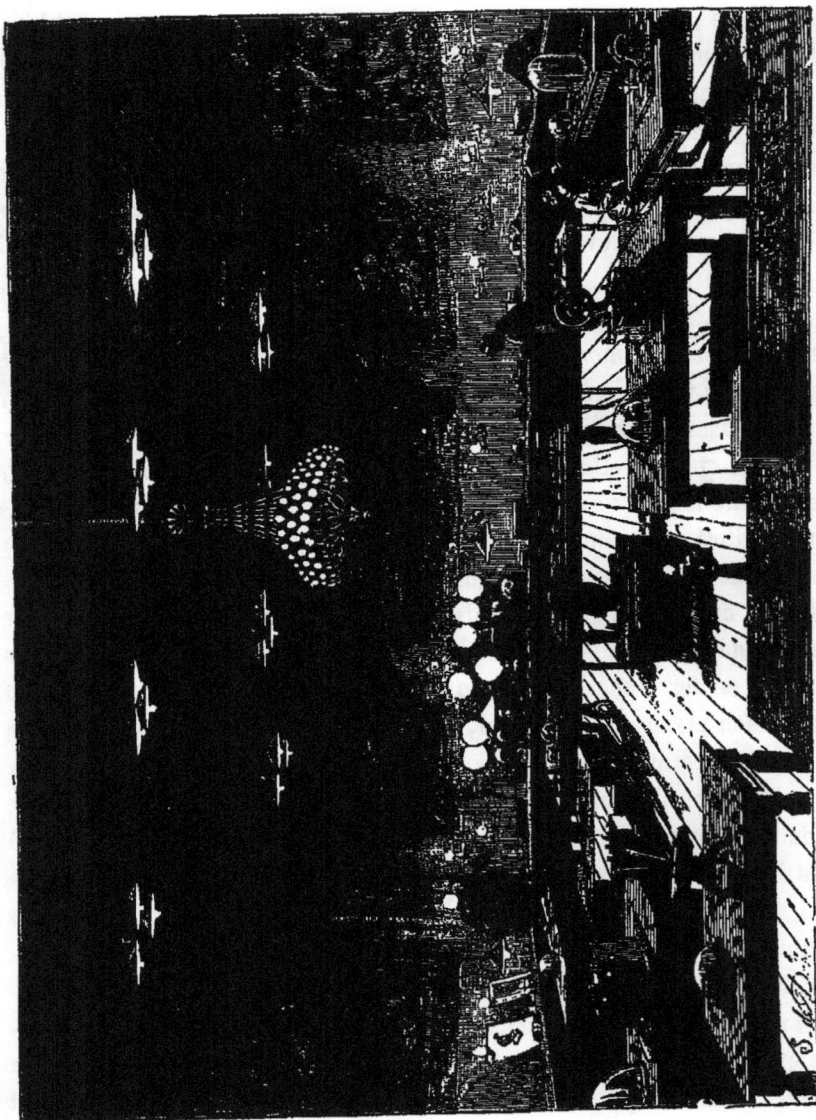

FIG. 48. — UNE SALLE DE M. EDISON, A L'EXPOSITION DE PARIS, EN 1881.

sont mis en rapport avec une énorme machine à vide de Sprengel.

L'opération du vide dans les lampes est extrêmement importante et très délicate, car non seulement le vide doit empêcher la combustion du filament de charbon, mais il doit encore augmenter la ténacité du filament lui-même. C'est pourquoi on doit procéder à plusieurs opérations successives, effectuées après des intervalles de temps plus ou moins longs, pendant lesquels on rend le filament incandescent, sous l'influence d'un courant plus ou moins énergique. De cette manière, les gaz renfermés dans les pores du charbon, se dégagent; la densité de celui-ci augmente, et sa ténacité devient assez grande pour être comparable à celle d'un fil métallique. Dans ces conditions, un filament de charbon gros comme un cheveu peut résister à de fortes secousses communiquées à la lampe, dont la durée n'est pas inférieure à huit cents heures.

XI

Les lampes à incandescence de M. Swan, de Newcastle, de M. Lane Fox, de Liverpool, et de M. Hiram Maxim, de New-York.

Comme on l'a suffisamment appris par l'historique de la découverte des lampes à incandescence, M. Edison n'est pas l'inventeur du système d'éclairage électrique par incandescence. D'autres constructeurs l'avaient précédé dans cette voie.

Nous examinerons, comme particulièrement dignes d'attention les lampes à incandescence de M. Swan, constructeur anglais, celles de M. Lane Fox, de Liverpool, et celles de M. Hiram Maxim, de New-York.

M. Swan était un commerçant de Newcastle, qui avait publié quelques travaux de chimie appliquée aux arts. Nous avons dit que de 1873 à 1878 les physiciens russes Lodyguine, Bouliguine et Konn avaient fait usage de crayons de *charbon de cornue de gaz*, rendus incandescents dans le vide par le courant électrique; mais que l'inconvénient capital qui avait fait renoncer aux crayons de charbon de cornue, c'est qu'ils s'amincissaient, sous l'influence prolongée du courant, et finissaient par se briser. M. Swan, le premier, ouvrit la voie, qui fut ensuite parcourue par d'autres chercheurs, en composant le conducteur destiné à devenir incandescent d'une spirale de carton carbonisé.

La première lampe à incandescence de M. Swan se composait d'une ampoule de verre contenant le conducteur de charbon, serre entre deux petits blocs de charbon. On faisait le vide dans cette cloche, au moyen de la machine pneumatique. Mais le vide obtenu par la machine pneumatique étant incomplet, le charbon n'était pas porté à une incandescence assez vive, et les parois de l'ampoule de verre se couvraient de produits charbonneux, qui altéraient sa transparence.

L'emploi de la pompe de Sprengel permit à M. Swan de faire le vide d'une manière absolue. Enfin, le perfectionnement des machines magnéto-électriques, par M. Gramme et M. Werner Siemens, donnèrent à M. Swan les moyens d'alimenter ses lampes d'un courant électrique d'une énergie suffisante. Il reprit donc ses premières expériences, avec l'aide d'un physicien de Birkenhead, M. Stearn, à l'époque où Edison attaquait le même problème, c'est-à-dire en 1877.

La pompe de Sprengel rendait le vide complet, mais le charbon se désagrégeait encore très vite dans les lampes de M. Swan, ce qui provenait de l'existence de gaz dans les baguettes de charbon. Le courant électrique entretenu pendant que la pompe de Sprengel opérait le vide, chassa tous les gaz, et le charbon acquit ainsi la propriété de la durée, qui lui avait toujours manqué. C'est ce qu'Edison reconnaissait à la même époque.

Le 20 octobre 1880, M. Swan présenta à la *Société philosophique et littéraire de Newcastle* sa lampe perfectionnée. Voici comment cet inventeur la construit aujourd'hui.

Ce n'est plus avec du carton, mais avec du coton en tresses, longues de 10 centimètres, mis en forme de fer à cheval et carbonisé, que M. Swan obtient le conducteur incandescent. Les mèches de coton sont d'abord traitées par l'acide sulfurique étendu d'un tiers d'eau, réactif qui le durcit, le transforme en papier-parchemin (et pour le dire en passant, ce procédé de durcissement des tissus ligneux, du papier, du coton, etc., a été inventé et publié par moi en 1846). Ce coton durci par l'acide sulfurique, est ensuite carbonisé dans un creuset, que l'on a rempli en partie de charbon en poudre, et que l'on chauffe au rouge. Le fil de charbon que l'on retire du creuset, et qui a la forme d'un fer à cheval, est alors enfermé dans une petite sphère de verre, qui n'a pas plus de 8 centimètres de diamètre, et l'on y fait le vide, au moyen de la pompe de Sprengel.

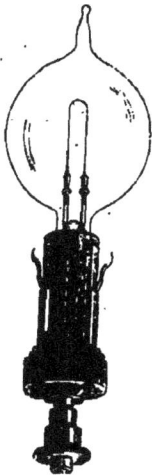

FIG. 49. — LAMPE SWAN.

Ainsi que nous l'avons expliqué en parlant de la fabrication des lampes Edison, pendant que l'on opère le vide dans la petite cloche, on fait passer le courant dans le conducteur; ce qui a pour effet d'expulser les gaz contenus dans le charbon. Ce courant est maintenu l'espace d'une demi-heure. La lampe est alors fermée, en faisant fondre, par le jet de flamme d'un chalumeau, le petit tube ouvert qui surmonte la sphère, et qui, une fois fondu, ne laisse à sa place qu'un petit bourrelet. La cloche a alors la forme que représente la figure 49.

Le support de la lampe étant enfoncé dans un chandelier, à peu près comme une bougie, et le tout étant enveloppé d'un globe demi-opalin, la lampe Swan, enveloppée de son globe de cristal, a la forme que repré-sente la figure 50.

Cette lampe reçoit le courant électrique au moyen de deux minces fils conducteurs, ce qui permet de placer les cloches éclairantes dans un

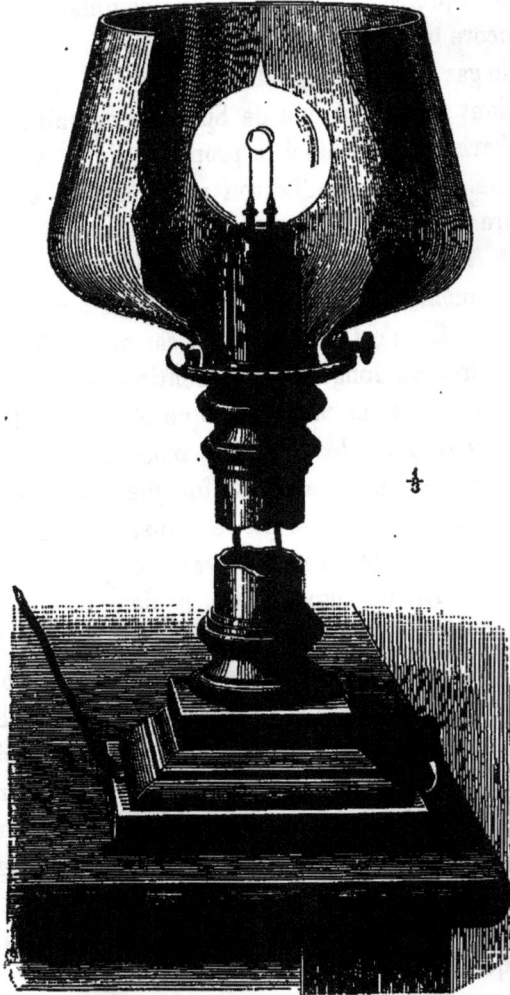

FIG. 50. — LAMPE SWAN AVEC SON GLOBE.

lieu quelconque. La réunion d'un nombre suffisant de ces cloches donne différents appareils d'éclairage.

Nous représentons dans la fig. 51 le lustre résultant de la réunion d'un certain nombre de petits globes de M. Swan.

La lampe Swan a un éclat d'environ deux becs Carcel. On peut, si on le désiré, affaiblir son éclat en prenant un conducteur de charbon plus court ou en faisant usage d'un courant plus faible.

Pour allumer la lampe ou l'éteindre on se sert d'un *commutateur*, mû à la main, qui donne accès à l'électricité dans les fils conducteurs, ou qui interrompt son arrivée.

Le système Swan n'aurait rien à envier au système Edison, si M. Swan s'était inquiété de la source particulière d'électricité destinée à alimenter ses luminaires. Les lampes Swan sont actionnées par une machine dynamo-électrique quelconque, tandis que M. Edison fait usage d'une machine dynamo-électrique spéciale appliquée à ses lampes, qui donne, à ce qu'il assure du moins, la plus grande somme de lumière, à moins de frais possible.

La lampe Swan fonctionne, en effet, avec toute espèce de courants fournis par les machines magnéto ou dynamo-électriques, à courants continus ou alternatifs, ou enfin par les piles accumulatrices. C'est ce qui permet de les employer avec la plupart des générateurs d'électricité déjà existants pour des installations antérieures où l'on faisait usage de l'arc voltaïque.

C'est là, tout à la fois, un avantage et un inconvénient. Il est assurément commode de pouvoir se servir d'une source quelconque d'électricité, mais le résultat n'est pas toujours avantageux, car une lampe électrique ne donne tous ses avantages qu'avec le générateur d'électricité qui lui est propre.

Le système Swan a reçu un nombre considérable d'applications en Angleterre et en Amérique.

Pendant l'Exposition internationale d'électricité de Paris, il servit à éclairer les salles des séances du Congrès des électriciens.

M. Spattiswoode, le président de la *Société royale de Londres*, en fait usage pour l'éclairage de son château de Comb-Bank. Sir W. Armstrong éclaire aussi par le même système sa résidence de Craigside.

L'amirauté anglaise a installé la lampe Swan sur son grand vaisseau cuirassé *l'Inflexible*, et quelques compagnies maritimes ont adopté ce mode d'éclairage : la Compagnie Imman, pour ses nouveaux steamers, *City of Richmond, City of Rome, etc.*; la Compagnie Cunard, pour la *Servia*; la Compagnie White Star, pour *l'Asiatique*, etc.

M. Swan a éclairé, avec ses lampes, les mines de Plasley (comté de Nottingham).

Il n'est pas besoin de beaucoup insister pour faire comprendre que l'éclairage électrique par incandescence est appelé à remplacer, dans les mines de houille, la lampe de sûreté de Davy. Cette lampe, malgré toute son utilité, a l'inconvénient, ainsi que nous l'avons fait remarquer à

propos des travaux de M. de Changy, d'éclairer d'une manière insuffisante; ce qui force souvent le mineur à retirer la lampe de son enve-

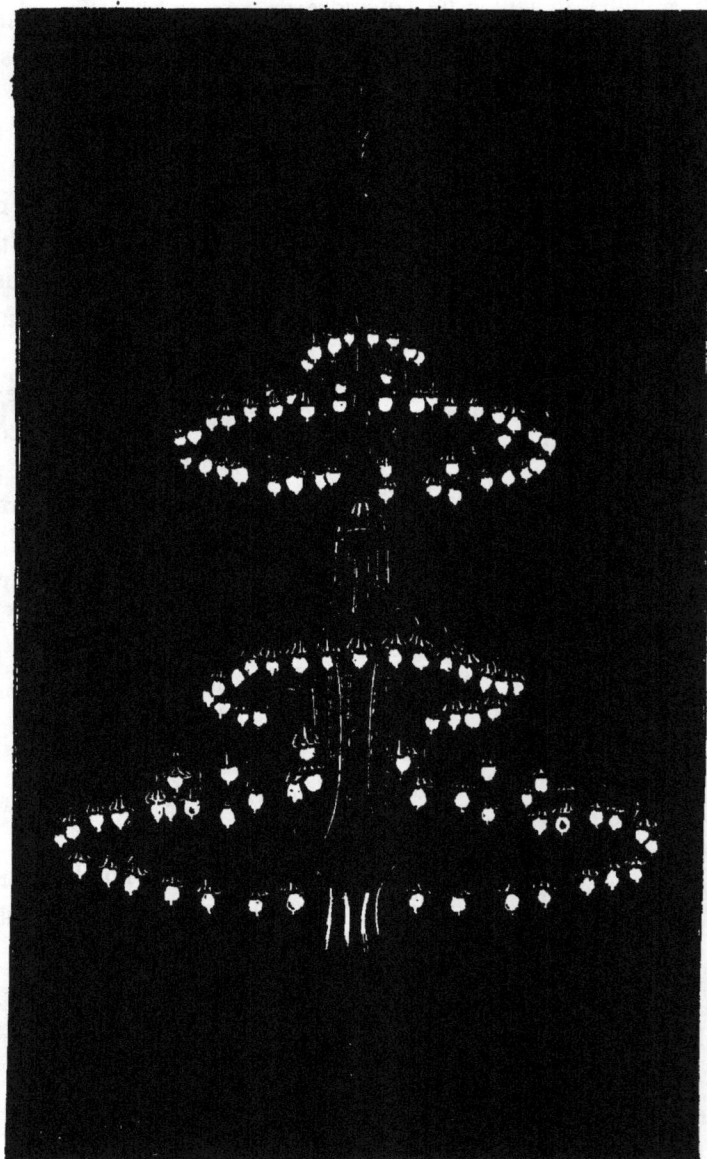

Fig. 51. — LUSTRE SWAN.

loppe, et à s'exposer ainsi à mettre le feu au *grisou*. Avec l'électricité,
rien à craindre de ce genre. La lampe éclaire parfaitement la galerie,
et viendrait-elle à se briser, le conducteur incandescent donne si peu de

chaleur, qu'il ne saurait déterminer l'inflammation du mélange détonant.

Par ces considérations, la lampe électrique sera, à l'avenir, la véritable lampe de sûreté du houilleur. Aussi M. Swan n'est-il pas le seul à avoir transporté l'éclairage électrique à l'intérieur des mines. Si ce n'était trop sortir du sujet que nous traitons en ce moment, nous pourrions signaler beaucoup de systèmes qui ont été proposés ou essayés tant pour éclairer les galeries de mine de houille par l'électricité, que pour munir l'ouvrier d'une lampe électrique portative. Nous représentons ici (fig. 52) le modèle de lampe que M. Swan construit pour l'éclairage des mines.

En 1882, tout un théâtre à Londres, le Théâtre Savoy, a été éclairé par les lampes Swan, et c'est par le même système, alimenté par des *accumulateurs Faure*, que le théâtre des Variétés, à Paris, a été éclairé du mois de novembre 1882 au 1er mai 1883, ainsi que nous le dirons dans un des chapitres suivants.

La fabrication des lampes Swan occupe de nombreux ouvriers à Newcastle. Dans cette ville, pays de l'inventeur, les lampes Swan servent à éclairer plusieurs rues (fig. 53).

M. Lane-Fox, Anglais comme M. Swan, fabrique une lampe à incandescence qui ne diffère de la précédente que par l'origine du conducteur

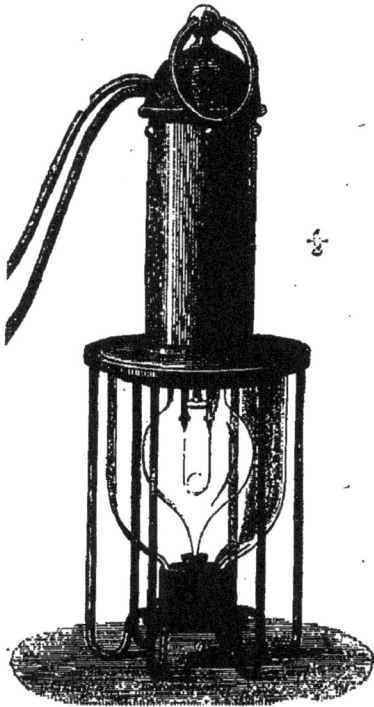

FIG. 52. — LAMPE DES MINEURS, SYSTÈME SWAN.

de charbon, et par son mode d'attache aux fils qui amènent le courant.

Le filament de charbon a la même forme que celui d'Edison, c'est-à-dire la forme d'un U; mais il provient d'un brin de chiendent carbonisé. Les filaments de chiendent ont été durcis en les imprégnant de soufre, mêlé à de l'oxychlorure de zinc. Il paraît que l'addition de ces produits étrangers durcit le charbon, comme le soufre durcit le caoutchouc, dans l'opération connue sous le nom de *vulcanisation*.

Quoi qu'il en soit, les filaments de chiendent, mêlés de soufre et d'oxychlorure de zinc, sont carbonisés dans un creuset fermé, et placés ensuite dans une ampoule de verre en forme de poire. On fait alors le vide dans la cloche, avec la pompe de Sprengel, et on la ferme en fondant au chalumeau le petit tube terminal, comme nous l'avons expliqué.

Il aurait pu arriver que les fils conducteurs du courant, c'est-à-dire

FIG. 52. — UNE RUE DE NEWCASTLE ÉCLAIRÉE PAR LES LAMPES SWAN.

les fils de platine, s'échauffassent par le passage du courant, jusqu'à faire fondre le verre de la cloche. Pour éviter ce danger, M. Lane-Fox a adopté un moyen d'attache qui diffère de celui dont fait usage M. Edison. Il place les fils de platine dans deux petits manchons de verre. On verse dans ces deux manchons de verre une certaine quantité de mercure, et on achève de les remplir avec de la ouate de coton. Le tout est recouvert d'une épaisse couche de plâtre, qui ferme l'ampoule où se réunissent les deux petits manchons de verre (fig. 54).

La lampe de M. Lane-Fox est à peu près de la même puissance éclairante que celle de M. Swan : trois ou quatre becs Carcel, ou un ou deux becs de gaz ordinaires. L'éclat varie, d'ailleurs, selon l'intensité du courant électrique.

La lampe de M. Lane-Fox n'a reçu ni en Angleterre ni en Amérique d'application à l'éclairage public ou privé, qui mérite d'être signalée.

En Amérique, M. Hiram Maxim, ingénieur, fabrique une lampe à incandescence, qui rivalise avec celle d'Edison. On ne peut lui reprocher, ce qui ne saurait pourtant être considéré comme un défaut, que son excès de puissance éclairante, excès qu'il faut maîtriser par un régulateur, spécialement imaginé dans ce but.

M. Hiram Maxim est né dans le canton de Maine, à Sangenville, en 1841. Après une série de travaux consacrés à l'art des constructions, il aborda la question industrielle de l'électricité; et il parvint à créer un système d'éclairage par incandescence, qui est analo-

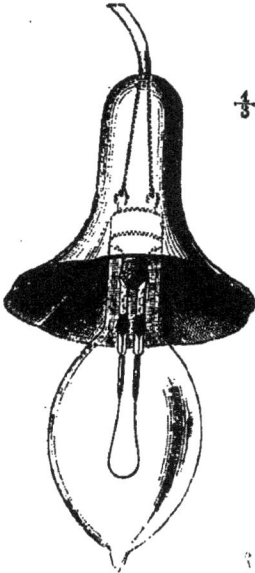

Fig. 54. — LAMPE LANE-FOX.

gue, sous plusieurs rapports, mais nullement identique avec celui de M. Edison.

M. Maxim a cédé ses droits d'inventeur à la Compagnie *United states electric lighting Company*, fondée en 1877. En 1880, il outilla ses usines d'une façon gigantesque, à tel point qu'elles occupent, à New-York, une armée de travailleurs.

Ce qui différencie la lampe à incandescence de M. Hiram Maxim des lampes du même système physique, c'est que la petite cloche dans laquelle le charbon devient lumineux, n'est point vide d'air, mais remplie d'un gaz impropre à la combustion : un carbure d'hydrogène, que l'inventeur appelle *gazoline*.

Le conducteur est un morceau de charbon préparé avec du carton Bristol, que l'on découpe en forme d'M, et que l'on fait roussir entre deux plaques de fonte chauffées. On le place ensuite dans le carbure d'hydrogène gazeux, lequel forme à sa surface un dépôt de charbon, qui le rend conducteur. Lorsqu'il est fixé dans la lampe, on achève de le carboniser, en y faisant passer le courant électrique, de manière à le rendre incandescent.

La longueur et la forme aplatie de ce filament simplifient son attache avec les fils de platine qui amènent l'électricité. Il suffit d'aplatir un peu les extrémités de ces fils de platine et d'y percer deux trous. On peut alors fixer ces extrémités au filament charbonneux; au moyen de petites vis. Ces fils sont eux-mêmes empâtés dans un ciment particulier, qui se soude facilement au verre (fig. 55).

FIG. 55. — LAMPE MAXIM.

Le charbon de la lampe Maxim dure moins que celui de la lampe d'Edison. Il ne suffit qu'à un éclairage de 300 heures, ce qui s'explique par la température plus élevée à laquelle il est maintenu.

Comme il présente, en raison de sa forme, une plus grande surface de rayonnement, le charbon de la lampe Maxim émet une lumière plus intense que celle des lampes Swan et Edison. Mais un courant plus énergique est nécessaire pour produire cet effet. Si la quantité d'électricité n'est pas suffisante, le fil rougit seulement, mais ne s'élève pas jusqu'à la chaleur blanche. Il fournit alors une lumière jaunâtre, mêlée do rayons rouges, analogue à celle du gaz le plus ordinaire. C'est ce qui arrivait parfois à l'Exposition d'électricité de Paris. Mais quand elles sont alimentées par des machines puissantes, les lampes Maxim donnent une lumière très intense, qui va jusqu'à douze ou quatorze becs Carcel.

La lampe à incandescence de l'ingénieur américain pourrait donc rivaliser d'éclat avec la lampe Werdermann, et même avec les bougies Jablochkoff. Seulement, elle deviendrait alors trop éblouissante pour l'éclairage des appartements. Il faudrait l'entourer d'un globe de verre demi-opaque, comme les bougies Jablochkoff, et perdre ainsi de la lumière. Tel n'est pas le but de l'éclairage par incandescence.

La teinte de la lumière fournie par ces lampes est toujours un peu rosée, parce que le conducteur, ayant un assez grand volume, ne s'échauffe pas toujours jusqu'à la chaleur blanche.

M. Hiram Maxim a eu le mérite, de créer, comme M. Edison, toute une installation pour la production, le réglage des lampes, et la distribution de l'électricité. Une machine magnéto-électrique particulière alimente ses lampes, qui sont, en outre, pourvues d'un *régulateur*, pour empêcher une trop grande exaltation de l'effet lumineux, provenant d'un courant trop énergique. Ce *régulateur* permet, dans un lustre composé d'un certain nombre de ces luminaires, de maintenir au courant la même énergie, soit qu'on éteigne, soit qu'on allume un certain nombre de lampes.

La lampe Maxim reçoit aujourd'hui beaucoup d'applications en Amérique.

Le 18 octobre 1881, des essais d'éclairage électrique furent faits à l'Opéra de Paris, avec les lampes Maxim, jointes aux lampes Edison. Les lampes Maxim étaient installées dans les deux salons qui terminent la grande galerie du foyer du public. Sur la cheminée étaient deux candélabres éclairés par le procédé Maxim. Les galeries du foyer proprement dit avaient reçu des lustres Edison. J'ai assisté à cet essai, et puis assurer que l'éclairage était parfait. Il péchait même par trop d'intensité. Il laissait seulement à désirer sous le rapport de l'illumination des peintures du plafond, qui manquaient de lumière.

C'est pour cela que l'on ajouta, quelque temps après, aux lampes Maxim et Edison, deux lampes-soleil (fig. 56). On sait que ces lampes peuvent être disposées de manière à projeter la lumière de haut en bas ou de bas en haut. C'est de cette dernière façon qu'elles furent dirigées, et les peintures du plafond eurent alors toute leur valeur. Le foyer de l'Opéra ainsi éclairé par le secours des lampes Edison et Maxim et de la lampe-soleil, était d'un effet éblouissant.

Personne n'ignore que les peintures de Baudry ont été gravement

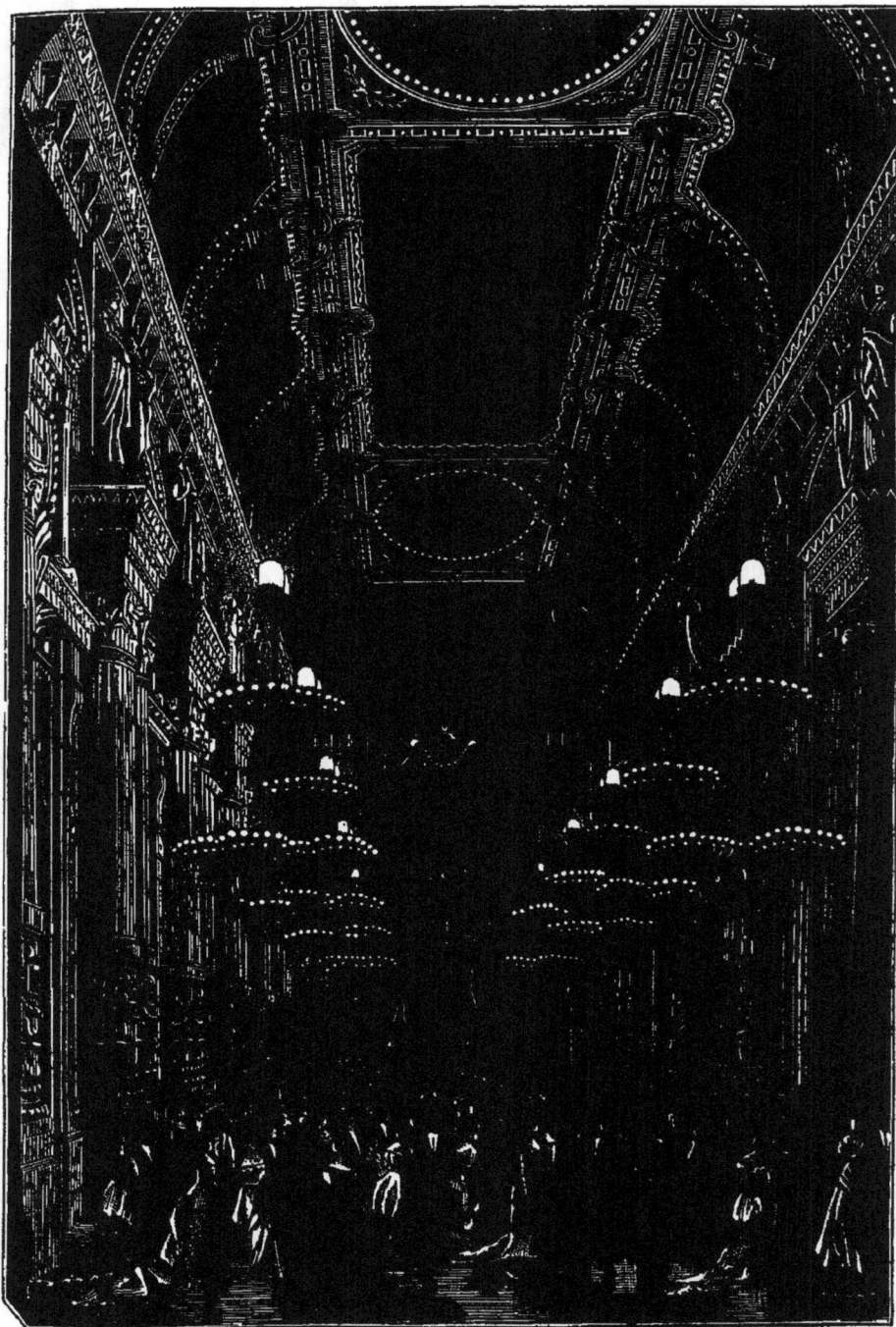

FIG. 55. — ÉCLAIRAGE DU FOYER DE L'OPÉRA DE PARIS PAR LES LAMPES MAXIM, EDISON ET LES LAMPES-SOLEIL.

endommagées par la fumée des becs de gaz, et que l'on a craint un moment la destruction totale de ces compositions célèbres. Un nettoyage intelligent a fait disparaître le voile charbonneux qui menaçait de détruire une des plus belles œuvres de l'art contemporain. Mais il est évident que si l'on était souvent obligé de la répéter, cette opération ne pourrait à la longue qu'altérer les couleurs, et que la destruction des peintures ne serait, en fin de compte, que retardée. L'éclairage électrique, qui ne répand dans l'air aucuns produits gazeux, ou autres, susceptibles de se déposer sur les parois des pièces éclairées, est évidemment le meilleur moyen d'éviter l'altération à laquelle toute œuvre de peinture est forcément condamnée avec l'éclairage au gaz. Il y a là une considération de plus pour applaudir à l'introduction de l'électricité dans les foyers des grands théâtres, et en particulier dans le foyer de l'Opéra de Paris.

Nous venons de passer en revue, avec les systèmes Edison, Swan, Lane-Fox et Maxim, les procédés d'éclairage par incandescence qui ont le plus attiré l'attention jusqu'à ce jour. Nous n'avons pas besoin de dire qu'il existe d'autres systèmes d'éclairage par incandescence, que nous avons passés sous silence, pour ne pas trop étendre ce chapitre, et que l'avenir nous en réserve certainement un plus grand nombre encore. Nous ne voulons établir entre ces différents procédés, qui ne diffèrent entre eux que par la composition du charbon incandescent et par le mode de fabrication, aucune comparaison, tendant à décerner la supériorité à l'un ou à l'autre, tant pour la qualité ou l'intensité de la lumière que pour son prix de revient. Une classification par ordre de mérite des systèmes d'éclairage électrique par l'incandescence d'un conducteur dans le vide, serait impossible à tenter, par cette raison que les lampes Edison, Swan, Maxim, Lane-Fox, etc., sont alimentées, chacune, par des machines productrices de la lumière de dispositions différentes, et que les lampes qui reçoivent le courant le plus intense, doivent émettre la lumière la plus vive. La seule conclusion que nous entendions tirer des descriptions qui précèdent, c'est que l'éclairage électrique par incandescence, et par conséquent l'éclairage domestique au moyen de l'électricité, est aujourd'hui un problème complètement résolu.

XII

Moyens de produire le courant électrique destiné à l'éclairage. — Les piles voltaïques. — La pile de Bunsen et la pile au bichromate de potasse. — Emploi de la
pile au bichromate de potasse pour l'éclairage du Comptoir d'Escompte, à Paris.
— Les piles accumulatrices de M. Gaston Planté. — Travaux de M. Gaston Planté
sur les courants voltaïques secondaires. — Construction des piles destinées à
l'emmagasinement de l'électricité. — Le laboratoire de la rue des Tournelles. —
Application industrielle faite par M. Faure, en 1880, des piles accumulatrices de
M. Gaston Planté. — Description des accumulateurs en usage dans l'industrie de
l'éclairage électrique.

Nous n'avons rien dit encore des moyens employés pour produire, d'une
façon économique et pratique, le courant électrique destiné à faire naître
la lumière dans les lampes à arc voltaïque, comme dans les lampes à
incandescence. Le moment est venu d'aborder cette question, d'une importance fondamentale, car sans électricité point de lumière, et selon la puissance de la source électrique varient la force et la portée de l'éclairage.

Dans l'état actuel de la science, le courant électrique ayant pour destination spéciale l'éclairage, est emprunté à deux sources différentes :

1° A l'action chimique;

2° Au mouvement.

Nous consacrons ce chapitre à l'étude des moyens de produire de l'électricité par l'action chimique.

Les appareils dans lesquels on recueille l'électricité résultant de l'accom-
plissement d'une action chimique, s'appellent *piles*.

C'est par une étrange paresse d'esprit, chez les savants de tous les pays,
que ce mot de *pile*, employé en 1800, par Volta, pour désigner la première forme que le célèbre physicien d'Italie donna à son merveilleux
appareil, est conservé de nos jours, et sert, depuis près d'un siècle, à
désigner des appareils qui, par leur forme et leur objet, jurent véritablement avec le nom qu'on leur donne. Appeler *pile* l'instrument que
Volta construisit pour produire un courant électrique, et qui se composait
de la superposition d'un grand nombre de couples de zinc et de cuivre

Imprimerie A. Lahure, rue de Fleurus, 9, à Paris

formant un enlassement, une *pile* de couples métalliques, semblables à une *pile d'assiettes*, cela peut se concevoir, puisque c'est le nom que

R. W. BUNSEN.

Volta lui donna, mais donner le même nom aux vases de Grove, de Bunsen, de Leclanché, de Grenet et à l'interminable série d'appareils analogues créés depuis Volta, c'est un étrange non-sens. Pourquoi ne pas employer, par exemple, le mot de *générateur d'électricité*, ou un vocable analogue? Mais nous n'avons pas la prétention de réformer le langage scientifique, et cette protestation une fois faite contre un mot bizarre et suranné, nous l'emploierons comme tout le monde, afin d'être compris.

Dans l'immortelle expérience d'Humphry Davy, que nous avons rapportée et dans laquelle, en 1813, l'illustre chimiste anglais révéla au monde savant la production d'un arc éblouissant de lumière, on se servait de la pile — puisque *pile* il y a — de Wollaston, qui se composait d'une réunion de couples de zinc et de cuivre plongés dans de l'acide sulfurique étendu, ou dans une dissolution saline à réaction acide. Depuis 1813 jusqu'en 1840, c'est avec la pile de Wollaston que l'on exécuta, dans les cours publics, cette mémorable expérience. Mais la pile de Wollaston ne donne qu'un courant électrique d'une faible intensité, et il fallait, pour produire l'arc éclairant, employer la pile monstre de l'*Institution royale de Londres*, ou celle qui fut établie à l'École polytechnique de Paris, en 1807, par Gay-Lussac et Thenard ; ou bien encore la grande pile à auges qui fut construite à la Sorbonne, par Despretz, pour ses recherches sur l'arc voltaïque de Davy. Mais des appareils d'une telle puissance n'étaient à la portée que de quelques établissements scientifiques des grandes capitales de l'Europe. Ce n'est donc qu'à l'époque de la découverte du nouveau générateur d'électricité qui nous vint d'Allemagne, en 1843, ce n'est qu'à la suite de la création de la *pile de Grove* et de la *pile de Bunsen*, c'est-à-dire des piles à deux liquides, que l'on disposa d'une source suffisamment commode et puissante d'électricité.

Comment la pile de Bunsen donna-t-elle le moyen de développer une quantité d'électricité supérieure à celle que fournissait la pile à auges? C'est que tandis qu'une seule action chimique était en jeu dans la pile de Wollaston (ou la pile à auges, qui n'en diffère pas), il y avait dans le générateur d'électricité de Grove et de Bunsen deux actions chimiques ajoutant leurs effets. L'acide sulfurique attaquant le zinc, commence par dégager une certaine quantité d'électricité. Mais l'hydrogène qui provient de la décomposition de l'eau par l'acide sulfurique, au lieu de se perdre, sert à produire une seconde action chimique. Il réduit l'acide azotique, en produisant de l'eau et du gaz acide hypoazotique ; et cette seconde réaction chimique (les courants allant d'ailleurs dans le même sens) venant s'ajouter à la première, provoque un nouveau dégagement d'électricité, ce qui double la quantité d'électricité.

Tout le monde sait comment Bunsen, modifiant la pile de Grove, a réalisé cette double action chimique, dans l'appareil qui porte son nom. L'acide sulfurique étendu d'eau et le zinc sont placés dans un premier vase en faïence, dans lequel sera retenu le sulfate de zinc provenant de cette action

FIG. 58. — ÉLÉMENTS DE LA PILE DE BUNSEN.

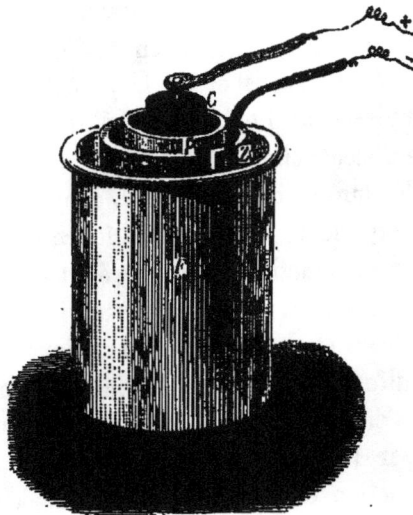

FIG. 59. — COUPLE DE BUNSEN MONTÉ.

chimique. Un vase de porcelaine non verni et poreux, dans lequel on a placé de l'acide azotique, laisse passer le gaz hydrogène à travers ses pores, tout en retenant le liquide acide qu'il renferme. C'est dans ce dernier vase que s'accomplit la seconde action chimique, c'est-à-dire la réduction de l'acide azotique par le gaz hydrogène, et le dégagement du gaz hypo-azotique. Un gros cylindre de charbon de cornue de gaz, placé dans l'acide azotique, sert à conduire l'électricité positive. L'électricité négative se dé-gage par un conducteur de zinc attaché à la lame de zinc du premier vase.

Nous montrons dans la figure 58 les quatre pièces qui composent la pile de Bunsen, à savoir : F, le vase en faïence contenant l'eau acidulée par l'acide sulfurique étendu d'eau ; — Z, le zinc plongé dans l'acide sulfu-rique étendu d'eau ; — P, le vase en porcelaine non vernie, qui renferme l'acide azotique ; — C, le cylindre de charbon, qui sert de conducteur.

La figure 59 montre le couple de Bunsen *monté*, c'est-à-dire les pièces qui le composent disposées pour mettre l'appareil en action.

La découverte de la pile de Bunsen marqua une époque toute |nouvelle dans les progrès de l'électricité, en permettant à tout le monde d'avoir à sa portée une source puissante d'électricité. La reconnaissance publique restera donc attachée au nom du physicien à qui nous devons cet important généra-teur d'électricité.

Ce physicien, bien qu'Allemand, appartient à la science de notre pays, par sa qualité de membre correspondant de l'Institut de France.

Robert-Wilhelm Bunsen est né, le 31 mars 1811, à Gottingue, où son père était professeur de littérature. Il commença par étudier les sciences dans sa ville natale, et alla compléter son éducation à Paris, ensuite à Berlin et à Vienne.

En 1833, il s'établit comme professeur particulier (*privat docens*) à Got-tingue. Mais il fut bientôt appelé à remplacer Wöhler, comme professeur de sciences à l'Université de Cassel. Il passa, en 1838, à l'Université de Mar-bourg, où il dirigea les travaux de chimie. Après un séjour comme profes-seur à l'Université de Breslau, il fut appelé à Heidelberg, en 1851, et n'a plus quitté cette ville, où l'on a célébré, en 1877, le 25e anniversaire de son installation.

En 1853, M. Bunsen a été élu correspondant de notre Académie des sciences.

La découverte de la pile qui porte son nom commença la réputation du physicien d'Heidelberg. Mais ce qui fait sa gloire et ce qui lui attirera une renommée éternelle, c'est la création de l'admirable méthode d'analyse physico-chimique que l'on désigne sous le nom d'*analyse spectrale*.

Bunsen et son collègue Kirchhoff reconnurent, en 1860, que tous les sels d'un même métal, introduits dans une flamme dont on décompose la lumière au moyen d'un prisme de cristal, laissent apparaître dans le *spectre optique*, c'est-à-dire dans la bande colorée qui résulte de la décomposition de la lumière par ce prisme, des solutions de continuité, des espaces noirs, c'est-à-dire des *raies*. Ces *raies* sont identiques par la teinte et par la position, quand on opère avec les sels du même métal, mais elles varient de teinte et de position chaque pour métal. Bunsen et Kirchhoff reconnurent également que des quantités infiniment petites d'un métal suffisent pour déceler la présence de ce métal dans le spectre de la flamme où on les introduit.

Tel est le principe de cette merveilleuse méthode de l'*analyse spectrale*, qui a conduit, depuis l'année 1860 jusqu'à ce jour, les physiciens et les chimistes aux plus splendides découvertes. Nous en ferons comprendre suffisamment la valeur en disant que par l'application de cette méthode on a pu connaître les substances qui existent dans les astres, et surtout dans le Soleil. Soumise à ce moyen d'analyse, la lumière du Soleil a permis de découvrir que l'atmosphère solaire renferme, à l'état de vapeurs, du sodium, du potassium, du calcium, du magnésium, du fer, du zinc, et même du gaz hydrogène libre.

La même méthode, appliquée à l'analyse de la lumière des étoiles, a dévoilé la composition de ces astres ; de sorte que nous savons aujourd'hui quels sont les corps simples qui forment la substance des étoiles fixes et celle des planètes, comme nous connaissons la composition chimique du sol de notre globe.

Enfin, l'analyse spectrale a donné le moyen de découvrir plusieurs métaux nouveaux, tels que l'iridium, le cæsium, le rubidium, le thallium.

Le physicien qui a doté la science contemporaine d'un instrument de recherches d'une aussi immense portée mérite la reconnaissance et les hommages de ses contemporains.

Pour en revenir à l'invention de Bunsen qui nous intéresse, c'est-à-dire à la pile à deux liquides, nous dirons que la possession de ce nouveau générateur d'électricité donna une impulsion considérable à l'étude des propriétés de l'arc voltaïque de Davy.

L'éclairage électrique prit naissance, on peut le dire, dès que la pile de Bunsen fut entre les mains des physiciens. Nous avons vu que, lorsque Léon Foucault fit, en 1844, avec l'aide de M. J. Duboscq, la première expérience d'éclairage par l'arc voltaïque, sur la place de la Concorde, à Paris, il avait eu recours, comme source de production d'électricité, à la pile de Bunsen, alors nouvellement découverte.

A partir de cette expérience mémorable, la pile de Bunsen, introduite dans les laboratoires du monde entier, a servi à la production de l'arc voltaïque éclairant, jusqu'à la découverte des machines produisant l'électricité par le mouvement. Elle n'a cédé la place qu'à ces nouveaux générateurs d'électricité.

La pile de Bunsen n'est pas, en effet, exempte d'inconvénients. Le zinc employé pour développer l'action chimique, s'use rapidement, et l'appareil demande beaucoup d'entretien. Il faut au moins cinquante éléments de cette pile pour faire naître un foyer électrique, ce qui la rend d'un usage dispendieux. On renonça donc aux batteries de Bunsen dès que l'on eut à sa disposition des machines produisant de l'électricité par le mouvement.

On se tromperait, pourtant, en croyant que les piles voltaïques soient aujourd'hui entièrement abandonnées pour l'application qui nous occupe. On se sert quelquefois, pour produire l'arc voltaïque éclairant, de la pile au bichromate de potasse, construite pour la première fois par le physicien allemand Poggendorff, rendue applicable à l'industrie par M. Grenet, et devenue populaire de nos jours, sous le nom de *pile-bouteille*, parce qu'elle sert dans les cours publics et dans les laboratoires, quand il s'agit de produire un dégagement de lumière intense et momentané. La même pile au bichromate de potasse, disposée sous une autre forme par M. Cloris Baudet, était utilisée par ce physicien pour alimenter des lampes électriques, à l'Exposition d'électricité de 1881. On a vu, à la même Exposition, la lumière électrique se produire dans d'assez bonnes conditions avec la pile de M. Tomasi, qui n'est qu'un perfectionnement de la pile de Bunsen. M. Reynier a constitué, en 1880, une nouvelle pile, qui fait espérer sa prochaine application à l'éclairage privé. Enfin, à Paris, le Comptoir d'escompte est éclairé, depuis 1882, par l'arc voltaïque provenant de piles au bichromate de potasse disposées d'une manière usuelle et sur une échelle suffisante par MM. Jarriant et Grenet.

Arrêtons-nous sur le système particulier de pile employé pour produire la lumière électrique au Comptoir d'escompte de Paris. Il sera nécessaire, pour le faire comprendre, de mettre sous les yeux du lecteur un dessin de la pile au chromate de potasse, désignée aujourd'hui sous le nom de *pile à bouteille*, petit appareil auquel on a recours fréquemment, ainsi qu'il vient d'être dit dans les cours publics ou dans les recherches de laboratoire, quand il s'agit de produire un courant électrique puissant mais de peu de durée.

Tous les corps capables de produire l'oxydation par voie humide peuvent être utilisés pour la production de l'électricité, et servir à la construction d'une pile. Sans entrer dans l'énumération des différents liquides chimiques qui sont aujourd'hui employés pour remplacer l'acide azotique et l'acide sulfurique dans la pile de Bunsen, nous parlerons seulement des tentatives qui ont été faites dans ce but avec le bichromate de potasse.

C'est M. Bunsen qui proposa le premier le bichromate de potasse pour la construction d'une pile voltaïque. Plus tard, les chimistes anglais Leeson et Warrington étudièrent la théorie de cet instrument. Enfin, en 1842, le chimiste allemand Poggendorff publia un mémoire détaillé sur les piles au bichromate de potasse. En 1850, Poggendorff forma, avec le bichromate de potasse additionné d'acide sulfurique agissant sur des couples de cuivre et zinc, une pile à un seul liquide. Il trouva toutefois peu d'avantages à cette disposition, et les résultats qu'il obtint se montrèrent peu favorables, car le courant décroissait avec rapidité.

Poggendorff reconnut que le décroissement de la pile à chromate de potasse provenait de ce que le charbon et le zinc du couple voltaïque se recouvrent promptement d'un dépôt d'oxyde de chrome qui arrête l'action chimique, mais il ne trouva aucun moyen de parer à cet inconvénient.

M. Grenet, ouvrier français, fut plus heureux. Il reconnut, en 1850, que l'oxyde de chrome, qui, en se déposant sur le zinc, arrête l'action de la pile, peut aisément se dissoudre dans le bichromate de potasse, si l'on fait passer à travers le liquide de la pile un courant d'air. Grâce à cet artifice, l'oxyde de chrome ne vient plus se déposer sur le métal et paralyser l'action chimique. Ainsi se trouva heureusement combattue la cause de la décroissance du courant dans les piles à chromate de potasse; et la construction d'une pile à un seul liquide, constante et énergique, devint possible avec des appareils simples et économiques.

M. Grenet avait d'abord donné à la pile au bichromate de potasse la forme de la pile à auges : les plaques de charbon et celles de zinc étaient disposées dans un châssis à rainures. Mais cette disposition n'a pas prévalu. Aujourd'hui on enferme les couples de charbon et de zinc dans une bouteille à gros goulot; d'où le nom de *pile à bouteille*, nom, pour le dire en passant, bizarre et ridicule, et qui montre bien que ce nom de *pile* est impropre à désigner les nouveaux générateurs d'électricité.

Pour composer le liquide chimique de ce générateur d'électricité, on dissout 100 grammes de bichromate de potasse dans un litre d'eau bouillante et l'on y ajoute 50 grammes d'acide sulfurique du commerce. On introduit cette dissolution dans la bouteille, qui se trouve constituée comme le représente la figure 60.

Deux plaques de charbon de cornue de gaz, C C', reliées entre elles, forment l'*électrode* positive. Elles sont plongées dans le liquide chimique, et sont fixées au couvercle du flacon, lequel est en *ébonite*, matière dure et plastique qui commence à trouver beaucoup d'emplois dans l'industrie. L'électrode négative est une lame de zinc, Z, n'ayant qu'une longueur moitié moindre de celle du charbon. Au moyen d'une tige T, entrant à frottement dans le couvercle du flacon, on peut introduire la lame de zinc dans le liquide, ou la retirer de ce liquide. Quand on veut faire fonctionner la pile, on fait descendre la lame de zinc dans le liquide en poussant la tige T, et l'action commence. Il se forme un sulfate de potasse et de chrome, et l'oxygène provenant de la désoxydation de

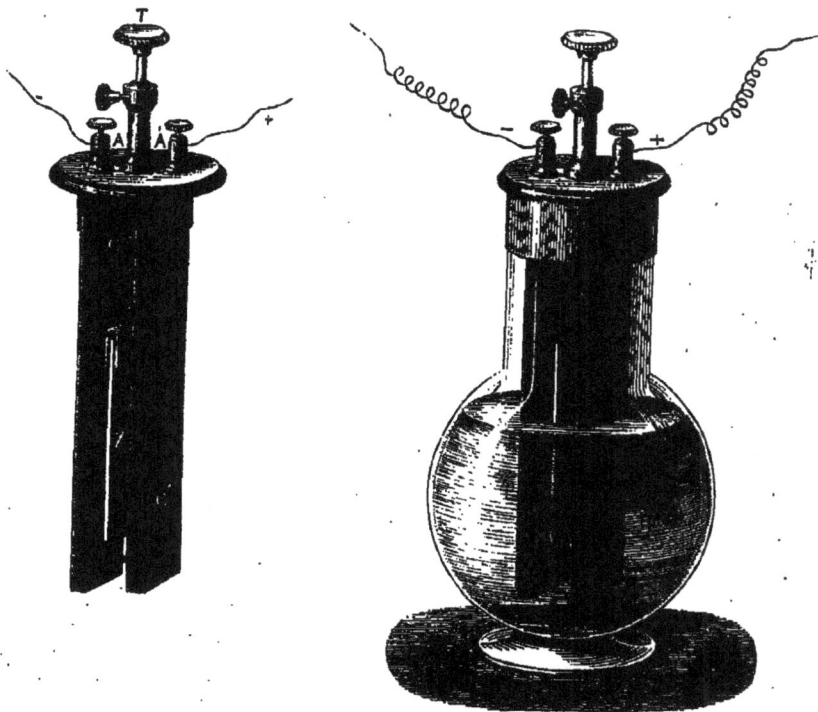

FIG. 60. — PILE AU BICHROMATE DE POTASSE.

l'acide chromique s'unit à l'hydrogène provenant de la décomposition de l'eau par le zinc et l'acide sulfurique. Des deux viroles A, A', l'une est reliée aux deux plaques de charbon et forme le pôle positif, l'autre est reliée, à la fois au moyen d'une tige de cuivre, que l'on reconnaît sur notre dessin, à la tige à coulisse T, et au zinc, et forme le pôle négatif de la pile.

Quand l'appareil ne doit plus fonctionner, on retire le zinc du bain chimique en relevant la tige T, et l'on évite ainsi une dépense inutile des matières réagissantes.

Il se dépose toujours de l'oxyde de chrome sur le zinc, ce qui empêcherait

FIG. 61. — L'ATELIER DES PILES AU BICHROMATE DE POTASSE AU COMPTOIR D'ESCOMPTE, A PARIS.

la réaction de continuer. On évite cet inconvénient, dans la *pile à bouteille*, en l'agitant fortement, ce qui débarrasse le charbon de ce dépôt nuisible.

Dans les piles construites en grand, cette agitation mécanique à la main est remplacée par un courant d'air comprimé que l'on force à traverser le liquide pendant l'opération. Par cette agitation continuelle, on empêche le dépôt d'oxyde de chrome sur le charbon.

Tout cela posé, le lecteur comprendra la disposition des piles au bichromate de potasse qui ont été installées au Comptoir d'escompte par MM. Jarriant et Grenet, et que représente la figure 61.

L'élément de la pile à bi chromate de potasse de MM. Jarriant et Grenet est un vase en ébonite, de forme rectangulaire, contenant 4 lames de charbon de cornue de gaz, qui constituent l'électrode positive. L'électrode négative est formée par la réunion d'un certain nombre de petits cylindres de zinc, qui sont attachés à une tige commune, laquelle peut être relevée ou plongée dans le liquide, par l'effet général d'un engrenage et d'un contrepoids, qui élève ou abaisse à la fois tous les zincs. Le liquide chimique est composé d'acide sulfurique et de bichromate de soude (1 partie de bichromate de soude et 3 parties d'acide sulfurique du commerce pour 10 parties d'eau). Ce liquide est distribué dans chaque élément par un réservoir général, que l'on voit sur la gauche de la figure, d'où il coule, au moyen d'un robinet, et va remplir chaque élément. Quarante-huit éléments composent une batterie telle qu'on la voit sur notre dessin. Il y a soixante de ces batteries.

Le liquide, avons-nous dit, doit être soumis à une agitation continuelle, pour empêcher le dépôt d'oxyde de chrome. A cet effet, un moteur à gaz comprime de l'air, qui est envoyé, grâce à des dispositions convenables, au fond de chaque petit vase composant un élément.

Toutes les batteries ont un fil commun qui se rend dans les pièces à éclairer. Le second pôle de chaque batterie vient aboutir à un *commutateur*, d'où partent les fils qui complètent le circuit de chaque brûleur, ou groupe de brûleurs. Cette disposition permet d'alimenter chacun des circuits avec une quelconque des batteries. Elle donne le moyen d'allumer ou d'éteindre à volonté les lampes dans les différentes pièces de l'établissement.

Pour allumer un foyer, il suffit de faire descendre les zincs d'une batterie, d'ouvrir les robinets de liquide et d'air, enfin de placer la fiche convenable sur le *commutateur*. Pour éteindre on fait les opérations inverses, et comme au-dessus du commutateur se trouve un tableau indicateur, à l'aide duquel chaque bureau peut demander l'allumage ou l'extinction de son foyer, toutes les manœuvres se font en temps voulu, sans confusion et sans dépense inutile.

Les lampes électriques alimentées par le courant provenant de ces piles, sont des lampes Siemens. En outre, 100 lampes Swan sont distribuées dans les différentes pièces de l'édifice. Dans les bureaux, les lampes à arc voltaïque sont cachées aux employés, et l'éclairage se fait par réflexion sur le plafond, dans les meilleures conditions de régularité et de douceur.

L'éclairage de la grande salle, ou *Hall*, est très ingénieusement combiné. Pendant le jour, la lumière arrive par un immense plafond en glaces. On a eu l'idée de reproduire ce même effet la nuit. Pour cela, au-dessus du plafond vitré, on a disposé 16 lampes Siemens, dont la lumière rabattue par de vastes abat-jour et tamisée par le vitrage, produit l'effet du plein jour dans la salle. Cet effet est complété par 4 lampes Siemens, placées aux angles dans des œils-de-bœuf, et par les lampes des bureaux adjacents, dont la lumière arrive par les grandes baies qui ouvrent dans le *Hall*.

La figure 62 montre le *Hall* du Comptoir d'escompte éclairé par la lumière électrique, au moyen des dispositions que nous venons de décrire.

Nous sommes entré dans d'assez longs détails sur l'application de la pile au bichromate de potasse à la production de la lumière électrique. Cependant, il faut nous hâter de dire que ce système de piles, qui exige l'emploi de matières aussi chères que les sels de chrome, ne peut être admis que dans des circonstances particulières. Au Comptoir d'escompte de Paris, on voulait absolument proscrire toute machine à vapeur, et l'on n'a pas trop regardé aux frais d'entretien de l'éclairage pour s'assurer la sécurité absolue que l'on entendait se garantir. Mais il est évident que ce n'est là qu'un cas tout à fait exceptionnel, et dont il ne faudrait tirer aucune conclusion quant à la possibilité de demander à l'action chimique des piles le moyen de produire la lumière.

A moins d'une révolution dans le mode de production de l'électricité par l'action chimique, c'est-à-dire à moins que l'on ne découvre une pile nouvelle faisant usage de composés chimiques sans valeur vénale, ou que l'on ne parvienne à tirer parti de l'électricité naturelle de l'air, on ne prévoit pas que les piles voltaïques puissent jamais entrer sérieusement en lutte avec les machines qui produisent l'électricité par le mouvement.

Il faut, toutefois, établir une exception en faveur d'un système particulier de pile électrique qui peut parfaitement entrer en lutte avec les

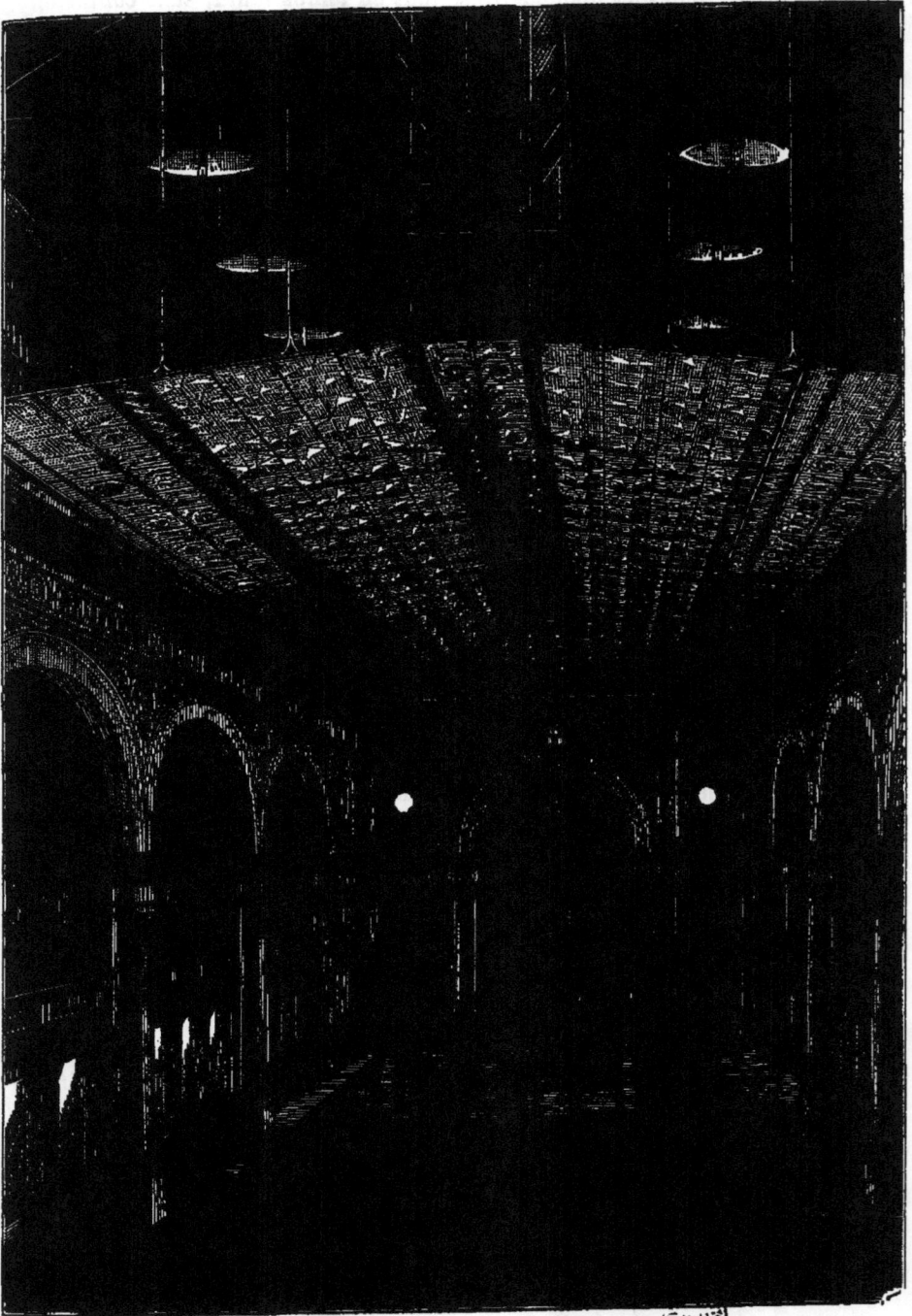

FIG. 62. — LA GRANDE SALLE DU COMPTOIR D'ESCOMPTE DE PARIS ÉCLAIRÉE PAR L'ARC VOLTAÏQUE
ET LA PILE A CHROMATE DE POTASSE.

machines productrices de lumière. Nous voulons parler des *piles accumu-latrices,* ou des accumulateurs d'électricité. Ce genre d'appareils est une des créations les plus originales de la physique moderne.

En quoi consistent les *accumulateurs d'électricité* et quelle est leur ori-gine?

C'est aux recherches persévérantes de M. Gaston Planté, physicien français, que l'on doit l'accumulation et l'emmagasinement de l'électricité voltaïque. Nous exposerons ici, avec quelque soin, les travaux de ce phy-sicien sur cette importante question, parce qu'ils sont peu connus ou géné-ralement mal compris.

Le phénomène désigné sous le nom de *courants secondaires* fut observé

Fig. 63 — VOLTAMÈTRE.

peu de temps après la découverte de la pile voltaïque. Il fut étudié par Gautherot en France, et par Ritter en Allemagne. Voici ce que les physi-ciens ont appelé, dès le commencement de notre siècle, un courant secon-daire.

Prenons ce petit vase de verre que les physiciens appellent *voltamètre* (figure 63), et qui sert à décomposer l'eau par la pile, et décomposons l'eau dans ce petit vase, en recueillant dans deux cloches, comme on le fait d'ordi-naire, les deux gaz oxygène et hydrogène. Après cette opération, les fils de platine autour desquels se sont dégagés l'oxygène et l'hydrogène, ont acquis la propriété de donner, à leur tour, après le passage du courant *primaire,* un courant de sens inverse et de courte durée. C'est ce courant qui a reçu le nom de *secondaire.* La présence des gaz adhérents aux électrodes, ou leur absorption partielle par le métal, détermine une décomposition de l'eau dans le nouveau circuit formé, ce qui a pour conséquence la production de ce courant *secondaire*.

Comme ce courant tend à se produire aussi à l'intérieur des piles elles-mêmes, pendant qu'elles fonctionnent, et cela en sens inverse du courant qu'elles fournissent, il a constitué pendant longtemps la principale cause d'affaiblissement des piles voltaïques. Aussi les physiciens s'attachaient-ils, à l'envi, à empêcher la production de ce courant secondaire, que l'on appelait aussi *courant de polarisation*. Ces causes d'affaiblissement furent très heureusement neutralisées par Becquerel père, dans la pile à deux liquides et à courant constant qui porte son nom.

C'est en 1859 que M. Gaston Planté commença à s'occuper de l'étude des *courants secondaires*. Il montra, dans un premier travail, l'importance du rôle que joue l'oxydation du conducteur positif dans la production du courant *secondaire*.

M. Gaston Planté reconnut d'abord que si, au lieu de prendre comme conducteur, comme électrode, un fil de platine, on prend un métal plus oxydable, tel que le plomb, et si l'oxyde formé à la surface de l'électrode positive peut y rester adhérent, sans se dissoudre dans le liquide, le courant produit par sa réduction, quand on fermera le circuit, aura une plus grande intensité et une plus grande durée.

Jusque-là les *courants secondaires* avaient été le grand obstacle à la persistance et à la régularité des courants des piles. C'est par la production de ces courants secondaires que les électrodes se *polarisaient;* ce qui arrêtait en partie le développement de l'action chimique. Les physiciens avaient donc mis tous leurs efforts à empêcher la production de ce courant. M. Gaston Planté se plaça à un point de vue diamétralement opposé. Il s'attacha à développer, à amplifier, ce que l'on s'était, avant lui, appliqué à combattre et à supprimer. Il chercha à accroître l'énergie des *courants secondaires;* et ce résultat une fois obtenu, il s'occupa de mettre à profit ces mêmes *courants secondaires*, pour *accumuler* la force de la pile voltaïque.

Il reconnut que la force électromotrice secondaire d'un voltamètre à lames de plomb dans l'eau acidulée, est beaucoup plus énergique et persistante que celle de tous les autres métaux, et qu'elle dépasse même de moitié celle de l'élément voltaïque le plus énergique connu, celui de Bunsen.

Avec une telle force électromotrice, il ne s'agissait plus, pour constituer un élément secondaire d'une grande intensité, que de lui donner une très faible résistance ou d'accroître le plus possible sa surface. C'est ainsi

que M. Planté fut conduit, en 1860, à construire un puissant élément secondaire en enroulant en spirale deux longues et larges lames de plomb, les
séparant l'une de l'autre par des bandes étroites d'une matière isolante,
telle que le caoutchouc, et les plongeant dans un bocal plein d'eau acidulée
au dixième par l'acide sulfurique.

La figure 64 montre la disposition d'un couple secondaire de cette nature,
mis en charge par deux éléments de Bunsen.

Après un certain temps d'action du courant primaire, le couple secondaire

Fig. 64. — ACCUMULATEUR PLANTÉ A LAMES DE PLOMB EN SPIRALE,
CHARGÉ PAR DEUX ÉLÉMENTS DE BUNSEN.

peut être détaché de la pile, et donner des effets d'une intensité bien supérieure à celle du courant qui a servi à le charger. Il peut, par exemple,
faire rougir des fils de platine d'un millimètre de diamètre, fondre des fils
d'acier de même diamètre, résultat que ne pourrait produire le courant
des deux éléments de Bunsen qui a agi sur le couple secondaire. Il y a
donc eu *accumulation* de l'effet du courant voltaïque.

M. Planté a employé aussi, en 1868, une autre disposition, que nous représentons dans la figure 65, et consistant en deux séries de lames de plomb parallèles, dont les prolongements de rang pair réunis d'un côté, et ceux de rang impair réunis d'un autre côté, sont mis en communication avec les deux pôles de la source primaire d'électricité.

Ces lames, *a, b, c*, très rapprochées les unes des autres, et séparées dans leur milieu par des baguettes isolantes, étaient disposées dans un vase en gutta-percha, de forme rectangulaire, et munies de rainures, pour maintenir les lames de plomb parallèles.

FIG. 65. — ACCUMULATEUR PLANTÉ
A LAMES DE PLOMB PARALLÈLES.

En étudiant attentivement les actions chimiques qui se produisent dans ces couples, M. Planté en a augmenté la capacité accumulatrice. Par une opération qu'il a désignée sous le nom de *formation des couples secondaires*, il leur a donné la faculté de conserver leur charge pendant longtemps, et il est parvenu, de cette manière, à obtenir, pour ainsi dire, l'*emmagasinement* de la force de la pile voltaïque, résultat dont l'industrie commence aujourd'hui à tirer parti.

L'opération que M. Planté appelle la *formation* consiste en une préparation électro-chimique des couples secondaires à lames de plomb, ayant pour objet d'oxyder profondément l'une des électrodes, et de réduire l'autre à un état de division métallique qui permette aux actions chimiques de s'exercer plus complètement pendant la charge et la décharge. On arrive à ce résultat en effectuant une série de changements de sens du courant primaire, avec des intervalles de repos entre ces changements. En effet, par l'action successive du courant primaire dans les deux sens sur le couple secondaire, le dépôt de protoxyde de plomb formé sur la lame positive, se réduit quand cette lame est rendue négative; puis se reforme de nouveau, par un autre changement de sens. Il en est de même de l'autre lame; de sorte que les deux lames se trouvent ainsi modifiées dans leur constitution moléculaire, non seulement à leur surface, mais jusque dans l'épaisseur et les pores du métal. C'est une sorte de *cémentation galvanique* que l'on opère ainsi. Par le repos, les dépôts formés à la surface des lames de métal oxydé ou de métal réduit acquièrent une texture cristalline et une forte adhérence.

Un couple secondaire à lames de plomb, *formé* par cette méthode, présentant une surface de plomb totale de 40 décimètres carrés, et pesant 1 kilogramme environ, peut faire rougir un fil de platine de $\frac{2}{10}$ de millimètre de diamètre et de $0^m,04$ de longueur pendant deux heures et demie, ou déposer dans un voltamètre 12 grammes de cuivre, ce qui correspond à plus de 36 000 de ces unités de quantité d'électricité que l'on désigne aujourd'hui sous le nom de *coulombs*.

Ce n'est pas là, du reste, la limite qu'on peut atteindre; car un nouveau changement de sens déterminerait un nouvel accroissement de la quantité de travail chimique accumulé, et ainsi de suite. Il n'y a d'autre limite à cet effet que l'épaisseur même des lames de plomb.

Toutefois, quand un couple est considéré comme suffisamment *formé*, on le charge toujours dans un même sens, pour en recueillir les effets.

Lorsqu'un couple secondaire a subi cette *formation* préalable, voici les actions chimiques qui se produisent pendant la charge et la décharge.

Sous l'action du courant primaire qui traverse le couple secondaire, l'eau est décomposée; l'oxygène se porte sur la lame de plomb positive et forme du peroxyde de plomb jusqu'à une certaine profondeur, puis il se dégage. Quant à l'hydrogène, il n'agit point en se condensant sur la lame de plomb négative, comme on pourrait le croire, d'après la propriété qu'ont d'autres métaux, notamment le platine et le palladium, d'absorber une certaine quantité de ce gaz. Il réduit simplement l'oxyde formé sur cette lame, soit par l'action antérieure du courant primaire en sens inverse, lors de la *formation*, soit par une décharge antérieure du couple.

Lorsque cette réduction est opérée, le gaz se dégage, et le couple secondaire est chargé à un degré qui dépend de son état même de formation; c'est-à-dire de la pénétration plus ou moins profonde des actions oxydantes et réductrices à l'intérieur des lames.

Lorsqu'on décharge ensuite le couple secondaire, enfermant le circuit sur lui-même, un travail chimique inverse se produit; l'affinité du peroxyde de plomb pour l'hydrogène ou sa tendance à se désoxyder, détermine la décomposition de l'eau; de même que dans une pile ordinaire, l'affinité du zinc pour l'oxygène provoque la décomposition de l'eau. La lame positive peroxydée se réduit; mais en même temps l'oxygène se porte sur l'autre lame de plomb et l'oxyde. Dans les premiers temps de la formation des couples secondaires, cette oxydation de l'une des lames pendant la décharge est visible : la lame se recouvre peu à peu d'un voile foncé, qui atteste l'action exercée par l'oxygène.

Telle est la double action chimique qui se produit dans un couple secondaire à lames de plomb, dès qu'on ferme le circuit secondaire, et qui est la source de son énergique force électromotrice. Cette force est d'environ

2 *volts* et demi dans les premiers instants de la décharge, et de 2,15 *volts* quelques minutes après. Elle se maintient constante à ce degré pendant un temps assez long, si le circuit de décharge présente une certaine résistance.

Nous ajouterons que les lames de plomb, ainsi modifiées, ne perdent point de leur poids par les charges et les décharges les plus multipliées. Elles ne servent, pour ainsi dire, que de point d'appui aux actions chimiques qui s'opèrent à leur surface et à leur intérieur, et qui se succédant constamment en sens inverse, ne peuvent les user. Le plomb est continuellement oxydé et réduit, en même temps que l'eau est alternativement décomposée et reconstituée.

Les couples secondaires bien *formés* peuvent conserver une partie de leur charge pendant un temps assez long. Au bout de trois et même de quatre

Fig. 60. — BATTERIE SECONDAIRE DE PLANTÉ, DE 20 ÉLÉMENTS.

mois, ils peuvent encore donner quelques effets lumineux ou calorifiques.

M. Planté a fait ressortir les analogies de ces couples secondaires avec les appareils qui servent en mécanique à l'accumulation du travail résultant de l'action des forces, tels que les accumulateurs hydrauliques, les réservoirs d'air comprimé, les ressorts, que l'on a si justement nommés des *moteurs secondaires*, etc.

L'un des principaux avantages que présentent ces couples secondaires est, en effet, d'offrir une provision de travail électrique disponible, que l'on peut dépenser à son gré, en un temps plus ou moins long.

Considérant les couples secondaires au point de vue de ces analogies,

1. On désigne sous le nom de *volt*, en souvenir de *Volta*, la force électromotrice d'un élément de pile à courant constant du genre Becquerel-Daniell, composé de zinc amalgamé plongeant dans de l'eau acidulée par l'acide sulfurique et de cuivre plongeant dans de l'azotate de cuivre.

M. Planté en a mesuré le *rendement*, c'est-à-dire le rapport du travail *restitué* par leur décharge, à celui du travail *dépensé* pour les charger. Il a reconnu que ce rendement était d'environ $\frac{90}{100}$ et qu'un couple

Fig. 67. — BATTERIE SECONDAIRE DE 400 ÉLÉMENTS DISPOSÉS POUR L'ÉTUDE DES PHÉNOMÈNES PRODUITS PAR DES COURANTS ÉLECTRIQUES DE HAUTE TENSION.

secondaire bien formé constituait ainsi un véritable *accumulateur* du travail de la pile voltaïque[1].

1. *Recherches sur l'électricité*, par M. Gaston Planté, in-8°, Paris, 1879.

De là le nom *d'accumulateur* donné aujourd'hui à cet appareil.

Non content d'accumuler le travail d'une source primaire d'électricité, M. Planté s'est appliqué à le transformer, de manière à obtenir une tension, ou force électromotrice, beaucoup plus élevée que celle de la source primitive, à l'aide de batteries ingénieusement disposées et que représente la fig. 66.

Les couples secondaires sont placés au-dessous d'un commutateur qui permet de les associer en surface ou en *quantité*, pendant la charge, et en série, ou en *tension*, pendant la décharge. On peut, avec cet appareil, faire rougir des fils métalliques de grande longueur, produire l'arc voltaïque, et obtenir, d'une manière temporaire, tous les effets produits par des piles ordinaires d'un grand nombre d'éléments.

C'est ainsi que M. Planté est parvenu à développer, avec deux simples couples de Bunsen, une force électromotrice égale à 1200 de ces éléments, à l'aide d'une batterie de 800 couples secondaires.

La figure 67 représente la moitié de cette batterie (400 couples) agissant sur un liquide, et y développant des effets lumineux et calorifiques.

Muni d'un appareil d'accumulation et de transformation d'une telle puissance, M. Planté a pu étudier les actions produites par des courants électriques de haute tension, et il a observé un grand nombre de phénomènes nouveaux et intéressants, parmi lesquels nous citerons: l'agrégation globulaire des liquides autour de l'un des pôles, — leur aspiration et leur ascension dans des tubes, ou leur projection en gerbes, — la production de la lumière électro-silicique, l'attaque et la gravure du verre, malgré sa nature isolante, etc.

La *formation* par voie électro-chimique des couples secondaires, dont nous avons donné plus haut une idée, est une opération longue et délicate, qui n'avait pas permis d'employer jusqu'ici ces appareils dans l'industrie. Un électricien français, M. Faure, a cherché à simplifier et à abréger le travail de la *formation*, en déposant d'avance, par voie mécanique, à la surface des lames de plomb, des couches d'oxyde de plomb, auxquelles on peut donner immédiatement une certaine épaisseur, et que l'on convertit ensuite plus rapidement en peroxyde que les lames de plomb elles-mêmes.

On recouvre les deux lames de plomb du couple secondaire d'une couche de minium (ou d'un autre oxyde de plomb insoluble); ce minium est retenu sur le plomb au moyen d'une lame de feutre, solidement fixée par des rivets de plomb. Les deux électrodes étant ainsi préparées, on les plonge dans un récipient contenant de l'eau acidulée; puis on les met en communication respectivement avec les deux pôles d'une source électrique suffisamment énergique. Sous l'action du courant, le minium est électrolysé; il passe à l'état de peroxyde de plomb sur la lame positive, et à l'état de plomb réduit sur la lame négative. Quand toute la masse a été ainsi électrolysée, le couple secondaire est *formé* et *chargé*.

Pour le décharger et l'utiliser, il suffit d'intercaler entre ses deux pôles l'appareil destiné à être traversé par le courant.

Pendant la décharge, le plomb réduit s'oxyde, et le peroxyde de plomb se réduit, jusqu'à ce que le couple soit redevenu inerte. Il est alors prêt à recevoir une nouvelle charge d'électricité.

Dans la pratique, on est arrivé à accumuler une quantité d'électricité capable de produire extérieurement un travail mécanique d'un cheval-vapeur pendant une heure, dans une pile secondaire de 75 kilogrammètres.

Il est évident que cette énergie exprimée en kilogrammètres peut être transformée autrement qu'en force motrice : on peut obtenir des quantités équivalentes de lumière ou d'énergie chimique.

Avec une pile de 24 couples, dont le volume est faible et dont le poids n'est pas très considérable (7 kilogrammes par couple, soit environ 170 kilogrammes pour toute la pile), on peut obtenir une force motrice de 1 cheval-vapeur (75 kilogrammètres) pendant plus de deux heures, ou de 1/2 cheval (37 1/2 kilogrammètres) pendant quatre heures. Le travail qu'on obtient est, d'ailleurs, variable avec le régime qu'on donne à la machine, l'intensité et la durée étant les deux facteurs d'un produit à peu près constant.

Pour donner une manifestation plus apparente de la puissance de ces couples, on peut répéter quelques-unes des expériences qu'on a coutume de faire avec des piles. On peut, par exemple, faire rougir un ruban de platine, et la longueur et la surface de ce ruban donnent une idée de la puissance de ces couples. On peut faire rougir une longue spirale de platine, qui atteint la température du blanc éblouissant.

Avec les *accumulateurs*, on peut, produire la lumière de l'arc voltaïque, dans les bougies Jablochkoff, Wilde ou Jamin; à plus forte raison peut-on les faire servir à alimenter les *lampes à incandescence*.

Dans une conférence qu'il fit, en 1881, à la *Société d'encouragement*, M. Reynier, physicien de Paris, mit en action des *lampes à incandescence*, en se servant de couples secondaires qui avaient été chargées dans son laboratoire de l'avenue des Ternes, et qui avaient, par conséquent, subi un voyage. Ce fait prouve que l'électricité peut être, non seulement emmagasinée, mais transportée à distance.

Mais les *piles accumulatrices* peuvent conserver leurs vertus électriques pendant un temps beaucoup plus long. M. Reynier chargea dans son laboratoire, à l'avenue des Ternes, des *couples secondaires*, qui furent transportés à Bruxelles, où ils fonctionnèrent le lendemain, sans se ressentir d'une façon fâcheuse de ce long voyage.

L'expérience du transport des couples a donc été faite dans des conditions qui ne laissent aucun doute sur le succès des applications pratiques. M. Reynier a prouvé que le transport de l'électricité par les piles secondaires serait plus avantageux, dans beaucoup de cas, que le transport de la force par un câble métallique. On a calculé que, pour transporter dans un câble d'une longueur de 5 kilomètres un courant de 28 *webers*, c'est-à-dire un courant moindre que celui obtenu dans l'expérience de M. Reynier, on dépenserait constamment dans le câble, sous forme de chaleur, 267 kilogrammètres.

On peut obtenir aisément un rendement de 80 pour 100 dans la pratique courante. Cette perte de 20 pour 100 seulement dans l'emmagasinement de l'électricité est plus que compensée par l'économie que l'emploi des couples secondaires permet d'obtenir dans la production même de l'électricité.

Puisqu'on est en possession d'un moyen facile de transporter l'électricité, pour la distribuer, on pourrait la produire dans une usine centrale avec des machines puissantes; la production de l'électricité serait ainsi beaucoup plus économique. Une machine à vapeur de grande force produit aisément un cheval-vapeur, avec une dépense de houille inférieure à 1 kilogramme, tandis que toutes les machines locomobiles ou demi-fixes en dépensent 2 ou 3 kilogrammes. On pourrait donc, de ce fait, obtenir une réduction de 60 pour 100 sur le combustible.

D'un autre côté, la faculté que l'on a d'emmagasiner pendant vingt-quatre heures, c'est-à-dire pendant la journée entière et la nuit, l'électricité qui doit être dépensée dans un temps limité, permet de produire cette électricité avec un matériel beaucoup moins considérable, cinq fois moins grand par exemple; de sorte que, de ce chef, on peut réduire de 80 pour 100 le matériel de production. Il y a, en outre, sur la distribution de l'électricité par câbles, un autre avantage, qui est la suppression du matériel et la suppression des câbles conducteurs eux-mêmes, dont le prix est très élevé.

De sorte que les économies proviennent de trois causes distinctes : l'économie dans la production par une usine centrale, l'économie résultant de l'amortissement moindre, puisque le matériel est réduit considérablement, enfin l'économie qui résultera du transport même de l'électricité.

En résumé, M. Gaston Planté a, le premier, imaginé l'accumulation de l'électricité voltaïque, dont les applications ont été réalisées sur une grande

GASTON PLANTÉ.

échelle par M. Faure. M. Gaston Planté a donc eu le mérite de créer, pour ainsi dire, une nouvelle branche d'électricité, et il est certain aujourd'hui que l'extension qu'elle prendra, donnera à l'industrie de nouvelles armes, soit pour l'éclairage, soit pour le développement de la chaleur, soit pour les actions chimiques et les applications mécaniques de l'électricité.

Les corps savants ont rendu pleine justice aux travaux de M. Gaston Planté. En 1881, le jury international de l'Exposition universelle d'électricité lui accordait un diplôme d'honneur, distinction d'ordre supérieur, uniquement réservée aux grands inventeurs. Pendant la même année, l'Académie des sciences de Paris décernait au même physicien le prix de physique institué par Lacaze, qui est de la valeur de dix mille francs. Enfin, en 1882, la *Société d'encouragement pour l'industrie nationale* lui accordait la plus haute récompense dont elle dispose : la médaille d'Ampère.

M. Gaston Planté est, en effet, un de ces esprits d'élite qui n'ont d'autre but dans leur vie, que le culte désintéressé de la science et l'amour du progrès.

Né à Orthez (Basses-Pyrénées) le 22 avril 1834, M. Gaston Planté, après avoir terminé ses études et pris ses grades universitaires en mathématiques et en physique, fut attaché au Conservatoire des arts et métiers de Paris, comme préparateur du cours de physique de M. Edmond Becquerel.

M. Gaston Planté a été un des meilleurs professeurs de l'*Association polytechnique*, née de l'initiative et de la persévérance de l'illustre ingénieur Perdonnet. On sait que l'*Association polytechnique*, composée, au début, d'anciens élèves de l'École polytechnique, se donne pour mission de répandre dans la population parisienne, parmi les ouvriers et les amateurs, l'enseignement scientifique, dans ce qu'il a de plus utile et de plus élevé. M. Gaston Planté était chargé du cours de physique, et il prouva, dans ses leçons, qu'il était aussi élégant orateur qu'habile physicien.

En même temps qu'il s'occupait de travaux de physique au Conservatoire des arts et métiers, M. Gaston Planté étudiait avec ardeur la géologie. Est-ce le souvenir de Becquerel père, qui avait suivi la carrière du géologue, avant de se consacrer à la physique, qui inspira au jeune physicien du Conservatoire l'idée de s'adonner à la géologie? Tout ce que l'on peut dire, c'est que le temps consacré par M. Gaston Planté à l'exploration du sous-sol du bassin parisien, ne fut pas perdu. En effet, en 1855, il découvrait, au Bas-Meudon, dans les assises inférieures du terrain tertiaire de Paris, les restes d'un oiseau fossile, plus remarquable par ses dimensions et sa stature que le célèbre *Oiseau de Montmartre*, découvert par Cuvier dans les plâtrières de Montmartre.

Nous avons décrit dans notre ouvrage, *La Terre avant le déluge*[1], cet

1. 9ᵉ édition (1885), pages 279-280.

oiseau gigantesque, analogue à ceux qui caractérisent la faune fossile de l'île de Madagascar.

L'Académie des sciences de Paris, dans un rapport spécial, donna à cet oiseau fossile le nom de l'auteur de cette découverte. On le désigne, en effet, sous le nom de *Gastornis*, du nom (Gaston) de M. Planté.

Depuis 1859, M. Gaston Planté, ayant quitté le Conservatoire des arts et métiers, s'est exclusivement occupé de recherches relatives à l'électricité. Il a présenté à l'Académie des sciences de nombreux travaux : sur la polarisation voltaïque, — sur l'accumulation de l'électricité à l'aide de ses couples et batteries secondaires, — sur les phénomènes produits par des courants électriques de haute tension, — sur la foudre globulaire, les trombes, les éclairs en chapelet, — sur la gravure sur verre par l'électricité, — sur la transformation de l'électricité dynamique en électricité statique à l'aide d'un nouvel appareil (*machine rhéostatique*), etc.

C'est aussi à M. Gaston Planté que l'électro-chimie doit la substitution des électrodes à lames de plomb aux électrodes en platine, qu'on croyait jusque-là indispensables. L'industrie a tiré un excellent parti de cette substitution, qui a réalisé une grande économie.

Dans un pays où l'amour des places et la recherche des honneurs est la grande préoccupation de ceux qui suivent les carrières libérales, il est bon de constater que M. Gaston Planté est un savant libre de toute entrave officielle, qui n'a sollicité, sous aucun gouvernement, ni charge, ni fonctions, capables d'enchaîner son indépendance. Il travaille avec ses propres ressources, dans un laboratoire parfaitement distribué, et situé dans le tranquille quartier du Marais, faisant tous les frais de la construction de ses appareils. Tout jeune, il fut attaché à l'Exposition universelle de Londres, en 1862, comme inspecteur général chargé des rapports de la Commission française avec les commissions étrangères. En dehors de cette mission, qui n'était que temporaire et honorifique, il s'est renfermé dans son laboratoire.

Les savants étrangers et tous ceux qui veulent s'initier aux découvertes récentes en électricité, vont visiter le laboratoire de la rue des Tournelles, où l'on voit deux simples couples de Bunsen, placés sur une fenêtre au dehors, produire, grâce à l'accumulation du courant électrique, les plus puissants effets.

Au moyen de sa *machine rhéostatique*, M. Gaston Planté obtient des étincelles de 12 centimètres de long, à l'air libre, sous l'influence de sa batterie secondaire de 800 couples. La longueur de ces étincelles est, d'ailleurs, proportionnelle au nombre des condensateurs de cette machine.

L'empereur du Brésil, dom Pedro Ier, ce souverain éclairé, digne et

intelligent protecteur des sciences, qui a créé à Rio-de-Janeiro un Observatoire astronomique, richement doté, ainsi que des laboratoires publics de
physique et de chimie, voulut assister aux expériences de M. Gaston
Planté. C'est pour cela que l'auteur a dédié à l'Empereur du Brésil son
ouvrage : *Recherches sur l'électricité,* publié en 1879, qui résume tous ses
travaux pendant vingt ans, et qui peut être considéré comme une des productions scientifiques les plus intéressantes de notre époque, malgré sa
brièveté.

XII

Production de l'électricité par le mouvement — Machine électro-magnétique de la Compagnie *l'Alliance.* — Les machines dynamo-électriques. — La machine Gramme. — La machine Werner Siemens. — Les machines analogues aux types Gramme et Siemens.

En thèse générale, la manière de produire l'électricité par le mouvement, consiste à déplacer, avec une grande rapidité, un corps conducteur, par exemple un fil métallique, au-devant d'un corps aimanté. Si le corps conducteur se déplace au-devant d'un aimant permanent, on appelle cette machine (dont le type est celui de la Compagnie *l'Alliance*) *machine magnéto-électrique.* Si le corps conducteur se déplace au-devant d'un électro-aimant, ou aimant temporaire, produit par la circulation de l'électricité autour d'un barreau de fer, on appelle cette machine : *machine dynamo-électrique;* telles sont les machines Gramme, Siemens, etc. Voilà ce qu'il faut bien se rappeler, pour comprendre les deux types de machine servant à produire l'électricité par le mouvement, c'est-à-dire à transformer, en fin de compte, le mouvement en électricité.

Mais comment le simple mouvement d'un corps conducteur au-devant d'un aimant, ou d'un électro-aimant, peut-il produire un courant électrique? C'est ce qu'il faut expliquer.

En 1830, le célèbre physicien anglais, Faraday, l'élève et le successeur d'Humphry Davy, reconnut que si l'on approche un fil conducteur, un fil de cuivre par exemple, d'un aimant, aussitôt un courant électrique se manifeste dans ce fil de cuivre. Si l'on éloigne le fil de l'aimant, un autre courant se produit instantanément, mais de nom contraire du précédent. Si les deux extrémités du fil de cuivre sont réunies, pendant qu'on approche et qu'on éloigne alternativement de l'aimant cette espèce de circuit fermé, il apparaît, dans ce circuit, deux courants instantanés et de nom contraire.

On appelle *courant d'induction* le courant électrique ainsi formé par le rapide déplacement d'un fil conducteur au-devant, ou autour d'un aimant.

Comment peut-il se produire un courant électrique, par le seul fait du mouvement d'un fil conducteur devant un aimant? Il n'y a guère d'explication plausible de ce phénomène étrange. On peut dire seulement qu'un aimant n'agit pas uniquement, comme on l'avait toujours pensé, pour attirer le fer et l'acier; mais qu'il existe un *champ magnétique*, c'est-à-dire un espace peu étendu entourant l'aimant, et dans lequel cet aimant produit une influence, encore bien obscure dans sa véritable nature, mais qui a pour effet de troubler l'équilibre moléculaire de tous les corps placés dans son voisinage. Le phénomène observé par Faraday, c'est-à-dire la production de *courants d'induction* par le simple mouvement d'un fil conducteur autour de cet aimant, tient à cette influence troublante particulière, encore inexpliquée, qu'un aimant exerce, sans contact, sur ce qui l'environne à une faible distance.

Si l'on voulait chercher une explication plus approfondie, on pourrait dire que parmi toutes les influences modificatrices qu'un aimant provoque dans sa sphère d'action, c'est-à-dire dans le *champ magnétique*, se trouve la propriété de transformer en électricité le mouvement qui anime les corps. Dans cette théorie, le fil conducteur que l'on fait mouvoir au-devant ou autour d'un aimant, se chargerait *d'électricité d'induction*, parce que son mouvement serait transformé en électricité.

L'explication est peut-être superficielle, mais elle a l'avantage de fixer les idées du lecteur, et de lui faire comprendre l'important phénomène de la production d'électricité dans les conditions que nous considérons.

Plus est long le fil conducteur qui se meut autour d'un aimant, et plus est énergique le courant d'induction développé dans ce fil. De là l'idée, très ingénieuse, de composer une *pelote*, ou *bobine*, de fils métalliques enroulés sur un axe, et enveloppés d'un corps mauvais conducteur, c'est-à-dire entourés de fils de soie, pour isoler électriquement toutes les spires de ce fil les unes des autres.

Cette bobine de fils métalliques recouverts de soie, approchez-la et éloignez-la alternativement d'un aimant, et vous y verrez naître un courant d'induction d'une assez grande intensité; de sorte qu'il suffira de faire tourner cette bobine autour d'un aimant, pour avoir une source continue d'électricité d'induction. Seulement, comme les deux courants qui parcourent les fils de cette bobine sont de sens opposé, c'est-à-dire l'un positif, l'autre négatif, on n'aurait qu'une série de courants successifs, de noms contraires, si l'on ne faisait usage d'aucun artifice. L'art intervient ici avec beaucoup de bonheur. On se sert d'un petit appareil, auquel on donne le nom de *commutateur*, à l'aide duquel tous les courants instantanés, alternativement positifs et négatifs, se trouvent dirigés dans le même sens. Dès lors, les deux extrémités de la bobine sont les pôles opposés d'une véritable source d'électricité d'induction; et si on les recueille au moyen d'un *commutateur*, on a un courant électrique continu.

Tel est le principe de la machine dite *magnéto-électrique*, dans laquelle

FIG. 69. — MACHINE MAGNÉTO-ÉLECTRIQUE DE CLARKE.

une ou deux bobines de fils de cuivre entourés de soie, tournant autour d'un aimant, engendrent un courant d'électricité.

Le physicien anglais Clarke a donné son nom à la machine *magnéto-électrique* qu'il fit construire par Saxton, en 1832, et qui se compose d'un aimant en fer à cheval fixe, autour duquel tournent, au moyen d'une manivelle, deux bobines de fils de cuivre, recouverts de soie. Par le mouvement des bobines autour de l'aimant, il se développe une suite de courants d'induction. Un *commutateur*, à travers lequel passent les deux courants, recueille ces courants, et les amène chacun dans le même fil.

Nous représentons, dans la figure 69, la machine *magnéto-électrique* de Clarke[1]. BB' sont les bobines des fils conducteurs, DD', l'aimant. Au moyen de la manivelle et d'une chaîne sans fin, E, on fait tourner les bobines autour de l'aimant, et les courants d'induction se développent dans les fils de la bobine. C'est le *commutateur*, qui transforme en un seul courant de même sens la série des courants alternativement positifs et négatifs engendrés par la machine.

La machine *magnéto-électrique* de Clarke produit un courant électrique dont les effets, tant physiques que chimiques, sont absolument les mêmes que ceux de la pile de Volta, l'électricité provenant du mouvement d'un corps conducteur autour d'un aimant, étant absolument la même, dans sa nature, que l'électricité qui résulte de l'action chimique.

La machine de Clarke n'était qu'un instrument de démonstration, destiné aux expériences dans les cours de physique. Mais il y avait peu à faire pour la transformer en une machine industrielle, capable de fournir une source abondante d'électricité. Il suffisait de prendre un nombre suffisant de bobines, et par un effort mécanique suffisant, de les faire tourner autour d'un très puissant aimant ou de plusieurs aimants assemblés.

C'est ce que fit, en 1849, un professeur de physique à l'École des sciences militaires de Bruxelles, Nollet, descendant de ce célèbre et savant abbé Nollet qui, à la fin du dix-huitième siècle, était, à Paris, l'infatigable oracle de l'électricité. Nollet prit 60 gros aimants permanents, en fer à cheval, et les disposa en face d'un arbre horizontal fixe, qui était garni d'un même nombre de bobines de fils de cuivre recouverts de soie. Au moyen d'une machine à vapeur, il imprima un mouvement de rotation très rapide aux bobines autour des aimants fixes. Ainsi fut réalisée la première machine industrielle dans laquelle on transformait le mouvement en électricité.

La mort vint surprendre Nollet au milieu de ses travaux; mais il laissa ses plans à son élève, Joseph Van Malderen, qui acheva son œuvre.

Perfectionnée encore par le physicien français Masson, la *machine magnéto-électrique* de Nollet, qui n'était au fond autre chose que la réunion intelligente de 60 machines de Clarke, servit à engendrer de l'électricité,

---

1. Avant la machine de Clarke, Pixii, constructeur d'appareils de physique, à Paris avait exécuté une machine semblable, c'est-à-dire fondée sur le principe découvert par Faraday en 1830, mais dans laquelle c'était l'aimant qui tournait. L'effet est le même. Si nous nous attachons de préférence à la machine de Clarke, c'est qu'elle simplifie notre exposé.

applicable à divers usages industriels. Elle reçut alors sa forme définitive, que nous représentons dans la figure 70.

La petite compagnie financière qui fit construire à Paris cette machine, avait pour directeur M. Auguste Berlioz, homme laborieux et modeste, absolument dévoué aux intérêts et à l'avenir de sa compagnie, laquelle ne fila pas toujours des jours d'or et de soie, et fut souvent ballottée par les vents contraires. M. Auguste Berlioz l'avait baptisée de ce nom consiliant et doux : *Compagnie l'Alliance*. De là est venu le nom de *Machine de la Cie l'Alliance*, que l'on trouve si souvent dans les ouvrages traitant de l'éclairage électrique, et qui sert à désigner cet appareil, parvenu

FIG. 70. — MACHINE MAGNÉTO-ÉLECTRIQUE DE LA Cie L'ALLIANCE.

aujourd'hui à d'assez belles destinées, grâce à la persévérance de son zélé propagateur.

Auguste Berlioz était, sinon parent, du moins compatriote du compositeur de musique, Hector Berlioz[1], si bafoué pendant sa vie, si exalté après sa mort. On bâillait — moi le premier — au grand opéra des *Troyens*, et quand, à force de sacrifices, Hector Berlioz avait réussi à réunir un orchestre suffisant pour faire exécuter, à ses frais, la *Damnation de Faust*, sa partition était saluée par les sifflets les mieux nourris, et peu s'en fallait que l'on ne cassât les pupitres sur le dos des musiciens. Aujour-

_____

[1] M. Auguste Berlioz est né à Grenoble (Isère); Hector Berlioz à Pont-Saint-André, dans le même département.

d'hui, Hector Berlioz est passé au rang des dieux de l'harmonie. Dans les concerts Colonne, au théâtre du Châtelet, on joue, à satiété, cette même *Damnation de Faust*, jadis si conspuée; et si on ne l'exécute pas régulièrement chaque dimanche, pendant toute la saison, c'est uniquement par respect humain, pour laisser quelque place à d'autres compositeurs; car on aurait toujours trois mille auditeurs pour cette œuvre. Dans les journaux, les critiques dissertent à n'en plus finir sur les compositions musicales d'Hector Berlioz. Il se trouve des littérateurs pour consacrer de gros volumes à la biographie du divin *maestro*, et le public se pâme à ses doubles crochos. Quel drôle de monde que le monde où l'on s'amuse!

Construite, à l'origine, pour remplacer la pile de Bunsen, dans les ateliers de galvanoplastie, de dorure et d'argenture, la machine de la Cie *l'Alliance* servit longtemps à cet usage. Mais, dès que l'éclairage électrique prit de l'importance, on l'appliqua à la production de la lumière. En 1855, lorsque, pour la première fois, l'éclairage électrique fut adopté pour remplacer les lampes à l'huile dans les phares, la machine de la Cie *l'Alliance* servit à engendrer l'électricité dans les deux phares de la côte du Havre, et elle y tient encore cet emploi.

Un ingénieur français, M. de Méritens, construit aujourd'hui ces machines perfectionnées. On voyait, à l'Exposition d'électricité, en 1881, une belle installation de machines magnéto-électriques faite par M. de Méritens, qui a modifié dans quelques détails l'appareil de Van Malderen.

Hâtons-nous de dire que les machines magnéto-électriques ne sont aujourd'hui que des exceptions. L'immense majorité des machines qui servent actuellement à produire l'électricité pour les besoins de l'éclairage, sont des machines *dynamo-électriques*. Arrivons donc, sans plus tarder, à l'étude de ces appareils physico-mécaniques.

Qu'est-ce qu'une machine *dynamo-électrique?*

Les machines *magnéto-électriques*, que nous venons de décrire, ne sauraient suffire à faire naître des courants électriques d'une intensité considérable, et servir, par conséquent, à alimenter plusieurs arcs éclairants, parce qu'un aimant permanent ne fait pas naître dans les fils un courant d'induction d'une très grande puissance. Il faudrait, pour obtenir d'importants effets, multiplier singulièrement le nombre des aimants. Or, le poids considérable de ces aimants empêcherait de réaliser ce système dans la pratique. De plus, les aimants permanents perdent assez vite leur vertu magnétique, quand ils font un usage continuel. La machine de la Cie *l'Alliance*, la machine *magnéto-électrique*, n'était donc pas l'idéal du genre.

En remplaçant les aimants par des électro-aimants, on est arrivé à accroître singulièrement la puissance et les qualités pratiques des machines qui transforment le mouvement en électricité.

En 1820, le grand physicien François Arago avait découvert qu'un courant électrique circulant dans un long fil enveloppé de soie, autour d'un cylindre de fer très pur, transforme ce cylindre de fer en un véritable aimant, en un *aimant artificiel*. Cette aimantation artificielle dure tant que le courant électrique circule autour du métal; il cesse dès que ce courant est interrompu : cet *aimant artificiel* est un *aimant temporaire*.

Le phénomène fondamental de l'*aimantation temporaire* du fer par un courant électrique, a reçu, depuis Arago, un nombre incalculable d'applications à la mécanique de l'électricité. Il nous suffira de dire, comme un exemple dont on appréciera la haute valeur, que toute la télégraphie électrique repose sur ce phénomène.

C'est par l'application de ce même principe de l'*aimantation temporaire du fer par un courant électrique*, que l'on a créé les nouvelles machines produisant de grandes quantités d'électricité d'induction, dont l'industrie s'est emparée, et qui sont désignées sous le nom de *machines dynamo-électriques*.

On a reconnu que, si au lieu d'aimants permanents, dans la *machine magnéto-électrique* que nous venons de décrire, on se sert d'aimants artificiels, d'aimants temporaires, en d'autres termes d'*électro-aimants*, selon le terme consacré, on produit, avec la machine ainsi modifiée, des courants électriques d'une puissance infiniment supérieure. Au lieu d'un aimant permanent, prenez un simple cylindre de fer très pur, et faites circuler autour de ce cylindre de fer un courant électrique : lorsque vous ferez tourner la bobine de fils conducteurs autour de cet *électro-aimant*, vous développerez 50 ou 60 fois plus d'électricité que si vous opériez avec un aimant permanent.

A quel physicien est due l'idée de remplacer les aimants par des électro-aimants, dans les machines destinées à produire des courants d'induction?

M. Wilde, ingénieur anglais, construisit, en 1865, la première machine à électro-aimants. Pour aimanter ses électro-aimants, M. Wilde se servait d'une petite machine magnéto-électrique. Le courant développé par cette petite machine était envoyé dans une seconde machine, de dimensions beaucoup plus considérables. Il y avait donc deux machines superposées : l'une, supérieure, composée d'aimants permanents, entre lesquels tournait une bobine de fils conducteurs, l'autre, inférieure, composée de deux électro-aimants, au milieu desquels tournait une seconde bobine, de dimension beaucoup plus grande. La petite machine envoyait son courant dans la machine inférieure, dans laquelle se développait le courant induit, que l'on utilisait pour produire la lumière.

Bientôt, un principe tout nouveau, qui fut découvert en Angleterre par M. Wheatstone, et en Allemagne par M. Werner Siemens, et qui fut soumis à la *Société royale* de Londres le même jour (le 14 février 1867), apporta une grande simplification à la manœuvre pratique, à la mise en train de ce genre de machines[1].

Ce principe, c'est l'accroissement successif de la puissance d'un système électro-magnétique, sous l'influence des courants d'induction qu'il engendre lui-même. Il suffit que le fer que l'on met en rotation conserve une trace de magnétisme, provenant, soit d'une aimantation antérieure, soit de l'action magnétique du globe, pour produire l'action *amorçante* et le développement d'un faible courant, dont l'intensité s'accroît ensuite peu à peu, par la rapidité croissante du mouvement.

La première machine *dynamo-électrique* construite sur le principe de Siemens et Wheatstone, parut à l'Exposition universelle de Paris, en 1867. Construite par M. Ladd, physicien anglais, elle se composait uniquement des deux bobines de la machine Wilde; l'aimant permanent était supprimé. L'électro-aimant était formé de deux larges plaques de fer entourées de fils de cuivre isolés et formant deux électro-aimants droits, dont les pôles en regard étaient de noms contraires. Aux deux extrémités de ces électro-aimants étaient deux bobines de fils conducteurs. L'une, la plus petite, envoyait son courant dans les électro-aimants, pour entretenir son magnétisme; la seconde, la plus grosse, était utilisée pour alimenter le circuit extérieur. La petite quantité de magnétisme *rémanent* existant dans les plaques de fer des électro-aimants, suffisait pour amorcer le courant, et ensuite, par l'accroissement de la vitesse de rotation, pour développer une action magnétique de plus en plus considérable.

En égard à ses faibles dimensions, la machine de Ladd produisit une grande sensation, et fut accueillie comme un progrès très important dans l'art de produire instantanément les courants électriques.

Cette première machine dynamo-électrique devait pourtant être encore perfectionnée.

---

1. M. Werner Siemens lut son mémoire à l'Académie des Sciences de Berlin le 17 janvier 1867, et son frère, M. William Siemens, présentait ce même mémoire, le 14 février 1867, à la *Société royale de Londres*, le jour même où M. Wheatstone présentait le sien à la même Société.

En 1870, un ancien ouvrier de la Cte *l'Alliance*, M. Gramme, donna une forme toute nouvelle, et très avantageuse, à la bobine renfermant les fils conducteurs dans lesquels se développent les courants d'induction.

Dans la machine *magnéto-électrique* de la Cte *l'Alliance*, et en général, dans toutes les machines d'induction construites avant M. Gramme, on employait des bobines droites, tout à fait semblables à celles qui servent au travail des dames, ou à celles que l'on voit en si grand nombre dans les filatures de coton. M. Gramme donna à la bobine d'induction une forme

Fig. 71. — MACHINE GRAMME.

A A', bobine d'induction; B B', C C', aimants artificiels; *a e*, collecteur; P, poulie actionnée par la machine à vapeur et faisant tourner la bobine d'induction

circulaire. Il prit un anneau de fer pur et l'entoura d'une série de bobines de fils de cuivre isolés.

Grâce à la façon particulière dont sont disposés les fils de cuivre autour de l'anneau de fer, les *commutateurs* qui servaient à redresser le sens des courants d'induction développés dans ce système et qui étaient une grande complication dans la construction des anciennes machines, se trouvent supprimés. Voici comment ce résultat est obtenu.

Trente enroulements de fils de cuivre isolés, imitant les anciennes bobines droites, sont pratiqués autour de l'anneau de fer, séparés chacun par un petit intervalle. Pendant la première demi-révolution de l'anneau, quinze de ces enroulements particuliers sont parcourus par un courant positif; les quinze autres, pendant la demi-révolution qui termine la révolution complète, sont parcourus par un courant négatif. Or, l'une des extrémités du fil de chaque bobine est soudée à l'extrémité voisine du fil de la bobine suivante; et ces parties soudées aboutissent à des pièces de cuivre isolées formant un disque, contre lequel s'appuient deux frotteurs, composés de faisceaux de fils métalliques, que M. Gramme appelle *balais*. Ce disque collecteur permet de recueillir chaque petit courant positif, ou chaque petit courant négatif, selon la place qu'il occupe sur le pourtour de l'anneau, et d'envoyer ces petits courants dans un conducteur commun; de manière qu'on a, par la réunion de courants opposés, une suite de courants d'électricité ordinaire, *de sens continu*, fournis par des effets d'induction.

Nous représentons dans la figure 71 l'une des machines Gramme. M. Gramme a imaginé, en effet, plusieurs types différents, selon qu'il s'agit de produire de l'électricité pour les opérations de galvanoplastie, pour le transport de la force ou pour l'éclairage. Celle que représente la figure 71, et dont nous allons expliquer les dispositions générales, s'applique à la production de la lumière et porte le nom de *type d'atelier*.

Dans cette figure, la bobine d'induction, ou *anneau*, qui renferme les 30 bobines de fils de cuivre dans lesquelles doivent se produire les courants induits, est représenté par les lettres AA'. Les électro-aimants qui, par leur action à distance, sur les fils de la bobine AA', provoquent dans ces fils, des courants d'induction, sont représentés par les lettres BB', CC'. Ces courants sont reccueillis par les *balais* et le *collecteur*, a, e.

Les aimants BB', CC', étant des aimants artificiels, des aimants temporaires, il faut faire circuler autour d'eux le courant électrique qui doit les aimanter. C'est une partie de l'électricité développée par les bobines d'induction, qui sert à cet office.

L'électro-aimant étant créé par la circulation du courant électrique autour des pièces de fer BB', CC', lorsque l'anneau, ou bobine d'induction, *AA'*, est mis en mouvement de rotation rapide par la force d'une machine à vapeur qui vient faire tourner, au moyen d'une courroie, la poulie P, des courants d'induction d'une grande puissance prennent naissance dans cette bobine, et ils constituent une source continuelle d'électricité, un courant électrique, que l'on applique à développer de la lumière dans un arc voltaïque pour l'éclairage des grands espaces, ou pour produire l'incandescence de corps conducteurs, dans l'éclairage dit par *incandescence*.

Telle est la machine Gramme, qui est aujourd'hui d'un si grand usage pour produire, au moyen du mouvement, de l'électricité, applicable à l'éclairage.

Nous devons dire qu'en 1860, M. Paccinotti, alors étudiant à l'Université de Pise, avait imaginé, le premier, un anneau de bobine disposé de manière à obtenir un courant d'induction de sens continu. M. Worms de Romilly, à Paris, avait, plus tard, décrit une machine analogue; mais M. Gramme, en 1870, eut le mérite de construire une machine dynamo-électrique, puissante, solide et absolument pratique, en réunissant toutes les dispositions reconnues alors comme les plus avantageuses, et modifiant très heureusement tous les organes accessoires.

La puissance considérable des courants développés par ces nouveaux appareils, donna un grand développement à l'éclairage électrique. C'est grâce à ce nouveau générateur d'électricité que l'éclairage électrique, à partir de l'année 1872 environ, prit une extension importante, et qui devait s'accroître sans cesse. On peut dire que c'est de la machine Gramme que date l'ère industrielle de l'éclairage par l'électricité.

A l'Exposition d'électricité de 1881, à Paris, on vit fonctionner un très grand nombre de machines Gramme. Nous représentons plus loin (figure 74) la section de cette Exposition où l'inventeur avait réuni ses principaux modèles.

Il faut nous hâter de dire que la machine Gramme n'est pas la seule machine *dynamo-électrique* donnant de bons résultats pratiques. M. Werner Siemens, en Allemagne; M. Lontin, en France; M. Brush, en Angleterre, etc., ont construit des machines *dynamo-électriques* qui arrivent, par d'autres dispositions, à produire les mêmes effets que la machine Gramme.

On voyait, à l'Exposition internationale d'électricité de 1881, une série très variée de machines *dynamo-électriques*, dues à différents constructeurs. Nous n'entreprendrons pas de décrire ces divers appareils. Il nous suffira d'en donner les caractères généraux et de dire ce qui les différencie.

Dans la *machine Siemens*, construite par M. Hafner-Alteneck, ingénieur de la maison Siemens, de Berlin, le corps inducteur, c'est-à-dire l'électro-aimant qui doit produire le courant d'induction dans les fils conducteurs, se prolonge, sous la forme d'une armature, constituée par un certain nombre de lames de fer, qui sont courbées en arc de cercle, et séparées les unes des autres par une distance de quelques millimètres, afin que l'air puisse circuler entre leurs intervalles et empêcher l'échauffement de ce système.

La bobine dans laquelle se développent les courants d'induction, sous l'influence du mouvement, est un énorme tambour de bois, autour duquel est enroulée, dans le sens longitudinal, une grande longueur de fils, qui sont isolés les uns des autres par un corps résineux.

La manière d'enrouler les fils et de les isoler constitue l'invention particulière de l'auteur, et justifie le nom de *bobine Siemens*, sous lequel elle est connue.

Fɪɢ. 72. — MACHINE SIEMENS, TYPE HORIZONTAL.

Comme dans la machine Gramme, des *collecteurs* réunissent les courants d'induction développés dans la bobine, et amènent leur totalité dans deux conducteurs.

Fɪɢ. 73. — MACHINE SIEMENS, TYPE VERTICAL.
E, bobine d'induction; A A', électro-aimants; C, *collecteur*; P, poulie, actionnée par la machine à vapeur.

Les situations respectives des organes de ces machines varient suivant leur destination spéciale.

Dans les machines dynamo-électriques que M. Werner Siemens construit pour l'éclairage, les fils induits sont disposés verticalement, pour les

petites machines, et horizontalement, pour les machines plus puissantes.

La figure 72 représente le type horizontal, la figure 73, le type vertical des machines Siemens.

Nous donnons dans une figure particulière (75) le dessin au trait du dernier de ces appareils, vu en coupe, afin de mieux montrer la destination de chacun de ses organes. La figure 74 représente donc la machine verticale de M. Siemens du grand modèle, la même que montre en perspective la figure 73.

BB′ est la bobine d'induction; AA′ sont les électro-aimants, avec leur armature E, qui se prolonge, pour envelopper la bobine. Cette bobine

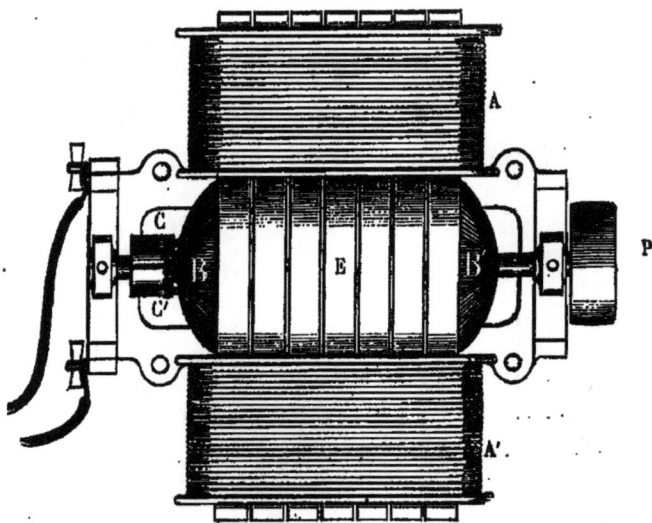

Fig. 75. — MACHINE SIEMENS TYPE HORIZONTAL (COUPE).

tourne au moyen d'une courroie s'enroulant sur la poulie P, mise en mouvement par une machine à vapeur.

Le fil qui s'enroule autour de la bobine BB′ est unique; seulement on le divise en un certain nombre de sections; et l'on réunit les bouts coupés par une boucle. Chaque boucle vient se souder à une pièce métallique CC′ (fig. 73 et 75), et l'ensemble de ces pièces constitue, comme dans la machine Gramme, le *collecteur*. Ce *collecteur* est composé d'un certain nombre de plaques de cuivre rayonnant autour d'un axe commun, et séparées l'une de l'autre par des couches isolantes de carton d'amiante. Le *collecteur* ayant recueilli les courants développés dans la bobine, ces courants sont amenés au conducteur général, lequel donne écoulement au courant électrique produit par l'appareil.

M. Werner Siemens est l'inventeur d'une lampe à arc voltaïque, que l'on connaît sous le nom de *lampe différentielle*, et dans laquelle l'effet que produisent les régulateurs ordinaires, c'est-à-dire le rapprochement ou l'éloignement des charbons, est obtenu par une distribution mathématiquement calculée du courant aux deux charbons positif et négatif.

Sans entrer dans l'examen particulier de la *lampe différentielle de Siemens*, nous dirons que cette lampe, alimentée par la machine dynamo-électrique que nous venons de décrire, est employée, en concurrence contre les bougies Jablochkoff, dans beaucoup de villes d'Allemagne, d'Angleterre et même de France. L'*Éden-Théâtre*, par exemple, ce vaste établissement de fêtes théâtrales, créé à Paris, en 1882, dans la rue Boudreau, est éclairé sur sa façade, et dans une partie de la salle, par les lampes Siemens.

Nous représentons, dans la figure 76, la façade de l'*Éden-Théâtre* éclairée par l'électricité. Cette façade, dont le style est assez difficile à définir, mais qui semble prétendre au style indien, prend un très grand aspect quand elle est illuminée, le soir, par les lampes Siemens. Les hautes fenêtres, aux baies largement ouvertes, les longues colonnes, les riches mosaïques, les têtes d'éléphant, les pinacles des pagodes, éclairés par transparence à travers des vitraux diversement colorés, produisent des feux multicolores, qui réjouissent les yeux; tandis que les neuf portes surbaissées donnant accès dans l'édifice, envoient une lumière blanche et crue vers tout le rez-de-chaussée, le sol de la rue et les maisons voisines, qui contraste avec le bariolage des parties supérieures.

La façade est construite en pierre d'un blanc crémeux, avec des colonnes en grès d'Écosse, des épis en zinc doré et des pyramides indiennes. Six grandes lanternes en fer forgé, garnies de verres de couleur, sont suspendues à la hauteur de la corniche, et lancent des feux colorés, d'un très heureux effet.

La façade est la partie de l'*Éden-Théâtre* où l'on a fait le plus grand usage de la lumière électrique. Dans les autres parties on a été beaucoup plus parcimonieux de son usage.

Le vestibule, une des dépendances les mieux les plus réussies du monument, conduit, par deux larges escaliers, au premier étage, où se trouve la salle de spectacle. Cette salle, qui peut contenir 1200 personnes assises, a 25 mètres de diamètre, et est formée d'une série d'arcades, au style pseudo-indien. Ses murs sont couverts de toutes sortes de peintures, plus ou moins heureuses, de cariatides et de statues peintes, qui donnent lieu à une véritable orgie de couleur. Elle est entourée d'un promenoir circu-

Fig. 76. — L'ÉDEN-THÉATRE, A PARIS, ÉCLAIRÉ PAR LES LAMPES SIEMENS.

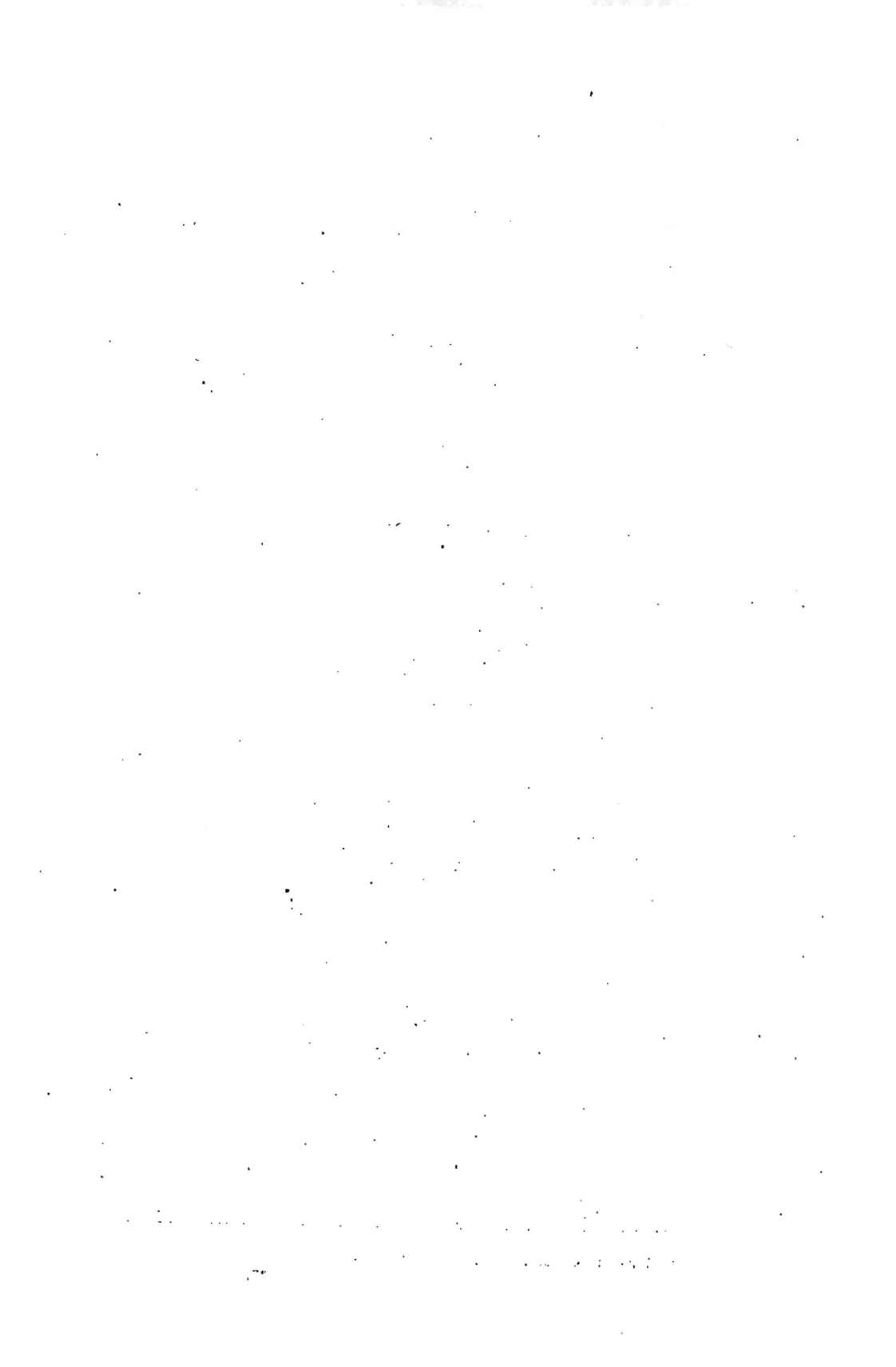

laire, qui permet de suivre debout la représentation, et de changer de
placé, si l'on veut varier les points de vue de la salle et de la scène.

Le promenoir aboutit, à droite, à une cour couverte, dite *cour indienne;*

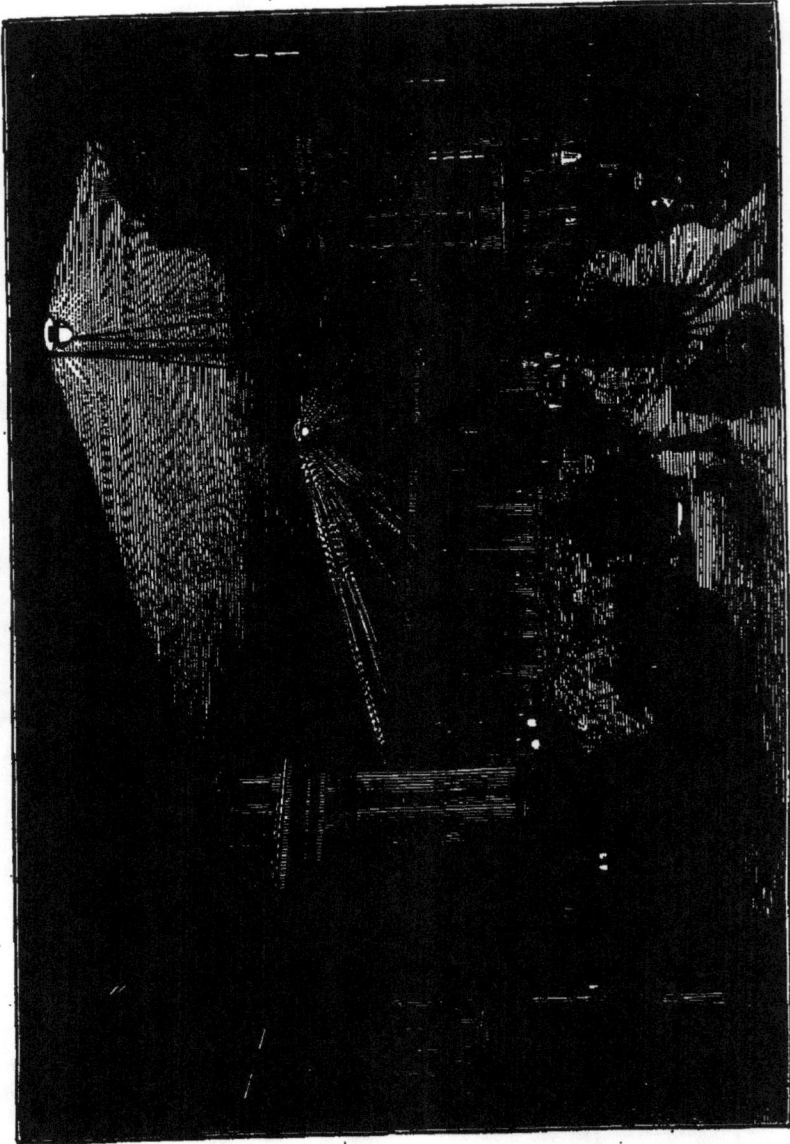

FIG. 77. — ÉCLAIRAGE ÉLECTRIQUE DE MANSION HOUSE, A LONDRES, PAR LES LAMPES SIEMENS.

à gauche, à un grand jardin d'hiver, composé d'un entourage de verres de
couleur, qui est d'un merveilleux effet.

Dans l'éclairage de la salle, le gaz se marie, mais dans une proportion
beaucoup trop forte, à l'électricité. Quelques becs Siemens sont distribués

dans une partie de son enceinte, tandis que le lustre central est entièrement éclairé par le gaz. Ce lustre est une immense lanterne composée de
la réunion de 24 couronnes de gaz.

Dans quelques autres pièces, les becs Siemens contribuent à l'éclairage,
mais, nous le répétons, dans une trop faible proportion. Il semble que
l'on aurait pu tirer un meilleur parti de la lumière électrique par incandescence ou de l'arc voltaïque, pour éclairer ce vaste édifice.

Disons, pour terminer ce qui concerne l'éclairage par la machine Siemens, qu'à Londres les lampes Siemens éclairent la place de *Mansion
House* (fig. 77).

Les dispositions que nous venons de décrire ne sont pas les seules qui
aient permis de construire des machines dynamo-électriques fondées sur
les principes développés plus haut. On a singulièrement fait varier les
situations respectives des organes de ces machines, sans rien changer,
d'ailleurs, à ces organes.

Les systèmes de MM. Gramme et Siemens ont donné lieu à trois ou
quatre machines dynamo-électriques, dont les auteurs se sont contentés
de réunir, avec de légères modifications, les organes empruntés à ces deux
systèmes. De ce nombre sont la machine *dynamo-électrique* de M. Weston,
celle de M. Hiram Maxim, et même celle de M. Edison, qui n'est qu'une
combinaison des machines Gramme et Siemens, mais exécutée sur une
échelle colossale.

La machine dynamo-électrique de M. Edison a donné ce résultat extraordinaire de transformer d'un seul coup en électricité une force de 120 chevaux-vapeur, fournie par plusieurs générateurs de vapeur. L'emploi de ces
énormes machines peut seul permettre de diminuer le prix de revient de
l'électricité, et rendre moins dispendieux l'éclairage par incandescence.

Nous représentons dans la figure 78 la grande machine d'Edison pour la
production de la lumière.

On voit, sur la gauche du dessin, le moteur à vapeur, M, de la force
de 120 chevaux, qui fait tourner directement l'arbre, muni de deux vo-
lants, V, V'. Cet arbre porte un énorme tambour, CC', qui répond à la bobine Siemens, ou à l'*anneau* de Gramme, et dans lequel se développent les
courants d'induction.

Ce *tambour d'induction* est composé de simples barres de cuivre isolées
les unes des autres, et reliées entre elles comme le sont les fils de l'anneau
de Gramme ou ceux de la machine Siemens.

Les électro-aimants destinés à développer les courants d'induction dans le

Victor Rose

tambour CC', sont disposés horizontalement. Ils se composent de 8 cylindres de fer pur (quatre au-dessus du tambour et quatre au-dessous) dont deux seulement, AA', BB', sont visibles sur la figure 78.

Un collecteur sert à réunir les courants partiels et à former deux courants uniques DD'. Ce collecteur a les mêmes dispositions que ceux de MM. Siemens et Gramme.

Cette machine gigantesque a été construite en vue d'alimenter 120 lampes du *premier type* Edison et 2400 lampes du second type. Elle est réserpée à la production de l'électricité dans une station centrale. C'est le modèle de l'un des douze générateurs qui doivent servir à l'éclairage électrique d'un quartier de New-York.

Pour les installations privées, M. Edison livre aux particuliers des machines de dimensions ordinaires, qui servent à l'éclairage des ateliers ou d'une maison.

Nous représentons dans la figure 79 le modèle qui est le plus souvent employé. Il est destiné à alimenter 60 lampes du *premier type*. (Le *premier type* de lampes Edison correspond à deux lampes Carcel). Cette machine nécessite la force d'un cheval-vapeur pour la production de la lumière de 8 lampes.

La petite machine dynamo-électrique Edison ne diffère en rien, par ses principes essentiels, des machines dynamo-électriques que nous avons déjà décrites. Elle se réduit, en effet, à une bobine Siemens, B, tournant, au moyen d'une courroie et d'une poulie C, actionnée par la machine à vapeur, entre les deux pôles de deux électro-aimants verticaux, EE'. Ces électro-aimants présentent une longueur excessive, exagérée, on peut le dire, et qui n'a d'autre but, sans doute, que de différencier cet appareil de ceux qui existent chez d'autres constructeurs.

Des *collecteurs*, semblables à ceux de la machine Gramme, recueillent les courants et les amènent à deux conducteurs généraux, PN, P'N'.

La vertu magnétique est communiquée à la bobine Siemens, par un petit courant dérivé du courant principal.

Un *régulateur*, c'est-à-dire un appareil au moyen duquel on active ou modère le courant qui se rend aux lampes en faisant traverser à cet aimant des masses métalliques de grosseur différente, selon que l'on veut accroître ou diminuer la résistance, est toujours adjoint à la machine Edison.

Nous avons déjà représenté, dans les figures 45, 46 (page 140), le système physique de ce régulateur de la machine Edison, qui se compose de tiges conductrices de différentes grosseurs, opposant des résistances diverses, et permettant d'accroître ou d'atténuer la puissance du courant selon la tige métallique dans laquelle on dirige le courant.

Auprès du régulateur on a soin de placer une petite lampe à incan-

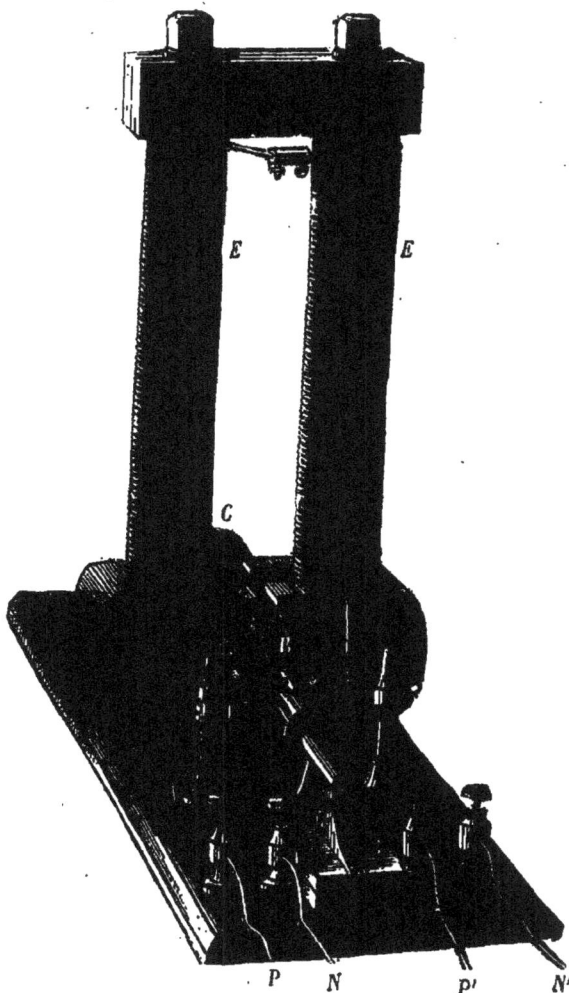

FIG. 79. — PETITE MACHINE DYNAMO-ÉLECTRIQUE D'EDISON.

B, bobine d'induction; EE', électro-aimants; C, poulie actionnée par la machine à vapeur; PN, P'N', fils conducteurs de l'électricité développée par le mouvement de la bobine.

descence, qui, par son éclat, donne au mécanicien l'idée du degré d'éclairage produit par la machine à lumière.

Nous n'en dirons pas davantage sur les *machines dynamo-électriques* que l'on trouve décrites en si grand nombre dans les ouvrages traitant de l'électricité. En effet, chaque constructeur de lampes électriques a aujourd'hui sa machine particulière pour la production de la lumière, et bien qu'il s'attache à lui donner un aspect nouveau, une physionomie spéciale, c'est toujours, au fond, le même appareil, composé des mêmes organes que l'on a autrement groupés.

Il importe cependant d'ajouter que, dans certaines de ces dernières machines, les électro-aimants sont quelquefois alimentés par une machine spéciale séparée, à courants continus, qui prend le nom d'*excitatrice*.

Dans un modèle construit par M. Gramme, la *machine excitatrice* est placée sur le même arbre que la machine à courants alternatifs et tourne avec la même vitesse.

Dans la machine de M. Lontin, au lieu de l'anneau de Gramme, on fait usage d'une sorte de pignon de fer portant des dents : les fils conducteurs sont enroulés sur ces dents.

Si l'on veut se faire l'idée d'un générateur quelconque d'électricité résultant du mouvement, il suffit de se reporter au dessin que nous avons donné page 195 (fig. 70) de la machine *magnéto-électrique* de la Cⁱᵉ *l'Alliance;* et à supposer qu'au lieu des aimants qui existent dans ces machines, on ait des électro-aimants, rendus tels grâce à la dérivation d'une partie d'un courant électrique emprunté à la source principale, et l'on aura l'idée générale de l'une quelconque des innombrables machines dynamo-électriques que chaque constructeur fabrique et prône de son mieux, s'efforçant d'élever un simple tour de main d'atelier à la hauteur d'un principe.

Les machines dynamo-électriques transforment en électricité 80 à 90 pour 100 du travail mécanique développé sur l'arbre moteur. Elles sont donc supérieures au meilleur appareil hydraulique, pompe, roue, bobine ou autre, qui transformerait en travail l'énergie d'une chute d'eau.

XIII

C'est la création de la bougie Jablochkoff qui détermina la rapide adoption, soit à titre d'essai, soit comme usage définitif, de la lumière électrique pour l'éclairage public, c'est-à-dire pour l'éclairage des places et des rues.

Le 3 mai 1878 marque, sous ce rapport, une date intéressante. Vers huit heures du soir, trente-deux globes de verre émaillé, placés le long de l'Avenue de l'Opéra, s'allumèrent à la fois, projetant autour d'eux leur clarté, puissante, mais blanche et douce, qui rappelait un beau clair de lune. Les impressions et les jugements des promeneurs et des curieux étaient unanimes. On ne pouvait s'empêcher de constater qu'auprès des nouveaux luminaires les becs de gaz produisaient l'effet d'une lampe rougeâtre et fumeuse, et que les rues voisines de l'Avenue de l'Opéra ainsi éclairée, semblaient plongées dans l'ombre.

Pareille impression s'était produite à Paris, soixante années auparavant, lorsque, le 1ᵉʳ janvier 1819, les premiers réverbères à gaz firent soudainement leur apparition sur la place du Carrousel. On inaugurait, pendant cette soirée, l'emploi du gaz hydrogène bicarboné extrait de la houille, pour l'éclairage des rues de la capitale. La nouveauté de ce procédé, emprunté aux opérations de la chimie, charmait les amateurs de science; et le gros du public aimait à proclamer que l'éclat du gaz faisait pâlir la lumière des antiques réverbères, dansant au bout de leur poulie rouillée. Maintenant, c'était le gaz qui produisait, auprès du resplendissant éclairage Jablochkoff, l'effet de la lampe rougeâtre et fumeuse. Le vainqueur de 1819 était le vaincu de 1878. Tel est, d'ailleurs, le sort commun des inventions humaines. Elles apparaissent aux contemporains comme le dernier mot de l'art; et par la suite des temps, il se trouve qu'elles n'ont fait que marquer une étape sur la route éternelle du progrès.

Les trente-deux candélabres électriques étaient disposés, seize de chaque côté de l'Avenue de l'Opéra. Chaque lanterne contenait six bougies, qui brûlaient l'une après l'autre, grâce à un *commutateur* à six contacts, logé dans le piédestal, qu'un gardien venait pousser au moment convenable. Une machine dynamo-électrique était placée dans les caves de deux maisons situées de chaque côté de la rue. Les fils se divisaient en deux faisceaux, allant les uns en amont, les autres à l'aval, pour fermer le circuit qui embrassait les seize candélabres. Ces conducteurs enfouis en terre, sous les trottoirs, étaient protégés, outre leur enveloppe isolante de toile et de gutta-percha, par des tuyaux en terre, emboîtés les uns dans les autres. A chaque candélabre sept fils conducteurs de petit diamètre allaient se distribuer aux six bougies, avec retour au courant principal (fig. 80).

Chaque machine dynamo-électrique produisant la lumière pour les seize candélabres, absorbait une force de trois chevaux-vapeur.

L'éclairage de l'Avenue de l'Opéra par les bougies Jablochkoff fut maintenu trois ans et demi. Pendant la première année, le Conseil municipal avait autorisé cette expérience en payant à la C¹ᵉ Jablochkoff 1 franc 45 centimes par heure d'éclairage et par lampe. Mais la deuxième année, à la suite de comparaisons, plus ou moins exactes, faites entre l'intensité de la lumière électrique et celle du gaz, la ville de Paris ne voulut payer que 30 centimes ce qu'elle avait payé 1 franc 45 centimes l'année précédente. Aussi, en 1882, la C¹ᵉ Jablochkoff demanda-t-elle une augmentation de prix, avec un local gratuit pour y installer ses machines. Le tout lui fut refusé. La Compagnie qui, à ces conditions, ne réalisait que des pertes, ne voulut pas continuer l'éclairage de l'Avenue de l'Opéra, et les appareils furent enlevés.

D'autres candélabres Jablochkoff avaient été dressés, en 1879, sur la place du Théâtre-Français, à la place de la Bastille, au Carrousel et aux Halles centrales. Mais ce système ne fut pas le seul employé. La place du Carrousel, par exemple, fut éclairée, et elle l'est encore, par le système Lontin, exploité par la C¹ᵉ *Lyonnaise*. Afin de se passer des globes de verre opalins, employés avec les lampes Jablochkoff, qui absorbent 40 pour 100 de la lumière, on fait ici usage de réflecteurs placés par-dessus l'arc voltaïque, à l'aide de mâts qui portent la lumière à une assez grande élévation.

Le journal *la Lumière électrique*, du 16 novembre 1881, a donné les détails suivants, concernant l'installation du système Lontin sur la place du Carrousel.

« On a établi, dit *la Lumière électrique*, au bord des trottoirs, tout autour de la place, douze candélabres en métal galvanisé, comme ceux du gaz, mais beaucoup plus élevés et terminés à la partie supérieure par une courbure, dont l'extrémité porte une poulie, sur laquelle s'engage la corde qui soutient l'appareil éclairant.

« La corde de soutien et les câbles conducteurs viennent s'enrouler sur un treuil disposé dans le cylindre de la base; et au moyen d'une manivelle qu'on y adapte, il est facile de faire descendre ou de remonter le foyer, qui reste ensuite fixé à 8 mètres au-dessus du sol.

« En entrant sur la place du Carrousel par la rue de Rivoli, on trouve trois foyers de chaque côté de la partie rétrécie de cette place; six autres sont placés dans l'espace élargi et presque circulaire du côté du pavillon Lesdiguières. Mais comme cette seconde portion de l'espace à éclairer est plus considérable, on a construit en son milieu un abri, au centre duquel s'élève une colonne de 20 mètres de hauteur, portant à son sommet deux foyers intenses, peu éloignés l'un de l'autre.

« Cette colonne est quadrangulaire et construite, à jour, avec des lames de fer rivées, dans le genre de celles qui sont employées dans la Cité, à Londres, pour les grands foyers Siemens.

« La lumière est produite par des régulateurs à charbons horizontaux de M. de Mensanne, et l'ensemble de la lampe comprend un réflecteur sidéral, au-dessus duquel se trouve le mécanisme. Le foyer disposé au-dessous est entouré d'une série de lames de verre horizontales et circulaires. Enfin, à la partie inférieure on voit un globe à peu près ovoïde et légèrement dépoli.

« M. de Mensanne a complété ses régulateurs en imaginant une boîte de sûreté composée d'un électro-aimant dérivateur, afin d'assurer le fonctionnement certain de l'ensemble de l'éclairage, même dans le cas où un accident viendrait à se produire.

« Pour placer les moteurs à vapeur et les générateurs électriques, on a construit, en dedans de la grille des Tuileries, non loin de l'Arc de Triomphe, entre les bâtiments provisoires des Postes et ceux de la Préfecture de la Seine, un pavillon en simili-briques, qui contient deux machines à vapeur, de la force de 35 chevaux chacune, et des machines dynamo-électriques Lontin-Bertin.

« La place du Carrousel ainsi éclairée produit un très bon effet. Il est possible de lire, quel que soit l'endroit où l'on se trouve, et le sol reçoit partout une lumière suffisante; mais les façades des constructions environnantes sont malheureusement un peu laissées dans l'ombre, par suite de la disposition des réflecteurs qui renvoient toute la lumière en bas.

« Les deux foyers intenses, placés à 20 mètres de hauteur du côté de la Seine, sont trop éloignés pour pouvoir projeter leur lumière sur les pavillons, et tout autour de la place, l'éclairage s'arrête à peu près au niveau du premier étage. »

A l'étranger, la lumière électrique sert à l'éclairage public dans un grand nombre de villes. Citons, en Russie, Saint-Pétersbourg; en Suède,

Stockholm; en Hollande, Amsterdam. Plusieurs villes d'Amérique ont suivi cet exemple. Bien plus, une ville tout entière, Akronn, dans l'État de l'Ohio, a choisi ce moyen d'éclairage, à l'exclusion de tout autre.

A San Francisco, le tiers de la ville est éclairé par le même moyen.

A Londres, trois compagnies, représentant l'exploitation des systèmes Brush, Lontin et Siemens, se partagent la ville, et se chargent de dissiper l'opacité des brouillards de la noire Albion.

« L'éclairage public, dit *la Lumière électrique*, a commencé le 1er avril 1881. Trois districts sont affectés, dans la Cité, à cet essai d'éclairage. Le premier, de la longueur de 1508 mètres, a été concédé à la *Anglo American Electric Light Comp.* (système Brush); — le second, de 1558 mètres, d'abord à la *Electric and Magnetic Comp.* (système Jablochkoff), et ensuite, celle-ci s'étant retirée, à la *Electric Light and Power Generator Comp.* (système Lontin); — enfin le troisième district, 1391 mètres, à MM. Siemens frères.

« Le premier et le troisième district entrèrent en service régulier dès le 1er avril 1881. Dans le second district, l'éclairage aurait dû commencer le 1er juin 1881, et les lampes furent, en effet, allumées dans les premières heures de la soirée durant la plus grande circulation, mais la société ne voulut pas assumer la responsabilité de l'éclairage conformément à son contrat, et les becs de gaz restèrent en même temps en activité.

« Le nombre des lampes électriques fut, dans le premier district, de 33 contre 156 becs de gaz, dans le second, de 32 contre 157 becs de gaz, et dans le troisième, de 34 lampes contre 139 becs de gaz. »

L'éclairage électrique des places publiques et des rues s'est introduit en Allemagne et en Russie. Dans ces deux pays, on se sert le plus souvent des lampes Siemens, dont quatre ou cinq sont toujours alimentées par un seul courant, et dont le pouvoir éclairant est d'environ vingt flammes à gaz.

A Munich, depuis l'automne 1879, la grande salle d'entrée de la gare centrale des Chemins de fer est éclairée par les lampes Siemens.

A Berlin, on a éclairé à la lumière électrique la rue de Leipsig et la place de Potsdam, avec 36 lampes Siemens, remplaçant les 97 becs de gaz employés jusque-là. Les lampes sont alimentées par trois courants séparés; les fils, ou câbles, sont placés sous les trottoirs et couverts de briques, pour éviter les dégâts. Quatre moteurs à gaz, chacun de la force de 12 chevaux, mettent en mouvement les machines productrices de la lumière.

Ainsi, l'éclairage électrique, à l'étranger comme en France, a pris possession des places et des rues, dans les capitales. Nul doute qu'il ne se propage bientôt à beaucoup d'autres villes de moindre importance, et que le nouvel éclairage public par l'électricité n'arrive, sinon à supplanter l'éclairage par le gaz, du moins à se poser envers lui en rival avec lequel il faut compter.

Nous n'avons pas besoin de dire que c'est le procédé par l'arc voltaïque qui est à peu près exclusivement en usage pour l'éclairage des places publiques et des rues. Les bougies Jablochkoff, les lampes Siemens, le système Brush, le système Lontin, etc., tous fondés sur les mêmes principes, sont en possession de subvenir à l'éclairage public des villes en France et à l'étranger.

Beaucoup de lampes destinées à l'éclairage des places et des rues sont pourvues de réflecteurs, et la forme de ces réflecteurs, la hauteur à laquelle on les place, sont à considérer. A Paris, sur la place du Carrousel, que la Compagnie Lyonnaise éclaire par les lampes Lontin, il y a, comme nous l'avons déjà dit, des réflecteurs haut perchés, qui n'ont pas donné tout ce que l'on en attendait, et dont le résultat est médiocre. On voit sur la fig. 81 la disposition exacte de ces réflecteurs et des mâts qui les supportent.

Pendant l'Exposition internationale d'électricité, en 1881, le soir du 14 juillet et pendant les deux soirées suivantes, on fit, sur le boulevard des Italiens, l'essai d'un système qui nous parut remarquable, mais qui, malheureusement, ne fut pas continué assez longtemps pour qu'on pût suffisamment l'apprécier.

Il y avait dans ce système, imaginé par un constructeur français, M. Million, une particularité intéressante. Nous voulons parler de la disposition des charbons formant l'arc voltaïque, qui, au lieu d'être verticaux, comme ils le sont presque toujours, étaient disposés horizontalement, ce qui donnait lieu à un mode de régulation spécial.

Dans toutes les lampes à arc voltaïque, la disposition verticale des charbons a des inconvénients, que l'on a réussi à faire disparaître, sans pouvoir s'en affranchir en entier. Le point lumineux n'est jamais absolument fixe, parce que le charbon positif s'use deux fois plus vite que le charbon négatif. Sans doute, les régulateurs sont institués pour parer à cette inégalité d'usure, mais ils n'y réussissent pas toujours complètement. Le mécanisme employé doit faire marcher le charbon positif deux fois plus vite que son congénère ; mais cette proportion n'est pas exactement réalisée par l'instrument, auquel il faut toucher quelquefois. En plaçant les deux charbons horizontalement, on n'a pas cet inconvénient.

Dans la lampe de M. Million, les deux charbons sont disposés de cette manière, c'est-à-dire sont horizontaux. Les quatre lampes qui furent essayées, en 1881, sur le boulevard des Italiens, étaient actionnées par une machine

FIG. 81. — ... CE DU CARROUSEL, A PARIS, ÉCLAIRÉE PAR L'ÉLECTRICITÉ.

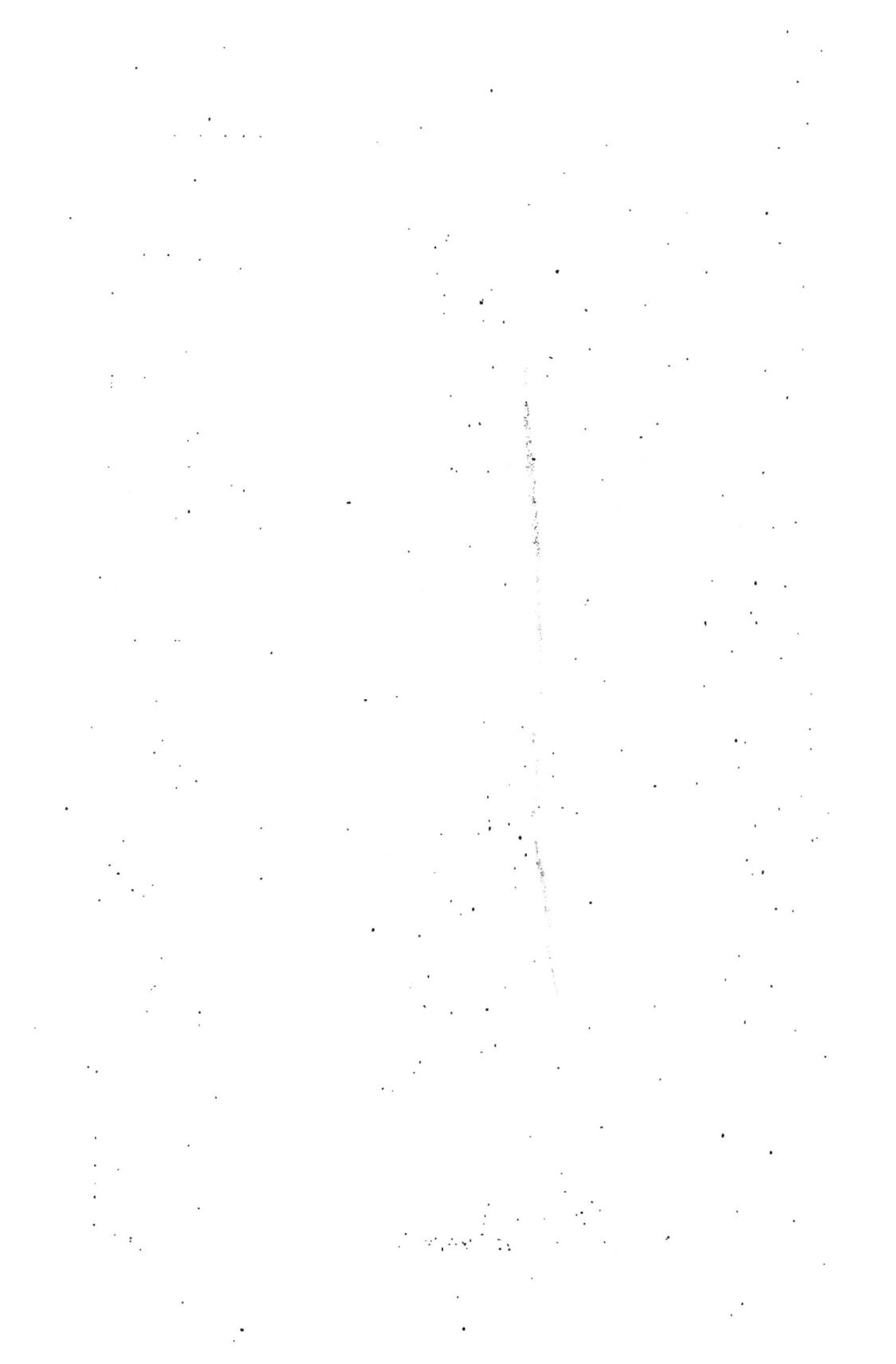

magnéto-électrique de la C⁰ *l'Alliance*. La lumière jaillissait entre les pointes de deux longues baguettes de charbon, placées horizontalement en regard l'une de l'autre. Les charbons étaient attachés à deux fils.

Fig. 82. — ÉCLAIRAGE ÉLECTRIQUE PAR LE RÉFLECTEUR MILLION.

qui, par un mécanisme spécial ayant pour base un électro-aimant, les rapprochaient au fur et à mesure de leur usure par la combustion.

Ce système se complétait par un *modérateur du mouvement* et un mécanisme pour l'allumage automatique de l'arc.

Le réflecteur au-dessous duquel brûlaient les charbons, avait la forme parabolique que l'on voit sur la figure 82, que nous consacrons à représenter cet intéressant essai d'éclairage public.

Dans les lampes Million, le réflecteur ne constituait pas une innovation. Au contraire, une disposition très originale pour la réflexion de la lumière, se voyait dans un appareil qui figurait à l'Exposition d'électricité de 1881, et que nous représentons dans la figure 83.

Nous emprunterons au journal *la Lumière électrique* la description de ce système particulier.

« M. Partz, dit *la Lumière électrique*, dans son numéro du 5 août 1882, avait exposé en 1881, au Palais de l'industrie, dans la section américaine, le plan d'un nouveau mode d'éclairage des rues et des places publiques. Ce plan avait attiré l'attention de nombreux visiteurs, par l'originalité de la combinaison qu'il représentait; mais le projet de l'inventeur ne constitue pas, à proprement parler, un système nouveau : il serait seulement une application des puissants foyers lumineux que l'électricité peut produire aujourd'hui, faite dans des conditions toutes particulières et devant donner, d'après nous, des résultats très discutables. Comme ce projet n'a jamais été soumis à une expérience quelconque, nous ne pouvons parler de ses avantages ou de ses inconvénients que d'une façon tout à fait théorique.

« Il nous a paru pourtant intéressant d'indiquer les dispositions imaginées par M. Partz pour éclairer un quartier de ville éclairé par de grands foyers électriques placés au-dessous du niveau du sol et dont la lumière est largement diffusée par des réflecteurs très élevés.

On place au-dessous du sol, dans une petite construction disposée à cet effet, un régulateur électrique, dont les rayons, lancés par un projecteur, traversent un cylindre creux émaillé à l'intérieur et d'une hauteur de 5 mètres environ. Le faisceau lumineux qui émerge de ce cylindre, s'élève en formant un cône renversé très allongé, et vient frapper la surface d'un réflecteur, placé à une hauteur de 40 à 50 mètres, d'où les rayons sont diffusés sur la surface qu'il s'agit d'éclairer. Suivant l'étendue et la disposition des lieux, les courbes du réflecteur seront plus ou moins prononcées et tracées selon les lois déterminées par les théories de l'optique, en tenant compte, bien entendu, des modifications que l'expérience pourrait indiquer.

« La charpente en fer, destinée à supporter le réflecteur à son sommet, devra être aussi peu massive que possible, pour être élégante et ne pas encombrer la voie publique, mais pourtant capable de résister aux coups de vent qui auraient une prise sérieuse sur un appareil placé à une aussi grande hauteur.

« Nous laissons à l'inventeur la responsabilité des appréciations suivantes sur cette nouvelle manière d'éclairer les villes.

« D'après M. Partz, on peut employer, avec sa combinaison, de très grands foyers électriques, en évitant ainsi la perte inévitable qui résulte de la division plus ou moins multipliée du courant.

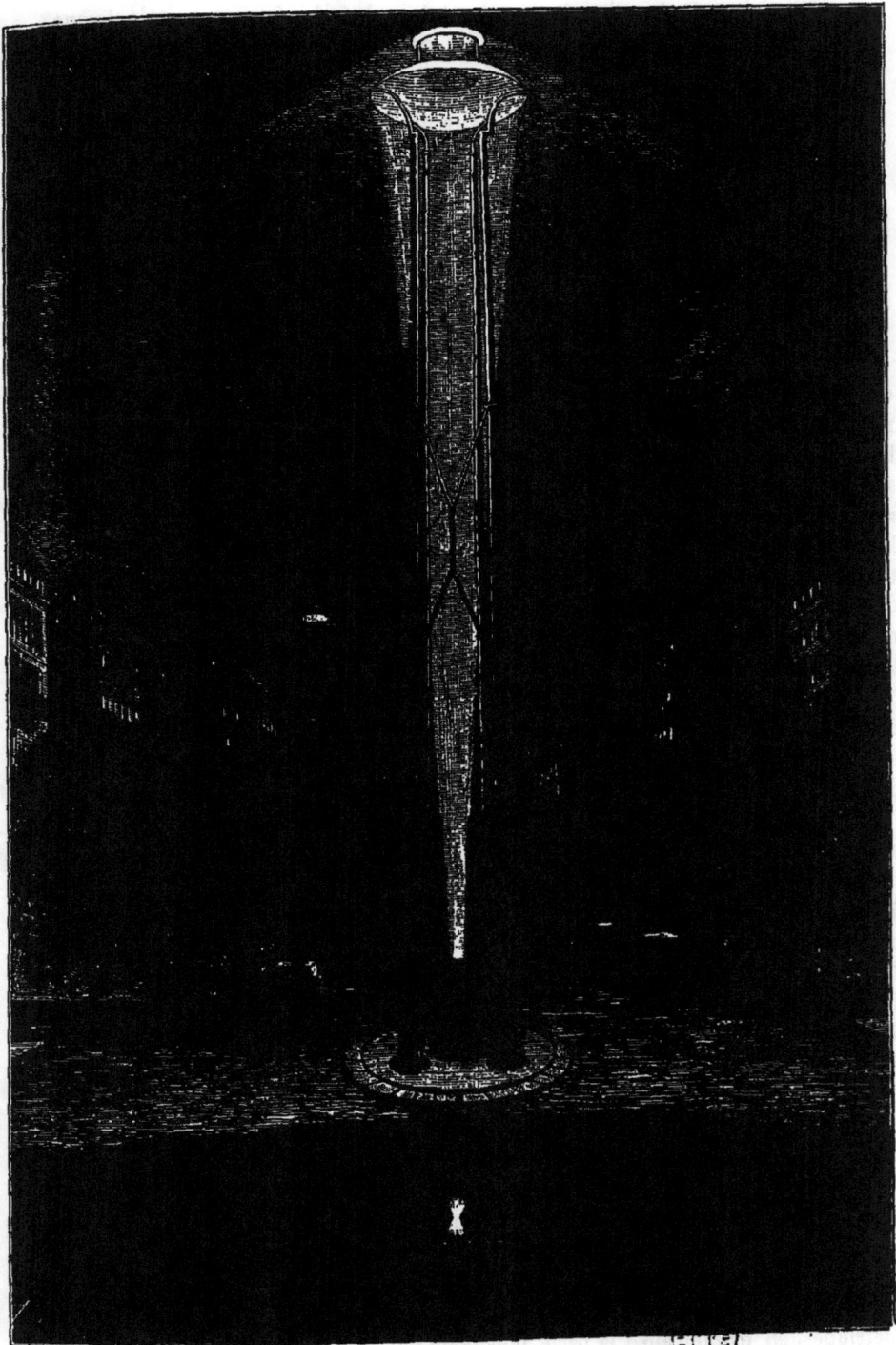

FIG. 83. — LE RÉFLECTEUR PARTE.

« La lumière est également diffusée, et malgré la puissance énorme du foyer initial, l'œil ne risque pas d'être atteint par son éclat éblouissant, puisque l'appareil producteur est complètement caché;

« La perte de lumière par réflexion est moindre que celle qui résulte de l'emploi des globes translucides;

« L'appareil électrique est toujours accessible et sa manœuvre, son réglage et sa surveillance deviennent d'une extrême facilité ;

« Les épais brouillards, si difficilement pénétrés par les lampes électriques suspendues à des hauteurs plus ou moins considérables, seront naturellement illuminés dans les parties inférieures par l'énorme faisceau lumineux jaillissant du sol.

« Nous aurions de nombreuses réserves à faire au sujet de ces affirmations de l'inventeur, et M. Partz en comprendra lui-même toute l'importance lorsque son système, purement théorique jusqu'ici, aura été mis en expérience. Nous attendrons donc ce moment pour discuter plus sérieusement ce projet qui ne manque pas d'une certaine originalité et dont la réalisation pourrait produire, dans une ville élégante comme Paris, les plus brillants effets de pittoresque. »

A San-José, petite ville de la Californie, l'éclairage au gaz a été complètement supprimé, pour faire place à plusieurs grands foyers très élevés, portés sur des espèces de tours, et munis de réflecteurs, qui se montrent très efficaces dans leur fonction. La figure 84 représente ce système de réflecteur.

La première *tour électrique* qui fut élevée était une pyramide quadrangulaire, toute en fer. Comme il s'agissait de construire sans trop de frais un échafaudage assez élevé pour supporter de grands foyers, éclairant, par leur rayonnement, un très grand espace, on prit tout simplement les tubes en fer destinés aux conduites de gaz.

La partie de la ville de San-José qui fut choisie pour la première expérience, était un vaste carrefour, situé à l'intersection des deux rues Santa-Clara et Market-Street. On aura l'idée des dimensions de cet échafaudage si nous disons que le quadrilatère de la base a 25 mètres environ de côté, tandis que la pyramide n'a plus, à son sommet tronqué, que $1^m,25$. Les quatre montants, qui prennent pied aux angles des rues, sont formés par des tubes qui ont 10 centimètres de diamètre jusqu'à la hauteur de 30 mètres, tandis que les 15 mètres qui suivent n'ont que 7 centimètres et la dernière portion 5 centimètres seulement de diamètre. La hauteur totale de la tour est de 60 mètres et toutes les branches obliques ou circulaires se trouvent formées de tubes plus minces.

Les foyers lumineux placés au sommet de l'échafaudage sont au nombre de six. Ils sont surmontés d'un grand plateau circulaire, qui protège les lampes et remplit en même temps l'office de réflecteur pour diffuser la lumière.

Ces foyers, qui ont un pouvoir éclairant considérable, sont alimentés par une machine dynamo-électrique de Brush, actionnée par une machine à vapeur de la force de 9 chevaux.

Ce système de réflecteur produit l'effet d'un brillant clair de lune. Placés à une grande hauteur, les rayons directs des foyers ne peuvent jamais causer sur les yeux d'impression pénible. La clarté se répand dans toutes les directions, à partir du pied de la tour. Jusqu'à 800 mètres elle est plus intense que celle qui serait produite par des becs de gaz ordinaires placés à une distance de 25 mètres les uns des autres. Le long des deux rues à l'intersection desquelles se trouvent les foyers électriques, on peut voir suffisamment jusqu'à une distance de 3 kilomètres, ce qui a dépassé toutes les espérances de l'auteur du projet.

L'administration et les habitants de San-José ont été si satisfaits des résultats obtenus par cette première tour électrique, qu'ils en ont fait construire cinq nouvelles. La ville est maintenant éclairée d'une manière irréprochable.

Nous disions plus haut qu'aux États-Unis, une ville, Akron, dans l'État de l'Ohio, est éclairée en entier par l'électricité. L'essai de l'éclairage fut fait au mois d'avril 1881.

La ville est aujourd'hui éclairée par deux groupes-foyers, installés, l'un sur une tour en fer, à une hauteur de 62 mètres au-dessus du sol, l'autre sur un mât au-dessus de l'Observatoire du collège Butchel, à 12 mètres plus haut que les foyers de la tour. Chaque groupe comprend quatre lampes, dont le pouvoir éclairant, pour chacune d'elles, est de 4000 bougies, soit, en tout, un pouvoir lumineux de 32 000 bougies.

Ce qu'il y a de nouveau dans ce système, c'est la tour. Elle est construite en tôle, et formée de 55 sections, de 1^m,25 chacune. Son diamètre est, au bas, de 90 centimètres, et au sommet, de 20 centimètres. Elle est maintenue par six tirants en fer forgé, reliés à la couronne supérieure. Au-dessus des lampes se trouve un réflecteur en cuivre, de 1^m,50. A 9 mètres au-dessus du sol règne une galerie en fer forgé, sur laquelle on descend chaque matin les lampes, pour les entretenir ou les réparer.

Le circuit électrique a un développement de 2730 mètres environ. La dépense totale d'établissement, y compris chaudières, machines, etc., s'est élevée à 56 585 francs, et les dépenses d'exploitation sont évaluées à 7900 francs par an pour les huit foyers. La tour en fer a coûté, à elle seule, 8000 francs.

On comptait obtenir un effet lumineux équivalant dans son ensemble à

Fig. 84. — RÉFLECTEUR ÉLECTRIQUE DE SAN-JOSÉ (CALIFORNIE).

celui d'un beau clair de lune, dans un rayon de 800 mètres autour de chaque poste; mais ce résultat n'a pas été atteint, et il a fallu créer quatre nouveaux centres d'éclairage, pour assurer l'éclairage de la ville entière. Grâce à ce supplément de phares voltaïques, la ville d'Akron a pu supprimer entièrement le gaz pour son éclairage, et a donné la première l'exemple d'une ville uniquement éclairée par l'électricité.

XIV

La lumière électrique appliquée à l'éclairage des chantiers de nuit. — Son emploi pour l'éclairage des ateliers et des manufactures. — L'éclairage électrique des ateliers de filature et de tissage. — L'éclairage électrique dans les imprimeries. — La lumière électrique dans les Musées. — L'éclairage des gares de chemins de fer.

Les premières applications de l'éclairage électrique ont eu pour objet les travaux urgents exécutés de nuit. La reconstruction du pont Notre-Dame, à Paris, en 1853, inaugura cette manière d'accélérer les constructions. Depuis, aucun travail de nuit ne s'est opéré sans ce secours, qui a tourné en habitude chez les entrepreneurs. Les réparations du Louvre, les travaux des docks du Nord, à Paris, suivirent ceux du pont Notre-Dame. La machine magnéto-électrique de la Cie *l'Alliance*, actionnée par la machine à vapeur de l'usine, était l'agent producteur de l'électricité. Un long poteau de bois supportait le fanal électrique, muni d'un réflecteur, que l'on disposait selon l'état du chantier.

Une application très intéressante de la lumière électrique à l'accélération des travaux agricoles, fut réalisée en 1878, à Mornant et à Petit-Bourg, par M. Albaret, constructeur de machines agricoles à Liancourt (Oise). Il s'agissait d'activer, en les exécutant de nuit, les opérations de la moisson. M. Albaret établit un système d'éclairage en plein champ, qui se composait d'une locomobile à vapeur, faisant marcher une machine magnéto-électrique, pour fournir l'arc voltaïque éclairant. Le fanal était placé sur une potence à tringles de fer, disposée comme le montre la figure 85. On pouvait élever ou abaisser la potence au moyen d'un treuil.

Une autre application remarquable de l'éclairage électrique pour les travaux de nuit, fut faite pour l'agrandissement de l'avant-port du Havre. On ne pouvait travailler avantageusement à l'enfonçage des pieux et à la maçonnerie qu'à la marée basse, et il importait d'utiliser les marées basses, de nuit comme de jour. Deux machines Gramme furent installées pour servir cet éclairage.

FIG. 85. — LES TRAVAUX DE LA MOISSON ÉCLAIRÉS, LA NUIT, PAR LA LUMIÈRE ÉLECTRIQUE.

M. H. Fontaine, dans son ouvrage *L'Éclairage à l'électricité*, donne en ces termes les résultats de cette installation.

« En visitant en détail les travaux en cours d'éxécution par une nuit sombre, dépourvue d'étoiles, nous avons constaté que des hommes, placés à des distances variant de 20 à 120 mètres des lampes, pouvaient se livrer à tous les travaux ordinaires, sans le moindre inconvénient. Les mineurs perforaient l'ancien mur à 115 mètres du foyer le plus rapproché d'eux, et produisaient la même somme de travail que pendant le jour. Une locomotive, remorquant 10 wagons, circulait sur une voie de 1500 mètres, amenant des matériaux à pied d'œuvre et transportant les déblais aux emplacements désignés. Une équipe battait des pieux à l'aide d'une sonnette à vapeur. Des maçons, des charpentiers, des terrassiers, etc., exécutaient, çà et là, des travaux de toute nature. Plus de 150 ouvriers, sur un espace d'environ 30 000 mètres carrés, travaillaient sans autre éclairage que celui produit par les deux machines Gramme. Les foyers, placés dans des lanternes, sur un terre-plein, à 5 mètres de hauteur, se trouvaient en réalité à 15 mètres d'élévation de la plupart des parties en construction ou en démolition. A 115 mètres, nous lisions distinctement un journal mieux que nous ne l'eussions fait, éclairé par un bec de gaz placé à 5 mètres. Chaque lampe répandait une lumière de plus de 500 becs Carcel[1]. »

Quand la machine Gramme, en 1873, vint donner le moyen d'éclairer avec plus d'économie qu'avec la machine de la Cⁱᵉ *l'Alliance* (machine magnéto-électrique) au lieu d'avoir recours à la lampe électrique dans les cas exceptionnels des travaux de nuit, on éclaira purement et simplement les ateliers par ce système, en remplacement du gaz ou de l'huile.

M. H. Fontaine, dans l'ouvrage que nous venons de citer, donne le relevé des premières usines qui aient eu recours à la machine Gramme pour leur éclairage. Il cite, à ce propos, les établissements de : M. Ducommun, à Mulhouse; — les ateliers pour la construction des phares de MM. Sautter et Lemonnier, à Paris; — les filatures de Mme veuve Dieu-Obry, à Daours (Somme); — de M. Ricard fils, à Manresa (Espagne); — de MM. Buxeda frères, à Sabadell (Espagne); — de MM. David Trouillet et Adhémar, à Épinal; — de MM. Harroch et Miller, à Preston; — de M. Bourcard (Doubs); — les ateliers de tissage de M. Manchon, à Rouen; — de M. Isaac Holden, à Reims; — les usines de MM. Coron et Vignat, à Saint-Étienne; — de M. Maës, à Clichy; — de M. Descat-Leleu, à Lille; — de MM. Pullur et Sous, à Pesth; — de MM. Carel, à Gand; — les chantiers de M. Jeanne-Deslandes, au Havre; — les usines de MM. Mignon, Rouart et Delinières, à Montluçon; — la gare des marchandises à la Chapelle-Paris, etc[2].

1. *L'éclairage à l'électricité*, 2ᵉ édition, in-8°, Paris, 1879, pages 213-214.
2. Ibid., pages 192-225.

No voulant pas étendre davantage cette liste, car de pareilles citations n'auraient ni intérêt, ni utilité, nous ferons remarquer seulement qu'il est des usines dans lesquelles la lumière électrique s'impose presque forcément. Tel est le cas des filatures et des autres ateliers dans lesquels on est obligé d'assortir les couleurs des fils ou des tissus. La plupart des luminaires employés, particulièrement le gaz, altèrent les couleurs naturelles des fils et des tissus. Au contraire, la lumière électrique leur laisse toute leur valeur relative, et permet d'apprécier avec exactitude les teintes et les nuances. De là l'utilité de l'éclairage par l'électricité dans la plupart des filatures et des ateliers de tissage.

Nous représentons, dans la figure 86, un atelier de tissage éclairé par les lampes Jablochkoff.

Quelques industries retirent des avantages particuliers de la lumière électrique. Nous citerons en exemple l'imprimerie. La lumière joue dans le travail du typographe un rôle important. Depuis longtemps la lumière du gaz est reconnue très incommode pour les travaux de composition : la chaleur résultant de la combustion du gaz gêne beaucoup l'ouvrier, qui a le bec de gaz presque sur sa tête. La viciation de l'air est un autre inconvénient de ce mode d'éclairage, qui oblige à ventiler les locaux, pour éviter autant l'excès de la chaleur que la formation des produits nuisibles à la respiration qui proviennent de la combustion du gaz.

Différents essais ont été tentés en vue de remplacer le gaz par les lampes à arc voltaïque; mais les résultats obtenus n'ont pas été satisfaisants, à cause des ombres que projette cette lumière. La lumière électrique par incandescence paraît, au contraire, remplir toutes les conditions désirables pour ce genre d'éclairage.

Plusieurs imprimeries importantes l'ont déjà adoptée. Telle est l'imprimerie municipale de la ville de Paris, dans laquelle chaque compositeur a, au-dessus de son rang, une lampe Edison, munie d'un abat-jour, qui projette la lumière sur les casses et les éclaire d'une façon uniforme. Les *marbres* sont éclairés de la même façon.

L'imprimerie des billets de la Banque de France est également éclairée par des lampes Edison. Les machines pour le tirage en blanc ont chacune deux lampes : une, montée sur un chandelier portatif, sert au margeur; l'autre, montée sur le dessous de la table qui reçoit la feuille à marger, éclaire le receveur. Cette disposition donne les meilleurs résultats quand les feuilles doivent être vérifiées tout de suite, comme pour un tirage de luxe ou pour un numérotage.

L'imprimerie Lahure a également adopté le système Edison, pour ses nouveaux bâtiments. Les machines pour le tirage des journaux sont éclairées chacune par deux lampes, montées sur une tige à genouillère, dont la

FIG. 86. — ATELIER DE TISSAGE ÉCLAIRÉ PAR LES LAMPES JABLOCHKOFF.

forme varie avec chaque machine. Des lampes placées le long du mur fournissent l'éclairage général. Les salles de pliage sont également éclairées par ces lampes ; les appareils descendent du plafond et répartissent la lumière sur les tables de pliage.

La librairie Hachette a fait installer le même éclairage dans ses ateliers de reliure, ainsi que dans ses magasins de feuilles imprimées de la rue Stanislas. Des lampes de toutes formes éclairent les ateliers où s'exécutent la dorure sur tranche, la dorure au balancier, etc.

Dans les magasins de livres et de feuilles imprimées, où les papiers s'empilent jusqu'au plafond, on a placé les lampes directement contre le plafond même. La saillie totale ne dépasse pas 15 centimètres. Cette disposition, en même temps qu'elle permet d'éclairer toutes les étiquettes des rames de papier, donne aux hommes qui portent les charges la facilité de circuler sans craindre d'accrocher les appareils d'éclairage.

La faculté de conserver exactement les valeurs des teintes, et même de faire ressortir leurs plus délicates nuances, était précieuse dans un cas particulier. Nous voulons parler de l'éclairage des tableaux et statues. La lumière du gaz n'altère pas sensiblement, il est vrai, les couleurs et leurs combinaisons, mais l'éclairage électrique l'emporte encore, à ce point de vue, sur le gaz. On fit, dès l'apparition de la bougie Jablochkoff, en 1879, des essais pour l'éclairage du Salon de peinture, au Palais de l'industrie, pendant les soirées. Les résultats de cet essai furent alors très contestés, et finalement, on n'a pas renouvelé l'épreuve. A tort, selon nous, car le demi-échec que l'on éprouva, dans l'essai d'éclairage du Salon de peinture de 1879, tenait aux mauvaises conditions dans lesquelles on produisait l'électricité à une époque où les machines dynamo-électriques étaient encore à leur début. Nous sommes convaincu que cette intéressante tentative artistique, reprise aujourd'hui, serait couronnée d'un meilleur succès.

Quoi qu'il en soit, on a pu apprécier, à l'Exposition d'électricité de 1881, toute l'utilité de la lumière électrique pour l'éclairage des musées pendant la nuit. Une salle garnie de tableaux était éclairée par les *lampes-soleil*, et le résultat, en ce qui concerne la beauté, l'utilité de cet éclairage, éclatait à tous les yeux.

On a dit que la *lampe-soleil* qui fournissait cet éclairage a des qualités toutes spéciales pour ce cas particulier avec ses reflets doux et dorés. Sans vouloir prendre parti dans cette question, nous mettrons sous les yeux du lecteur (fig. 87) la salle du Palais de l'industrie, qui contenait un certain nombre de tableaux éclairés par ce procédé.

L'éclairage des gares de chemins de fer retire aussi des avantages particuliers de l'emploi de l'électricité. Dans les salles d'attente et dans celles des bagages, il fallait, autrefois, malgré les becs de gaz, donner aux

LAMPE SOLEIL

hommes d'équipe des lanternes mobiles, pour se diriger dans ces vastes espaces, comme aussi pour faciliter l'enregistrement, le chargement, la reconnaissance et la délivrance des bagages. Aujourd'hui on a supprimé la moitié des hommes employés à ce service, et il s'exécute beaucoup mieux. Dans des salles bien éclairées, un ouvrier circule à son aise ; il cherche et découvre facilement un outil ou un petit objet. Les voyageurs eux-mêmes se trouvent bien de ce bel éclairage, qui leur permet de se reconnaître et de s'orienter mieux que dans les salles obscures des anciennes gares.

A la gare des marchandises du chemin de fer du Nord, on éclaire les différentes parties de la salle avec des rayons presque verticaux, ce qui fait disparaître les ombres données par les colis ; ces ombres étant elles-mêmes éclairées par des rayons qui se diffusent de toutes parts.

Autour de chaque fanal électrique on a placé un réflecteur, à peu près parabolique, en verre dépoli ; si bien que le foyer lumineux n'est aperçu d'aucun point. La lumière est renvoyée au plafond, qui est peint en blanc, et qui, formant comme un énorme abat-jour, retombe dans toutes les parties de la salle, et dissipe les ombres qui pourraient être données par les colis ou autres objets volumineux.

Le même système de réflecteur qui existe à la gare de marchandises du chemin de fer du Nord, à Paris, a été employé à Vienne, en Autriche, pour éclairer une piste de *Skating-ring* (patinage) qui n'avait pas moins de 133 mètres de longueur. Deux machines dynamo-électriques Gramme, deux régulateurs Serrin, au-dessus desquels étaient posés deux vastes abat-jour, de forme ellipsoïdale, suffisent pour éclairer parfaitement cet énorme espace, sans laisser subsister aucune ombre.

L'éclairage par l'arc voltaïque a d'abord eu le privilège de desservir les gares de chemin de fer, mais depuis 1882 le système par incandescence commence à s'y introduire. Aujourd'hui les lampes Edison éclairent la gare Saint-Lazare, à Paris. La première installation a eu lieu le 9 septembre 1882.

Cette installation comporte deux parties distinctes : premièrement, les rotondes de la ligne de Saint-Germain et des lignes de Normandie, qui sont éclairées par 50 lampes ; secondement, les quais de la grande vitesse, situés à l'intérieur de la gare, près de la rue d'Amsterdam, et qui sont éclairés par 55 lampes.

Dans la rotonde, les lampes sont placées sur des lustres à trois branches. Il y a également deux appliques à une seule lampe fixées au mur et 9 lustres à une seule lampe. Chaque lampe éclaire une superficie de 17 mètres carrés (fig. 88).

Sur les quais de la grande vitesse, les lampes sont fixées sur des lustres très simples, d'une seule lampe chacun. La superficie éclairée par chaque lampe est ici de 57 mètres.

Deux machines dynamo-électriques, placées près de la rue de Rome, et actionnées par un moteur à vapeur, fournissent le courant électrique aux deux parties de l'installation. Le hangar où elles sont placées se trouve à 275 mètres environ de la rotonde de la ligne de Saint-Germain et à 350 mètres des quais de grande vitesse. Malgré ces distances considérables, la perte de force électromotrice est insensible.

La gare de Strasbourg (Alsace) est également éclairée, depuis l'année 1882 par des lampes à incandescence du système Edison.

FIG. 88. — LA SALLE D'ATTENTE DU CHEMIN DE FER DE L'OUEST (gare Saint-Lazare), ÉCLAIRÉE PAR L'ÉLECTRICITÉ.

XV

La lumière électrique dans les phares. — Substitution de la lumière électrique aux lampes à huile et à essence minérale, dans les deux phares de la côte du Havre, en 1863. — L'éclairage électrique au phare du cap Gris-Nez, en 1868. — Emploi général de l'électricité pour l'éclairage des phares français, arrêté en principe en 1882. — Le phare de Planier, à Marseille. — Description de son appareil d'éclairage et du système à feux éclipsés. — Les phares électriques anglais. — Autres tours à signaux éclairées par l'électricité dans les diverses parties du monde.

Dès l'apparition de la lumière électrique on s'occupa de l'appliquer à l'illumination des phares. En effet, le rôle d'un phare n'est pas, à proprement parler, d'éclairer, mais de porter très loin la lumière, afin qu'elle soit aperçue à de grandes distances par les navigateurs qui passent au large. Or, la lumière électrique a la propriété, plus que toute autre source lumineuse, de percer les brouillards. Aussi, dès l'année 1860, fit-on en Angleterre, à South-Foreland, des essais pour cette application spéciale de l'électricité[1]. Mais les expériences ne furent pas dirigées avec intelligence. Au contraire, l'administration des phares français s'attacha à cette question avec une rare compétence, scientifique et pratique. Il fallait disposer de bons régulateurs de la lumière, pour ne pas s'exposer à des extinctions de feu, qui auraient été funestes, et choisir la source d'électricité la plus avantageuse dans la pratique. Léonce Raynaud, directeur du service des phares français (mort en 1880), rechercha les meilleures dispositions à adopter pour substituer l'éclairage électrique à l'éclairage par l'huile et par les essences minérales; et le résultat de ses expériences fut l'établissement, en 1863, de l'éclairage électrique dans les deux phares du cap de la Hève, sur la côte du Havre.

La machine qui fut adoptée par Léonce Raynaud pour l'éclairage des deux phares de la côte du Havre, était la machine *magnéto-électrique* de la Cⁱᵉ *l'Alliance*. Deux de ces machines étaient mises en mouvement par une locomobile à vapeur, de la force de 8 à 10 chevaux. Le régulateur employé pour l'arc voltaïque était celui de M. Serrin.

1. Voir notre *Année scientifique* (6ᵉ année), pages 54-56.

Des expériences répétées prouvèrent que la lumière produite par ces machines était cinq fois supérieure en intensité à celle que donnaient les lampes à huile, et que le prix de revient était sept fois moindre. Si l'on pouvait disposer, comme cela arrive quelquefois, d'une machine à vapeur qui fût utilisée pendant d'autres heures pour des travaux mécaniques, la dépense deviendrait presque nulle.

La machine *magnéto-électrique*, c'est-à-dire une réunion d'aimants permanents en mouvement, servant à produire le courant d'induction, est encore employée dans les deux phares du cap de la Hève. C'est, en effet, la machine de M. de Méritens qui fonctionne aujourd'hui dans ces deux phares. Or, cette machine n'est, ainsi que nous l'avons dit, en décrivant les machines qui servent à produire la lumière, que la machine de la Cie *l'Alliance*, perfectionnée dans quelques parties par M. de Méritens, qui a acquis le privilège de cet appareil.

Dans son ouvrage sur l'*Éclairage électrique*, M. du Moncel donne les renseignements suivants sur la manière dont la lumière, fournie par la machine magnéto-électrique, fonctionne dans les phares.

« Comme les régulateurs de lumière électrique, dit M. du Moncel, sont quelquefois sujets à des extinctions, et qu'une extinction prolongée pourrait causer de graves sinistres, les régulateurs de lumière électrique (qui sont le plus souvent du système Serrin ou du système Siemens) sont disposés en double pour chaque appareil lenticulaire. Ils y entrent en glissant sur de petits rails, ménagés à la surface d'une table en fonte. Un arrêt les fixe au foyer de l'appareil. Ils s'y allument d'eux-mêmes instantanément, et c'est là un des grands avantages que présente la lumière électrique, surtout avec les régulateurs. La communication électrique s'établit, d'une part, au moyen de la table de fonte, de l'autre par l'intermédiaire d'un ressort métallique, qui vient presser sur le dessus de la lampe en un point convenablement disposé. La substitution d'une lampe à une autre n'exige pas plus de deux secondes: celle que l'on retire s'en allant par un des chemins de fer, tandis que celle qui doit la remplacer arrive par le second. On peut encore faire passer plus instantanément la lumière d'un appareil dans l'autre au moyen d'un commutateur qui leur transmet successivement le courant; mais il y a plus de difficultés pour bien centrer les deux foyers.

« Les charbons employés pour les phares ont 7 millimètres de côté et 27 centimètres de longueur, et leur consommation peut être évaluée à 5 centimètres par pôle et par heure, du moins avec les machines à courants alternatifs. Malgré cette usure égale, il y a pourtant une petite différence, et le charbon du haut s'use un peu plus vite que le charbon du bas, dans le rapport de 108 à 100. On a bien réglé en conséquence les régulateurs; mais comme il faut que la variation du point lumineux soit au-dessous de 8 millimètres, sans quoi aucun rayon ne serait renvoyé à la limite de l'horizon, il importe que cette lumière soit toujours l'objet d'une surveillance attentive. Pour permettre aux gardiens de suivre sans fatigue la marche des charbons, on projette sur le mur, au moyen d'une petite lentille à court foyer, l'image des charbons; un trait horizontale est tracé sur le mur, et les charbons doivent se trouver à égale distance de ce trait. Comme une déviation de 1 millimètre est représentée par une déviation de 22 millimètres sur le mur, on aperçoit aisément les défauts de réglage.

« Cette installation commença à fonctionner au cap de la Hève le 26 décembre 1863, et c'est après quinze mois d'expériences qu'on a décidé d'appliquer le même système d'éclairage au second phare. Depuis cette époque, l'éclairage électrique y a été définitivement établi.

« Quant aux machines qui, comme les régulateurs, sont installées en double, elles sont généralement placées au bas de la tour du phare, avec les machines à vapeur destinées à les faire marcher, et ce sont des câbles bien isolés et d'un assez fort diamètre qui conduisent le courant électrique aux régulateurs »[1].

L'expérience ayant prononcé en faveur de ce nouveau système d'éclairage, un autre phare, celui du cap Gris-Nez, en reçut l'application en 1868.

Un nouveau phare, celui de Planier, près de Marseille, est également éclairé par l'électricité. Ce phare (fig. 89) est le plus haut de France, car son élévation au-dessus de l'eau est de 67 mètres. Il dépasse de 10 mètres le phare de Dunkerque et de 4 mètres la tour de Cordouan, le célèbre fanal de la Gironde.

Les travaux commencés en 1876, interrompus pendant un an et repris en 1879, furent achevés en 1880.

La base du phare de Planier a 18 mètres de diamètre. Elle est soudée dans le calcaire, à 2 mètres de profondeur, et se trouve à 4^m,50 au-dessus du niveau de la mer. Elle est protégée, du côté de l'eau, par des brise-lames, formant une grande enceinte à ciel découvert.

L'escalier compte 254 marches; 16 mâchicoulis ont été percés dans la muraille, dont l'épaisseur va en diminuant de 2^m,40 à 1^m,50.

La lanterne est une vaste chambre de 4^m,30 de hauteur; le feu est à éclipses.

Le nouveau phare de la côte de Marseille a apporté la solution du grand problème depuis longtemps posé à l'administration des phares français. Jusqu'en 1881, on n'avait appliqué l'électricité qu'à l'éclairage des phares à feux fixes. On n'avait pas réussi à l'appliquer aux phares à éclipses, qui sont pourtant les plus nombreux et les plus utiles, puisque par la durée ou la disposition et la couleur de leurs feux, ils servent à la reconnaissance des côtes. C'est au phare de Planier que l'on a vu pour la première fois ce problème résolu. Les visiteurs de l'Exposition d'électricité de 1881 se

---

1. *L'Éclairage électrique*, 2e édition, in-16, Paris, 1880, pages 297-298.

rappellent le magnifique modèle de phare qui était placé à l'entrée de l'Exposition, au milieu de la grande nef, et qui projetait dans cette magni-

FIG. 89. — LE PHARE DE PLANIER, PRÈS DE MARSEILLE.

fique enceinte des feux colorés à intervalles réguliers. C'était la reproduction du phare électrique de la côte de Marseille.

Nous donnons ici (fig. 90) la coupe verticale des étages supérieurs et de la lanterne du phare de Planier, qui fournit un feu à éclipses de 5 en 5 secondes, faisant succéder un éclat rouge à trois éclats blancs. La portée de sa visibilité en mer n'est pas moindre, dit-on, de 40 kilomètres.

Le plancher en fer qui supporte l'appareil éclairant, est soutenu par une colonne verticale en fonte. Cette colonne est creuse, et laisse passer une corde qui, au moyen d'une poulie, supporte le poids moteur d'un mécanisme d'horlogerie. Ces rouages d'horlogerie font tourner le tambour sur

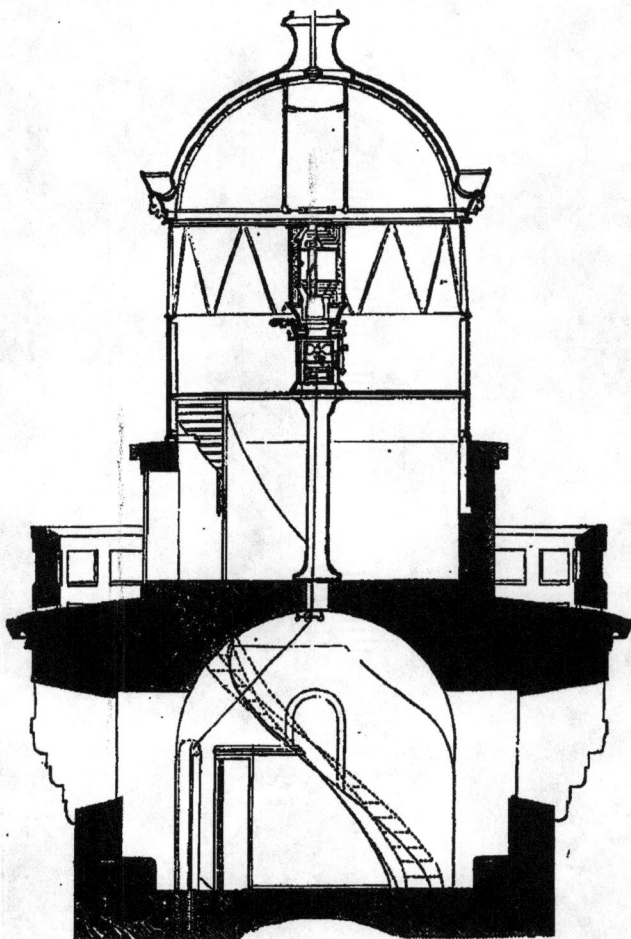

FIG. 90. — LA LANTERNE ET LES ÉTAGES SUPÉRIEURS DU PHARE DE PLANIER.

lequel sont fixées les lentilles, dont le passage au-dessus du foyer produit, chaque 5 secondes, les éclipses de l'éclairage.

Nous représentons sur une plus grande échelle (fig. 91) l'assemblage des lentilles fixées sur le tambour. Au milieu des lentilles, on aperçoit les deux charbons entre lesquels s'élance l'arc voltaïque.

Le mécanisme qui produit les éclats se compose d'un feu fixe produit par

le courant électrique et d'un tambour mobile enveloppant ce feu, et composé de lentilles verticales, c'est-à-dire de *lentilles à échelons de Fresnel*, qui
servent à renvoyer horizontalement tous les rayons de lumière. Cette réunion de lentilles à échelons comporte six groupes de 4 lentilles, dont un
groupe est rouge et les trois autres groupes sont blancs. Il tourne sur
des galets, au moyen de rouages d'horlogerie. La régularité du mouve-

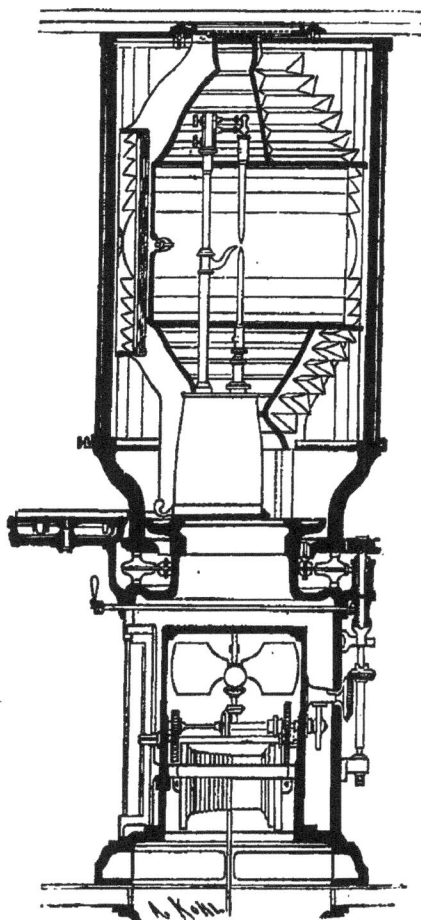

Fig. 91. — COUPE DE L'APPAREIL OPTIQUE DU PHARE DE PLANIER.

ment d'horlogerie est assurée par un volant à ailettes, que l'on voit au-dessous de l'assemblage des lentilles.

L'éclairage des phares à éclipses, qui n'est encore appliqué qu'au phare
de la côte de Marseille, sera, dans un avenir peu éloigné, étendu à beaucoup d'autres tours à signaux de notre littoral. Le directeur actuel du service central des phares, M. Allard, pense, en effet, que les difficultés pra-

tiques qui ont arrêté jusqu'ici la généralisation de l'éclairage des phares par l'électricité, sont aujourd'hui complètement résolues.

D'après M. Allard, quarante-deux phares de notre littoral pourraient recevoir ce nouveau mode d'éclairage des lentilles à éclipses. Selon M. Allard, si l'on substituait l'éclairage électrique à l'éclairage à l'huile dans les quarante-deux phares qu'il indique, le résultat que l'on obtiendrait satisferait, sur les côtes de la Manche et de l'Océan, à peu près pendant les cinq sixièmes de l'année, aux conditions que le système des phares à l'huile ne remplit que pendant la moitié de l'année.

Dans la Méditerranée, l'amélioration serait plus grande encore. Il n'y aurait plus d'exception que pendant vingt-quatre nuits, soit un quinzième de l'année, c'est-à-dire sept fois et demie de moins qu'aujourd'hui.

L'organisation d'un système complet d'éclairage électrique sur nos côtes, implique l'installation de 46 phares électriques. Mais, comme nous l'avons dit, quatre : le phare du cap Gris-Nez, le phare double de la Hève et celui de Planier, sont déjà éclairés à l'électricité. Il ne s'agit donc que de généraliser le même système d'éclairage.

La dépense moyenne à faire pour transformer un phare à l'huile en un phare électrique est évaluée à 125 000 francs, ce qui, pour les 42 phares appelés à recevoir cet éclairage, en sus de ceux qui l'ont déjà, donnerait un total de 5 250 000 francs.

L'Angleterre a profité des travaux exécutés en France pour installer l'éclairage électrique dans ses phares. Six phares électriques, copiés sur les nôtres, existent sur les côtes de la Grande-Bretagne, à savoir : à Durgeness, à Souter-Point, à South-Foreland (deux feux fixes) et au cap Lizard (deux feux fixes).

Les machines qui servent, en Angleterre, à alimenter les fanaux électriques, sont des machines dynamo-électriques Gramme et Siemens, et non les anciennes machines à aimants permanents en usage dans nos phares.

Quelques phares éclairés par l'arc voltaïque existent dans le reste du monde. On en trouve un à l'entrée du canal de Suez, à Port-Saïd, — un à Odessa, en Russie, — deux aux États-Unis, à White-Rock et au Border Flatts. On en trouve même un en Suède, sur la côte de l'Océan.

XVI

La lumière électrique à bord des navires. — Premiers essais faits de 1855 à 1871. — Le *yacht* du prince Jérôme Napoléon. — Expériences de la Compagnie transatlantique française sur le *Saint-Laurent*, le *Coligny*, etc. — Mêmes essais faits par la marine autrichienne et la marine russe. — La découverte de la machine Gramme décide l'adoption générale de la lumière électrique à bord des bâtiments transatlantiques français. — La marine militaire, en France et à l'étranger, adopte l'éclairage électrique. — Services rendus par les fanaux électriques des bâtiments cuirassés pendant la guerre de Tunisie, en 1882. — Les fanaux électriques et les bateaux torpilleurs. — Emploi de l'illumination électrique pour les reconnaissances militaires par les armées en campagne. — La lumière électrique au siège de Paris en 1871.

Les dangers en mer ne résident pas seulement dans les assauts de la tempête. Un péril tout aussi grand résulte de la rencontre et du choc qui peut s'opérer entre deux navires, par suite de l'obscurité de la nuit. A l'entrée et à la sortie des ports, les chances de collision sont nombreuses, et quand on vogue sur une route maritime très fréquentée, comme la Manche ou le Pas de Calais, on reconnaît que la mer n'est pas aussi grande qu'on se l'imagine. Les collisions entre navires ne seraient pas rares sur les grandes voies de l'élément liquide, si la surveillance ne s'exerçait pas à bord avec une extrême vigilance. La vitesse que l'on donne aujourd'hui aux paquebots et steamers, augmente encore les chances de rencontres. Un petit navire ou une embarcation qui ne sont pas aperçus par un de ces géants maritimes, peuvent être broyés par le colosse flottant. Les journaux nous apportent, chaque année, le récit de plusieurs sinistres occasionnés par cette cause. La plupart de ces terribles abordages arrivent par les temps brumeux, en raison de l'absence d'éclairage de l'un des navires, ou de son éclairage insuffisant. Souvent, en effet, au mépris des règlements maritimes, les matelots éteignent les feux du bord, pour économiser l'huile. S'il y eut jamais économie mal entendue, c'est assurément celle-là.

Dès la vulgarisation de la lumière électrique, on reconnut que l'éclairage puissant fourni par l'arc voltaïque est le meilleur moyen d'éviter ces fatales rencontres.

Sur les bâtiments à voiles, l'installation de l'éclairage électrique présente des difficultés, d'abord à cause des frais considérables qu'il entraîne, ensuite par l'entretien qu'il exige. Il faudrait établir une petite machine à vapeur, de 3 chevaux environ, pour faire agir la machine dynamo-électrique destinée à produire la lumière. Il faudrait, en outre, emporter du charbon et emmener un mécanicien capable de conduire ces engins. Il y a là des impossibilités pratiques.

Mais sur les navires à vapeur ces difficultés disparaissent. Le bâtiment est porteur d'une machine puissante, dont on peut distraire la force de deux ou trois chevaux-vapeur, sans exercer une influence sensible sur sa marche. Les mécaniciens du bâtiment à vapeur font vite l'apprentissage de la conduite de la machine dynamo-électrique et de la lampe électrique. Enfin, le prix de ces engins est insignifiant, comparé à la valeur du navire.

Quant aux avantages, ils sont évidents. La lumière électrique est visible à grande distance, malgré la brume la plus épaisse : le navire qui en est porteur peut donc être aperçu de très loin par les hommes postés en vigies sur les autres bâtiments. Cette lumière est même assez intense pour éclairer la mer dans un rayon fort étendu; de sorte que les hommes-vigies du bâtiment à vapeur peuvent découvrir un navire non éclairé, dont on approcherait d'une manière inquiétante.

Il est facile de comprendre que les collisions avec les bâtiments à vapeur soient les plus périlleuses, à cause de la grande vitesse de ces derniers, et de leur masse considérable. Dans l'immense majorité des cas, c'est un bâtiment à vapeur qui coule un voilier. Il est clair que pour que deux navires ne s'abordent pas, il suffit que l'un des deux soit aperçu par l'autre.

D'où il résulte que l'éclairage des bâtiments à vapeur suffit pour assurer la sécurité de la navigation.

Dès l'année 1855, on s'occupa de cette application particulière de l'électricité. Les premiers essais furent faits avec la machine magnéto-électrique de la C⁰ l'Alliance, sur le yacht du prince Napoléon, le Jérôme Napoléon, par le commandant Dubuisson. En 1867, ce yacht, pourvu d'un fanal électrique, put entrer de nuit, aussi aisément qu'en plein jour, dans plusieurs ports de la Méditerranée réputés d'un accès dangereux.

Cette petite victoire de l'électricité ayant fait quelque bruit, la Compagnie transatlantique s'empressa d'installer sur ses paquebots des appareils semblables. Le *Saint-Laurent*, bâtiment de la flottille, puis d'autres navires de la même compagnie, le *Parfait*, le *d'Estrée*, le *Coligny*, l'*Héroïne*, enfin la *France*, furent pourvus d'un fanal électrique, actionné par une machine magnéto-électrique de la C¹ᵉ *l'Alliance*.

Le *Saint-Laurent* fut le bâtiment qui accomplit les plus longs voyages avec le fanal électrique. Il maintint, au moyen de ce fanal, les feux réglementaires à bâbord et à tribord. Le foyer lumineux était si étincelant que le navire était vu, en mer, aux plus grandes distances. Dans les parages de Terre-Neuve, il était aperçu par les autres bâtiments, malgré les brumes, et toute chance de collision était ainsi évitée.

M. de Beaucandé, commandant du *Saint-Laurent*, assure qu'à son retour à Brest, le sémaphore le signala à quatre heures du matin, tandis qu'il n'arrivait en rade qu'à sept heures et demie. Le *Saint-Laurent* avait donc été aperçu trois heures et demie avant son entrée dans la rade, et d'après la vitesse du navire, qui était de 12 nœuds, on peut conclure qu'il fut signalé à 38 ou 40 milles en mer.

En 1870, le *yacht* de l'empereur Napoléon III, *l'Hirondelle*, reçut une installation analogue; mais son début ne fut pas heureux. A l'entrée du port, à Cherbourg, le petit navire alla briser son taille-mer et démolir en partie son étrave contre le quai de la Grande-Douane.

Pendant la même année, l'électricité réussissait mieux sur le *yacht le Greif*, appartenant à l'empereur d'Autriche. Ce *yacht* entrait de nuit, dans le petit port de Villefranche, sur la côte de Nice, et dans plusieurs ports de la Méditerranée. Il traversait de nuit le canal de Suez, en éclairant merveilleusement ses bords.

La marine militaire russe munissait, en 1871, plusieurs de ses navires de fanaux électriques, qui leur permettaient de traverser de nuit les passes étroites de la mer Baltique, et d'entrer de la même manière dans le port de Saint-Pétersbourg.

Les marins n'avaient pas ajouté grande importance à ces premiers pas de l'éclairage électrique appliqué à la navigation, parce que les fanaux employés n'étaient pas d'un usage commode, et que la machine magnéto-électrique ne produisait pas toujours l'effet lumineux nécessaire. Mais la découverte de la machine dynamo-électrique Gramme, en 1873, vint apporter les moyens de répondre à toutes les critiques des hommes de mer. La Compagnie transatlantique française s'empressa donc de faire procéder à de nouvelles expériences, avec la machine Gramme, à bord de l'un de ses meilleurs paquebots, *l'Amérique*, qui sortait à peine des chantiers. MM. Saulter et Lemonnier, les constructeurs bien connus de nos phares lenticulaires, firent l'installation de cette machine, sous la direction de M. H. Fontaine, qui en a publié les résultats.

C'est au mois d'avril 1876 que ces expériences furent faites, à bord du paquebot *l'Amérique*. Elles étaient dirigées par le commandant Pouzolz, pendant l'aller et le retour du premier voyage de ce paquebot.

La lumière électrique appliquée à la navigation n'a pas seulement pour objet d'augmenter la sécurité des voyageurs, en évitant les abordages et en facilitant l'entrée des ports; elle permet également d'opérer les chargements, les déchargements du navire et les manœuvres de toute sorte, par une nuit sombre, aussi bien qu'en plein jour. L'installation faite à bord de *l'Amérique* comprenait donc : un fanal, un générateur d'électricité, une lampe portative et divers organes accessoires. Voici comment sont répartis ces divers appareils.

Le fanal est placé à la partie supérieure d'une tourelle en tôle, dans laquelle on monte par un escalier intérieur, sans qu'il soit nécessaire de passer sur le pont, disposition très avantageuse, surtout pendant les gros temps, où l'avant du navire est difficilement accessible par le pont. La tourelle avait 5 mètres au-dessus du pont.

Le diamètre de la tourelle est de 1 mètre. Elle est fixée à l'avant du paquebot, à 15 mètres de l'étrave. Le fanal peut éclairer un arc de 225 degrés, en laissant le paquebot à peu près dans l'ombre. Le régulateur électrique est du système Foucault. L'appareil est suspendu à la Cardan; un petit siège, ménagé dans le haut de la tourelle, permet au surveillant chargé du service de régler la lampe. La tranche lumineuse a environ 8 décimètres d'épaisseur. La puissance éclairante de la machine magnéto-électrique de Gramme est de 200 becs Carcel; son poids est de 200 kilogrammes; elle est mue par un moteur à vapeur à trois cylindres, du système Brotherhood.

L'emplacement occupé par l'appareil ne dépasse pas 1^m,20 en longueur et 0^m,65 en largeur, sur 0^m,60 de hauteur. Les câbles qui réunissent le fanal ou la lampe mobile au générateur d'électricité sont bien isolés. La section totale des fils qui constituent ces câbles n'est que d'un centième et demi de millimètre. La machine et son moteur sont placés sur un faux plancher, dans la chambre de la machine motrice, à 40 mètres environ du fanal. Tous les fils passent par la cabine du commandant, lequel a sous la main des commutateurs qui lui permettent de faire naître ou d'interrompre la lumière dans chacune des lampes, alternativement ou simultanément, et sans que la machine Gramme s'arrête.

Ce qui caractérise l'appareil installé à bord de *l'Amérique*, c'est l'intermittence automatique du fanal. Cette intermittence est obtenue au moyen d'un mécanisme très simple, fixé à l'extrémité libre de l'arbre de la machine Gramme. Avec un fil spécial, le commandant peut faire briller une lumière fixe continue dans le fanal. Les éclats et les éclipses se succèdent sans cesse.

La machine Gramme fonctionne, pour engendrer l'électricité, pendant tout le temps de la marche des appareils; mais, pour produire les intermittences de lumière, l'électricité se rend tantôt dans la lampe du fanal, entre les deux pointes de charbon qui font jaillir la lumière, tantôt dans un faisceau métallique fermé, qui s'échauffe et se refroidit alternativement.

La hauteur du foyer lumineux est de 10 mètres au-dessus de l'eau. La portée possible de la lumière, eu égard à la dépression de l'horizon, est de 10 milles marins (18 kilomètres et demi) pour un observateur ayant l'œil à 6 mètres au-dessus de l'eau.

Pour éclairer les mâts de hune et les mâts de perroquet, tout en laissant les basses voiles dans l'obscurité, M. Pouzolz fit construire un tronc de cône en fer-blanc, et le plaça sur la lampe mobile, la large ouverture en l'air. De cette façon, l'Amérique était vue de très loin par les bâtiments et les sémaphores, quand il convenait au commandant de laisser la lumière électrique fonctionner d'une manière continue pendant toute la nuit.

On avait élevé, contre l'emploi de la lumière électrique à bord des navires, diverses objections. On avait dit que la lumière électrique crée autour d'elle un nuage blanchâtre, qui fatigue la vue et nuit aux observations; — que le feu fixe électrique, par sa trop grande intensité, ferait disparaître les feux réglementaires vert et rouge, ce qui constituerait un véritable danger; — que, près des côtes, les bâtiments peuvent prendre le fanal électrique pour un phare et faire fausse route; — enfin, que les appareils sont encombrants, et que le prix en est trop considérable, eu égard aux services rendus.

Les expériences faites à bord de l'Amérique ont prouvé que la machine Gramme est très facile à manœuvrer comme à installer, et qu'elle ne demande qu'un emplacement restreint. Les autres objections sont levées par l'emploi des feux intermittents. M. Pouzolz déclare que la lumière produite par de courts éclats n'a jamais gêné la vue d'aucun officier de quart, ni des hommes de veille, et que l'éclat des feux de côte vert et rouge n'est en rien diminué par l'usage du phare de l'avant.

Après des expériences aussi concluantes, il semble, dit M. H. Fontaine, que rien ne doive plus s'opposer à l'adoption immédiate de la lumière électrique sur tous les navires. Il est, en effet, bien prouvé que la plupart des

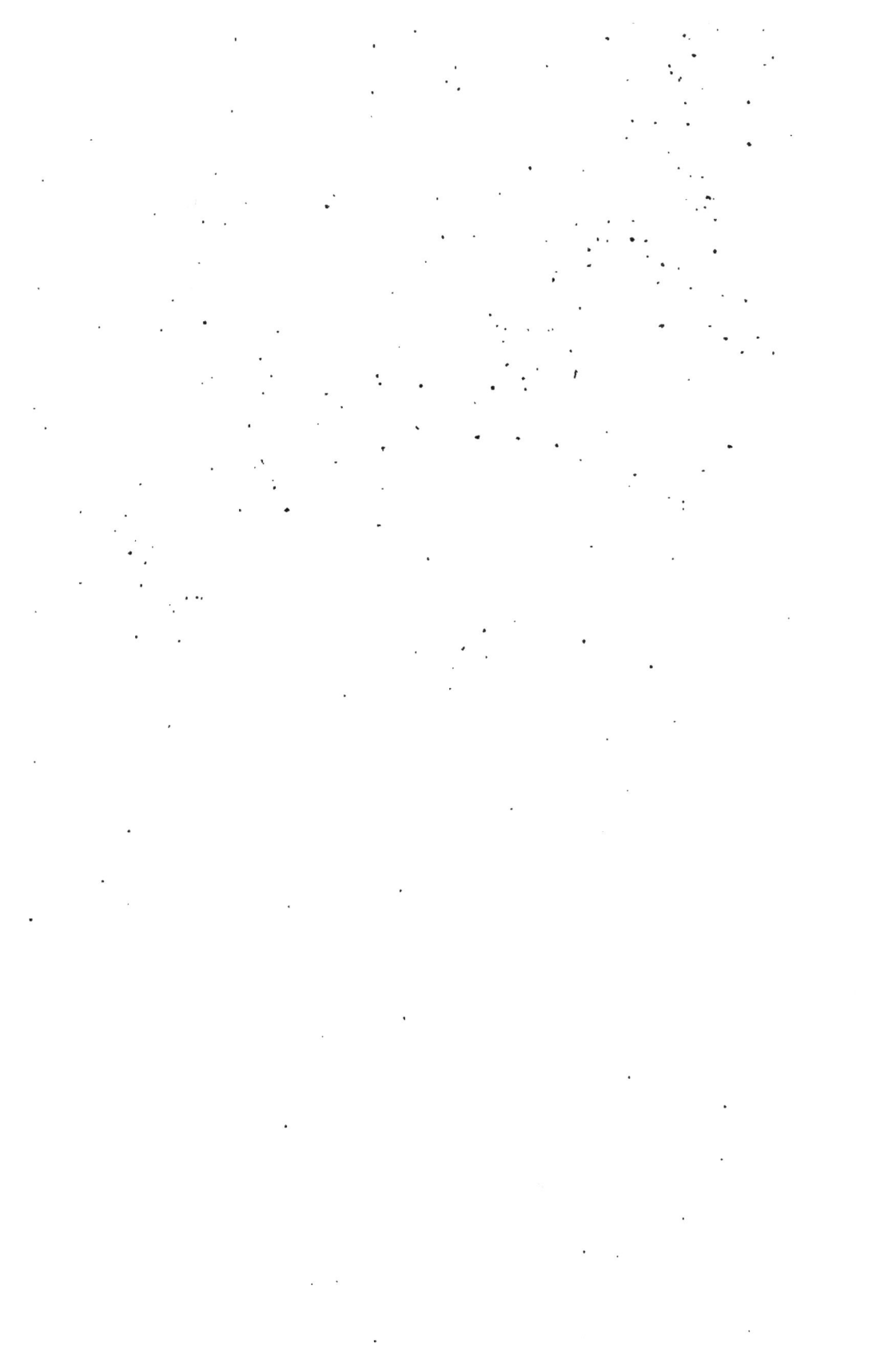

collisions en mer proviennent de la difficulté qu'éprouvent les capitaines à relever la position exacte du navire qui approche.

En moins de deux ans, des machines Gramme, pour l'éclairage électrique, ont été installées à bord de plusieurs navires de guerre français, danois, russes, anglais et espagnols, parmi lesquels nous citerons la *Livadia* et le *Pierre-le-Grand*, de la marine russe ; le *Richelieu* et le *Suffren*, de la marine française ; la *Numancia* et la *Vitoria*, de la marine espagnole. Les expériences continuent sur les navires de ces différentes nationalités, et tout fait présumer que cet ensemble d'efforts amènera la solution complète du problème de l'éclairage des navires pendant la nuit, pour éviter les collisions et abordages.

Les bâtiments transatlantiques français sont aujourd'hui presque tous éclairés par les machines à lumière électrique. En Angleterre, les mêmes moyens d'éclairage sont adoptés sur les paquebots des grandes compagnies qui font le service entre les deux mondes.

Une application intéressante de l'éclairage électrique sur les navires fut faite, en 1875, pendant une expédition anglaise au Groenland. Un navire envoyé dans ces parages fut pourvu de fanaux électriques, ainsi que le représente la figure 92. Ce navire parvint à éviter la rencontre des glaces flottantes, banquises et *icebergs*, et effectua avec une complète sécurité sa route à travers les écueils de glace qui ont englouti tant de bâtiments de tout tonnage, depuis que les campagnes maritimes à la conquête du pôle Nord se sont si singulièrement et si inutilement multipliées dans la marine anglaise.

Il importerait de munir de ces fanaux puissants les navires qui, à l'époque du printemps, ont à naviguer dans les parties septentrionales de l'océan Atlantique. A cette époque, en effet, la température, se radoucissant, amène la débâcle des glaces polaires. Les immenses plaines de glaces qui occupent les régions arctiques sont poussées par les courants vers le cap Farwel, à l'extrémité méridionale du Groenland. Après avoir doublé ce cap, elles sont entraînées par un grand courant qui, occupant toute la largeur du détroit de Davis, descend à travers l'Atlantique, emportant avec lui les glaces disloquées, masses flottantes, hautes comme des montagnes, et qui plongent à moitié dans la mer. Ces glaces flottantes, obéissant à l'impulsion du courant, suivent la voie que parcourent les vaisseaux qui vont de nos ports à ceux des États-Unis. Rien n'est terrifiant comme le spectacle de ces énormes corps flottants venant se briser les uns contre les autres et se réduire en blocs plus petits, mais toujours menaçants par leurs dimensions et la vitesse qui les anime. Ces amas d'eau solidifiée occupent sur la mer des espaces immenses : ils s'étendent sur tout l'espace que la vue peut embrasser. Malheur au navire qui se serait engagé au milieu de ce chaos mouvant! Il faut qu'il se tienne à distance, ou qu'il arrête sa marche, pour éviter de dangereuses collisions. Pendant le jour, cette manœuvre est facile; mais le navire peut être surpris la nuit et être brisé entre deux *icebergs*, ou endommagé par la rencontre d'une seule de ces terribles épaves des régions polaires.

Les steamers qui se rendent à New-York, au mois d'avril, rencontrent souvent d'immenses champs de glace par 45° 48′ de latitude nord et 47° 48′ de longitude ouest. Il est évident qu'un fanal électrique dont seraient munis les navires qui parcourent au printemps ces régions de l'Atlantique, serait un préservatif infaillible contre ces dangereuses collisions.

La marine cuirassée ne pouvait manquer d'adopter l'éclairage électrique, autant pour permettre à un de ces colosses de bois et de fer de signaler sa présence aux autres navires, que pour faciliter les opérations qu'il a lui-même à accomplir. La puissance des machines à vapeur qui actionnent nos grands cuirassés permet d'en distraire facilement la force nécessaire pour faire marcher une machine dynamo-électrique. Aussi la plupart de nos cuirassés ont-ils maintenant deux projecteurs de lumière électrique, installés l'un à bâbord, l'autre à tribord, aux extrémités de la passerelle du commandant ou un peu au-dessus.

La figure 93 représente, au premier plan, à droite le vaisseau cuirassé de la marine anglaise *the Thunderer*, avec ses feux électriques en activité. L'un de ses foyers est muni d'un puissant réflecteur, et le faisceau lumineux lancé par ce réflecteur peut être promené dans un champ assez vaste pour éclairer l'horizon à de grandes distances. Un second foyer, de moindre portée, placé à l'avant du navire, éclaire dans un certain rayon autour de lui.

Les marines militaires de l'Angleterre, de l'Autriche, du Danemark et de l'Italie ont adopté les mêmes dispositions pour leurs cuirassés.

Pour reconnaître la portée de la lumière et s'édifier sur l'efficacité de ces nouveaux moyens de protection, on a fait un grand nombre d'expériences : les vaisseaux français dans le golfe Jouan, à Toulon et à Cherbourg; les vaisseaux anglais à Chatham; les autrichiens à Pola, et les russes à Cronstadt.

Ces expériences ont appris que l'on peut distinguer, avec une lorgnette,

FIG. 93. — LES FANAUX ÉLECTRIQUES D'UN VAISSEAU CUIRASSÉ

pourvu qu'il ne soit pas peint de couleurs sombres, un bâtiment placé à 7 kilomètres de distance. On peut éclairer un fort ou un navire cuirassé placé à 5 kilomètres, en y projetant un faisceau lumineux de 500 mètres de largeur, ce qui permet de viser assez sûrement les embrasures des canons du fort ou du navire. On peut aussi rendre visibles, à 5 kilomètres, les bouées rouges qui signalent une passe.

L'expérience a encore appris que lorsque l'éloignement n'est pas très considérable, la plus sûre manière d'apercevoir une embarcation suspecte n'est pas de l'éclairer directement. Il vaut mieux commencer par lancer le faisceau un peu au-dessus, parce que les matières solides en suspension dans l'air réfléchissent les rayons lumineux sur le bateau que l'on recherche et le rendent visible.

Indépendamment des ressources qu'elle présente pour signaler la position des navires dans les cas habituels de la navigation, la lumière électrique doit donc particulièrement favoriser les opérations de la marine militaire. Par une nuit noire, un jet de lumière électrique dirigé sur un navire, situé à 3 ou 4 kilomètres de distance, l'éclaire assez pour qu'on puisse apercevoir nettement ses détails et ses mouvements; tandis que le bâtiment d'où part le jet lumineux reste, pour le premier, dans l'obscurité la plus profonde, à l'exception du seul point, qui est le foyer lumineux de l'appareil. On conçoit le parti qu'on peut tirer, au profit de la manœuvre du navire ou de son artillerie, de ces indications précises et sans réciprocité, sur la position, les mouvements et les intentions d'un bâtiment ennemi.

Quand il s'agit d'éclairer un objet, pour faciliter le travail des hommes qui doivent effectuer une opération quelconque du service, telle que débarquement, manœuvre à terre, etc., accomplie au dehors du bâtiment qui porte l'appareil, la lumière électrique lancée du bâtiment, à l'aide du *projecteur*, rend d'admirables services. On peut, tout en se tenant à une distance de 2 kilomètres au moins, éclairer l'entrée d'un port, ou les abords d'une plage, pour faciliter des mouvements d'embarquement ou de débarquement de troupes, pour effectuer la reconnaissance exacte des points fortifiés, dont l'approche serait jugée trop délicate pendant le jour, et même pour les attaquer.

En temps de paix, comme en temps de guerre, cet appareil peut être utile au commandant d'une escadre, pour transmettre, sans indécision, des ordres importants, et pour s'assurer ensuite de leur exécution.

L'éclairage électrique établi à bord des vaisseaux cuirassés fit ses preuves, en 1875, pendant la guerre turco-russe. C'est par son secours que les ports d'Odessa, de Sébastopol, d'Orchakow furent préservés de toute surprise de la part des vaisseaux turcs. Le port d'Odessa était pourvu de lampes électriques et d'un projecteur de lumière. On put, la nuit, apercevoir à 4 ou 5 kilomètres de distance les gros navires qui se présentaient pour l'attaquer. On reconnaissait à 2 kilomètres les embarcations

On a fait, en 1879, sur le navire cuirassé *le Richelieu*, des expériences sur les meilleures dispositions à prendre pour installer l'appareil de projection de façon à bien illuminer les eaux voisines. Ces expériences ont amené l'adoption de lampes à projection, de dispositions pratiques très commodes, mais dans le détail desquelles nous n'entrerons pas, vu leur caractère trop technique. Disons seulement que la machine pour la production de la lumière est la machine Gramme, que le *régulateur* pour l'arc voltaïque est le régulateur Serrin, et que deux types de lampes construites par MM. Sautter et Lemonnier sont employés : l'une extrêmement simple, dite *lampe à main*, l'autre s'allumant automatiquement par le mouvement seul de la machine à vapeur et dont le mécanisme est assez compliqué. Mais la *lampe à main*, c'est-à-dire celle dans laquelle tout régulateur est supprimé, et où le rapprochement des charbons s'opère par une vis, manœuvrée par la personne qui dirige la lumière, a été reconnue le moyen le plus simple et le plus efficace. On est donc tout simplement revenu à la lampe que Deleuil et Foucault employèrent au début de l'éclairage électrique, dans leur célèbre expérience de la place de la Concorde, à Paris.

Pendant la guerre de Tunisie, en 1882, les fanaux électriques dont sont munis nos bâtiments cuirassés, rendirent de véritables services. L'amiral Garnaut les fit fonctionner plusieurs fois, pour opérer des débarquements ou pour éclairer l'entrée des ports.

C'est ainsi que la frégate *la Surveillante* fut chargée d'éclairer, la nuit, l'île de Tabarka, dans les points qui paraissaient suspects, ou dans ceux que l'on avait choisis pour opérer le débarquement de nos troupes.

Quand la ville de Souse fut prise, l'éclairage de cette ville étant insuffisant, on trouva commode, dans les premiers jours de l'occupation, d'éclairer les abords du port et des quais avec les lampes électriques et les projecteurs de lumière des navires cuirassés. C'est ce que représente la figure 94.

Les Anglais ont eu recours à l'éclairage électrique fourni par leurs vaisseaux cuirassés, pour préparer le terrible bombardement d'Alexandrie, qui les rendit maîtres de l'Égypte, en 1882.

Une des applications les plus utiles de l'éclairage électrique sur les navires cuirassés, se rapporte à la découverte des *bateaux torpilleurs*. On

FIG. 94. — LA VILLE DE SOUSE (TUNISIE) ÉCLAIRÉE, PENDANT SON OCCUPATION, PAR LES FANAUX ÉLECTRIQUES DES NAVIRES FRANÇAIS.

sait que les vaisseaux cuirassés, malgré leur imposante masse, leur personnel nombreux et les moyens d'attaque formidables que leur fournit la nouvelle artillerie, ont un ennemi invisible et implacable, qui les menace d'une destruction instantanée. Cet ennemi, c'est la torpille; c'est l'obus marin, chargé de fulmi-coton, qui, placé près du navire cuirassé, et enflammé, à distance, par un fil électrique, éclate et pratique à la coque du navire une ouverture énorme, qui peut le faire couler en un court espace de temps. Mais pour que la torpille éclate, il faut la poser contre les flancs du navire cuirassé. C'est pour opérer ce transport silencieux et rapide des torpilles que l'on a créé, dans les marines des deux mondes, les *bateaux torpilleurs*.

Malgré leurs proportions restreintes, les *bateaux torpilleurs* ont une machine à vapeur d'une très grande vitesse, qui fonctionne sans bruit. On place à l'avant la torpille chargée et amorcée, et on se lance vers le navire ennemi. Quand ils ont réussi à l'atteindre sans éveiller son attention, les quelques hommes déterminés qui montent cette frêle embarcation, laissent tomber la torpille et s'éloignent à toute vitesse.

L'attaque des bateaux torpilleurs doit être dirigée en même temps sur chaque flanc du bâtiment cuirassé à faire sauter, ainsi qu'à son avant et à son arrière, et cela sans la moindre hésitation. Il importe que chaque bateau torpilleur se précipite, sans dévier aucunement, sur le point qui lui a été assigné pour l'attaque.

Les nombreux insuccès que les Russes éprouvèrent dans les manœuvres de leurs torpilles, pendant la guerre de 1877, ont été attribués à l'absence de tout système combiné à l'avance, et à ce que les bateaux torpilleurs russes attaquaient en des moments inopportuns.

Pour se mettre à l'abri des attaques des *bateaux torpilleurs*, nos vaisseaux cuirassés ont les moyens suivants :

1° Un système de filets suspendus à une distance de quatre ou cinq mètres autour du vaisseau ;

2° Un réseau de fils de cuivre ou de fer, ou bien de chaînes de fer, que l'on fixe contre les flancs du navire, et qui peut être élevé au-dessus de l'eau si cela est nécessaire ;

3° Des canots de garde ou un cordon d'embarcations ;

4° Une série de bateaux de garde, éloignés de 60 ou 80 mètres du vaisseau cuirassé, reliés entre eux, et à une certaine distance l'un de l'autre ;

5° Des canons à courte portée, mais qui peuvent pivoter et tirer à angle très aigu pour démolir les bateaux torpilleurs ;

6° Enfin, un fanal électrique, tel que le représente la fig. 95.

De tous ces moyens de défense, le fanal électrique est le plus efficace contre une attaque épouvantable dans ses résultats. Il permet d'explorer tout l'horizon, et de reconnaître à grande distance l'approche d'un de ces terribles agents de destruction et de mort.

A bord des navires de guerre la lumière électrique a surtout pour effet d'illuminer l'espace à grande distance, de bien désigner le but à l'artillerie, de reconnaître et de déjouer les tentatives de l'ennemi. Les mêmes indications existent évidemment pour les opérations militaires sur terre ferme. Aussi a-t-on, de bonne heure, songé à appliquer la lumière électrique aux opérations des armées en campagne.

Ces tentatives, toutefois, furent longtemps incertaines dans leur résultat. Il fallut l'installation, sur les navires, des fanaux électriques et des appareils projecteurs, pour donner aux troupes de terre les moyens d'exécuter à coup sûr ce genre d'exploration nocturne. La machine magnéto-électrique de la Cⁱᵉ *l'Alliance* et les *projecteurs de lumière du colonel Mangin*, permirent de créer un service militaire régulier pour l'éclairage électrique à l'usage des troupes.

Le blocus de Paris, en 1870-71, donna la première occasion d'inaugurer la lumière électrique dans la défense des places.

Les assiégés firent des projections de lumière électrique, d'abord comme moyen d'éclairer les travaux de fortification et les tranchées de l'ennemi, ensuite pour former des signaux optiques, qui composaient une sorte de télégraphie. On faisait usage des régulateurs de Foucault et de Serrin; l'électricité était fournie par des piles de Bunsen de cinquante éléments tout au plus. Les appareils étaient placés près des remparts, dans les postes d'octroi. Sur un point seulement, près de Montmartre, on installa une machine magnéto-électrique de la Cⁱᵉ *l'Alliance*, qui fournissait une lumière beaucoup plus intense.

Dans les forts, il y avait également des lampes électriques alimentées par des piles de Bunsen.

Cependant, en raison de l'insuffisance des régulateurs et du défaut d'intensité des foyers lumineux alimentés par de simples piles, la lumière ne portait pas jusqu'aux travaux des Prussiens. La lampe électrique placée sur les hauteurs de Montmartre, et actionnée par la machine magnéto-électrique de la Cⁱᵉ *l'Alliance*, jouissait seule d'une grande portée. Elle envoyait ses rayons jusqu'à la colline d'Argenteuil.

Mais les Prussiens avaient à leur disposition des appareils bien supérieurs aux nôtres. Ils s'en servirent pour diriger à coup sûr le tir de

FIG. 95. — BATIMENT CUIRASSÉ DÉCOUVRANT UN BATEAU TORPILLEUR

leurs batteries, et pour observer nos travaux de nuit. Ils n'employaient pas des piles voltaïques, mais bien des machines magnéto-électriques au puissant foyer.

Après la guerre de France, les Allemands se sont occupés de perfectionner leur système d'éclairage électrique militaire. La machine dynamo-électrique de M. Werner Siemens pour la production de l'électricité, fut promptement adoptée par eux. A l'Exposition universelle de Vienne, en 1873, on vit de grands appareils de projection avec foyer électrique, alimentés par la première machine dynamo-électrique construite par MM. Sautter et Lemonnier, à l'usage de la marine ou des armées de terre.

Nous n'entreprendrons pas la description complète du *projecteur* employé dans notre armée : le *projecteur du colonel Mangin*. Il nous suffira de dire qu'une lunette à échelons, semblable à celle des phares, placée au foyer du réflecteur, est installée sur un chariot, et que la lumière est fournie par une machine Gramme actionnée par une locomobile à vapeur, du système Brotherood, qui donne la rotation de l'arbre moteur sans nécessiter aucune transmission. Le tout est disposé sur un chariot solidement établi, mais assez facile à manœuvrer.

Le *protecteur Mangin*, qui complète l'appareil, se compose d'un miroir sphérique concave en verre, dont les deux surfaces ne sont point de même rayon, la surface antérieure, qui est transparente, servant à corriger l'aberration de sphéricité de la surface postérieure, qui est réfléchissante. Ces appareils ont une puissance de projection considérable; on aperçoit des édifices à 9500 mètres de distance.

La figure 96 représente une vue pittoresque d'une reconnaissance faite, de nuit, en rase campagne.

Le détachement de cavalerie spécialement chargé de la manœuvre des chariots, vient de conduire l'appareil d'éclairage électrique au lieu désigné pour la reconnaissance. On a chauffé, avant le départ, la chaudière de la locomobile, qui est prête à fournir sa vapeur, pour mettre en action la machine Gramme. Le projecteur est disposé sur un point un peu élevé. On l'a établi sur un support à quatre roues, et placé sur une plate-forme pivotante. Les fils conducteurs étant fixés de manière à relier le projecteur à la machine productrice de la lumière, un puissant faisceau lumineux ne tarde pas à s'élancer au milieu des ténèbres environnantes. Les soldats chargés de manœuvrer le projecteur, promènent le faisceau de lumière tout autour de l'horizon, s'il s'agit d'une reconnaissance, ou le maintiennent dans un point déterminé, s'il s'agit d'éclairer des travaux de défense ou de fortification, comme le représente l'arrière-plan de la figure 96, que nous décrivons.

Cet appareil d'illumination électrique, qui rendra les plus grands services aux armées en rase campagne ou dans des pays peu accidentés, perdrait toute son utilité dans des régions montagneuses, à cause de son poids. Aussi, de même qu'il existe une artillerie de montagne, a-t-on disposé de petits appareils d'éclairage électrique qui peuvent être utilisés dans les pays d'un accès difficile.

La lumière électrique n'a pas encore eu l'occasion de faire ses preuves sur le champ de bataille; car dans la guerre de Tunisie, en 1882, ce sont les navires cuirassés qui eurent mission d'éclairer les places et les côtes à explorer, et qui facilitèrent ainsi le débarquement de nos troupes. Il n'y eut point d'éclairage électrique en rase campagne.

FIG. 96. — UNE RECONNAISSANCE MILITAIRE FAITE AU MOYEN D'UN FANAL ÉLECTRIQUE.

XVII

La lumière électrique sur les trains de chemins de fer. — Disposition du fanal électrique sur une locomotive. — L'éclairage de l'intérieur des wagons par l'électricité.

Une simple lampe à huile, munie d'un réflecteur, est, comme on le
sait, le seul moyen d'éclairage des trains de nos chemins de fer. Mais
ce luminaire est d'une très faible intensité, et une courbe de la voie,
une tranchée, un rideau d'arbres, le cachent à chaque instant. Il ne serait
pourtant pas indifférent qu'une forte illumination de la tête du train
annonçât au loin sa venue. La lumière électrique fournie par une machine
Gramme, actionnée elle-même par une partie de la puissance de la vapeur
de la locomotive, est toute désignée pour remplir un tel office. En ajoutant
un réflecteur qui réunit les rayons en un faisceau parallèle et qui les
projette au-devant de la voie, on éclaire avec une grande puissance la
route à parcourir.

Nous avons dit qu'en Russie, en 1873, M. Paul Jablochkoff éclairait de
cette manière la voie du chemin de fer de Moscou à Koursk, lors des
voyages du czar Alexandre II sur cette ligne.

Ce système a été proposé, tant en France qu'à l'étranger, aux principales
compagnies de chemins de fer, qui, jusqu'à ce jour, ne l'ont pas accueilli
d'une manière très favorable. D'après les ingénieurs de chemins de fer, la
dépense d'une installation de ce système ne se justifierait point par des
services proportionnés. Il n'est pas absolument nécessaire, disent-ils, que
le mécanicien voie très au loin la route devant lui. Il serait préférable que
le train eût un fanal puissant, placé, non à l'avant, mais à l'arrière ; car le
plus grand danger, sur les voies ferrées, c'est un train en détresse ou en retard. Il faudrait donc installer la lumière électrique à l'arrière du train,
pour signaler sa présence anormale ; et c'est à quoi l'on n'a pas songé.

Quoi qu'il en soit de ces remarques, l'éclairage de la voie par l'électricité
n'a encore été expérimenté sérieusement en France, qu'au chemin de fer du
Nord, en 1879. Voici le système qui fut mis en pratique par un mécanicien, M. Girouard.

Une machine Gramme, destinée à produire la lumière, est installée sur le tender, et reçoit son mouvement de l'essieu de ce wagon.

L'appareil d'éclairage se compose (fig. 92) d'une lampe Jablochkoff,

Fig. 97. — LOCOMOTIVE MUNIE, À L'AVANT, D'UN SYSTÈME D'ÉCLAIRAGE ÉLECTRIQUE.

munie d'un fort réflecteur parabolique. Une glace argentée, ou plutôt platinée, placée sous une inclinaison de 45°, reçoit le faisceau lumineux, et peut être dirigée à volonté, parce qu'elle est ajustée dans un cadre mobile, qui permet au mécanicien de l'incliner un peu à droite ou à

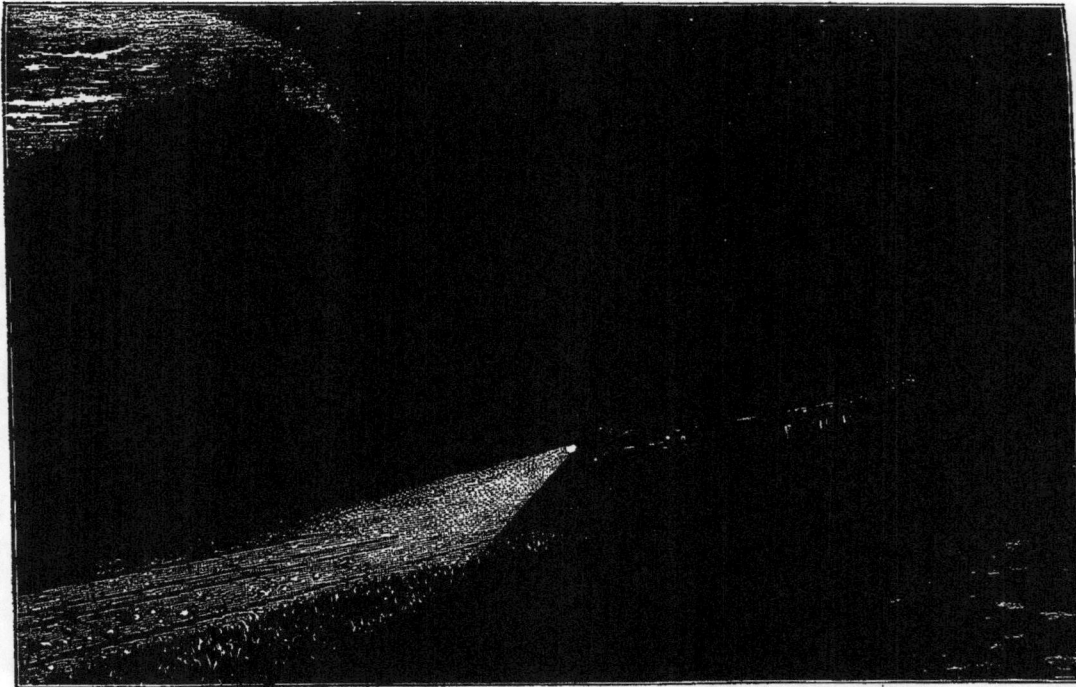

Fig. 98. — VOIE DE CHEMIN DE FER ÉCLAIRÉE PAR UN FANAL ÉLECTRIQUE.

gauche, tout en restant toujours sur le même angle. Comme la glace platinée est demi-transparente, une partie seulement du faisceau lumineux est renvoyée parallèlement à la voie; le reste est rejeté verticalement, vers le ciel, en formant un faisceau conique, qui permet d'apercevoir le train de fort loin, même quand il est engagé dans une tranchée, ou masqué par un rideau d'arbres, un pont ou d'autres obstacles.

La figure 98 montre la voie d'un chemin de fer éclairée par cet appareil.

Qui peut le plus, peut le moins. Ce vulgaire dicton s'applique fort bien à l'éclairage électrique des trains de chemins de fer. Après s'être occupé d'éclairer la voie par l'électricité on a fait des essais pour éclairer de la même manière l'intérieur des wagons. On sait combien est piteux le luminaire qui est censé éclairer les voitures pendant la nuit, ou au passage des tunnels. Quelques compagnies, en Angleterre, ont remplacé la petite lampe à huile suspendue à l'intérieur des wagons, par un bec qu'alimente un réservoir de gaz comprimé. Mais la distribution du gaz dans les différentes voitures, aux dépens d'un réservoir général, est très difficile à établir, sur des trains qui sont fréquemment rompus, dont on détache ou auxquels on ajoute souvent d'autres wagons, pendant le trajet. On a renoncé, en Angleterre, au système d'un réservoir général de gaz. M. William Sug a installé sur la toiture de chaque wagon, une boîte contenant du gaz très fortement comprimé, qui alimente la lampe pendant de longues nuits.

Il est évident qu'une lampe électrique à incandescence, placée dans chaque compartiment et entretenue par une machine Gramme, qui serait établie dans le tender, remplacerait très avantageusement le gaz comprimé contenu dans la petite boîte que l'on pose sur le toit du wagon. Les fils conducteurs de l'électricité ne donneraient lieu à aucun des embarras que font naître les tubes de plomb employés pour conduire le gaz, quand on l'emprunte à un réservoir général. Il suffirait d'adapter ces fils, au moyen d'une chaînette, au crochet de fer et aux chaînes d'attache qui relient entre eux les wagons.

Pour remplacer la machine Gramme, on a essayé, en Angleterre, les *accumulateurs Faure*, qui simplifieraient beaucoup la production de la lumière, puisqu'on ne demanderait rien au moteur du train. Ce système est celui qui nous paraît le plus rationnel.

En France, sur le chemin de fer de l'Est, on a essayé, en 1879, d'éclairer des compartiments par 30 lampes Maxim, alimentées par une machine Gramme, placée elle-même dans le premier fourgon, et commandée par une liaison mécanique avec l'essieu de ce fourgon (fig. 99). Seulement, quand le train s'arrête, la machine Gramme ne reçoit plus de mouvements. Par conséquent, résultat bizarre, la lumière doit s'éteindre dans les wagons à chaque arrêt du train. Si, par aventure, le train venait à stationner au beau milieu d'un tunnel, noir comme un four, aussitôt la lumière s'éclipserait dans tous les wagons. Elle refuserait son service, juste au moment où il est utile.

Pour prévenir ces singulières absences du luminaire, outre la machine Gramme alimentant les lampes Maxim, on a fait usage, au chemin de

Fig. 99. — ÉCLAIRAGE DE L'INTÉRIEUR DES WAGONS PAR UNE LAMPE ÉLECTRIQUE.

fer de l'Est, d'*accumulateurs Faure*, qui se chargent d'électricité pendant le mouvement du convoi, et par ce mouvement même.

On voit cependant, par cette dernière particularité, que l'installation de l'éclairage électrique à l'intérieur des wagons, n'est pas, dans la pratique, aussi simple qu'on le supposerait d'abord, et que la petite lampe à huile qui éclaire les wagons sans aucune prétention scientifique, n'est pas encore au moment d'être dépossédée de son modeste office.

XVIII

Éclairage des travaux sous-marins par l'électricité. — Éclairage général de l'eau profonde et éclairage particulier de l'ouvrier scaphandrier. — L'électricité appliquée à la pêche de nuit. — Incertitude de la question. — La pêche par l'électricité est-elle licite?

Une des plus intéressantes applications de l'éclairage électrique consiste à éclairer l'intérieur des eaux. Quand la profondeur de l'eau n'est pas considérable, la lumière du jour traverse faiblement la couche liquide; et elle suffit pour éclairer les hommes qui, enveloppés du scaphandre, travaillent sous l'eau, en respirant l'air du dehors, injecté par un tube. C'est ainsi que l'on procède chaque jour, dans nos ports et nos rades, pour exécuter les travaux de construction ou de réparation des digues et jetées. C'est ainsi que l'on a pu effectuer le sauvetage ou le renflouement de centaines de navires engloutis dans la mer, et qu'on a pu se livrer à l'examen des parties immergées de leurs quilles. Mais quand on arrive à une certaine profondeur d'eau, c'est-à-dire à partir de 8 à 10 mètres, le jour manque au plongeur et ses travaux deviennent impossibles.

On est bien parvenu à entretenir, par des injections d'air lancé par une pompe, la combustion d'une lampe sous-marine, comme on entretient, par une semblable injection d'air, la respiration des ouvriers travaillant au fond de l'eau avec le scaphandre. Mais le courant d'air injecté éteint souvent la lumière, et il est de toute évidence que l'éclairage électrique doit résoudre infiniment mieux le problème.

Des expériences faites à Dunkerque, avec la machine de la Cⁱᵉ *l'Alliance*, ont donné les meilleurs résultats. A 50 mètres de profondeur, la lumière s'étendait dans un très grand rayon. Cependant, la machine magnéto-électrique qui fournissait la lumière sous-marine était installée à plus de 100 mètres du niveau de l'eau. Les parois du globe de verre entourant le foyer restaient complètement transparentes, et l'usure des charbons était bien moins rapide que dans l'éclairage à l'air libre.

Dans plusieurs de nos ports, des bougies Jablochkoff enfermées dans un globe de verre descendu sous l'eau, et alimentées par une machine Gramme, ont servi à éclairer les ouvriers pendant les travaux sous-marins.

La figure 100 représente les dispositions fort simples, qui permettent d'éclairer par l'électricité la profondeur des eaux pendant les travaux des scaphandriers.

On a proposé un autre moyen, de fournir au plongeur travaillant sous l'eau un jour artificiel. Une petite lampe à incandescence serait fixée sur le sommet du casque du scaphandrier, ou bien serait tenue à la main par cet ouvrier (fig. 101). Pour cela, les deux fils conducteurs partant de la machine magnéto-électrique fonctionnant sur terre, suivraient le tube res-

FIG. 100. — LA LAMPE ÉLECTRIQUE DE L'OUVRIER SCAPHANDRIER.

piratoire et aboutiraient à la lampe à incandescence placée sur le casque du scaphandrier, ou bien ils se prolongeraient le long de son bras, jusqu'à la main supportant la lampe. Mais on immobiliserait ainsi un des bras de l'ouvrier. Ce moyen serait donc moins pratique que celui qui consiste à illuminer le chantier sous-marin par une lampe électrique suffisamment forte.

Que dire de l'emploi de l'éclairage électrique pour la pêche? On a plusieurs fois essayé d'immerger sous l'eau un foyer lumineux, dans le but d'éclairer le royaume des poissons. Mais il est impossible de se prononcer sur la valeur d'un tel procédé. On ne sait pas au juste, en effet, si la lumière élec-

FIG. 101 — ÉCLAIRAGE DES TRAVAUX SOUS-MARINS PAR L'ÉLECTRICITÉ

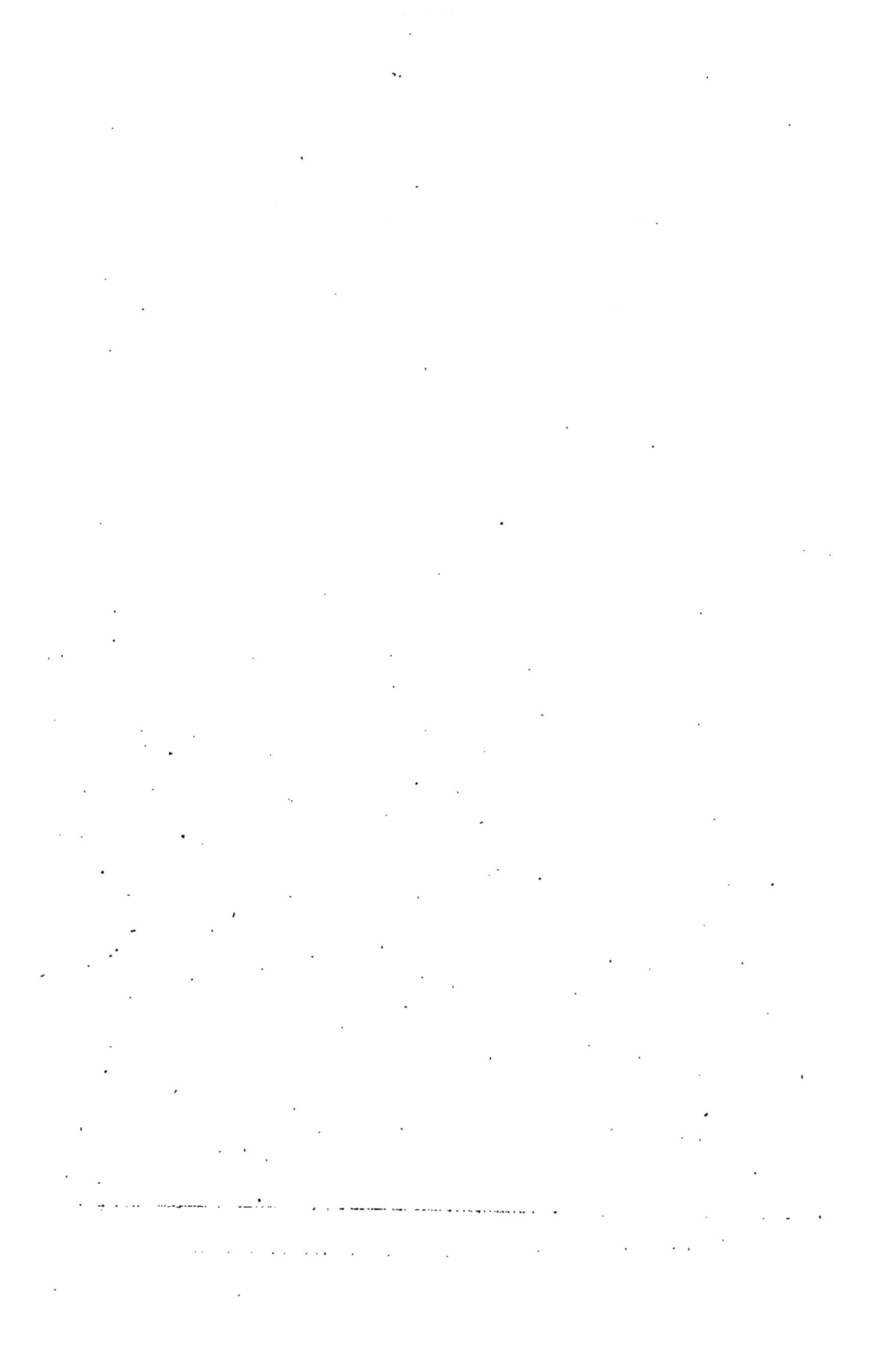

trique attire ou éloigne la gent aquatique. Nous avons déjà dit que la pêche au moyen de la lumière électrique était la marotte de Jobard. En 1856, le docte abbé Moigno rendit compte, dans son journal *Les Mondes*, avec de grands élans d'enthousiasme et d'admiration, de plusieurs pêches à la lumière électrique, faites, soit sur des pièces d'eau, soit en mer, et les mânes de Jobard en tressaillirent d'aise. Selon M. l'abbé Moigno, en Angleterre, M. Faushawe aurait réussi à prendre de cette manière beaucoup de merlans et de maquereaux.

« L'aspect de la mer, durant cet essai, écrivait M. l'abbé Moigno, était splendide. La lumière réfléchie portait la teinte vert-bleuâtre de l'eau depuis le fond jusqu'au sommet de chaque vague. Les voiles et les cordages étaient aussi éclairés, et l'on aurait dit que le vaisseau flottait sur une mer d'or. Les poissons argentés s'élançaient à l'entour, et montaient à chaque instant vers la surface de l'eau illuminée, offrant l'aspect de bijoux polis dans une mer d'or et d'azur. »

Mais bientôt le même docte abbé, dans son même journal, chantait une autre antienne. Il ne parlait plus ni de « mer d'or » ni de « poissons argentés » ni de « vagues d'azur », et l'ombre de Jobard essuyait une larme.

M. l'abbé Moigno rapportait des expériences faites à Dunkerque, avec une lampe électrique sous-marine, expériences qui auraient laissé beaucoup d'incertitude sur l'effet de la lumière auprès de messieurs les poissons, lesquels, au lieu d'accourir, auraient opéré une prudente retraite, devant ce feu d'artifice tiré sous l'eau. Enfin, dans un dernier article, M. l'abbé Moigno racontait la déconvenue d'un nabab anglais, M. Hoppe, qui avait voulu se donner le spectacle d'une pêche miraculeuse. Par un beau soir d'été, un grand foyer de lumière électrique fut immergé au milieu du lac d'Enghien. L'intérieur du lac était parfaitement éclairé ; seulement la lumière effraya les poissons, qui s'enfuyaient à qui mieux mieux, à tire de nageoire. Pas un ne montra sa queue, et la pêche finit faute de poissons !

A Douarnenez, près de Brest, en 1873, en présence du commissaire d'inspection maritime et de l'officier commandant la barque garde-côtes, M. Chauvin fit des expériences du même genre. On attira assez bien le poisson une première fois, mais d'autres fois le fanal électrique revint bredouille.

L'application de l'électricité à la pêche est, en résumé, une question non résolue. En supposant, du reste, qu'on arrivât à surmonter les difficultés qui s'y rapportent, il resterait à décider si c'est là un moyen de pêche loyal et licite. La législation de la chasse qui interdit l'usage de certains engins produisant le meurtre du gibier sur une grande échelle, devrait certainement s'appliquer à ces hécatombes scientifiques des paisibles habitants du domaine des eaux.

XIX

L'éclairage électrique des théâtres. — Dangers et inconvénients du gaz, dans les théâtres. — L'éclairage électrique à l'Opéra de Paris, à l'Hippodrome, au théâtre du Châtelet. — Les lampes à incandescence Swan, au théâtre Savoy, de Londres. — Essai du même système et des piles accumulatrices au théâtre des Variétés, à Paris, en 1882-1883. — Le système Edison au théâtre de la ville de Brünn, en Roumanie, et au théâtre du Parc, à Bruxelles. — La lumière électrique dans les jardins publics. — Le Concert des Champs-Élysées, à Paris. — Le Prado, à Madrid.

En 1873, le théâtre des Célestins, à Lyon, nouvellement construit, brûlait en entier, dans l'espace d'une nuit, occasionnant la mort de plusieurs personnes, et il fallait un espace de six années pour l'édifier à nouveau.

Au mois de janvier 1874, le grand Opéra de Paris prenait feu, à la suite d'une représentation d'*Hamlet*, et en quelques heures, cet immense bâtiment, enclavé au milieu d'un quartier populeux, s'effondrait de fond en comble, après avoir menacé de communiquer l'incendie aux maisons avoisinantes.

En 1876, le théâtre de Brooklyn, faubourg de New-York, prenait feu, en pleine représentation : 23 personnes périssaient dans la fournaise, et on en retirait 300 blessés.

Pendant la même année, le théâtre des Arts, à Rouen, subissait un sort semblable. La représentation d'*Hamlet* allait commencer, quand on vit les flammes s'élancer au haut de l'édifice. Les employés, les musiciens, les artistes, déjà revêtus de leurs costumes, sautèrent par les fenêtres, pour échapper à la mort, qui fit, toutefois, 7 à 8 victimes. Ce théâtre ne fut réédifié qu'en 1882.

En 1879, après la représentation, le théâtre de Montpellier fut la proie d'un incendie, qui, dans la nuit, le détruisit de fond en comble, ne laissant subsister que les quatre murs extérieurs. Sa reconstruction n'est pas encore terminée.

Au printemps de 1881, le théâtre Italien de Nice brûlait, au commencement d'une représentation. Le compteur de gaz ayant été atteint, une obscurité totale régna tout aussitôt dans la salle. C'est à tâtons que la foule, terrifiée, dut chercher son chemin à travers les corridors étroits et des escaliers multipliés. 70 personnes succombèrent à l'asphyxie.

Six mois après, catastrophe plus terrible encore à Vienne, en Autriche.

Le 8 décembre 1881, au moment où la salle était remplie de spectateurs, accourus pour voir représenter l'opéra-comique des *Contes d'Hoffmann*, l'incendie éclate au théâtre de Vienne qui porte le nom de *Ring Theater* (c'est-à-dire *Théâtre du chemin de fer de ceinture*). C'est sur la scène, comme à Nice, que le feu prend à un décor ou à une frise, pendant qu'un machiniste, quelques instants avant le lever du rideau, allume le gaz, avec un allumoir à alcool. Et la propagation du feu de la scène à la salle est tellement rapide, que dans cinq minutes la fumée remplit tout, et commence à asphyxier les spectateurs. Alors, une personne malavisée a l'idée de fermer le compteur à gaz; et voilà, comme à Nice, la salle subitement plongée dans une obscurité totale.

On comprend, mieux qu'on ne les décrit, les scènes d'horreur qui suivirent. Au milieu de l'obscurité, les spectateurs cherchent à gagner les issues; mais ils ne les trouvent pas, et s'écrasent, s'étouffent, aux portes des couloirs. Bientôt, les piétinements des malheureux affolés, leurs mouvements désordonnés, font écrouler la galerie supérieure, qui tombe dans l'orchestre, avec des centaines de spectateurs, qui sont jetés dans le brasier. Les flammes gagnent partout, ne trouvant nulle part le plus faible obstacle, car les pompiers, chose inouïe, n'étaient pas au théâtre. Le rideau de fer qui existait pourtant, n'avait pas été abaissé, et d'ailleurs, il n'eût pas arrêté la fumée; enfin, de grandes réserves d'eau, qui étaient tenues en réserve, en haut du théâtre, pour être déversées, en cas d'incendie, ne furent pas utilisées. Tout le personnel de la scène, ne songeant qu'à son salut, avait fui précipitamment.

Cinq cents victimes humaines périrent dans cette catastrophe, la plus terrible peut-être dont on ait conservé le souvenir; car on pourrait citer bien peu de désastres de ce genre ayant occasionné la mort de cinq cents personnes[1].

Quelle est la cause de toutes ces catastrophes? La même: le gaz.

---

[1] Voici la statistique du nombre de personnes qui ont été tuées ou blessées dans les principaux incendies qui ont détruit des théâtres depuis environ un siècle:

	Morts.	Blessés.
1772. Incendie du théâtre d'Amsterdam.	17	»
1778. Colisée de Saragosse.	137	»
1781. Opéra du Palais-Royal.	21	»
1796. Théâtre de Capo d'Istria.	1 006	»
1794. Grand Théâtre de Nantes.	7	»

M. Charles Garnier, l'architecte de l'Opéra, a dit un mot terrible : « Tout
« théâtre est fatalement voué à l'incendie. » Il aurait dû ajouter : « s'il est
« éclairé au gaz. »

Un théâtre est un amas de matières prodigieusement sèches et prodigieusement combustibles. Les décors enduits de peinture résinifiée, les
toiles peintes à l'huile ou à la colle, les châssis de bois léger, les portants
de bois découpé, des tentures et des rideaux flottants, tout cela représente
une immense et multiple allumette, qui ne demande qu'à s'enflammer,
une poudrière toujours prête à sauter. Et c'est à travers cet amas de
combustibles, dans ce véritable magasin à poudre, que l'on dissémine à
profusion des languettes de feu ! Qu'un coup de vent, sur la scène, dans
les frises, dans les coulisses, ou dans les loges d'artistes, vienne à pousser
un rideau contre une flamme de gaz, et aussitôt, tout s'embrase, le feu
voyageant avec une rapidité prodigieuse dans cette forêt de matières
inflammables accumulées comme à plaisir.

La vie de l'homme est de soixante ans, dit la Bible ; la vie des théâtres
est beaucoup plus courte. La statistique montre que la durée moyenne
des théâtres est de trente ans, et les faits sembleraient prouver que ce chiffre
est encore au-dessous de la vérité. Le nombre de théâtres qui disparaissent
chaque année, est effrayant. Presque tous sont détruits par le feu, et dans
quatre-vingt-dix cas sur cent, le gaz est la cause première du sinistre.

J'ai vécu, trois mois consécutifs, dans un théâtre, lorsque, pendant
l'été de 1882, je fis représenter à Paris, au théâtre de la Gaîté, le drame
historique et scientifique de *Denis Papin, ou l'Invention de la vapeur*,
et j'ai pu voir alors par moi-même le danger incessant auquel expose
l'éclairage par le gaz. C'est dans la partie non réservée au public que le

	Morts.	Blessés.
1811. Théâtre de Richmond.	78	»
1836. Lehmann-Théâtre, à Saint-Pétersbourg.	800	»
1838. Théâtre de Sinigaglia (Ancône).	2	»
1845. Théâtre de Canton (Chine).	1.670	1.700
1845. Théâtre de Québec (Canada).	200	»
1847. Théâtre de Carlsruhe	63	200
1853. Opéra de Moscou.	»	11
1857. Théâtre de Livourne.	»	100
1872. Théâtre de Tien-tsin (Chine).	600	»
1873. Théâtre des Célestins, de Lyon.	»	3
1874. Opéra de Paris.	»	4
1876. Théâtre Brooklyn (États-Unis).	283	300
1876. Théâtre des Arts, à Rouen.	»	8
1879. Théâtre de Montpellier.	»	2
1880. Théâtre de Nice.	70	»
1881. Ring-Theater de Vienne.	600	»

danger est, pour ainsi dire, en permanence, parce que le gaz est perpé-
tuellement à deux doigts des matières les plus combustibles. On appelle
herse une traînée de gaz destinée à éclairer le bas ou le haut de la *toile
de fond*. Or, cette *toile de fond* vient presque toucher la traînée de gaz.
La *herse* qui, placée dans les frises, illumine le haut de la même *toile de
fond*, est à peu près hors de toute surveillance, n'étant sous la garde
que de quelques machinistes, presque toujours endormis. Un souffle, un
coup de vent, une porte qui s'ouvre, et la toile prend feu.

Dans les coulisses, vous ne voyez que conduites de gaz et longs boyaux
de caoutchouc rampant sur le parquet, auxquels vous trébuchez, ou que
vous écrasez du pied, si vous n'y prenez garde. Pendant les entr'actes,
pour peu que la pièce soit à spectacle, on n'est occupé qu'à tirer des dessous
et à raccorder les conduites de gaz, pour éclairer les portants, pour simuler
des lustres, pour préparer des effets d'éclairage, tantôt du bas, tantôt du
haut d'un décor.

Aujourd'hui que le nombre des pièces à féerie s'accroît tous les jours, par
suite de l'abaissement du goût du public, par l'effet de la décadence et de
la dégénérescence des théâtres, les représentations deviennent un danger permanent. A certains tableaux de féerie, la scène ne peut être regardée sans
frémir. De tous les côtés apparaissent des flammes de gaz, en ligne verticale le long des portants, en ligne horizontale le long des herses. Des
tuyaux flexibles sillonnent le plancher de *traînées* laissant jaillir des languettes de feu sous les pas des acteurs et actrices, qui, au milieu de ces
flammes sans protection, vont et viennent avec leurs manteaux, leurs
robes traînantes, leurs jupons de gaze et de mousseline. Une étincelle,
un tuyau crevé, et tout cela s'embrase.

Ajoutez que de six heures du soir à minuit, le gaz brûle dans toutes les
loges d'artistes, grands et petits. Dans la loge du premier sujet, comme
dans celle du chef choriste, quand elle n'est pas occupée, le gaz brûle
à *bleu*, c'est-à-dire avec une flamme imperceptible. Mais dans les manœuvres continuelles du robinet pour baisser le gaz au *bleu* ou lui donner
son plein, on est exposé à produire des fuites. C'est ce qui arriva à Paris,
le 25 avril 1883, dans la loge du chef des figurants de l'Ambigu, où une
épouvantable explosion brûla et blessa 18 malheureux figurants, qui arrivaient pour s'habiller. Un robinet de gaz non fermé avait formé un mélange
détonant, qui s'enflamma et mit tout en morceaux dans la loge, au moment
où l'on frottait une allumette, pour allumer le gaz.

Considérez enfin qu'il existe des kilomètres de tuyaux de gaz dans les
différentes parties de l'édifice, et que ces tuyaux sont continuellement

exposés à être rompus, brisés, par les manœuvres des machinistes et vous comprendrez combien il existe, dans un théâtre éclairé au gaz, de causes non soupçonnées d'incendie.

Mais à ce compte, me direz-vous, comment se fait-il que chaque soir, il n'arrive point d'accidents de feu dans un théâtre? Les accidents sont fréquents, n'en doutez pas. Seulement, le service de surveillance est parfaitement organisé, et les pompiers font admirablement leur office. Ils sont présents partout, et ils n'ont que trop souvent à déployer leur zèle. Que d'incendies partiels ainsi arrêtés, et dont le public ne se doute pas! S'il s'en aperçoit quelquefois, il n'en soupçonne pas la gravité.

Pendant la première représentation de la *Fille de Mme Angot*, au théâtre des Folies dramatiques, au commencement du deuxième acte, à la scène des conjurés en collet noir, le gaz mit feu à une tenture posée devant la porte du fond, et une longue flamme sillonna le fond de la scène. On vit alors le régisseur, M. Charles Huber, s'empresser de monter sur une chaise, et de tirer fortement à lui le rideau enflammé qui, heureusement, se déchira par le haut, ce qui empêcha la flamme d'aller plus loin. Et aussitôt, dans la coulisse, les pompiers d'accourir, et d'arroser le haut du décor. Il y avait là un danger immense. Quelques secondes de retard pour arracher la tenture enflammée, et le feu gagnait partout. Mais personne, dans la salle, ne se douta de rien. Bien plus, comme on prétend, dans les théâtres, qu'un commencement d'incendie, le jour d'une première représentation, est d'un bon augure, tout le monde était enchanté. Et de fait, l'augure se vérifia: vous savez le succès légendaire de la *Fille de Mme Angot*.

Voilà le bilan de l'éclairage au gaz dans les théâtres, en ce qui concerne le côté incendie. Mais il y a une autre face à cette désagréable médaille. L'autre côté des méfaits du gaz, c'est la chaleur qu'il occasionne dans la salle, et la viciation de l'air qu'il provoque nécessairement, en usant l'oxygène de l'air.

Un bec de gaz vicie l'air atmosphérique autant que deux personnes, et la chaleur qu'il développe en brûlant, échappe à toute mesure. C'est le gaz qui transforme, en été, nos salles de théâtre en fournaise, et qui en fait, pendant l'hiver, un lieu méphitique. Supprimez le gaz, remplacez-le par un mode d'éclairage qui laisse intact l'oxygène de l'air, qui ne le charge ni d'acide carbonique ni de vapeur d'eau, et qui, en même temps, ne dégage aucune chaleur, et l'enceinte d'un théâtre sera, en hiver comme en été, un séjour des plus salubres.

Sans doute, une bonne ventilation obvierait à la viciation et à l'échauffement de l'air. Mais la ventilation des salles de spectacle est un mythe, qui n'a jamais été réalisé que sur le papier. En pratique, le problème est insoluble, attendu qu'il faudrait satisfaire tout le monde, ce qui est impossible : le bonheur de plaire à tout le monde n'étant donné, comme on dit, qu'au louis d'or. Aucun procédé de ventilation n'a pu jamais être accepté et reconnu bon par le public. S'il y a des bouches de ventilation, les spectateurs se plaignent des courants d'air. S'il existe une ouverture au plafond, ils crient contre l'air glacé qui leur tombe sur la tête. A peine un moyen de ventilation quelconque est-il installé dans un théâtre, que tout le monde s'insurge. Dès lors, le directeur supprime tout système de ventilation, et l'on ne saurait l'en blâmer.

Voilà pourquoi nos salles de spectacle sont empoisonnées par les produits insalubres provenant de la combustion du gaz et les émanations organiques des spectateurs, en même temps qu'elles sont chauffées à blanc par des centaines de petits foyers.

Toutes ces considérations sont d'une telle évidence que, dès l'apparition de la lumière électrique, chacun comprit, comme d'instinct, que là était le salut pour l'éclairage des théâtres. Tant que l'on ne disposa que de l'arc voltaïque, ne produisant qu'un seul et trop puissant foyer lumineux, comme la bougie Jablochkoff ou la lampe Siemens, la difficulté ne fut pas résolue; mais dès l'apparition des lampes à incandescence, c'est-à-dire des petits luminaires Edison, Swan, Maxim, etc., la cause fut gagnée. Chacun aurait voulu que l'éclairage électrique prît immédiatement possession de toutes les salles de spectacle. Mais les perfectionnements, même les mieux indiqués, ne se réalisent pas aussi vite. Toute mûre qu'elle paraisse, une invention a besoin d'être profondément étudiée, pour entrer dans la pratique. Tel a été le cas de l'application de la lumière électrique à l'éclairage des théâtres.

Il y a dans un théâtre différentes parties à éclairer, et toutes ne s'accommodent pas du même système. La scène ne peut s'éclairer comme la salle, la salle comme le foyer du public, comme les couloirs et les escaliers. Il faut un certain rapport entre le degré d'éclairage de ces divers locaux. Une même lumière serait trop forte pour les uns, trop faible pour les autres. Dans les essais faits à l'Opéra, en 1881, le seul foyer du public demanda deux systèmes différents : une lumière douce, pour le public qui se promène dans le foyer, une lumière puissante au plafond, pour rendre visibles les peintures qui ornent ses magnifiques voûtes.

Sur la scène, il faut un autre éclairage pour la rampe, où il s'agit d'éclairer convenablement les artistes, que pour les coulisses, où il faut largement éclairer les décors. Si la salle est trop lumineuse, la scène pâlit. Le vestibule, les couloirs, ne doivent pas être éclairés comme la scène.

Ce sont là autant d'études à faire. L'éclairage au gaz a nécessité de longs tâtonnements pour atteindre à la perfection artistique dont il est en possession aujourd'hui. L'éclairage par l'électricité devra suivre la même voie d'essais et de recherches. Depuis quelques années ces études ont commencé, et elles se sont traduites par l'installation de l'éclairage électrique dans un certain nombre de salles de spectacle. Nous allons faire connaître ce qui a été réalisé jusqu'ici dans ce genre, et cet exposé vaudra mieux que toutes les considérations générales ou les raisonnements à priori.

La lumière électrique a été expérimentée ou adoptée, jusqu'à ce jour, dans les théâtres suivants :

1° Au théâtre de l'Opéra, à Paris ; — 2° à l'Hippodrome de Paris ; — 3° au théâtre du Châtelet, à Paris ; — 4° au théâtre Savoy, à Londres ; — 5° au théâtre des Variétés, à Paris ; — 6° au Grand Théâtre de Brünn, en Moravie ; — 7° au théâtre du Parc, à Bruxelles.

De 1880 à 1883, on a fait, à l'Opéra de Paris, des essais multipliés d'éclairage par l'électricité, M. Charles Garnier, l'éminent architecte, étant un partisan décidé de ce procédé. Mais les résultats de ces essais sont restés longtemps sans caractère tranché. Tout était subordonné aux locaux à éclairer. Les grands foyers Jablochkoff illuminaient les vestibules ; la rampe était éclairée par des lampes Swan ; le foyer des abonnés recevait des lampes Swan ; le foyer du public des lampes-soleil, des becs Edison et des lampes Maxim. Le résultat définitif fut long à se dégager. Jusqu'en 1883 l'Opéra de Paris a réuni, comme pour une sorte d'enquête comparative, les systèmes d'éclairage les plus opposés. On y trouvait l'éclairage au gaz, les lampes à huile exigées par la Préfecture de police, enfin l'électricité, et l'électricité empruntée à toutes sortes de systèmes.

Il a été décidé, en définitive, qu'on emploierait la lumière Edison, jointe aux lampes-soleil. 1800 lampes Edison éclaireront la salle, la scène et les couloirs. Le foyer sera éclairé par des lampes-soleil. Dans le grand lustre de la salle, on combinera la lumière par incandescence avec les lampes à arc voltaïque, et l'on réalisera ainsi un éclairage digne des splendeurs du Grand Opéra.

La machine à vapeur produisant les courants électriques nécessaires pour alimenter tous ces becs, sera placée dans un terrain éloigné, situé dans le neuvième arrondissement.

Cependant, l'Opéra est d'une organisation si compliquée, tout y prend de si vastes proportions, par suite de l'échelle anormale, excessive, sur laquelle il est construit, qu'il est impossible de tirer de ce qui s'y fait un

FIG. 102. — L'ATELIER DE PRODUCTION DE LUMIÈRE A L'HIPPODROME DE PARIS.

enseignement utile pour les autres théâtres. Arrivons donc à des théâtres qui rentrent dans les conditions communes.

Le premier qui va nous occuper nous donnera tout de suite de précieuses leçons. Nous voulons parler de l'Hippodrome.

L'Hippodrome de Paris renferme une installation d'éclairage par l'électricité tout à fait remarquable. La salle est immense. Elle a la forme d'un rectangle terminé par deux demi-circonférences. Quatre colonnes en fonte, distantes de 36 mètres dans un sens, de 17 mètres dans l'autre, sont les seuls points d'appui placés à l'intérieur de cette construction colossale. La longueur de l'édifice est de 105 mètres; sa largeur de 70 mètres; sa hauteur de 25 mètres; sa surface de 6300 mètres. Huit mille spectateurs peuvent y trouver place.

Quand la salle de l'Hippodrome est entièrement éclairée, son aspect est féerique. La piste est pourvue de 20 lampes voltaïques à régulateur Serrin, munies de puissants réflecteurs, et la salle de 60 bougies Jablochkoff disposées en deux lignes sur le pourtour, avec 4 corbeilles couronnant les colonnes centrales. Les bougies Jablochkoff sont munies du *système automoteur*, c'est-à-dire du remplacement opéré mécaniquement d'une bougie par une autre, après son extinction.

Pour produire l'électricité, on fait usage de deux machines à vapeur, de la force de 100 chevaux chacune, qui actionnent les machines dynamo-électriques. On ne développe que la force de 140 chevaux, mais on a pris 200 chevaux de force, en prévision d'un supplément de lumière pour les fêtes de nuit.

L'éclairage de l'Hippodrome exige un développement lumineux équivalent à plus de 12 000 becs Carcel. Quand il était éclairé par le gaz, la dépense était de 1300 francs par soirée. L'éclairage électrique ne coûte aujourd'hui que 320 francs, et il donne une quantité de lumière au moins égale.

Il est intéressant de connaître la disposition des machines de l'Hippodrome, qui constituent une véritable usine à lumière. Entrons, en conséquence, dans la salle des machines, que représente la figure 102. Dans cette figure, on a supprimé les chaudières des machines à vapeur. On s'est borné à représenter, sur la gauche, le volant et la courroie qui sont mis en action par la vapeur. Les machines à vapeur, de la force de 100 chevaux chacune, et qui sont, comme nous l'avons dit, au nombre de deux, sont du système *Compound*. Elles sont alimentées par trois vastes chaudières, à retour de feu.

Le volant de la machine à vapeur met en mouvement quatre rangées de machines dynamo-électriques Gramme, chaque rangée contenant sept machines Gramme, comme on le voit sur la figure 102. Chaque machine a une courroie spéciale, mais ces sept courroies aboutissent à un même tambour.

Sur la paroi du fond de la salle sont fixés les fils conducteurs qui amènent l'électricité aux différents brûleurs disséminés dans la salle. Ils sont rattachés à 50 commutateurs.

Les bougies Jablochkoff sont placées dans la salle, à raison de cinq par circuit, sur les colonnes de fonte, quatre dans le pourtour. Il y a un circuit électrique pour chaque régulateur Serrin. Les foyers du pourtour sont à feu nu, munis de réflecteurs paraboliques et hyperboliques. Les foyers distribués dans le reste de la salle, sont contenus dans des lanternes à réflecteurs hémisphériques, fermés au devant par des lames diffusantes.

L'éclairage de l'Hippodrome par les bougies Jablochkoff est une des applications de ce système les mieux réussies qui aient encore été faites. La beauté de l'éclairage et l'économie considérable que l'on en retire sont des résultats positivement acquis. On peut seulement faire remarquer que l'Hippodrome n'étant pas un théâtre proprement dit, ce que l'on y a réalisé ne peut s'appliquer aux théâtres ordinaires, dont les dispositions intérieures sont toutes différentes et beaucoup plus compliquées.

Le théâtre du Châtelet, à Paris, est éclairé par les bougies Jablochkoff, mais il n'y en a qu'un très petit nombre; la majeure partie de l'éclairage étant réservée au gaz. Ce n'est donc qu'un essai fort timide. Il y a quatre foyers Jablochkoff sur la terrasse qui surmonte la grande entrée du théâtre, 8 dans la salle et 4 sur la scène. Quand cela est nécessaire, des portants mobiles, munis de lampes Jablochkoff, sont mis en place et allumés par un commutateur.

Aucun globe n'enveloppe la bougie, qui brûle à feu découvert, au devant d'un réflecteur cylindrique en métal blanc, chargé de disséminer la lumière. La clarté électrique se mélangeant à celle du gaz, fournit dans la salle une lueur éclatante et blanche, d'un très heureux effet.

L'électricité est fournie par une machine Gramme, que met en mouvement une locomobile à vapeur. Le tout est placé dans une cour intérieure, située au-dessous de la scène.

Londres a vu, en 1881, l'inauguration de l'éclairage d'un théâtre par l'électricité. Nous voulons parler du théâtre Savoy. Ce n'est point, bien entendu, le système Jablochkoff, qui donnerait des foyers trop puissants pour un édifice de petites dimensions, qui fonctionne au théâtre Savoy. C'est le système par incandescence, effectué par les lampes Swan.

Le théâtre est éclairé par 1158 lampes Swan, d'un nouveau modèle. Sur ces 1158 lampes, 114 sont placées dans la salle. Elles sont disposées en groupes de trois, et supportées par des appliques très élégantes, le long des différentes galeries. Chaque lampe est renfermée dans un globe de verre dépoli, disposition qui produit une lumière douce et agréable.

220 lampes sont employées pour l'éclairage des nombreux corridors, passages et loges appartenant au théâtre, tandis que 824 lampes Swan sont placées sur la scène.

Nous représentons par la figure 103 une des appliques à trois globes et par la figure 104 la lampe servant à l'éclairage du théâtre Savoy.

Une vis V, qui se trouve à la partie inférieure de la lampe, permet de la fixer dans une monture quelconque. Les fils conducteurs sont attachés à deux bornes de platine, A, B, et leur contact est maintenu fortement serré par un ressort de cuivre en spirale, R, entourant l'enveloppe du verre de la lampe.

Deux cents lampes forment six groupes, alimentés chacun par un courant particulier. Ce courant est produit par une machine dynamo-électrique de Siemens, actionnée par trois machines à vapeur, dont la force totale est de 120 à 130 chevaux. Machines Siemens et moteurs à vapeur sont placés sous un hangar, au milieu d'un terrain vague, contigu au quai

FIG. 103. — GLOBES DES LAMPES SWAN EMPLOYÉES AU THÉÂTRE SAVOY, A LONDRES (APPLIQUE A TROIS BRANCHES)

Victoria. Le courant est amené au théâtre par des câbles isolés, posés sous le sol.

Ce qu'il y a d'intéressant, au point de vue scientifique, dans cette installation, c'est la manière dont on fait varier l'intensité des foyers dans toute les parties du théâtre. En tournant une petite tige qui correspond aux différents circuits électriques, on peut porter la lumière jusqu'à sa pleine puissance, ou l'abaisser jusqu'à une teinte rouge faible, aussi facilement que s'il s'agissait du gaz. Les tiges, ou *manettes régulatrices*, au nombre de six, sont rangées contre le mur d'un cabinet, placé à gauche de la scène, qui représente assez bien la cabine des chefs gaziers de nos théâtres. Ces *manettes régulatrices* agissent sur un commutateur à six voies, à l'aide duquel on peut introduire dans le circuit électrique correspondant, une résistance de une à six fois plus forte. L'intensité du courant électrique qui traverse les lampes, est accrue ou diminuée dans les mêmes proportions.

Les résistances que l'on introduit dans le circuit pour le modérer, et dans lesquelles les quatre commutateurs font passer le courant, sont de longues spirales de fil de fer, ou des bandes de fer en zig zag, portées sur un cadre et ayant une libre circulation d'air autour d'elles, afin de diminuer l'échauffement produit par le courant.

L'adoption de l'éclairage électrique au théâtre Savoy a popularisé ce système en Angleterre. Pour montrer à tous les yeux que la chaleur de ces globes éclairants est nulle, le directeur a eu l'idée d'entourer un certain nombre de lampes, de dentelles, qui ne sont jamais ni altérées ni roussies. Dans les premiers temps de l'installation, on voyait, pendant un entr'acte, un

FIG. 104. — LA LAMPE SWAN DU THÉÂTRE SAVOY, A LONDRES.

machiniste paraître sur la scène, armé d'un marteau, et écraser, d'un coup de ce marteau, une lampe entourée de dentelles. Le verre se brisait, la lampe s'écrasait; mais rien de particulier ne se produisait, et la dentelle était retirée intacte. C'était une manière comme une autre de montrer qu'un accident quelconque arrivé à cet appareil d'éclairage, ne saurait entraîner rien de fâcheux pour la sécurité des spectateurs.

A Paris, le théâtre des Variétés a fait l'essai, en 1882-1883, d'un système complet d'éclairage par l'électricité. Les lampes Swan étaient employées, comme au théâtre Savoy de Londres, mais leur puissance lumineuse était moindre. Au théâtre Savoy de Londres, les luminaires Swan valent 5 becs Carcel; au théâtre des Variétés, à Paris, on les avait ramenés à la valeur de 3 becs, pour ne pas être obligé d'atténuer la lumière par des globes demi-transparents. Il est, en effet, plus rationnel de ne produire que la quantité de lumière que la vue peut supporter, en laissant apparaître sa gaie et brillante flamme, que de la dérober aux yeux, en dépensant inutilement de l'électricité.

C'est la machine dynamo-électrique Siemens qui servait, au théâtre des Variétés, à produire l'électricité, et consécutivement, la lumière. Au théâtre Savoy, la machine dynamo-électrique Siemens est actionnée, comme nous l'avons dit, par une machine à vapeur. Mais il aurait été impossible, dans l'espace étroit du théâtre des Variétés, d'installer une machine à vapeur, ainsi qu'on l'a fait au théâtre Savoy, de Londres, où le terrain ne manque pas. La pile accumulatrice de M. Gaston Planté, rendue industrielle par M. Faure, intervint ici avec un grand bonheur. Une pile accumulatrice se charge d'électricité pendant le jour, et dépense cette électricité, le soir, pour entretenir l'éclairage. Elle joue à peu près le rôle d'un réservoir, qui se remplirait pendant 12 à 15 heures, et se viderait pendant 8 heures. C'est une espèce de caisse d'épargne électrique.

Ne pouvant, comme il vient d'être dit, par suite de l'insuffisance d'espace, employer de machine à vapeur, on chercha un autre moteur. Il y avait bien la force hydraulique de l'eau de la ville, et l'eau ne manque pas dans un théâtre ; mais cette force n'aurait pas suffi. On s'adressa alors au moteur à gaz, ce charmant et curieux appareil, aujourd'hui répandu dans une foule de petites industries, et dans lequel un mélange d'air et de gaz, en faisant explosion, lance un piston dans un corps de pompe, en produisant l'effet mécanique de la vapeur.

Le moteur à gaz qui fonctionnait au théâtre des Variétés, pour mettre en mouvement les électro-aimants de la machine dynamo-électrique Siemens, était de la force de 10 chevaux.

Arrêtez un instant votre pensée, lecteur, sur ce moteur à gaz actionnant une machine à lumière, dans le sous-sol d'un théâtre, et pour peu que vous ayez l'esprit philosophique et méditatif, vous trouverez là matière à de bien curieuses réflexions. Il s'agit de remplacer le gaz par l'électricité ! et c'est le gaz lui-même que l'on prend comme producteur de l'électricité. C'est le gaz qui est l'agent auxiliaire, et l'agent en sous-ordre, de cette révolution mécanique ! Cela ne vous rappelle-t-il pas la bonne plaisanterie du roi de Perse, Assuérus, ordonnant à Aman de promener par toute la ville son rival, le juif Mardochée, revêtu d'habits royaux et le diadème sur la tête, en tenant par la bride le cheval qui porte son ennemi triomphant ? Ou bien encore les captifs que l'on obligeait, au Moyen âge, à travailler aux fortifications élevées contre leurs anciens compagnons d'armes?

Quel raffinement inouï dans ce triomphe de l'électricité sur le gaz! Non seulement l'électricité chasse le gaz de la brillante enceinte où il trônait sans partage, mais il le relègue au fond du trou obscur, et il le force à tourner, comme l'esclave antique, la meule à son profit; ou, comme le mercenaire de nos jours, à exécuter de ses mains l'œuvre mécanique destinée à opérer sa propre destruction!

Mais, nous dira-t-on, si le gaz est employé pour produire le mouvement et la lumière, pourquoi ne pas le conserver? Pourquoi le reléguer à la cave? N'était-il pas plus simple de le laisser où il est? La réponse à cette objection est donnée par les chiffres. La dépense du gaz, dans le moteur à gaz, au théâtre des Variétés, n'était que la dixième partie de ce qu'il aurait fallu en brûler pour distribuer dans toutes les parties du théâtre l'équivalent de la lumière pure et salubre qu'y versait l'électricité; et les dangers du gaz étaient écartés, en le confinant dans le sous-sol.

Nous avons dit que les accumulateurs étaient chargés d'électricité pendant le jour et pendant la soirée. Comment étaient disposés et comment se chargeaient les accumulateurs, au théâtre du boulevard Montmartre? Ce genre d'appareil se compose, comme nous l'avons dit dans un chapitre précédent, de la simple réunion d'un grand nombre de lames de plomb posées les unes à la suite des autres, dans une caisse contenant de l'eau acidulée par de l'acide sulfurique. On peut donner à ces lames de plomb les dimensions que l'on veut, et naturellement, au théâtre des Variétés, on leur avait donné des proportions correspondantes à l'importance de l'éclairage à produire. Les caisses contenant les lames de plomb n'avaient pas moins de 43 centimètres de long, 30 centimètres de hauteur et 18 centimètres de large; et elles pesaient 60 kilogrammes. On formait des groupes de 33 caisses. Le liquide qui les remplissait était de l'acide sulfurique, étendu de dix fois son poids d'eau. Un des bouts de l'accumulateur était peint en rouge : il répondait au pôle devant se recouvrir de peroxyde de plomb, sous l'influence du courant primitif. L'autre bout était teint en noir : c'était le pôle où le gaz hydrogène se condensait sur le plomb. A l'un des bouts, une tringle de cuivre réunissait toutes les plaques paires; à l'autre bout, une autre tringle réunissait toutes les plaques impaires.

Nous représentons, dans la figure 105, un des éléments de la pile accumulatrice employée au théâtre des Variétés. Ces éléments étaient groupés, par série de 24, dans une caisse, et les caisses étaient placées sur une étagère, dans le sous-sol du théâtre.

C'est à travers cette série de lames de plomb, convenablement reliées

entre elles, que l'on faisait passer le courant électrique produit par la machine dynamo-électrique Siemens, actionnée elle-même par un moteur à
gaz. L'oxygène provenant de la décomposition de l'eau, se fixait sur les lames
de plomb représentant le pôle positif, en formant une forte couche
de peroxyde de plomb. L'hydrogène était absorbé, retenu, et pour ainsi
dire condensé, à la surface des lames de plomb, représentant le pôle
négatif. Au bout de 15 à 16 heures, cet assemblage de lames de plomb,
inerte en apparence, constituait une puissante batterie voltaïque, capable
de verser peu à peu, et pour ainsi dire goutte à goutte, un fleuve d'électricité. Quand on réunissait, en effet, les deux pôles opposés de cette
batterie, l'hydrogène du pôle négatif allant réduire le peroxyde d'hydrogène du pôle positif, pour reformer de l'eau, suivant le principe
découvert par M. Gaston Planté, donnait lieu à un courant électrique

Fig. 105. — UN ÉLÉMENT DE L'ACCUMULATEUR FAURE.

secondaire, courant d'une grande puissance, et qui était utilisé pour la production de la lumière.

Les lampes Swan employées au théâtre des Variétés, ne différaient point
de celles que nous avons décrites et figurées en parlant des lampes à incandescence du système Swan. L'éclairage de la salle se composait de 20 *appliques*, portant chacune 3 lampes. Il y avait 4 de ces appliques aux premières galeries, 12 aux secondes, et 4 aux troisièmes, représentant un
total de 60 lampes.

Chacune de ces lampes était construite de manière à donner, comme
nous l'avons dit, une lumière de trois becs Carcel; de sorte que la quantité de lumière qu'elles fournissaient égalait celle que produiraient 180 becs
de gaz, brûlant 125 litres chacun, c'est-à-dire en tout environ 25 mètres
cubes à l'heure, qui, au prix actuel du gaz, auraient coûté 6 francs 25 centimes et auraient occasionné une chaleur insupportable.

FIG. 105. — LE CONCERT DES CHAMPS-ÉLYSÉES, A PARIS, ÉCLAIRÉ PAR LA LUMIÈRE ÉLECTRIQUE.

Il avait fallu beaucoup de tâtonnements pour arriver à éclairer la rampe au gré des artistes, et en vue de l'effet à produire dans la salle. Après beaucoup d'essais, on forma la traînée lumineuse qui compose la rampe, de petites languettes, dont on multiplia le nombre, en le portant à 60.

Inutile de dire que, grâce à un régulateur, on pouvait, ainsi qu'on le fait avec le gaz, augmenter l'effet lumineux de la rampe, ou le réduire à la lueur d'une veilleuse, et qu'on pouvait même l'éteindre complètement.

Le régulateur de la lumière était placé dans une cabine, à gauche du spectateur. Il se composait, comme le régulateur Edison, de barres métalliques, de différentes grosseurs, à travers lesquelles on faisait passer le courant, quand on voulait réduire sa puissance.

Les herses étaient également pourvues de lampes Swan, que l'on avait portées à 60, et qui avaient la même force que les lampes de la salle.

Il y avait, en outre, 18 lampes dans le foyer, 24 au vestibule d'entrée, et un certain nombre dans les couloirs.

En résumé, le théâtre des Variétés était éclairé par près de 400 lampes Swan.

Nous sommes entré dans tous ces détails au sujet de l'essai d'éclairage électrique qui a été fait en 1882-1883, au théâtre des Variétés, à Paris, parce qu'il constitue la première application sérieuse que l'on ait réalisée en France, de la lumière électrique pour l'éclairage de toutes les parties d'un théâtre, et parce qu'il n'a donné que de bons résultats. Nous devons pourtant ajouter que cet éclairage n'a pas été maintenu au théâtre des Variétés. Inauguré au mois d'octobre 1882, il fut supprimé brusquement le 1er mai 1883, nous ne savons pour quelle cause.

Le 14 novembre 1882, le théâtre municipal de la ville de Brünn, capitale de la Moravie, fut éclairé par le système Edison. Ce théâtre n'emprunte sa lumière qu'à l'électricité; il n'y entre aucune installation de gaz. Un pareil exemple est unique jusqu'ici.

C'est à une distance de 315 mètres du théâtre que se trouve situé le bâtiment des machines, occupant une superficie de 249 mètres carrés, et comprenant : 1° la chambre de chauffe à vapeur, 2° la salle des machines.

Les chaudières sont au nombre de trois. Chaque chaudière est composée d'un bouilleur horizontal et d'un corps tubulaire adapté au précédent.

Comme deux chaudières sont suffisantes pour l'exploitation normale de la machine à vapeur, il y a toujours une chaudière en réserve.

La pression dans ce générateur est de 7 atmosphères. La force développée par la vapeur, est de 110 chevaux.

Quatre machines dynamo-électriques Edison produisent la lumière. Un noyau de fer tournant dans le champ magnétique, grâce à la force de la vapeur, se change en électricité, et le courant électrique, au moyen d'un câble principal, d'une longueur de 315 mètres, est dirigé vers le théâtre où s'opère sa distribution.

Chaque machine dynamo-électrique Edison peut alimenter 250 lampes à incandescence de la valeur de seize bougies.

Le câble qui relie les machines au théâtre, se compose de deux barres de cuivre, de forme demi-ronde, entourées de matière isolante, et contenues dans un tube de fer forgé, qui le préserve de toute influence extérieure. En raison de la tension minime du courant, on peut, sans aucun danger, toucher les conducteurs.

L'intérieur du théâtre est éclairé par 820 lampes, réparties dans la cage du grand escalier, le foyer, les couloirs, la salle, les loges des artistes et la scène.

L'éclairage de la scène comprend les herses, les rampes et les portants.

Chaque herse supporte 99 lampes, dont un tiers est destiné aux effets de lumière blanche. Un tiers est composé de lampes rouges, le dernier tiers de lampes vertes. Tous les effets de lumière peuvent être ainsi facilement obtenus en allumant tout ou partie des lampes de chaque couleur. La rampe supporte 120 lampes, établies dans les mêmes conditions.

Le régulateur est placé dans un coin de la scène. Là se rassemblent une véritable forêt de fils conducteurs. Le tout, symétriquement arrangé, n'occupe qu'une place relativement insignifiante.

Grâce à ce régulateur, il est possible d'obtenir, tant dans la salle que sur la scène, depuis la plus éclatante clarté jusqu'à la nuit, en passant par toutes les transitions voulues.

La salle est éclairée par un lustre principal, ayant deux rangées de lampes à incandescence.

Le long du pourtour des loges sont installées des appliques, portant, chacune, une lampe enfermée dans un globe dépoli.

C'est également la lumière Edison qui a été adoptée pour l'éclairage du théâtre du Parc, à Bruxelles. Ce système, qui n'est qu'une réduction de celui qui est installé au grand théâtre de Brünnen Moravie, fonctionnait à la Chambre des représentants de Belgique, depuis le mois de février 1883. Le 5 mars 1883, il fut inauguré au théâtre du Parc.

505 lampes Edison sont réparties dans le grand escalier, le foyer, les couloirs, la salle, les loges d'artistes et la scène.

Le régulateur, destiné à graduer la lumière dans toutes les parties du

FIG. 107. — LE PRADO DE MADRID, ÉCLAIRÉ PAR LA LUMIÈRE ÉLECTRIQUE.

théâtre, se trouve sur la scène, dans une cabine à la droite du spectateur.

Emprisonnée dans un petit globe de cristal, la lumière n'éblouit pas plus que le gaz, dont elle a la couleur, et grâce au régulateur, on obtient, comme avec le gaz, la lumière la plus vive ou la plus faible, en passant par tous les degrés intermédiaires.

Les machines destinées à produire l'électricité, c'est-à-dire la machine à vapeur qui est de la force de 25 chevaux, et la machine dynamo-électrique Edison, que nous avons représentée dans un des chapitres précédents, sont installées à 20 mètres de l'édifice, dans le parc. Un câble posé sur le sol dirige l'électricité vers le théâtre, où s'opère sa distribution.

C'est M. Octave Patin, qui s'était déjà occupé des travaux d'éclairage électrique à la Chambre des représentants, qui a dirigé l'installation de la lumière électrique au théâtre du Parc.

Une question importante se pose au sujet de l'éclairage électrique dans les théâtres: c'est celle de la dépense. L'électricité est-elle plus chère que le gaz, pour l'éclairage des théâtres? On ne possède à ce sujet aucun renseignement précis. Il est probable que les directeurs des théâtres qui ont consenti à substituer ce nouveau système au gaz, ont fait leurs conditions pour ne pas payer trop cher; mais il est possible que les compagnies qui se chargent de cette entreprise consentent à faire payer l'éclairage à un prix inférieur à son prix de revient, dans le but de répandre la connaissance de ce nouveau système, et d'en démontrer les avantages par une expérience incontestable. D'un autre côté, le gaz varie de prix selon les localités. Il est donc difficile de se prononcer sur la question de la dépense comparée des deux procédés d'éclairage. L'avenir décidera de cette question, qui, au fond, ne préoccupe que les intéressés, et reste indifférente au public.

Si les théâtres sont les seuls lieux de distraction offerts, pendant l'hiver, au public des grandes villes, dans la saison d'été, les jardins s'ouvrent aux promeneurs désireux de respirer l'air et de ressentir un peu de fraîcheur. Ces vastes espaces où la foule se réunit le soir, jardins-concerts, cafés-concerts, etc., sont aujourd'hui presque tous éclairés par l'arc voltaïque. Le concert des Champs-Élysées fut l'un des premiers illuminé par ce procédé (fig. 106).

A Madrid, le *Prado* inaugura, en 1882, ce mode d'éclairage.

Le Prado de Madrid (fig. 107) est renommé dans toute l'Europe. Placé sur un large boulevard, long de 4 kilomètres, bordé, de chaque côté, par une double rangée d'arbres, il s'étend au-dessous du quartier le plus élégant de la ville. Le long de cette immense avenue, des squares, plantés de beaux arbres et décorés de corbeilles de fleurs, avec une ceinture d'orangers, forment, de distance en distance, de gracieux abris. La partie comprise entre la Carrera de San Geronimo et la Calle de Alcala s'élargit et prend un aspect imposant. Deux fontaines monumentales, celle de Neptune et celle de Cybèle, terminent, de chaque côté, ce magnifique square, qui s'appelle le *Salon*. Le fond de verdure sombre qui encadre les deux fontaines fait encore valoir leur blancheur.

Dans toute la longueur du Prado s'étend une troisième allée (le *Pasco*), réservée aux cavaliers et aux amazones. Viennent ensuite des hôtels, des jardins, des chapelles, la Monnaie, le Musée royal et la Bibliothèque.

Dans les soirées d'été, les habitants de Madrid se portent surtout dans le square *le Salon*, pour s'asseoir et prendre l'air. On y reste assez avant dans la nuit. Au moment où l'on arrive par la Calle de Alcala, qui est la grande artère du Prado, on a le spectacle charmant d'une quantité d'équipages, de chevaux, de femmes légèrement vêtues et coiffées de la gracieuse mantille, de señoras, d'officiers, de soldats, de bonnes d'enfants, de nourrices, de prêtres, d'artistes forains, etc., etc. De sémillantes amazones, au chapeau noir relevé d'une plume, à la longue robe serrée à la taille, avec un camélia au corsage, passent au galop, tandis que la chaussée est encombrée de quatre files d'équipages de toutes les formes et de toutes les époques, parmi lesquels on retrouverait des carrosses de famille datant de Charles III, le restaurateur du Prado.

Le *Prado* de Madrid rappelle la promenade des *Cascines* de Florence, mais avec encore plus d'éclat, de mouvement et de couleur. L'éclairage électrique, que l'on y a installé pendant l'été de 1882, fait merveilleusement valoir ce rendez-vous préféré de la fine fleur de l'élégance madrilène.

XX

L'éclairage électrique à domicile. — Projets de M. Edison pour la distribution de l'électricité au moyen d'usines centrales, dans un quartier de New-York. — Tableau des avantages de l'électricité, comme agent d'éclairage à domicile. — Conclusion générale concernant la lumière électrique comparée aux autres modes d'éclairage.

Le succès pratique obtenu par l'éclairage par incandescence a fait naître l'idée d'établir ce genre d'éclairage à domicile. Mais il faudrait, pour cela, une usine centrale qui produirait l'électricité, et qui, grâce à une canalisation analogue à celle du gaz, distribuerait le courant électrique à différents brûleurs répartis dans les pièces d'une maison, dans les salons, les chambres, etc.

Edison s'est efforcé de réaliser ce curieux programme pour un quartier de New-York.

On voyait, à l'Exposition d'électricité de 1881, la réduction du plan d'ensemble qui a été arrêté par l'ingénieur américain pour l'éclairage du quartier situé entre Wall street, la grande artère commerciale de New-York, et le quai du Sud, qui fait face au port. Ce quadrilatère a environ un kilomètre carré de superficie. Vers le centre du quartier se trouve la station centrale. On devait y réunir 12 chaudières, capables de fournir la vapeur nécessaire pour faire marcher 12 machines dynamo-électriques actionnant 1200 lampes, ce qui représente une force d'environ 1500 chevaux-vapeur.

De l'usine centrale doivent rayonner en tous sens de gros conducteurs en cuivre, appelés *conducteurs principaux*, se bifurquant à droite et à gauche, comme des conduites d'eau et de gaz, pour longer toutes les rues. La maison de chaque abonné serait reliée aux conducteurs principaux par une conduite, dite *conduite d'immeuble*, dont la grosseur serait proportionnée aux besoins de la maison.

Ce plan se réalise en ce moment à New-York; non, toutefois, sans de grandes difficultés, car autant les installations locales de l'éclairage Edison réussissent bien, autant les usines centrales distribuant l'électricité rencontrent d'obstacles. Il est presque impossible d'obtenir que toutes les machines dynamo-électriques fonctionnent d'une manière identique ; ce qui introduit beaucoup d'irrégularité dans le pouvoir éclairant de chaque lampe.

L'éclairage électrique à domicile est donc une grosse affaire. Bien des difficultés pratiques sont encore à résoudre. Il ne faut pas, d'ailleurs, s'en étonner. L'éclairage à domicile par l'électricité aura à traverser la même période de tâtonnements et d'essais qu'a dû franchir l'éclairage au gaz Il a fallu vingt années d'études, de la part des ingénieurs les plus habiles des deux mondes, pour amener la canalisation et la distribution du gaz à son degré actuel de perfection. C'est la même route, mêlée d'échecs et de victoires, la même carrière de luttes et d'efforts, tantôt heureux, tantôt contraires, que l'électricité trouve devant elle. L'œuvre est commencée à New-York, et on ne peut mettre en doute qu'elle finisse par réussir. Seulement, combien de temps exigera le succès définitif? Voilà ce qu'il est impossible de savoir. Tout ce que l'on peut dire, c'est que, dans un temps donné, la lumière électrique aura, sinon remplacé le gaz, dans nos demeures, du moins partagé avec lui la mission de nous éclairer.

Quant aux avantages généraux que présenterait la substitution de l'éclairage par incandescence à l'éclairage au gaz, dans les maisons ou dans les ateliers, on peut les résumer comme il suit.

Le gaz expose à des dangers réels : 1° si les conduites sont en mauvais état; 2° si l'on néglige de fermer les robinets, quand le gaz s'écoule sans brûler ; 3° si un accident, ou un incendie, a rompu les conduites.

Rien à redouter de pareil avec l'éclairage par incandescence introduit dans les maisons ou les ateliers. Au lieu d'une canalisation en plomb, métal très fusible, susceptible de se fondre, de s'ouvrir et de livrer passage au gaz; au lieu d'un métal mou, que la malveillance peut détruire, la canalisation électrique se fait au moyen d'un simple fil de cuivre, enveloppé d'une substance isolante. Si le circuit électrique est détruit ou coupé, l'électricité ne circule plus, et aussitôt tous les foyers lumineux s'éteignent. A cela se borne le mal.

Quand une fuite de gaz a été produite, soit par malveillance, soit par accident, le gaz se répand à flots, et il forme avec l'air un mélange explosif, qu'une flamme quelconque fait détoner. Dans l'éclairage électrique, s'il y a interruption accidentelle du circuit, il n'arrive rien autre chose que l'extinction pure et simple des foyers lumineux.

Avec le gaz les incendies se produisent par l'action directe de la flamme sur les objets combustibles : étoffes, gazes, tentures, rideaux, etc. Or, le foyer électrique donne une flamme de dimensions presque nulles ; et encore étant contenue dans un globe de cristal, ne peut-elle jamais porter le feu sur les substances inflammables.

Il est important de remarquer, d'ailleurs, que la combustion du gaz dégageant une chaleur considérable, l'inflammation des matières combustibles est plus facile, par suite de l'élévation de température des locaux ainsi éclairés. La lumière électrique, au contraire, dégage une chaleur presque insensible. Il a été prouvé qu'un foyer Jablochkoff donnant une lumière égale à celle de plusieurs centaines de bougies stéariques, n'échauffe pas plus l'air qu'une seule bougie.

En ce qui concerne les ateliers, il y a dans l'emploi de la lumière électrique, comparée à celle du gaz, quelques avantages spéciaux, qu'il n'est pas inutile de faire ressortir.

Il faut de grands efforts et une certaine dépense pour ventiler les ateliers où brûlent un grand nombre de becs de gaz. Avec l'électricité, point de chaleur communiquée à l'air des ateliers ; par conséquent, tout moyen de ventilation est superflu.

Dans les établissements industriels, la lumière électrique obtenue par les foyers Jablochkoff, facilite la surveillance, en même temps qu'elle simplifie les travaux de transports, de manutention, etc. Elle permet, par conséquent, de diminuer le nombre des ouvriers employés aux travaux de nuit, et par suite elle amène à réduire l'étendue des locaux où s'effectue le travail de nuit. De là, en même temps qu'une économie de consommation, une économie de main-d'œuvre et de frais de premier établissement.

Voilà le tableau impartial des supériorités que l'éclairage électrique établi à domicile présenterait sur l'éclairage au gaz. Il faut cependant nous hâter d'ajouter que la lumière électrique ne saurait avoir la prétention de se substituer complètement au gaz d'éclairage. En effet, le gaz ne sert pas seulement à nous éclairer. C'est un agent précieux de chauffage, et plus on avance, plus on apprécie les avantages pratiques du chauffage par le gaz, dans différentes industries, et même pour le chauffage des appartements. On ne doit donc pas concevoir d'inquiétudes sérieuses sur l'avenir de cette branche importante de l'industrie moderne. Le gaz conservera toujours le privilège du chauffage industriel, et d'autre part, l'extrême intensité de la lumière électrique habituant nos yeux à une plus forte clarté, on sera conduit à dépenser, pour s'éclairer, plus de gaz qu'on n'en dépense aujourd'hui. Dès lors, la consommation du gaz ne diminuera pas dans des proportions sensibles.

C'est ce qui est arrivé pour l'éclairage à l'huile. En 1830, quand le gaz apparut, pour la première fois, en France, les producteurs d'huile d'olive et de graines, les marchands d'huile, les épurateurs d'huile de colza, les lampistes, les fabricants de verres de lampe, s'arrachaient les cheveux. Cependant l'huile est toujours consacrée à l'éclairage, et on en brûle tout autant aujourd'hui que l'on en brûlait avant l'emploi du gaz.

La même chose se produira pour l'électricité. L'usage qui tend à se répandre de plus en plus, de la lumière électrique, a déjà amené une augmentation sensible dans la consommation du gaz. Stimulée par la concurrence, la *Compagnie parisienne du gaz* a créé un nouveau bec, le *bec intensif*, résultant de la réunion de 7 à 8 becs, dits *papillons*, qui consomment, en moyenne, 1000 litres de gaz par heure, au lieu de 140 litres par heure qui suffisent à alimenter un bec ordinaire. Or, ces énormes flammes, qui valent presque une bougie Jablochkoff, se multiplient partout. D'après le compte rendu de la *Société parisienne du gaz* du 1er décembre 1881, on a remplacé 564 anciens becs simples par le même nombre de *becs intensifs*. Ces magnifiques flammes se placent maintenant aux carrefours des rues, devant les édifices publics, dans de grandes Avenues ; et il est facile de reconnaître que dans Paris on trouve déjà un assez grand nombre de ces grosses flammes là où l'on se contentait autrefois d'un éclairage modeste.

Tout cela accroît la dépense de gaz. Aussi la consommation du gaz, à Paris, qui avait été, en 1879, de 218 000 000 mètres cubes, en nombres ronds, a-t-elle été de 244 000 000 mètres cubes en 1880, et de 260 000 000 mètres cubes en 1881. Ainsi, de 1880 à 1881, la consommation du gaz a augmenté de 20 pour 100.

Le même résultat a été constaté à Londres. Voici ce que nous lisons dans un rapport du docteur Schilling, le célèbre directeur des usines à gaz de Munich :

« La plus grande Société de gaz de Londres, la *Gas light and cook Company*, dont la production annuelle s'élève à environ 560 millions de mètres cubes, a constaté, dans sa dernière réunion générale, que l'apparition de la lumière électrique a beaucoup contribué à l'augmentation de la consommation du gaz, même dans les localités où la lumière électrique a été introduite. Par exemple dans les diverses gares, on a augmenté sensiblement la dépense du gaz[1]. »

Donc, au lieu de se faire une guerre acharnée d'intérêts et d'amour-propre, que le gaz et l'électricité se tendent la main. Au lieu d'être rivaux déclarés,

---

1. *Rapport du docteur Schilling, lu à l'assemblée générale de la Société de l'éclairage au gaz*, à Munich, le 26 septembre 1882. Traduit et annoté par Daniel Colladon, professeur à l'Académie de Genève, Brochure in-8°, Genève, 1883, page 22.

qu'ils soient alliés sincères, Qu'ils n'aient qu'un but commun : l'intérêt du public, et la juste satisfaction de ses légitimes désirs. Donner au consommateur le choix entre différentes sources de lumière, pour qu'il puisse adopter celle qui se prête le mieux au but qu'il veut atteindre, tel est le résultat auquel il faut arriver. A l'éclairage électrique, les grands espaces, et s'il peut y parvenir d'une manière régulière et plus générale qu'aujourd'hui, l'éclairage à domicile par une canalisation d'électricité. Au gaz, le chauffage et l'éclairage à la fois; à l'huile, à la bougie, au pétrole, l'éclairage domestique.

Grâce à ce concours général des différents moyens d'éclairage, le consommateur pourra trouver : économie dans la dépense, — degré de pouvoir lumineux exactement mesuré sur ses besoins, — certitude de sécurité contre l'incendie, — salubrité, — enfin, qualité spéciale de lumière selon l'application qu'il a en vue.

C'est sur ce vœu conciliateur et cette pensée philanthropique que nous terminerons le tableau que nous venons de tracer des conquêtes récentes de la science, en ce qui concerne l'application de l'électricité à l'éclairage public et privé.

FIN DE L'ÉCLAIRAGE ÉLECTRIQUE.

TÉLÉPHONE ET LE MICROPHONE

I

M. Graham Bell à l'Institution des sourds-muets, de Boston. — Ses premiers essais pour la transmission de la parole à distance. — Travaux des physiciens des deux mondes qui ont mis M. Graham Bell sur la voie de la création du téléphone. — Helmholtz reproduit la voix par les vibrations d'un diapason. — Le professeur Page crée *la musique galvanique*. — Découverte du premier téléphone musical par le maître d'école allemand Philippe Reiss. — La vie et les travaux de Philippe Reiss.

On a vu, dans la Notice précédente, que l'éclairage électrique est sorti d'un hospice.

Le téléphone aussi.

Seulement, l'éclairage électrique a été créé dans un hospice de femmes en couches, tandis que le téléphone a été découvert dans un hospice de sourds-muets.

Objets d'une répulsion universelle, victimes de préjugés absurdes, les sourds de naissance étaient autrefois relégués par leurs propres familles dans les lieux les plus reculés, et le public ignorait jusqu'à leur existence. Aujourd'hui, grâce aux progrès de la science et des mœurs, on ne voit plus chez ces malheureux des preuves vivantes de la malédiction divine. Ils obtiennent de leur famille une juste part d'affection; on ne les soustrait plus aux yeux du monde, et l'autorité civile a pu s'assurer que la France compte dans sa population 30 000 de ces êtres disgraciés.

Mais si l'action du temps et les efforts de la charité privée et publique, dissipant des préjugés séculaires, ont opéré la réhabilitation des sourds-muets dans la famille, ils n'ont pu les mettre en état de jamais s'affranchir de la tutelle paternelle; ils n'ont pu faire de tous ces malheureux des citoyens utiles; ils n'ont pu empêcher que l'ignorance, l'isolement, la misère, n'entraînent un grand nombre d'entre eux à la plus triste dégradation.

Les hommes qui, poussant jusqu'au génie les inspirations de la charité, ont créé l'art d'instruire les sourds-muets, ont donc bien mérité de leur patrie et de l'humanité; et l'on doit inscrire au premier rang des bienfaiteurs de notre espèce: Rodriguez Pereira, l'abbé de l'Épée et l'abbé Sicard, qui ont créé les méthodes modernes d'enseignement des sourds-muets, et fondé les maisons hospitalières où sont aujourd'hui réunis et élevés ces tristes déshérités de la marâtre nature.

Je ne sais rien d'aussi intéressant pour le philosophe et l'observateur, qu'une visite à une institution de sourds-muets. Tout ce que l'âme reçoit, dans l'intervalle de quelques heures, d'impressions profondes, douces et douloureuses à la fois, est inimaginable. Si vous voulez, lecteur, vous en convaincre par vous-même, vous n'avez qu'à vous rendre à l'Institution nationale des sourds-muets de Paris, située au n° 254 de la rue Saint-Jacques, dans l'ancien couvent Saint-Magloire, et dont l'accès, à certains jours de la semaine, est permis à chacun, sans aucune formalité.

C'est ce que je fis, par une belle après-midi du printemps dernier.

L'Institution nationale des sourds-muets occupe un espace considérable, car sa façade forme un quadrilatère allongé, qui s'appuie sur les jardins de l'ancien hôtel de Chaulnes, sur la rue Denfert-Rochereau, et sur l'ancienne rue des Deux-Églises, aujourd'hui rue de *l'abbé de l'Épée*. Quand on a franchi la porte de l'Institution, et traversé le petit vestibule, occupé par le concierge dans sa guérite vitrée, on se trouve dans une vaste cour, où deux objets également intéressants frappent d'abord la vue.

Le premier, c'est la statue en bronze de l'abbé de l'Épée, montrant, du doigt, le mot *Dieu* à un enfant agenouillé devant lui. Cette statue, qui fut érigée le 24 novembre 1878, est l'œuvre d'un sourd-muet, M. Félix Martin, élève de l'établissement de la rue Saint-Jacques. Le piédestal est orné de bas-reliefs en bronze, représentant les principaux épisodes de la vie de l'abbé de l'Épée.

Le second objet qui arrête les yeux, quand on entre dans l'établissement des sourds-muets de la rue Saint-Jacques, c'est l'arbre, célèbre dans la science et dans l'histoire, que l'on aperçoit de tout Paris, car sa tige, droite et ferme, élève jusqu'à la hauteur de 50 mètres la touffe verdoyante qui la termine. On fait remonter jusqu'à l'anée 1600 cet orme géant. On prétend même que ce fut Sully qui le planta de ses propres mains, en allant faire ses dévotions au couvent de Saint-Magloire.

Au fond de la cour se développe le bâtiment qui renferme toutes les dépendances de l'Institution, et derrière ce bâtiment s'étend un jardin admirable, d'une immense étendue. Ses longues allées, ses plates-bandes et ses charmilles, remplies, pendant les jours d'été, de fleurs, de parfums et d'oiseaux, sont une heureuse distraction, et comme une compensation qu'un sourire de la nature offre aux pauvres pensionnaires de cet asile.

Ayant traversé la cour, je fus introduit dans l'appartement du directeur, qui se trouve au rez-de-chaussée, à droite, et donne sur le jardin. On me pria de l'attendre dans le vestibule de son cabinet.

Trois portraits qui ornent ce vestibule semblent retracer l'histoire de l'Institution et la vie de ses fondateurs. Ces trois portraits sont ceux de : Rodrigue Pereira, si étonnant par l'étendue de ses connaissances et l'élévation de son esprit, — l'abbé de l'Épée, si admirable par son ardente charité, son dévouement et la hardiesse de ses conceptions, — l'abbé Sicard, si remarquable par ses aptitudes philosophiques, et qui acheva l'œuvre de son maître, l'abbé de l'Épée.

Quant à ce dernier, le peintre, dans une composition pleine de mouvement, a retracé la curieuse et touchante anecdocte qui a rendu populaire en France le nom de l'abbé de l'Épée, et de laquelle Bouilly tira son célèbre drame, *L'Abbé de l'Épée*, qui fut joué en 1800, au Théâtre Français, et fit couler tant de larmes.

Je connais, du reste, peu de pièces de théâtre aussi attendrissantes, aussi bien conduites. On l'a jouée plusieurs fois, de nos jours : au théâtre de l'Odéon, à la Gaîté et au théâtre Cluny; et chaque fois, le public a été vivement impressionné, tant par l'action du drame que par le jeu de Talien, l'acteur qui a joué le rôle de l'abbé de l'Épée, aux trois théâtres que nous venons de nommer.

Le sujet de la pièce de Bouilly, c'est l'intéressante aventure du jeune comte de Solar, sourd-muet de naissance, qui, s'étant égaré dans Paris, fut remis par un officier de police à l'abbé de l'Épée; car ce digne prêtre commençait à être connu dans la capitale, comme se consacrant, avec un zèle sans égal, à l'éducation des sourds-muets. Les divers tableaux de la pièce de Bouilly reproduisent les pas et démarches que l'abbé de l'Épée dut accomplir pour découvrir toutes les particularités de la vie du jeune comte de Solar, et lui rendre sa famille et ses biens.

On voit, dans la pièce de Bouilly, l'abbé de l'Épée promener dans tout Paris son jeune protégé, cherchant à saisir les indices de sa situation dans le monde. En passant devant le Palais de Justice, l'enfant est très ému à l'aspect d'un magistrat en robe rouge. L'abbé de l'Épée l'interroge, à sa manière, et il apprend que son père portait le même habit. Il conclut de là que Théodore (c'est le nom de l'enfant) est le fils d'un magistrat. Un autre jour, rencontrant un enterrement, l'abbé de l'Épée remarque que son élève est vivement impressionné à la vue des vêtements de deuil que portent les personnes du convoi. Il l'interroge encore, et l'enfant lui fait comprendre qu'il a vu des personnes ainsi vêtues marcher à la suite du corps de son père. Son père avait donc été magistrat, et il était mort! Mais dans quelle province? On mène l'enfant à différentes barrières de Paris. Il reconnaît la barrière d'Enfer, désigne la place où la voiture a été visitée par les douaniers, et où il est descendu. Son père était donc magistrat dans une ville du midi de la France! On conduit l'enfant, en chaise de poste, sur la route du Midi; on pousse jusqu'à Toulouse. Théodore reconnaît la ville, la rue, enfin l'hôtel de son père. On s'informe, et l'on apprend que cet hôtel est occupé par d'Arlemont, oncle du jeune sourd-muet.

L'abbé de l'Épée s'adresse alors à un avocat célèbre, Linval, ami de Saint-Alme, lequel est fils de d'Arlemont, et il reçoit de l'avocat Linval tous les renseignements possibles.

Bientôt d'Arlemont est interrogé; mais il nie tout. Pour le convaincre, on fait venir le jeune Théodore. Quelle scène émouvante que celle où ce jeune homme infortuné jette des cris et recule d'horreur à l'aspect du parent dénaturé qui l'a, de ses propres mains, dépouillé de ses vêtements, pour le couvrir d'un costume sordide, le conduire à Paris et l'abandonner dans les rues! Quelle douce émotion, pour le jeune homme, lorsque près de cet oncle cruel, il aperçoit Saint-Alme, et retrouve en lui son cher cousin, le tendre ami de son enfance!

Cependant, rien ne peut déterminer d'Arlemont à l'aveu de son crime. À la fin, son fils, le noble et courageux Saint-Alme, parvient à lui arracher un aveu écrit, et à lui faire signer la restitution des biens de Théodore. Mais le jeune sourd-muet, instruit de tout par l'abbé de l'Épée, ne veut accepter que la moitié des biens qui lui reviennent. Il remet l'autre moitié à son cousin Saint-Alme, et celui-ci épousera Clémence, sœur de l'avocat Linval, qui l'aime et dont il est aimé.

Pendant qu'absorbé par le tableau représentant l'abbé de l'Épée et le jeune comte de Solar, je me rappelais les touchantes scènes du drame de Bouilly, la porte du cabinet du directeur s'ouvrit. Informé du but de ma visite, le directeur voulut, lui-même, me faire les honneurs de la maison.

C'est que le directeur actuel de l'Institution de la rue Saint-Jacques, M. Peyron, frère du Préfet maritime de Toulon, attache un amour-propre personnel à l'établissement, tel qu'il fonctionne aujourd'hui. C'est M. Peyron qui a introduit dans l'hospice de la rue St-Jacques et qui dirige, avec un zèle sans pareil, l'essai du système destiné à révolutionner l'enseignement dans les maisons de sourds-muets.

Nous voulons parler de l'éducation du sourd-muet, non plus par le geste, mais par la vue. Il s'agit d'apprendre à l'enfant privé des sens de l'ouïe et de la parole, à lire les mots sur les lèvres de la personne qui parle, et à les répéter lui-même, en reproduisant, avec ses lèvres, les mêmes mouvements.

On croit rêver quand on entend affirmer qu'il est possible d'apprendre à parler à un sourd-muet, en l'initiant aux mouvements de la bouche, des lèvres et des dents qui produisent l'articulation de chaque mot. Et pourtant ce rêve est réalisé, cette apparente impossibilité est passée dans la pratique, et les services que rend cette méthode sont palpables et visibles.

La *méthode labiale* est, d'ailleurs, loin d'être nouvelle. Aux dix-septième et dix-huitième siècles, des livres composés par des hommes d'un grand savoir et d'un grand zèle ont été consacrés à la répandre. Amman, médecin suisse, établi à Amsterdam, écrivit, en 1692, son célèbre ouvrage *Surdus loquens*, qui fit le tour du monde civilisé. Mais ce système d'éducation du sourd-muet avait disparu, depuis le commencement de notre siècle, devant l'éducation *mimique*, fondée par l'abbé de l'Épée et ses successeurs. Une réaction contre le système mimique de l'abbé de l'Épée se produit aujourd'hui. Toute une génération d'hommes nouveaux tend à lui substituer la *méthode labiale*, en profitant des acquisitions faites de nos jours par la science et la pratique.

Parmi les hommes qui se consacrent avec le plus de zèle à faire revivre le système de l'enseignement de la parole, à l'exclusion du geste, M. Peyron, directeur de l'Institution des sourds-muets de Paris, se place au premier rang, et les résultats qu'il a obtenus sont des plus remarquables.

Conduit par M. Peyron dans les différentes classes, ainsi que dans les ateliers, tels que typographie, lithographie, peinture, dessin, horlogerie, cordonnerie, ébénisterie, etc., où l'on donne aux sourds-muets une instruction professionnelle, j'ai vu les élèves, tant enfants qu'adultes, aussi bien les élèves de première année que ceux de troisième, de quatrième et de cinquième années, regarder attentivement le professeur, qui articulait bien nettement chaque mot, et répéter les mots; puis répondre eux-mêmes, par d'autres mots, à l'interrogation du professeur. Je les ai vus lire dans un livre, écrire sur le tableau, exécuter les ordres qu'on leur donnait par la parole, et bien plus, converser entre eux, et cela non seulement dans les classes, mais dans les récréations et les exercices de gymnastique.

L'enseignement du sourd-muet par la vue, à l'exclusion du geste, est donc un fait certain, indéniable. Le système est en plein exercice, à l'Institution de Paris, et nul doute qu'il ne s'étende bientôt dans la plupart des pays de l'Europe.

Du reste, à Bordeaux la même méthode est en vigueur, et donne d'excellents résultats.

A l'étranger, la parole enseignée aux sourds-muets est encore plus en faveur peut-être qu'en France. En Angleterre, par exemple, ce système est très généralement répandu. En Amérique il est exclusivement adopté.

C'est ainsi qu'à Boston, en 1860, on ne connaissait pas d'autre méthode, et qu'un jeune professeur de l'Institution des sourds-muets de cette ville, se distinguait entre tous par son zèle à la propager.

Ce jeune professeur s'appelait Graham Bell. Il était Écossais d'origine, mais il s'était fait naturaliser Américain. Son père, Alexandre Melville Bell, avait fait de longues études sur le mécanisme de la parole, et il était parvenu à représenter par le dessin, d'une manière très exacte, la position relative des organes vocaux, dans la formation des sons.

Molière, dans le *Bourgeois gentilhomme*, tourne en ridicule le maître de philosophie qui enseigne à M. Jourdain comment notre bouche forme les voyelles et les consonnes.

Relisons cette amusante scène.

LE MAÎTRE DE PHILOSOPHIE.

Il y a cinq voyelles. La voyelle A se forme en ouvrant fort la bouche : A.

M. JOURDAIN.

A, A. Oui.

LE MAÎTRE DE PHILOSOPHIE.

La voyelle E se forme en rapprochant la mâchoire d'en bas de celle d'en haut : A, E.

M. JOURDAIN.

A, E, A, E, ma foi oui.... Ah! que cela est beau!

LE MAÎTRE DE PHILOSOPHIE.

Et la voyelle I, en rapprochant encore davantage les mâchoires l'une de l'autre, et écartant les deux coins de la bouche vers les oreilles : A, E, I.

M. JOURDAIN.

A, A, I, I, I.... Cela est vrai. Vive la science!

LE MAÎTRE DE PHILOSOPHIE.

La voyelle O se forme en ouvrant les mâchoires, et rapprochant les lèvres par les deux coins, le haut et le bas : O.

M. JOURDAIN.

O, O. Il n'y a rien de plus juste : A, E, I, O, I, O. Cela est admirable! I, O ; I, O.

FIG. 108. — PHILIPPE REIS ET SON TÉLÉPHONE MUSICAL, A L'INSTITUTION GARNIER, DE FRIEDRICHSDORF.

LE MAÎTRE DE PHILOSOPHIE.

L'ouverture de la bouche fait justement comme un petit rond, qui représente un O.

M. JOURDAIN.

O, O, O. Vous avez raison, O. Ah! la belle chose que de savoir quelque chose!

LE MAÎTRE DE PHILOSOPHIE.

La voyelle U se forme en rapprochant les dents, sans les joindre entièrement, et allongeant les deux lèvres en dehors, les approchant aussi l'une de l'autre, sans les joindre tout à fait : U.

M. JOURDAIN.

U, U. Il n'y a rien de plus véritable : U.

LE MAÎTRE DE PHILOSOPHIE.

Vos deux lèvres s'allongent comme si vous faisiez la moue : d'où vient que si vous la voulez faire à quelqu'un, et vous moquer de lui, vous ne sauriez lui dire que U.

M. JOURDAIN.

U, U. Cela est vrai! Ah! que n'ai-je étudié plus tôt pour savoir tout cela!

LE MAÎTRE DE PHILOSOPHIE.

Demain nous verrons les autres lettres, qui sont les consonnes.

M. JOURDAIN.

Est-ce qu'il y a des choses aussi curieuses qu'à celles-ci?

LE MAÎTRE DE PHILOSOPHIE.

Sans doute; la consonne D, par exemple, se prononce en donnant du bout de la langue au-dessus des dents d'en haut : DA.

M. JOURDAIN.

DA, DA. Oui. Ah! les belles choses! les belles choses!

LE MAÎTRE DE PHILOSOPHIE.

L'F, en appuyant les dents d'en haut sur la lèvre de dessous : FA.

M. JOURDAIN.

FA, FA. C'est la vérité. Ah! mon père et ma mère, que je vous veux de mal!

LE MAÎTRE DE PHILOSOPHIE.

Et l'R, en portant le bout de la langue jusqu'au bout du palais; de sorte qu'étant frôlée par l'air qui sort avec force, elle lui cède, et revient toujours au même endroit, faisant une manière de tremblement : R, RA.

M. JOURDAIN.

R, R, RA, R, R, R, R, R, RA. Cela est vrai! Ah! l'habile homme que vous êtes, et que j'ai perdu de temps! R, R, R, RA.

LE MAÎTRE DE PHILOSOPHIE.

Je vous expliquerai à fond toutes ces curiosités[1]. »

Molière était dans son rôle d'auteur dramatique en prenant par son côté ridicule (en apparence) une opération de la nature, comme Alexandre Melvill Bell était dans son droit de savant en approfondissant le mécanisme organique de la phonation.

---

1. La *Bourgeois gentilhomme*, acte II, scène VI.

Le fait est qu'Alexandre Melvill Bell avait parfaitement représenté l'aspect de nos organes dans la production de tous les sons de la voix humaine. Son fils, M. Graham Bell, s'étant joint à lui, il résulta de leurs études un travail complet sur la matière.

M. Graham Bell avait imaginé un moyen emprunté à la physique pour déterminer la hauteur des sons. Ce moyen consistait à faire vibrer un diapason devant la bouche, pendant que la langue, les lèvres et les dents exécutaient les accommodations nécessaires à l'émission et à l'articulation de la voix. Il constata, en se servant du diapason, que chaque émission de voyelle renforçait tel ou tel diapason, ou plusieurs diapasons spécialement.

M. Graham Bell adressa une relation exacte de ses recherches à un physicien de Boston, le professeur J. Ellis. Celui-ci apprit alors au jeune observateur que les expériences qu'il avait entreprises avaient déjà été faites par le physicien allemand Helmholtz, au moyen de procédés beaucoup plus scientifiques. Helmholtz, en effet, avait non seulement analysé physiquement les sons de voyelles et leurs éléments musicaux constitutifs, mais il avait réalisé la synthèse de ces éléments. Helmholtz avait réussi à reproduire artificiellement certains sons de voyelles, en faisant vibrer simultanément, par un courant électrique ou par un électro-aimant, des diapasons de différentes hauteurs. Les diapasons, en rapport avec un courant d'électricité ou avec un électro-aimant, parlaient, chantaient, et reproduisaient exactement les syllabes des mots et les sons de la voix.

Le professeur Ellis eut avec M. Graham Bell de longues entrevues, dans lesquelles il lui expliqua la disposition des appareils électriques et des diapasons employés par Helmholtz pour produire ces curieux effets.

Partant de ce fait, que le physicien allemand Helmhlotz était parvenu à faire vibrer un diapason par l'attraction intermittente d'un électro-aimant, M. Graham Bell conçut l'idée que l'on pourrait, par un moyen analogue, reproduire et transmettre au loin des sons musicaux.

Il pensa que si deux électro-aimants, placés aux deux extrémités d'un circuit électrique, avaient pour armatures une série de tiges de fer de différentes longueurs, et placées exactement dans les mêmes conditions aux deux stations, les sons de la parole pourraient impressionner telles ou telles de ces tiges, suivant qu'elles s'accorderaient plus ou moins avec leur son fondamental, et qu'il pourrait résulter des vibrations de ces tiges, au *poste transmetteur*, des courants électriques d'induction, capables de faire reproduire de pareilles vibrations sur les tiges de longueur correspondante placées au *poste récepteur*.

Un philosophe grec disait : « Ce que je sais le mieux, c'est que je ne « sais rien. » Dans ses conférences avec M. Ellis, M. Graham Bell reconnut que, comme le philosophe grec, ce qu'il savait le mieux en physique, c'est qu'il ne savait rien. Il résolut donc d'étudier la physique; et dans ce but il s'adressa au docteur Clarence Blake, de Boston, qui l'initia aux principes généraux de cette science.

C'est ainsi que le jeune professeur de l'Institution des sourds-muets de Boston fut mis au courant des travaux fort importants qui avaient été faits en Europe depuis ceux de M. Helmholtz, pour la transmission des sons à distance.

Et voici ce que le docteur Clarence Blake apprit à M. Graham Bell. Voici quel était, vers 1870, l'état de la science en ce qui concerne la transmission des sons

Un des plus grands physiciens du Nouveau Monde, le professeur Page, avait créé, en 1837, une branche nouvelle de l'électricité, en découvrant ce qu'il avait appelé la *musique galvanique*.

On sait que les notes de musique dépendent du nombre de vibrations imprimées à l'air, et que les notes ne sont perceptibles par notre oreille que quand le nombre des vibrations sonores surpasse seize par seconde. Page reconnut que si les courants qui parcourent un électro-aimant sont établis et interrompus plus de seize fois en une seconde, les vibrations sonores transmises à l'atmosphère par le barreau aimanté engendrent des sons, en d'autres termes, produisent de véritables chants. C'est ce que Page appela la *musique galvanique*. Ce curieux résultat provient, sans doute, de ce que l'air est mis en vibration par le barreau de fer, qui se déforme chaque fois qu'il reçoit ou perd son aimantation.

Le physicien genevois Auguste de la Rive augmenta l'intensité des sons qu'avait su produire Page, en employant de longs fils métalliques qui étaient soumis à une certaine tension, et qui traversaient l'axe de bobines d'induction, c'est-à-dire de bobines entourées d'un fil métallique isolé par de la soie.

Des *vibrateurs électriques*, construits en 1847 et en 1852 par MM. Froment et Petrina, d'après les idées de MM. Mac Gauley, Wagner, Neef, etc., reproduisaient fort bien les sons musicaux par les interruptions rapides d'un courant électrique.

Ces faits, assurément très curieux, étaient restés dans le domaine purement scientifique. Ce fut un simple instituteur, attaché à un pensionnat, dans une petite ville d'Allemagne, Philippe Reis, de Friedrichsdorf, près de Hambourg, qui réussit à transporter dans la pratique le fait découvert par le professeur Page.

En 1860, Philippe Reis, se fondant sur le phénomène découvert par le professeur Page, construisit un appareil qui donnait ce résultat de transmettre à distance des sons musicaux, des sons de flûte, de violon, ou d'autres instruments, et qui, dans certains cas, parvenait même, dit-on, à transmettre les sons de la parole articulée.

Ce n'était pas mal pour un maître d'école. Il est vrai que ce maître d'école était allemand. On a dit que le Danemark a été vaincu par les maîtres d'école allemands. Si tous les maîtres d'école allemands étaient de la force de Philippe Reiss, cela n'aurait rien qui pût surprendre.

Quel était pourtant ce maître d'école? Comment fut-il conduit à construire un appareil de physique qui reproduisait les sons musicaux?

Philippe Reiss, tout en dirigeant ses classes, s'occupait de musique, et ce fut la musique qui le prit par la main, pour l'emmener dans le domaine de l'acoustique savante.

Philippe Reis était né le 7 janvier 1834 à Gelnhausen, dans la principauté de Cassel. Ses parents, qui n'avaient que de médiocres ressources, le mirent, à l'âge de 6 ans, dans une petite école communale de leur ville. Mais ses maîtres ayant reconnu en lui d'heureuses dispositions pour les travaux de l'esprit, sa famille se décida à le faire entrer dans une institution plus importante. On l'envoya dans un pensionnat de Friedrichsdorf, bourgade située aux environs de Hambourg.

La bourgade de Friedrichsdorf nous intéresse comme constituant une véritable colonie française au sein de l'Allemagne. Elle fut créée, pendant les dix-septième et dix-huitième siècles, par un certain nombre de protestants français qui avaient quitté le royaume, à l'époque de la Révocation de l'Édit de Nantes. Le chef du pensionnat de Friedrichsdorf était d'origine française : il s'appelait Garnier.

Dans l'institution Garnier, le jeune Philippe Reis avait pris quelque teinture de sciences physiques; mais ces études ne furent pas poussées très loin, et au mois de mars 1850, sa famille le fit entrer à Francfort, comme apprenti, dans une fabrique de couleurs.

Il y avait alors à Francfort un physicien renommé, le professeur Böttger. Le jeune Philippe Reis, dans l'intervalle de ses occupations à la fabrique, suivit le cours que faisait le professeur Böttger à la *Société de physique*.

S'étant ainsi un peu perfectionné, pendant l'intervalle des années 1854 à 1858, dans la connaissance de la physique, Philippe Reis put prétendre à l'enseignement. La pension Garnier, dans laquelle il avait fait ses études, à Friedrichsdorf, ayant besoin d'un professeur pour les classes de physique et de sciences naturelles, il demanda et obtint cette place, en 1859.

Philippe Reis passa toute sa vie dans l'institution Garnier, uniquement occupé à faire les deux classes qui lui étaient confiées. Il épousa une jeune fille du pays et ne quitta jamais Friedrichsdorf.

Il avait été beaucoup frappé de l'expérience de Page, c'est-à-dire de la reproduction à distance des sons d'un instrument par les interruptions d'un courant électrique, ou d'un électro-aimant fixé à un diapason. Comme il jouait facilement de divers instruments, il s'appliqua à répéter les expériences du physicien américain; et c'est ainsi qu'il lui vint à l'idée de transmettre à de grandes distances les sons musicaux, au moyen des interruptions d'un courant électrique en rapport avec un fil conducteur, tel que le fil d'un télégraphe électrique.

C'est en 1860 qu'il commença, dans le modeste cabinet de physique dont il disposait à la pension Garnier, à construire un instrument qui transportait au loin le son des instruments de musique.

Dans un mémoire qu'il présenta, au mois d'octobre 1861, à la *Société de physique de Francfort*, Philippe Reis explique comment il a été conduit à croire possible le transport physico-mécanique des sons à distance.

« Comment, dit-il, notre oreille perçoit-elle les sons? Par les vibrations de tous les organes de l'oreille, mis en action à la fois par les vibrations de l'air. La membrane du tympan peut vibrer d'accord avec toute espèce de sons, et les osselets de l'ouïe communiquent ces mêmes vibrations au nerf auditif. Mais puisqu'un son quelconque n'est qu'une série déterminée de condensations et de raréfactions de l'air, il n'est pas impossible de construire un autre tympan semblable à celui de notre oreille, et qui puisse vibrer par toute espèce de sons.

« En se fondant, continue Philippe Reis, sur ce principe essentiel et incontestable, j'ai réussi à construire un appareil avec lequel je peux reproduire les sons de divers instruments, et même à un certain degré, ceux de la voix humaine.

« Comme on peut se servir pour transmettre ces sons du fil du télégraphe électrique, j'appelle cet instrument *téléphone*.[1] »

Philippe Reis avoue, en terminant son mémoire, qu'il n'est pas parvenu à reproduire les sons de la voix humaine avec précision. Les consonnes étaient pour la plupart fort bien transmises, mais non les voyelles.

---

1. C'est Philippe Reiss qui a le premier employé le mot *téléphone* (du grec τῆλε, loin, et φωνή, voix), pour désigner l'instrument qui porte au loin le son. Mais le mot *téléphonie* avait été créé et employé par François Sudre, pour désigner le système de télégraphie acoustique qu'il avait imaginé, et qui consistait en un vocabulaire de signaux exécutés par le clairon, le tambour, et même le canon. On trouvera, dans notre première *Année scientifique* (1857, pages 282-296), un très long exposé des travaux et expériences publiques de François Sudre sur la *Téléphonie* ou *Télégraphie musicale*.

L'appareil au moyen duquel Philippe Reis reproduisait les sons d'un instrument de musique, était semblable à l'oreille humaine, par sa forme et par ses dimensions. Il avait taillé un morceau de bois, de manière à lui donner la forme de l'oreille, et il l'avait pourvu d'un tympan, fait d'un morceau de vessie. Un courant électrique aboutissait à un levier très léger, qui était presque en contact avec la membrane. Les interruptions du courant provoquées par la voix, quand on parlait devant ce tympan artificiel, déterminaient les mêmes interruptions dans une aiguille de fer, autour de laquelle circulait un courant électrique, grâce à une bobine de fils isolés.

Le curieux appareil du maître d'école de Friedrichsdorf était dessiné dans le mémoire que l'auteur présenta, en octobre 1861, à la *Société de physique* de Francfort. M. Silvanus Thompson, professeur au Collège de l'Université de Bristol (Angleterre), a reproduit ce dessin dans le mémoire qu'il a fait paraître sous ce titre : *Le premier téléphone* (*The first telephon*) dans le journal de la *Société des naturalistes de Bristol*, ainsi que dans son intéressant volume, publié en 1883, sous ce titre : *Philipp Reis, inventor of the telephone*[1]. On y voit figurer une véritable oreille humaine en bois, avec son tympan en rapport avec une tige métallique très déliée, laquelle, par ses rapides oscillations, résultant des vibrations de la membrane, va interrompre ou rétablir un courant voltaïque.

Ce n'était là sans doute qu'une ébauche, qu'un appareil rudimentaire et grossier. On ne saurait, pourtant, trop admirer le génie de ce pauvre professeur de pension qui, sans ressources, sans conseils, au fond d'un village, parvint à créer un instrument, imparfait assurément, mais qui reproduisait fidèlement les sons de la musique instrumentale.

Cet appareil primitif devait, d'ailleurs, être bientôt singulièrement perfectionné par l'inventeur.

A force de soins, de patience, de sacrifices, Philippe Reis réussit à construire un instrument qui reproduisait les sons musicaux avec la plus grande facilité. Quand il jouait d'un instrument au-devant du pavillon placé au milieu d'une caisse fermée à sa partie supérieure par un morceau de vessie, la membrane, vibrant sous l'influence des sons de l'instrument, interrompait, par ses rapides mouvements d'ondulations sonores, un courant électrique en rapport avec ce système. Les interruptions et rétablissements alternatifs du courant se répétaient à l'intérieur d'une

---

1. *Philipp Reis, inventor of the telephone, a biographical Sketch, with documentary testimony, translations of the original papers of the inventor and contemporary publications*, by Silvanus Thompson. London, Spon, 1883. in-8°, with illustrations.

longue et mince tige de fer aimantée, assez semblable à une aiguille à tricoter, placée à une grande distance, au-dessus d'une boîte en bois, aux pa-

PHILIPPE REIS.

rois aussi élastiques que les tables d'harmonie des pianos; de sorte que cette
aiguille aimantée répétait les sons de l'instrument. Une aiguille chantait!

Quel touchant et curieux spectacle devait offrir la pension Garnier, quand Philippe Reis, se plaçant devant l'appareil qu'il avait inventé, jouait du violon ou du cor, et que ses jeunes élèves, réunis dans une autre salle, quelquefois très éloignée, entendaient un air de violon ou de cor sortir d'une boîte, sans l'intervention d'aucun musicien! C'était une boîte à musique qui jouait sans que personne en tournât la manivelle (fig. 108).

Il y avait là de quoi crier au sortilège, à la magie. Mais les élèves de l'institution de Friedrichsdorf recevaient de leur maître, Philippe Reis, de trop bonnes leçons de physique pour voir autre chose, dans cet effet extraordinaire, que la plus belle application que l'on puisse imaginer du principe découvert en Amérique, en 1837, par le professeur Page.

Après avoir montré son *téléphone*, comme il l'appelait déjà, à la *Société de physique* de Friedrichsdorf, Philippe Reis le présenta, en 1862, à la *Société libre allemande* de Francfort, dit l'*Institut libre allemand de Freis* (*Freies deutsches Hochstift*). Cet institut libre, à l'exemple de notre *Société d'encouragement pour l'industrie nationale*, fait connaître et patronne les inventions nouvelles de la science et de l'industrie. Elle tient ses séances à Francfort, dans la maison même où naquit le poète Goethe.

Deux ans plus tard, en 1864, Philippe Reis présenta son *téléphone* à la section de physique de l'*Association des naturalistes allemands*, qui tenait, cette année, sa session à Giessen.

M. Quincke, professeur de physique à l'Université d'Heidelberg, se trouvait au nombre des physiciens qui assistaient à cette réunion savante. Voici ce que M. Quincke a écrit au sujet de l'appareil qui fut présenté, à la réunion des naturalistes à Giessen, par l'instituteur de Friedrichsdorf :

« J'assistais à la réunion de l'Association des naturalistes allemands à Giessen (année 1864), quand M. Philippe Reis, de Friedrichsdorf, près de Francfort, a montré et expliqué à l'assemblée le téléphone qu'il avait imaginé. J'ai vu l'instrument mis en action, et avec l'assistance du professeur Böttger, je l'ai entendu par moi-même. En écoutant à l'appareil récepteur, j'ai entendu distinctement des chansons et des conversations. Je me rappelle avoir fort bien entendu les paroles du poète allemand :

Ach du lieber Augustin, alles ist hin.

« Les membres de l'Association étaient étonnés et enchantés. Ils félicitèrent vivement M. Philippe Reis du succès de ses recherches en téléphonie. »

L'appareil de Philippe Reis pour la reproductoin des sons musicaux

au moyen de l'électro-magnétisme, a été dessiné dans un recueil télégraphique allemand, *Zeitschrift deutsch Œsterreichischen Telegraphen Vereins*

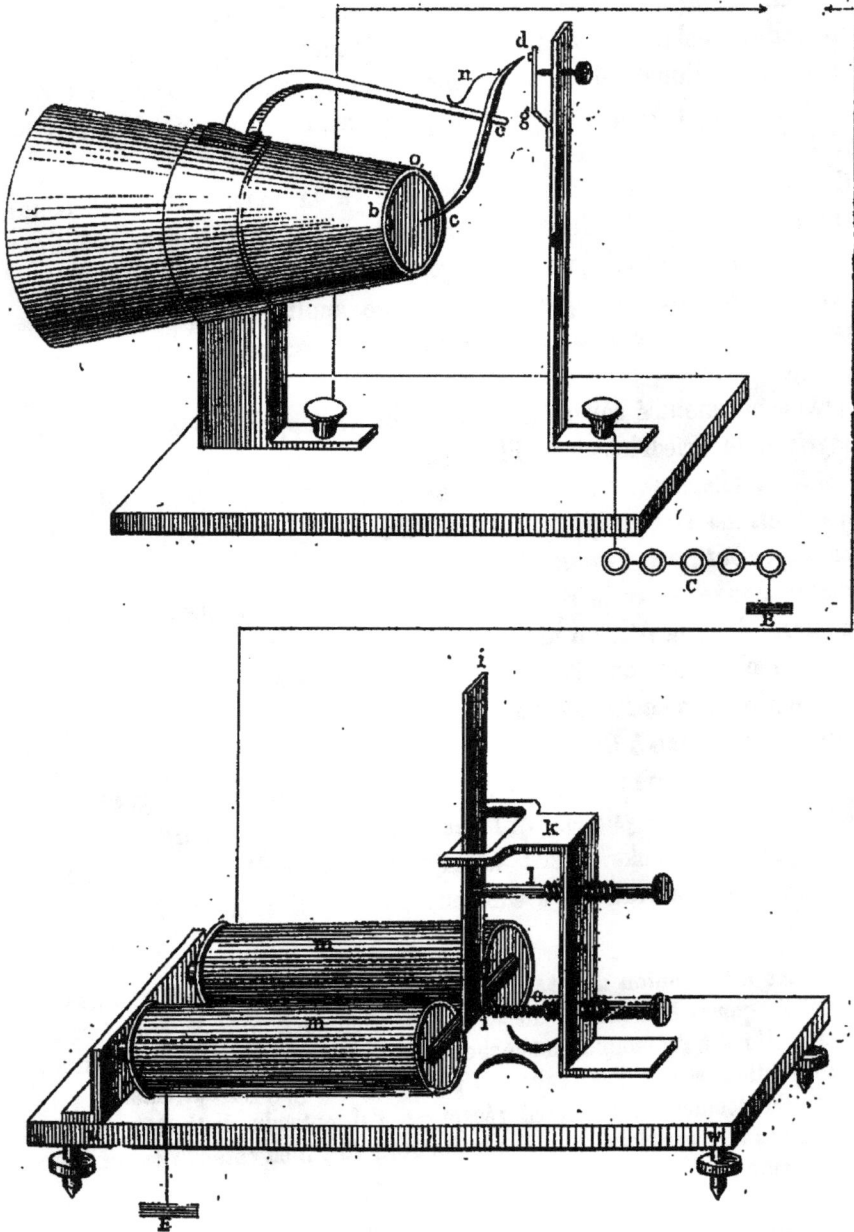

Fig. 110. — FAC-SIMILÉ DU DESSIN DU TÉLÉPHONE DE PHILIPPE REIS PUBLIÉ DANS UN RECUEIL ALLEMAND.

(t. IX, octobre 1862, pl. VIII). Nous donnons ici la reproduction exacte,
le fac-similé de ce dessin.

Un pavillon *a* dans lequel on parle, ou au-devant duquel on fait résonner un instrument de musique, comme un violon, une trompette, une harpe, recueille les sons. Les vibrations de la membrane *b o c*, qui est en contact avec le style recourbé *c d*, interrompt ou rétablit le circuit en établissant ou suspendant le contact de ce style avec la tige verticale *d g*, en rapport elle-même avec la pile C, par un fil conducteur.

A la station du récepteur est un électro-aimant *mm*, actionné par la pile C, qui reçoit les mêmes interruptions et rétablissements alternatifs du courant que la membrane du récepteur *b o c*, et qui, d'après le principe de Page, reproduit par ses vibrations l'air de musique recueilli par le pavillon *a*.

Le téléphone de Philippe Reis transportait au loin des airs musicaux et même des mélodies chantées. Les sons étaient faibles et nasillards ; mais il y avait là évidemment une solution du problème de la transmission des sons à distance.

Un physicien allemand, Heisler, dans son *Traité de physique technique*, publié en 1866, a décrit et figuré l'appareil de Philippe Reis. Heisler dit que quoique, dans son enfance cet appareil était susceptible de transmettre non seulement des sons musicaux, mais encore des mélodies chantées.

Cet appareil fut ensuite perfectionné par M. Vander Weyde, qui, après avoir lu la description publiée par M. Heisler, chercha à rendre la boîte de transmission de l'appareil plus sonore et les sons produits par le récepteur plus forts

Voici ce que dit ce dernier physicien, dans le *Scientific américain Journal* :

« Ayant fait construire en 1868, deux téléphones de Ph. Reis, je les montrai à la réunion du *club polytechnique* de l'*Institut américain*. Les sons transmis étaient produits à l'extrémité la plus éloignée du *Cooper Institut*, et tout à fait en dehors de la salle où se trouvaient les auditeurs de l'association. L'appareil récepteur était placé sur une table, dans la salle même des séances. Il reproduisait fidèlement les airs chantés, mais les sons étaient un peu faibles et un peu nasillards. Je songeai alors à perfectionner cet appareil, et je cherchai d'abord à obtenir dans la boîte des vibrations plus puissantes en les faisant répercuter par les côtés de cette boîte au moyen de parois creuses. Je renforçai ensuite les sons produits par le récepteur, en introduisant dans la bobine plusieurs fils de fer, au lieu d'un seul.

Ces perfectionnements ayant été soumis à la réunion de l'*Association américaine pour l'avancement des sciences* qui eut lieu en 1869, on exprima l'opinion que cette invention renfermait en elle le germe d'une nouvelle méthode de transmission télégraphique qui pourrait conduire à des résultats importants. »

L'appareil de Reiss ainsi modifié prit une forme plus correcte, que nous représentons dans la figure 111

FIG. 111. — LE TÉLÉPHONE MUSICAL DE PHILIPPE REIS (TRANSMETTEUR ET RÉCEPTEUR).

Il se compose de deux instruments distincts : le *transmetteur* des sons, et le *récepteur*.

Le *transmetteur* est destiné à vibrer par l'effet des sons. Un courant électrique qui le traverse, subit de rapides modifications, sous l'influence de ses vibrations.

Le *transmetteur* se compose d'une boîte, A, présentant à sa partie supérieure, une large ouverture circulaire, formée par un morceau de vessie tendue, *aa*. Cette membrane vibre sous l'influence de sons, et par ses vibrations établit ou interrompt le contact avec la tige métallique à deux branches *i e*, et consécutivement, établit ou interrompt le circuit électrique que forme la pile P, laquelle est en rapport avec un électro-aimant D et avec le fil partant de la pile.

Le *récepteur* est basé sur ce phénomène découvert par le physicien Page, qu'une tige aimantée, ou un électro-aimant, lorsqu'elle éprouve des aimantations et des désaimantations successives, émet des sons en rapport avec le nombre des passages de courants qui produisent ces effets magnétiques. Ce *récepteur* se compose d'une mince tige d'acier, espèce d'aiguille à tricoter, d'environ deux millimètres de diamètre, entourée d'une bobine de fils conducteurs, G, portée sur deux chevalets, *g h*, fixés sur une caisse sonore, E. Un couvercle, F, aide à amplifier les sons.

Le transmetteur et le récepteur, placés à une distance quelconque, sont réunis par le fil de ligne allant du récepteur au transmetteur. Ce fil est continué par les fils des bobines de ces deux appareils. Il revient à la pile, ainsi que nous le représentons, ou bien par la terre servant de conducteur de retour, comme dans les circuits télégraphiques.

Quand on émet des sons auprès de l'embouchure B, les vibrations qu'éprouve la membrane *aa*, par l'effet des mouvements de l'air contenu dans la caisse sonore et vide A, agissent sur l'interrupteur *c*. Il se produit entre la double tige *e i* et la pointe *c*, une série de contacts et de disjonctions qui, fermant ou rompant le courant de la pile, causent les aimantations et les désaimantations successives de la tige du récepteur G, et lui impriment des vibrations correspondantes à celles de la membrane du transmetteur.

Le mémoire dans lequel Ph. Reis décrivait son appareil, aurait dû paraître dans le recueil classique des travaux des physiciens allemands. Nous voulons parler des *Annales de physique de Poggendorff*, qui sont consacrées à faire connaître les découvertes les plus importantes des physiciens d'outre-Rhin. Mais le pauvre professeur de la pension de Friedrichsdorf ne put jamais parvenir à faire accepter son mémoire par Poggendorff, qui jugeait sans doute son travail avec une défaveur imméritée. Il arriva donc, à l'instituteur de Friedrichsdorf, pour son téléphone. ce qui était arrivé en France, en 1858, à M. de Changy, pour sa lampe électrique à incandescence. Le recueil national officiel se ferma devant lui.

L'injustice et le dédain des savants attitrés pour les travailleurs obscurs est de tous les temps et de tous les pays! En deçà comme au delà du Rhin, le mérite sans appui est condamné à l'oubli.

C'est en raison de l'incomplète publicité qu'il reçut, que le mémoire de l'instituteur de Friedrichsdorf resta à peu près entièrement ignoré dans son propre pays. Peu de personnes pouvant connaître les dispositions de cet appareil, on se fit une idée inexacte de son rôle et de ses effets. On n'y vit qu'une application sans importance à l'art de la télégraphie, un essai de *musique galvanique*, ou un perfectionnement de l'appareil qui avait été imaginé antérieurement par le professeur Page, aux États-Unis; et tous ceux qui ont écrit depuis sur le téléphone, sont restés dans cette idée.

Selon M. Silvanus Thompson, la transmission de la voix n'aurait été qu'une conséquence accessoire des expériences de Reis. Si Philippe Reis commença par construire un instrument imitant l'oreille humaine, c'est, dit M. Silvanus Thompson, parce qu'il voulait arriver à un appareil capable de recevoir et de transmettre tout ce que l'oreille humaine peut entendre.

Philippe Reis avait donc, on peut le dire, devancé son époque. Personne ne le comprit, personne ne lui donna ni appui ni secours. — Le découragement le prit et la maladie vint l'abattre. Une affection de poitrine qui se déclara en 1871, lui enleva ses forces et lui fit perdre la voix. Triste et cruelle ironie de la destinée, qui privait l'inventeur de la transmission de la voix humaine, de l'organe même qui était l'instrument de ses recherches!

Philippe Reis avait construit une machine pour la démonstration des lois de la chute des corps, en combinant le grand appareil classique d'Atwood avec celui du général Morin; et il se proposait de présenter ce nouvel appareil à l'*Association des naturalistes allemands*, qui tenait sa session à Wiesbade, en 1874. Mais la maladie ne le permit pas. Après de longues et cruelles souffrances, l'infortuné savant mourut à Friedrichsdorf, le 14 janvier 1874.

II

L'appareil de Philippe Reis pour la transmission des sons musicaux avait beaucoup frappé le jeune professeur de Boston, M. Graham Bell. Mais cet appareil, fondé, comme nous venons de le dire, sur le principe de la *musique galvanique* de Page, ne transmettait facilement que des airs d'instruments, quelquefois des chants de la voix humaine. Il s'agissait d'obtenir davantage, c'est-à-dire la transmission de la parole articulée. Ce but paraissait alors absolument chimérique. Prétendre transmettre à distance la parole articulée, c'était tenter l'impossible.

Cependant, à quoi servirait-il d'appartenir à un siècle qui rêve le progrès sans limites, et dont l'ambition scientifique est sans mesure, si l'on ne tente pas l'impossible? M. Graham Bell le tenta. Et chose extraordinaire, il réussit dans cette recherche; il réalisa pleinement cette utopie condamnée par l'universelle sagesse des hommes de son temps !

C'est que la physique est entrée, de nos jours, dans une voie non soupçonnée jusqu'ici. C'est qu'un ordre de faits, dont les physiciens d'autrefois n'avaient aucune idée, s'est révélé à nous. La physique classique, la physique des Gay-Lussac, des Pouillet, des Ampère, des Weber, des Becquerel et des Regnault, savait parfaitement tout ce qui se passe à la superficie des corps, mais elle ignorait ce qui se passe au-dessous, c'est-à-dire dans la substance intime de la matière. La science de notre temps a abordé courageusement cet ordre intime d'actions intra-moléculaires, et ici ont apparu des phénomènes insolites, des actions jusque-là absolument inconnues.

Depuis que le génie des Gauss, des Grove, des Joule, des Hirn, a découvert le principe fondamental de la nouvelle physique, à savoir la transformation des forces les unes dans les autres, les phénomènes les plus extraordinaires se sont montrés à nos yeux. On a vu des effets d'induction électrique, dont la véritable nature nous échappe, provoquer, dans l'intérieur des corps, des vibrations d'une petitesse qui défie toute mesure, mais qui se traduisent au dehors par des effets physiques très appréciables, par des efforts mécaniques très intenses. On a vu la chaleur se changer en mouvement et le mouvement en chaleur. On a vu l'électricité se transformer en force motrice, le magnétisme produire des effets mécaniques et la lumière faire naître des sons : on a fait, comme on l'a dit, *parler la lumière*. On a, enfin, découvert des courants électriques d'un ordre tout nouveau, les *courants ondulatoires*, qui emportent au loin, dans leurs mystérieux tressaillements, les vibrations de la parole.

Dans cet ensemble de phénomènes étranges, rien n'est prévu d'avance, aucune donnée antérieure ne peut guider dans leur recherche. C'est un terrain vierge, dévolu au premier pionnier, patient et courageux. Pas n'est besoin ici d'être savant attitré, professeur de Faculté, membre d'une Académie ou d'une société savante. La sagacité, la patience dans l'observation, la persévérance dans l'examen, sont les seules qualités exigées pour réussir en ce genre d'études. C'est pour cela que les questions les plus abstruses sont abordées de front par ces savants d'aventure, ces volontaires de l'art, ces francs-tireurs de la science, ces enfants perdus du progrès, qui, inconscients des difficultés, méprisant les obstacles, se jettent au milieu des plus obscurs problèmes, sans soupçonner leur profondeur, ni la nuit qui les couvre. Et quelquefois, le dieu hasard, qu'ils invoquent tout bas, dans leurs veillées solitaires, récompense leur courage et couronne leur foi en mettant en leur main la palme du triomphe.

Ainsi. de nos jours, la physique s'est démocratisée, pour ainsi dire : elle a quitté le giron aristocratique des Universités et des Académies. On a laissé les savants officiels, patentés, brevetés, continuer de couver gravement l'œuf philosophique, et la couvée étant devenue générale, universelle, a multiplié les produits nouveaux, sains et utiles, par cette raison que Voltaire a bien de l'esprit, mais que tout le monde a plus d'esprit que Voltaire.

Aucune des grandes applications de la physique réalisées de nos jours n'est sortie des cénacles scientifiques. C'est un simple typographe, Léon Scott, qui découvre le moyen de faire tracer par un style métallique, sur une membrane vibrante, les sons de la voix humaine. C'est un modeste employé des postes, M. Ch. de Boursoul, qui, le premier, émet cette pensée qu'il est possible de transmettre les sons par un courant électrique. C'est un professeur de pensionnat de l'autre côté du Rhin, qui construit le premier téléphone musical. Un Yankee, qui n'a jamais mis le pied dans une école élémentaire ou supérieure, qui a eu pour cabinet d'études le fourgon à bagages d'un railway du Canada, invente le phonographe et réalise l'éclairage électrique par incandescence, vainement poursuivi jusqu'à lui. C'est un pianiste, M. Hughes, qui découvre le télégraphe imprimant, ensuite le microphone et ses étonnantes applications. Enfin, la merveille des merveilles, en fait de télégraphie, nous est révélée par un modeste professeur d'un hospice de sourds-muets. En effet, la découverte, sans précédents, de ces *courants ondulatoires*, qui ont le privilège d'emporter à travers la distance les vibrations sonores et de les reproduire avec une absolue fidélité, est due à M. Graham Bell, devenu sans doute plus tard un savant de grande valeur, mais qui, en physique, n'était alors qu'un écolier.

M. Graham Bell, toutefois, n'arriva pas du premier coup au résultat qui devait couronner ses efforts. Sa marche à travers les phénomènes nouveaux ouverts à son exploration, fut lente et tortueuse. Il fit usage de procédés ardus et compliqués, avant de découvrir le fait admirablement simple qui sert de base au téléphone magnétique actuel.

L'appareil du maître d'école allemand Ph. Reis fut d'abord l'objectif de M. Graham Bell, et malheureusement, là n'était pas la bonne route. Dans l'appareil de Philippe Reis, c'est le courant électrique qui transmet des sons musicaux par ses interruptions, provoquées elles-mêmes par la résonance d'une membrane vibrant à l'unisson des instruments de musique. Mais de simples interruptions de contact ne produisent que des sons isolés, sans liaison entre eux, et ne peuvent donner la continuité des sons qui constitue la voix humaine.

Nous avons dit que Philippe Reis s'était servi, au début de ses recherches, d'une sorte d'oreille humaine en bois, dans laquelle un morceau de vessie remplaçait la membrane du tympan. Voulant enregistrer les vibrations de la voix, M. Graham Bell, aidé par le docteur Blake, construisit un appareil semblable à l'oreille humaine, avec son tympan et ses osselets. Il enduisit la membrane du tympan de glycérine étendue d'eau, plaça un style près de cette membrane; puis, en parlant ou chantant devant ce tympan naturel, il obtint sur une plaque de verre noircie, qui se déplaçait rapidement sous ce style, des traits reproduisant exactement les vibrations de l'air ébranlé par les sons. C'est ce que le typographe Léon Scott avait le premier imaginé en France, avec son *phonautographe*.

Cette combinaison de l'appareil primitif de Reis, l'*oreille-téléphone*, et du *phonautographe* de Léon Scott, qui lui permit d'enregistrer les vibrations de la voix humaine, mit M. Graham Bell sur la voie de sa découverte.

Écoutons M. Graham Bell nous raconter ses premiers essais, c'est-à-dire ceux qui suivirent la construction de l'*oreille-téléphone*, imitée du premier appareil de Philippe Reis.

« La disproportion considérable de masse et de grandeur qui, dans cet appareil, existait entre la membrane et les osselets mis en vibration par elle, attira particulièrement mon attention, et me fit penser à substituer à la disposition compliquée que j'avais employée pour mon téléphone à transmission de sons multiples, une simple membrane à laquelle était fixée une armature de fer.

« Cet appareil fut alors disposé comme l'indique la figure ci-dessous, et je croyais

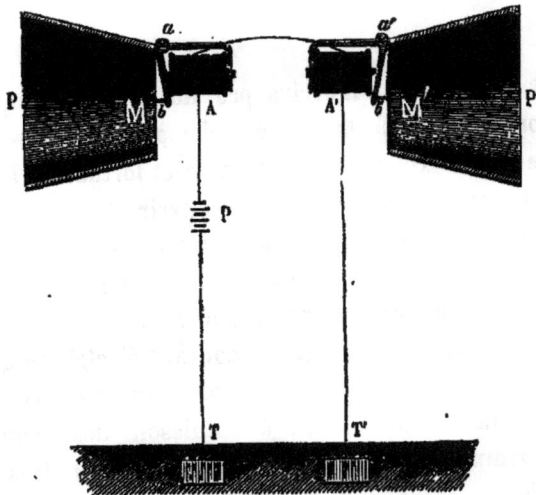

Fig. 112. — PREMIER TÉLÉPHONE DE M. GRAHAM BELL.
P, pile; TT', communication par la terre : A, électro-aimant; P, cône acoustique; *a b*, armature de l'électro-aimant; M, membrane vibrante en or battu.

obtenir par lui les courants ondulatoires qui m'étaient nécessaires. En effet, en articulant à la branche sans bobine d'un électro-aimant boiteux A une armature de fer doux, *a b*, reliée par une tige à une membrane en or battu M, je devais obtenir, par suite des vibrations de celle-ci, une série de courants induits ondulatoires, lesquels réagissant sur l'électro-aimant d'un appareil semblable placé à distance, devaient faire reproduire à l'armature de celui-ci, *a' b'*, les mouvements de la première armature, et par conséquent faire vibrer la membrane correspondante M' exactement comme celle ayant provoqué les courants.

« Toutefois, les résultats que j'obtins de cet arrangement ne furent pas satisfaisants, et il me fallut encore entreprendre bien des essais, qui m'amenèrent à réduire autant que possible les dimensions et le pied des armatures et même à les constituer avec des ressorts de pendule de la grandeur de l'ongle de mon pouce. Dans ces conditions, au lieu d'articuler ces armatures, je les attachai au centre des membranes, et mon appareil fut alors disposé comme l'indique la figure suivante. »

Dans le second appareil auquel fait allusion M. Graham Bell, le courant

Fig. 113. — DEUXIÈME TÉLÉPHONE DE M. GRAHAM BELL (TRANSMETTEUR).

électrique était interrompu par les vibrations d'un mince disque de fer, placé en face d'un électro-aimant. La membrane de fer vibrait par la résonnance de la voix, et ses vibrations étaient transmises par le fil de la

Fig. 114. — DEUXIÈME TÉLÉPHONE DE M. GRAHAM BELL (RÉCEPTEUR)

pile à un appareil vibrant identiquement comme la membrane du transmetteur. Les sons de la voix étaient ainsi fidèlement reproduits.

Les figures 113 et 114 représentent cet appareil. Le récepteur se compose : d'un électro-aimant, B, c'est-à-dire d'une lame de fer pur par-

FIG. 115. — M. GRAHAM BELL, A BOSTON, FAIT L'EXPÉRIENCE DE SON DEUXIÈME TÉLÉPHONE

couru par un courant électrique, qui lui communique l'aimantation, 2° d'un disque mince de fer placé au fond de l'ouverture du pavillon, A. Au moyen des vis, CC, on peut tendre plus ou moins la membrane vibrante.

Le récepteur (fig. 114) se compose d'un électro-aimant, que les physiciens appellent *électro-aimant tubulaire*. L'aimant BC a une forme cylindrique, et la bobine de fils parcourue par le courant qui lui communique l'aimantation artificielle, est renfermée à l'intérieur du cylindre. L'armature, A, de l'électro-aimant, c'est-à-dire la pièce de fer attirée par cet aimant, est placée au-dessus du cylindre, et forme comme le couvercle d'une boîte. Cette dernière disposition de l'électro-aimant rappelle le récepteur du *téléphone musical* de Philippe Reis.

Ajoutons que le *transmetteur* (fig. 113) pouvait fonctionner comme *transmetteur* et comme *récepteur* indifféremment, mais que le *récepteur* (fig. 114) ne pouvait remplir ce double office. En d'autres termes, le *transmetteur* était *reversible*, comme on le dit aujourd'hui, mais le *récepteur* ne l'était pas.

Cet assemblage était assez bizarre, et l'on ne pouvait en espérer rien de bien sérieux. Mais la téléphonie est l'heureuse fille du hasard et de la fortune, et M. Graham Bell expérimentait un peu à l'aventure.

Aussi, rien ne saurait donner l'idée de la surprise et de la joie qu'éprouva l'inventeur, lorsque, pour la première fois, le courant électrique traversant ce singulier système, transporta à distance les sons de la voix humaine.

M. Graham Bell avait établi le *transmetteur* de son appareil dans une salle de l'Université de Boston servant à des conférences, et il se tenait près de ce transmetteur. Le récepteur était disposé dans une pièce située à l'étage au-dessous, et un élève écoutait ou parlait dans le récepteur. M. Graham Bell ayant prononcé ces mots devant le transmetteur : « Comprenez-vous ce que je dis », il crut rêver lorsqu'il entendit, à travers l'instrument, cette bienheureuse réponse, un peu confuse, un peu voilée sans doute, mais enfin perceptible : « Je vous comprends ».

A dater de ce moment le problème de la transmission de la parole par le courant électrique était résolu.

Nous sommes en Amérique, et dans ce pays les savants qui se livrent à des recherches nouvelles ont deux objectifs, qui se succèdent dans un ordre méthodique : 1° la découverte, 2° son exploitatation industrielle, assurée au moyen d'un brevet d'invention. M. Graham Bell, en construisant son téléphone à pile, dans lequel une membrane de fer vibrait à l'égal de la voix et transmettait fidèlement ces vibrations à un appareil semblable, placé à une station éloignée, avait réalisé la première partie du programme. La seconde ne se fit pas attendre.

Au mois de septembre 1875, M. Graham Bell alla trouver, à Toronto, le ministre des États du Canada, M. Brown, qui se disposait à partir pour l'Europe, et il le chargea de prendre, en Angleterre, en son nom, un brevet d'invention pour son téléphone, pendant qu'il prendrait lui-même un semblable brevet en Amérique.

Le 29 décembre, M. Graham Bell, apprenant que M. Brown n'était pas encore parti, lui fit une seconde visite à Toronto, et lui remit les dessins de son appareil, avec un mémoire à l'appui de sa demande de brevet.

M. Brown s'embarqua pour l'Europe au mois de janvier 1876. Arrivé à Londres, il soumit à des électriciens le mémoire et les dessins de M. Graham Bell ; mais ces savants ne trouvèrent pas que l'invention fût sérieuse, de sorte que M. Brown hésitait à faire la demande du brevet. M. Graham Bell écrivait lettres sur lettres à son compatriote, pour le presser d'exécuter sa promesse, lorsqu'il reçut une dépêche télégraphique, lui annonçant un événement imprévu et tragique. Le ministre du Canada, M. Brown, avait été assassiné dans une rue de Londres !

À cette nouvelle, M. Graham Bell, renonçant à prendre pour le moment son brevet en Europe, s'occupa de le prendre, sans autre retard, en Amérique.

Et voici ce qui se passa, le 14 février 1876, à Washington, au bureau des patentes américaines.

Si le récit qui va suivre a les allures d'un roman, qu'on ne l'attribue pas à l'imagination de l'auteur, car tout ce qui se passa dans la journée du 14 février 1876, au bureau des patentes de Washington, est appuyé sur des pièces et des documents qui ont figuré en justice, à l'occasion du procès auquel donna lieu le cas sans exemple que nous allons raconter.

III

Ce qui se passa le 24 février 1876, dans le bureau du directeur des patentes américaines de Washington. — Le téléphone à pile de M. Graham Bell et le téléphone à pile de M. Elisha Gray se trouvent face à face. — Un conflit judiciaire. — Comment les tribunaux américains proclament M. Graham Bell l'inventeur du téléphone, et ce qui s'ensuivit.

Je ne saurais dire exactement comment est disposé, à Washington, le bureau des patentes, mais il ne doit pas beaucoup différer des établissements de ce genre qui sont consacrés, à peu près en tout pays, aux enregistrements officiels des demandes et des délivrances de brevets d'invention. Ils sont distribués, en général, comme il suit. Une vaste salle est divisée en un certain nombre de compartiments, servant chacun de bureau à un employé. Les murs de cette salle sont couverts de dessins au lavis, de plans géométraux ou de planches gravées en noir et en couleur, représentant divers appareils de mécanique industrielle. De grandes bibliothèques, renfermant l'interminable collection des volumes que chaque nation consacre aux *brevets expirés*, s'étendent des deux côtés de la salle. Là se trouvent les collections des *brevets expirés* enregistrés en France depuis 1800, et la série des patentes anglaises et américaines; ce qui, joint aux principaux recueils scientifiques d'Europe et d'Amérique, forme l'indispensable répertoire que les employés ont à consulter.

De ces employés, les uns travaillent à la correspondance, les autres copient le texte des brevets déposés par les inventeurs. Certains s'occupent à reproduire sur la planche à lavis, les plans, coupes et dessins qui accompagnent les brevets. Tandis que quelques-uns colorient, à la main, les dessins tracés à l'encre, d'autres autographient des manuscrits ou gravent sur pierre ces dessins, pour en faire des tirages plus nombreux.

Au milieu de la grande salle occupée par les petits bureaux des employés, est une porte, donnant accès dans le cabinet du directeur du bureau.

Le 24 février 1876, à deux heures de l'après-midi, le directeur du bureau des patentes américaines était occupé à expédier les affaires courantes de son service, quand on frappa à sa porte.

« Toc, toc!...

— Entrez. »

On entra.

« C'est vous, monsieur Patrick, dit le directeur; quel bon vent vous amène?

— Une demande de brevet.

— De la part?...

— De la part de M. Graham Bell.

— De M. Graham Bell, le professeur de l'institution des sourds-muets de Boston?

— Précisément.

— Et de quelle invention s'agit-il?

— D'un téléphone, c'est-à-dire d'un appareil qui transmet les sons à distance.... Voici le modèle de son appareil. Voulez-vous en prendre connaissance? »

L'agent d'affaires déposa sur un meuble le modèle du téléphone à pile de M. Graham Bell, et remit au directeur le mémoire du professeur de Boston. Le directeur commença la lecture de ce mémoire, que nous allons lire par-dessus son épaule.

« Mon invention — est il dit dans le mémoire de M. Graham Bell à l'appui de sa demande de brevet — consiste dans l'emploi d'un courant électrique vibratoire, ou *ondulatoire*, en opposition à un courant simplement intermittent ou pulsatoire, et d'une méthode ainsi que d'un appareil pour produire une ondulation électrique sur le fil de ligne.

« On comprendra la distinction entre un courant ondulatoire et un courant pulsatoire, si l'on considère que les pulsations électriques sont produites par des changements d'intensité soudains et instantanés, et que les courants ondulatoires résultent de changements graduels d'intensité, analogues aux changements de densité occasionnés dans l'air par de simples vibrations du pendule. Le mouvement électrique, comme le mouvement aérien, peut être représenté par une courbe sinusoïdale ou par la résultante de plusieurs courbes sinusoïdales. »

M. Graham Bell expose ensuite comment les courants ondulatoires peuvent servir à la transmission simultanée de plusieurs dépêches, et il décrit en dernier lieu la disposition suivante :

« Un autre mode est représenté par la figure ci-jointe (voir fig. 112, page 359 de cet ouvrage), dans lequel le mouvement peut être communiqué à l'armature par la voix humaine ou par le moyen d'un instrument musical.

« L'armature *ab* est attachée librement à la patte d'un électro-aimant A, et son autre extrémité est liée au centre d'une membrane tendue, M Un cône, P, sert à faire converger les vibrations du son sur la membrane M. Quand un son est émis dans le cône, la membrane est mise en vibration, l'armature est forcée de partager ce mouvement, et ainsi des ondulations sont créées dans le circuit. Ces ondulations sont semblables en forme aux vibrations de l'air causées par le son, c'est-à-dire qu'elles sont représentées graphiquement par des courbes semblables. Les courants ondu-

M. GRAHAM BELL[1].

latoires passant par l'électro-aimant $a'b'$ agissent sur l'armature M' pour lui faire co-

1. Nous ne donnons qu'une esquisse du portrait de M. Graham Bell, parce que nous n'avons pu nous procurer de photographie de l'original. Ce profil a été fait de mémoire, après le passage

pier le mouvement de l'armature M. On entend alors sortir du cône P' un son semblable à celui qui est émis en P. »

M. Graham Bell termine ainsi :

« Ayant décrit mon invention, ce que je réclame et désire assurer par la patente est ce qui suit :

« 1. Un système de télégraphie dans lequel le récepteur est mis en vibration par l'emploi de courants électriques ondulatoires, essentiellement comme il est décrit plus haut.

« 2. La combinaison, décrite plus haut, d'un aimant permanent, ou d'un autre corps capable d'une action inductive, avec un circuit fermé, de sorte que la vibration de l'un doit occasionner des ondulations électriques dans l'autre, ou dans lui-même ; et je le réclame, soit que l'aimant permanent soit mis en vibration dans le voisinage du fil conducteur formant le circuit, soit que le fil conducteur soit mis en vibration dans le voisinage de l'aimant permanent, soit que le fil conducteur et l'aimant permanent, tous deux simultanément, soient mis en vibration dans le voisinage l'un de l'autre.

« 3. La méthode de produire des ondulations dans un courant voltaïque continu par la vibration ou le mouvement de corps capables d'une action inductive, ou par la vibration ou le mouvement du fil conducteur lui-même, dans le voisinage de tels corps, comme il est établi précédemment. »

Ayant pris connaissance de cette demande de brevet, qui était formulée conformément aux lois et règlements de l'administration des États-Unis, le directeur du bureau des patentes fit signer la demande à l'agent d'affaires de M. Graham Bell et le congédia.

Ceci se passait à deux heures. A quatre heures, le directeur entend de nouveau frapper à sa porte

« Toc, toc !....

— Entrez. »

On entra.

« C'est vous, monsieur Jonathan, dit le directeur ; quel bon vent vous amène ?

— Une demande de *caveat*.

— De la part ?

— De la part de M. Elisha Gray.

— M. Elisha Gray, l'électricien de Chicago ?

— Lui-même.

— Et quelle invention M. Elisha Gray veut-il faire breveter ?

— Un téléphone, c'est-à-dire un appareil qui transmet la parole à distance. »

de M. Graham Bell, à Paris, en 1880, et contrôlé par le témoignage des personnes qui se sont trouvées à cette époque en rapport avec M. Graham Bell. Le buste de ce physicien, exécuté par M. David Napoli, ingénieur et électricien distingué, est en voie d'exécution à Paris, et sera exposé au prochain Salon de peinture et de sculpture.

A DEUX HEURES.   FIGURE 117.   A QUATRE HEURES.

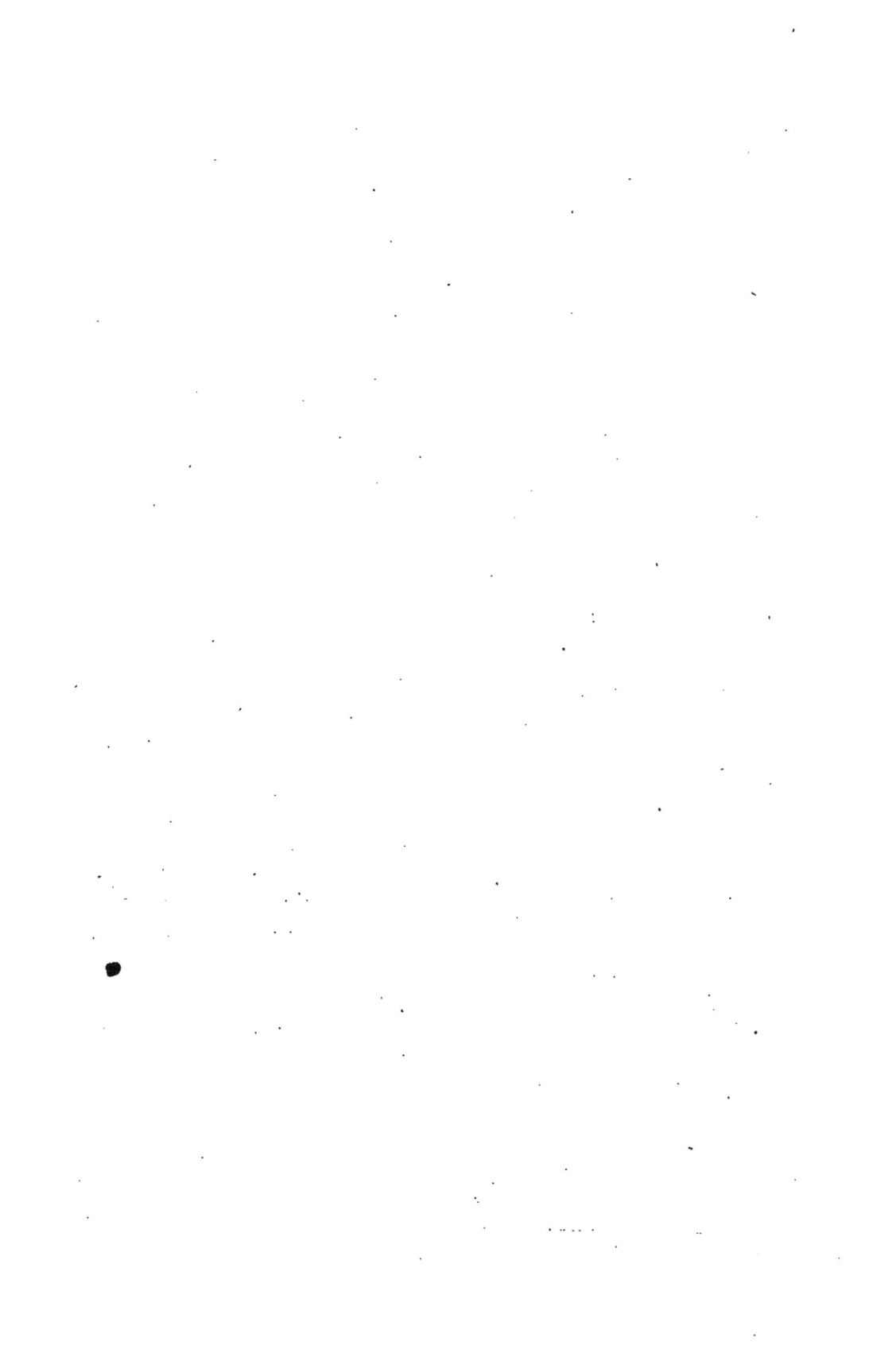

Le directeur se leva de son fauteuil, comme poussé par un ressort.

« Un téléphone?... En êtes-vous bien sûr?...

— Voici le modèle de l'appareil de M. Elisha Gray, et voici ses dessins. Voulez-vous prendre connaissance du mémoire qui accompagne tout cela?

— Comment donc, monsieur Jonathan; mais avec le plus grand empressement! »

Et le directeur, excessivement intrigué, mais sans rien laisser paraître encore de ce qui lui causait un si vif étonnement, prit des mains du sieur Jonathan le mémoire de M. Elisha Gray, et s'en donna lecture à lui-même, en accentuant bien chaque phrase.

L'honnête M. Jonathan, qui avait bien des fois rempli le même mandat qu'il accomplissait en ce moment, n'avait jamais vu le directeur du bureau des patentes américaines s'intéresser à ce point à une invention. Il en était émerveillé, et ne savait comment expliquer l'attention tout à fait nouvelle que le directeur apportait à cette affaire.

Voici le texte exact du document manuscrit qui accompagnait la demande de l'électricien de Chicago. On reconnaîtra bien vite que la description du téléphone faite par M. Elisha Gray est autrement claire, nette et précise, que celle de M. Graham Bell, qui disserte, au lieu de décrire, qui s'égare dans des considérations de physique étrangères au sujet, et dont l'appareil a plutôt pour objet un perfectionnement à la télégraphie électrique qu'un téléphone.

En tête du mémoire de M. Elisha Gray est un dessin, qui porte pour légende : « *Instruments for transmitting and receiving vocal sounds telegraphically, caveat filed February* 14th 1876, c'est-à-dire : *Instruments pour transmettre et recevoir télégraphiquement des sons vocaux. Caveat, enregistré le* 14 *février* 1876.

Voici maintenant le texte de l'inventeur :

« A tous ceux que cela peut concerner, qu'il soit connu que moi, Elisha Gray, de Chicago, comté de Cook et État d'Illinois, ai inventé un nouveau mode de transmettre des sons vocaux télégraphiquement. Ce qui suit en est la description.

« L'objet de mon invention est de transmettre les tons de la voix humaine au travers d'un circuit télégraphique et de les reproduire à l'extrémité réceptrice de la ligne, de telle façon que des conversations effectives puissent être tenues par des personnes se trouvant à une grande distance l'une de l'autre.

« J'ai inventé et fait breveter des méthodes de transmettre télégraphiquement des impressions ou sons musicaux, et mon invention actuelle est basée sur une modification du principe de ladite invention, qui est décrite et exposée dans des lettres patentes des États-Unis, qui m'ont été accordées le 27 juillet 1875, sous les numéros respectifs 166 095 et 166 096, et, de plus, dans une demande de patente déposée par moi le 23 février 1875.

« Pour atteindre l'objet de mon invention, j'ai imaginé un instrument pouvant émettre des vibrations concordant avec tous les tons de la voix humaine, et par lequel ces tons, ou sons, sont rendus perceptibles.

« J'ai représenté sur les dessins ci-joints un appareil renfermant mes perfectionnements de la meilleure manière qui me soit connue maintenant, mais je projette différentes autres applications, ainsi que des changements dans les détails de construction de l'appareil, changements dont quelques-uns se seront nécessairement déjà présentés d'eux-mêmes à un électricien habile ou à une personne versée dans l'acoustique, à la vue de la présente application.

« La première figure de mon mémoire représente une section centrale verticale au travers de l'instrument transmetteur;

Fig. 118. — TÉLÉPHONE A PRESSION D'EAU VARIABLE, DE M. ELISHA GRAY.

A, boîte acoustique du transmetteur; B, vase de verre plein d'eau; a, diaphragme en audruche portant une tige métallique attachée à sa partie inférieure; b, suite de la tige métallique brisée, et communiquant avec le fil conducteur c; T, communication avec la terre.

« La deuxième figure de mon mémoire représente une section semblable au travers du récepteur;

« La troisième figure, un dessin d'ensemble de tout l'appareil.

« Mon opinion actuelle est que la méthode la plus efficace pour obtenir un appareil capable de rendre les sons variés de la voix humaine, consiste à étendre un tympan, tambour ou diaphragme en travers d'une extrémité de la boîte qui porte un appareil produisant des fluctuations dans le potentiel du courant électrique, et par suite variant dans sa force.

« Sur le dessin ci-joint (fig. 118), la personne qui transmet les sons est représentée parlant dans une boîte A, en travers de l'extrémité extérieure de laquelle est tendu un diaphragme *a*, d'une substance mince quelconque, telle que du parchemin ou de la baudruche, capable de rendre tous les tons de la voix humaine, qu'ils

M. ELISHA GRAY.

soient simples ou complexes. A ce diaphragme est fixée une petite tige métallique conductrice de l'électricité, qui descend jusque dans un vase B fait de verre ou d'autre matière isolante et dont la partie inférieure est fermée par un tampon *b* qui peut être métallique ou au travers de laquelle passe un conducteur *c* qui forme en partie circuit.

« Ce vase est rempli d'un liquide possédant une grande résistance, tel que de l'eau par exemple, de sorte que les vibrations de la tige métallique qui ne touche pas entièrement le conducteur *b* amèneront des variations dans la résistance électrique, et par conséquent dans le potentiel du courant qui passe au travers de la tige métallique.

« Il résulte de ce mode de construction que la résistance varie constamment en concordance avec les vibrations du diaphragme, lesquelles, quoique irrégulières, non seulement en amplitude, mais aussi en rapidité, n'en sont pas moins transmises, et peuvent, par conséquent, être envoyées par une seule tige, ce qui ne pourrait pas être obtenu en établissant et en rompant alternativement le courant là où l'on emploie des points de contact.

« J'étudie cependant l'emploi de séries de diaphragmes dans une boîte vocale commune, chaque diaphragme portant une tige indépendante et répondant à une vibration d'une rapidité et d'une intensité différentes, cas dans lequel on peut employer des points de contact montés sur d'autres diaphragmes. Les vibrations communiquées de cette façon sont transmises au travers d'un circuit électrique à la station réceptrice. Dans ce circuit est compris un électro-aimant de construction ordinaire, agissant sur un diaphragme, auquel est fixée une pièce de fer doux. Ce diaphragme est tendu en travers d'une boîte vocale réceptrice *c*, quelque peu semblable à la boîte vocale correspondante A.

« Le diaphragme à l'extrémité réceptrice de la ligne reçoit alors des vibrations correspondant à celles du côté transmetteur et il se produit des sons ou mots perceptibles.

« L'application pratique évidente de mon perfectionnement sera de permettre à des personnes, postées à de grandes distances, de converser l'une avec l'autre dans un circuit télégraphique, absolument comme elles le font actuellement en présence l'une de l'autre ou dans un porte-voix.

« Je revendique comme étant mon invention l'art de transmettre des sons vocaux ou conversations télégraphiquement par un circuit télégraphique. »

Nous ouvrirons ici une parenthèse pour dire que cette description est si précise et si complète qu'elle permettrait de construire un appareil qui pourrait certainement constituer un téléphone parlant.

En lisant avec soin la description qui précède et examinant le dessin qui accompagne le brevet de M. Elisha Gray, dessin que nous avons reproduit exactement dans la figure 118 (page 352) d'après le brevet de l'inventeur, on comprend que le jeu de cet appareil est le suivant.

La voix faisant vibrer le diaphragme *a* de la boîte du transmetteur A, les vibrations de ce diaphragme se communiquent à la tige métallique qui est attachée à ce diaphragme, et cette tige, en vibrant, presse plus ou moins la mince couche d'eau sur laquelle porte l'extrémité inférieure de cette même tige. Ces variations dans la compression de l'eau font varier l'intensité du courant électrique, et ces variations dans l'intensité du courant se communiquent, par la tige métallique *b*, et par le fil conducteur *c*, au récepteur A', après avoir traversé la terre, qui sert de conducteur de retour. Dès lors, le diaphragme du récepteur A' vibre identiquement comme le diaphragme du transmetteur, c'est-à-dire reproduit les sons de la voix qui a fait parler le transmetteur.

C'est le principe du *téléphone à pile et à conducteur de charbon* que M. Edison construisit plus tard, et que nous retrouverons en son lieu.

Il importe de remarquer que le téléphone de M. Elisha Gray diffère du téléphone de Philippe Reis en deux points très importants. Le transmetteur n'agit pas par des interruptions de contact avec la membrane animale, comme dans l'appareil du maître d'école allemand, mais par les variations de résistance offertes par un liquide au passage du courant électrique. M. Elisha Gray insiste sur ce point, qui est, en effet, d'une importance capitale.

Reprenons l'entretien de nos deux personnages, que nous avons interrompu pour donner l'explication technique du téléphone de l'électricien de Chicago.

Ayant lu consciencieusement, et dans son entier, le mémoire déposé par M. Elisha Gray à l'appui de son *caveat*, le directeur des patentes fit signer la demande par l'agent d'affaires; puis, au lieu de le congédier, il le retint du geste.

M. Jonathan, qui allait se retirer, et tenait déjà le bouton de la porte, s'arrêta, prêt à écouter de toutes ses oreilles la déclaration qu'allait lui faire l'employé supérieur.

« Vous avez sans doute remarqué, lui dit le directeur, la surprise que j'ai ressentie quand vous m'avez fait part de l'objet de votre demande. Il me reste à vous expliquer la cause de cette surprise. Sachez donc que deux heures à peine avant que vous entriez ici, votre honorable confrère, M. Patrick, en sortait, après m'avoir remis une demande de brevet pour un téléphone, qui diffère sans doute, par son mécanisme, de celui de M. Elisha Gray, mais qui donne, en fait, le même résultat, c'est-à-dire qui transporte la parole à distance, par l'intermédiaire d'un courant électrique. »

Et comme M. Jonathan se récriait, le directeur tira d'un carton et mit sous ses yeux les pièces relatives à la demande de brevet de M. Graham Bell.

« Je vous communique ces pièces, monsieur Jonathan, dit le directeur, pour que vous reconnaissiez par vous-même la vérité de ce que j'avance... Et j'ajoute que vous ne sauriez contester que la demande de M. Graham Bell n'ait l'antériorité sur celle de M. Elisha Gray, attendu qu'elle a été déposée aujourd'hui à deux heures, et la vôtre à quatre heures seulement.

— C'est ce que je n'ai nullement l'intention de nier, répliqua le mandataire de M. Elisha Gray. Il y aura certainement procès entre nos deux inventeurs, et l'on ne peut savoir quelle en sera l'issue. Quant à nous, qui n'avons été, en tout ceci, que les intermédiaires, nous ne pourrons que constater la réalité et la sincérité des faits. Leur appréciation appartiendra au tribunal. »

Sur ces dernières paroles, le sieur Jonathan se retira.

Ce qu'avait prévu notre agent d'affaires ne manqua pas, d'ailleurs, de se produire. Quelques mois après, les deux inventeurs étaient en procès.

Le tribunal de Washington dut être fort embarrassé; car si, d'une part, la description du téléphone électrique de M. Elisha Gray était magistrale, et les effets de son appareil aussi nets qu'on pût le désirer, d'autre part, le mémoire de M. Graham Bell trahit des hésitations continuelles, et ne paraît contenir que le germe d'une invention, ayant pour objet la télégraphie électrique, plutôt qu'une invention définitive relative à la téléphonie.

Cependant le tribunal de Washington se prononça en faveur de M. Graham Bell. Il déposséda l'électricien de Chicago, et investit le professeur de Boston du privilège de la découverte du téléphone.

Ce qui dicta sans doute la sentence des juges américains, ce fut l'antériorité de deux heures dans le dépôt des pièces, antériorité établie en faveur de M. Graham Bell, mais surtout cette considération que M. Graham Bell avait fait une demande de brevet, en bonne et due forme, tandis que M. Elisha Gray n'avait pris qu'un simple *caveat*.

Il importe, en effet, de savoir qu'aux États-Unis, ce qui n'existe pas en France, l'inventeur qui juge que sa découverte n'est pas arrivée à maturité, peut, avant de demander un brevet, déposer à l'Office des patentes un *caveat*, c'est-à-dire un mémoire manuscrit, indiquant le plan, l'objet et les caractères distinctifs de son invention, en demandant protection pour son droit, jusqu'à ce qu'il ait mûri sa découverte. Il paye, pour cela, une taxe de 20 dollars, dont il lui est tenu compte plus tard, s'il demande un brevet. Si, pendant l'année qui suit le dépôt d'un *caveat*, l'Office des patentes reçoit une demande pour une invention semblable à celle du déposant de ce *caveat*, celui-ci en est informé et peut faire opposition.

C'est parce qu'il n'avait demandé qu'un *caveat* que M. Elisha Gray perdit son procès. Quant au mérite comparatif des deux appareils, personne n'aurait hésité un instant à décerner la palme à l'instrument téléphonique de l'électricien de Chicago.

IV

Comment M Graham Bell a pu être conduit à la découverte du téléphone magnétique. — Le télégraphe à ficelle amène M. Graham Bell à l'idée d'un téléphone sans pile. — Ce que c'est que le téléphone à ficelle. — Obscurité de son origine. — Description du téléphone magnétique de M. Graham Bell. — Effet produit par cette invention à l'Exposition de Philadelphie. — Sir William Thomson et l'Empereur du Brésil patronnent, en Europe, l'invention américaine. — Succès du téléphone en Amérique. — Expériences publiques faites par l'inventeur, de Boston à Salem. — Le téléphone de M. Graham Bell fait son apparition en Europe

La meilleure preuve que le téléphone électrique que M. Graham Bel fit breveter le 14 février 1876, et auquel le tribunal américain accorda l'antériorité sur celui de M. Elisah Gray, était un instrument sans valeur pratique, c'est qu'à peine ce brevet fut-il obtenu que l'inventeur s'empressa de le mettre de côté, et de chercher mieux.

Et il chercha avec tant d'ardeur qu'il finit par accomplir l'une des plus grandes découvertes de la physique moderne. Il transmit la parole sans l'intermédiaire du courant électrique.

Comment, en partant d'un premier instrument, qui n'était qu'une ébauche, le professeur de Boston parvint-il à réaliser cette merveille de l'acoustique qui porte le nom de *téléphone magnétique*, ou *téléphone à courants ondulatoires?* Je ne sais pourquoi, mais il me semble que M. Graham Bell dut être mis sur la voie de cette grande découverte par la connaissance du vulgaire et grossier jouet qui porte le nom de *télégraphe à ficelle*.

Le lecteur a certainement connaissance du *télégraphe à ficelle*, que les marchands de jouets vendaient, vers 1878, dans les boutiques et dans les rues de Paris, pour la modique somme de 50 centimes. Le télégraphe à ficelle est un très vieux bibelot, sans que personne puisse dire à quelle époque il remonte ; car tout est bizarre, tout est étrange et mystérieux dans l'enfantement du téléphone.

Aujourd'hui, le télégraphe à ficelle est parfaitement oublié. Il fut à la mode à Paris, pendant trois mois. Mais comme trois mois d'attention est tout ce que Paris peut accorder à une curiosité quelconque, au bout de ce temps personne n'y pensait plus, et maintenant on ne trouverait peut-être pas dans toute la France un seul de ces engins. J'en ai découvert un, par hasard, au fond du tiroir d'un vieux meuble, et je n'ai pu m'empêcher, en contemplant la poussière qui ternissait ses nobles baudruches, de gémir sur la grandeur et la décadence des inventions humaines. Quoi qu'il en soit, puisque, par un sort heureux, j'ai retrouvé ce pauvre délaissé, laissez-moi vous le décrire.

Le télégraphe à ficelle se compose de deux cornets ou embouchures (fig. 120), de bois léger, fermées au fond par une membrane de parchemin. Un fil de soie ou de coton, arrêté par un nœud, est fixé au milieu de chaque membrane. S'il est bien tendu en ligne droite, ce fil peut transmettre la voix à environ cinquante mètres. Une personne parle, en appliquant sa bouche sur l'embouchure de l'un des cornets; tandis qu'une seconde personne place l'autre cornet à son oreille. Les paroles sont ainsi assez facilement entendues. Il faut seulement que le fil ne fasse ni inflexions, ni coudes, qu'il soit rectiligne.

M. Bréguet est pourtant parvenu à faire parler un fil présentant plusieurs inflexions. Pour cela il a fait usage, comme supports, placés de distance en distance, d'espèces de petits tambours de basque, par le centre desquels il fait passer le fil. Le son partant de la membrane dans laquelle on parle, étant conduit par le fil, fait vibrer la membrane du petit tambour de basque qui sert à former un coude, et ledit tambour de basque transmet sa vibration à la partie du fil qui suit. On peut, de cette manière, multiplier les coudes, sans rien enlever à l'intensité des paroles transmises.

Quel est l'inventeur du *télégraphe à ficelle?* M. Preece, électricien anglais, a révendiqué cette invention pour un physicien de sa nation, Robert Hooke, contemporain de Denis Papin, qui vivait au dix-septième siècle. Nous ferons pourtant remarquer que dans le texte de Robert Hooke, il ne s'agit nullement d'une membrane vibrante, ni d'une embouchure. Il n'est question que d'un *fil tendu* transmettant instantanément le son. Mais le fait de la transmission du son par des corps solides d'une

Fig. 120. — LE TÉLÉGRAPHE A FICELLE.

grande longueur, était connu depuis longtemps. Les anciens eux-mêmes savaient que les poutres et les conduites métalliques transmettent instantanément le son à de très grandes distances. Le texte de Robert Hooke ne mentionnant que la transmission du son par un *fil tendu en ligne droite*, ne peut aucunement s'appliquer à un télégraphe pourvu de deux membranes vibrantes. C'est donc à tort, selon nous, que M. Preece veut faire honneur de cette invention à Robert Hooke.

Pour que le lecteur prononce lui-même sur la vérité de notre critique, voici le passage extrait des œuvres de Robert Hooke par M. Preece, et invoqué par lui, à l'appui de la prétendue découverte du téléphone à ficelle par le physicien du dix-septième siècle.

« Il n'est pas impossible, dit Robert Hooke, d'entendre un bruit à grande distance, car on y est déjà parvenu, et l'on pourrait même décupler cette distance sans qu'on puisse taxer la chose d'impossible. Bien que certains auteurs estimés aient affirmé qu'il était impossible d'entendre à travers une plaque de verre noircie même très mince, je connais un moyen facile de faire entendre la parole à travers un mur d'une grande épaisseur. On n'a pas encore examiné à fond jusqu'où pouvaient atteindre les moyens acoustiques, ni comment on pourrait impressionner l'ouïe par l'intermédiaire d'autres milieux que l'air, et je puis affirmer qu'en employant un fil tendu, j'ai pu transmettre instantanément le son à une grande distance, et avec une vitesse, sinon aussi rapide que celle de la lumière, du moins incomparablement plus grande que celle du son dans l'air. Cette transmission peut être effectuée non-seulement avec le fil tendu en ligne droite, mais encore quand ce fil présente plusieurs coudes. »

On voit qu'il n'est nullement question, dans ce passage, assez embrouillé, du reste, de membrane résonnante, ni de cornet acoustique, et que tout se réduit à la mention d'un fil tendu en ligne droite, ou faisant des inflexions. Mais tout le monde savait qu'une longue poutre transmet à son extrémité le bruit d'une montre. Robert Hooke ne fit que remplacer la poutre par un fil. Nous ne voyons pas là le *télégraphe à ficelle* qui vient d'être décrit.

Le fait est que l'inventeur du *télégraphe à ficelle* est parfaitement ignoré. Il n'a jamais existé aucun engin semblable dans un cabinet de physique, ni au siècle dernier, ni pendant le nôtre. Or, les cabinets de physique en auraient certainement conservé des modèles si un physicien estimé comme l'était Robert Hooke eût jamais construit un instrument de ce genre.

Ainsi, l'origine du télégraphe à ficelle se perd dans un lointain ténébreux.

Ce qui prouve qu'il y a bien des siècles que ce petit jouet fait la joie des enfants et la tranquillité des parents, c'est qu'il était connu dans le Nouveau monde, en des temps fort reculés.

M. Édouard André, qui fut chargé par le gouvernement français, en 1870, d'une mission scientifique dans la Nouvelle-Grenade, en rapporta cet instrument, qu'on appelle dans ce pays *fonoscopio*, et qui sert à amuser les enfants, grands et petits. Les membranes résonnantes sont en vessie de porc, et les cornets récepteurs en bambou : le fil est en coton. On en trouve dont le fil n'a pas moins de 60 mètres de long. D'après les notables de la Nouvelle Grenade, le *fonoscopio* était connu dans ce pays depuis la conquête du Nouveau monde par les Espagnols.

Dans la république de l'Équateur on trouve également le *fonoscopio* servant de jouet aux enfants.

Nous pensons que par suite du bruit que fit en Amérique, en 1877, la découverte du téléphone par M. Elisha Gray et par M. Graham Bell, l'attention fut ramenée sur le *télégraphe à ficelle*, et que ce petit instrument se répandit alors aux États-Unis, puis en Europe.

C'est peut-être, selon nous, en voyant fonctionner, à Boston, ce jouet populaire, en reconnaissant avec quelle facilité la parole se transmet dans le *télégraphe à ficelle*, que M. Graham Bell conçut l'idée de se passer du courant électrique pour créer un téléphone, et qu'il vint à penser qu'un fil tendu entre deux membranes vibrantes, pourvues d'un aimant, suffirait à la transmission des sons à distance.

Il est certain que le nouveau téléphone, créé en 1877 par M. Graham Bell, ressemble singulièrement à un *télégraphe à ficelle* dans lequel le fil serait métallique, et la membrane de parchemin serait remplacée par une membrane en tôle de fer.

Quoi qu'il en soit de notre hypothèse, il est certain que M. Graham Bell, à peine son brevet obtenu pour son télégraphe électrique à pile, renonça à tout courant électrique, et se contenta d'un simple fil de métal reliant deux membranes vibrantes, munies d'un aimant et placées au fond d'un cornet, comme le sont les membranes de parchemin du *télégraphe à ficelle*. La membrane vibrante, qu'il plaçait au fond du cornet était, comme dans son précédent appareil, une mince feuille de tôle.

La découverte essentielle de M. Graham Bell fut de disposer en face de la feuille de tôle vibrant sous l'influence de la voix, un petit clou d'acier aimanté, et d'enrouler une partie de ce fil autour de l'aimant, c'est-à-dire d'entourer le pôle de l'anneau d'une *bobine de fils conducteurs*.

Voici ce qui se passe avec cette disposition. Quand on parle devant la mince plaque de tôle, celle-ci vibre, conformément aux ondulations de la voix. Les vibrations de la petite plaque de tôle vont provoquer, à distance, une certaine modification dans l'état magnétique du clou d'acier aimanté, et par cette modification il se développe dans le fil conducteur placé près

FIG. 121. — LE TÉLÉGRAPHE A FICELLE, OU LA JOIE DES ENFANTS, LA TRANQUILLITÉ DES PARENTS.

1.

de cet aimant, un courant particulier, qui n'est pas un courant d'induction électrique, mais qui est d'une nature spéciale et très mystérieuse, au fond.

Le nom de *courant ondulatoire* a été donné par M. Graham Bell au courant moléculaire qui se produit dans les conditions indiquées plus haut. Ce courant, qui franchit l'espace avec la rapidité de l'éclair, suit le fil conducteur, et si l'on a placé à l'autre extrémité du courant un cornet pourvu d'une membrane de fer et d'un clou d'acier aimanté, c'est-à-dire un appareil en tout semblable à celui de la station du départ, les mêmes vibrations sonores se répètent dans la seconde membrane, et la parole est exactement transmise et répétée à l'autre bout de la ligne.

Maintenant, ami lecteur, je vous prierai de vouloir bien ne pas me demander ce que c'est qu'un *courant ondulatoire*, car je ne pourrais faire à cette question de réponse satisfaisante. Nous sommes en possession d'un phénomène nouveau et vraiment merveilleux. Sachons en tirer parti, et ne nous arrêtons pas à vouloir déchiffrer cette nouvelle énigme de l'impénétrable Sphinx qui s'appelle la Nature.

La disposition que M. Graham Bell donna à son nouveau *téléphone magnétique* fonctionnant par les *courants ondulatoires*, grâce à un petit barreau aimanté, est représentée en coupe, dans la figure 122. Un barreau aimanté, c'est-à-dire un simple clou d'acier AB, que l'on a transformé en un aimant permanent par les procédés ordinaires usités en physique, est enveloppé à l'une de ses extrémités, ou pôle, A, d'une petite bobine, CC', de fils conducteurs, entourés de soie. Tout près de l'extrémité libre, ou pôle, A, du clou aimanté, est une mince plaque de tôle de fer, FF', placée au fond d'une embouchure, E.

Ce clou aimanté est fixé à sa place par la pression d'une petite vis V, et, selon qu'on fait avancer ou reculer cette vis, on fait avancer ou reculer la tige aimantée AB, pour régler l'appareil, c'est-à-dire pour placer cette tige aimantée au point le plus convenable en regard du diaphragme de fer, ou lame vibrante, FF'.

Nous avons dit qu'une petite bobine électro-magnétique, CC', est fixée à l'extrémité du barreau aimanté, AB. Toute bobine électro-magnétique se compose d'un long fil métallique entouré de soie, matière isolante. C'est dans la petite bobine, enveloppée de fils parcourus par le courant électrique, que doit se développer la série de *courants ondulatoires*, par suite de l'interruption et du rétablissement successifs du courant qui parcourt la tige aimantée AB. Les extrémités des deux fils sortant de la bobine CC', une fois hors de l'appareil, sont tordues ensemble, de manière à ne former qu'un cordon, tout en étant parfaitement isolées l'une de l'autre, par la soie qui les entoure. Ce cordon, composé des deux fils conducteurs des courants ondulatoires, en sortant du manche, comme on le voit sur la figure 122, où il est indiqué par les lettres *f*, *f'*, vient se relier à la ligne générale du fil qui réunit l'un à l'autre le *téléphone transmetteur* et le *téléphone récepteur*.

En face de la tige horizontale aimantée, AB, est placée, avons-nous dit, la lame vibrante, FF', qui est composée de fer étamé, recouvert de vernis,

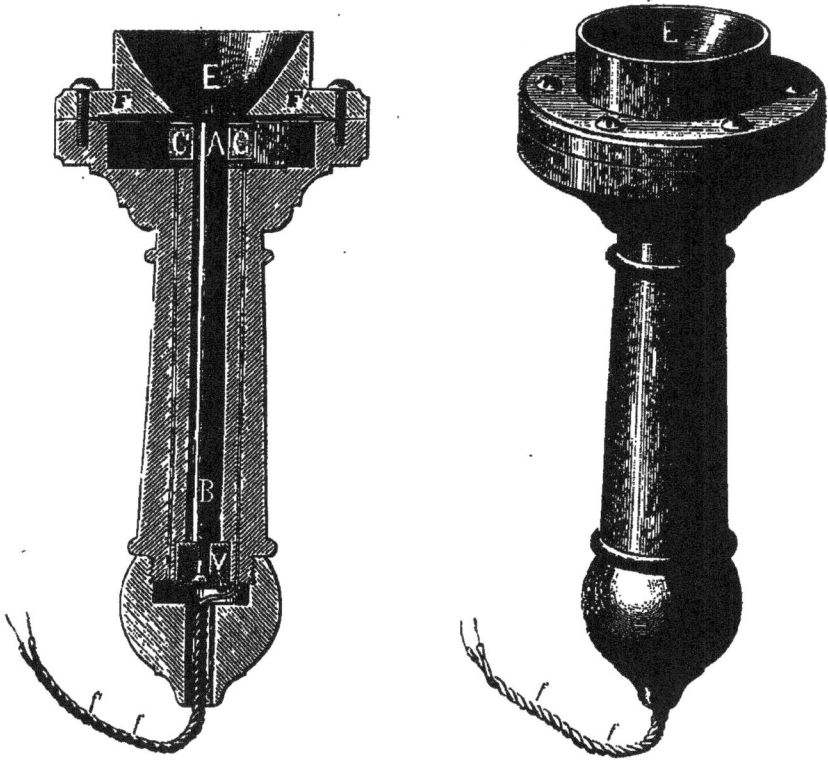

FIG. 122-123. — TÉLÉPHONE MAGNÉTIQUE DE M. GRAHAM BELL. (COUPE ET PERSPECTIVE.)

et qui a la forme d'un disque. La paroi extérieure de cette même lame vibrante, FF', se trouve en face de l'embouchure E.

Quand on parle dans l'embouchure E, les vibrations résu.tant de l'émission de la voix provoquent, dans la lame de fer, FF', des vibrations correspondantes. Les mouvements de cette lame font naître dans la bobine CC' des courants semblables, lesquels se transportent le long des conducteurs *f*, *f'*, et s'écoulent par le fil conducteur général.

L'appareil que nous venons de décrire (fig. 22) est le *transmetteur*. Un autre appareil, tout semblable, est placé à la station où l'on veut recevoir la parole. Ce dernier appareil, qu'on nomme le *récepteur*, reçoit des impressions vibratoires identiques à celles qu'a déterminées la voix à la station

du départ, et ces mêmes vibrations sonores reproduisent les paroles prononcées dans le *transmetteur*.

L'ensemble de tous ces petits organes est contenu dans un tuyau de bois
cylindrique (fig. 123), qui ressemble beaucoup à un *cornet acoustique*,
c'est-à-dire à l'engin dont se servent, pour entendre, les personnes sourdes
comme des pots, et qui s'avouent « un peu dures d'oreille ».

Pour se servir du téléphone de Bell, on doit prononcer nettement les
mots, en appliquant les lèvres à l'embouchure du *transmetteur*, que l'on
tient à la main. Celui qui veut entendre la parole ainsi envoyée, applique
à son oreille l'embouchure du téléphone *récepteur*.

Le *téléphone magnétique*, c'est-à-dire sans pile voltaïque, tel que le mon-
trent les figures 122 et 123, n'était pas encore construit, lorsque M. Graham
Bell présenta son invention, en juillet 1876, à l'Exposition de Philadelphie.
Le modèle qui figura à cette Exposition est celui que nous avons décrit et re

FIG. 124 ET 125. — TÉLÉPHONE DE M. GRAHAM BELL, PRÉSENTÉ A L'EXPOSITION DE PHILADELPHIE EN 1876.

présenté dans les figures 113 et 114 (page 340) et où l'on fait usage d'un courant électrique. Nous reproduisons cet appareil historique dans les deux dessins ci-dessus. La figure 124 est le transmetteur et la figure 125 le récepteur.

M. Graham Bell se tenait près de ce petit instrument, long de 30 centimètres à peine, s'efforçant de faire comprendre aux visiteurs que ce
tuyau, assez semblable à une lorgnette, transmettait au loin la parole, quand
on savait s'en servir. Mais les visiteurs ne paraissaient pas convaincus.
Comment croire qu'un petit tuyau de bois contenant un clou aimanté et
un morceau de tôle, apportât la solution d'un problème qui déjouait
depuis des siècles la sagacité des savants?

Heureusement pour l'inventeur, un célèbre physicien anglais, sir William Thomson, l'un des plus habiles électriciens des deux mondes, arriva
à Philadelphie. Quand M. Graham Bell lui soumit son appareil, comme il le

faisait pour tous les visiteurs de l'Exposition, sir William Thomson lui sauta au cou. Son génie d'électricien lui avait fait instantanément deviner toute la valeur et tout l'avenir du modeste appareil perdu dans un coin du bazar américain. Il félicita chaudement l'inventeur, et lui promit son haut patronage.

En effet, de retour en Angleterre, sir William Thomson, dans la réunion de l'*Association britannique pour l'avancement des sciences*, tenue au mois de septembre 1876, fit connaître le *téléphone magnétique* de M. Graham Bell, en le qualifiant ainsi : *la merveille des merveilles de la télégraphie électrique.*

Voici le texte de la lecture que sir William Thomson fit à l'*Association électrique*. Il commence par dire quelques mots du télégraphe musical et électrique de M. Elisha Gray, pour arriver à celui de M. Graham Bell, puis il ajoute :

« Au département des télégraphes des États-Unis, j'ai entendu dans la section du Canada : *To be or not to be — There's the rub*, articulés à travers un fil télégraphique, et la prononciation électrique ne faisait qu'accentuer encore l'expression railleuse des monosyllabes. Le fil m'a récité aussi des extraits au hasard des journaux de New-York... Tout cela, mes oreilles l'ont entendu articuler très distinctement par le mince disque circulaire formé par l'armature d'un électro-aimant. C'était mon collègue du jury, le professeur Watson, qui, à l'autre extrémité de la ligne, proférait ces paroles à haute et intelligible voix, en appliquant sa bouche contre une membrane tendue, munie d'une petite pièce de fer doux, laquelle exécutait, près d'un électro-aimant introduit dans le circuit de la ligne, des mouvements proportionnels aux vibrations sonores de l'air. Cette découverte, la *merveille des merveilles du télégraphe électrique*, est due à un de nos jeunes compatriotes, M. Graham Bell, originaire d'Édimbourg, aujourd'hui naturalisé citoyen des États-Unis. »

Sir William Thomson occupe aujourd'hui dans la Grande-Bretagne la place autrefois dévolue à sir Humphry Davy, ensuite à Faraday : c'est l'oracle scientifique de son pays. L'oracle ayant ainsi parlé, l'admiration, qui était restée jusque-là à l'état latent, même en Amérique, éclata, unanime et universelle, au pays d'Albion, et alla tout aussitôt se répercuter dans le Nouveau monde.

En France, ce fut une tête couronnée qui affirma l'existence et vanta le mérite de la nouvelle découverte issue du génie américain. L'Empereur du Brésil, don Pedro Ier, qui venait de visiter l'Exposition universelle de Philadelphie, et avait été mis par l'inventeur au courant de tous ses travaux, arriva à Paris, à la fin de l'année 1876. Se trouvant en rapport avec les membres d'une commission officielle qui s'occupait d'organiser la section d'électricité, pour l'Exposition universelle de 1878, au palais du Champ de Mars, Don Pedro fit connaître à cette commission le téléphone magnétique du physicien de Boston. L'impériale majesté eut beaucoup de peine à faire admettre aux membres de ladite commission l'existence réelle et les prodigieux effets du nouvel appareil ; mais il leur répéta tant de fois et avec tant d'insistance les vers de Molière :

> Je l'ai vu, dis-je, vu, de mes propres yeux, vu,
> Ce qu'on appelle vu !......

qu'il finit par les convaincre. Les électriciens de Paris se firent alors les admirateurs sincères et les sympathiques propagateurs de l'invention américaine.

Ainsi patronné en Angleterre et en France, M. Graham Bell passa grand homme. En dépit du proverbe, il fut prophète en son pays. Une compagnie se forma, pour mettre des fonds à sa disposition, et lui donner les moyens de faire connaître sa découverte par des expériences publiques. M. Graham Bell avait fait la conquête la plus significative chez le peuple américain : la conquête du dollar !

Et le dollar porta ses fruits. La compagnie qui s'était formée à Boston, pour propager la nouvelle invention, s'entendit avec une des sociétés qui exploitent les télégraphes aux États-Unis. M. Graham Bell installa son téléphone à Boston, et en se servant du fil conducteur du télégraphe électrique, il put entretenir une conversation avec une personne placée à l'autre extrémité du fil, à Malden, à la distance de 9 kilomètres.

M. Graham Bell réussit, peu de temps après, c'est-à-dire en juin 1877, à transporter les ondulations sonores de Boston à Salem. La distance de cette ville à Boston est de 22 kilomètres. Grâce à une disposition particulière du récepteur, on entendit très nettement à Salem les paroles prononcées par M. Bell à Boston.

C'est dans une conférence publique qu'il donna à Boston, que M. Graham Bell exécuta cette expérience mémorable. Il parlait à Boston dans l'embouchure de son *transmetteur*, et les vibrations sonores étaient transportées à Salem par le fil télégraphique. Il était prévenu par un autre fil télégraphique du moment où il fallait parler par le téléphone.

Les assistants de Salem, en appliquant l'oreille au cornet qui terminait l'appareil, entendirent les sons et les paroles envoyées de Boston, et firent retentir la salle d'applaudissements enthousiastes.

Des transmissions inverses furent faites, et avec le résultat le plus favorable. Les spectateurs de Boston entendirent les paroles et les chants de Salem.

Deux mois après, l'appareil de M. Graham Bell était présenté à l'Académie des sciences de Paris et aux sociétés savantes de Londres, et il excitait une admiration générale chez les savants et le public.

V

A peine connu, tant en Amérique qu'en Europe, le téléphone Bell devint
aussitôt l'objet de tentatives de modifications. Mais l'inventeur l'ayant porté
du premier coup presque à son état de perfection, en tant que téléphone
purement magnétique, avait laissé peu de chose à faire à ses successeurs.

Un constructeur américain, M. Gower, réalisa une des premières modifications du téléphone Bell. Dans le téléphone Bell, l'aimant est un
simple barreau : on n'utilise donc que l'un de ses pôles; l'autre est inactif.
M. Gower eut l'idée de replier l'aimant en arc de cercle, de manière à
présenter ses deux pôles en regard de la membrane de fer sur laquelle ils
doivent agir. L'action doit être plus énergique, puisqu'elle s'exerce par
deux pôles au lieu d'un.

En même temps, M. Gower donna à la membrane vibrante plus de surface, ce qui accrut l'effet de résonnance. La membrane de fer circulaire
est placée au fond d'une boîte ronde, en laiton.

Nous représentons dans la figure 126 la coupe intérieure du téléphone
Gower : la boîte est ouverte, pour montrer la disposition des deux pôles
de l'aimant. Cet aimant, NOS, est replié en forme de fer à cheval ou de
demi-cercle. Il est en acier et aimanté par le procédé ordinaire. Ses deux
extrémités, en se repliant, présentent les deux pôles p, n en regard l'un de
l'autre. Ces deux pôles sont munis de deux semelles de fer, faisant saillie,
sur lesquelles on enroule deux petites bobines électro-magnétiques b, b',
dans lesquelles se développent les *courants ondulatoires*.

Le diaphragme vibrant, M (fig. 127), est en fer-blanc; il est fixé sur les
bords de la boîte circulaire qui contient le tout, et qui forme une caisse
sonore. Cette boîte est en cuivre et le diaphragme vibrant, M, est fortement
serré contre ses parois.

Ce téléphone n'a pas d'embouchure, mais le couvercle de la boîte est percé d'un trou, vis-à-vis du centre de la plaque vibrante. Dans ce trou on visse un tube acoustique, T, terminé par une embouchure, E (fig. 129).

Le téléphone Gower peut servir d'avertisseur, en soufflant tout simple-

FIG. 126. — VUE INTÉRIEURE DU TÉLÉPHONE GOWER.

FIG. 127. — PLAQUE VIBRANTE DU TÉLÉPHONE GOWER.

FIG. 128. — SIFFLET S'ADAPTANT A LA PLAQUE VIBRANTE.

ment, au lieu de parler. A cet effet, la plaque vibrante, M (fig. 127) porte, en dehors de son centre, à la moitié du rayon, une petite ouverture oblongue, dans laquelle une anche d'harmonium est adaptée à une équerre

FIG. 129. — TÉLÉPHONE GOWER, AVEC SON TUBE ACOUSTIQUE ET SON EMBOUCHURE.

en cuivre, A, que nous représentons, agrandie, dans la figure 128. Si l'on souffle fortement par l'embouchure du tube acoustique, l'air pénètre dans ce trou, et met l'anche en vibration. Cet *appel* est analogue au son du cor.

L'avertissement étant ainsi donné, la personne placée à l'extrémité de la ligne téléphonique répond, au moyen d'un appareil semblable, installé à la station d'arrivée du son, c'est-à-dire au moyen du récepteur. Le téléphone Gower, comme le télégraphe Graham Bell, est, en effet, *réversible*, c'est-à-dire que le même instrument sert à l'envoi et à la réception des paroles.

Le téléphone Gower fut adopté pendant quelque temps, pour la correspondance téléphonique, par une Société de Paris, qui ne tarda pas néanmoins à l'abandonner, vu son prix élevé, son volume considérable et sa trop faible portée.

En même temps que M. Gower, M. Edison s'occupa de modifier le téléphone Bell. On vit apparaître, dès l'année 1877, un appareil téléphonique breveté au nom de M. Edison. En quoi consistait ce nouveau téléphone?

M. Bell, nous venons de le dire, ayant porté le téléphone magnétique presque à la perfection, il était difficile d'y rien changer. Que fit M. Edison? Un pas en arrière. M. Graham Bell, en découvrant les *courants ondulatoires*, était arrivé à ce résultat, de supprimer la pile, comme agent de transmission de la parole, et de confier cet office aux seules vibrations moléculaires que provoque un aimant; de sorte qu'il était superflu de se munir d'une pile. M. Edison reprit ce que son prédécesseur avait écarté; il remit en honneur ce que l'on avait dédaigné : en d'autres termes, il revint au courant de la pile.

M. Edison a sans doute l'esprit inventif, mais il excelle surtout à tirer parti des inventions des autres. C'est ce qui parut avec évidence dans le cas qui nous occupe.

Notre éminent physicien, M. Th. du Moncel, avait fait, en 1856, une découverte fondamentale. Il avait trouvé que quand on fait passer un courant électrique à travers deux pastilles, ou rondelles, de charbon superposées, le courant électrique circule d'autant mieux que l'on presse davantage les deux rondelles de charbon l'une contre l'autre; en d'autres termes, M. du Moncel avait découvert que la pression fait varier la conductibilité des corps. M. Edison appliqua ce principe au transmetteur de son téléphone. Ce transmetteur est fondé sur ce fait qu'un corps médiocre conducteur, comme le charbon, étant interposé dans un circuit électrique, offre au passage du courant une résistance qui varie selon les pressions auxquelles il est soumis. Prenant la membrane de tôle du transmetteur de M. Graham Bell, pour recevoir les impressions de la voix, M. Edison la met en contact avec une pastille de charbon, faite en recueillant la fumée du pétrole et agglomérant cette poudre en une sorte de gâteau, que l'on découpe ensuite en rondelles.

Les figures 130, 131 montrent, en perspective et en coupe, la disposition du *transmetteur à charbon* inventé par M. Edison.

AA' est la membrane de tôle, vibrant sous l'impression de la voix; C, la pastille de charbon, qui n'est qu'un relief saillant d'une lame de charbon DD'. Quand la voix fait vibrer la membrane de tôle, AA', cette membrane presse plus ou moins la pastille C, ainsi que la lame de charbon DD'. Dès lors, le courant électrique qui parcourt les fils *ff'*, lesquels sont en rapport avec la ligne télégraphique, est interrompu, selon le degré de pression subie par le charbon. Le courant arrivé à l'extrémité de la ligne, fait vibrer pareillement la membrane du récepteur, et reproduit finalement la voix.

Cette disposition, on le voit, est déjà bien plus compliquée que celle du

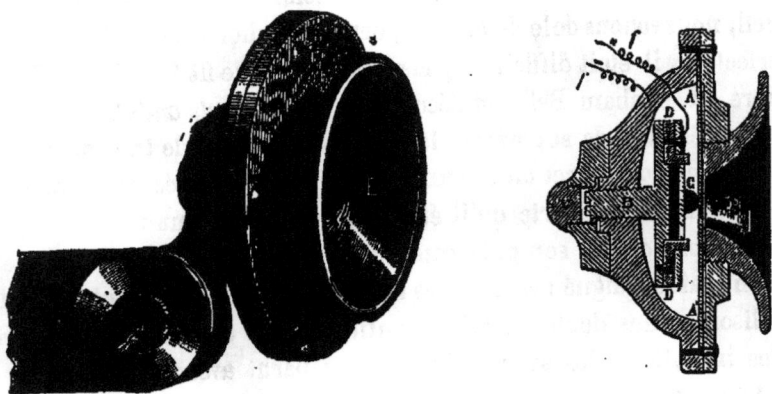

FIG. 130 — 131. — TRANSMETTEUR EDISON (PERSPECTIVE ET COUPE).

téléphone de Bell, car il faut une pile et un transmetteur spécial, différent du récepteur. Mais ce n'est pas tout. L'appareil ainsi combiné ne transmettait pas les sons plus loin que le téléphone de Bell. Pour donner plus de portée au courant vocal, M. Edison fut obligé d'introduire dans son transmetteur une disposition dont M. Elisha Gray avait déjà fait usage. Au lieu d'envoyer directement le courant de la pile au récepteur, il le fit passer préalablement dans une petite bobine d'induction. On a reconnu, par l'expérience, que le courant obtenu par une pile, quand il a traversé une bobine d'induction, est transformé en un courant *ondulatoire*, lequel a la propriété de franchir facilement des longueurs de fils considérables. On peut, par ce moyen, transmettre nettement la voix, avec trois ou quatre couples d'une pile de Bunsen seulement, à la distance de plus de 125 kilomètres.

Il est certain que le transmetteur de M. Graham Bell, où l'aimant provoque seul la formation de *courants ondulatoires*, ne transporte pas la voix sur un long parcours de fil. En outre, ces courants sont si faibles, si imperceptibles, ils se passent dans un tel monde d'infiniment petits, qu'un rien les influence et les paralyse. On ne saurait donc se servir d'un fil télégraphique ordinaire avec le transmetteur Bell, parce que les courants qui parcourent des fils voisins, appartenant à d'autres lignes télégraphiques, agissent sur les courants ondulatoires, et modifient les sons du récepteur téléphonique, au point de les rendre imperceptibles. La pile est donc utile pour transporter les sons à de grandes distances. C'est depuis l'intervention de la pile dans le téléphone, que l'on a pu franchir des parcours considérables.

Ce sont ces considérations qu'invoquait M. Edison. Malheureusement, son transmetteur était défectueux, et son récepteur était très imparfait; si bien qu'il fut obligé d'en revenir au récepteur de Bell.

Ainsi, toute l'invention de M. Edison se réduisit à son *récepteur à pastille de charbon*, fondé sur le principe découvert par M. du Moncel.

Ajoutons que bientôt après, le transmetteur de M. Graham Bell devait lui-même céder la place à un autre, bien supérieur.

En effet, au moment où M. Graham Bell s'apprêtait à mettre son brevet en exploitation, un électricien anglais, déjà célèbre par l'invention du *télégraphe imprimant*, réalisait une découverte de premier ordre, en imaginant un appareil destiné à amplifier, dans des proportions inouïes, les bruits les plus faibles, c'est-à-dire en créant ce que l'on nomme aujourd'hui le *microphone*.

Et le hasard qui est, comme nous l'avons dit, le Dieu suprême qui préside aux destinées de la physique moléculaire, le hasard révélait presque aussitôt que le microphone, qui amplifie les bruits et les sons, jouit, en même temps, du privilège de transporter la parole articulée. Le fait à peine constaté, plusieurs constructeurs en faisaient l'application à la téléphonie; si bien que le microphone devenait le meilleur, le plus sensible des transmetteurs téléphoniques passés, présents et à venir. Il supplantait le transmetteur Edison; il remplaçait même le transmetteur Bell; en un mot, il s'établissait en maître dans la téléphonie.

Nous sommes ainsi naturellement conduit à raconter l'histoire et à donner la description du microphone, cet instrument merveilleux qui est pour l'oreille ce que le microscope est pour la vue, c'est-à-dire qui amplifie ce qui est petit, qui grossit ce qui est imperceptible, qui fait d'un soupir une fanfare et d'un éternuement un coup de pistolet, comme le général Boum, dans la *Grande-Duchesse*.

VI

M. Th. du Moncel, sa vie et ses travaux.

L'inventeur du microphone est, comme il vient d'être dit, l'électricien anglais M. Hughes. Mais s'il est vrai que l'honneur d'une découverte qui n'est que l'application d'un grand principe emprunté à la physique, doive être rapporté au savant qui a mis le premier ce principe en lumière, il faut reconnaître que la création du microphone, considéré dans son origine scientifique, revient au physicien qui découvrit ce fait fondamental, que la conductibilité électrique de certains corps varie selon la pression à laquelle ils sont soumis.

Depuis que je passe en revue, dans le cours de ce volume, les physiciens et les observateurs qui ont attaché leur nom à des découvertes dans le champ fécond de l'électricité, j'ai eu à citer tant d'Américains, Américains du Nord et Américains du Sud, tant d'Anglais, d'Écossais, d'Irlandais, tant d'Italiens et d'Allemands, que je suis heureux de pouvoir dire que le principe qui sert de base au jeu du microphone, à savoir la variation de conductibilité des corps selon les pressions qu'ils subissent, appartient à un membre de notre Académie des sciences, à celui de nos physiciens qui, par ses travaux autant que par ses ouvrages, a popularisé dans notre pays la connaissance des phénomènes divers de l'électricité. J'ai nommé le comte Th. du Moncel. On ne sera donc pas surpris de trouver à cette place un exposé rapide de la vie et des travaux de M. Th. du Moncel.

Théodose-Achille-Louis, comte du Moncel, est né à Paris, le 6 mars 1821. Son père était général du génie, et pair de France sous Louis-Philippe. Il manifesta, dès sa jeunesse, un goût prononcé pour le dessin, l'archéologie et les sciences exactes. Il avait dix-huit ans à peine lorsque, au sortir du collège de Caen, où il avait fait ses études, il publia un *Traité de perspective mathématique*, qui fut bientôt suivi d'un *Traité de perspective apparente*, ouvrages dans lesquels le jeune auteur se montrait à la fois mathématicien et artiste.

Tout ce qui s'intéresse, en France, à la culture des lettres et des arts, connaît le nom de M. de Caumont, l'infatigable organisateur des *Congrès scientifiques* qui se tiennent dans nos provinces, qu'il ne faut pas confondre d'ailleurs, avec l'*Association scientifique de France*, créée en 1871, et dont l'organisation et le plan ont été calqués sur les *Congrès scientifiques* de M. de Caumont. Aujourd'hui, l'une et l'autre de ces utiles institutions contribuent également, dans notre pays, aux progrès des sciences et des arts; mais les *Congrès départementaux* de M. de Caumont s'intéressent plus particulièrement aux questions de l'archéologie, M. de Caumont étant un des premiers archéologues de notre temps.

Parent de M. de Caumont, le jeune comte du Moncel fut entraîné par lui dans l'étude de l'archéologie. C'est ce qui lui fit entreprendre de longs voyages dans le midi de l'Europe et en Orient.

Il rapporta de ses voyages de nombreux dessins et documents, dont il composa un grand ouvrage in-folio, qui fut publié en 1847, sous ce titre : *De Venise à Constantinople à travers la Grèce*. Cette publication fut suivie de plusieurs autres analogues, dont l'auteur lithographiait lui-même les planches.

M. Th. du Moncel, on le voit, appartient à cette fraction de la noblesse française qui comprend que le monde moderne s'élève à de nouvelles destinées par l'étude approfondie de la nature, et qui entend participer par elle-même aux travaux variés de l'intelligence, ainsi qu'aux multiples productions des arts. Mais la famille du jeune écrivain, du jeune artiste, était loin d'accorder son approbation à ses tendances libérales et progressives. On aurait voulu qu'il se bornât à cultiver ses terres, comme un gentilhomme des temps passés. Telle n'était pas sa vocation. De là des luttes pénibles, et la déclaration formelle, de la part de ses parents, de ne lui prêter aucun secours dans la carrière qu'il entendait suivre, et qui dérogeait avec les traditions de la vieille noblesse de Normandie.

Obligé de renoncer, faute d'appuis suffisants, à l'archéologie ou aux publications d'art, M. du Moncel se décida à se consacrer entièrement aux sciences, particulièrement à l'électricité, pour laquelle il avait ressenti de bonne heure une vive prédilection. Mais il n'avait appartenu à aucune école; il n'était passé ni par l'École polytechnique, ni par l'École centrale. Dès lors, il était privé de ces amitiés solides, nées sur les bancs de l'amphithéâtre et des salles d'étude, qui fournissent des soutiens efficaces dans la suite d'une carrière. M. Th. du Moncel dut surmonter, par un travail persévérant, les difficultés que présente, dans ces conditions, la carrière des sciences. Mais il avait pour lui l'arme infaillible : le travail, et il ne s'inquiétait pas de l'avenir.

Il avait commencé, en 1852, dans le *Journal de l'arrondissement de Valognes*, à décrire les découvertes nouvelles réalisées dans l'électricité. Ces articles d'une petite feuille de province devinrent l'origine des publications, en nombre si considérable, que M. du Moncel a consacrées à faire connaître au vulgaire, comme au savant, les progrès de l'électricité.

Il commença, sous le titre d'*Exposé des applications de l'électricité*, la publication d'une série de volumes, accompagnés de planches, dont la dernière édition forme cinq volumes in-8°.

Cet important tableau des progrès de l'électricité a été continué par l'auteur, à partir de 1878, dans une série de volumes in-18, publiés à la librairie Hachette, qui ont pour titre le *Téléphone*, — l'*Éclairage électrique*, — le *Microphone et le phonographe*, — l'*Électricité comme force motrice*, ouvrages précieux pour les amateurs d'électricité, et dont les nombreuses réimpressions et traductions attestent la valeur.

Dans le grand nombre d'autres ouvrages que l'on doit à la plume féconde du savant historiographe de l'électricité, nous citerons, comme des œuvres hors ligne, souvent réimprimées et traduites en langues étrangères : le *Traité de télégraphie électrique*, la *Notice sur la bobine de Ruhmkorff*, les *Études sur le magnétisme au point de vue des applications*.

Les travaux de M. du Moncel en physique sont trop nombreux pour que nous puissions les citer en détail. Contentons-nous de dire que M. Th. du Moncel inaugura, de 1850 à 1856, plus de vingt-cinq appareils nouveaux, qui lui valurent, à l'Exposition universelle de 1855, une médaille de première classe. Parmi ces appareils, citons : l'*Anémographe électrique*, dont ceux que l'on connaît aujourd'hui, ne sont qu'une dérivation plus ou moins complète, — le *Mesureur électrique à distance des niveaux d'eau*, — l'*Enregistreur électrique des improvisations musicales*, — le *Régulateur automatique de la température*, — le *Moniteur électrique des chemins de fer*, pour éviter les collisions des trains par des avertissements fournis automatiquement, — l'*Éclaireur électrique des cavités obscures du corps humain*, — un *Traducteur électrique des courbes météorologiques*, — plusieurs systèmes particuliers de télégraphes — un galvanomètre enregistreur, — un récepteur pour lignes sous-marines, fondé sur des inscriptions photographiques, — des calendriers, sphéromètres, serrures et lochs électriques, etc., etc.

Les découvertes scientifiques les plus importantes de M. Th. du Moncel se rapportent aux courants d'induction, aux piles et aux électro-aimants. C'est à lui que l'on doit la découverte de l'*effluve électrique*, sur laquelle reposent toutes les belles expériences de MM. Paul Thenard, Berthelot, Houzeau, Jean, etc.

Après avoir étudié et posé le principe de la double composition de l'étincelle d'induction, M. Th. du Moncel est parvenu, le premier, à la dédoubler, en précisant les caractères des deux flux qui la composent. Il a découvert les effets du magnétisme dissimulé et condensé, et a établi les meilleures conditions de construction des électro-aimants, suivant les cas de leur application. Ses recherches sur la conductibilité des corps médiocrement conducteurs, qui lui ont demandé plus de trois années d'études suivies, ont révélé dans les minéraux des effets de polarisation inattendus qui sont extrêmement curieux, et ses études sur le rôle de la terre dans les transmissions électriques ont montré l'origine des courants, accidentels ou permanents, qui se manifestent dans les lignes télégraphiques. Grâce à lui, on a maintenant des données certaines sur la résistance électrique des bois, des minéraux, de la terre, des tissus, etc., etc. Dans ces derniers temps, il s'est surtout occupé de l'origine des courants d'induction dans les machines Gramme, et des meilleures dispositions à donner aux machines électro-dynamiques.

M. Th. du Moncel avait été nommé, en 1860, ingénieur électricien de l'administration des lignes télégraphiques, et ses connaissances approfondies dans toutes les branches de l'électricité rendaient son concours précieux pour l'exploitation des télégraphes. Mais son arrivée de prime-saut à une position importante, dans un corps où les positions ne doivent s'acquérir que par l'ancienneté, avait éveillé des susceptibilités, qui se traduisirent, en 1873, par le retrait de son emploi, sous prétexte d'économie administrative.

Il en fut dédommagé, en 1874, par sa nomination à l'Académie des sciences.

Le rôle que M. Th. du Moncel remplit dans cette compagnie savante, c'est de recueillir et de porter à sa connaissance, et par conséquent à celle du public, toutes les découvertes concernant l'électricité, à mesure qu'elles sont réalisées par leurs auteurs. C'est ainsi qu'il a eu la bonne fortune de présenter successivement à l'Institut, dans ses séances publiques, les découvertes du téléphone, du microphone, du radiophone et du phonographe.

M. du Moncel a épousé la fille du comte de Montalivet, le ministre, l'ami constant et dévoué du roi Louis-Philippe. Il a représenté pendant longtemps le canton d'Octeville au Conseil général de la Manche.

L'histoire de la carrière scientifique de M. du Moncel atteste une activité intellectuelle peu commune, une grande fécondité de production et une rare opiniâtreté d'efforts.

De tous les travaux de M. du Moncel, celui que nous retenons, parce qu'il se rapporte au sujet que nous traitons, c'est la découverte du principe qui peut s'énoncer ainsi : *La pression exercée au point de contact entre*

M. TH. DU MONCEL.

deux corps conducteurs appuyés l'un sur l'autre, peut influer considérable-ment sur l'intensité électrique développée; ou encore : L'accroissement de l'intensité d'un courant avec la pression exercée au point de contact est d'autant plus grande que les conducteurs présentent plus de résistance, qu'ils sont moins durs ou qu'ils sont moins bien décapés.

Sur ce principe, mis en évidence par des expériences qui furent publiées en 1856, un fonctionnaire des lignes télégraphiques françaises, M. Clérac, fonda, en 1864, un appareil rhéostatique à poussière de charbon, destiné à faire varier, dans des conditions très simples, la résistance des lignes télégraphiques; et c'est sur le même principe que M. Edison, comme nous l'avons dit, construisit, en 1877, son transmetteur du téléphone à pile, composé de pastilles de charbon que vient comprimer la membrane vibrante en fer constituant l'armature de l'aimant.

Mais ces deux applications du principe posé par M. du Moncel devaient être singulièrement dépassées par l'invention, faite en 1877, par un savant anglais, M. Hughes, de l'instrument extraordinaire auquel on a donné le nom de *microphone*, et dont l'effet physique, longtemps regardé comme étant le même que celui qui a servi de point de départ à l'appareil d'Edison, est aujourd'hui rattaché, de préférence, au phénomène connu en physique sous le nom de *répulsion des éléments contigus d'un même courant.* Dès 1878, M. du Moncel avait indiqué ce dernier phénomène comme expliquant les effets du microphone, et en particulier ceux qu'il produit quand il est employé comme récepteur téléphonique.

VII

M. Hughes, inventeur du télégraphe imprimant et du microphone.
La vie et les découvertes de M. Hughes.

Toutes les personnes qui s'occupent de télégraphie connaissent le nom
de M. Hughes, car ce nom est resté attaché à l'un des plus beaux systèmes
de télégraphie électrique qui aient jamais été réalisés : nous voulons parler
du *télégraphe imprimant*.

Nous n'avons pas à donner ici la description du *télégraphe imprimant*
de M. Hughes. On le trouvera expliqué et représenté par un dessin, dans
la Notice sur la *Télégraphie électrique* de notre ouvrage, *Les Merveilles de la
science*[1]. Cet appareil est aujourd'hui usité dans toute l'Europe et l'Amérique, pour une partie du service télégraphique. Il partage avec le télégraphe Morse le privilège de servir aux transmissions télégraphiques dans
les deux mondes.

L'inventeur du *télégraphe imprimant*, D. E. Hughes, est né à Londres,
en 1831. Il avait sept ans quand ses parents quittèrent l'Angleterre et al-
lèrent s'établir aux États-Unis, dans le comté de Virginie.

Le jeune Hughes était doué de facultés musicales toutes particulières, qui
paraissent avoir été héréditaires dans sa famille. Il ressemblait en cela au
maître d'école allemand, Ph. Reis, le créateur du premier téléphone musical, qui fut conduit à la découverte du téléphone par son goût pour la
musique. C'est sous les auspices et sous l'égide de l'harmonie que furent
levés les premiers voiles qui cachaient le secret de la transmission du chant
et de la parole. Les facultés musicales du jeune Hughes étaient si dévelop-
pées qu'à dix ans il improvisait des airs, et étonnait par son talent sur
le piano. Un pianiste allemand, M. Hart, qui l'entendit, en fut émerveillé; et comme une place de professeur de piano était vacante au
collège de Bordstorn, dans le Kentucky, M. Hart sollicita cette place
pour M. Hughes, qui n'avait alors que 19 ans.

---

1. *Les Merveilles de la science, ou Description populaire des inventions modernes.* 4 vol. grand
in-8, à deux colonnes, contenant 1817 gravures. Paris, chez Furne, Jouvet et Cie, Tome II, page 143.

Les professeurs du collège de Bordstorn savaient qu'au Moyen âge la musique faisait partie des mathématiques, et qu'on les enseignait simultanément dans les Universités d'Europe. Ils savaient que les accords des sons dépendent d'un rapport arithmétique, et qu'un mathématicien, s'il a l'oreille un peu juste, devient vite un bon musicien. Ils savaient, enfin, que dans les anciens Traités de physique, la musique est considérée comme une simple application du calcul.

C'est parce qu'ils savaient tout cela que les professeurs du collège de Bordstorn, après avoir confié la classe de piano à M. Hughes, lui accordèrent la chaire de physique.

C'est au collège de Bordstorn que M. Hughes eut l'idée de son télégraphe imprimant. Et ici nous ferons une remarque concernant encore la connexion entre la musique et les nouvelles découvertes se rapportant à l'électricité. Dans le *télégraphe imprimant* de M. Hughes, les lettres qui doivent former les mots, à la station d'arrivée, sont inscrites, à la station du départ, sur un clavier semblable à celui d'un piano, c'est-à-dire composé de touches blanches et de touches noires. L'expéditeur de la dépêche n'a qu'à porter les doigts sur les touches de ce clavier, pour imprimer successivement chaque lettre, à la station d'arrivée, sur une bande de papier, qui se déroule d'un mouvement uniforme.

Lorsqu'il imagina cette disposition de son appareil, M. Hughes était pénétré de sa profession : le maître de piano inspirait le mécanicien. C'est que la caque sent toujours le hareng, et le pianiste le piano !

Pour mettre à exécution le plan de son télégraphe imprimant, M. Hughes était mal placé au collège de Bordstorn. Il était forcé de consacrer ses journées à ses leçons de musique et ses nuits à ses essais de mécanique. Il prit donc le parti de renoncer à ses fonctions au collège, et alla s'établir, en 1853, dans une autre ville du Kentucky, à Burlingreen. Il prit des élèves de piano dans la ville, et put ainsi disposer de plus de temps pour ses recherches. Après de longs tâtonnements, il réussit enfin à rendre pratique le mécanisme qui assure le synchronisme des oscillations d'un pendule aux deux extrémités de la ligne télégraphique, disposition sans laquelle son projet n'eût été qu'un beau rêve.

Nous tenons de M. Hughes lui-même que la solution du difficile problème mécanique qu'il cherchait, lui vint un soir, au milieu de la chaleur et de l'enthousiasme d'une improvisation musicale au piano. On retrouve à chaque pas, dans la vie de M. Hughes, ce singulier mélange de la mécanique et du piano.

Deux ans après, en 1855, le *télégraphe imprimant* était porté à son état de perfection.

Ayant pris un brevet d'invention, M. Hughes se rendit à New-York, pour s'occuper de l'exploitation de sa découverte. Mais l'appareil à signaux

M. HUGHES.

de Samuel Morse régnait alors en maître dans les différentes lignes américaines, et les compagnies firent la sourde oreille aux propositions de l'inventeur.

L'Amérique, son pays d'adoption, lui refusant son concours, il ne restait plus à M. Hughes qu'à aller tenter la fortune dans sa patrie. Il partit pour l'Angleterre, en 1857. Mais son invention ne fut pas mieux accueillie à Londres qu'à New-York, et après trois ans d'attente, il se décida à se rendre à Paris, pour offrir son appareil au gouvernement français.

Un accueil sympathique l'attendait dans notre pays.

Une commission, présidée par M. Th. du Moncel, conseilla au directeur général des télégraphes de mettre à la disposition de M. Hughes, pendant une année entière, une ligne télégraphique, pour soumettre le *télégraphe imprimant* à des expériences quotidiennes. La ligne du chemin de fer de Paris à Lyon fut consacrée à ces essais.

Le résultat de cette année d'expériences fut tellement favorable que l'adoption générale du télégraphe Hughes sur les lignes françaises fut décidée. À cette occasion, M. Hughes reçut de l'Empereur Napoléon III le ruban de la Légion d'honneur.

Le patronage de la France porta bonheur à l'inventeur. L'Angleterre, sa patrie, qui était restée jusque-là indifférente à sa découverte, l'adopta ; si bien qu'en 1863, le télégraphe imprimant fonctionnait sur plusieurs lignes de la Grande-Bretagne.

L'invention de M. Hughes devait faire le tour du monde. En 1862, l'Italie adopte le télégraphe imprimant, et M. Hughes reçoit du roi Victor-Emmanuel la décoration de l'ordre des Saints Maurice et Lazare.

L'Allemagne l'adopte en 1865. En 1867, l'Autriche installe ses appareils sur ses lignes, et l'inventeur reçoit l'ordre de la Couronne de fer.

Il n'y a pas jusqu'au sultan qui n'admette le télégraphe imprimant. Ce système est établi entre Vienne et Constantinople ; et à cette occasion, l'inventeur anglais obtient la croix du Medjidié.

Enfin, en 1875, l'Espagne le met en pratique, et dans cet intervalle, beaucoup de compagnies américaines se décident à expédier des dépêches imprimées.

On comprend combien dut être active et agitée, pendant cette longue période, la vie de M. Hughes, obligé de se faire continuellement le démonstrateur du mécanisme, du reste assez compliqué, de son appareil, et d'en enseigner l'usage à des employés appartenant à toutes les nations de l'Europe. Le succès final lui fit oublier les fatigues, et lui donna de nouvelles forces pour aborder d'autres travaux.

Cette dernière série de recherches du professeur Hughes aboutit à la découverte qu'il fit en Angleterre, en 1877, du *microphone*, merveilleux instrument qui devait bientôt servir de transmetteur au téléphone, et inscrire ainsi le nom de M. Hughes à côté de celui de son compatriote, M. Bell.

VIII

Description du microphone et de ses effets. — Dispositions diverses données, en France et en Angleterre, au microphone. — Le microphone employé comme transmetteur du téléphone Bell.

C'est, avons-nous dit, par une application du principe découvert par M. Th. du Moncel, que M. Hughes a été amené à la découverte du microphone. Nous passerons sur les idées théoriques qui ont conduit l'élec-

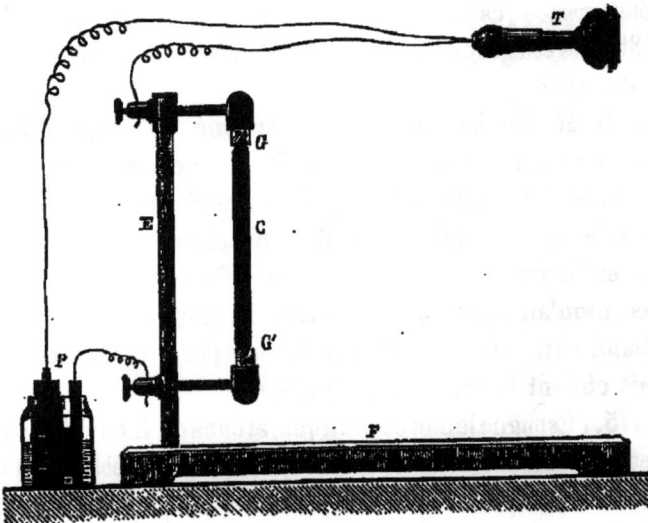

FIG. 132. — PRINCIPE DU MICROPHONE.

tricien anglais à ce petit appareil, pour arriver à sa construction et à ses effets.

Prenons (fig. 132) un petit crayon de charbon de cornue à gaz, C, corps conducteur de l'électricité, appointé à ses deux extrémités, comme un fuseau de fileuse, et légèrement maintenu dans une position verticale, entre deux petits godets, creusés dans deux blocs de charbon, G G', qui sont reliés à une plaque résonnante, E, reposant elle-même sur une planche plus forte, F. Les blocs de charbon, G G', sont placés dans le circuit du fil d'une pile Leclanché, P, lequel se rend à un téléphone. On a ainsi un conducteur de charbon reposant, par des points de contact instables, essentiellement mobiles, sur des godets creusés dans les blocs de charbon ; de sorte que le moindre mouvement, le plus petit déplacement, le plus faible tressaillement des conducteurs de charbon dans les trous où ils sont maintenus, change le contact, le suspend ou le rétablit. Dès lors, le courant de la pile qui traverse le crayon, est, de même, suspendu ou rétabli, fermé ou ouvert.

Cet appareil, si simple, si primitif, est l'organe acoustique le plus sensible qui existe, après l'oreille humaine ; c'est l'instrument le plus délicat que l'on ait encore vu dans le domaine de la physique. Il révèle et convertit en sons bruyants les vibrations les plus petites. Il traduit en sons d'une grande force des bruits que personne n'avait encore entendus. Le moindre coup ou le moindre grattement sur la planche du support, suffit pour produire un fort grincement dans le téléphone. L'attouchement léger d'un pinceau en poil fin de chameau, sur la planchette de bois, est reproduit comme un bruissement ; et ce qui est encore plus extraordinaire, la marche d'une mouche se promenant le long de la planchette, est entendue par la personne qui tient son oreille au téléphone, et qui peut se trouver à une distance de plusieurs mètres.

Un scarabée qui marche sur ce support fait entendre, dans le téléphone, le bruit des pas d'un cheval. Le frôlement d'une barbe de plume s'entend aussi fortement que si l'on passait une grosse brosse sur du papier. Les battements d'une montre, les sons d'une boîte à musique, sont parfaitement discernés dans le téléphone placé à une dizaine de mètres de distance ; mais les sons de la boîte à musique ne sont perçus que si on la place à côté de l'instrument, sans le toucher.

Nous venons d'expliquer et de représenter par une figure théorique (fig. 132) le principe sur lequel repose le microphone. Faisons maintenant connaître la disposition réelle que M. Hughes a donnée à son appareil et la manière de le construire.

Le long d'une planchette en bois E' (fig. 133), posée verticalement, et reposant sur une autre planchette de bois horizontale, F, on adapte, l'un au-dessus de l'autre, deux petits morceaux de charbon GG', percés de trous ; servant de crapaudines, à un crayon, C, également en charbon. Ce crayon, en forme de fuseau, d'une longueur de quatre centimètres environ, repose, par l'une de ses pointes dans le trou du charbon inférieur, de manière à pouvoir ballotter dans le trou du charbon supérieur, lequel le maintient dans une position d'équilibre instable. Ces charbons ont été préalablement rougis au feu et plongés dans du mercure, pour les rendre meilleurs conducteurs de l'électricité. Des contacts métalliques en rapport avec les deux crayons de charbon, permettent de les faire communiquer avec le circuit d'un téléphone, circuit dans lequel se trouve une pile Leclanché, de 1 ou 2 éléments.

Pour faire usage de cet appareil, on le place sur une table, en le faisant reposer sur des doubles d'étoffes formant coussin, afin d'amortir les vibra-

FIG. 135. — MICROPHONE DE HUGHES.

tions provenant de l'entourage. Quand on parle devant cet instrument, c'est-à-dire devant le *microphone* mis en communication avec le téléphone, la parole est aussitôt reproduite par le téléphone et singulièrement amplifiée. La mouche, le pinceau, la montre, la boîte à musique, etc., donnent immédiatement les effets sonores dont nous avons parlé.

La voix s'entend en parlant à huit mètres du **microphone**. Il faut prononcer les mots assez doucement, pour entendre le mieux possible.

Le microphone convertit en bruits sonores, non seulement les paroles humaines, mais les vibrations les plus faibles des corps inertes et les bruits les moins perceptibles. La chute d'une petite balle de coton produit un véritable vacarme dans le téléphone. La promenade d'un scarabée sur le plateau est perçue avec une netteté parfaite, par une personne dont l'oreille est contre le téléphone, même si le téléphone est placé, comme nous l'avons dit, à plusieurs mètres de distance du microphone.

Si le microphone est muni de deux crayons, au lieu d'un seul (un sur chaque face de la boîte), on a de meilleurs résultats. Les communications doivent alors être établies de manière que ces crayons fonctionnent comme s'il n'y en avait qu'un seul.

Nous venons de dire que le microphone transmet dans le téléphone la voix, la parole et le chant. Telle est, en effet, sa grande application. Au début de ses recherches, M. Hughes ne songeait pas à faire de cet instrument un organe de transmission de la voix. Il n'y voyait qu'un appareil susceptible d'accroître l'intensité des sons. Mais à peine l'eut-il fait fonctionner, qu'il reconnut sa propriété capitale de transmettre la voix. Dès lors, un avenir immense s'ouvrait devant le nouvel appareil. Il pouvait remplacer avec les plus grands avantages, le transmetteur du téléphone de M. Graham Bell.

Ce n'est pas, cependant, du premier jet que l'on est arrivé à faire du microphone de M. Hughes le transmetteur du téléphone de M. Graham Bell. Depuis l'invention de M. Hughes, on a imaginé plus de deux cents dispositions différentes, pour remplacer le transmetteur du téléphone Bell par le microphone, en conservant, toutefois, le récepteur de Bell.

Nous citerons, mais seulement pour mémoire, les microphones de MM. Ducretet, Trouvé, Varey, etc., etc. Dans les microphones de MM. Trouvé et Ducretet, on retrouve toujours le charbon vertical enchâssé dans deux trous creusés dans de petits cubes de charbon, comme dans l'appareil original de Hughes.

On s'est ensuite attaché à multiplier les contacts des charbons pour augmenter leur sensibilité, et les appareils exécutés dans ce but ont donné les meilleurs résultats.

Le *microphone de Crossley* (fig. 136) se compose de quatre crayons de charbon, disposés en losange, derrière une plaque vibrante horizontale, devant laquelle on parle, à une certaine distance. Cet appareil est en usage en Angleterre, pour la plupart des correspondances téléphoniques

Mais l'appareil qui a le mieux réalisé l'application du microphone Hughes à l'office de transmetteur dans le téléphone, fut imaginé en France, en 1878, par un ancien conducteur des ponts et chaussées, M. Clément Ader, aujourd'hui ingénieur de la *Société générale des téléphones de Paris*.

La figure 137 représente le microphone de M. Ader. Cet appareil se compose de dix petits crayons de charbon, A, A', disposés en deux groupes de 5 charbons chacun. Tous ces charbons reposent, par leurs deux extrémités, sur trois traverses B, C, D, de la même substance, percées d'un trou

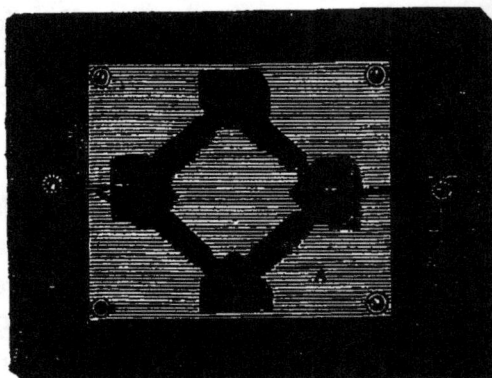

FIG. 136. — MICROPHONE CROSSLEY.

pour les recevoir. Le tout forme une sorte de grille ⁚double. Par cette disposition les contacts des charbons étant très multipliés, amplifient davantage les sons et les bruits. Ce microphone est fixé derrière une planchette en bois de sapin, S, S', qui sert, en même temps, de couvercle à l'appareil. Quand on parle devant la planchette, des vibrations identiques à celles de

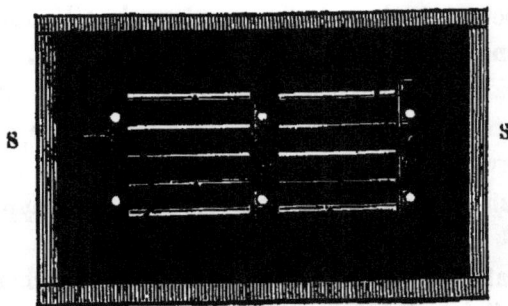

FIG. 137. — MICROPHONE ADER.

la voix se communiquent à la planchette, et celle-ci, par ses vibrations, met en branle les conducteurs microphoniques de charbon, AA'. Dès lors, les contacts étant changés, le courant électrique, selon le principe de M. Th. du Moncel, subit des variations correspondantes. Il se fait dans le fil des *courants ondulatoires*, qui vont reproduire, dans le téléphone récepteur, les mêmes sons, ou bruits, qui ont fait vibrer la planchette.

Par un perfectionnement ultérieur, M. Ader adjoignit à son *microphone récepteur* une bobine d'induction, ainsi, d'ailleurs, que l'avaient déjà fait M. Edison et M. Gower. Nous avons déjà dit que quand on fait passer à travers une bobine d'induction le fil qui va du transmetteur au récepteur téléphonique, on accroît extraordinairement la portée de la transmission des sons. On peut, par ce moyen, transporter le son jusqu'à plusieurs kilomètres de distance. L'adjonction d'une bobine d'induction faite par M. Ader à son microphone transmetteur, porta cet organe à un véritable état de perfection.

En résumé, le *transmetteur microphonique* de M. Ader se compose : 1° de la planchette en bois de sapin, empruntée au microphone de M. Hughes; 2° d'une réunion de 10 à 12 crayons de charbon pouvant jouer dans 20 à 24 encoches, et recevoir les vibrations de la planchette; 3° d'une bobine d'induction qui renforce les sons et leur donne plus de portée. Il est bien entendu qu'une pile, composée de 2 à 3 éléments de Bunsen ou de Leclanché, fait passer un courant électrique dans tout ce système.

La figure 138 donne une vue intérieure du transmetteur Ader. La planchette de sapin, qui sert de membrane vibrante au microphone, et qui reçoit l'impression de la voix, est ici supposée enlevée, pour laisser apparaître les organes contenus dans la boîte.

Ces organes sont : 1° le microphone, composé de douze crayons de charbon, CC'; 2° la bobine d'induction, E; la tige métallique terminée, à droite, par un crochet, A. Cette tige terminée, à gauche, par une sorte de fourche, *g, h,* sert à établir la communication électrique entre le récepteur, attaché au crochet A, et la sonnerie. En effet, cette tige A est fixée en son milieu à un pivot, sur lequel elle peut basculer. Quand on prend à la main le récepteur attaché au crochet A, la tige n'étant plus abaissée par le poids du récepteur, se redresse, et venant buter contre une partie métallique de l'appareil, elle établit le circuit entre la sonnerie et le transmetteur. Dès lors, la sonnerie se fera entendre, quand on viendra à toucher le bouton B. Cette disposition ingénieuse a rendu le transmetteur Ader éminemment commode pour la correspondance téléphonique.

Un second crochet, F, symétrique du crochet A, et placé à gauche du pupitre, sert à recevoir un second récepteur, dont on pourrait se passer, mais qu'il est commode d'avoir à sa disposition.

Nous avons vu qu'un électricien américain, M. Gower, avait imaginé de replier en arc de cercle l'aimant qui, dans le récepteur de M. Graham Bell, est droit, c'est-à-dire se compose d'un simple barreau aimanté. La disposition circulaire donnée à l'aimant est un peu plus avantageuse que la forme de simple barreau qu'il affecte dans le récepteur Graham Bell, attendu que l'on utilise ainsi les deux pôles de l'aimant, pour les faire agir sur la membrane vibrante en tôle de fer; tandis qu'avec le simple barreau aimanté du récepteur de M. Graham Bell, on n'utilise que l'un des bouts du barreau, que

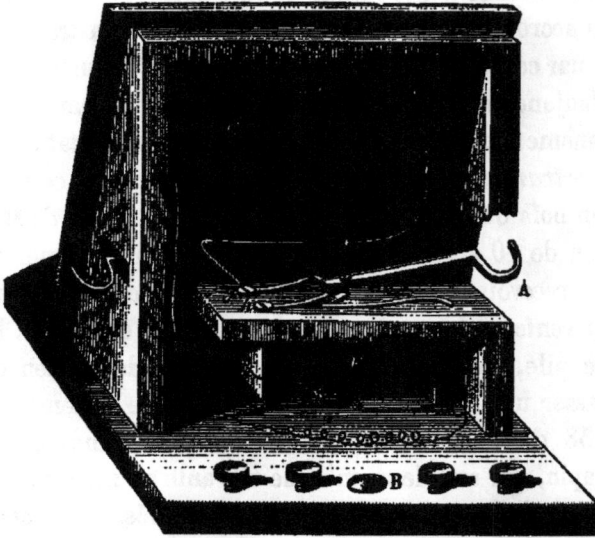

Fig. 138. — TRANSMETTEUR ADER VU A L'INTÉRIEUR

l'un des deux pôles. M. Ader emprunta cette disposition à l'Américain Gower, dont nous avons décrit le récepteur à la page 369, et par les figures 126-129.
Le récepteur de M. Ader prit alors la forme d'un anneau, ou d'un bracelet.

Fig. 139. — RÉCEPTEUR ADER VU EN PERSPECTIVE.

Nous représentons, dans la figure ci-dessus, le *récepteur Ader*. Grâce à sa forme annulaire, on le prend à la main, ce qui rend son maniement facile.
M. Ader apporta un autre perfectionnement au récepteur de M. Bell.

Il appliqua à ce récepteur, pour accroître l'intensité des sons, un phénomène particulier qu'il avait découvert, à savoir : que si l'on dispose un petit anneau de fer pur au-dessus de la membrane vibrante d'un téléphone, la seule présence de cet anneau de fer accroît l'intensité de l'aimantation des deux pôles de l'aimant. Dès lors, le son devient à la fois plus intense et plus net. M. Ader appelle *surexcitateur* l'anneau de fer dont la présence a pour effet d'accroître l'intensité des sons du téléphone.

Nous donnons dans la figure 140 une coupe du *récepteur* Ader. La partie circulaire, A, de cette sorte d'anneau, est l'aimant. Dans le chaton de cet anneau se trouvent la membrane vibrante et les divers organes destinés à accroître l'intensité du son.

MM' sont les deux pôles de l'aimant circulaire, A.

Chaque pôle est entouré d'une petite bobine d'induction B, B'. C'est dans le

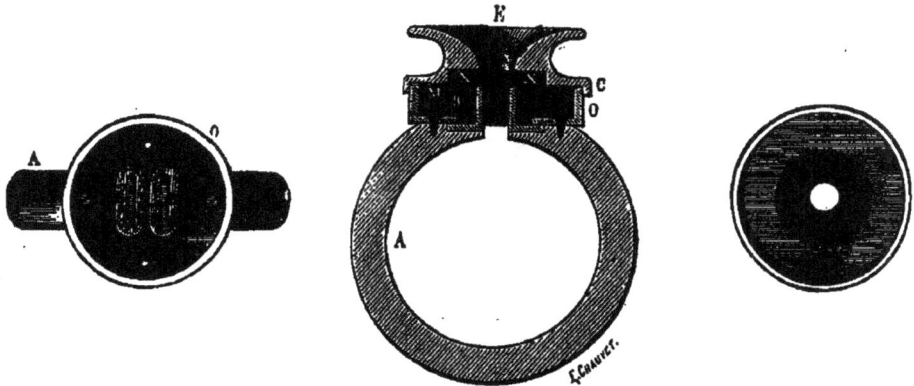

Fig. 140. — COUPE DU RÉCEPTEUR ADER.

fil de cette bobine que se développe, par les vibrations de la membrane de fer MM', le courant ondulatoire qui reproduit les vibrations de la voix venant du transmetteur. Le petit anneau de fer pur, que M. Ader appelle *surexcitateur*, est représenté par les lettres XX. Le pavillon dans lequel on parle est représenté par la lettre E. Ce pavillon, qui est destiné à être appliqué contre l'oreille, est en corne ou en *ébonite*. Tout le reste de l'appareil est métallique, ce qui garantit son bon fonctionnement.

Nous représentons dans la figure 141 le téléphone Ader, dans son ensemble, c'est-à-dire avec son pupitre-transmetteur A, son récepteur B, la sonnerie S, et les deux piles P, P', l'une, P', destinée à composer le circuit qui fait agir la sonnerie, l'autre, P, servant à alimenter le courant qui circule dans l'appareil téléphonique du transmetteur au récepteur.

Ainsi, le *téléphone magnétique* créé par M. Graham Bell, en 1877, a été sensiblement transformé; mais il importe de bien comprendre le

FIG. 141. — ENSEMBLE DU TÉLÉPHONE ADER-BELL, EN USAGE EN FRANCE.

genre de modifications qu'il a reçues et le but de ces modifications

Le téléphone de M. Graham Bell a été complètement supprimé, comme transmetteur. On l'a remplacé par le *transmetteur à charbon*, c'est-à-dire par le microphone Hughes, auquel M. Crossley, en Angleterre, et M. Ader, en France, ont donné une forme plus commode. Mais le téléphone de M. Graham Bell a été conservé comme récepteur. Il ne faut pas, en effet, se laisser tromper par l'apparence. Le *récepteur Ader*, aujourd'hui si en usage, et que nous avons représenté dans les figures 139 et 140, en perspective et en coupe, n'est autre chose que le récepteur de M. Graham Bell (Voir figures 122-123, page 364), auquel M. Ader, adoptant la disposition imaginée avant lui par M. Gower, a donné la forme d'anneau. Dans le *récepteur Ader* comme dans le *récepteur Gower*, on fait usage d'un barreau aimanté d'une plaque vibrante en tôle de fer et d'une bobine d'induction. Seulement, dans le récepteur Ader, le barreau aimanté est replié en arc de cercle, pour que les deux pôles de l'aimant agissent sur la membrane vibrante. Mais, qu'il soit droit ou circulaire, c'est toujours le barreau aimanté du récepteur de M. Graham Bell.

Nous insistons sur cette particularité, parce que bien des personnes se méprennent sur ce point, et accordent au récepteur de M. Ader le mérite d'une originalité qui lui manque complètement. Rendons à César ce qui appartient César.

Il ne faut pas croire, en effet, que toutes les substitutions réalisées par divers physiciens dans le téléphone magnétique de Bell aient fait renoncer au primitif engin de l'inventeur. Les nombreux perfectionnements apportés au transmetteur du téléphone magnétique de 1877, par MM. Gower, Edison, Blake, Crossley, Ader, etc., ont eu pour but d'augmenter de plus en plus la distance à laquelle on veut porter les sons de la parole. Mais si l'on n'a besoin que de transmettre les sons à une petite distance, d'une rue à une autre rue voisine, de la loge d'un concierge aux étages supérieurs d'une maison, du bureau d'une usine aux différents ateliers, etc., le téléphone magnétique de M. Graham Bell est un instrument d'un usage excellent et éminemment pratique. Il n'exige l'emploi d'aucune pile voltaïque. Comme le philosophe Bias, il peut dire : « Je porte tout avec moi; *Omnia mecum porto.* » Il est d'une installation fort simple, et son prix est des plus minimes, puisqu'une *paire de téléphones*, comme on le dit dans le commerce, pour désigner deux de ces instruments, servant l'un de récepteur, l'autre de transmetteur, coûte à peine 15 francs. Si le téléphone de M. Graham Bell ne porte pas la voix à de grandes distances, cela ne tient qu'aux phénomènes d'induction venant agir sur les *courants ondulatoires* qui le parcourent, et qui transportent la voix. Quand, au lieu d'un faible parcours, on veut parler à plusieurs kilomètres, le téléphone Bell perd toutes ses qualités. Une ville est, en effet, toujours traversée par des fils télégraphiques, par des conduites d'eau, de gaz ou par d'autres réseaux téléphoniques. Il arrive dès lors, que les *courants ondulatoires* du téléphone magnétique, qui sont d'une faiblesse inouïe, sont influencés, troublés ou détruits par les courants électriques voisins. La transmission n'a plus aucune netteté, et elle peut même disparaître. Mais, nous le répétons, quand il ne s'agit que du transport de la voix sur un faible parcours, le téléphone Bell remplit admirablement son office. Cet instrument, créé à l'origine même de l'art, n'a point de rival dans ce cas particulier. A ce point de vue, il constitue l'une des inventions les plus originales, les plus précieuses et les plus curieuses que notre siècle ait vues naître; et il mérite bien le titre de « *merveille des merveilles de la télégraphie* », que lui donna, dans son enthousiasme, sir William Thomson, quand il le trouva, pour la première fois, à l'Exposition de Philadelphie.

A l'époque où nous avons conduit cette histoire, une prodigieuse confusion régnait, non dans la question scientifique, mais dans l'exploitation industrielle du téléphone. Plus de deux cents appareils avaient été décrits, construits, brevetés, pour assurer la transmission de la parole à de grandes distances. Les compagnies exploitant les brevets Graham Bell, Edison, Elisha Gray, Gower, Blake, Crossley, Ader, etc., se disputaient le privilège d'exploiter les correspondances par le téléphone. Cent et un inventeurs réclamaient leur part au soleil de la gloire, ou plutôt de l'argent, et personne n'était en état de voir juste dans cette véritable tour de Babel de l'électricité. Les savants, égarés au milieu de cette nuée de perfectionnements ou prétendus tels, étaient dans l'impossibilité de porter un jugement à leur sujet. Il fallait qu'un grand coup fût porté, pour faire jaillir la lumière au milieu des ténèbres de ces questions, pour apporter l'équité, la justice, dans tant de controverses intéressées.

Ce grand coup fut frappé, cet événement désiré se produisit, et ses conséquences ne se firent pas attendre. Au mois de juillet 1881, s'ouvrit à Paris, le concours universel d'électricité auquel étaient conviées toutes les nations des deux mondes. Comme l'imposant aréopage de ses jurys internationaux comptait la fine fleur de la science européenne, on put examiner avec connaissance de cause et avec maturité toutes les questions que soulevait la téléphonie au point de vue scientifique ou industriel, et la lumière ne tarda pas à se faire.

Les divers systèmes de téléphonie à l'Exposition d'électricité de Paris en 1881. — Succès du téléphone de M. Graham Bell. — Les auditions de l'Opéra et leur influence pour la vulgarisation de la téléphonie. — Établissement de la correspondance par le téléphone en Amérique et en Europe. — Le transport à grande distance reste le seul *desideratum* de la téléphonie. — Limites actuelles de la portée du téléphone. — Les appareils téléphoniques du Dr Herz pour les transmissions à grandes distances. — Système de M. Van Rysselberghe, de Bruxelles. — Le système Hopkins et les expériences de transmission à grande distance faites en 1883, de New-York à Chicago et Cleveland.

Au moment où s'ouvrit, à Paris, l'Exposition internationale d'électricité, les systèmes électriques en compétition étaient à peu près les suivants :

1° Le *téléphone magnétique* de M. Graham Bell, avec son transmetteur et son récepteur identiques, fonctionnant sans pile électrique et seulement par les *courants ondulatoires* provoqués par un aimant, appareil que nous avons représenté dans les figures 122 et 123;

2° Le *téléphone musical* de M. Elisha Gray;

3° Le *téléphone à transmetteur de charbon* de M. Edison, avec son récepteur particulier. Nous avons représenté ce téléphone dans les figures 130-131;

4° Le *téléphone Gower*, constitué essentiellement par la disposition circulaire de l'aimant et la large surface vibrante du transmetteur; appareil que nous avons reproduit, en coupe et en perspective (fig. 126-129);

5° Le *téléphone Crossley*, peu différent du téléphone Ader et qui avait fait ses preuves en Angleterre; on a vu le transmetteur de cet appareil dans la figure 136;

6° Le *téléphone Ader*, résultant de la réunion du microphone de Hughes et du récepteur Gower, avec addition de certains procédés reconnus avantageux pour renforcer le courant électrique (fig. 138 et 141).

« J'en passe et des meilleurs, »

ainsi que dit don Ruy Gomez au roi d'Espagne, au 3e acte d'*Hernani*.

L'épithète élogieuse que nous fournit le poète nous permet de passer courtoisement sous silence une nuée d'appareils qui, par leur variété et leur complication, jetteraient le plus grand trouble dans l'esprit du lecteur, si nous voulions les étudier de près.

À l'Exposition universelle d'électricité, le téléphone musical de M. Elisha Gray, le téléphone à transmetteur de charbon de M. Edison, et le téléphone Gower, furent absolument distancés par le téléphone Ader.

Ce qui détermina le triomphe de la téléphonie, à l'Exposition d'électricité, ce fut d'abord la distribution, à l'intérieur du palais, d'un certain nombre de pavillons téléphoniques, sortes de petits réduits dans lesquels on avait établi des pupitres de téléphone Ader, que le public faisait lui-même parler. La commission supérieure de l'Exposition avait pensé, avec raison, que c'était là le meilleur moyen de convaincre les visiteurs de la valeur et de l'utilité pratique de la nouvelle invention de la téléphonie.

Mais ce qui fit particulièrement le succès de la téléphonie, ce fut le coup de théâtre — c'est le cas de le dire — des auditions musicales. M. Ader parvint à résoudre le problème, jusque-là fort imparfaitement résolu, de faire entendre à plusieurs kilomètres de distance un orchestre, des chœurs et des chants d'opéra. Déjà sans doute, et dès les premiers temps de sa découverte, c'est-à-dire en 1877, M. Graham Bell était parvenu, en modifiant son transmetteur, à faire entendre, de Boston à Salem, des chants, un solo d'instrument et même quelques morceaux d'orchestre. Mais si l'on essayait d'augmenter le nombre des chanteurs et des instruments, l'audition devenait confuse et incomplète. M. Ader s'occupa, avec une ardeur sans égale, à vaincre toutes les difficultés du transport téléphonique des représentations théâtrales, et il parvint à en triompher merveilleusement. En disposant sur le théâtre plusieurs transmetteurs microphoniques, convenablement distribués, et aboutissant tous au même récepteur, il parvint à faire entendre au Palais de l'industrie les chants, l'orchestre et les chœurs qui composaient une représentation du Grand Opéra.

La première de ces curieuses expériences eut lieu, le 18 mai 1881, dans le magasin de décors de l'Opéra, situé rue Richer, n° 6.

Un fil double reliait ces magasins au trou du souffleur de l'Opéra. Quatre téléphones Ader étaient accrochés au mur, et un commutateur permettait de distribuer les « flots d'harmonie ».

M. Berger, commissaire général de l'Exposition d'électricité, assisté de MM. Antoine Bréguet et Ader, présidait à ces expériences.

Le Tribut de Zamora fut entendu par quelques auditeurs privilégiés, qui se trouvaient là. On percevait merveilleusement les sons de l'orchestre, les chœurs et les solistes. La prise de son choisie par les expérimentateurs était le trou du souffleur. On y avait disposé deux transmetteurs

Après les premiers essais fait au magasin de décors, on transporta cette installation sur la scène de l'Opéra.

On plaça les transmetteurs en différents points du plancher de la scène. Mais avec cette disposition, l'orchestre était à peine entendu, pendant les ballets : on ne percevait que le bruit des pieds des danseurs, ce qui n'était pas précisément ce que l'on avait en vue. On établit alors les transmetteurs téléphoniques au-devant de la rampe, des deux côtés du trou du souffleur, et l'on entendit alors à merveille l'orchestre et les artistes. On reconnaissait la voix des chanteurs et des chanteuses, on ne perdait pas une de leurs notes. Le bruit de l'orchestre était un peu affaibli, mais comme on reproche à l'orchestre de l'Opéra d'être trop bruyant, et de couvrir parfois la voix des chanteurs, le téléphone ne faisait qu'améliorer ainsi l'effet de la musique.

Rien, dans l'histoire des inventions contemporaines, ne saurait donner l'idée de l'étonnement que provoqua cette transmission des sons d'un orchestre et des chœurs à la distance d'un kilomètre qui sépare l'Opéra du Palais de l'industrie. L'enthousiasme fut général, et d'ailleurs bien mérité. Chaque soir d'Opéra, on voyait se dérouler à travers les longues galeries et les salles du premier étage du Palais de l'industrie, d'interminables files d'amateurs, attendant avec patience l'instant de pénétrer dans la terre promise de la téléphonie musicale, c'est-à-dire dans la pièce, dûment capitonnée et matelassée, où l'on était admis, par fournée de vingt amateurs, et pour quatre minutes seulement, à entendre *Faust*, *Hamlet*, la *Favorite*, ou les *Huguenots*. Certains soirs, on compta jusqu'à 4000 personnes attendant leur tour d'admission. Il est même des spectateurs qui, en sortant de la salle des auditions, allaient se replacer à la queue, pour pénétrer une seconde fois dans le nouvel Éden musical !

Le succès général de la téléphonie à l'Exposition d'électricité de Paris détermina la création de la correspondance téléphonique en France. Déjà l'Amérique avait pris les devants, et appliqué sur une assez grande échelle cette invention au service du public, pour remplacer le télégraphe électrique. On mit plus de temps en France à l'adopter. L'administration des télégraphes suscitait toutes sortes de difficultés et d'obstacles à une méthode de correspondance rapide, dont elle redoutait, à bon droit, la concurrence pour la télégraphie électrique.

Ces résistances, toutefois, ne pouvaient durer. Trois compagnies s'étaient créées à Paris, pour exploiter les correspondances par le téléphone, et chacune avait adopté des appareils différents. Il y avait une compagnie pour le procédé Edison, une autre pour le système Ader-Bell, une troisième pour le procédé de l'Américain Blake. Après deux ans de rivalité, les trois sociétés finirent par fusionner. Il n'y a plus aujourd'hui en France qu'une compagnie, la *Société générale des téléphones*, qui a le siège de son administration à Paris, rue Caumartin, et son principal bureau central à l'Avenue de l'Opéra.

En 1880, le réseau téléphonique de Paris n'avait que 440 kilomètres de développement. En 1883 il embrassait près de 3000 kilomètres. Le nombre des abonnés de la *Société générale des téléphones* s'est élevé, en deux ans, de 450 à 2500, pour Paris. Il était, en 1883, de 3000 environ. Dans les grandes villes de France où la téléphonie a été installée, à Lille, Lyon, Marseille, Nantes, le Havre, Bordeaux, Rouen, etc., on comptait, en 1883, plus de 2000 abonnés.

Si l'on se rappelle que l'invention du téléphone par M. Graham Bell ne date que de 1877, on ne saurait trop s'étonner de la rapidité avec laquelle cette invention s'est perfectionnée dans ses procédés, et de l'importance des applications qu'elle a reçues pour le service de la correspondance entre particuliers. Cinq ou six années ont suffi pour que le téléphone, qui d'abord franchissait à peine quelques kilomètres, ait reçu toutes sortes d'améliorations, et ait pris possession de tous les pays civilisés du globe.

Le journal *La Lumière électrique* a publié, dans son numéro du 12 mai 1883, le tableau, du nombre des abonnés au téléphone dans les différentes parties du monde. Il résulte des documents rassemblés par la *Société générale des téléphones* et publiés dans cet article de la *Lumiere électrique*, qu'il n'est aujourd'hui aucune partie du monde civilisé qui ne jouisse des avantages de ce nouveau mode de correspondance parlée.

Une telle diffusion d'une invention mécanique suppose une véritable perfection dans ses procédés. Et de fait, on peut dire que la téléphonie a touché ses colonnes d'Hercule, c'est-à-dire, pour parler sans métaphore ni mythologie, qu'elle a réalisé dès aujourd'hui presque tous les progrès qu'elle comporte.

Nous disons que la téléphonie a réalisé presque tous les progrès qu'elle comporte. En effet, un seul degré lui reste à franchir : c'est la portée à de grandes distances. Encore ce dernier progrès est-il déjà réalisé de manière à satisfaire les plus difficiles.

Au mois de mai 1883, une compagnie s'est constituée en Amérique pour exploiter le système Hopkins, qui transmet distinctement la parole de

Chicago à New-York, c'est-à-dire à une distance de plus d'un myriamètre et demi.

Déjà on avait réussi à relier par le téléphone, d'une part, Berlin et Hambourg (288 kilomètres de fil) et d'autre part Venise et Milan (284 kilomètres).

Comment est-on parvenu à ces importants résultats? Quels sont les moyens qui ont permis d'étendre à des distances considérables la portée des téléphones? C'est ce que nous allons essayer d'expliquer.

Ainsi que nous l'avons dit plusieurs fois, ce qui nuit à la netteté des transmissions téléphoniques, c'est l'influence qu'exercent sur le courant ondulatoire les fils télégraphiques voisins, parcourus par des courants. Ces courants provoquent dans le fil téléphonique des effets d'induction ; ce qui paralyse et trouble complètement la transmission des sons. Au lieu de la parole envoyée, on perçoit les bruits du fil télégraphique qui côtoie le fil téléphonique.

C'est au Dr Cornelius Herz que l'on doit le premier et le plus remarquable appareil ayant permis d'étendre considérablement la portée du téléphone. C'est en 1880 et 1881 que le Dr Cornelius Herz effectua ses importants travaux, et nous ne pouvons mieux terminer la partie historique de cette Notice qu'en rapportant les résultats remarquables obtenus par ce physicien pour la transmission lointaine de la parole.

Le Dr Cornelius Herz avait été le premier à introduire en France le téléphone de M. Graham Bell, et le premier aussi à importer d'Amérique en Europe le transmetteur de M. Edison. Il avait été frappé de ce fait que le téléphone, bien que déjà amené à un certain degré de perfectionnement, possédait encore quelques points faibles, qui l'empêchaient de prendre tout son développement, et il se posa le difficile problème de faire disparaître ces défauts.

Un des points auxquels le Dr Cornelius Herz s'attacha, de préférence, fut celui-ci : permettre la transmission de la parole à grande distance sur les lignes télégraphiques ordinaires, sans que l'on eût à craindre les effets nuisibles de l'induction par les fils voisins. Il se proposa, pour cela, d'employer des moyens analogues à ceux dont on se sert dans le même but, en télégraphie. Mais il fallait supprimer la bobine d'induction, qui avait été employée jusque-là pour augmenter la portée du transmetteur du téléphone, et le Dr Cornelius Herz fut ainsi amené à perfectionner le transmetteur, à augmenter les variations produites dans le courant par la voix, à inventer, en un mot, un transmetteur à longue portée pouvant se passer de bobine d'induction.

L'appareil que le Dr Herz imagina dans ce but, comportait plusieurs principes entièrement nouveaux.

En premier lieu, les charbons servant pour les contacts étaient remplacés par des substances métalliques, ou semi-métalliques, telles que des sulfures, de la pyrite, etc. On n'avait pas cru jusque-là pouvoir supprimer le charbon. L'expérience montra au Dr Herz qu'il y avait avantage à remplacer le charbon par les substances que nous venons de citer, en se servant de l'une ou de l'autre, suivant le cas.

En second lieu, la plaque vibrante n'agissait plus sur un seul et unique contact, comme dans les transmetteurs ordinaires. Elle mettait en action 12 contacts rangés autour de son centre, et fixés à l'extrémité de douze leviers, que portaient 12 colonnes. La pression de chaque contact pouvait être réglée avec soin par des moyens fort simples, et l'effet produit était amplifié par le nombre.

Enfin, point capital, le transmetteur n'était plus intercalé dans le circuit, mais placé en dérivation sur la pile.

Quant à la pile, elle était formée de douze éléments, et était reliée au transmetteur de telle sorte que chacun des contacts de celui-ci fût en dérivation sur un des éléments.

FIG. 142. — INSTALLATION GÉNÉRALE DU TÉLÉPHONE HERZ.

C'est ce que l'on voit dans la figure ci-dessus qui donne le *schéma* de l'installation générale.

Les variations du courant se trouvaient ainsi amplifiées, pour deux raisons : d'abord par le fait du montage du transmetteur en dérivation, ensuite par la réunion des effets produits individuellement par chaque contact ; et l'on peut s'expliquer ainsi les merveilleux résultats dont nous parlerons plus loin.

Quant aux détails de cet appareil transmetteur, on peut s'en faire une idée par la figure 143, qui le représente en coupe.

On voit que la plaque vibrante, M, qui est une membrane circulaire en tôle de fer d'assez grande dimension, est fixée sur un anneau de bois, BB', lequel est supporté par trois colonnes, C C' C''. Sur le côté inférieur de cette plaque vibrante à petite distance de son centre, sont collées six petites rondelles de pyrite ou de pyrolusite, Sur chacune de ces plaques appuient deux pointes de charbon ou de pyrite, portées à l'extrémité de leviers, que soutiennent 12 colonnes en cuivre. Un fil f, f' f'', partant du bout extérieur de chaque levier, s'enroule au pied de la colonne, sur un petit treuil; Ce dernier permet donc de régler très facilement la pression de la pointe de charbon sur la plaque de pyrolusite.

Des *bornes* pour les communications avec les différents éléments de la pile, la ligne et la terre, complètent l'appareil.

Fig. 143. — TRANSMETTEUR DU TÉLÉPHONE HERZ (COUPE).

Le transmetteur étant ainsi perfectionné, la suppression de l'induction par les fils voisins devenait une tâche plus facile. Le Dr Cornelius Herz y parvint en interposant dans la ligne un *condensateur* et un *diffuseur*, sorte de paratonnerre à pointes, destiné à agir d'une façon analogue au condensateur.

Le condensateur dont le Dr Cornelius Herz fait usage dans son appareil, n'a rien de particulier; c'est le même organe qui est employé dans le télégraphe électrique. Il est formé, comme tous les appareils de ce genre employés en télégraphie, de feuilles de papier d'étain alternées et séparées par du papier paraffiné.

Le *diffuseur* est représenté par la figure 144. Il se compose de deux plaques métalliques, longitudinales, dans lesquelles sont implantées des pointes de

cuivre blanchi à l'étain. Des entretoises maintiennent les pointes à une
très petite distance les unes des autres.

L'interposition de ces appareils dans la ligne n'empêcha pas la transmission de se faire; elle produisit seulement un certain affaiblissement, mais
elle écarta les effets produits par les courants anormaux et accidentels. Elle
supprima l'induction, le grand obstacle à la netteté de la transmission téléphonique.

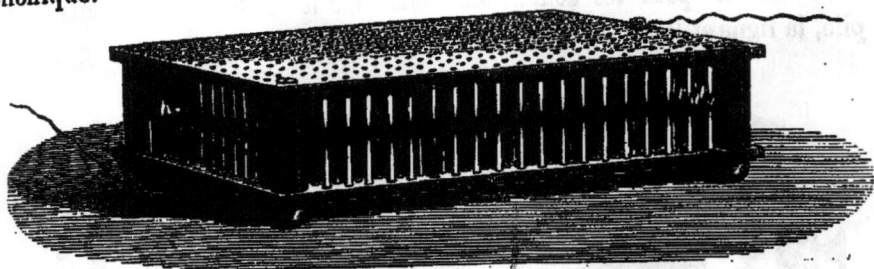

FIG. 144. — DIFFUSEUR DU TÉLÉPHONE HERZ.

Mais le Dr Herz ne se contenta pas de ces progrès. Il avait supprimé le
courant d'induction et perfectionné le transmetteur; il voulut créer un nouveau récepteur.

On savait, à cette époque, que certains sons musicaux peuvent être reproduits par un condensateur, comme ceux que l'on place dans les bobines
d'induction. M. Pollard avait fait connaître une sorte de jouet fondé sur
ce principe, et qui avait reçu le nom de *condensateur chantant*. Le Dr Corne-

FIG. 145. — DISPOSITION DU CONDENSATEUR PARLANT DANS LE SYSTÈME HERZ.

lius Herz ne tarda pas à reconnaître qu'en disposant convenablement l'expérience, on pourrait faire parler le *condensateur chantant*, et s'en servir
comme récepteur téléphonique.

Il atteignit pleinement ce résultat, grâce à la disposition représentée par
les figures 145-148, et dès le mois de juin 1880, il put faire entendre son
condensateur parlant.

Le Dr Herz avait ainsi créé un récepteur tout différent du récepteur
électro-magnétique de Bell, et inventé, pour la transmission de la parole à

grande distance, un système complètement nouveau. Par le fait, il n'avait eu rien à changer à ses précédents dispositifs ; le transmetteur était toujours en dérivation, et le résultat était dû à ce qu'avec cet arrangement le condensateur se trouvait toujours chargé au potentiel de la pile. Quand, un peu plus tard, un autre physicien, M. Dunand, fit de nouveau parler un condensateur en le chargeant avec une pile spéciale, il ne s'aperçut pas qu'il ne faisait que reproduire, en la compliquant, la disposition imaginée par le Dr Cornelius Herz.

M. Dunand disposait, en effet, son expérience de la manière suivante. Il intercalait dans le circuit de la pile et du microphone, le fil préliminaire d'une bobine, et le fil induit de cette même bobine était relié aux extrémités du condensateur ; mais dans ce dernier circuit il plaçait une pile de quelques éléments. Le rôle de cette dernière pile était de charger à un

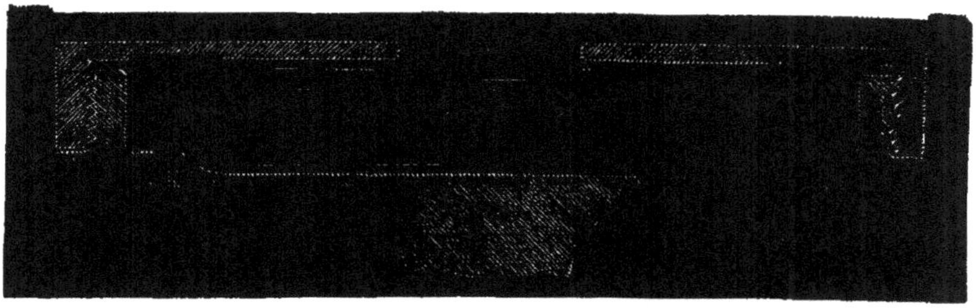

FIG 146. — CONDENSATEUR-RÉCEPTEUR DU TÉLÉPHONE HERZ (COUPE).

potentiel constant les lames du condensateur, condition indispensable à la reproduction de la parole, et qui se trouve tout naturellement remplacée, sans l'intervention d'une pile accessoire, dans le système du Dr Cornélius Herz.

Quant à la forme particulière que l'inventeur donne au condensateur-récepteur, elle est représentée par les figures suivantes.

Le condensateur se compose (fig. 146-148) d'un assemblage de feuilles de papier circulaires, entre lesquelles sont interposées des feuilles d'étain de même forme, munies de prolongements, qui dépassent, d'un côté pour les feuilles de rang pair, de l'autre pour les feuilles de rang impair. L'espèce de galette ainsi formée est placée dans une sorte de boîte plate, en bois, portant, en haut une ouverture circulaire *O*, et en bas une poignée *P*, *P'*. Deux bornes *B B'*, communiquant chacune avec une des séries de lames d'étain, servent à recevoir les fils de communication avec la pile.

Dans un autre modèle, qui est figuré en petit dans les postes que nous représenterons plus loin, le condensateur circulaire est fixé dans une boîte en bois très plate, qui reproduit absolument la forme d'un miroir à main.

Enfin, dans quelques cas, le condensateur a pu être placé dans l'enveloppe d'un téléphone Bell ordinaire; de sorte qu'on semblerait écouter dans un récepteur magnétique et non dans un condensateur.

Ajoutons que, dans plusieurs cas, le papier a été supprimé, et le condensateur formé de lames de métal mince, séparées seulement par de l'air.

M. le Dr Herz voulut faire l'expérience des appareils que nous venons de décrire, dans des conditions réellement pratiques. Un certain nombre de lignes télégraphiques de l'État furent mises à sa disposition, et il put même opérer sur un câble sous-marin, entre Brest et Penzance (Angle-

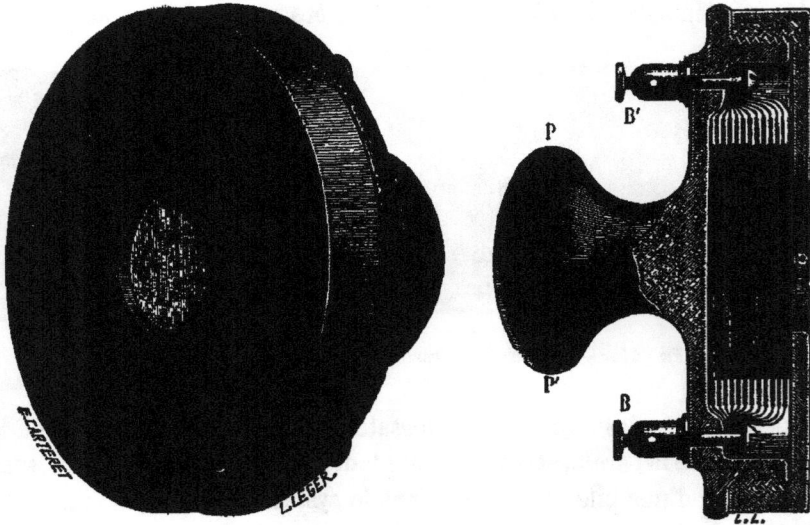

Fig. 117 et 118. — CONDENSATEUR-RÉCEPTEUR DE TÉLÉPHONE HERZ. (PERSPECTIVE ET COUPE).

terre). Avec ce câble, dans lequel les transmissions télégraphiques présentent tant de difficultés, on obtint la transmission assez nette de la parole.

Avec les lignes télégraphiques aériennes la réussite fut plus complète. Les expériences furent faites, avec succès, d'Orléans à Blois, puis d'Orléans à Tours. On transmit ensuite d'Orléans jusqu'à Poitiers, Angoulême, et enfin Bordeaux, où la distance atteignit 457 kilomètres. La transmission était parfaitement nette, et les conversations se faisaient avec la plus grande facilité.

On voulut obtenir davantage; on porta la distance à 1140 kil. A cet effet, on opéra entre Brest et Tours, en passant par Paris. A cette distance énorme, on put envoyer et recevoir distinctement des mots et des phrases.

Signalons encore un autre perfectionnement apporté au transmetteur microphonique par le Dr Cornelius Herz. Nous voulons parler du *transmetteur-inverseur*. Dans cet ingénieux système, la plaque vibrante agit sur une bascule portant quatre contacts microphoniques, intercalés d'une façon spéciale dans le circuit d'une pile et du fil primaire d'une bobine d'induction. Les mouvements imprimés à ces contacts les font agir comme une sorte de commutateur, et les courants, tantôt directs, tantôt inverses, produits dans le fil de la bobine se trouvant redressés par *l'inverseur*, se renforcent et augmentent considérablement les effets téléphoniques.

Les figures 149 à 153 représentent les formes pratiques que le Dr Cor-

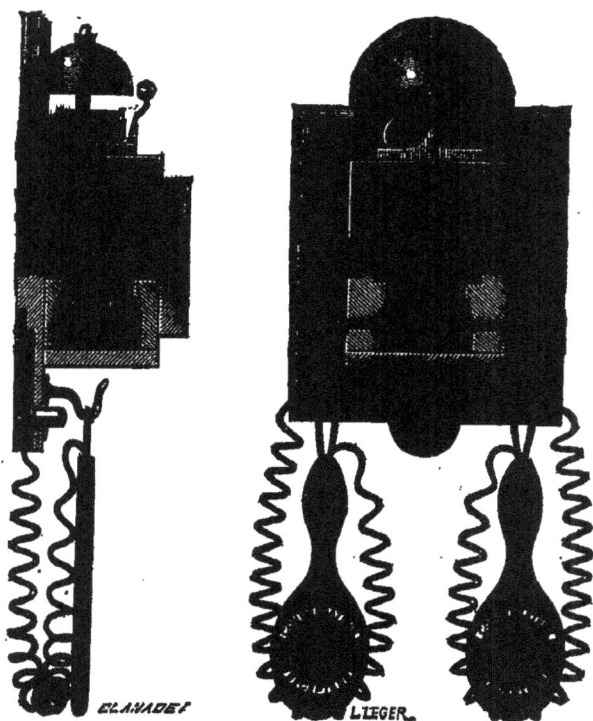

FIG. 149 ET 150. — TÉLÉPHONE DU DOCTEUR HERZ.

nelius Herz a données à ce dernier genre de téléphone, et les montre ayant pour récepteur, tantôt le téléphone ordinaire, tantôt le condensateur.

L'appareil représenté par les figures 149-150 est surtout destiné aux lignes les plus influencées par les phénomènes d'induction, qui souvent rendent les communications impossibles avec les téléphones ordinaires.

Il est facile de voir, d'après ce dessin, que l'instrument constitue un poste complet, renfermant, sous une forme compacte et gracieuse, tous les organes nécessaires pour l'appel et les communications. Le diaphragme est horizontal, mais un entonnoir placé en avant de la boîte recueille les sons, et les envoie sur la plaque vibrante; de sorte qu'il suffit de parler à environ 50 centimètres de l'appareil, pour que la voix se transmette avec toute son intensité. Quatre paires de contacts microphoniques sont placées sur un plateau oscillant, situé sous le diaphragme, et relié, d'ailleurs, avec lui par une tige rigide lui communiquant toutes les vibrations. Ces contacts, d'une composition spéciale, communiquent entre eux, avec la pile et avec la ligne, comme il a été dit plus haut.

Dans cet appareil, on ne fait pas usage de bobine d'induction; aussi faut-

FIG. 151. — AUTRE DISPOSITION DU TÉLÉPHONE HERZ.

il que le nombre des éléments de la pile de ligne soit proportionné à la distance des deux postes. Par exemple, entre Paris et Orléans il fallut trente éléments de la pile de Daniell à chaque poste, pour obtenir le maximum d'intensité. De plus, les condensateurs demandant une charge préalable pour pouvoir reproduire la parole, il faut encore employer une autre pile, qui est interposée dans la ligne. Il semblerait donc, à première vue, que le nombre des éléments de la pile peut être un obstacle à l'emploi de cet appareil; mais il ne faut pas oublier, d'une part, que la pile destinée a charger les condensateurs fonctionnant toujours à circuit, pour ainsi dire ouvert, dépense très peu, et d'autre part, que l'instrument est destiné à fonctionner sur des lignes où l'emploi de tout autre récepteur serait impossible.

La figure 151 (page 405) représente un appareil dans lequel l'inversion du courant a été réalisée d'une tout autre façon que dans le précédent et dans lequel on utilise la bobine d'induction pour diminuer le nombre des éléments nécessaires sur une longue ligne.

Primitivement cet instrument avait été formé par une plaque vibrante, de chaque côté de laquelle appuyait légèrement un contact; et les vibrations produisaient des augmentations ou des diminutions de pression alternativement sur chacun de ces contacts; mais à cette forme peu commode M. Herz a préféré celle que représente la figure 151, qui donne les mêmes résultats.

La plaque vibrante est en matière conductrice. Au-dessous, et la touchant légèrement, est un cylindre, qui appuie, par sa base, sur un disque; tous les deux étant faits de la même matière que la plaque. Le disque repose, à son tour, sur une lame de ressort, qui permet, à l'aide d'une vis, d'établir un contact convenable entre les trois pièces. La plaque et le disque communiquent chacun avec l'un des pôles d'une pile de quatre éléments qui, par son milieu, est mise en relation avec la terre. Enfin le cylindre est relié avec l'une des extrémités du fil primaire d'une bobine d'induction, dont l'autre bout est à la terre. Le fil secondaire de la bobine aboutit d'un côté à la ligne et de l'autre encore à la terre.

Lorsque l'on parle devant la plaque, ses vibrations déterminent alternativement des augmentations et des diminutions de pression sur le cylindre. Pendant la première période, la conductibilité augmentant subitement sur la plaque, tandis que l'inertie du cylindre l'empêche de croître sur le disque, le courant se rend à la terre, par la plaque, le cylindre et la bobine. Au contraire, dans la seconde période, la conductibilité diminue sur la plaque, mais augmente près du disque; et le courant va à la terre par le disque, le cylindre et la bobine. On voit donc que pendant ces deux phases ce sont des courants de sens contraires qui sont envoyés dans le circuit primaire de la bobine, et que dans le circuit secondaire il se produit quatre courants, deux à deux, de sens contraire, qui sont envoyés dans la ligne. Dans cette disposition les téléphones sont placés en dérivation entre la ligne et la terre.

Cet instrument a toujours donné de très bons résultats sur les longues lignes, dont les charges statiques sont souvent considérables.

Un autre principe a encore été utilisé par M. Herz pour augmenter la puissance de ses téléphones: c'est celui des dérivations à la terre.

La figure 152 représente un des appareils qui reposent sur ce principe des dérivations. Sous la plaque vibrante sont quatre paires de contacts, disposés comme dans les figures 150 et 151, mais avec des communications électriques autrement faites: les quatre contacts inférieurs sont reliés ensemble et les quatre supérieurs aussi, de sorte que toutes les paires agissent ensemble sans produire d'inversion.

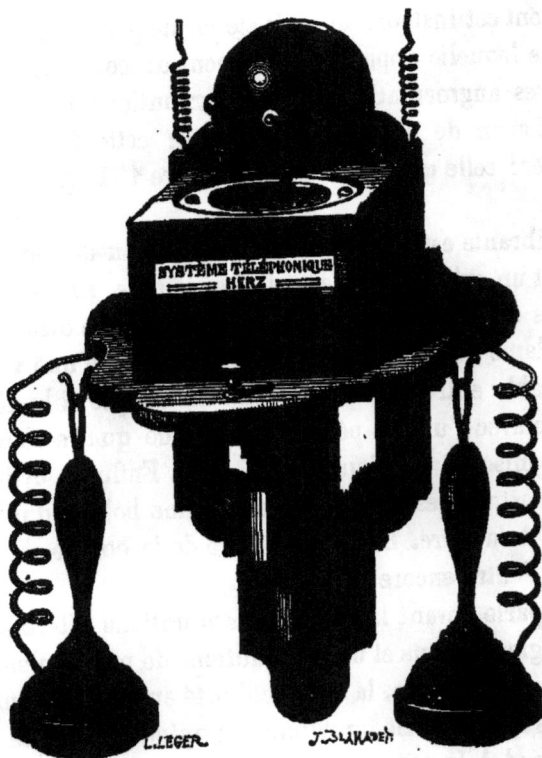

FIG. 152. — TÉLÉPHONE HERZ A DÉRIVATION (FORME HORIZONTALE).

Cet appareil est placé horizontalement et l'on parle directement sur le diaphragme, mais on lui a donné aussi la forme verticale, comme le montre la figure 153. Cette disposition n'est cependant qu'extérieure et ne change pas l'arrangement intérieur de la plaque horizontale et des contacts.

Tous ces dispositifs complètent heureusement les belles découvertes que nous avons relatées plus haut, et qui assurent à leur auteur une place importante dans l'histoire de la téléphonie.

Ces intéressants travaux téléphoniques, repris et développés par un électricien belge, M. Van Rysselberghe, directeur du service météorologique de Bruxelles, ont donné des résultats dont le monde scientifique s'est beaucoup occupé en 1883, mais l'idée et les études préliminaires sont entièrement dues au docteur Herz.

Les essais de M. Van Rysselberghe furent faits entre Paris et Bruxelles, le 17 mai 1882, à une distance de 344 kilomètres. M. Van Rysselberghe, outre qu'il supprime l'induction dans les fils voisins, comme l'avait fait son prédécesseur, est arrivé à ce résultat remarquable, de pouvoir faire fonc-

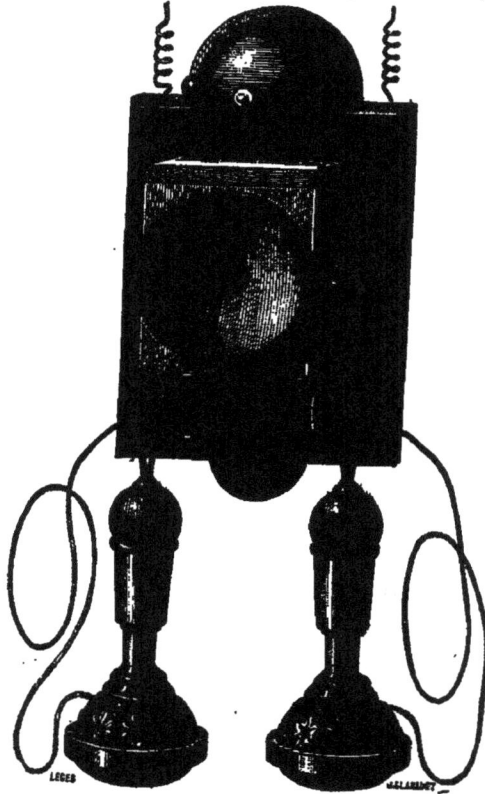

Fig 153. — TÉLÉPHONE HERZ A DÉRIVATION (FORME VERTICALE).

tionner en même temps, et sur un même fil, un appareil téléphonique et un appareil télégraphique. Pendant l'expérience qui fut exécutée le 17 mai 1882, on transmit une dépêche au directeur des télégraphes à Paris par le télégraphe Morse, et pendant ce temps, grâce au même fil, le télégraphe expédiait un message vocal, qui était entendu à Paris, pendant que fonctionnait le récepteur de l'appareil Morse.

Le système de M. Van Rysselberghe neutralise les courants d'induction par divers procédés : par exemple, en plaçant sur le parcours du courant de la ligne télégraphique un condensateur, qui dérive le courant, de telle sorte que la ligne ne se charge que lentement. L'action inductrice exercée sur la ligne téléphonique est alors insensible.

Au mois d'août 1883, M. Van Rysselberghe a réussi à transmettre la parole entre Bruxelles et Ostende, puis, mais d'une façon douteuse, entre Bruxelles et Douvres.

A la suite de l'expérience de M. Van Rysselberghe, les ingénieurs des télégraphes belges ont établi une ligne téléphonique entre Bruxelles et Anvers (distance 60 kilomètres) et cette ligne a été mise à la disposition du public. Le télégraphe électrique a été supprimé. Avec le télégraphe ordinaire, et grâce à l'installation, au bureau central, de l'appareil de M. Van Rysselberghe, les communications téléphoniques se produisent de Bruxelles à Anvers avec la plus grande clarté.

Dans d'autres expériences, faites avec beaucoup d'attention, par l'administration française, en 1882, entre Paris et Nancy, on a fait franchir à la voie 355 kilomètres. Pendant une heure les ingénieurs conversèrent entre eux d'une gare à l'autre, au moyen du fil de la ligne télégraphique.

Le système Hopkins, qui a servi aux correspondances téléphoniques de New-York à Cleveland et Chicago, réalise également la téléphonie à grande distance.

C'est à Cleveland (État de l'Ohio) qu'ont été constatés les résultats les plus surprenants.

D'abord, on put reproduire à Cleveland des passages de journaux lus à New-York, et qui revenaient dans cette dernière ville, un jour plus tard, imprimés dans le *Cleveland Herald* : la distance est de 1046 kilomètres. En outre, une conversation entre New-York et Chicago (1600 kilom. environ), tenue le 30 mars 1883, fut entendue distinctement à Cleveland.

Il faut remarquer que les expériences avaient été faites sur des lignes constituées par un fil d'acier de 3 millimètres, recouvert de cuivre, et d'un diamètre total de 5 millimètres ½; la couche de cuivre avait une épaisseur moyenne de 1,7 millimètre et la longueur totale de la ligne était de 1048 milles, soit 1686 kilomètres.

Si l'on considère que dans ce fil, la section en cuivre représente 16,68 millimètres carrés, alors que la section en acier est 7,06 millimètres carrés et que le cuivre est 6 fois plus conducteur que l'acier, on arrive à cette conclusion que le conducteur américain ne devait présenter qu'une résistance de $1^{ohm},17$ par kilomètre, soit 1973 *ohms* pour la résistance totale de la ligne, ou 197 kilomètres environ de fil télégraphique de 4 millimètres. Or, dans les expériences faites en France, avec le téléphone de M. le Dr Corné-lius Herz, on a pu transmettre la parole beaucoup plus loin, puisqu'on a pu parler de Tours à Brest, en passant par Paris, sur une longueur de circuit de 1140 kilomètres, avec le fil de fer de 4 millimètres des télégraphes.

Le journal *la Nature* a fait remarquer, de son côté, que le succès des expériences faites en 1883, entre Cleveland et New-York, comme entre New-York et Chicago, doit être attribué en grande partie aux conditions toutes particulières de la ligne télégraphique de New-York à Cleveland, qui est d'une très faible résistance électrique, et dont le fil est placé, sur tout son parcours, à une très grande distance de tous les autres fils télé-graphiques. Cette ligne présente, à ce point de vue, toutes les facilités qu'on n'avait pas pu réunir jusqu'ici sur une ligne aussi longue. Elle constitue une ligne, en quelque sorte, *idéale*, pour les expériences téléphoniques.

« Ce qui ressort, dit *la Nature*, des expériences faites pour transmettre à de très grandes distances les ondulations téléphoniques, c'est que, grâce à une ligne placée dans des conditions exceptionnellement favorables, on a pu converser à près de 1000 kilomètres de distance, d'une manière plus ou moins parfaite, avec des systèmes téléphoniques assez variés.

« L'intérêt scientifique de cette expérience est très grand, mais il ne faut pas perdre de vue que la plus grande part du succès est due à la faible résistance de la ligne, ainsi qu'à son excellent établissement. De là à l'exploitation industrielle constante de la téléphonie à grande distance, il y a un pas qui ne nous paraît pas encore franchi. »

N'en déplaise à *la Nature*, ce pas sera franchi. Le succès passé garantit le succès à venir, et l'on peut affirmer que le téléphone, qui rivalise aujour-d'hui avec la télégraphie, pour la rapidité et la facilité des transmissions, égalera bientôt son prédécesseur et son rival quant à la distance que peu-vent franchir ses ondulations.

C'est une nouvelle révolution dans les relations télégraphiques. Les com-merçants, les industriels de nos principales villes de France pourront bientôt communiquer entre eux, sans quitter leurs bureaux. On enverra de Lille un ordre au Havre, de Lyon à Marseille, et l'on recevra la réponse immédiatement. Paris, centre principal des affaires d'exportaion, sera mis en commucation verbale avec tous les ports français.

Ici finit l'histoire du téléphone et du microphone mêlés. Nous allons maintenant étudier les applications diverses que ces appareils ont reçues jusqu'à ce jour.

X

Le téléphone, comme moyen de correspondance instantanée, l'emporte,
sous bien des rapports, sur le télégraphe électrique, qui a paru si longtemps le comble de l'art.

Le télégraphe électrique est un appareil délicat et compliqué, avec
soupapes, poids, échappement, le tout d'un prix élevé. Avec le téléphone Bell,
rien de pareil : tout se réduit à un étui de bois, contenant un noyau d'acier
aimanté, et à une membrane de fer : la valeur du tout ne dépasse pas quinze
à seize francs.

Le télégraphe électrique exige une pile, toujours présente, toujours
prête à l'action, pour fournir, quand on en a besoin, le courant électrique.
Avec le téléphone Bell la pile est supprimée : le courant ondulatoire naît
de lui-même, sans dépenses, sans préparation, sans qu'on ait besoin de
s'en occuper, par le jeu même de l'appareil.

Le télégraphe électrique demande une manipulation spéciale. Il faut
faire courir une aiguille sur un cadran, et s'arrêter à la lettre qu'on veut
signaler ; ou bien frapper de petits coups, longs ou brefs, avec le marteau de
Morse ; ou enfin, jouer sur un clavier, et il faut apprendre ce jeu, ce qui est
toute une étude. Avec le téléphone il ne faut que parler : c'est un jeu que
tout le monde connaît, sauf les sourds-muets. Encore avons-nous vu que
c'est dans un hospice de sourds-muets que le téléphone a été inventé !

Les signes télégraphiques ont besoin d'être interprétés, et comme ces
signes composent une écriture et un alphabet (l'alphabet Morse) qui sont
assez compliqués, il faut savoir traduire cette écriture. Avec le téléphone,
il suffit de savoir écouter. On reconnaît, quoique affaiblie et avec quelques

altérauons, ia voix même de l'interlocuteur, ce qui est un gage d'authenticité. On parle, on répond : c'est une conversation réglée, aussi abondante, aussi prolongée qu'on le veut. C'est la suppression réelle de toute distance et de tout intermédiaire. On ne pouvait rien imaginer de plus simple, on ne pouvait rien désirer de plus complet.

Les partisans forcenés de *l'ancienno aviso*, en fait de correspondance rapide, reprochent au téléphone de ne laisser aucune trace écrite du message; tandis que le télégraphe électrique, imprimant la dépêche sur une bande de papier, que l'on peut conserver, laisse, dit-on, un document certain de son existence. J'avoue que cette objection me touche peu. Il y a bien rarement utilité à conserver le texte d'une dépêche. Le téléphone sert à donner des ordres à un ouvrier, dans une usine; à demander des renseignements entre commerçants; à entretenir une conversation pour des affaires courantes. Quelle est la nécessité de conserver une trace écrite des paroles ainsi échangées, et qui n'ont plus d'intérêt une fois l'entretien terminé? D'ailleurs, si l'on désire posséder la preuve matérielle d'un message quelconque, il suffit, en commençant la conversation, de donner l'ordre au correspondant d'avoir à écrire la demande et la réponse. Mais, nous le répétons, les cas sont très rares où il y a vraiment utilité à conserver le texte d'une dépêche ou d'un ordre. Cette objection que l'on fait au téléphone, et que chacun répète, n'est donc qu'un écho de la routine administrative française, essentiellement paperassière, et pour laquelle le document écrit est une religion. Mais le fabricant, le commerçant, le simple particulier, n'ont que faire de ces complications bureaucratiques. Si le téléphone est précieux, c'est, selon nous, parce qu'il supprime tout écrit, et réduit la correspondance à l'échange rapide des mots nécessaires.

Vous habitez une maison, dont le propriétaire, ami du progrès, a fait établir un téléphone allant de la loge du concierge aux divers étages, et le matin, vous téléphonez à votre concierge, à peu près en ces termes :

« *Madame Picquoiseau, montez-moi mes lettres. Puis, vous enverrez votre fils me chercher, à la station, une voiture.... Des jaunes, n'est-ce pas? avec une galerie .... Et il m'apportera le Petit Journal.* »

Et Mme Picquoiseau, mettant ses lèvres barbues dans le pavillon du téléphone, réplique :

« *C'est bien, Monsieur, c'est bien! Polyte va y aller.... dès qu'il aura décrotté les bottines de la dame du cinquième.... Et il apportera le Petit Journal.* »

Je vous demande s'il est bien utile d'inscrire sur le papier et de conserver à l'histoire ce colloque réaliste?

D'ailleurs, le message télégraphique écrit n'a pas toujours la fidélité absolue qu'on se plaît à lui accorder. La plaisante histoire d'un montreur d'animaux, que nous appellerons Jenkins, et qui exhibait ses farouches pensionnaires dans un faubourg de Londres, le prouverait au besoin.

Jenkins avait envoyé un agent commercial à Saint-Louis (du Sénégal), pour en rapporter des fauves, hôtes futurs de sa ménagerie. Il écrit un jour, à son agent fidèle, par le câble sous-marin de Lisbonne au Brésil, par les îles du Cap-Vert, qui a une dérivation sur Saint-Louis :

« *Ai besoin de singes. Envoyez-m'en deux. Mille cordialités. Jenkins.* »

Malheureusement, l'employé du télégraphe sous-marin ponctue mal la phrase, et envoie ces mots: « *Ai besoin de singes. Envoyez-m'en deux mille. Cordialités. Jenkins.* »

Un mois après, notre montreur de bêtes recevait de la Sénégambie cette autre dépêche sous-marine, qui le fit justement bondir :

« *N'ai pu trouver les deux mille singes demandés. Vous en enverrai cinq cents, par prochain paquebot. Cordialités. Davidson* ».

Trompé par le message écrit, le malheureux chargé d'affaires, au lieu de deux singes, en cherchait deux mille !

On ne dit pas comment finit le *quiproquo*. Sans doute une troisième dépêche sous-marine envoyée par Jenkins arrangea tout, et l'on rendit à leurs forêts natales les cinq cents quadrumanes, victimes d'une erreur de ponctuation.

Il est probable seulement que dans ce dernier message télégraphique, maître Jenkins mit les points sur les *i*.

Nous ajouterons que tout le monde n'est pas ferré sur l'orthographe, et qu'une dépêche mal orthographiée, quoique bien et dûment manuscrite, peut donner de grandes perplexités pour la comprendre.

Témoin un message télégraphique dont un jeune homme de mes amis cherchait inutilement à comprendre le sens, et qui était ainsi libellé :

Vous êtes un monstre, mèche thême.

Comme la personne qui avait télégraphié ces mots à mon ami, était Alsacienne, on présuma qu'elle avait voulu dire :

Vous êtes un monstre, mais je t'aime.

Ces anecdotes prouvent que dans le télégraphe électrique le message écrit n'est pas toujours parole d'Évangile, et qu'il ne faut pas tant chercher noise au téléphone parce qu'il ne conserve pas la preuve matérielle des paroles qu'il envoie. D'ailleurs, le télégraphe à cadran, dont se servent les employés de chemins de fer, ne laisse pas de traces de ses dépêches; le télégraphe à aiguille de Wheatstone, encore si en usage dans toute l'Angleterre, n'en laisse pas davantage, et l'on n'a jamais élevé de plaintes contre le service des télégraphes des chemins de fer, ni contre le télégraphe anglais.

La *téléphonie domestique* n'est pas encore très répandue; mais elle ne tardera pas à remplacer les *tubes acoustiques*, ou *porte-voix*, dont l'installation est bien plus dispendieuse, et qui ne peuvent pas s'établir partout. L'installation d'un téléphone est, en effet, au moins six fois moins chère que celle d'un *tube acoustique*.

Le téléphone Bell est le plus simple à employer pour la correspondance domestique.[Une paire de téléphones coûte de quinze à seize francs, et l'installation des fils ne dépasse pas une vingtaine de francs. Seulement, une

FIG. 154 — SONNERIE ÉLECTRIQUE.

sonnerie est nécessaire, pour s'appeler réciproquement. Mais comme il y a aujourd'hui des sonnettes électriques dans toutes les maisons bien installées, une sonnette électrique suffit pour servir d'appel.

S'il n'existe pas de sonnette électrique, on fera usage de la sonnerie dite *magnéto-électrique*, que les constructeurs fabriquent aujourd'hui, et qui fonctionne sans pile. En tournant une manivelle, on fait tourner un aimant, lequel produit un courant électrique. Ce courant est envoyé dans la *boîte à sonnerie*, que représente la fig. 154.

Cette boîte renferme une bobine de fils et une armature de fer, M. Le courant d'induction attirant l'armature de fer, et cette armature, en forme de manche de marteau, se terminant par un battant, B, ce battant vient frapper le timbre sonore, T. Mais un ressort tient le manche du marteau et du battant, B, écarté du timbre, et ce ressort est en communication avec le courant. Quand le battant B vient toucher le timbre T, le contact avec le ressort a cessé; le courant est interrompu, et la tige portant le battant

B, peut, de nouveau, être attirée par l'électro-aimant, et frapper encore le timbre. De là résulte une série continue de petits chocs, ou un tremblement sonore, ce qui a fait donner à cette sonnerie, aujourd'hui si en usage, le nom de *trembleuse*.

Le système Ader, avec son pupitre et son récepteur, peut être appliqué à l'usage domestique. Nous donnons ici le dessin (fig. 155) du transmetteur Ader, que la *Société des téléphones* construit pour l'usage domestique, c'est-à-dire pour servir aux correspondances à petite distance. Un *commutateur*, joint à cet appareil, permet de parler aux différents étages de la maison, de l'hôtel meublé ou de l'hôtel particulier.

Fig. 155. — TÉLÉPHONE ADER-BELL (TYPE RÉDUIT .

Grâce au *téléphone domestique*, un concierge peut correspondre avec les locataires et éviter aux visiteurs la fatigue de monter inutilement des étages; — un chef d'usine peut donner des ordres et recevoir les renseignements de toutes les parties de son établissement; — un chef de bureau, dans un ministère ou une maison de banque, parle, sans se déranger, à ses employés ou à ses garçons de bureau; — un commerçant, sans sortir de son cabinet, se met en rapport avec tout son personnel; — le maître d'un hôtel particulier donne des ordres, de sa chambre à coucher ou de son salon, à la cuisine ou à l'office, etc., etc. On conviendra que voilà une précieuse amélioration apportée par la science aux usages courants de la vie.

La correspondance téléphonique à l'intérieur d'une maison nous amène à traiter de la correspondance, au milieu d'une ville, entre particuliers, séparés par une grande distance.

S'il ne s'agissait que de mettre en rapport deux personnes dans une ville, le moyen serait tout simple: il suffirait de placer deux téléphones, l'un transmetteur et l'autre récepteur, chez l'une et l'autre personne, et de relier les deux locaux par un fil convenablement isolé. Mais si un particulier veut communiquer avec différentes personnes, dans la même ville, il faudrait poser des fils allant de chez lui à ses divers correspondants. Poser autant de fils qu'il y a de correspondants, serait ruineux. La création du *bureau central téléphonique* est venue résoudre cette immense difficulté. On établit un poste général, que l'on nomme *bureau central*, et auquel aboutissent tous les fils allant chez chaque abonné. L'abonné commence par parler au bureau central, et par lui demander de le mettre en rapport avec tel autre abonné, qu'il désigne par son nom et son adresse. Alors, un employé du bureau central rattache les fils des deux correspondants par un fil de jonction, et de cette manière ceux-ci peuvent se parler tout à leur aise. Quand l'entretien est terminé, l'abonné en prévient le bureau central, qui rétablit les choses en l'état.

Le *bureau central téléphonique* est, véritablement, une idée de génie. Il ne faut pas, toutefois, en faire honneur aux compagnies qui exploitent le téléphone. Avant l'invention de M. Graham Bell, des compagnies de télégraphie électrique de New-York, en présence du nombre considérable de dépêches qu'elles avaient à expédier dans la ville, et presque toujours aux mêmes personnes, avaient imaginé de créer un *bureau central*, pour la correspondance télégraphique entre particuliers. Quand on voulut établir une correspondance par le téléphone, on n'eut qu'à appliquer au nouvel instrument la belle conception du *bureau central*, due aux ingénieurs télégraphistes de New-York.

Dans une ville d'une population moyenne, comme le Havre, Rouen, Toulouse, un bureau central suffit. Mais dans une ville d'une très grande étendue et d'une population disséminée, comme Paris, Londres, New-York, Bruxelles, Lyon, Marseille, etc., il faut établir plusieurs *bureaux centraux*, si l'on veut répondre à tous les besoins. A Paris, par exemple, un bureau central unique ne pourrait suffire, en raison de la longueur de certaines lignes, qui rendrait leur exécution infiniment trop chère. Paris a donc été divisé en quartiers téléphoniques, ayant chacun leur bureau central. Ces quartiers sont : l'Opéra, le Parc Monceau, la Villette, le Château d'Eau, la rue de Lyon, l'Avenue des Gobelins, la rue du Bac, la rue Lecourbe et Passy, l'Avenue de l'Opéra, la rue Lafayette, et la rue Étienne Marcel.

Ces onze bureaux sont reliés entre eux par des lignes qu'on appelle *auxiliaires*, dont le nombre est réglé sur la fréquence des communications échangées entre eux.

Toutes les *lignes auxiliaires* convergent vers le bureau central.

En ce qui concerne l'établissement des lignes à l'intérieur de Paris, nous emprunterons les renseignements qui s'y rapportent, à un travail de M. Berthon, ingénieur en chef du service technique de la *Société*

générale des téléphones, ayant pour titre *Installation du réseau téléphonique de Paris*.

Les lignes qui font communiquer les bureaux téléphoniques avec les abonnés sont ou *aériennes* ou *souterraines*. A Paris, les fils *aériens* sont en infime
minorité; il n'y a guère plus de 100 kilomètres de fils aériens sur 1900 kilomètres de réseau, et leur disposition diffère peu de celle des fils télégraphiques
ordinaires. Nous ne considérons, en conséquence, que les lignes souterraines.

« Les lignes souterraines, dit M. Berthon, sont réunies dans des câbles recou-

Fig. 156. — MODE DE SUSPENSION DES CABLES TÉLÉPHONIQUES A LA VOUTE DES ÉGOUTS DE PARIS.
D, trois crochets de fer, supportant chacun 17 câbles téléphoniques; E, section de la conduite des eaux de la
ville; A, fond de l'égout.

verts de plomb, suspendus à la voûte des égouts. Chaque câble contient 14 conducteurs, isolés les uns des autres, constituant 7 lignes doubles d'abonnés.

« Chacun de ces conducteurs est formé de 3 brins de fil de cuivre, de 1/2 millimètre de diamètre, tordus ensemble.

« Ce conducteur est recouvert d'environ 3/10 de millimètre de gutta-percha ; ce
qui donne à chaque fil, avec sa gutta, un diamètre de $2^{mm},2$ environ.

« Cette première enveloppe du conducteur est entourée d'un guipage de coton,
qu'on emploie de sept couleurs différentes, pour faciliter les recherches; les deux
fils d'un abonné sont de la même couleur, et par suite, reconnaissables à première
vue des six autres. Les deux fils constituant la ligne d'un abonné sont tordus
ensemble, puis les sept doubles lignes sont encore tordues, et recouvertes d'un
ruban non goudronné, ils sont enfin étirés dans un tube de plomb.

« Les câbles à 14 conducteurs sous plomb ont un diamètre de 18 millimètres; les petits câbles spéciaux pour un abonné et qui contiennent seulement deux conducteurs, ont 8 millimètres de diamètre.

« La Société a été autorisée par la ville de Paris à placer ses câbles à la voûte de l'égout, sur une largeur de 30 centimètres et une épaisseur de 10. Ils sont soutenus par 3 crochets. Chacun de ces 3 crochets supporte 17 câbles; il y a donc 15 câbles ou 357 lignes en tout. Ce crochet multiple est scellé dans la paroi par une tige de fer.

« Le câble à 14 fils est déroulé dans toute sa longueur. On n'y fait aucune trouée, ou saignée, pour y attacher une ligne d'abonné. Cela aurait beaucoup d'inconvénients. Les fils d'abonnés (doubles) se relient à l'extrémité du câble à 14 fils, et se séparent ensuite pour aller chacun à sa destination.

« La longueur moyenne d'une ligne entre un bureau et un abonné est de 1146 mètres, dont 883 mètres dans le câble à 14 fils et 313 dans le câble à deux fils.

« Chez les abonnés, l'entrée du poste est très simple. Il n'arrive chez chacun qu'un petit câble sous plomb, contenant deux conducteurs. Il va de l'égout à la maison de l'abonné, par une tranchée souterraine. Il monte ensuite le long de la façade, ou mieux dans l'intérieur de la cour si possible, et dans les escaliers de service.

« On procède de la même façon sur les lignes mixtes, au point de jonction de la partie souterraine avec la partie aérienne; le câble à 2 conducteurs monte le long de la maison jusqu'au poteau qui la surmonte. »

La figure 156 représente la manière dont les câbles téléphoniques sont suspendus à la voûte des égouts.

Nous représentons, en coupe longitudinale, toutes les parties du bureau central de l'Avenue de l'Opéra, dans la figure 157.

L'égout C est sous le trottoir qui borde la maison. Un branchement particulier, D, relie l'égout au mur, qui est percé. L'ouverture qu'on y a pratiquée est remplie par une plaque métallique, placée au-dessus de la porte et perforée de 360 trous, destinés à donner passage à autant de câbles, de 14 fils simples.

Après avoir pénétré de l'égout dans la cave de la maison A, les câbles téléphoniques pénètrent dans une vaste chambre, sorte de grande guérite en bois, de forme carrée, à quatre pans coupés, qui présente des portes, pour que l'on puisse pénétrer à l'intérieur.

Chacune des faces principales de cette guérite est percée d'une grande ouverture circulaire, E, que l'on nomme rosace.

Quand les câbles conducteurs enveloppés de plomb sont entrés dans la guérite, ils se distribuent autour de chacune des quatre rosaces, sur la face intérieure de la cloison. De petites plaques de corne portent, gravés sur un cercle, les noms des abonnés. Sur un cercle plus grand sont d'autres étiquettes, donnant les numéros de chaque câble. Puis, l'enve-

FIG. 157. — INSTALLATION GÉNÉRALE DU BUREAU CENTRAL TÉLÉPHONIQUE DE L'AVENUE DE L'OPÉRA.

C, égout de l'avenue de l'Opéra. — D, branchement d'égout de la maison. — A, entrée de la cave de la maison. — E, rosace de fils à leur sortie de la guérite. — d-d, fils séparés et dépouillés de leur enveloppe de plomb, pour pénétrer dans le bureau central. — M, percée du sol au rez-de-chaussée du bureau central, donnant accès aux fils téléphoniques dans ce bureau. — F, rosace faisant partie de la seconde guérite. — H, salle contenant les tables qui supportent les piles Leclanché pour le courant électrique du réseau. — G, salle du bureau central, avec les tableaux annonciateurs et les commutateurs. — I, salle de vente. — PP', Avenue de l'Opéra.

loppe de plomb disparaît, et les fils sont séparés en sept lignes à deux fils, *ce*. Ils traversent alors de nouveau la cloison, et s'élèvent au plafond de la cave, pour percer le sol du rez-de-chaussée du bureau central et pénétrer, par l'ouverture M, dans le bureau. Les fils conducteurs sont, deux à deux, couverts de coton de même couleur. Il y a donc sept couples de fils de sept couleurs différentes, qu'on place toujours dans le même ordre, autour de la *rosace*.

La légende qui accompagne la figure 157 donne la destination du reste des salles et pièces composant le bureau central, tant dans la cave qu'au rez-de-chaussée.

Il importe de bien comprendre le rôle des *rosaces*. Les quatre *rosaces* peuvent être considérées comme les bases de quatre cônes, dont le sommet commun est au *centre géométrique* de la guérite. L'idée de la *rosace* est celle de faire passer tous les fils par ce centre, de telle sorte qu'ils aient même longueur et qu'ils puissent être *interchangés*.

En raison de l'importance de cette installation, nous donnerons, dans un dessin à part, (fig. 158) une coupe de la *salle des rosaces* du bureau central de l'Avenue de l'Opéra.

On voit dans le coin à droite une moitié de l'égout qui longe l'Avenue de l'Opéra, sous le trottoir, ainsi que le petit égout d'embranchement qui fait communiquer la maison n° 27 de cette Avenue avec l'égout principal. On a supposé les murs de cette maison enlevés, en avant du spectateur, afin de laisser voir la *salle des rosaces*. Au-dessus de l'égout et des terres qui le recouvrent on aperçoit, en effet, le trottoir de l'Avenue de l'Opéra, où circulent quelques promeneurs.

La porte grillée que l'on distingue dans l'égout d'embranchement, correspond à un regard placé sous le trottoir et donne par conséquent accès de l'extérieur dans l'égout, précisément au point où les fils entrent dans le bureau central.

Il y a, comme on le voit dans la figure 158, deux chambres à rosaces: la première, qui est en avant, est affectée aux fils des abonnés directement reliés au bureau; la seconde est affectée aux fils des bureaux auxiliaires qui aboutissent tous à ce bureau et s'y trouvent joints entre eux.

Les fils qui, au nombre de 3000, aboutissent au bureau central de l'Avenue de l'Opéra, sont renfermés, comme nous l'avons dit, par groupes de 14, dans des tuyaux de plomb, qui, eux-mêmes, constituent deux faisceaux distincts; et ces faisceaux, pour pénétrer dans la maison, développent les câbles qui les composent, selon plusieurs lignes parallèles, qui correspondent à des rangées de trous, ouverts dans une grande plaque de bronze et par lesquels passe isolément chaque câble. A leur sortie de ces trous, les câbles se

Fig. 138. — SALLE DES ROSACES DU BUREAU CENTRAL DE L'AVENUE DE L'OPÉRA.

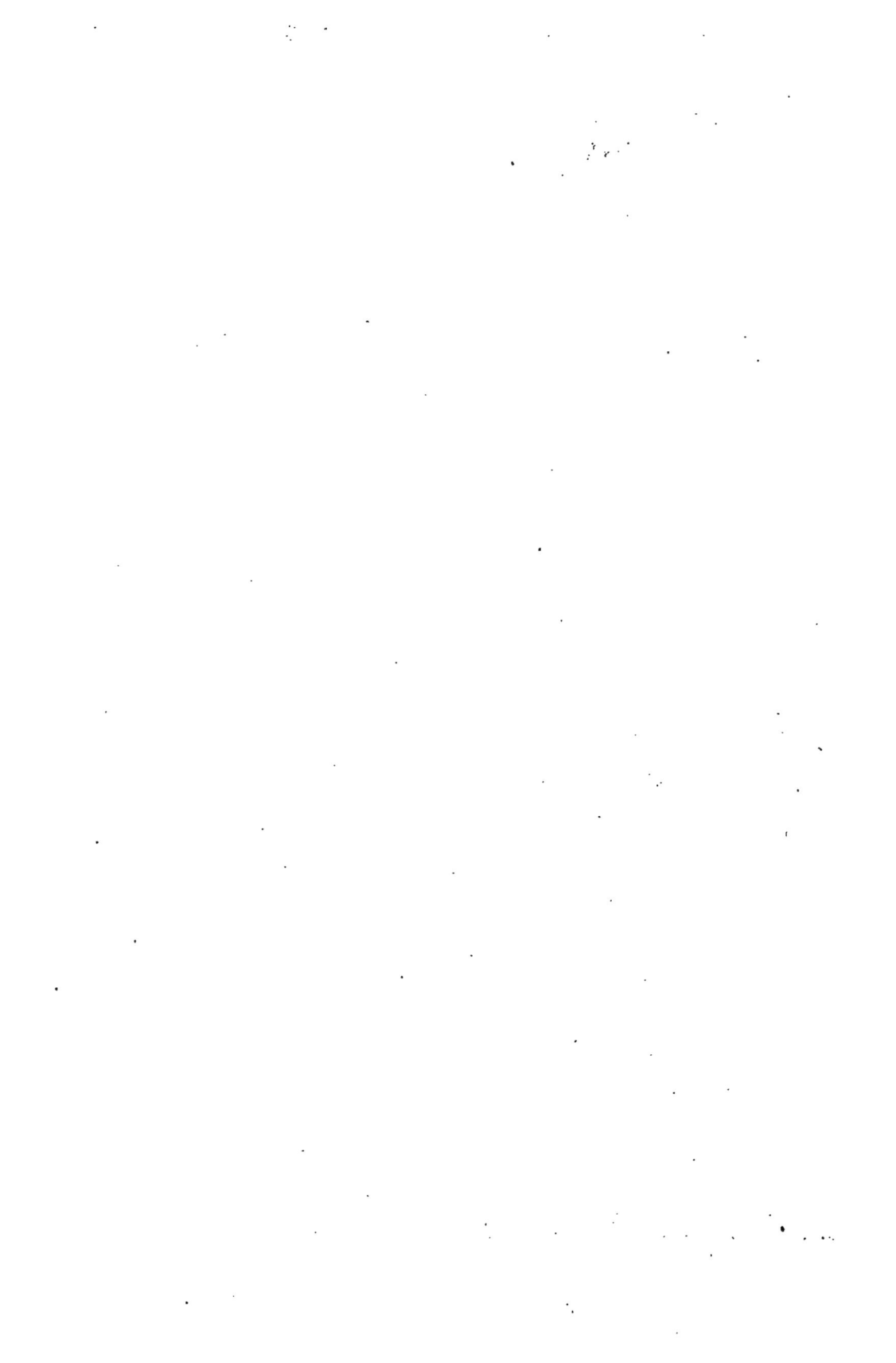

réunissent de nouveau en deux larges faisceaux, qui pénètrent par deux conduits de bois, placés en haut et en bas dans le bureau central, où se trouvent les tableaux d'appel des abonnés.

On voit au milieu de la figure 158, par la porte laissée ouverte à dessein, les fils qui, après avoir été séparés du faisceau, montent verticalement, pour pénétrer dans le bureau.

Nous nous trouvons ainsi conduits au bureau central. Avant de donner l'explication de l'organisation particulière du bureau central de l'Avenue de l'Opéra, nous ferons connaître le principe général de cette organisation.

Pour mettre en communication les abonnés les uns avec les autres, grâce à un bureau central, on a imaginé des tableaux, empruntés à la téléphonie américaine.

La figure 159 montre un de ces tableaux, avec ses signaux d'avertissement ou *annonciateurs*, et ses *commutateurs*.

Chacun des numéros du tableau correspond à un abonné et il remplit le même usage que ceux des tableaux indicateurs des sonneries électriques que l'on voit dans les bureaux des hôtels et dans les maisons particulières.

Lorsque la personne qui veut avertir le bureau central a appelé, au moyen de sa sonnerie, le courant de la pile étant lancé dans la ligne, l'armature de l'électro-aimant de chacun des numéros du tableau *annonciateur*, est attirée, et déclanche le disque. Au-dessus du disque et en communication avec la sonnerie, est une bande de cuivre, bombée, sur laquelle tombe ce disque. Le contact métallique étant ainsi établi, le numéro apparaît, et la sonnerie retentit, jusqu'au moment où l'employé vient remettre le disque dans sa position primitive.

Au-dessous du tableau *annonciateur*, A, se trouvent les *commutateurs*, ', C.

Différents systèmes de *commutateurs* ont été en usage; mais le commutateur dit *Jack knife*[1] est aujourd'hui généralement adopté. La *Société des téléphones de Paris* n'en emploie pas d'autres.

Quel que soit le système de *commutateur* que l'on emploie, il se réduit toujours à deux chevilles de bois, attachées à un cordon mobile, qui sert à mettre en communication les deux points de chaque tableau auxquels viennent aboutir les lignes des abonnés.

1. Ces deux mots, qui, en anglais, signifient *couteau de Jack*, proviennent du nom de l'inventeur américain de ce commutateur, qui s'appelait Jack, et de la forme approximative du même engin, qui rappelle celle d'un couteau.

Supposons que l'abonné n° 1 ait demandé la communication avec l'abonné n° 15. L'employé, muni d'un *téléphone transmetteur* et d'un *récepteur* montés sur la même ligne, enfonce dans les numéros 1 et 15 du tableau les deux broches de deux cordons flexibles communiquant avec les lignes de chacun des deux abonnés (fig. 160). Il en résulte que les lignes des

Fig. 59. — POSTE DE BUREAU CENTRAL POUR CINQUANTE LIGNES.
A, annonciateurs; C,C', commutateurs.

deux abonnés n'en forment plus qu'une seule, et qu'ils peuvent entrer en communication.

Quand l'entretien est terminé, l'un des abonnés en donne avis au bureau central, et le même employé replace les chevilles des cordons à leur place dans le tableau.

Ceci étant exposé, nous pouvons donner la description du bureau central de l'Avenue de l'Opéra, et décrire le fonctionnement des appareils qu'il renferme.

La figure 161 représente l'intérieur du bureau central de l'Avenue de l'Opéra. On voit dans le coin, à gauche, les deux conduits de bois qui, partant des deux *rosaces*, amènent les fils dans le conduit, d'où ils vont sortir, pour se distribuer aux *tableaux annonciateurs* et *commutateurs*. Ces conduits sont placés sous le plancher du bureau.

Ce bureau est double. Il est, en effet, divisé en deux parties par un cou-

Fig. 160. — MISE EN COMMUNICATION DE DEUX ABONNÉS PAR L'EMPLOYÉ D'UN BUREAU CENTRAL.

loir. Les cloisons de ce couloir forment l'envers de chaque salle. C'est sur ces cloisons que sont adaptés les tableaux *annonciateurs* et *commutateurs*.

On peut apercevoir à l'intérieur du couloir, sur la figure 161, la face postérieure de la cloison de la seconde salle, dont une partie est visible, et reconnaître les électro-aimants qui commandent le jeu des *annonciateurs*.

Quand un abonné appelle au bureau central, il faut que l'employé de service soit prévenu de l'appel par un bruit. Il faut ensuite qu'il sache quel est l'abonné qui appelle ; c'est à ces besoins que répondent la sonnerie, qui dessert un grand nombre de lignes, et l'*annonciateur*, qui répond à chaque ligne.

La sonnerie du bureau central de l'Avenue de l'Opéra est une sonnerie *trembleuse* électrique ordinaire qui n'a rien de particulier, et qu'on voit à gauche du premier tableau de la figure 161.

Nous avons donné l'explication du jeu magnéto-électrique de cette sonnerie dans la figure 154 (page 414). Nous la représentons, sur une échelle suffisante, dans la figure 162.

Le modèle d'*annonciateur* qui a été adopté par la *Société générale des téléphones* est, avons-nous dit, un guichet portant un numéro devant lequel

Fig. 162. — SONNERIE ÉLECTRIQUE DITE *trembleuse*

est appliquée une plaque articulée, munie d'un contact bombé. Cette plaque est accrochée sur une détente électro-magnétique adaptée à l'armature d'un électro-aimant, lequel est placé derrière les cloisons qui portent les tableaux. C'est précisément derrière ces tableaux que viennent s'épanouir les fils des abonnés, pour correspondre à leurs commutateurs respectifs, ainsi que les bobines d'induction des téléphones des employés et tous les fils de liaison des groupes de commutateurs entre eux et avec les commutateurs des fils des bureaux. Quand l'abonné appelle, il lance un courant à travers l'électro-aimant, l'armature de cet électro-aimant est attirée, et la plaque tombe, en mettant sa partie bombée en contact avec une tige qui ferme un courant local à travers la sonnerie du poste.

FIG. 191. — BUREAU CENTRAL TÉLÉPHONIQUE DE L'AVENUE DE L'OPÉRA.

Dès lors, l'attention de la personne employée à ce service est suffisamment attirée. Elle s'empresse de satisfaire à la demande de l'abonné. Pour cela, elle prend un cordon mobile, que renferme un double fil conducteur, et elle enfonce l'une des extrémités de ce cordon dans le trou portant le numéro du second abonné avec lequel le premier abonné désire converser, et la communication est ainsi établie entre eux.

Quand les deux abonnés ont fini de se parler, ils doivent l'annoncer au bureau central, en pressant le bouton d'appel de leur transmetteur; ce qui a pour résultat de faire tomber la plaque du tableau indicateur dans le bureau central.

Le service est fait, au bureau central de l'Avenue de l'Opéra, par trente-trois jeunes filles, distribuées dans les deux bureaux, en nombre correspondant aux besoins du service de chaque bureau contigu, l'un étant, en général, plus occupé que l'autre à certaines heures, comme au moment de la Bourse.

Un ordre parfait règne dans ces bureaux. Les consignes sont même très sévères, en ce qui concerne l'accès du public. On ne peut pénétrer dans le bureau qu'avec une autorisation spéciale, et une fois admis dans ce gynécée du travail et de l'ordre, on est reçu par la directrice, dans une petite salle, complètement séparée du bureau.

Nous venons de décrire le bureau central de l'Avenue de l'Opéra auquel aboutissent tous les fils qui relient les abonnés de cette section. En raison de son importance, ce bureau est, comme on vient de le voir, double, en quelque sorte, puisqu'il est divisé par un couloir en deux portions contiguës, formant chacune un service complet. Mais tous les bureaux centraux téléphoniques n'ont pas la même importance. Ils sont disposés de la même manière, mais dans une seule salle.

Comme c'est là le cas général, nous jugeons utile de donner la description d'un bureau central ordinaire, et nous choisirons, pour le représenter par un dessin, le bureau de la rue Lafayette. On verra, par cette description, qu'un bureau téléphonique peut être établi dans un appartement quelconque.

On place les piles dans la cave de la maison, et les diverses pièces de l'appartement reçoivent l'affectation qui va suivre.

Les cloisons qui portent les *annonciateurs* et les *commutateurs* sont disposées dans une des chambres de l'appartement, comme le montre la figure 165, sur trois côtés de la chambre.

Les *commutateurs*, ainsi que les plaques des *annonciateurs* ou *indicateurs*, sont répartis, par groupe de 25, sur des tableaux, qui sont au nombre de 6 sur la cloison du fond. Les plaques des *annonciateurs* sont en haut et les *commutateurs* au-dessous.

Au-dessous des tableaux *annonciateurs* et des *commutateurs* est une petite tablette, pour les besoins du service. Au-dessous de cette tablette se trouvent d'autres tableaux, plus larges, qui servent à faire correspondre les lignes auxiliaires avec les autres bureaux.

La sonnerie d'appel est placée à l'extrémité des cloisons. Une sonnerie suffirait pour une salle, mais on en place un plus grand nombre.

Seize jeunes filles desservent le bureau de la rue Lafayette. Celles qui ne sont pas occupées, attendent, assises sur des chaises, le moment d'être appelées par l'abonné.

La directrice est assise, elle-même, devant une table, de manière à surveiller facilement ses employées. Les portes sont capitonnées et les murs recouverts de moleskine rembourrée, pour éteindre les bruits du dehors.

Dans chaque bureau un inspecteur est chargé de la surveillance du matériel, de la vérification des communications téléphoniques, et de la recherche des dérangements, quand ils se produisent. Cet employé a sous ses ordres un ou plusieurs surveillants, qui réparent les dérangements et surveillent les piles. Comme les piles sont exposées à se polariser, on les change toutes les demi-heures, au moyen d'un *commutateur*.

Disons enfin que dans le bureau de la rue Lafayette, il y a un *instructeur*, chargé de faire l'éducation téléphonique des jeunes filles surnuméraires. Une salle est réservée à tous les exercices nécessaires à ce genre d'instruction.

Les appareils qui servent à la correspondance téléphonique à l'intérieur de Paris, sont le *transmetteur Ader* et le *récepteur Ader-Bell*, que nous avons décrit et représenté dans le chapitre précédent. Ces appareils fonctionnent généralement bien; la parole s'entend parfaitement, même d'Ivry au quartier de l'Europe.

La pile dont fait usage la *Société des téléphones* est la pile Leclanché.

Tout le monde sait que la pile Leclanché, que nous représentons dans la figure 164, se compose d'une lame de zinc Z, plongeant dans une dissolution de chlorhydrate d'ammoniaque. Le zinc constitue le pôle négatif. Le pôle positif est représenté par un gros bloc de charbon de cornue de gaz, C, accolé à deux plaques, composées elles-mêmes de peroxyde de manganèse mélangé de poudre de charbon, et fortement comprimées. Cet assemblage porte le nom d'*aggloméré*. Le cylindre de zinc est séparé par un morceau de bois de la plaque de charbon, et il est maintenu en rapport avec ce charbon par des lanières de caoutchouc.

Voici les réactions qui se passent dans la pile Leclanché.

Fig. 163. — BUREAU CENTRAL TÉLÉPHONIQUE DE LA RUE LAFAYETTE.

Le zinc est attaqué chimiquement par le chlorhydrate d'ammoniaque. Il se forme du chlorhydrate de zinc, par la fixation de l'oxygène de l'eau décomposée. L'hydrogène mis en liberté par la décomposition de l'eau, ne se dégage pas. Il est retenu par le peroxyde de manganèse, qui passe à un état inférieur d'oxydation.

La pile Leclanché supplée très avantageusement la pile de Bunsen. Sans nécessiter l'emploi de vases poreux ni d'acides concentrés, elle donne un courant très régulier, et a l'avantage de marcher 6 à 8 mois sans qu'il soit nécessaire d'y toucher. Il suffit de renouveler, à cet intervalle, l'eau disparue par l'évaporation et d'ajouter un peu de chlorhydrate d'ammoniaque.

Deux piles, composées chacune de trois éléments Leclanché, suffisent pour former le courant du circuit téléphonique de Paris. L'une de ces piles est affectée au transmetteur, et les deux réunies au circuit de la sonnerie d'appel. Tous les trois mois on change la pile du transmetteur, mais elle pourrait fonctionner pendant beaucoup plus longtemps, et c'est par excès de précaution que l'on se conforme à cette règle.

Le réseau de Paris est établi et posé, avons-nous déjà dit, par les soins de l'administration des télégraphes,

FIG. 104. — PILE LECLANCHÉ.

aux frais de la *Société des téléphones*. Le tarif à percevoir des particuliers par voie d'abonnement est aujourd'hui de 600 francs pour Paris, et de 400 francs pour la province.

La *Société des téléphones* doit à l'État une annuité, calculée à raison de 10 pour 100 de ses recettes. Elle paye, en outre, une redevance à la ville de Paris, pour le droit de passage des fils dans les égouts.

XI

La correspondance téléphonique dans les villes de France. — La téléphonie à l'étranger. — Appareils téléphoniques et mode d'installation des fils, en France et à l'étranger.

Les appareils que la *Société générale des téléphones* met à la disposition de ses abonnés de Paris, sont, avons-nous dit, le transmetteur Ader et le récepteur Ader-Bell. Nous mettons sous les yeux du lecteur (fig. 165) le modèle du téléphone que la *Société des téléphones* établit chez chaque abonné. A cet appareil sont jointes deux piles, contenant chacune trois éléments Leclanché, l'une pour la sonnerie, l'autre pour la ligne. Les employés de la compagnie se chargent d'entretenir la pile, qui n'exige d'ailleurs,

Fig. 165 — TÉLÉPHONE ADER-BELL.

comme on le sait, que l'addition d'un peu d'eau et de sel ammoniac, tous les six mois, pour remplacer le liquide et le sel perdus par l'évaporation et l'usure.

Outre cet appareil, qui s'installe contre le mur d'une pièce de l'appartement, il existe un modèle portatif, que l'on place sur une table, sur un bureau, et au moyen duquel on peut parler sans quitter sa place.

Nous représentons dans la figure 166 le *téléphone Ader à colonne* : c'est le nom donné à cet appareil.

Les deux boutons métalliques placés à la face antérieure circulaire du

Fig. 166. — TÉLÉPHONE ADER-BELL A COLONNE.

pied de l'appareil, servent à établir la communication avec la ligne du ré-

Fig. 167. — GRAND POSTE CENTRAL A TROIS DIRECTIONS.

seau. Le bouton d'ivoire, B, que l'on voit en avant et au bas de ce même pied, répond à la sonnerie.

S'il s'agit de communications avec un grand nombre de correspondants, ce qui rentre dans le cas d'un véritable bureau central, il faut faire usage de l'appareil même qui sert dans le poste central de Paris, c'est-à-dire du *l'appareil pour poste central à trois directions*. Nous représentons, dans la figure 167, cet appareil, qui comprend l'*annonciateur américain*, le *transmetteur Ader* et le *récepteur Ader-Bell*.

L'appareil que représente la figure 167 est celui qui est établi dans la plupart des grandes villes de France. Dans les villes de moindre importance le *poste central à trois directions* a la disposition plus simple que nous représentons ci-dessous.

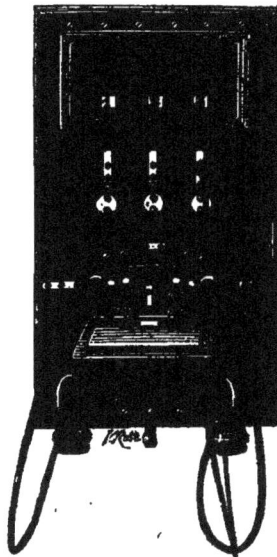

Fig. 168. — PETIT POSTE CENTRAL A TROIS DIRECTIONS.

Dans nos villes de province, le téléphone Ader n'est pas le seul en usage. On emploie également le téléphone Crossley, très en faveur en Angleterre, et que nous représenterons plus loin. L'appareil d'Edison se voit dans quelques villes; mais la nécessité de parler dans une embouchure est un inconvénient qui tend à le faire écarter. Outre l'ennui de cette embouchure commune, l'haleine ternit et altère la membrane vibrante.

Il n'existe pas dans nos grandes villes de France de réseau d'égouts, offrant, comme à Paris, des facilités toutes particulières pour l'établissement des fils conducteurs des courants téléphoniques. La téléphonie dans les villes de province fait donc usage des lignes aériennes. Ce n'est que dans des cas très rares que l'on crée des lignes souterraines.

Les fils réunis en faisceaux passent par-dessus les toits, ou dans les rues. On les fait supporter par des colonnes.

Les faisceaux sont attachés à des *isolateurs* en porcelaine, semblables à ceux des fils télégraphiques. Quelquefois les *isolateurs* sont en caoutchouc. On les fixe sur des chevalets de bois ou sur des cornières de fer, attachées au moyen de montants, également en fer.

La pose des fils télégraphiques sur les toits des maisons a l'avantage de rendre l'inspection facile; mais elle a l'inconvénient, par suite des travaux qui se font fréquemment sur les toits, d'exposer ces fils à des dérangement, auxquels ils seraient soustraits s'ils étaient placés sous le sol, ou le long des maisons, dans des tuyaux; ou bien encore sur des supports isolés placés le long des rues.

On s'est donc préoccupé, en divers pays, d'étudier les divers modes de construction des lignes téléphoniques.

A New-York, on place, le long des trottoirs, de hautes colonnes en fonte, qui se terminent, comme les poteaux télégraphiques, par une série d'*isolateurs*, portant 60 fils et même davantage. En donnant une hauteur suffisante à ces colonnes, dont la forme est assez élégante, en obvie à l'aspect étrange qu'elles peuvent donner à une rue.

Comme l'Europe est assez rebelle aux idées nouvelles, le système américain pour la pose des fils téléphoniques en pleine rue rencontrerait beaucoup de résistances. Son application offrirait, d'ailleurs, des difficultés dans les voies un peu étroites, et elle ne se prêterait pas à un très grand développement des réseaux. M. Ellsworth a proposé de remplacer les colonnes télégraphiques en usage à New-York, par des espèces de canaux aériens en bois, qui seraient postés sur des consoles attachées aux murs, et contiendraient des faisceaux de fils téléphoniques très rapprochés l'un de l'autre.

En Angleterre et en Belgique, on a adopté une excellente disposition. On se sert de véritables câbles conducteurs. On donne ce nom à la réunion d'un grand nombre de fils formant un cordon unique de fils très fins, enveloppés chacun de matière isolante, telle que la gutta-percha, le caoutchouc, le coton ou la soie. On suspend ces câbles en l'air, ou bien on les attache le long des murs. On les fait ensuite passer au-dessus des toits, en les supportant par un fil de fer attaché à des supports. C'est une heureuse modification du système aérien de New-York.

D'autres fois, on pose ces câbles sous les corniches des toits. On peut ainsi avoir autant de supports que l'on veut, et les plus longues portée sans supports ne sont que les largeurs des rues ou des boulevards. Rien n'empêche, lorsque ces portées sont considérables, de soutenir le câble par un fil de fer.

Tel est le mode d'installation des fils conducteurs téléphoniques dans les villes de l'étranger.

Quant aux appareils, ils sont assez variables. Aucun système n'est employé à l'exclusion des autres, comme on le fait à Paris, où le téléphone Ader-Bell est le seul en usage.

En Angleterre, par exemple, le système Crossley est particulièrement en faveur, sans exclure, pour cela, d'autres systèmes.

Le *transmetteur Crossley* diffère peu du transmetteur Ader. Le *transmetteur Crossley* est, comme le transmetteur Ader, une application du microphone Hughes. Seulement le mécanisme est un peu plus compliqué que celui du système Ader.

FIG. 169. — TRANSMETTEUR CROSSLEY.

Nous donnons dans la figure ci-dessus le dessin du *transmetteur Crossley*. C'est une boîte carrée, percée en son milieu d'une ouverture circulaire, O, devant laquelle on parle. Un téléphone Bell, servant de récepteur, est suspendu au crochet C, qui se voit à droite de la boîte. Quand le téléphone récepteur est suspendu à ce crochet, la communication avec la sonnerie est interrompue. Quand on prend à la main le téléphone, le crochet, allégé de ce poids, et grâce à une tige métallique faisant suite à ce crochet, vient établir la communication avec l'électro-aimant de la sonnerie d'appel. Si alors on touche le bouton E, qui est en rapport avec l'électro-aimant, à l'intérieur de la boîte, on fait retentir la sonnerie.

A l'intérieur de la boîte sont les organes que nous avons déjà représentés en décrivant le transmetteur Ader, à savoir : la bobine d'induction, qui transforme le courant électrique de la pile en courant ondulatoire ; — l'armature de fer, en forme d'anneau ou de virole, qui accroît l'aimantation du barreau de fer; — enfin la communication des fils des deux piles, d'une part avec l'électro-aimant, d'autre part avec le circuit de la ligne et avec le microphone.

Le microphone de l'appareil Crossley diffère un peu du microphone Ader. Nous avons représenté le *microphone Crossley* par la figure 136 (page 387). On a vu qu'il se compose de quatre crayons de charbon, au lieu de dix que renferme le microphone Ader, et que la disposition de ces charbons est tout autre. Les quatre crayons sont posés sur les faces de quatre blocs de

Fig. 170. — MISE EN RAPPORT DE DEUX ABONNÉS AVEC LE TÉLÉPHONE CROSSLEY.

charbon, et ils sont disposés de manière à jouer librement, à danser, pour ainsi dire, dans les trous creusés dans les blocs de charbon.

La plaque vibrante, dont on voit l'envers sur la figure que nous rappelons, est en bois de sapin de *table d'harmonie*, comme celle du transmetteur Ader.

L'installation complète d'un *poste de Crossley*, tel qu'il est employé dans les réseaux téléphoniques de l'Angleterre, comprend donc :

1° Le microphone que nous venons de décrire;

2° Un téléphone Bell, servant de récepteur, avec un cordon contenant deux fils conducteurs ;

5° Une sonnerie, fonctionnant au moyen d'une batterie de 4 à 6 éléments Leclanché.

Quand l'on appuie sur le bouton d'appel, on établit la communication avec la sonnerie du bureau central. La personne à qui l'on veut parler opère de la même façon, pour parler. On prend alors le téléphone Bell qui fait contrepoids, on le place à l'oreille, et l'on parle dans l'embouchure disposée sur le couvercle de la boîte. L'employé de ce bureau (fig. 170), prenant l'instrument transmetteur et récepteur portés sur un même manche, répond à cet appel, et met en communication l'abonné demandé.

FIG. 171. — TRANSMETTEUR ET RÉCEPTEUR BLAKE.

Lorsque la conversation est terminée, on replace le téléphone dans le crochet, ce qui suspend le rapport avec la sonnerie.

L'appareil Crossley est surtout employé en Angleterre. On fait en un certain usage en France, et dans plusieurs réseaux créés en Italie.

En Amérique, on fait généralement usage du système Blake, qui consiste en une ingénieuse disposition du microphone Hughes.

Le *transmetteur Blake* se compose d'une planchette faisant vibrer un microphone de charbon, assez semblable au microphone d'Edison, c'est-à-dire contenant une pastille de charbon et une plaque de charbon, en contact variable avec une planchette vibrante, en bois de sapin.

Nous représentons, dans la figure 171, *le transmetteur Blake*. C'est une boîte en bois, de forme cubique. On parle par l'ouverture O. La sonnerie, S, est placée au-dessus de la boîte, avec son timbre résonnant. Le levier oblique, que l'on voit sur le côté droit de la boîte, sert, comme le crochet des appareils Ader, Crossley, etc., à supporter, par une de ses extrémités, le téléphone Bell, T, qui sert de récepteur. Quand on prend à la main ce récepteur, T, le levier bascule et vient établir la communication avec la sonnerie. Dès lors, cette sonnerie pourra retentir si l'on touche le bouton d'appel. Une console, AB, sert à appliquer l'appareil contre le mur.

En Belgique, où cet appareil est très répandu, M. Bède lui a donné une autre forme, que représente la figure ci-dessous.

FIG. 172. — TÉLÉPHONE BLAKE, CONSTRUIT A BRUXELLES PAR M. BÈDE.

Le transmetteur se compose d'un microphone à baguettes de charbon, et d'une planchette de sapin, percée d'une ouverture, M. Près de la planchette est le bouton d'appel de la sonnerie, L. Un crochet, N, supporte le récepteur, T, qui est toujours le téléphone Bell. Quand on prend à la main le récepteur Bell, le crochet N bascule, et la sonnerie est mise en rapport avec le courant électrique. Le récepteur Bell est relié au mi-

56

crophone-transmetteur par le cordon K. La sonnerie S est placée à une distance quelconque du transmetteur.

Cette sonnerie fonctionne au moyen d'une vatterie de 2, de 4, de 6 ou de 8 éléments Leclanché, suivant la distance qui sépare le poste transmetteur du poste récepteur.

Pour parler à son correspondant, il suffit de presser sur le bouton d'appel L, qui fait fonctionner la sonnerie placée chez ce dernier. Dès que le correspondant a répondu, on décroche le téléphone T, que l'on met à l'oreille, et l'on parle dans le microphone transmetteur, à 25 ou 30 centimètres de l'embouchure.

Cet appareil, ainsi disposé, peut fonctionner à plus de 25 kilomètres.

L'usage du téléphone Blake, ainsi disposé par M. Bède, tend à se généraliser en Belgique, par suite de la facilité avec laquelle on peut l'installer et de son prix médiocre.

On a, pendant quelque temps, fait usage, en Belgique, du transmetteur Edison; mais le réglage des charbons du microphone est difficile, et se dérange à la moindre secousse. Il est désagréable, en outre, d'avoir à mettre la bouche dans un instrument qui sert à plusieurs personnes.

Le réseau téléphonique belge, sous une direction habile et très active, embrassait, en 1883, une étendue de plus de 2000 kilomètres, et réunissait plus de 2500 abonnés.

Les fils sont disposés le long des murs des maisons et sur les toits. Le prix de l'abonnement annuel est de 250 francs.

En Allemagne l'exploitation de la téléphonie est entre les mains de l'État. Le prix d'abonnement est de 250 francs par an pour une distance inférieure à 2 kilomètres, avec une augmentation de 45 francs pour chaque kilomètre en plus.

La téléphonie s'est déjà emparée du monde entier. D'après le travail auquel nous avons déjà fait allusion, qui a été entrepris par la *Société générale des téléphones*, et qui donne le relevé exact du nombre d'abonnés au téléphone dans toutes les parties du monde, en 1883, il est peu de contrées civilisées qui ne bénéficient aujourd'hui de cette invention admirable. Si l'on se rappelle que la découverte du téléphone remonte seulement à l'année 1876, on sera étonné de la rapidité avec laquelle l'appareil découvert par M. Graham Bell s'est répandu sur tout le globe habité. Six années ont suffi pour que la correspondance téléphonique étende son réseau sur tous les pays civilisés des deux mondes.

XII

Les applications du téléphone à l'art militaire, à la marine, aux arts industriels. — Les auditions téléphoniques des représentations théâtrales. — L'opéra à domicile. — L'opéra à tous les étages. — Le téléphone et la justice, ou les murs ont des oreilles. — Les cours d'eau souterrains et le microphone.

L'usage du téléphone pour les correspondances rapides est l'application la plus naturelle, pour ainsi dire, celle qui se présente la première à la pensée; mais cette invention merveilleuse n'en est encore qu'à ses débuts, et le plus grand avenir lui est réservé, parce qu'elle répond à un besoin général et qu'elle peut être employée par tout le monde. A la faible distance qui nous sépare de l'époque de sa création, on ne peut encore énumérer qu'un petit nombre d'applications du téléphone réalisées d'une manière étendue et régulière; on ne peut que tracer un tableau très abrégé de celles qui sont entrées dans la pratique.

Aussi nous contenterons-nous de dire, en quelques mots, que l'art de la guerre, par exemple, est certainement appelé à profiter des appareils qui transmettent la voix à distance. Pendant la marche des corps d'armée, des convois et du matériel de campagne, quelques éclaireurs, munis de téléphones reliés au moyen d'un cordon de fils conducteurs, avec l'état-major, ou avec les officiers généraux, permettront d'expédier verbalement les ordres relatifs au service.

Dans les sièges, le téléphone sera d'un grand secours pour la transmission des instructions du commandant de la place aux différentes batteries, ou tranchées. On pourra même munir d'un transmetteur téléphonique les officiers qui monteront des ballons captifs employés pour l'inspection des positions ennemies. Des essais faits dans ce but ont donné de bons résultats. A la maigre Exposition aéronautique qui s'est tenue à Paris, au Trocadéro, dans les premiers jours du mois de juin 1883, nous avons vu deux nacelles de ballons munies de téléphones Gower, qui avaient servi à effectuer des expériences pour la mise en communication des aéronautes flottant dans l'air avec les personnes restées à terre.

La *Société générale des téléphones* a disposé le téléphone Gower pour l'usage spécial des armées en campagne. Ce téléphone a été choisi par les officiers qui s'occupent de ces expériences, parce qu'il fonctionne sans pile, et parce qu'il est facile de dérouler un fil conducteur, posé sur l'épaule de soldats convenablement espacés, et d'ajouter, sans arrêter leur marche, de nouvelles longueurs de cordon aux premières. Cette addition de nouvelles longueurs de conducteur est même plus facile que la pose de fil des lignes de télégraphie électrique volante, pendant les marches militaires.

En Allemagne, on se sert, pour le même usage, du téléphone Siemens, qui fonctionne sans pile, comme les télégraphes Graham Bell et Gower.

Le téléphone pourrait rendre aux armées en campagne un service tout particulier : il permettrait d'intercepter, au passage, les dépêches télégraphiques que l'ennemi échange entre ses différents corps. Un homme résolu, muni d'un téléphone de poche, se plaçant dans un lieu écarté, et saisissant le fil télégraphique tendu par l'ennemi, établirait une dérivation entre ce fil et le téléphone, afin de suspendre au passage la dépêche qui parcourt le fil. Le tour de force et le trait de courage qu'accomplit Mlle Dodu, pendant la guerre de 1870-1871, en interceptant les dépêches qu'envoyaient les Prussiens, pourra être renouvelé plus facilement grâce au téléphone [1].

1. Le journal *l'Électricité* du 20 octobre 1878 rapporte cet événement en ces termes :

« Nous devons une mention particulière à Mlle Dodu, actuellement directrice des postes à Montreuil, près de Vincennes, et récemment décorée de l'ordre national de la Légion d'honneur.

« Lorsque les Prussiens entrèrent à Pithiviers, Mlle Dodu était alors directrice de la station télégraphique, où elle demeurait avec sa mère.

« Le premier acte de l'ennemi fut de prendre possession du bureau et de reléguer les deux femmes dans un étage supérieur de la maison qu'elles occupaient. Comme le fil passait à sa portée, Mlle Dodu eut l'idée patriotique d'établir un fil de dérivation, de manière qu'un appareil récepteur qu'elle avait été assez habile pour conserver à sa disposition, pût marcher chaque fois que l'ennemi se servait du manipulateur ou qu'un message du dehors arrivait à la station de Pithiviers.

« Les dispositions avaient été si habilement prises, que l'ennemi ne se doutait en aucune façon que la charmante télégraphiste lui dérobait ses dépêches.

« Les télégrammes ainsi capturés, et qui étaient incontestablement de bonne prise, étaient confiés au sous-préfet, qui les faisait parvenir au quartier général français, à travers les lignes ennemies, par des messagers qui risquaient courageusement leur vie, et dont plusieurs ont peut-être payé de leur sang leur dévouement à la patrie.

« L'ennemi, rassuré par l'air calme et placide de Mlle Dodu et de sa mère, ne soupçonnait rien de ce qui se passait.

« Malheureusement Mlle Dodu n'avait pu éviter de mettre dans la confidence de son secret la servante de la famille.

« Loin d'imiter le noble dévouement de ses deux maîtresses, cette fille avait contracté une intimité coupable avec les soldats prussiens.

« Comme Mlle Dodu et sa mère lui faisaient des reproches sur sa conduite, elle répondit de manière à éveiller les soupçons des officiers ennemis qui assistaient à la conversation.

« Mlle Dodu et sa mère furent mises en état d'arrestation, et l'on n'eut pas de peine à acquérir des preuves matérielles de la culpabilité de la fille.

Dans les écoles de tir au fusil et dans les polygones d'artillerie, le téléphone rendra de véritables services. Avec la grande portée qui est donnée aujourd'hui aux armes à feu, il est devenu indispensable de signaler l'effet des coups par des indications télégraphiques. Le télégraphe électrique sert à cet usage, dans les écoles de tir; mais il est évident que le téléphone, que tout le monde peut faire fonctionner, remplacera très avantageusement, pour ce cas particulier, le télégraphe électrique.

En ce qui concerne la marine, le téléphone sera particulièrement avantageux pour transmettre les avis des sémaphores qui fonctionnent électriquement avec les navires en rade et avec les phares en mer. Des essais faits entre la préfecture maritime de Cherbourg; les sémaphores et les forts de la digue, ont fait ressortir les avantages qu'il y aurait à munir ces postes de téléphones, ce qui assurerait une communication entre les bâtiments d'une escadre et la terre, ou bien entre ces navires eux-mêmes.

Pour créer ce genre de communications, il suffirait d'immerger dans la mer de petits câbles téléphoniques le long des chaînes de quelques bouées flottantes, en les faisant aboutir aux bouées ordinaires, qui sont toujours disposées en permanence dans la rade. Les navires de guerre, en s'amarrant, se mettraient, de cette manière, en relation avec la préfecture maritime. Enfin, en mouillant temporairement des câbles légers d'un bâtiment à l'autre, un amiral pourrait se mettre en communication avec les bâtiments de son escadre.

Le téléphone sera utilisé pour la manœuvre des bateaux-torpilleurs, particulièrement au moment où l'on doit enflammer les torpilles, après avoir pris, au moyen de deux visées faites en deux points différents de la côte, la position exacte du navire à attaquer.

On pourra, d'un autre côté, au moyen du téléphone, vérifier à chaque instant l'état des torpilles, et reconnaître si la continuité du circuit au sein

« Traduite devant une cour martiale, Mlle Dodu fut condamnée à la peine de mort, comme l'infortunée Delorge l'avait été à Bougival.

« Le prince-Frédéric Charles, qui commandait le corps d'armée, devait, en cette qualité, confirmer la sentence.

« Avant de le faire, il voulut faire comparaître devant lui la coupable, avec laquelle il avait eu plusieurs fois l'occasion d'échanger quelques paroles, et qui n'était encore âgée que de dix-huit ans.

« Le prince l'interrogea sur les motifs qui l'avaient conduite à commettre une si grande infraction à ce que l'on nomme les lois de la guerre. « Je suis Française, » répondit simplement Mlle Dodu.

« L'armistice qui survint sauva la vie à Mlle Dodu, dont l'exécution serait alors devenue un crime commun, un assassinat vulgaire.

« C'est seulement le 13 août 1878 que Mlle Dodu a reçu la décoration de la Légion d'honneur, qui lui a été remise au palais de l'Elysée et au nom du maréchal de Mac-Mahon, par son aide de camp, le colonel Robert, assisté de deux officiers de la maison militaire du Président de la République. »

des amorces ne présente pas de défectuosités. Ce genre de vérification se fait aujourd'hui en employant un courant électrique excessivement faible. Mais le galvanomètre n'est pas commode pour faire de telles expériences, en raison de la mobilité des embarcations sur lesquelles il faut observer l'aiguille de cet instrument. Le téléphoné, par de son extrême sensibilité, comme révélateur d'un courant électrique, permetra de faire cette vérification de la manière la plus simple et la plus facile.

Le capitaine de vaisseau Aug. Trève a pensé que l'on peut se servir de téléphone pour relier télégraphiquement deux navires qui marchent à la remorque l'un de l'autre.

En 1882, M. Des Portes a fait une très heureuse application du téléphone au matériel des plongeurs enveloppés du scaphandre. Un navire à vapeur français, *la Provence*, avait sombré dans le Bosphore, à la suite d'une collision. A propos du renflouement de ce navire, on a apporté aux scaphandres un excellent perfectionnement. Une des glaces du casque a été remplacée par une plaque en cuivre, dans laquelle est enchâssé un téléphone ; de sorte que le scaphandrier n'a qu'à lever un peu la tête pour recevoir des instructions de l'extérieur et pour dire ce qu'il veut.

On conçoit combien cette innovation évitera de perte de temps. Autrefois, lorsque les plongeurs visitaient un navire sombré, on était forcé de les ramener hors de l'eau, manœuvre toujours difficile, pour qu'ils rendissent compte de leur inspection, et l'on devait leur donner des instructions longues et détaillées, qu'il fallait confier à leur mémoire et à leur intelligence. Aujourd'hui, un ingénieur ou le capitaine du bord pourra diriger les investigations du scaphandrier en entretenant avec lui une véritable conversation, de la surface au fond de la mer.

Ajoutons que le plongeur, en cas de danger ou d'indisposition, n'avait autrefois, pour appeler, qu'une cloche d'alarme, expression unique et trop souvent insuffisante, de ses impressions et de ses besoins. Avec le téléphone, tout malentendu disparaît, tout danger est signalé, tout appel de secours est bien compris. Le scaphandrier ne se contente plus de voir, de marcher, de respirer au fond de la mer : il parle et il entend.

Ceci nous amène à dire un mot des applications du téléphone à l'art du mineur.

Les galeries de mines sont souvent bien longues ; aussi a-t-on déjà appliqué le télégraphe électrique à l'expédition des ordres à l'intérieur des galeries. Mais les mineurs sont loin d'être exercés à la manœuvre du télégraphe électrique, et ce service laisse beaucoup à désirer. Grâce au téléphone, qui permet au premier venu de transmettre des ordres verbaux, et de recevoir la réponse, rien ne s'oppose plus à l'échange des communications entre l'intérieur de la mine et le dehors.

La téléphonie a déjà servi à surveiller l'état de la ventilation dans les mines. Un téléphone transmetteur est placé près d'une roue, que met en mouvement l'air sortant du ventilateur, et il est relié au téléphone récepteur placé dans le bureau de l'ingénieur. Dès lors, celui-ci peut constater, par le bruit qu'il entend, si la ventilation se fait dans les conditions convenables, et si le refoulement s'opère régulièrement.

Les applications que nous venons de signaler ne sont évidemment que le signal d'une foule d'autres que le téléphone est appelé à recevoir un jour dans les différentes opérations de l'industrie. Nous abrégeons cette énumération, pour terminer ce chapitre par l'examen un peu plus détaillé de la plus curieuse application que le téléphone ait encore reçue. Nous voulons parler des *auditions théâtrales*, auxquelles nous avons fait allusion assez longuement dans la partie historique de cette Notice. C'est ici le lieu de décrire avec plus de détails cette opération extraordinaire, qui a passé longtemps pour un rêve, et qui n'était qu'une merveilleuse réalité.

Les auditions des représentations de l'Opéra eurent lieu pendant l'automne de 1881, dans quatre salles de l'Exposition d'électricité.

Les transmetteurs employés étaient ceux du téléphone Ader, les mêmes qui fonctionnent aujourd'hui pour la correspondance entre particuliers. Ils étaient placés, au nombre de dix, de chaque côté de la boîte du souffleur, comme le représente la figure 173. Chacun de ces 20 récepteurs était en rapport avec une pile Leclanché ; et une bobine d'induction correspondait à cette pile. Le fil conducteur double (pour l'aller et le retour) s'étendait sur une longueur de 2 kilomètres environ qui sépare l'Opéra du Palais de l'Industrie. Ces conducteurs étaient placés à la voûte des égouts. Comme les piles se polarisent rapidement, et perdent ainsi de leur puissance, on les changeait de quart d'heure en quart d'heure. Pour cela, chaque pile avait son *commutateur*, au moyen duquel, chaque quart d'heure, on mettait le transmetteur en rapport avec une pile nouvelle : pendant ce même temps on rechargeait la pile usée.

À cela se réduisait, d'une manière générale, l'installation du système de transmission des sons de la scène de l'Opéra au Palais de l'industrie ; mais pour mieux assurer le bon fonctionnement des appareils, et pour se mettre en garde contre toute cause de dérangement, M. Ader avait pris certaines précautions, qu'il n'est pas hors de propos de mentionner.

Les transmetteurs microphoniques disposés sur la scène étaient

fixés, chacun, sur un socle en plomb, reposant sur des pieds en caoutchouc. On évitait ainsi les bruits qui, sans cette précaution, auraient
été transmis en même temps que les sons, et qui provenaient des pas
et des mouvements des acteurs et des danseuses. L'inertie des masses

FIG. 173. — TRANSMETTEURS TÉLÉPHONIQUES DISPOSÉS SUR LA SCÈNE DE L'OPÉRA.

de plomb servant de supports aux transmetteurs, éteignait ces trépidations, et les empêchait d'arriver à la planchette microphonique du
transmetteur.

M. Ader avait jugé indispensable de munir chaque auditeur d'un récepteur double : un pour chaque oreille. Et voici la raison de cette particularité. Le chanteur n'est pas immobile sur la scène. Il passe fréquemment

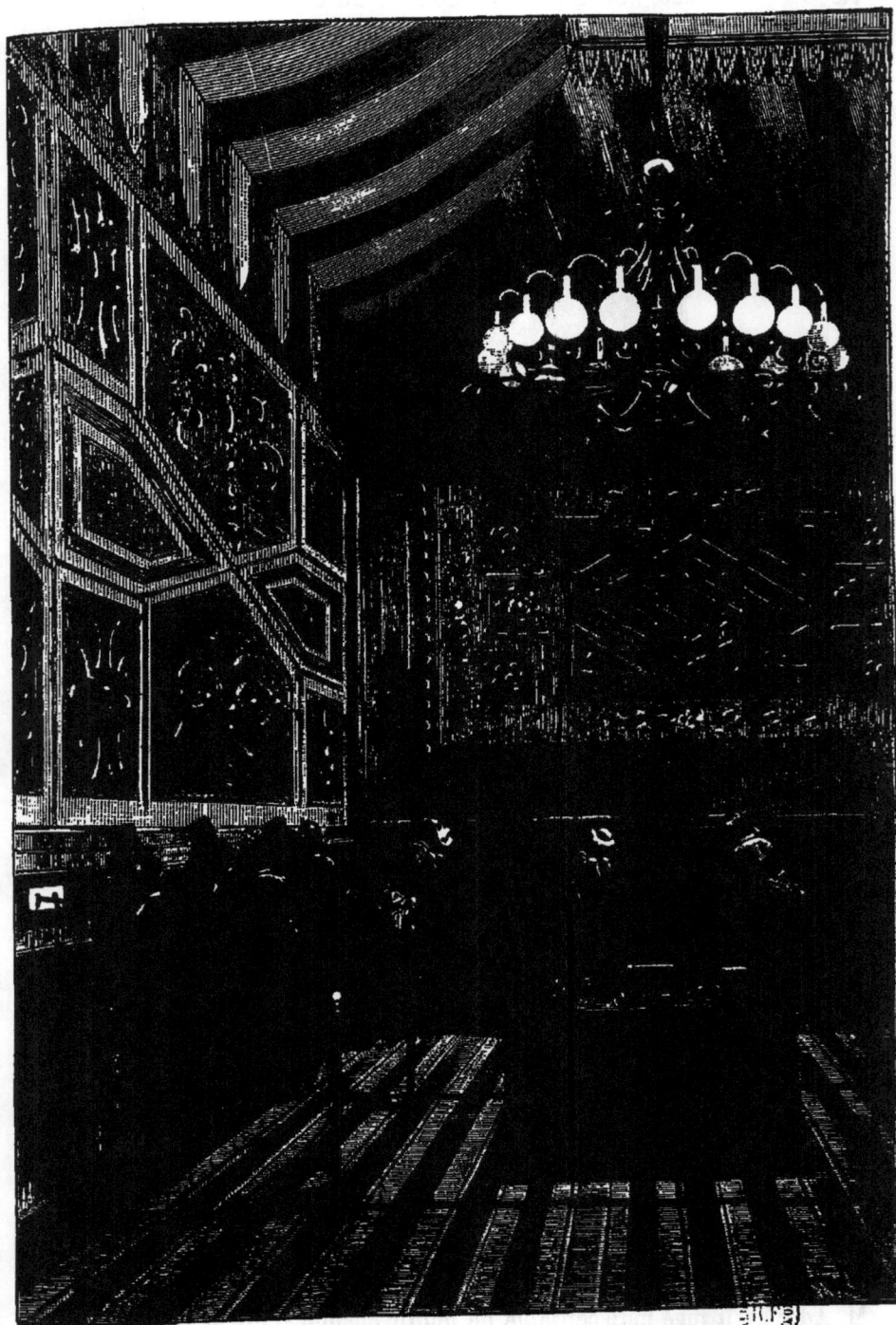

FIG. 174. — SALLE DES AUDITIONS TÉLÉPHONIQUES AU PALAIS DE L'INDUSTRIE.

1.

de l'un à l'autre côté de la rampe. C'est même là une des règles de l'art. Supposons que le chanteur se trouve à droite du souffleur ; la voix actionnera le microphone transmetteur de droite plus énergiquement que celui de gauche, et l'oreille droite de l'auditeur sera plus vivement impressionnée que l'oreille gauche. Si le chanteur passe à gauche du souffleur, c'est le contraire qui se produira. Ainsi, quand l'acteur, marche sur la scène, son déplacement se traduit, pour celui qui écoute, par un affaiblissement du son dans un des cornets récepteurs et par un renforcement dans l'autre cornet récepteur. De là des inégalités d'intensité, qui nuisent à la pureté de la transmission. M. Ader eut l'idée, très ingénieuse, de croiser les impressions arrivant à chaque oreille de l'auditeur,

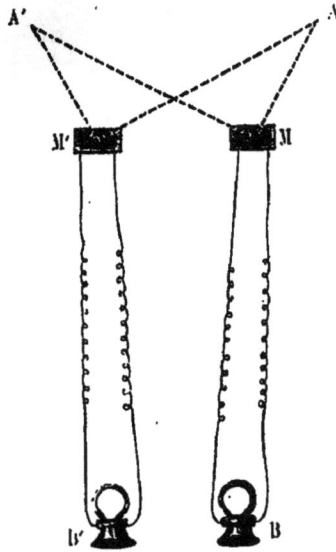

Fig. 175. — DIAGRAMME DU CROISEMENT DES ONDULATIONS TÉLÉPHONIQUES.

c'est-à-dire, de faire aboutir à l'oreille droite les sons d'un transmetteur et à l'oreille gauche le son d'un second transmetteur, placé à une distance de quelques mètres du premier.

Les transmetteurs sont donc groupés par paires, l'un étant sensiblement éloigné de l'autre. Chaque personne reçoit l'impression des deux transmetteurs distincts, par l'une et l'autre oreille, ainsi que le montre le diagramme de la figure 175, dans laquelle on voit que le chanteur étant placé en A, par exemple, la voix traversant le microphone M, est recueillie par le récepteur B, correspondant à l'oreille droite du spectateur, et à travers le microphone M', par le récepteur B', correspondant à son oreille gauche, — et que, lorsque le chanteur se trouve au point A', sa voix est recueillie à travers le microphone M', par le récepteur B', correspondant à son oreille gauche et à travers le microphone M, par le récepteur B, correspondant à l'oreille droite. Dès lors, le chanteur peut se mouvoir : l'une des deux oreilles de l'auditeur percevra toujours le son à peu près avec la même intensité que l'autre.

Les deux transmetteurs disposés le long de la scène de l'Opéra répondaient à 80 récepteurs Ader, pour desservir quarante auditeurs placés dans deux salles du Palais de l'Industrie. Ces salles étaient disposées de manière à éteindre tout bruit extérieur, qui aurait nui à l'effet sonore que l'on voulait recueillir. Pour cela (fig. 174), un épais tapis couvrait le parquet ; des rideaux et des tentures composaient l'enceinte. Des portes doubles et faites d'épaisses étoffes en défendaient l'entrée. L'éclairage était faible et triste, pour ne point distraire l'attention des oreilles par l'impression des yeux. Au milieu se tenait, devant une table, un employé, chargé de la surveillance générale. Le public entrait par fournée de 20 personnes dans chaque salle, et n'y séjournait que à 4 à 5 minutes. Cet intervalle de temps écoulé, les assistants sortaient par une porte, tandis que la seconde fournée entrait, silencieusement, par la porte opposée.

Grâce à ces ingénieuses dispositions, on assistait littéralement à une représentation de l'Opéra. On reconnaissait la voix des chanteurs. Ce n'était pas l'effet d'un rêve lointain, mais celui d'une réalité auditive. Sellier, Boudouresque et Mlle Kraus vous chantaient dans l'oreille. Les chœurs arrivaient pleins et harmonieux, et on ne perdait pas un accord de l'orchestre. Pendant les entr'actes, on entendait les bruits de la salle, et même la voix des crieurs de journaux et des marchands de programmes. Et comme, malgré la fidélité de la transmission des sons, on était privé du spectacle de la scène, ces *auditions aveugles* avaient quelque chose d'étrange, de fantastique, que n'oublieront jamais ceux qui ont pu en jouir. Rien ne pouvait mieux populariser dans le public les nouveaux progrès de l'électricité.

Le souvenir de ces belles soirées inspira l'idée de multiplier les auditions téléphoniques théâtrales. Mais une telle installation est compliquée et coûteuse. Les frais faits en 1881, par la *Société des téléphones*, à l'Opéra et au Palais de l'Industrie, atteignirent, dit-on, la somme de 160 000 fr. Aussi jusqu'à ce jour les reproductions de ce genre ont-elles été rares.

On ne peut citer à Paris que le musée Grévin qui, pendant l'été de 1883, ait imaginé de donner des auditions téléphoniques. Seulement, au lieu des chants superbes de l'Opéra, on entendait, au Musée Grévin, le répertoire grossier d'un vulgaire café-concert, l'Eldorado, du boulevard de

Strasbourg. On recevait, par l'oreille droite ce refrain, légué par Thérésa :

« C'est dans l'nez que ça me chatouille ! »

tandis que l'oreille gauche vous faisait entendre cet autre, popularsiépar Judic :

« Ah ! si ma mère le savait ! »

Et lorsque, suffoqué par ces chansons idiotes, à demi asphyxié par l'atmosphère irrespirable de la cave où se faisaient ces auditions, on s'empressait de regagner l'escalier étroit et tournant qui vous ramenait à l'air, relativement pur, du boulevard Montmartre, on était poursuivi par les regards d'une foule de personnages en cire, portant de vieux habits, qui vous fascinaient avec leurs yeux en boule de loto, immobiles et morts.

C'est que tout soleil a son ombre, toute médaille a son revers, toute belle chose a sa caricature. Les auditions du musée Grévin étaient la caricature des auditions téléphoniques de l'Opéra.

En raison de l'intérêt qui s'attache au phénomène scientifique de ces auditions théâtrales, il n'est pas douteux que la transmission de la musique par la voie du téléphone ne soit appelée à prendre un jour une grande extension. Ce n'est qu'une question de temps. On arrivera à réaliser ce système de reproduction musicale d'une manière économique, et on pourra alors en généraliser l'usage. L'Opéra, l'Opéra-Comique, le Théâtre Français, pourraient être reliés par des conducteurs téléphoniques à des salles disposées dans ce but particulier, et un jour des spéculateurs trouveront leur bénéfice à créer des établissements consacrés aux répétitions téléphoniques de la musique de ces théâtres.

Bien plus, il ne sera pas impossible à un particulier de se procurer le luxe d'une représentation théâtrale à domicile, et d'entendre, sans quitter son salon, les accents du *Trouvère*, de *Faust* ou de la *Favorite*.

C'est ce qu'expose fort bien le savant rédacteur scientifique du *Journal des Débats*, M. H. de Parville, dans l'ouvrage qu'il a publié sur l'*Exposition d'électricité en* 1881.

« Nous souhaitons, dit M. de Parville, que le public soit bientôt mis à même d'assister, au bout d'un fil télégraphique, aux représentations de l'Opéra, de l'Opéra-Comique et de la Comédie-Française. Il est de règle en ce monde que toute chose nouvelle doit passer par une période d'évolution. On commencera par aller entendre l'Opéra dans un local approprié, qui remplacera les salons de l'Exposition; puis, peu à peu, on tiendra à rester chez soi, et à entendre ce qui se passe à la Comédie-Française, puis à la place Favart, et l'on réclamera un réseau théâtral. On s'abonnera aux téléphones de l'Opéra, de l'Opéra-Comique, etc., comme on s'abonne aujourd'hui aux téléphones de la *Société générale*. Et dans dix ans on vous invitera à prendre le thé et à assister à une première. Au lieu de la mention, devenue vulgaire : « on dansera, on fera de la musique », les cartes d'invitation porteront : « Audition théâtrale. » Et ailleurs : « à dix heures, *Robert-le-Diable*, à onze heures, Monologue par Coquelin cadet, etc. »

L'inauguration de ce genre de distraction artistique et scientifique fut offerte, comme un hommage à sa haute dignité, au Président de la République française, au mois de novembre 1881. Le palais de l'Élysée avait été relié, par les moyens ci-dessus décrits, avec la scène de l'Opéra; de sorte que M. Jules Grévy put donner à ses invités la curieuse distraction de *l'Opéra à domicile.*

Il est évident que ce qui a été réalisé sous des lambris aristocratiques et officiels, peut, grâce à la science et à l'industrie de notre temps, se produire sous les toits les plus modestes, et que *l'Opéra à domicile* pourra un un jour être un genre de distraction à la portée de tous.

Autrefois, on louait les appartements avec « *le gaz à tous les étages* ».

Quand le nouveau service des eaux a permis de distribuer l'eau potable dans les appartements, au moyen d'une *colonne montante*, les propriétaires parisiens ont mis sur leurs écriteaux : « *Eau et gaz à tous les étages* ».

Plus tard, quand la construction des ascenseurs s'est simplifiée, et que leur usage est passé des gares de chemin de fer dans les grands hôtels meublés, et de là enfin dans les maisons particulières, les propriétaires des immeubles de Paris ont inscrit sur leurs écriteaux : « *Eau, gaz et ascenseur à tous les étages* ».

Quand les architectes auront réussi à distribuer, par un calorifère de cave, la chaleur dans toute une maison, et que, d'autre part, la *Compagnie des horloges pneumatiques* sera parvenue, comme elle l'annonce, à donner à chaque locataire la facilité de se procurer une pendule pour *un sou par jour*, les propriétaires inscriront avec fierté : « *Eau, gaz, ascenseur, heure et chaleur à tous les étages.* »

Enfin, un jour viendra, il n'en faut pas douter, où on lira sur l'annonce des appartements à louer : « *L'Opéra à tous les étages!* »

Nous représentons dans la figure 176 les douceurs de *l'Opéra à domicile.* Une belle mondaine, en son élégant salon, se donne le plaisir, sans sortir de chez elle d'entendre, son opéra favori.

Avec un abonnement au *téléphone théâtral*, on pourrait se coucher tranquillement, et au lieu de prendre le volume dont la lecture doit forcément amener le sommeil, comme un roman de M. X..., on décrocherait le téléphone, qui vous ferait entendre le *Trouvère* ou la *Favorite* et l'on s'endormirait, en vrai Sybarite, aux sons harmonieux d'une musique aimée.

On pourrait même créer une feuille d'abonnement électrique pour les trois jours d'opéra : lundi, mercredi, vendredi.

Nous venons d'étudier les plus intéressantes applications qu'aient reçues le téléphone et son inséparable compagnon le microphone. Mais nous n'avons fait qu'effleurer le sujet. Il nous faudrait remplir un volume, si nous voulions rapporter toutes les applications de ce merveilleux transmetteur des sons.

Pour énumérer les applications qu'ont trouvées dans la science le téléphone et le microphone, il faudrait commencer par décrire *la balance d'induction de M. Hughes*, instrument nouveau, dû à l'esprit inventif du créateur du microphone. Et nous aurions alors à expliquer l'usage de cet instrument pour la recherche des projectiles enfermés dans les chairs, aussi bien que pour apprécier les variations du pouls chez l'homme et les animaux, et pour mesurer l'intensité des courants électriques. — Nous aurions à parler du téléphone employé à révéler l'existence des plus faibles courants voltaïques. — Nous aurions encore à signaler l'*audiomètre*, ou *sonomètre*, de M. Hughes. — Mais ces diverses applications du téléphone et du microphone sont du ressort de la science pure, et nous serions entraîné à dépasser les limites que nous sommes forcé d'imposer à cette Notice.

Nous signalerons seulement, en terminant, une curieuse application du téléphone et du microphone à l'instruction judiciaire.

Vous connaissez l'histoire de Denys le Tyran, qui, au fond de son palais, s'était ménagé certain réduit, que l'histoire appelle l'*oreille de Denys*, et au moyen duquel le tyran de Syracuse surprenait les paroles des captifs et des suspects. Le microphone surpasse singulièrement l'antique *oreille de Denys*. Il permet de surprendre, sans aucun local spécial, les conversations, les paroles, échangées en prison, entre détenus. Le microphone, qui sert de transmetteur au téléphone, permettant de recueillir tous les sons émis dans une pièce, sans qu'il soit nécessaire que la bouche de celui qui parle soit en contact immédiat avec l'appareil, on a eu l'idée de placer des transmetteurs microphoniques contre le mur d'une cellule de la prison, en recouvrant soigneusement l'ouverture des transmetteurs avec du papier mince, percé de petits trous à peine visibles. Dans cette cellule, on a fait entrer les complices ou les parents d'un prévenu, puis on les a laissés ensemble, sans surveillant. Pendant qu'ils s'entretenaient, un agent ou un gardien de la prison tenait son oreille collée au téléphone récepteur.

Le moyen a complètement réussi. Le prévenu, ne soupçonnant pas qu'on l'écoutât, profita du moment où on le laissait seul avec ses complices, pour causer avec eux du crime dont il était accusé. La justice a obtenu ainsi d'importantes révélations, qui n'avaient pu être arrachées soit par des menaces, soit par des interrogatoires.

On disait autrefois : « Les murs ont des oreilles », mais on n'en était pas bien sûr. Grâce au microphone, ce dicton populaire est devenu une vérité pratique.

Un autre application intéressante du microphone et du téléphone a été faite, en 1882, pour l'étude des bruits souterrains.

Les recherches de M. de Rossi ont montré que les explosions du feu grisou sont précédées de légères ondulations du sol et de bruits souterrains. Ces bruits, trop faibles pour être perçus par tout autre appareil, sont décelés par le microphone, qui les enregistre avec une sensibilité remarquable.

M. de Rossi pense que l'on devrait établir des observatoires dans le voisinage des houillères, et que le *microsismographe* oint au microphone devraient être employés pour faire reconnaître l'existence du gaz inflammable à l'intérieur de la terre. Grâce à ce moyen, combiné avec les indications barométriques, on serait averti de l'approche du danger, et l'on pourrait prendre ses précautions en conséquence.

M. de Rossi avait préludé à ces dernières expériences par des recherches ayant pour but d'étudier les tremblements de terre et les vibrations presque continuelles du sol qui se manifestent dans les régions où existent des volcans en activité.

Le comte Hugo d'Engenberg, qui réside au château de Trebtzerg, près de Hall (Tyrol), a fait, dans sa propriété, un autre et tout aussi curieux usage du microphone. Il s'en est servi pour découvrir les sources d'eau.

A cet effet, des transmetteurs microphoniques sont enfoncés dans le sol, sur les pentes d'une colline, et reliés chacun à un téléphone et à une petite pile. Les expériences du comte Hugo se font la nuit, alors que les bruits et les vibrations du sol sont moins fréquents que le jour.

Les expériences du comte Hugo, qui perçoit le bruit des eaux souterraines au moyen du microphone, donnent peut-être l'explication des surprenantes découvertes faites par quelques *sourciers*, ou *chercheurs de sources*, les Parangue, les Bleton, les Pennet, les Fortis, les abbés Paramelle et Richard, qui ont prétendu déceler l'existence des sources cachées dans le sol, grâce au bruit du cours de l'eau souterraine, qu'ils avaient la faculté d'entendre[1].

Et après la constatation de preuves aussi extraordinaires de la perfection de l'ouïe chez quelques individus, on peut pardonner à Rabelais d'avoir prêté à Panurge une ouïe tellement fine qu'il entendait « pousser l'herbe ».

---

1. Voir notre ouvrage, *Histoire du merveilleux dans les temps modernes*, in-18, chez Hachette, 3e édition 1874, tome II, la *Baguette divinatoire*.

Fig. 176. — L'OPÉRA A DOMICILE.

XIII

Un peu de philosophie à propos de téléphonie.

Voilà donc raconté dans son histoire, expliqué dans son mécanisme, suivi dans ses applications, le merveilleux instrument qui a reçu le nom, parfaitement justifié, de téléphone. Il n'y a qu'un point de notre sujet qui soit resté dans l'ombre : c'est la théorie, la théorie qui illumine les faits de ses puissantes clartés. De sorte qu'après nous avoir lu, on pourrait dire de nous, comme du singe de la fable de Florian montrant la lanterne magique :

> Il n'avait oublié qu'un point,
> C'était d'éclairer sa lanterne.

Le reproche est fondé, mais nous dirons, pour notre défense, que cette lanterne, personne ne l'a encore éclairée. Aucun physicien n'a pu formuler une théorie du téléphone, et nous n'avons pas la prétention d'aller plus loin que tous les savants contemporains.

Qu'est-ce, en effet, que le téléphone? Un instrument qui transforme le courant électrique en un *courant ondulatoire*. Et que faut-il entendre par un *courant ondulatoire?* Celui qui produit des inflexions sonores identiques à celles que la voix a émises. Mais quelle est la nature des *courants ondulatoires*, quelle est leur cause? En quoi diffèrent-ils de l'électricité? Quels sont leurs rapports avec l'électricité? Autant de questions qui ne trouvent pas de réponse, autant de problèmes qu'aucun physicien de nos jours n'est en état de résoudre.

Ne pouvant pénétrer la cause réelle de cette reproduction de la voix humaine au sein d'un courant électrique, nos physiciens se taisent. En cela ils se conforment au principe philosophique qui a été posé par Newton, à savoir : qu'il faut souvent renoncer à pénétrer la cause intime des phénomènes qui se passent au sein de la matière, et se contenter de rechercher les lois de leur manifestation, pour en tirer parti, si on le peut.

Ainsi agissent, ainsi raisonnent les physiciens, héritiers et disciples de Newton et de sa philosophie naturelle. Au lieu de s'obstiner, comme le faisaient les savants de l'antiquité, à rechercher la cause première des phénomènes physiques, à raisonner sur leur secrète essence, et à se perdre, à ce propos, dans toutes sortes d'abstractions et de rêveries, les physiciens modernes s'appliquent à bien connaître les actions physiques qui se passent sous leurs yeux; mais ils proclament que la cause de ces manifestations est un des secrets de la nature. Ils ne veulent pas déclarer, avec les médecins de Molière, que l'opium fait dormir *quia habet in se proprietatem dormitivam*. Ils se contentent de dire, dans le cas qui nous occupe, que la transformation d'un courant électrique en un courant ondulatoire reproduisant la voix, est un des mystères de la nature, un des secrets desseins de son divin auteur.

De ces étonnantes ressources que la nature tient en réserve et que l'on ne saurait trop admirer, on peut trouver un exemple nouveau, en ce qui touche le téléphone.

Avant la découverte de cet instrument, c'est-à-dire avant 1876, on regardait comme impossible la transmission à distance de la parole articulée. Aujourd'hui, les procédés pour reproduire la voix par des artifices physiques se sont multipliés à un tel point que l'on ne peut plus les dénombrer. Il faut lire dans les ouvrages spéciaux, particulièrement dans le volume publié par M. du Moncel, *le Téléphone*[1], l'interminable série de dispositions mécaniques que nos physiciens ont trouvées pour faire office de transmetteur téléphonique, avec plus ou moins de puissance ou de fidélité. C'est M. Ader, qui obtient la reproduction de la voix en faisant traverser un simple fil de fer par un courant ondulatoire; — c'est M. Elisha Gray, de Chicago, le rival de M. Graham Bell, qui se sert de la main comme récepteur téléphonique, et qui produit des transmissions de la voix en frottant avec sa main la surface d'une baignoire de zinc[2]; — c'est M. du Moncel, qui utilise, comme récepteur, de simples fragments de coke, disposés sans ordre, dans un vase de métal; — c'est M. Edison, qui obtient un transmetteur téléphonique en faisant glisser une pointe de plomb ou de platine sur une feuille de papier, rendue rugueuse par une solution de potasse; — c'est le docteur Boudet, de Paris, qui réduit le téléphone à une petite boîte, semblable à une tabatière, au fond de laquelle est collée une bobine d'induction, et dont le couvercle porte, en forme d'embouchure, un diaphragme d'acier aimanté, avec un transmetteur de charbon, et qui, grâce à cet appareil, obtient d'une manière très exacte la reproduction de la parole; — c'est M. Bréguet, qui produit des effets téléphoniques avec

1. In-16, 4ᵉ édition 1882, chez Hachette.
2. Voir notre *Année scientifique*, 21ᵉ année (1875), pages 74-80.

une pointe de platine posée sur un liquide acide; — c'est le physicien anglais Perceval Jenns, qui produit des sons avec un couteau de table posé sur un électro-aimant; — c'est M. Hughes, qui compose un microphone avec quatre clous posés en travers; — c'est M. Viesendanger, qui obtient des sons avec un petit tube de fer-blanc entouré d'un hélice d'induction; — c'est l'habile électricien anglais, M. Preece, qui construit son *thermophone*, dans lequel il reproduit les sons par l'échauffement résultant de la contraction d'un fil fortement tendu; — c'est un physicien américain qui fait parler le téléphone Bell en l'appuyant sur sa poitrine; — c'est le docteur Crépaux, qui le fait parler en supprimant le récepteur, etc., etc.

En un mot, les procédés pour la transmission de la voix se sont augmentés dans une proportion inouïe. Avant 1876 on se demandait par quels moyens il serait possible de transmettre à distance les sons de la parole, et on se demande aujourd'hui quels sont les moyens qui ne produisent pas cet effet!

Les physiciens ont été assez embarrassés pour expliquer cette abondance inattendue de procédés servant à transporter la voix articulée. Ils oubliaient qu'en tout cela c'est l'oreille humaine qui est le dernier et le grand opérateur; que c'est à l'admirable organe créé par la nature qu'aboutit, en définitive, tout appareil téléphonique. Or, telle est la perfection de l'organe auditif chez l'homme, telles sont les merveilleuses ressources dont il est doté, qu'il a la faculté de percevoir les sons, même quand ils sont transmis par les plus imparfaits procédés, par les voies les plus indirectes. C'est l'oreille humaine qui rectifie les effets d'un mauvais récepteur; c'est l'oreille humaine qui supplée à l'insuffisance des transmetteurs; c'est l'oreille humaine qui corrige les défauts de tous les appareils créés par l'artifice des physiciens.

De sorte que ce qu'il faut admirer, ce qu'il faut exalter, à propos du téléphone, c'est l'œuvre de Dieu, autant que celle des hommes. Toussenel a dit: « Ce qu'il y a de meilleur dans l'homme, c'est le chien. » Nous dirons, pour rester dans la même gamme : « Ce qu'il y a d'admirable dans le téléphone, c'est l'oreille humaine! »

FIN DU TÉLÉPHONE ET DU MICROPHONE.

L'ÉLECTRICITÉ FORCE MOTRICE

I

La révolution par la science.

On parle beaucoup aujourd'hui de révolution et de contre-révolution, d'esprit révolutionnaire et d'esprit réactionnaire; on pressent ou on redoute un changement dans les bases de la société; mais c'est à tort que l'on accorde à la politique la puissance d'opérer une rénovation quelconque. En France, la politique a donné tout ce qu'on pouvait en attendre. Depuis un siècle, toutes les formes possibles de gouvernement se sont succédé dans notre pays, et l'on ne voit pas que la société s'en soit aucunement ressentie, dans ses mœurs, dans ses coutumes, ni son équilibre. Elle persiste, immuable, avec ses mêmes hiérarchies, ses mêmes classes, son inégale distribution du bonheur et des biens, avec ses souffrances et ses maux. Si une révolution doit se produire dans la société française, ce n'est point la politique, c'est plutôt la science qui l'accomplira. La révolution que l'on entrevoit se fera, non dans le sang et le feu, comme le pensent quelques farouches sectaires, mais dans la paix et la sérénité. Elle ne coûtera ni des terreurs ni des larmes, et n'apparaîtra que dans les pures clartés des travaux de l'esprit. Les vrais révolutionnaires sont donc les savants. Le réformateur de la société, c'est vous, c'est moi, c'est-à-dire toute personne qui, à un titre et à un degré quelconques, s'intéresse à la science et contribue à ses progrès.

Il y a un siècle, l'ouvrier et le paysan français étaient mal nourris, mal vêtus, mal logés, mal chauffés. La viande était bannie de leurs repas. Leurs vêtements étaient sordides. Ils vivaient de pain, de légumes et d'eau. Ils habitaient des taudis, comme les horribles caves des ouvriers de Lille, dont M. Jules Simon a fait un si émouvant tableau. Leur vie était un enchaînement de souffrances et de misères, et leur sort ne différait point de celui des serfs du Moyen âge. Aujourd'hui, le paysan français, comme l'ouvrier, est mieux nourri, mieux logé, mieux vêtu. Sa demeure est plus conforme aux règles de l'hygiène, et quelque bien-être vient alléger les fatigues de son existence, toujours vouée, pourtant, aux plus rudes labeurs.

C'est la science qui a réalisé ces premières améliorations dans les conditions de la vie du pauvre. Des machines qui filent et tissent économiquement le lin, le fil et le coton, lui fournissent des étoffes et des vêtements à bas prix. Des navires lui apportent, des contrées lointaines, d'excellentes matières textiles et de chauds lainages. Les progrès de la navigation, réduisant le prix du fret, mettent à sa disposition des matières alimentaires empruntées à toutes les régions du globe. La facilité et le bas prix des transports par les chemins de fer et les canaux font abonder à pied d'œuvre les matériaux de construction : la pierre, le bois et les métaux; si bien que la demeure de l'ouvrier est construite avec autant de soin et de solidité que l'était, au siècle dernier, le manoir seigneurial ou la riche abbaye. Que la science fasse de nouveaux progrès, et les conditions de la vie du paysan et de l'ouvrier s'adouciront encore. Plus la science avancera dans la voie de ses paisibles et fécondes conquêtes, plus on verra s'élever le niveau des *nouvelles couches*, suivant le mot célèbre du tribun populaire qui dort, oublié, sous les orangers de Nice.

C'est, par exemple, une immense question que celle de l'alimentation des peuples. Quel bouleversement dans la hiérarchie sociale, quelle perturbation dans l'équilibre et dans les rapports des différentes classes, quelle révolution dans l'économie publique ne provoquerait point l'heureux inventeur qui réussirait à fabriquer de toutes pièces, et à bas prix, une matière alimentaire! Voyez-vous les résultats d'une telle découverte? Donner à tous les moyens de subvenir sans frais aux besoins de la vie, débarrasser chacun de la nécessité fatale et commune d'acquérir le pain de chaque jour à la sueur de son corps ou à la fatigue de son cerveau, quelle révolution dans la famille humaine! Que deviendraient les notions actuelles sur la pauvreté et la richesse? Le sage, l'homme modéré dans ses besoins, serait le riche; la pauvreté ne serait la compagne que de la passion et de l'incontinence des désirs.

Mais ce problème de la fabrication économique d'une matière alimentaire est-il insoluble? Nous ne le pensons pas; et peut-être partagera-t-on cet avis, si l'on considère avec quelle facilité a été déjà résolue une partie de cette question.

Le *glucose*, produit organique non azoté, que l'on désigne sous divers noms : *sucre de raisin, sucre de fécule, sucre d'amidon*, etc., entre, comme élément essentiel, dans un grand nombre de substances alimentaires. Le pain, les fruits, les légumes contiennent des quantités notables de glucose. A elle seule, cette matière ne suffirait point pour composer une alimentation complète, mais elle y concourt dans une proportion considérable. Les travaux des physiologistes modernes ont montré qu'elle constitue l'élément de la combustion chimique qui s'accomplit dans l'acte respiratoire des animaux. Sa présence dans les matériaux de notre alimentation est donc indispensable à l'entretien de la vie. Ainsi, obtenir économiquement du glucose, c'est fabriquer à bas prix un produit alimentaire.

Or, ce problème de la fabrication artificielle et économique du glucose est aujourd'hui résolu. Le chimiste Braconnot, de Nancy, découvrit, en 1825, que le bois peut être transformé en glucose par la seule action de l'acide sulfurique bouillant ; et en 1854, un élève du laboratoire de Pelouze, Arnould, rendit ce procédé industriel, c'est-à-dire prépara, avec le bois, du glucose, qui revenait à un prix insignifiant[1].

On peut donc obtenir du glucose, c'est-à-dire une matière alimentaire, presque sans aucun frais. Qu'une découverte du même genre vienne à se produire pour la production artificielle d'un aliment azoté, et tout serait dit ; on fabriquerait des aliments ne coûtant rien !

La navigation aérienne sera certainement réalisée un jour. Cette question n'est pas encore en faveur auprès du public : les esprits s'en détournent et lui refusent toute attention. Ce qui n'empêche pas que le problème de la direction des aérostats ne soit virtuellement résolu, et que quand on le voudra, on construira de grands ballons dirigeables. Les travaux de Henry Giffard, les essais de M. Dupuy de Lôme, en 1870, les résultats obtenus en 1883, par M. Gaston Tissandier, avec son ballon actionné

---

1. Pour transformer le bois en glucose, on commence par réduire en sciure du bois blanc, du peuplier par exemple, qui convient parfaitement à cet objet. On le dessèche dans une étuve chauffée à + 100°, par de la vapeur d'eau bouillante ; ce qui lui fait perdre près de la moitié de son poids. A la sciure ainsi desséchée on ajoute un poids égal d'acide sulfurique ordinaire ; on agite, on divise, on triture ce mélange avec une spatule, et on l'abandonne à lui-même, pendant vingt-quatre heures. Au bout de ce temps, on délaye la masse dans de l'eau, et le liquide est porté à l'ébullition. Par l'action de l'acide sulfurique s'exerçant à cette température élevée, le bois est totalement converti en glucose. La liqueur refroidie consiste donc en une dissolution de glucose, dans l'eau, mêlée à l'excès d'acide sulfurique ayant servi à l'opération. Pour débarrasser la liqueur de cet acide sulfurique, il suffit d'y ajouter une quantité suffisante de craie (carbonate de chaux). L'acide sulfurique, changé en sulfate de chaux, insoluble dans l'eau, se précipite, tandis que l'acide carbonique de la craie se dégage.

Quand le sulfate de chaux s'est précipité par le repos, on décante la liqueur, et on n'a qu'à l'évaporer pour obtenir le glucose.

par la pile de bichromate de potasse; ceux que l'on tient en réserve à l'École militaire aérostatique de Meudon, nous assurent la possession d'un moteur puissant, léger et sans danger, le *grand desideratum* de la navigation aérienne. Ajoutez qu'une foule de données acquises par cent années d'expériences ont dévoilé les véritables conditions de la stabilité des machines aérostatiques. Quand les savants, les industriels et les capitalistes voudront aborder carrément la question de la navigation aérienne; quand ils se décideront à attaquer ce sujet avec l'ardeur, la conviction, la passion générale que l'on mit, au milieu de notre siècle, à créer la machine à vapeur, et à la répandre dans toutes les industries, on parviendra certainement à organiser des transports aériens des personnes et des marchandises.

Avez-vous jamais réfléchi au bouleversement profond qu'amènerait dans notre équilibre politique et social l'établissement de la navigation par l'air? Vous êtes vous demandé quelles seraient alors les relations mutuelles des peuples? Que feraient les douaniers, qui veillent aujourd'hui, l'arme au bras et le tarif en main, aux portes des États? Où placerait-on les frontières des nationalités? Quel serait l'emploi des armées de terre et de mer? Les places fortes, les ports de guerre, les arsenaux maritimes, les forts de défense des villes, quels seraient leur rôle et leur utilité? Que ferait-on du matériel actuel des chemins de fer et des transports par eau? La navigation aérienne révolutionnerait la société politique et économique, comme l'imprimerie l'a révolutionnée au Moyen âge. C'est un peu pour ce motif, disons-le tout bas, que les habiles d'aujourd'hui rejettent obstinément l'étude de la navigation aérienne.

Pendant notre siècle, la machine à vapeur, en abaissant le prix de chaque chose, a opéré dans l'industrie une révolution absolue. Mais la machine à vapeur peut être détrônée. Elle peut être remplacée par un moteur encore plus économique. Si l'on parvient à créer un moteur n'occasionnant presque aucune dépense, si l'on peut utiliser avantageusement les forces gratuites que nous offre la nature, comme les chutes d'eau, la pesanteur, les vents et les marées; si l'on obtient, en un mot, de la force à bas prix, quelle révolution dans l'industrie, et consécutivement dans la société! Il n'y aura plus ni riche, ni pauvre; on ne verra de différence entre les hommes que celles qu'établiront la sagesse, le travail et l'esprit de conduite. L'âge d'or, rêvé par l'imagination des poètes, sera réalisé par le génie des savants.

Ce moteur qui ne coûte rien, parce qu'il est l'application des forces que la nature nous offre gratuitement, est-il un rêve, une utopie? Ce rêve est en train de recevoir une réalité, cette utopie sera dans un intervalle, plus ou moins prochain, un fait palpable. L'électricité est appelée à se substituer à la vapeur, comme force motrice, non par sa puissance mécanique propre, mais parce qu'elle donnera les moyens de mettre à profit les grandes forces de la nature, qui se perdent maintenant sans profit pour personne.

Les torrents qui tombent des montagnes sont une force immense, qui ne profite à rien ; les marées soulèvent inutilement des masses liquides, sur toutes les côtes maritimes du globe ; les agitations de l'atmosphère pourraient être utilement adaptées à des machines motrices. On pourrait utiliser la pesanteur sous une autre forme encore que celle des chutes d'eau. C'est l'électricité qui, recueillant ces énergies perdues, peut, au moyen d'un fil conducteur, les transporter aux lieux où leur rôle est utile. Un fil assez mince pour passer par le trou d'une serrure, peut faire voyager la puissance mécanique presque à toute distance.

Voilà de bien séduisantes perspectives. Notre tâche, dans cette Notice, sera de les justifier, de faire voir que ce beau problème est en partie résolu, et de montrer ce qu'il reste à faire pour son entière solution.

II

Principes sur lesquels repose l'emploi de l'électricité comme force motrice : l'action mutuelle des courants électriques; — l'aimantation artificielle par les courants; — l'électricité d'induction.

L'emploi de l'électricité comme force motrice repose sur les trois principes suivants :

1° L'aimantation artificielle du fer ou de l'acier par le courant électrique.

2° L'action que les courants électriques exercent, à distance, les uns sur les autres.

3° La production des courants d'électricité d'induction par le mouvement d'un corps conducteur se déplaçant dans le *champ magnétique* d'un aimant, permanent ou temporaire.

Le premier de ces principes a été découvert par le physicien français Arago; le second par le physicien français Ampère; le troisième par l'électricien anglais Faraday.

Avant d'entrer dans l'exposé des applications de ces trois principes à la création des moteurs électriques, il nous paraît utile de donner, en quelques traits rapides, une idée de la personne et des travaux des trois hommes illustres auxquels la physique est redevable de ces grandes conquêtes. Nous ne perdons jamais l'occasion de fournir quelques renseignements biographiques sur les grands personnages de la science dont nous avons à exposer les travaux, persuadé que la connaissance de leur vie éclaire et fait comprendre leurs œuvres. C'est à ce titre que nous allons entrer dans quelques détails biographiques sur Arago, Ampère et Faraday.

III

François Arago, un des plus grands physiciens dont la France s'honore, était né à Estagel (Pyrénées-Orientales), le 26 février 1786. Il semblait destiné à passer sa vie à la campagne. Sa constitution athlétique, ses manières franches et hardies, son aptitude aux travaux manuels, le prédestinaient, pour ainsi dire, à la vie des champs. Mais, en 1780, son père ayant été appelé au chef-lieu du département, avec le titre de caissier de la Monnaie, le jeune François Arago fut mis au lycée de Perpignan. Il y fit, en mathématiques, des études assez sérieuses pour être en état, dès l'âge de seize ans, de se présenter aux examens de l'École polytechnique.

C'est à Toulouse que les élèves du collège de Perpignan allaient autrefois subir l'examen du professeur de l'École polytechnique envoyé de Paris pour les interroger. Le jeune Arago se montra extrêmement brillant dans cette épreuve. Il traita les questions de géométrie qui lui étaient faites, par l'analyse algébrique, et éblouit son examinateur par les développements qu'il donna à ses réponses. Comme ses connaissances dépassaient le programme de l'École polytechnique, le jeune candidat se livra à de hardies digressions dans le champ du calcul.

L'examinateur était frère de l'illustre Monge. Après avoir tenu l'élève devant le tableau pendant deux heures, il se leva et lui dit : « Monsieur, vous pouvez faire vos préparatifs de départ. Vous serez reçu le premier. »

Arrivé à l'École polytechnique avec le numéro 1, François Arago ne perdit jamais ce rang.

On voulait, à cette époque, introduire la politique à l'École, et des listes d'adhésion à la constitution de l'Empire furent présentées aux élèves. Arago refusa sa signature; mais Napoléon, à qui Monge l'avait signalé, comme devant se faire bientôt un grand nom dans les sciences, ne lui garda pas rancune de cet acte d'opposition.

Dès sa sortie de l'École polytechnique, François Arago fut attaché à l'Observatoire de Paris, et fut bientôt chargé d'aller en Espagne, avec Biot, achever la mesure d'un arc du méridien, grande opération que la mort de Méchain laissait inachevée. On était alors en 1806; notre jeune savant commençait sa vingtième année.

Les opérations sur le terrain étant à peu près terminées, Biot reprit le chemin de la France, laissant Arago relever les dernières triangulations.

Il était occupé, dans l'île de Majorque, à faire ses visées, et il avait établi ses instruments au haut d'une montagne de l'île (le Golazo), quand la ville de Palma, capitale de cette île, ayant appris que l'Empereur avait donné l'ordre de renvoyer à Toulon l'escadre qui stationnait devant les îles Baléares, se mit en insurrection déclarée contre la France.

La colère du peuple espagnol se porta tout d'abord sur le jeune observateur venu de Paris. Les feux qu'il allumait chaque nuit sur la montagne, pour ses signaux et mesures de distance, passèrent pour des avis secrets adressés aux forces navales françaises, et des furieux partirent pour assassiner le Français signalé à leurs coups. Mais le pilote mayorquain du bâtiment de la commission scientifique française, Damian, devança les assassins. Il remit à Arago des vêtements de paysan, et prit la fuite avec lui. Ils rencontrèrent, au bas de la montagne, des paysans armés, qui leur demandèrent des nouvelles des *gavachos* (injure par laquelle on désignait les Français). Mais Arago parlait si bien l'espagnol, et il conserva un tel sang-froid, que les paysans n'eurent aucun soupçon, et se hâtèrent de gagner les hauteurs où ils croyaient trouver leur victime.

Arrivé à bord du bâtiment espagnol qui l'avait reçu jusqu'alors, Arago n'y trouva que froideur et défiance. Il dut accepter, comme un asile, la prison où l'on avait déjà enfermé un envoyé du gouvernement français, M. Berthémie; encore n'y parvint-il qu'au milieu d'une émeute populaire. Il fut blessé d'un coup de stylet, pendant le trajet du bâtiment à la prison.

Grâce aux sollicitations de son collègue espagnol, l'astronome Rodriguez, et à la connivence du capitaine général de l'île, Arago et l'envoyé du gouvernement français, M. Berthémie, purent s'échapper de leur prison, et gagner une barque mayorquaine. Le fidèle pilote, Damian, vint les rejoindre dans cette barque; mais ils n'y trouvèrent, pour toutes provisions, que quelques pains et trois ou quatre paniers d'oranges.

La barque s'arrêta à l'île de Cabrera, et arriva enfin à Alger, le 1er août, cinq jours après l'évasion.

En se dirigeant vers Alger, Arago et ses compagnons avaient compté sur la protection du Dey Hamet, auquel le gouvernement de l'empereur Napoléon inspirait un certain respect. Ils ne s'étaient pas trompés. Le Dey ordonna qu'un navire lui appartenant fût frété, pour ramener à Marseille l'astronome français et ses compagnons, miraculeusement échappés aux poignards des Espagnols. Il compléta ses gracieuses prévenances pour l'Empereur en lui envoyant un véritable présent oriental : à savoir un lion, qui fut embarqué avec le petit équipage.

On était en vue de Marseille, quand on rencontra un corsaire espagnol, qui se mit à canonner le navire algérien, et bientôt le prit, et le conduisit dans un port de la Catalogne, à Rosas.

Là, Arago et ses compagnons furent tenus en captivité, et exposés aux plus dures privations. On les laissait littéralement mourir de faim.

Par bonheur, Arago réussit à faire savoir au Dey d'Alger la capture de son bâtiment.

La nouvelle eût peut-être trouvé Hamet médiocrement sensible à cette annonce, mais la lettre qui lui fut remise annonçait un autre malheur : le lion était mort !

A cette nouvelle, le Dey entre dans une violente fureur. Il fait comparaître le Consul d'Espagne et lui demande une indemnité de 400 000 francs, le menaçant d'une déclaration de guerre si les Catalans ne lui rendent pas son bâtiment.

L'Espagne eut peur, et rendit le navire, qui reprit la route de France.

Le navire algérien qui ramenait en France Arago et ses précieux relevés géodésiques, était de nouveau en vue de Marseille, lorsqu'un coup de vent le jeta vers la Sardaigne. Le pilote, perdant la tête, se laissa aller à la dérive ; si bien qu'après huit à dix jours de navigation au milieu de la Méditerranée, on se trouva sur la côte d'Afrique, près de Bougie.

Là, on reconnut que le bâtiment était hors d'état de naviguer.

Arago prit alors une détermination qui a été taxée, à bon droit, de folie. Il voulut se rendre de Bougie à Alger par terre, au milieu des populations arabes, pour lesquelles le seul nom de chrétien est un gage de mort. Méprisant tous les conseils, Arago prit un costume arabe, et se confiant à la protection d'un marabout du pays, il eut l'audace et le bonheur d'arriver par terre à Alger. Ce voyage était tellement périlleux que pas un de nos officiers ne l'a essayé jusqu'à la complète occupation du pays par nos troupes.

En arrivant à Alger, Arago apprit que son protecteur le Dey Hamet avait péri dans une émeute. Il vit lui-même le successeur d'Hamet tomber sous les coups d'autres révoltés.

Le nouveau Dey, loin de protéger les Français restés en détresse dans la régence, les retint prisonniers, réclamant une indemnité pour les laisser partir. Le consul de France ayant résisté à cette exaction, le Dey fit inscrire, comme esclaves, le consul et tous les Français.

Heureusement, Arago fut réclamé par le consul de Suède, et enfin, le 1ᵉʳ juillet 1809, il put quitter Alger, avec ses compagnons de travail et de dangers.

Le convoi algérien, dont leur bâtiment faisait partie, fut arrêté devant Toulon, par l'amiral anglais Collingwood; mais quelques habiles manœuvres permirent au capitaine qui avait les Français à son bord, de s'échapper, et de gagner la petite île de Pomègue, où les chaloupes anglaises tentèrent en vain d'enlever le bâtiment.

Après quelques jours passés à Perpignan, auprès de sa famille, qu'il avait cru longtemps ne jamais revoir, Arago alla reprendre à Paris ses travaux scientifiques.

Il déposa tout son butin géodésique sur la table de l'Académie des sciences et du Bureau des Longitudes. Un élan unanime d'admiration salua le courage et la persévérance de ce jeune homme de génie qui, au milieu de mille périls et des plus émouvantes péripéties, avait rapporté intact le tribut d'observations et de mesures que l'Académie des sciences l'avait chargé de recueillir.

La récompense de cette campagne mémorable ne se fit pas attendre. On accorda à François Arago, alors âgé de 23 ans, un fauteuil à l'Institut.

Nous tracerons maintenant un tableau rapide des principales découvertes d'Arago.

Ses premières recherches se rapportent à l'optique. Il avait un goût particulier pour cette partie de la physique. Son délassement, quand il était forcé de camper des mois entiers sur une montagne isolée de l'île de Majorque, pour se livrer à ses mesures sur le terrain, était de lire l'Optique de Newton.

La part qu'Arago a prise aux immenses progrès qu'a faits dans notre siècle la science de l'Optique, est un de ses plus beaux titres de gloire. Il était partisan décidé de la théorie des ondulations, et il eut la satisfaction de voir cette théorie confirmée d'une façon décisive par les belles expériences de Léon Foucault sur la vitesse de la lumière.

La théorie de la polarisation colorée fut démontrée par son polariscope.

L'électricité lui dut de nombreuses découvertes. La principale est l'aimantation par les courants, qui fut l'origine première de la télégraphie électrique.

L'aimantation artificielle du fer et de l'acier étant, de toutes les découvertes d'Arago, celle qui nous intéresse le plus, dans la présente Notice, nous entrerons à ce sujet dans quelques développements.

Si l'on fait circuler autour d'un barreau d'acier ou de fer pur, un courant électrique, le fer ou l'acier acquièrent la propriété d'attirer le fer, c'est-à-dire de se transformer en aimant. Dès que l'on interrompt le passage du courant dans le métal, l'aimantation disparaît.

Ce phénomène, que nous avons eu tant de fois l'occasion de signaler, fut découvert par Arago, en 1820, dans le cours d'expériences qu'il faisait avec Ampère. On lit ce qui suit dans le procès-verbal des séances du Bureau des Longitudes du 20 septembre 1820 :

M. Arago parle d'une nouvelle expérience de laquelle il résulte que la pile voltaïque aimante le fer doux.

Le 25 septembre suivant, le *Moniteur universel* annonçait qu'un *fil conjonctif* (c'est-à-dire servant à relier les deux pôles d'une pile en activité) se charge de limaille de fer, comme le ferait un aimant.

Le fil plongé dans la limaille s'en chargeait également tout autour, et il acquérait, par cette addition, un diamètre presque égal à celui d'un tuyau de plume.

Arago remarque, de plus, que cette aimantation de l'acier et du fer n'est pas permanente, mais que si l'on agit sur de la limaille de cuivre, elle devient définitive[1].

Il est intéressant de savoir qu'un événement dont Arago fut témoin, dans une de ses traversées de la Méditerranée, pendant la périlleuse campagne scientifique que nous avons racontée, fut peut-être l'origine de la découverte de l'aimantation artificielle du fer.

Ampère a donné, à ce sujet, quelques éclaircissements dans un mémoire inséré en tête de son *Recueil d'observations électro-dynamiques* (page 71), publié en 1822, chez Crochard.

« On savait depuis longtemps, écrit Ampère, que des croix situées sur des églises, des verges de paratonnerre, s'aimantent naturellement par l'électricité atmosphérique.

L'*Annuaire* de 1819, publié par le Bureau des Longitudes, contient un article de M. Arago sur les forces magnétiques, où ce savant annonce avoir été témoin d'un fait qui l'avait vivement impressionné. Un bâtiment génois qui faisait route pour Marseille, étant à peu de distance d'Alger, fut frappé par la foudre, qui en changea les pôles. Sans que le capitaine eût pu se douter de ce qui était arrivé, la

1. *Annales de chimie et de physique*, tome XV, page 95, 2ᵉ série.

boussole avait exécuté une demi-révolution. La partie de l'aiguille qui marquait le Nord s'était tournée vers la côte d'Afrique.

FRANÇOIS ARAGO.

On comprend ce qui s'était passé : le capitaine mit le cap vers les écueils qu'il croyait éviter, et au bout de quelques heures, le navire était brisé sur la côte d'Afrique. »

Il est permis de croire que c'est cet événement extraordinaire qui fit naître dans l'esprit d'Arago l'idée dont le résultat fut la création de l'électro-aimant.

La polarisation colorée, le magnétisme par rotation, plusieurs moyens complètement nouveaux de mesurer la lumière, d'importantes études sur les variations de la boussole, sont dus à Arago.

Ce fut encore lui qui reconnut, en 1816, que les variations de l'aiguille aimantée dans sa direction vers l'ouest étaient terminées, et que désormais l'aiguille de la boussole allait dévier vers l'horizon.

C'est à lui que l'on doit cette observation importante, que les aurores boréales, même invisibles, exercent une influence sur l'aiguille aimantée.

Le gouvernement ayant eu besoin, pour le service des machines à vapeur, de connaître jusqu'à des tensions très élevées, le rapport qui existe entre la force élastique de la vapeur d'eau et sa température, Arago fut chargé de ce travail. Il n'y a rien d'exagéré à prétendre que les dangers que ses expériences sur les hautes pressions de la vapeur firent courir à Arago, étaient dix fois plus grands que ceux auxquels s'expose un soldat qui marche à l'ennemi.

Comme professeur, Arago montrait une singulière flexibilité dans l'art de l'exposition scientifique. Les jeunes élèves de l'École polytechnique admiraient sa profondeur, sa science et la rigueur de ses méthodes, tandis qu'à l'Observatoire, un public plus mondain était captivé par la lucidité, la verve et la richesse de son langage.

En 1829, il fut nommé Secrétaire perpétuel à l'Académie des sciences, dans la section des sciences mathématiques, en remplacement de Fourier. Il abandonna alors l'enseignement de l'École polytechnique, pour se vouer entièrement aux importantes fonctions de Secrétaire de l'Académie, fonctions qu'il ne négligea jamais, malgré les distractions et les préoccupations de sa vie politique.

Tout le monde connaît les *Éloges* que François Arago a prononcés à l'Institut, et qui constituent d'admirables pages de l'histoire des sciences, en même temps que les biographies des académiciens. Tout le monde admire les *Notices scientifiques* dont il enrichissait, chaque année, l'*Annuaire du Bureau des Longitudes*. Dans ces Notices, Arago créa, on peut le dire, la vulgarisation scientifique, à peine ébauchée avant lui. C'est en essayant de suivre les traces de ce grand maître que l'auteur du présent ouvrage a écrit ses premières œuvres de science populaire.

La politique, qui s'accorde mal avec la science et les travaux de cabinet, fit perdre bien des instants à Arago; mais ce fut à son détriment, beaucoup plus qu'au préjudice de la science. Député de l'extrême gauche, sous Louis-Philippe, puis orateur de banquets républicains, dans les provinces, on le vit accepter, après la révolution de 1848, le Ministère de la marine et même celui de la guerre. Mais si sa tête put s'égarer au milieu du rapide mouvement révolutionnaire de 1848, son cœur resta le même, et une politique trop avancée trouva toujours en lui un très ferme adversaire.

Après le coup d'État du 2 décembre 1851, Arago, invité à prêter serment au pouvoir nouveau, refusa et offrit sa démission. Napoléon III eut le bon esprit de le dispenser de cette obligation, pour ne pas priver l'Académie et le Bureau des Longitudes d'un homme aussi éminent.

Une vie aussi remplie et aussi active avait profondément altéré la santé de ce célèbre savant; l'affaiblissement de sa vue le menaçait d'une cécité complète. Après avoir cherché au pays natal un peu de repos, il sentit les atteintes de la mort. Mais il voulut encore une fois revoir ses collègues et leur faire ses adieux. Le 22 août 1852, il remplit pour la dernière fois les fonctions de Secrétaire, et à la réunion du 22 octobre, l'Académie se séparait sans tenir séance: elle venait de recevoir la nouvelle qu'Arago avait cessé de vivre!

La statue de François Arago a été inaugurée le 31 août 1865, dans sa ville natale, à Estagel. Le département tout entier et les départements voisins avaient envoyé leurs représentants à cette cérémonie.

Le monument et la statue destinés à rappeler que c'est à Estagel que François Arago a reçu le jour, sont l'œuvre d'un compatriote de ce grand homme, M. Oliva. Dans cette statue, Arago est représenté tenant d'une main une sphère céleste, et de l'autre montrant le ciel, par un de ces gestes expressifs et comme inspirés qui accompagnaient son éloquente parole.

Peu de physionomies, d'ailleurs, prêtent autant à la reproduction artistique que celle de cet homme illustre. Chez lui tout était grand. Sa haute et fière stature, sa belle et vigoureuse tête, au regard olympien; son vaste front, ombragé par une magnifique chevelure; ses yeux noirs et perçants, couronnés par d'épais sourcils, dont les mouvements exprimaient sans cesse les agitations de son âme; ses narines, qui s'enflaient et vibraient au son de sa parole; le bas de son masque superbe, relevé par un menton aux contours prononcés, tout prêtait merveilleusement, chez Arago, à inspirer l'artiste chargé de conserver ses traits à la postérité.

M. Oliva, l'auteur de la statue d'Arago, inaugurée le 31 août 1865, à Estagel, est né, comme Arago, dans les Pyrénées-Orientales, et comme lui, il a rêvé d'être soldat. On nous permettra de dire, en passant, comment il devint sculpteur.

Vers 1850, le 2ᵉ régiment de hussards tenait garnison à Béziers. Parmi les soldats de l'escadron, était un jeune homme, originaire des Pyrénées, brave autant que discipliné.

Malgré son exactitude aux obligations du service, le jeune hussard était possédé d'une véritable vocation : partout où il passait, il laissait des traces de terre glaise pétrie.

Un limonadier de Béziers, M. Coulon, faisait parfois un petit signe confidentiel à ses habitués les plus intimes, et les conduisait à son entresol, où il leur montrait avec mystère.... on ne savait quoi.

Cependant, il y a des indiscrets partout, même à Béziers. Un bruit rasait le sol, comme dans l'air de la *Calomnie* du *Barbier de Séville*, et de ce bruit il semblait résulter que le limonadier faisait travailler à son buste. Mais par quel sculpteur? C'est ici que les commentaires allaient leur train, mais sans fondement sérieux, car lorsqu'on interrogeait M. Coulon sur ce point délicat, M. Coulon répondait en plaçant verticalement son doigt sur les lèvres et clignant d'un œil, ce qui a toujours voulu dire : *Silence et mystère.*

Quelques mois après, on parlait d'un autre buste, celui du docteur Bourguet. Ce buste avait sourdement surgi sur le marbre de la cheminée, comme posé par une main invisible. Mais si un malade, trop curieux, demandait au docteur Bourguet d'où provenait cette reproduction marmoréenne de ses traits, le docteur Bourguet prenait rapidement le poignet du visiteur, et lui tâtait le pouls, ou lui faisait montrer la langue, pour couper court à la conversation.

Dans l'antichambre triste et nue où M. le juge de paix Bellamy faisait attendre ses clients, on n'avait jamais vu d'autre ornement qu'une vieille pendule du temps du premier Empire, formée de quatre colonnes carrées, en marbre catalan, et d'un balancier, sous la figure d'un soleil aux rayons dédorés, qui s'agitait au bout d'une mince tige de fer, rouillée et noircie par le temps. Un beau jour, la pendule disparut, et l'on vit à sa place une tête de plâtre, élégante et fine, qui ressemblait, traits pour traits, à Mᵐᵉ Bellamy. Et comme les visiteurs s'agitaient, pleins d'impatience et de curiosité, prêts à accabler de questions le greffier assis, calme et silencieux, sur sa chaise de paille, celui-ci arrêtait net toute tentative d'éclaircissement, par ces mots, jetés d'une voix claquissante : « *Silence, Messieurs !* »

Un beau jour, pourtant, le pot aux roses artistique fut découvert. On apprit, de source certaine, que le soldat Oliva, du 2ᵉ régiment de hussards, n'était autre qu'un jeune homme d'Estagel qui avait obtenu, en 1844, dans l'Ariège, une médaille d'argent, pour diverses sculptures, et qu'il continuait à charmer ses loisirs de garnison en pétrissant l'argile. Seulement, un brigadier alsacien, qui était à cheval sur le règlement, trouvant que c'était là de l'ouvrage indigne d'un troupier français, et qu'en outre la terre glaise salissait la chambrée, accablait de corvées et de vexations l'artiste-soldat, qui dès lors ne sculptait qu'en cachette et recommandait le secret.

C'est ce qui explique le doigt silencieux posé sur ses lèvres par le limonadier Coulon; le brusque examen de tout malade trop curieux, chez le docteur Bourguet; et le cri, *Silence, Messieurs!* qui retentissait chez le juge de paix Bellamy.

Heureusement, il n'y a pas seulement des brigadiers dans un régiment de cavalerie, il y a aussi des officiers. L'un d'eux, le lieutenant Otton, ayant eu vent de l'affaire, publia dans le *Journal de Béziers* un article où il signalait le jeune sculpteur à l'attention publique.

Dès lors, comme en France le journal fait loi, l'horizon de la vie du hussard-statuaire commença à se colorer de teintes plus joyeuses. Le brigadier alsacien l'exempta des corvées habituelles, et lui accorda des permissions de dix heures. Pour peu qu'on l'en eût prié, le dit brigadier aurait consenti à permettre au hussard de pétrir l'argile, pour conserver à la postérité sa tête carrée, avec la paire de formidables moustaches qui en faisait l'ornement.

Peu de temps après, M. Oliva obtenait son remplacement dans l'armée. Bien entendu qu'on le remplaça comme soldat, mais non comme sculpteur.

Dans cette dernière carrière, il eut un avancement rapide. Tout le monde a vu dans les Expositions des Beaux-Arts les œuvres du sculpteur pyrénéen.

A l'Exposition triennale de 1883, M. Oliva a donné un magnifique buste d'un chimiste célèbre, M. Chevreul, et celui de M. Ferdinand de Lesseps, le *Grand Français*.

Nous dirons, pour terminer l'histoire sculpturale d'Arago, qu'après Estagel, sa ville natale, Perpignan, en sa qualité de chef-lieu du département des Pyrénées-Orientales, a voulu avoir sa statue.

Le 21 septembre 1879, on inaugurait à Perpignan, sur la grande place, une statue d'Arago, due au ciseau de Mercier, le célèbre auteur du *Væ victis!* Arago est représenté debout, tenant à la main droite des feuillets de papier et élevant le bras droit vers le ciel. A ses pieds est une sphère céleste, symbole de l'ordre de travaux dans lesquels s'est plus particulièrement exercé son génie.

IV

André-Marie Ampère; sa vie et ses découvertes en électricité.

Vers l'année 1760, un ancien négociant de Lyon, Jean-Jacques Ampère, s'était retiré dans un village des environs de cette ville, à Polémieux. La médiocre fortune qu'il avait amassée lui permettait à peine de vivre au fond de ce modeste bourg ; mais l'ordre et l'économie qu'apportait dans l'administration du ménage, sa femme, Antoinette Sarcey de Suttières, triomphaient de la pénurie des ressources de la famille. Sa seule préoccupation, c'était que le pauvre village où il s'était retiré n'offrait aucune ressource pour l'instruction de son jeune fils, André-Marie, né à Lyon, en 1775.

Mais l'enfant n'avait besoin de personne pour se livrer à l'étude. Son organisation intellectuelle était une des plus extraordinaires que l'on eût encore vues. On a dit de Mozart, qu'il avait dû composer de la musique avant de naître : on peut prétendre que Marie Ampère calculait avant de voir le jour. Il ne savait encore ni lire ni écrire qu'il faisait des opérations d'arithmétique, en assemblant des cailloux. Nouveau Pascal, il apprit seul, ou pour mieux dire, il devina, l'arithmétique. Après une maladie, comme il n'avait plus à sa disposition ses chers petits cailloux, pour s'amuser au calcul, il brisa en morceaux un biscuit qu'on lui avait donné pour son premier aliment de convalescence, et il se servit de ces morceaux pour faire des opérations numériques, d'après le volume et le nombre des fragments étalés sur la couverture de son lit.

Dès qu'il sut lire, il se mit à dévorer tous les livres de la petite bibliothèque de son père. Ce dernier avait commencé à lui enseigner le latin ; mais voyant l'aptitude extraordinaire de son fils pour le calcul, il seconda cette disposition en lui procurant des ouvrages de mathématiques.

L'enfant posséda bientôt toutes les mathématiques élémentaires, et même l'application de l'algèbre à la géométrie. Il voulut aller plus loin, mais comme personne dans le village ne pouvait rien lui apprendre au delà des mathématiques élémentaires, il demanda à son père de le conduire à la bibliothèque du collège de Lyon, dirigée alors par un savant géomètre, l'abbé Daburon.

L'abbé Daburon vit donc, un jour, entrer dans la bibliothèque, l'ancien négociant lyonnais, Jean-Jacques Ampère, tenant à la main son fils, âgé de onze ans, et dont la petite taille annonçait même un âge moindre. L'enfant demanda les ouvrages d'Euler et de Bernouilli, qui traitent du calcul intégral.

« Mais, lui dit le bon abbé Daburon, les ouvrages d'Euler et de Bernouilli sont écrits en latin. Savez-vous déjà cette langue? »

A cette réponse le jeune garçon demeura interdit. Cependant il ne renonça pas à l'étude du calcul intégral. Pour comprendre Euler et Bernouilli, il se mit à reprendre, avec son père, l'étude du latin, qu'il avait abandonnée pour celle des mathématiques.

Peu de temps après, le jeune Marie Ampère venait réclamer à la bibliothèque de Lyon les ouvrages d'Euler et de Bernouilli.

L'abbé Daburon, émerveillé de tant de capacité, s'offrit à lui donner des leçons d'analyse mathématique, et le brillant élève s'assimila rapidement ces leçons. D'un autre côté, un ami de l'abbé Daburon, qui s'occupait des sciences naturelles, initia le précoce étudiant à la botanique et à la zoologie.

Il commença, en même temps, à lire la *Grande Encyclopédie de Diderot et d'Alembert*. La bibliothèque d'un ancien négociant de Lyon ne pouvait être riche; mais, d'un autre côté, à la fin du siècle dernier, toute personne désireuse de contribuer à l'encouragement de la philosophie, s'était fait un devoir de souscrire à la *Grande Encyclopédie*. Cet immense recueil figurait dans la bibliothèque de Jean-Jacques Ampère. Il fut lu, d'un bout à l'autre par cet enfant de quatorze ans; ce qui le rendit, véritablement aussi encyclopédiste que cette collection célèbre, qui renferme l'abrégé de toutes les connaissances humaines. Marie Ampère avait sans cesse entre les bras ses énormes in-folio, presque aussi grands que lui.

C'est ainsi que s'écoula la studieuse jeunesse de Marie Ampère, qui apprit tout par lui-même, selon la fantaisie de son esprit, et qui n'entra jamais dans un lycée, ni dans une école élémentaire.

A 18 ans, il avait parcouru et compris dans tous ses détails la *Mécanique analytique* de Lagrange. Il a souvent répété qu'à cet âge il savait autant de mathématiques qu'il en a possédé pendant tout le cours de sa vie.

Mais un événement terrible vint attrister son âme, éminemment sensible et tendre.

En 1793, arriva le siège de Lyon par les troupes de la Convention. Aux approches de l'investissement, son père était rentré dans la ville, et pendant le siège il avait repris les fonctions de juge de paix, qu'il avait autrefois exercées dans son quartier. La prise de la ville fut suivie, comme on le sait, d'horribles massacres, organisés par Collot d'Herbois et Foucher. On voulait détruire jusqu'au nom même d'une ville qui avait osé secouer le joug de la tyrannie républicaine. Jean-Jacques Ampère fut au nombre des victimes de la Terreur lyonnaise. On lui fit un crime d'avoir exercé les fonctions de juge de paix pendant le siège. Il fut guillotiné sur la place Bellecour.

La douleur que causa au jeune Marie Ampère la mort affreuse de son père, faillit lui faire perdre la raison. Il demeura près d'une année dans un état voisin de l'idiotisme. On le voyait, pendant des journées entières, arranger de petits tas de sable, sans aucun sentiment de ce qui se passait autour de lui.

Ce fut la lecture d'un ouvrage de science dû à la plume d'un écrivain immortel, les *Lettres de Jean-Jacques Rousseau sur la botanique*, qui le sauva de la stupeur qui menaçait sa raison et sa vie. La lecture des *Lettres sur la botanique*, qu'un ami lui procura, ramenant son esprit égaré au spectacle de la nature, calma l'agitation de son esprit. La vue et l'étude des plantes, la composition de petits poèmes latins, et la lecture d'Horace dans l'original, achevèrent sa guérison.

La poésie, jointe à l'herborisation dans la campagne, rendirent donc l'activité et le courage à cette âme ébranlée. Errant dans les bois, il jetait aux échos les vers des poètes latins, et ceux qu'il composait lui-même, dans la langue d'Horace; ce qui ne l'empêchait pas de faire une abondante moisson de plantes et de fleurs. Au retour, il arrangeait son butin dans un herbier; et comme il avait à sa disposition un petit jardin, il disposait ses plantes en familles naturelles, selon la sublime méthode dont Bernard de Jussieu venait d'enrichir la botanique.

Les premières années de l'enfance et de la jeunesse d'Ampère avaient été consacrées aux mathématiques; les années de 1794 à 1797 furent données aux sciences naturelles. On le vit, plus tard, étudier la chimie et la physique; puis passer à la métaphysique et à la philosophie, jusqu'à ce que la découverte de l'électro-dynamique, en 1820, vint fixer son active et féconde intelligence dans le domaine de la physique.

Le sentiment de la nature et la culture de la poésie avaient renouvelé son être. C'est alors qu'un événement décisif se produisit dans sa vie.

Un jour de l'été de 1796, comme il herborisait aux environs de Lyon, « aux bords d'un ruisseau solitaire », ainsi qu'il le dit, dans un journal de ses pensées intimes, il fit la rencontre de deux jeunes filles. L'une d'elles,

Mlle Julie Carron, qui appartenait à une famille peu fortunée, mais pieuse et distinguée, et habitait le village de Saint-Firmin, près de

MARIE AMPÈRE

Polémieux, fit sur le cœur du jeune savant une impression profonde. Il aima, il voulut plaire, et alors commença toute une idylle.

I.

Chastes élans de deux cœurs simples et purs ; tendres épanchements qui naissent de la sympathie mutuelle de deux êtres sensibles ; l'estime et l'amour réunis dans les mêmes âmes, telles furent les suites de la rencontre faite, un jour d'été, le long d'une prairie. Le jeune Ampère avait senti à la première vue qu'il aimait Julie Carron. Introduit dans la famille, il l'aima bien davantage, et n'eut bientôt plus qu'une pensée : unir sa destinée à la sienne.

Mais il était pauvre et la jeune fille était peu fortunée. Les parents exigèrent qu'avant de songer au mariage, le jeune homme eût un état. On décida qu'il irait s'établir à Lyon, pour donner des leçons particulières de mathématiques, jusqu'au moment où ses ressources pourraient suffire à l'entretien d'un ménage.

Il prit donc congé, pour un temps, de celle qu'il aimait, et se rendit à Lyon. Là, il eut la bonne fortune de rencontrer des amis de grand esprit et de grand cœur, qui travaillaient courageusement à acquérir de solides connaissances scientifiques et littéraires, en prévision de leur avenir. C'était une petite société de jeunes gens, qui, retenus tout le long du jour par un travail ingrat ou des occupations fastidieuses, se réunissaient, dès 4 heures du matin, dans une mansarde de la rue des Cordeliers, pour s'entretenir de littérature, de science et de philosophie.

Dans ce cénacle matinal, le jeune Ampère fut initié à la chimie par la lecture et la discussion, faites en commun, du *Traité de chimie de Lavoisier*, qui venait de paraître peu d'années auparavant, et qui occupait alors toute l'Europe savante, car ce livre impérissable ouvrait d'immenses horizons à la connaissance de la nature. Ampère s'assimila promptement la science nouvelle créée par le génie de Lavoisier, et dans laquelle il devait, plus tard, se distinguer lui-même, par des découvertes ou des considérations originales.

Du reste, aucune science ne restait en dehors du cercle de sa dévorante activité. Il savait le latin, le grec et l'italien. Il a possédé à fond la physique, la chimie, la mécanique rationnelle, les mathématiques transcendantes, et s'est adonné avec une véritable passion à la métaphysique et autres branches de la philosophie. C'était un esprit universel, qui se répandait sur tout, en y laissant la trace de son originalité, de sa finesse ou de sa puissance. Il était poète, et on a de lui des œuvres rimées, appartenant à tous les genres. Il a composé un poème sur l'histoire naturelle, comme l'avait fait le grand Haller. Il a ébauché un autre poème épique sur Christophe Colomb et la découverte de l'Amérique. Il a écrit des tragédies et des comédies, des sonnets et des charades. Il a laissé un très grand nombre de pièces de vers, marquées au coin du sentiment et de l'inspiration.

Nous citerons les vers qu'il composa à l'occasion d'un bouquet de jasmin, de troène et de campanules que Mlle Julie Carron avait cueilli dans le jardin de Saint-Firmin.

> Que j'aime à m'égarer dans ces routes fleuries
> Où je t'ai vue errer sous un dais de lilas !
> Que j'aime à répéter aux Nymphes attendries
> Sur l'herbe où tu t'assis, les vers que tu chantas !
> Au bord de ce ruisseau, dont les ondes chéries
> Ont à mes yeux séduits réfléchi tes appas,
> Sur les débris des fleurs que tes mains ont cueillies,
> Que j'aime à respirer l'air que tu respiras !
>
> . . . .
>
> Les voilà ces jasmins dont je t'avais parée ;
> Ce bouquet de troène a touché tes cheveux.

Nous n'avons plus aujourd'hui l'idée de ces organisations merveilleuses, propres à s'exercer dans tous les genres de la littérature, des sciences et des arts. L'habitude de se confiner dans une section spéciale et unique de la science, fait que l'on ne peut plus prétendre à ces connaissances encyclopédiques, qui n'étaient pas rares chez les hommes d'autrefois.

La famille Carron se décida enfin à accorder au jeune savant la main de sa Julie. Le mariage se fit à Lyon, le 2 août 1799. Ampère avait alors 24 ans.

Marié à une femme qu'il adorait, Ampère passa deux années de bonheur sans nuages, mais deux années seulement. Sa femme lui avait donné un fils, qui reçut le nom de Jean-Jacques, en souvenir de son malheureux grand-père, et qui devait lui-même se faire un nom très distingué dans les lettres. On sait que Jean-Jacques Ampère, après de brillantes études et de remarquables publications critiques, est mort, en 1864, professeur de littérature française au Collège de France et membre de l'Institut.

Devenu père de famille, Marie Ampère chercha une situation plus assurée que celle de professeur particulier de mathématiques, et il accepta, en 1801, la place de professeur de physique au lycée de Bourg (Ain). Mais il fut obligé de se séparer de sa femme et de son jeune enfant.

Il passa un an dans ce poste obscur, souffrant d'être éloigné des êtres qu'il aimait. Enfin, en 1802, il obtint la place de professeur de physique au lycée de Lyon, qui était depuis longtemps le but de son ambition.

En se rendant à Bourg, il avait laissé sa jeune femme malade. Il la trouva mortellement frappée. Atteinte d'une affection de poitrine, elle succomba, le 13 juillet 1804, emportant avec elle tout le bonheur du pauvre savant.

Ampère ressentit, à la mort prématurée de sa jeune femme le même désespoir que lui avait éprouver la fin tragique de son père, dans la même ville de Lyon. Il demeura quelque temps comme insensible à tout ce qui l'environnait; mais la présence de son enfant et sa passion pour l'étude le sauvèrent une fois encore.

Cependant le séjour de Lyon lui était devenu insupportable, et ce fut avec joie qu'il apprit qu'on l'appelait à Paris. Le mathématicien Delambre était inspecteur général de l'Université. Dans une de ses tournées d'inspection il s'était trouvé en rapport avec le professeur de physique du lycée de Lyon, et ce dernier lui avait soumis un travail d'une grande originalité : la *Théorie mathématique du jeu*. Delambre, à l'examen de ce mémoire, avait compris qu'il avait mis la main sur un mathématicien de haute volée, et de retour à Paris, il n'eut rien de plus pressé que de faire nommer Marie Ampère répétiteur d'analyse à l'École polytechnique.

Une nouvelle existence commença pour notre savant, à son arrivée à Paris. Mis en rapport avec ce que la capitale renferme de plus illustre, dans les sciences et dans la philosophie, admis dans la célèbre *Société d'Arcueil,* où il trouve, en même temps que Laplace, Berthollet et Chaptal, les Cabanis, les Testud de Tracy, les Maine de Biran, etc., il s'applique, avec une ardeur sans égale, à l'étude de toutes les sciences, et peut enfin donner un libre essor à son génie.

En 1809, il fut nommé professeur à l'École polytechnique, où il était entré simple répétiteur. Il devint ensuite inspecteur général de l'Université, et fut admis, en 1814, à l'Académie des sciences, en remplacement du mathématicien Bossut.

Ampère a écrit sur des sujets tellement divers qu'il faudrait un volume pour exposer tous ses travaux. Nous nous bornerons à parler de ses recherches en physique, particulièrement sur l'électricité, sujet qui nous intéresse seul dans la présente Notice.

C'est en 1820 qu'Ampère découvrit les lois de l'action que les courants électriques exercent les uns sur les autres. On les réunit aujourd'hui sous le nom de *lois d'Ampère,* comme on appelle *lois de Keppler* celles qui expliquent les mouvements des planètes autour du soleil.

On connaissait, depuis quatre ou cinq siècles, la propriété de l'aiguille aimantée de se tourner constamment à peu près vers le nord, mais la cause de cette direction constante était un mystère absolu. La *science des aimants*, ou le *magnétisme,* n'existait pas, même de nom, dans les premières années de notre siècle. Ce fut un physicien danois, Œrsted, qui reconnut, en 1819, un fait, immense dans ses conséquences, à savoir : qu'un courant électrique agit sur la direction de l'aiguille aimantée, qu'il la dévie de sa direction naturelle, et tend à la placer, pour ainsi dire, en croix avec sa propre direction.

L'annonce de la découverte d'Œrsted arriva à Paris par une lettre écrite de Genève, au Président de l'Académie des sciences. Ampère possédait un modeste laboratoire de physique dans la maison qu'il habitait rue des Fossés-Saint-Victor. Dès qu'il fut rentré chez lui, il s'empressa de répéter l'expérience d'Œrsted, qui venait d'être annoncée à l'Institut; et frappé de la portée d'un pareil fait, il s'occupa, sans perdre de temps, de rechercher les conditions dans lesquelles se produit la déviation de l'aiguille aimantée par le courant électrique. C'est alors qu'il improvise un mode de suspension des fils parcourus par l'électricité et qu'il invente la petite table couverte de minces supports et de fils conducteurs, que l'on appelle aujourd'hui la *table d'Ampère*, et à l'aide de laquelle on exécute toutes les expériences relatives à l'action mutuelle des courants les uns sur les autres.

Il n'y a peut-être pas d'exemple dans la science d'une suite de découvertes de premier ordre accomplies dans un intervalle de temps aussi court. En effet, dès la séance suivante de l'Institut, c'est-à-dire une semaine seulement étant écoulée, Ampère apportait à l'Académie des sciences l'énoncé général de sa grande découverte, énoncé que l'on peut formuler ainsi :

« *Deux fils parallèles parcourus par un courant électrique s'attirent quand l'électricité les parcourt dans le même sens; ils se repoussent, au contraire, si les courants électriques s'y meuvent en sens opposés.* »

Les fils de deux piles semblablement placées, de deux piles dont les pôles cuivre et zinc se correspondent respectivement, s'attirent donc toujours. Il y a, de même, toujours répulsion entre les fils conducteurs de deux piles, quand le pôle zinc de l'une est en regard du pôle cuivre de l'autre.

Ces singulières attractions et répulsions n'exigent pas que les fils sur lesquels on opère appartiennent à deux piles différentes. En pliant et repliant un seul fil conducteur, on peut faire en sorte que deux de ses portions en regard soient traversés par le courant électrique, ou dans le même sens, ou dans les sens opposés. Les phénomènes sont alors identiques à ceux qui résultent de l'action des courants provenant de deux piles distinctes.

Ampère présuma que la terre agirait comme un aimant sur les courants électriques. L'expérience lui révéla la vérité de cette prévision. Pendant plusieurs semaines les savants nationaux et étrangers se rendirent en foule dans son humble laboratoire de la rue des Fossés-St-Victor, pour y voir le fil conducteur servant à relier les deux pôles d'une pile, s'orienter par la seule action du globe terrestre.

Ampère n'avait pas été absolument étranger à la grande découverte d'Arago concernant l'aimantation artificielle du fer et de l'acier par un courant électrique, phénomène que nous avons exposé avec détails en parlant des travaux d'Arago. Mais ce qui lui appartient en propre, et ce que l'on ne saurait lui dénier, c'est la découverte du télégraphe électrique. A peine Ampère eut-il reconnu l'influence que le courant électrique exerce à distance sur l'aiguille aimantée, qu'il devina la possibilité d'établir une véritable correspondance télégraphique, au moyen de fils conducteurs que l'on ferait parcourir par un courant électrique, envoyé au loin par une pile voltaïque.

Voici le passage, extrêmement clair et précis, dans lequel Ampère expose la construction d'un véritable télégraphe électrique.

« D'après le succès de cette expérience, on pourrait, au moyen d'autant de fils conducteurs et d'aiguilles aimantées qu'il y a de lettres, et en plaçant chaque lettre sur une aiguille différente, établir, à l'aide d'une pile placée loin de ces aiguilles, et qu'on ferait communiquer alternativement par ses extrémités à celles de chaque fil conducteur, une sorte de télégraphe propre à écrire tous les détails qu'on pourrait transmettre à travers quelques obstacles que ce soit, à la personne chargée d'observer les lettres placées sur les aiguilles. En établissant sur pile un clavier dont les touches porteraient les mêmes lettres, et établiraient la communication par leur abaissement, ce moyen de correspondance pourrait avoir lieu avec assez de facilité, et n'exigerait que le temps nécessaire pour toucher d'un côté et lire de l'autre chaque lettre[1]. »

Avec cette seule description, rien ne serait plus facile que de construire un télégraphe électrique. Il faudrait employer 24 fils conducteurs, mais ce ne serait pas là une difficulté, puisque les câbles conducteurs en usage pour la téléphonie renferment une vingtaine de fils isolés, et souvent un plus grand nombre.

Le dernier ouvrage qu'Ampère rédigea est la *Classification des sciences.* La première édition fut publiée en 1838, la seconde parut en 1843, par les soins de son fils. Voici, d'après Littré, le principe qui a présidé à cette belle classification.

« Toute la science humaine se rapporte uniquement à deux objets généraux, le monde matériel et la pensée. De là naît la division naturelle en sciences du monde ou *cosmologiques*, et sciences de la pensée ou *noologiques*. De cette façon, M. Ampère partage toutes nos connaissances en deux règnes; chaque règne est à son tour l'objet d'une division pareille : les sciences cosmologiques se divi-

1. *Annales de chimie et de physique,* du 20 octobre 1820.

sent en celles qui ont pour objet le monde inanimé, et celles qui s'occupent du monde animé; de là deux embranchements qui dérivent des premières et qui comprennent les sciences mathématiques et physiques, et deux autres embranchements qui dérivent des secondes, et qui comprennent les sciences relatives à l'histoire naturelle et les sciences médicales. La science de la pensée, à son tour, est divisée en deux sous-règnes, dont l'un renferme les sciences noologiques proprement dites et les sciences sociales; et il en résulte comme dans l'exemple précédent, quatre embranchements.

C'est en poursuivant cette division, qui marche toujours de deux en deux, que M. Ampère arrive à ranger dans un ordre parfaitement régulier toutes les sciences, et à les placer dans des rapports qui vont toujours en s'éloignant. Ce tableau, s'il satisfait les yeux, satisfait aussi l'esprit ; et c'est certainement avec curiosité et avec fruit que l'on voit ainsi se dérouler la série des sciences, et toutes provenir de deux points de vue principaux: l'étude du monde et l'étude de l'homme. Sous ces noms que M. Ampère a classés, sous ces chapitres qu'il a réunis, se trouve renfermé tout ce que l'humanité a conquis et possède de plus précieux. Là est le grand héritage de puissance et de gloire que les nations se lèguent et que des siècles accroissent. »

L'ouvrage que nous venons de mentionner, d'après Littré, était à peine achevé lorsque Ampère partit, en mai 1836, pour sa tournée d'inspecteur général de l'Université. Sa santé donnait alors de vives inquiétudes; mais son fils et ses amis pensèrent que le climat du Midi lui serait favorable. Ces espérances furent cruellement déçues. Ampère arriva mourant à Marseille. Une affection de poitrine, déjà ancienne, dont il souffrait, s'était aggravée, et elle avait été suivie d'une congestion cérébrale. Malgré les soins qui lui furent prodigués au collège de Marseille, où tout le monde éprouvait pour lui la plus respectueuse tendresse, il expira le 10 juin 1836.

Quand on étudie la vie du créateur de l'électro-dynamisme, on éprouve autant de sympathie pour l'homme que d'admiration pour le savant. Ampère a laissé un des plus frappants exemples de l'universalité du savoir. Celui qui, à l'âge de 18 ans, avait lu toute la grande *Encyclopédie de Diderot et d'Alembert* celui qui, au milieu de sa carrière, créait la science nouvelle de l'électro-magnétisme, faisait connaître le principe de la télégraphie électrique, et terminait sa vie par la codification des connaissances humaines, avec sa *Classification des sciences*, a laissé la démonstration manifeste qu'un homme, quoi qu'on en dise, peut posséder toutes les sciences, et cela, non d'une manière superficielle, mais en allant au fond des choses. Tel est le véritable caractère d'Ampère, comme savant.

Quant aux qualités de son cœur, elles étaient parfaites. Il était sentimental en amitié, comme il l'avait été en amour. Sa tendresse pour ses amis était sans bornes. Il étendait même son affection à l'humanité tout entière. De même qu'à 18 ans il avait inventé une langue universelle, destinée à faire de tous les hommes des frères, à 50 ans il composait un ouvrage de morale et de philosophie, où il cherche à écarter les causes qui s'opposent au bonheur de l'humanité, en général.

Cet homme de cœur, ce savant de génie, si malheureux et si cruellement éprouvé pendant sa jeunesse, fut toujours désintéressé, modeste et naïf. Sa naïveté allait jusqu'à la gaucherie. Il eut cette bonhomie et cette inexpérience des hommes que l'on avait déjà remarquées dans le fabuliste La Fontaine, et comme ce dernier, il passa pour le type de l'homme distrait. Mais, on a beaucoup trop insisté sur les distractions d'Ampère. Les anecdotes, vraies ou fausses, qui courent, à ce propos dans les écoles et dans les Facultés, ne prouvent rien autre chose, sinon que souvent préoccupé de ses recherches scientifiques, Ampère oubliait quelquefois les conventions et habitudes de la vie courante. Mais où est le savant exempt de distractions? Que, devant son tableau, Ampère efface les chiffres avec son mouchoir et mette dans sa poche le linge à essuyer le tableau, c'est ce qui arrive à chacun de nous, dans la préoccupation d'un calcul, et cela n'a rien de bien risible. Il est vraiment absurde de voir s'égayer des prétendues distractions d'Ampère, des personnes qui ne savent pas un mot de ses grandes découvertes scientifiques et de l'universalité de son génie. Attachons-nous donc à effacer, s'il est possible, ce trait injuste et faux du portrait d'un grand homme. Il ne faut pas laisser tourner en dérision ceux qui furent l'honneur et la gloire de l'humanité. Il ne faut pas que la statue des maîtres de la science apparaisse avec des plis disgracieux devant la postérité. Il ne faut pas permettre à l'ignorance et à la malignité publiques d'habiller en caricatures nos héros et nos dieux.

V

Michel Faraday; sa vie et ses découvertes en électricité.

Ampère nous a dévoilé une science nouvelle : l'électro-magnétisme ; Faraday nous a dotés d'une autre branche de l'électricité : l'induction.

Michel Faraday était le fils d'un ouvrier forgeron de Newington, près de Londres. Après avoir reçu quelques leçons élémentaires dans l'école communale de ce bourg, il fut envoyé à Londres, à l'âge de 15 ans, et placé, comme apprenti, chez un relieur, nommé Riebeau, ayant sa boutique à Manchester-square. Il y demeura de 1804 à 1813. Pendant les longues années où il fut employé comme ouvrier chez Riebeau, bien des livres passèrent par les mains du jeune Michel Faraday. Mais il ne se bornait pas à les coudre, à les couvrir et à les dorer : il en lisait quelques-uns, surtout ceux qui traitaient de sciences. Il s'était surtout attaché à un petit ouvrage écrit par Mme Marcet, femme du physicien de Genève, *Entretiens sur la chimie*. Il lut ce livre avec avidité, et répéta même quelques-unes des expériences qui s'y trouvent décrites.

Une circonstance fortuite vint seconder ses dispositions naissantes pour l'étude de la chimie. M. Dance, membre de l'*Institution royale*, était un des clients de l'atelier de reliure de Riebau. Ayant remarqué l'intelligence du jeune ouvrier, et son désir d'étudier la chimie, il le conduisit au cours que Davy professait à l'*Institution royale*.

Michel Faraday prit des notes sur ce cours, les rédigea, et fit de sa rédaction un volume, qu'il adressa à Davy, avec une lettre où il le priait de vouloir bien l'aider « à quitter le commerce, qu'il détestait, pour la science, qu'il aimait ».

L'illustre chimiste lui répondit en termes favorables ; et une place de garçon de salle, ou aide-préparateur, étant vacante, Davy la lui fit accorder, en lui conseillant, toutefois, de ne pas renoncer à sa profession de relieur.

Nous avons longuement raconté, dans la vie d'Humphry Davy, ses voyages dans le midi de la France, à Genève et en Italie. Il se faisait accompagner par le jeune Faraday. On a dit que Faraday remplissait auprès de Davy les fonctions de secrétaire. La vérité est qu'il lui servait de valet de chambre. Le souvenir du séjour de Davy à Genève s'est longtemps conservé, dans cette société aristocratique, académique et savante qui comptait les Pictet, les de Saussure, les de la Rive, les Marcet, les de Candolle. On était frappé, d'une part, de la douceur et des manières parfaites du jeune secrétaire de Davy, et d'autre part, de la hauteur avec laquelle ce dernier le traitait trop souvent. Il le tenait à distance, et supportait avec peine de le voir l'objet des prévenances et de l'estime des savants de Genève. On ne sera pas surpris d'apprendre que Davy ressentit bientôt une jalousie non dissimulée des succès scientifiques de son élève, et qu'il apporta même certaines entraves à son avancement.

Mais l'âme de Faraday était d'une essence exquise. Loin d'éprouver de l'amertune pour la dureté et l'injustice de Davy à son égard, il n'oublia jamais ce qu'il devait à son premier protecteur.

M. Dumas, dans son *Éloge de Faraday*, lu à l'Académie des sciences en 1868, raconte un trait touchant, qui prouve bien que Faraday conserva toujours un souvenir reconnaissant à Davy, et qu'il lui pardonnait son orgueil et ses injustices.

« Me trouvant chez M. Faraday, dit M. Dumas, au déjeuner de famille, vingt ans après la mort de Davy, M. Faraday remarqua sans doute que je répondais froidement à quelques éloges que le souvenir des grandes découvertes de Davy venait de provoquer de sa part. Il n'insista point ; mais après le repas, il me fit descendre, sans affectation, à la bibliothèque de l'Institution royale, et, m'arrêtant devant le portrait de Davy :

« C'était un grand homme, n'est-ce pas ? me dit-il. Et se retournant, il ajouta : « C'est là qu'il m'a parlé pour la première fois. »

Revenu en Angleterre avec Humphry Davy, en 1814, Faraday reprit ses modestes fonctions au laboratoire de l'*Institution royale* : Il fit en chimie de rapides progrès, et Davy put lui confier quelques analyses. Il commença alors à entreprendre certaines recherches personnelles, et à publier des notes, ou mémoires, dans les recueils scientifiques.

A la mort de Davy, il le remplaça, comme professeur de chimie, à l'*Institution royale*.

L'*Institution royale de Londres* est un de ces établissements privés, si nombreux en Angleterre, où une réunion de savants, d'hommes du monde et de grands seigneurs, grâce à une sympathie commune pour le progrès des sciences, consacrent des sommes considérables à faciliter les recherches des savants et à favoriser l'enseignement, à la fois élevé et élémentaire, donné par les professeurs dans les cours du soir. Les auditeurs de ces leçons, qui se font dans le grand amphitéâtre, sont tenus au courant, d'une manière régulière, de tous les progrès importants de la science, par les hommes les plus éminents de l'Angleterre.

C'est dans le laboratoire de l'*Institution royale* que Davy fit son immortelle découverte des métaux alcalins, et c'est dans ce même laboratoire que Faraday passa toute sa vie de savant. C'est dans l'amphithéâtre du même établissement que Faraday conquit sa popularité comme professeur.

S'étant marié, en 1821, il fut autorisé à occuper, dans l'*Institution royale*, l'appartement qui avait appartenu à Davy, à Young et à Brande. Il vécut 46 ans à l'*Institution de Londres*, sortant à peine de son laboratoire.

Uni à une personne digne de lui et qui partageait et comprenait toutes ses impressions et tous ses sentiments, Michel Faraday eut une vie aussi paisible que modeste. Il refusa toutes les distinctions honorifiques que le gouvernement de son pays voulut lui décerner. Il se contenta d'un traitement modique et d'une pension de 300 livres sterling, qui suffisaient strictement à ses besoins, et n'accepta d'autre supplément que la jouissance, pendant l'été, dans les dernières années de sa vie, d'une maison de campagne à Hampton-Court, que la reine d'Angleterre avait gracieusement mise à sa disposition.

Faraday avait un remarquable talent de professeur. Bien que privé de toute éducation littéraire, il était d'une parfaite correction dans son langage; chez lui, l'expression était toujours claire et méthodique.

Une autre faculté précieuse, c'était sa dextérité manuelle, son habileté dans les manipulations du laboratoire ou du cours. Ingénieux et fertile en ressources, il exécutait de ses mains tous les appareils destinés à ses recherches ou à ses démonstrations. Il prévoyait tout, prévenait tous les accidents, et sous ses doigts exercés, les expériences réussissaient toujours.

Il avait une devise que nous recommandons aux jeunes physiciens : « *to work, finish, publish* » « travailler, terminer, publier ».

Il ne se laissait guider d'avance par aucune idée préconçue, et ne demandait rien qu'à l'expérience, devant laquelle il s'inclinait, sans raisonner, sans discuter, ayant pour règle cette autre pensée, que nous signalerons, comme la première, aux personnes engagées dans des recherches scientifiques: « *En physique l'absurde n'est pas toujours l'impossible* ».

Appartenant à toutes les Académies de l'Europe, il reçut un grand nombre de récompenses, médailles et diplômes de diverses sociétés savantes. En France, on crut devoir lui accorder le grade de Commandeur de la Légion d'honneur.

Tous ces titres, toutes ces récompenses, expression de la considération générale dont il jouissait, ne parvenaient pourtant pas à l'enorgueillir. Sa modestie et son désintéressement n'en reçurent jamais aucune atteinte. L'*Institution royale* étant sa tribune scientifique, il refusa les postes les plus avantageux, pour rester fidèle à l'établissement qui avait eu la primeur de ses découvertes. On lui offrit le titre de baronnet, ce qui l'eût rendu l'égal des hommes les plus considérables de l'Angleterre; plus modeste que son maître, Humphry Davy, il refusa, estimant que « ce titre ne pouvant rien lui apprendre, il ne voyait pas en quoi il pouvait lui être utile ».

Nous avons dit que Faraday s'était marié en 1821. Il avait épousé miss Bernaud, fille d'un orfèvre de Pater noster Row. Cette union fut parfaitement heureuse, mais elle resta stérile. Comme Davy, comme Berzélius et Wollaston, Faraday mourut sans enfants.

Sa vie était très régulière et très retirée. Il se tenait à l'écart des réunions du monde. Après l'admiration que lui inspiraient toujours les nouveaux progrès de la science, il n'éprouvait de véritable enthousiasme que pour les grandes scènes de la nature. La vue d'un beau coucher de soleil, un orage, une tempête, l'aspect des forêts ou des montagnes, le ravissaient. Les préoccupations du savant n'étouffèrent jamais l'élan poétique et artistique de son esprit, ni ses sentiments religieux.

Ces sentiments religieux, Faraday les poussait, d'ailleurs, très loin. Il existe en Angleterre une secte de protestants, les *Sandemaniens*, qui comptent à peine deux mille adhérents, et qui sont de véritables illuminés. Faraday était président de cette secte religieuse; et il se livrait souvent à la prédication dans les assemblées des fidèles à ce culte dissident.

Après les fatigues d'une vie si active, si laborieuse, et bien qu'il n'eût encore rien perdu de son intelligence, Faraday sentit sa mémoire s'affaiblir et ses forces s'éteindre progressivement. Il jugea dès lors que le moment était venu de prendre sa retraite.

Établi dans la maison de campagne d'Hampton-Court, qu'il devait à la sollicitude de la reine, il vécut encore quelques années; mais ses infirmités s'accrurent, ses forces diminuèrent, et après quelques jours de souffrances, il mourut, le 25 août 1867, à l'âge de 76 ans.

Faraday était de taille moyenne, d'un air ouvert et intelligent, mais timide. Il parlait avec facilité, mais d'une façon peu intelligible, au moins pour les étrangers. Ses livres manquent de méthode, et ne sont autre chose qu'une suite de procès-verbaux d'expériences, enregistrées comme elles ont été exécutées.

Il eut l'avantage d'avoir pour successeur un homme assez célèbre pour continuer son œuvre, et qui cependant, ne pouvait parvenir à le faire oublier, M. John Tyndall.

MICHEL FARADAY.

Il nous reste à parler des travaux scientifiques de Michel Faraday.
Il y . a eu deux phases dans sa vie scientifique. La chimie l'occupa

d'abord ; il se consacra ensuite à la physique, particulièrement à l'électricité.

En chimie, il étudia la fabrication de l'acier et les qualités que ce corps métallurgique prend par son alliage avec l'argent et le platine.

Un de ses principaux titres de gloire, c'est d'avoir liquéfié et même solidifié plusieurs gaz, rangés jusqu'alors parmi les gaz permanents. Il fit usage à la fois, dans ce but, de la pression et d'un froid très intense. L'acide carbonique est au rang des gaz que Faraday réduisit à l'état liquide, non sans courir de grands dangers, en raison des fréquentes explosions des vases où l'on soumettait ce gaz à d'énormes pressions.

Faraday est l'auteur d'un remarquable travail sur la fabrication du verre destiné aux usages de l'optique. Son mémoire sur ce sujet a ouvert la voie à des essais subséquents, qui ont servi utilement les intérêts de l'industrie, comme ceux de la science.

Il était destiné à Faraday de faire progresser d'un pas immense l'électromagnétisme. Même après les recherches d'Œrsted, d'Ampère, de Davy et d'Arago, sa découverte de l'électricité d'induction, faite en novembre 1822, frappa d'admiration le monde savant.

Si un fil métallique, comme celui d'un télégraphe électrique, étant traversé par un courant, un autre fil métallique est placé dans son voisinage, mais séparé par un corps isolant, ce dernier fil éprouve une influence singulière. Au moment où l'on introduit le courant dans le fil principal, un courant en sens contraire apparaît immédiatement dans le fil voisin. On a appelé *courant induit*, le courant ainsi provoqué. Mais le courant *induit* cesse immédiatement, quoique le fil principal continue d'être parcouru par l'électricité. En d'autres termes, le *courant induit* est instantané. Lorsqu'on interrompt la communication du fil principal avec la pile qui fournit l'électricité du courant primitif, ou du courant *inducteur*, le courant *induit* se reproduit, mais en sens inverse. Ainsi, au moment où l'on introduit, et au moment où l'on interrompt le passage de l'électricité dans le fil principal, le courant *induit* apparaît, pendant un instant, dans le fil métallique voisin.

La découverte de l'*induction* est devenue l'origine d'une immense série d'applications de toute nature. Les machines magnéto et dynamo-électriques ne sont que des applications du grand phénomène de l'induction, découvert par Faraday.

Une des plus belles expériences de ce physicien est celle au moyen de laquelle il démontra l'influence de l'électricité et du magnétisme sur la lumière. Si l'on prend un morceau de cristal et qu'on l'entoure d'un appareil électro-magnétique très puissant, on est témoin d'un phénomène optique des plus remarquables : la lumière semble devenir *magnétique*.

Nous n'examinerons pas la découverte faite par Faraday des lois sur les équivalences électriques. Mais tout le monde s'intéressera à son observation fondamentale sur le *diamagnétisme*.

Le fer n'est pas le seul métal attiré par l'aimant. Trois autres métaux, le cobalt, le nickel et peut-être le chrome, partagent avec le fer cette propriété. Faraday fait voir d'abord qu'un très grand nombre de corps, quand on les met en face d'aimants d'une puissance considérable, sont magnétiques comme le fer. Toutefois l'attraction qu'exerce sur eux l'aimant est si faible, qu'il faut des instruments très précis pour la constater.

Si l'on soumet à cette attraction et à ces mesures tous les corps connus, on reconnaît qu'ils peuvent se partager en deux groupes, caractérisés, les uns par la propriété d'être attirables à l'aimant, comme le fer ; les autres, par la propriété d'être repoussés par les pôles de l'aimant, comme le bismuth. Les corps qui, comme le bismuth, sont repoussés par les pôles de l'aimant, sont dits *diamagnétiques*. Le fer, qui possède la faculté contraire, est *magnétique*. Seulement, aucun corps connu n'est magnétique avec une énergie comparable à celle que possède le fer.

Tous les corps de la nature participent, dans un sens ou dans l'autre, à ces propriétés : les gaz eux-mêmes, l'air, les flammes, sont *diamagnétiques*.

Nous ne pousserons pas plus loin l'analyse des travaux de Faraday, qui n'ont pas coûté à leur auteur moins de quarante et une années d'une vie entièrement consacrée au travail.

VI

Sir William Thomson ; ses travaux relatifs à l'électricité.

On ne nous pardonnerait pas, dans le monde des électriciens, si après avoir exposé la vie et les travaux des trois fondateurs de la science électro-magnétique moderne, Arago, Ampère et Faraday, nous ne joignions à cette trilogie du génie le nom de l'illustre physicien qui tient en Angleterre le sceptre de l'électricité, du physicien éminent à qui nous devons le succès de la télégraphie transatlantique. D'ailleurs, sir William Thomson, au point de vue scientifique, continue Faraday, dont nous venons d'exposer les travaux, comme Faraday continuait Arago.

Sir William Thomson est né à Belfast, au mois de juin 1824. Son père était professeur de mathématiques à l'Université de Glasgow. A l'âge de onze ans, William Thomson était un des élèves les plus distingués de son père, et il se faisait déjà remarquer par de hautes facultés mathématiques.

Au sortir de l'Université de Glasgow, il entra au collège de Saint-Pierre, à Cambridge. Il en sortit le second, et obtint le premier *prix Smith*, en 1845.

En 1846, à l'âge de vingt-deux ans, il fut nommé professeur de philosophie naturelle à l'Université de Glasgow, chaire qu'il occupe encore aujourd'hui avec le plus grand éclat.

A dix-sept ans, William Thomson avait déjà publié un mémoire sur le *mouvement uniforme de la chaleur dans les corps homogènes et ses relations avec la théorie mathématique de l'électricité*, travail qui attira beaucoup l'attention des physiciens Cette méthode, qu'il développa plus tard, en la combinant avec les recherches de Faraday, est d'une haute importance pour la discussion des questions d'électro-statique et de magnétisme.

Ses recherches électro-statiques l'amenèrent à construire de très beaux instruments de mesure électro-statique : *l'électromètre à cadran*, qui est employé pour toute espèce d'essais électriques, dans la construction des télégraphes, *l'électromètre portatif* et *l'électromètre absolu*. On peut dire par un énoncé général, que c'est à sir William Thomson qu'est dû notre système actuel d'électrométrie pratique.

SIR WILLIAM THOMSON

En 1854, Faraday, opérant sur un câble télégraphique d'essai, avait recherché la cause du retard qu'éprouve la propagation des signaux télégraphiques sous-marins. Il avait ensuite observé, pour la première fois, co retard sur le câble sous-marin qui existe entre Harwich et La Haye. M. William Thomson, reprenant la question, publia sur la cause de ce phénomène un travail dont un des résultats pratiques était qu'avec des câbles de dimensions latérales similaires, les retards dans les transmissions de signaux sous-marins sont proportionnels aux carrés des longueurs. Cette loi est connue aujourd'hui sous le nom de *loi de carrés.*

Ce travail théorique devait trouver bientôt la plus brillante et la plus utile application que l'on pût imaginer. Tant il est vrai que, dans les sciences, il faut toujours poser des principes ou créer des théories, et attendre le moment de leur application, qui se fait rarement désirer.

En 1856, on procédait à la tentative extraordinaire de relier l'Angleterre à l'Amérique par un câble télégraphique déroulé au fond de l'Océan. D'après les faits constatés par M. William Thomson sur le retard des signaux sous-marins, on pouvait redouter un insuccès complet. Mais ce dernier parvint à surmonter toutes les difficultés, grâce à son admirable invention du *galvanomètre à miroir.* C'est au moyen de cet instrument que furent lues les premières dépêches transmises par le câble de 1858.

On sait que le câble de 1858 fut rapidement détruit au fond de la mer, et qu'un autre fut bientôt jeté, pour le remplacer. Les travaux de M. William Thomson et d'autres physiciens avaient tellement fait avancer l'étude de la question de la construction et de la pose des câbles, que le second câble atlantique fut posé avec la plus grande facilité, en 1866.

L'admirable succès du professeur Thomson reçut bientôt sa récompense. Le physicien de Glasgow fut annobli et devint sir William Thomson. Toute l'Angleterre applaudit à cette haute distinction.

On doit à sir William Thomson un nouveau et remarquable instrument, le *siphon recorder*, destiné à enregistrer les signaux sur les lignes sous-marines. Cet appareil fut appliqué, pour la première fois, aux stations télégraphiques du câble qui relie l'Angleterre avec les Indes. On l'emploie aujourd'hui sur presque tous les grands câbles océaniques, et sur quelques autres plus courts, comme celui de Marseille à Alger.

Sir William Thomson est membre de la *Société royale de Londres* et de la *Société royale d'Édimbourg.* La première de ces sociétés lui a décerné sa *grande médaille*, et la seconde la *Keith medal.* Il est l'un des huit associés étrangers de l'Académie des sciences de Paris et membre honoraire de plusieurs autres Sociétés savantes. Les Universités de Dublin et de Cambridge lui ont conféré le titre de membre honoraire et celle d'Oxford un titre analogue.

Nous ne pouvons nous empêcher de mentionner les travaux de sir William Thomson sur la *théorie des marées*, spécialement en vue de la construction pratique des tables de marées. C'est à la suite de ces travaux qu'il fut nommé président du *comité des marées*, à l'*Association britannique*. Ce comité, constitué en 1867, continua ses travaux jusqu'en 1876. Ses rapports sont compris dans les volumes publiés par l'*Association britannique*.

En s'occupant de ce genre de travaux, sir William Thomson imagina et construisit trois machines spéciales relatives aux marées : un *marimètre*, un *analyseur harmonique* et un *prédicteur de marées*, qui sont actuellement passés dans la pratique.

On doit à sir William Thomson un appareil de sondage et un modèle de boussole marine qui sont aujourd'hui d'un usage régulier sur la plupart des grands steamers qui traversent l'Océan et sur la plupart des vaisseaux de guerre de la France et d'autres nations.

Les diverses industries électriques doivent beaucoup à sir William Thomson. Il a donné, non seulement les lois théoriques, mais encore les instruments pratiques destinés à appliquer ces lois, et il a poussé les électriciens dans la voie des travaux utiles. Les instruments de mesure qu'il a imaginés sont des plus délicats, et le système d'unités qu'il a travaillé pendant trente-deux ans à faire adopter est le seul qui soit aujourd'hui en usage.

L'électricité, grâce à sa télégraphie, tend à fusionner les peuples et à unifier le langage dans le monde entier ; et les électriciens sont les premiers qui aient employé un langage commun, indépendant de toute nationalité. La langue universelle, rêvée par quelques philosophes du dernier siècle, a été réalisée par les physiciens de nos jours.

VII

Les *moteurs électriques*, c'est-à-dire les appareils dans lesquels on tire parti du mouvement qui peut se produire dans des corps électrisés, ont eu deux périodes bien distinctes. La première, qui s'étend de 1843 à 1873, n'a produit que des résultats négatifs; et les déceptions éprouvées par nombre d'inventeurs qui s'étaient engagés dans cette voie, avaient complètement découragé leurs successeurs. La seconde période, qui s'étend de 1873 jusqu'au moment actuel, a été couronnée d'un succès à peu près complet.

De 1848 à 1873, la construction des moteurs électriques reposa sur le principe découvert par Arago, à savoir l'aimantation temporaire du fer ou de l'acier par le courant électrique. Le fait de l'action des courants sur eux-mêmes, découvert par Ampère, a servi de base à une disposition mécanique un peu différente.

Comment le fait de l'aimantation temporaire du fer par un courant électrique peut-il s'appliquer à la constitution d'un moteur électrique? Regardez fonctionner le télégraphe électrique de Morse, et vous répondrez tout de suite vous-même à cette question.

Le télégraphe électrique de Morse, dont nous représentons un modèle dans la figure 180, est mis en mouvement par un courant électrique, lequel, partant d'une pile placée à la station de départ, vient circuler, à la station d'arrivée, autour d'un électro-aimant H. Une armature de fer K, placée en face de l'électro-aimant, est attirée par le courant. A cette armature est attaché un levier recourbé W, qui est en fer pur. Ce levier de fer est retenu, repoussé par un petit ressort. Quand le courant électrique venant à circuler autour du levier de fer, le transforme en aimant temporaire, tout aussitôt cet aimant temporaire attire son armature, laquelle fait un mouvement en avant, et vient s'appliquer contre le fer artificiellement aimanté. Mais si l'on interrompt la circulation du courant électrique autour de l'électro-aimant, ce dernier devient inerte, et alors le ressort antagoniste, n'étant plus contre-balancé, ramène le levier

FIG. 190. — TÉLÉGRAPHE MORSE

H, électro-aimant; W, style imprimant sa trace sur le papier tournant; Z, rouleau des provisions de papier.

de fer W, à sa position première. Il y a donc un déplacement en avant, suivi d'un déplacement en arrière, c'est-à-dire un mouvement rectiligne, produit par le seul fait de l'interruption et du rétablissement alternatif du courant électrique.

Le mouvement qui se manifeste dans un télégraphe Morse peut se produire avec d'autres dispositions; et si on le produit, dans des dimensions agrandies, sur une échelle plus considérable, on a un *moteur électrique*.

De fait, le télégraphe Morse a été le premier moteur électrique; et c'est en imitant ses dispositions, c'est-à-dire en tirant parti de l'aimantation temporaire du fer par le courant électrique, que l'on a construit, pendant vingt ans, quantité de moteurs ayant l'électricité pour agent.

En effet, ce mouvement rectiligne de va-et-vient du levier du télégraphe Morse, on peut le transformer, par une roue d'angle ou une pédale de rémouleur, en un mouvement circulaire, et imprimer ainsi un mouvement de rotation à l'arbre d'une machine.

Se fondant sur le principe d'Ampère, si l'on introduit un barreau de fer dans un électro-aimant creux, le barreau sera alternativement attiré à l'intérieur de l'aimant creux, ou rejeté hors du même cylindre, selon que l'on fera circuler le courant de l'aimant creux dans un sens ou dans un autre. On a ainsi un mouvement de bas en haut et de haut en bas, tout à fait comparable au mouvement du piston du cylindre d'une machine à vapeur. Il n'est rien de plus facile, dans une machine à vapeur, que de transformer le mouvement vertical du piston en mouvement circulaire. Par le même moyen mécanique, on peut transformer en un mouvement circulaire le mouvement vertical du levier de l'aimant creux, et faire ainsi tourner l'arbre moteur d'un atelier.

Autre disposition. Entre deux électro-aimants on dispose une tige en fer, pourvue d'une crémaillère, c'est-à-dire creusée de dents, dans lesquelles engrène un pignon. Les deux électro-aimants sont rendus tantôt actifs, tantôt passifs, par l'établissement ou par l'interruption du courant électrique qui les anime. Dès lors, chaque dent de la tige de fer de la crémaillière étant successivement attirée, le pignon auquel les deux tiges sont attachées tourne directement, sans nécessiter de transformation du mouvement par une roue d'angle, ou par une pédale de rémouleur.

Voilà les trois combinaisons mécaniques qui ont été imaginées pour faire marcher des moteurs par l'aimantation artificielle d'un levier de fer, successivement établie et suspendue. Avec cet énoncé général, on comprendra le jeu de tous les moteurs électriques qui ont été construits de 1843 à 1873.

Le premier en date et l'un des plus remarquables de ces appareils fut créé en Russie, en 1839, par l'illustre inventeur de la galvanoplastie, le physicien Jacobi, qui réussit à mettre en mouvement un bateau sur la Néva.

On possède des renseignements très précis sur l'expérience de Jacobi et sur son appareil, grâce au mémoire extrêmement curieux que l'auteur fit paraître sur cette question, en 1843.

La pile qui alimentait l'appareil mécanique de Jacobi était la pile de Grove, alors nouvellement inventée. Le mécanisme se composait d'aimants artificiels produits par le courant de la pile.

Les électro-aimants étaient, les uns droits, les autres en fer à cheval. Ils s'attiraient les uns les autres par leurs pôles de nom contraire, et se repoussaient par leurs pôles de même nom. Et comme ils étaient portés sur un axe commun horizontal, les mouvements alternatifs d'attraction et de répulsion faisaient tourner cet axe. Les roues à aubes du bateau à vapeur étant attachées à l'extrémité du même arbre, la rotation de cet arbre mettait les roues en mouvement au sein de l'eau.

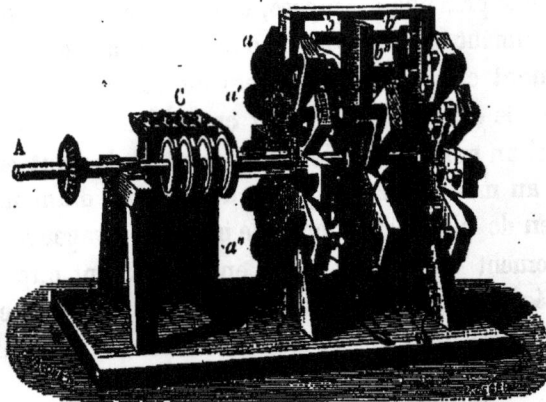

FIG. 181. — MÉCANISME MOTEUR DU BATEAU ÉLECTRIQUE DE JACOBI (1839).

Nous représentons dans la figure ci-dessus le mécanisme moteur du bateau électrique de Jacobi. Deux rangées circulaires d'électro-aimants en forme de fer à cheval a, a', a'' sont portés par deux supports verticaux. Entre ces deux rangées d'électro-aimants en fer à cheval se trouve une sorte d'étoile à six branches, portant six paires d'électro-aimants droits b, b', b''. Un commutateur C, composé de quatre roues, règle le sens des courants dans l'appareil, de manière que lorsque les électro-aimants droits se trouvent entre entre deux pôles consécutifs d'électro-aimants en fer à cheval, ils soient toujours attirés par l'un des électro-aimants, et repoussé par l'autre, le changement de sens ayant lieu au moment où les pôles mobiles se trouvent en face des pôles fixes. Par suite de ces attractions et répulsions, l'arbre A tourne et fait tourner les roues du bateau.

Une chaloupe montée par douze personnes navigua, grâce à ce mécanisme, sur les eaux de la Néva. Mais quelle disproportion entre le poids de la machine et l'effort qu'elle développait! Le moteur de Jacobi, qui était d'un poids très considérable, jouissait à peine de la force d'un cheval-vapeur! Quel poids n'aurait-il pas fallu lui donner pour qu'il fournît la force de dix à douze chevaux? L'expérience de Jacobi ne pouvait donc que décourager les physiciens qui méditaient de tirer parti de la force des élec-tro-aimants attirant une armature de fer.

C'est pourtant la voie que suivit, et dans laquelle persévéra pendant vingt années, un mécanicien du plus rare mérite, Gustave Froment, élève de l'École polytechnique, qui avait embrassé la carrière de la construction des machines de précision, et qui devint membre de l'Institut, comme Gambey et Bréguet. Honoré de l'amitié de cet homme éminent, j'ai assisté, dans ses ateliers, aux incessantes tentatives qu'il faisait pour résoudre cette espèce de quadrature du cercle de l'électricité. J'admirais son ardeur et sa persévérance, mais je ne partageais pas ses illusions. Et de fait, Gustave Froment usa ses plus belles années et dépensa des sommes consi-dérables à construire des moteurs électriques, qui avaient toutes sortes de défauts et bien peu d'avantages.

Nous passerons en revue, mais très rapidement, les divers mécanismes électro-magnétiques imaginés par Gustave Froment.

Son premier moteur, construit en 1844, et que nous représentons dans la figure 182, a été longtemps un type classique, qui a été reproduit par un grand nombre de constructeurs, comme spécimen de moteur électrique, destiné aux cours de physique.

MM. du Moncel et Géraldy, dans leur ouvrage *l'Électricité comme force motrice*, publié en 1865, décrivent ce petit jouet en ces termes :

C'était, disent MM. du Moncel et Géraldy, un électro-moteur à manivelle, dans lequel la force attractive, communiquée à l'armature articulée sur l'électro-aimant lui-même, se trouvait transformée en mouvement circulaire, au moyen d'un double levier articulé agissant sur une bielle, et par suite sur une manivelle adaptée à l'axe d'un volant un peu lourd. Un excentrique adapté à ce même axe, derrière le volant, et que pouvait rencontrer à chaque tour un ressort relié par l'intermédiaire de l'électro-aimant au circuit de la pile, constituait le commutateur, et celui-ci, établis-sant la fermeture du circuit lorsque l'armature se trouvait à son maximum d'écarte-ment de l'électro-aimant, provoquait de la part de celui-ci une impulsion, qui faisait tourner le système jusqu'à l'entier abaissement de l'armature. En ce moment, l'excentrique laissait échapper le ressort de contact, l'électro-aimant devenait inerte, et en raison de la vitesse acquise du volant le mouvement était continué jusqu'à ce que l'armature fût relevée et eût dépassé le point mort correspondant à la verticale; on se trouvait donc avoir ainsi un mouvement circulaire continu, comme celui que l'on obtient avec les meules à repasser des émouleurs.

Cet appareil, ainsi que tous les autres moteurs de Gustave Froment, fait partie des collections du Conservatoire des arts et métiers.

Après ce moteur, Gustave Froment, en 1845, en combina un autre, fondé sur le principe des roues à aubes, et dans lequel la force électromagnétique agit directement sur l'arbre moteur, sans transformation de mouvement. C'est le modèle le plus connu et que l'on trouve le plus souvent dans les cabinets de physique. Nous le représentons dans la figure 183.

MM. du Moncel et Géraldy, dans l'ouvrage déjà cité, le décrivent en ces termes :

Quatre électro-aimants, fixés sur une boîte en fonte, sont disposés suivant le

FIG. 182. — MOTEUR A MOUVEMENT ALTERNATIF DE GUSTAVE FROMENT.

rayon d'une roue qui est ajustée sur l'arbre moteur, et cette roue a sa circonférence munie d'un certain nombre d'armatures de fer doux. Un commutateur composé de ressorts à galets, mis en rapport avec chacun des électro-aimants et placé devant des contacts de pile, est mis successivement en action par l'intermédiaire de petites cornes, sous l'influence de la rotation de l'arbre moteur, et fait passer successivement et alternativement le courant dans les deux couples d'électro-aimants dont l'action sur les armatures est conspirante. Ces armatures, cédant alors à l'attraction électro-magnétique qui agit sur elles, entraînent la roue sur laquelle elles sont fixées en déterminant un mouvement de rotation continu.

Le moteur électrique à rotation directe de Gustave Froment est souvent appliqué à faire mouvoir de petites pompes à eau, dans les cours de physique, afin de mettre en évidence les principes sur lesquels sont fondés les moteurs électro-magnétiques. Quelques physiciens s'en ont servi pour entretenir le mouvement de certains appareils pendant leurs expériences de laboratoire.

Gustave Froment avait construit beaucoup d'autres moteurs. Nous les passerons sous silence, pour signaler celui qui a laissé le plus de souvenirs. Nous voulons parler du grand *électro-moteur vertical*, qui servait, dans ses ateliers, à actionner les machines à diviser. Nous représentons cet appareil dans la figure 184.

Les électro-aimants, composés de bobines de fil de cuivre isolés parcourus par le courant électrique, sont fixés verticalement, les uns au-dessous des autres, sur six montants en fonte, formant les arêtes d'un prisme

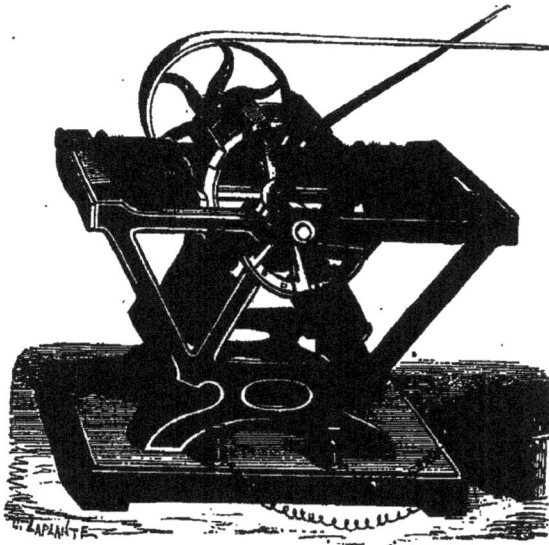

Fig. 183. — MOTEUR ÉLECTRIQUE A ROTATION DIRECTE DE GUSTAVE FROMENT

hexagonal, très solidement établi. L'arbre moteur est placé au centre de cet assemblage d'électro-aimants. Il porte, sur toute sa hauteur, une ou plusieurs séries d'armatures verticales, placées dans le prolongement les unes des autres, et disposées de manière à correspondre à chacune des paires de bobines. L'arbre moteur AA′ se termine supérieurement par une roue d'angle E, qui, par l'intermédiaire d'une autre roue d'angle de même diamètre R fait fonctionner le *commutateur* C, ainsi qu'un système d'engrenage R′, destiné à diminuer la vitesse du mouvement de la machine.

L'arbre moteur transmettait son mouvement aux machines à diviser par l'intermédiaire de la poulie P.

Le commutateur C était composé d'une série de doubles galets rayonnant autour de l'axe moteur et qui s'appuyaient sur des plaques alternativement isolantes et conductrices mises en rapport avec les divers systèmes d'électro-aimants.

FIG. 184. — GRAND ÉLECTRO-MOTEUR DE GUSTAVE FROMENT

Malgré ses dimensions et son air de robustesse, la force de cet électro-aimant ne dépassait pas un quart de cheval-vapeur.

VIII

Défaut des moteurs électriques fondés sur la simple attraction magnétique.

Après Gustave Froment, beaucoup d'inventeurs se sont appliqués à construire des moteurs fondés sur la simple attraction du fer par les aimants artificiels ou permanents.

Tous ces appareils ne donnaient que des résultats insignifiants, et l'on va comprendre le motif de ces insuccès.

On ne cherchait à utiliser que la force attractive directe de l'aimant, qui est extrêmement limitée, car elle décroît comme le carré de la distance, et qui reste à peu près la même pour les plus forts organes électro-magnétiques, comme pour de petits. En second lieu, la disposition des commutateurs permettait aux courants induits de fermeture, qui prenaient naissance dans les organes électro-magnétiques, de se développer, et de réagir en sens inverse du courant transmis. En troisième lieu, comme les aimantations et les désaimantations ne s'effectuaient que lentement dans des électro-aimants un peu gros, on ne pouvait utiliser qu'une très faible partie de leur magnétisme, qui devenait même nuisible quand on n'en avait plus besoin.

On a fait encore remarquer que les actions directes exercées entre les armatures et les électro-aimants, pouvant faire fléchir les supports, exigeaient des écarts trop grands entre les pièces magnétiques, et faisaient perdre le meilleur de leur puissance de travail.

Disons enfin que les commutateurs étaient promptement détériorés par les étincelles électriques, qui oxydaient et usaient les conducteurs.

Il serait donc absolument sans intérêt pour nos lecteurs de décrire les moteurs électriques, en quantité si considérable, que les inventeurs ont créés et mis au monde, d'après le principe de la simple attraction magnétique. Les personnes pour lesquelles ces questions rétrospectives ont de l'intérêt trouveront la description complète et les dessins des principaux de ces appareils dans l'ouvrage de MM. du Moncel et Géraldy, *L'Électricité comme force motrice.*

Nous dirons seulement qu'aucun de ces appareils ne développant pas plus de la force d'un quart de cheval-vapeur, ne peut mériter le nom de moteur. Ce sont des espèces de jouets que l'on fait fonctionner pour actionner de petits mécanismes enfantins, ou pour servir de démonstration, dans les cours de physique.

Gustave Froment lui-même, sur la fin de sa vie, avait renoncé à poursuivre le problème auquel il avait attaché tant d'importance; et il est mort avec la triste conviction de l'impossibilité de tirer parti de la force motrice de l'électricité.

Esprit pénétrant et ingénieux, Gustave Froment avait consacré sa vie aux applications de la science pratique, et surtout à la construction des instruments de précision destinés à l'astronomie, à la navigation, à la géodésie et à la physique. Dès sa jeunesse, il avait montré une aptitude extraordinaire pour la mécanique. A l'âge de quatorze ans, lorsqu'il était encore à Sainte-Barbe, il inventa un compteur automatique qui enregistrait le nombre de pas qu'il faisait par jour. En d'autres termes, il inventa au collège le *pédomètre*, aujourd'hui si connu et si en usage.

Comme nous l'avons dit, Gustave Froment s'occupa pendant toute sa vie de la construction des moteurs électriques. Il les appliquait à ses machines à diviser, notamment pour graduer les limbes des cercles destinés à la mesure des angles. Sa machine à diviser, actionnée par le grand moteur électro-magnétique, fonctionnait toute seule. Le soir, quand le mouvement et le bruit avaient cessé dans les rues de Paris, elle se mettait à l'œuvre d'elle-même, et travaillait jusqu'au matin. Avec le chant du coq, elle rentrait au repos.

On sait que Gustave Froment est arrivé à diviser un millimètre en mille parties égales, et à tracer des devises, visibles seulement au microscope, dans des espaces ayant à peine un millimètre de diamètre. C'est lui qui a exécuté, comme nous l'avons dit, les appareils de Léon Foucault destinés à démontrer le mouvement de rotation de la terre sur son axe. On lui doit également d'ingénieux perfectionnements dans la construction des télégraphes électriques.

Ses ateliers étaient un vrai musée de la science et de l'industrie. Personne plus que lui n'a aidé les savants à réaliser leurs conceptions par les précieux conseils qu'il donnait libéralement à tous les jeunes physiciens, et par la perfection de son travail; car il unissait au même degré les connaissances théoriques et la science pratique. C'était, de plus, une nature droite, obligeante, dévouée.

Gustave Froment est mort en 1865, âgé seulement de cinquante ans. De profonds chagrins avaient usé son âme trop sensible.

IX

Les petits moteurs électro-magnétiques. — Le moteur de M. Marcel Deprez et ses applications. — Le moteur Trouvé et ses applications. — La navigation électrique.

Après la condamnation fulminée dans le chapitre précédent contre les moteurs purement électro-magnétiques, il convient, pour en adoucir la dureté, d'ajouter qu'une classe de moteurs électro-magnétiques, fondés sur des principes un peu différents, échappe en partie à la sévérité de cette sentence physico-chimique. Nous voulons parler du *petit moteur électro-magnétique*, construit en 1865 par M. Marcel Deprez, et adopté en 1870 par M. Trouvé.

M. Marcel Deprez a eu l'idée de placer longitudinalement entre les branches d'un aimant permanent, en fer à cheval, une des *bobines Siemens*, ou machines dynamo-électriques Siemens, que nous avons décrites dans ce volume (fig. 72, page 200). On a vu que la *bobine Siemens* consiste en une sorte de navette cylindrique en fer, autour de la quelle on enroule longitudinalement le fil conducteur. Le courant électrique aimante le fer de la navette; et à chaque demi-tour on l'oblige, par un mécanisme particulier, à changer de direction; si bien que la navette, aimantée alternativement en sens contraire, est successivement attirée et repoussée par les pôles de l'aimant en fer à cheval qui l'entoure. De là résulte le mouvement rapide de rotation propre à la bobine Siemens.

Le moteur Marcel Deprez consiste donc en une bobine Siemens entourée d'un gros aimant permanent. Il ne pèse pas plus de 4 kilogrammes, et avec 8 couples de la pile de Bunsen, il développe, à la vitesse de 3000 tours, 2,5 kilogrammètres. Si la vitesse de la machine tend à s'exagérer, un petit *régulateur à boules* agit sur le commutateur et rompt le courant, qui passe de nouveau quand la machine a repris sa vitesse normale.

Nous représentons dans la figure 185 le moteur de M. Marcel Deprez.

Cet appareil a reçu une application très intéressante dans les machines à coudre. Le mouvement du pied est remplacé avec avantage par ce petit moleur. On sait que la machine à coudre actionnée par le pied peut amener certains désordres dans la santé des ouvrières. Quelques fabricants ont eu l'idée d'adapter à une machine à coudre le petit moteur de M. Marcel Deprez, et cette disposition a été accueillie avec faveur dans divers ateliers.

Un constructeur de machines à Paris, M. Trouvé, a créé un très bon moteur électrique en petit, substituant un électro-aimant à l'aimant permanent dont M. Deprez fait usage.

M. Trouvé s'était d'abord proposé d'appliquer son moteur à un vélocipède. En 1880, il avait fait marcher un vélocipède sur le trottoir de la rue de Valois, près de ses magasins, avec la rapidité d'un fiacre. C'était une chose sans importance; mais à l'Exposition d'électricité de 1881 on vit une application plus sérieuse de cet appareil.

Fig. 185. — PETIT MOTEUR ÉLECTRO-MAGNÉTIQUE DE M. MARCEL DEPREZ
A A', aimant permanent en fer à cheval; B, bobine Siemens.

Le 26 mai 1881, les passants s'arrêtaient sur les ponts de Paris, pour regarder, au milieu des nombreux *bateaux-mouches* et *hirondelles* qui sillonnent la Seine, une légère embarcation qui remontait le fleuve sans moteur apparent, car on n'apercevait ni machine à vapeur, ni cheminée. L'embarcation s'arrêtait, reprenait sa marche ou la ralentissait, sans un mouvement de son « patron » que l'on voyait se tenant immobile à l'arrière.

Ce canot, à l'allure si étrange, était actionné par le petit moteur électrique construit par M. Trouvé. La figure 186 fera connaître les dispositions de ce moteur.

Au lieu de se servir d'un aimant permanent, comme M. Marcel Deprez, M. Trouvé, disons-nous, emploie un électro-aimant entre les pôles duquel est placée la bobine Siemens. Le courant circule dans le fil de l'électro-aimant, et passe ensuite, au moyen des *balais*, du commutateur, dans le fil

FIG. 186. — PETIT MOTEUR ÉLECTRO-MAGNÉTIQUE DE M TROUVÉ. (1/2 GRANDEUR)

A, A, pôles de l'électro-aimant fixe. — B, fer de recouvrement de la bobine Siemens. — C C', bobine de l'électro-aimant AA. — IJ, axe de la bobine. — F, H, pôles de la pile motrice. — D, cadre en cuivre. — E, bâti en pied en fonte, indépendant.

de la bobine C C'. Tout l'appareil est ainsi traversé par le courant de la pile.

FIG. 187. — PETIT MOTEUR ÉLECTRO-MAGNÉTIQUE DE M. TROUVÉ (1/4 DE GRANDEUR).

Le courant aimante le fer de l'électro-aimant A A et celui de la bobine tournante C C, et les pôles magnétiques se trouvent déterminés. Ces pôles changent de sens dans la bobine à chaque révolution, comme dans le moteur Marcel Deprez. Il se produit donc une suite d'attractions presque continuelles, qui dominent de beaucoup les répulsions. Ces attractions se continuent jusqu'à l'interruption du courant.

La figure 186 donne la perspective du moteur de M. Trouvé, monté sur son support et en demi-grandeur; la figure 187 montre une perspective du même appareil, au quart d'exécution.

Un cadre en cuivre, D, fixé sur les branches de l'électro-aimant, dont on aperçoit la bobine à l'intérieur de la caisse E, porte tous les accessoires du moteur : *balais*, *frotteurs*, qui distribuent le courant au commutateur, contre-pointes, entre lesquelles la bobine pivote et qui permettent d'en régler le jeu, etc., etc. Une roue dentée est montée verticalement sur l'électro-aimant, de manière à répondre à toutes les applications, grâce à la variété de ses transmissions, soit par corde, par chaîne Galle ou Vaucanson, soit par engrenage. Cette roue est indépendante à volonté, et permet ainsi d'avoir la vitesse directe du moteur comme les vitesses décroissantes correspondant aux différents diamètres des poulies de la roue.

Il est difficile d'augmenter la force de ce moteur sans changer les dimensions des organes. Pour obtenir cet accroissement d'effet, M. Trouvé place deux bobines, au lieu d'une, entre les pôles de l'électro-aimant. Le courant passe dans une des deux bobines séparément. Au moyen d'une chaîne Galle, qui les relie, la bobine magnétisée tourne, entraînant l'autre dans sa rotation. Ces deux bobines sont en dérivation; si, au contraire, on actionne les deux bobines à la fois, elles sont montées en tension. On produit ainsi une force double.

M. Trouvé emploie l'un ou l'autre des deux systèmes, suivant la force de l'électricité dont il dispose.

L'ensemble du moteur est supporté par un bâti, E, en fonte, sorte de socle tout à fait indépendant, et qui ne sert que lorsque le moteur n'est pas directement fixé sur les objets à mettre en action. Il y est maintenu par la vis, H.

Le moteur tel qu'il vient d'être décrit pèse 5ᵏ,500 environ, et son rendement effectif dépasse ce poids en kilogrammètres, par seconde.

Pour obtenir une force double, triple, quadruple, etc., M. Trouvé a préféré jusqu'à présent grouper, ainsi qu'il vient d'être dit, un nombre correspondant de ses bobines autour de ses moteurs, plutôt que de les faire de dimension double, triple, quadruple, etc. Grâce à cette disposition, M. Trouvé donne toujours, à coup sûr, la force qu'on lui demande ou qu'il a en vue, sans que le rapport existant entre la puissance du moteur et son poids, soit changé.

Pour actionner son moteur, dont les prétentions sont fort modestes, M. Trouvé ne se sert point de machine dynamo-électrique, mais tout sim-

FIG. 188. — PILE AU BICHROMATE DE POTASSE.

plement d'une pile, de la pile au bichromate de potasse, qu'il a rendue très pratique dans son fonctionnement.

Nous représentons dans la figure 188 la pile au bichromate de potasse de M. Trouvé, aujourd'hui très répandue dans les cabinets de physique, et qui se compose :

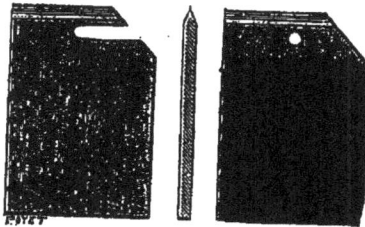

FIG. 189. — ÉLÉMENTS DE LA PILE AU BICHROMATE DE POTASSE.

1° D'une auge en bois de chêne, munie d'autant de cuves en ébonite qu'il y a d'éléments, et surmontée d'un treuil, avec rochet et encliquetage;

2° De six éléments au bichromate de potasse;

3° Du liquide excitateur, composé de l'acide sulfurique et de bichromate de potasse.

Au moyen du treuil à manivelle, M, on peut faire plonger les éléments dans le liquide excitateur, ou les en faire complètement sortir. Il sera donc facile de varier la production d'électricité suivant le plus ou moins d'immersion. Un arrêt, O, en bois, empêche les zincs de sortir complètement des cuves; en supprimant cet arrêt, la hauteur du treuil permet de rendre les zincs indépendants, de manière à vider ou à remplir aisément les cuves. La surface antérieure de l'auge est munie, à cet effet,

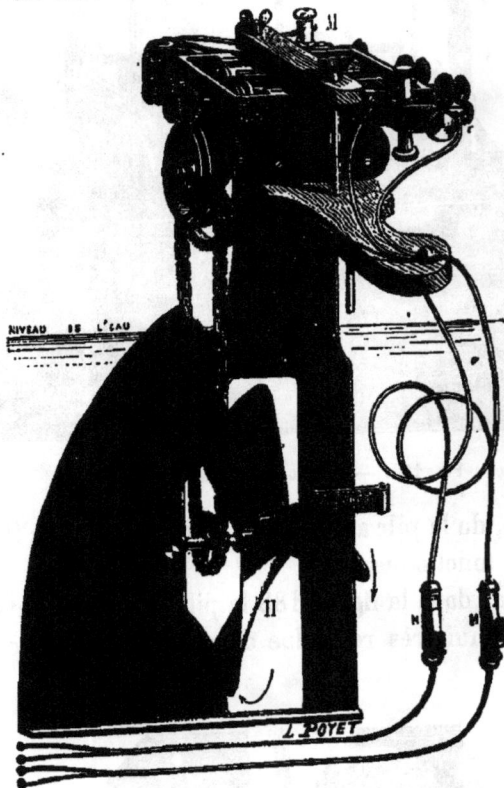

FIG. 190. — MÉCANISME MOTEUR DE L'HÉLICE DU BATEAU ÉLECTRIQUE DE M. TROUVÉ.

d'une charnière, qui permet de l'ouvrir pour tirer les cuvettes sans déranger les éléments.

Les éléments de cette pile sont formés d'une lame de zinc et de deux charbons cuivrés galvaniquement, dans leur partie supérieure (fig. 189). Ce cuivrage a pour but de consolider les charbons, matière toujours un peu friable, et de diminuer considérablement la résistance du circuit extérieur de la pile, en augmentant la conductibilité du charbon.

Le zinc amalgamé présente à sa partie supérieure une encoche, qui sert à le fixer à l'axe métallique recouvert d'une chemise en caoutchouc, sur lequel repose tout le système. Cette couche permet de déplacer très rapidement les zincs, soit pour les amalgamer, soit pour tout autre motif.

M. Trouvé a modifié la composition du liquide excitateur de la pile au bichromate de potasse. Comme il est difficile, dans la pratique, d'avoir sous la main des poids et des balances, il suffit, d'après M. Trouvé, pour faire rapidement un liquide excitateur assurant un fonctionnement constant, de mettre dans une grande terrine un kilogramme de bichromate de potasse pulvérisé, d'y verser le contenu de trois cuves (de la pile) pleines d'eau ordinaire, d'agiter avec une baguette, un certain laps de temps, pour en dissoudre le plus possible; enfin, d'ajouter lentement une cuve aux trois quarts pleine d'acide sulfurique en remuant jusqu'à la fin. L'acide sulfurique, en élevant la température du mélange, favorise la dissolution, qui doit être complète.

Nous avons dit que M. Trouvé a appliqué en 1881 son moteur à la propulsion d'un bateau sur la Seine. La disposition employée par M. Trouvé, pour transmettre à l'hélice le mouvement produit par son appareil, est représentée par la figure 190.

Le moteur électrique M, placé sur la tête du gouvernail, communique, au moyen d'une chaîne sans fin, avec une hélice, encastrée dans le gouvernail. Le tout est donc mobile. Deux piles au bichromate de potasse sont disposées au fond du canot. Leurs fils conducteurs passent à travers les *tire-veilles*[1], qui en même temps contiennent chacune un commutateur, destiné à lancer ou à en interrompre le courant. On peut donc, sans se déranger, conduire l'embarcation, ralentir son mouvement, l'arrêter complètement et le mettre en marche. De plus, l'hélice tournant avec le gouvernail, dont elle fait partie, peut actionner le canot sur le côté, et permet ainsi de virer de bord presque sur place (fig. 191).

A l'Exposition d'électricité de 1881, M. Trouvé avait placé le modèle de son bateau électrique dans le bassin de la grande nef, et les visiteurs s'amusaient à voir ses petites évolutions sur l'eau clémente de ce tranquille Océan de Lilliput.

A la même Exposition, on vit quelques autres moteurs, fondés sur le principe de la simple attraction magnétique.

Dans la section américaine fonctionnait, avec une extrême rapidité, un petit moteur, à peine gros comme le poing, construit par M. Griscom. C'était toujours, à quelques variantes près, le type du moteur imaginé par M. Mar-

---

1. Cordes légères garnies de nœuds, qui remplacent la barre du gouvernail, quand il s'agit de conduire une embarcation à l'aviron.

cel Deprez et adopté par M. Trouvé, c'est-à-dire la bobine Siemens entraînée par la réaction du courant des fils sur le fer des électro-aimants. Seulement, dans le moteur de M. Griscom les électro-aimants enveloppent la
bobine sur une portion de son diamètre et la recouvrent en partie.

Le moteur de M. Griscom est surtout destiné, comme le moteur Marcel
Deprez, à mettre en mouvement des machines à coudre. Il est alimenté

FIG. 191. — LA NAVIGATION PAR L'ÉLECTRICITÉ

par une pile au bichromate de potasse de six éléments, enfermés dans une
boîte. En appuyant sur une pédale, on fait plonger plus ou moins les zincs
dans les bocaux, et l'on diminue ou l'on augmente ainsi, à volonté, la
vitesse du moteur.

Beaucoup d'autres appareils, fondés comme les moteurs Marcel Deprez,

Trouvé, Griscom, etc., se voyaient à l'Exposition d'électricité de 1881. Mais ce n'étaient là que des sortes de joujoux, capables de développer la force d'un enfant, ou tout au plus celle d'un homme. Il est peut-être bon de pouvoir, à l'occasion, se procurer la force d'un homme, sans foyer, sans vapeur, mais ce n'est pas là, évidemment, le but que l'on poursuit quand on veut créer avec l'électricité un moteur universel.

X

Découverte de la *réversibilité* des machines dynamo-électriques. — Importance fondamentale de cette découverte.

C'est en 1873 que se fit, dans la théorie et la pratique du moteur électrique, une véritable révolution, qui vint mettre les chercheurs dans la voie bonne et féconde, et ouvrir une ère nouvelle à la mécanique de l'électricité.

Les machines magnéto et dynamo-électriques fournissent de l'électricité avec abondance et puissance, et c'est le mouvement qui produit l'électricité dans ces machines. Réciproquement, quand on dirige un courant électrique suffisant dans cette même machine magnéto ou dynamo-électrique, elle se met en mouvement.

Puisque c'est le mouvement qui produit l'électricité dans la machine dynamo-électrique, et que la même machine, quand on l'alimente d'électricité, fournit le mouvement, rien n'empêche de réunir les deux appareils. Au moyen du mouvement on produira l'électricité dans une machine dynamo-électrique, et cette électricité envoyée par un fil à une seconde machine dynamo-électrique, placée à une distance quelconque, mettra en mouvement cette dernière machine, qui dès lors pourra accomplir le travail mécanique qu'on lui demandera.

En d'autres termes, fournissez du mouvement à une machine dynamo-électrique, elle vous donnera de l'électricité; fournissez-lui de l'électricité, elle vous donnera du mouvement.

Cette idée n'est rien moins que le transport de la force mécanique d'un point à un autre, conception d'une importance capitale, capable d'accomplir une véritable révolution mécanique. Seulement, cette révolution ne pouvait se produire que quand on avait reconnu, par expérience, que la même machine peut donner à volonté de l'électricité, si on la met en mouvement par une force naturelle ou artificielle, ou, au contraire, du mouvement, si on l'alimente d'électricité.

On a appelé *réversibles* les machines électro-dynamiques, parce qu'elles peuvent transformer le travail mécanique en électricité, ou, à l'inverse, l'électricité en travail mécanique.

À quel physicien faut-il attribuer l'idée de transporter de la force à distance par la machine dynamo-électrique? C'est en 1873, à l'Exposition d'électricité de Vienne, que M. H. Fontaine, alors attaché à l'exploitation des machines Gramme, eut l'idée de cette application, c'est-à-dire s'avisa de réunir deux machines Gramme, pour opérer le transport de la force à une autre machine.

Je me suis laissé dire que cette découverte est due au hasard. Une machine Gramme était en action, pour fournir de l'électricité éclairante, pendant qu'une autre avait été placée dans le voisinage, afin d'être essayée à son tour, pour l'éclairage. Le fil conducteur qui devait servir à l'éclairage électrique, se trouva accidentellement en contact avec le fil conducteur de la deuxième machine, par suite de l'erreur d'un ouvrier, qui, voyant ce fil traînant sur le sol, l'avait adapté à la seconde machine. Alors on vit, non sans surprise, cette dernière se mettre en mouvement, sous l'influence de courant électrique venant de la première machine. Au lieu de fournir de la lumière, la machine dynamo-électrique mettait en mouvement la machine voisine !

L'enseignement donné par le hasard ne fut point perdu. M. H. Fontaine rendit bientôt témoins de cette expérience remarquable les ingénieurs et amateurs d'électricité, qui se trouvaient à l'Exposition de Vienne. La machine principale était actionnée par un moteur à gaz. L'électricité produite était transmise, à travers un câble de mille mètres de longueur, à une seconde machine, identique à la première. Cette machine réceptrice, excitée par le courant transmis, tourna et fit fonctionner une pompe centrifuge.

Cette expérience mémorable fut répétée devant l'Empereur d'Autriche, le jour de sa visite à la section française, le 3 juin 1873.

Là se trouvait la véritable solution du problème du moteur électrique ; seulement, la solution était tout autre que celle que l'on avait poursuivie pendant trente ans. Pour faire marcher un moteur à vapeur on ne fait que jeter du charbon dans le foyer; on s'était persuadé que pour faire fonctionner un moteur électrique, il suffirait, de la même manière, de brûler du zinc dans la pile voltaïque. Malheureusement, la pile voltaïque est coûteuse et insuffisante. Il a fallu produire autrement l'électricité, et fait singulier, on se sert de cette machine à vapeur même que l'on voulait supprimer, pour obtenir économiquement l'électricité destinée à alimenter les moteurs électriques.

Mais alors, se dira-t-on, pourquoi ne pas conserver la machine à vapeur comme moteur direct?

Le pourquoi, le voici. La machine à vapeur ne produit son travail que sur place. Au contraire, les moteurs électriques donnent le moyen de transmettre au loin la force. On peut la conduire partout. On peut recueillir la puissance de toutes sortes de sources naturelles ou artificielles, comme la vapeur, les torrents, les chutes d'eau, du vent, les marées, et conduire ces puissances mécaniques, au moyen d'un simple fil, jusqu'au point où l'on veut produire le travail.

Tel est l'avantage spécial du moteur électrique, et cet avantage est incomparable. Il est appelé à réaliser une véritable révolution dans l'industrie générale des nations.

XI

Labourage et autres travaux agricoles accomplis par le transport de la force au moyen de l'électricité, en 1879. — Appareil de MM. Chrétien et Félix, à Sermaize. — Le tramway électrique de M. Werner Siemens expérimenté à Berlin en 1880, en 1881 et à l'Exposition d'électricité de Paris. — M. Werner Siemens, de Berlin, ses travaux. — Les frères Siemens.

Au mois de mai 1879, une expérience superbe fut faite par un ingénieur de grand mérite du département de la Marne, M. Félix, dans sa ferme-sucrerie de Sermaize. De concert avec un autre ingénieur, M. Chrétien, M. Félix voulait essayer le labourage par l'électricité, en transmettant de son usine le courant électrique et la force qui en résulte, jusqu'au champ à labourer.

La charrue ressemblait à celle qui est en usage pour le labourage à vapeur. Elle était à double renversement, avec trois socs de chaque côté. Sur deux treuils placés aux deux extrémités du sillon à tracer, s'enroulait d'un côté et se déroulait de l'autre, un câble d'acier, qui entraînait la charrue. Les chariots qui portaient des treuils, portaient en même temps deux machines Gramme chacun. Ces machines Gramme étaient mises en mouvement par le courant électrique envoyé de l'usine. A cet effet, deux autres machines Gramme étaient reliées à chaque treuil par deux fils de 30 à 40 millimètres carrés de section (fig. 192).

Voici comment le mouvement des machines se communiquait à chaque treuil. Un arbre central, en rapport avec chaque chariot, portait à l'une de ses extrémités une poulie qui tournait par le mouvement des machines: à l'autre extrémité étaient deux pignons dont l'un engrenait sur le treuil, tandis que l'autre actionnait l'essieu des roues. Quand le chariot avait tracé un sillon dans un sens, à l'aide d'un commutateur, on faisait passer le courant dans les machines Gramme du deuxième treuil, lequel, à son tour, faisait mouvoir la charrue dans un autre sens. Quand le deuxième sillon était tracé, les chariots étaient eux-mêmes transportés par l'action des machines sur le second pignon de l'arbre central

Deux machines Gramme ordinaires à lumière, dites du type A, étaient

actionnées par le moteur de l'usine exportant leur électricité par un conducteur de cuivre de 3 millimètres de section, et faisant tourner, à 400
et 620 mètres de là, deux autres machines Gramme identiques. Ces machines, placées sur leur chariot respectif, aux deux extrémités du rectangle

Fig. 492. — LE LABOURAGE PAR L'ÉLECTRICITÉ A LA FERME-SUCRERIE DE SERMAIZE.

de terrain mis en labour et successivement animées par le courant,
tiraient à elles, avec une vitesse de 40 à 50 mètres par minute, une
charrue Brabant double, traçant des sillons larges de 30 centimètres et
profonds de 20. La longueur des sillons étant de 220 mètres, les deux
chariots étant reliés par une longueur de 240 mètres de fil conducteur.

Avec les mêmes machines et du fil de 10 millimètres carré de section, on exporta le travail de l'usine à une distance de 2 kilomètres.

D'après les mesures dynamométriques prises par MM. Chrétien et Félix, tant à l'usine que sur le terrain, la moitié de la puissance empruntée à l'usine était, en moyenne, transmise à la charrue.

La charrue de Sermaize labourait de 30 à 40 ares par heure, c'est-à-dire 3 à 4 hectares dans une journée de dix heures.

MM. Félix et Chrétien ont appliqué le même système de transmission à décharger les bateaux qui amenaient les betteraves à la sucrerie de Sermaize, et à en charger les wagons qui les transportaient à l'usine.

Le succès des expériences pour l'emploi de l'électricité comme force motrice, faites à Sermaize, a conduit à entreprendre les mêmes essais pour une série d'autres travaux mécaniques.

M. Arbey, par exemple, a fait usage de ce moyen pour mouvoir deux scies, l'une rotative, servant à diviser en planches des troncs d'arbres entiers, l'autre verticale, faisant des travaux plus délicats.

M. Piat a fait l'application du même système à une *haveuse* de M. Chénot, actionnant, dans les carrières, des concasseurs de pierre, ainsi qu'un marteau-pilon fort ingénieux.

M. Barral, qui a résumé, dans une brochure publiée en 1881, les résultats des diverses tentatives faites pour appliquer l'électricité aux travaux agricoles, mentionne également l'application de l'électricité pour commander des pompes centrifuges.

« Sur l'axe de la pompe, dit M. Barral, on fixe une poulie qui est entraînée par la simple friction des galets montés sur la machine Gramme. Un levier qu'on manœuvre sans effort, à la main, augmente ou diminue l'adhérence, pour accélérer ou ralentir la vitesse de la pompe. Ces grandes pompes rotatives sont employées aujourd'hui aux usages les plus variés sur les bords de la mer, par exemple dans les wakingues du Nord, dont le sol est au-dessous du niveau des eaux, on les emploie pour faire les dessèchements; dans le Midi, on les utilise pour les irrigations et pour la submersion des vignes. C'est ainsi qu'actuellement, dans l'arrondissement de Béziers, M. Dumont organise des installations pour appliquer la transmission électrique à la submersion des vignes. L'avantage est manifeste, si l'on considère qu'on n'a plus besoin de monter une machine à vapeur à côté de chaque pompe, si l'on remarque en outre qu'avec les machines électriques prenant leur force sur une machine fixe à vapeur centrale, on peut employer les moteurs à condensation et diminuer de beaucoup la quantité de combustible nécessaire. »

D'autres essais, faits en 1881, dans quelques usines, pour transporter la force à distance, ont donné également de bons résultats.

M. H. de Parville, dans son ouvrage *L'Électricité et ses applications*, expose en ces termes les applications les plus intéressantes du transport de la force, faites après les essais de MM. Félix et Chrétien à Sermaize :

« A la fonderie de Ruelle, on commande électriquement à distance des machines-outils, des perceuses, etc. Dans les magasins de la Belle Jardinière, à Paris, on fait passer par un fil la force de la machine à vapeur qui est dans les caves aux quatrième et cinquième étages, et on fait mouvoir ainsi des machines à coudre, des scies à rubans, etc. Aux Magasins du Louvre, un fil suspendu à travers la rue Saint-Honoré, envoie de la force empruntée au moteur placé dans les caves, jusque dans la rue de Valois, à 150 mètres de distance.

Depuis deux ans, les applications se multiplient. On commence déjà à commander dans les mines certains appareils par transmission électrique. Le moteur est installé près des puits, et la force est conduite dans les galeries souterraines par un fil métallique. En Suisse et dans quelques villes d'eaux des Pyrénées, on se sert de la force de petits torrents pour produire la lumière électrique nécessaire à l'éclairage des hôtels. A Saint-Moritz, dans les Grisons, on voit un étincelant foyer de lumière alimenté par la chute d'un petit torrent.

L'Exposition renfermait, du reste, des exemples très nombreux et bien choisis des transmissions électriques. Si toutes les machines fonctionnaient sans moteur apparent, sans bruit, sans embarras, c'est que la force leur était envoyée télégraphiquement. L'électricité fabriquée dans la galerie parallèle à la Seine arrivait par les nombreux fils qui couraient dans l'espace et le long des murs jusqu'aux petits moteurs dynamo-électriques. On poussait un bouton, et tout s'ébranlait, sans plus de cérémonie. C'est ainsi que fonctionnaient les outils, raboteuses, foreuses, tours, machines à coudre, brodeuses, tisseuses, etc. Une pompe Nent et Dumont élevait et refoulait de l'eau, empruntant sa force par un fil à un moteur à vapeur de 20 chevaux installé sous la galerie sud. En 1867, il y a quatorze ans, la même pompe Nent et Dumont fonctionnait au Champs-de-Mars, actionnée à distance par un câble télodynamique Hirn. Aujourd'hui le câble s'est aminci au point de devenir un fil, et, au lieu de porter la force à quelques kilomètres, il la transporterait tout aussi bien jusqu'à Rouen, jusqu'à Lyon.

A côté travaillait la perforatrice à diamant noir de M. Taverdan. Aujourd'hui on emploie l'air comprimé pour la commande des perforatrices au fond des tunnels. C'est ainsi que l'on a percé les trous de mines au mont Cenis et au Saint-Gothard. La transmission par air comprimé entraîne l'établissement et l'entretien de tuyaux, qu'il faut continuellement allonger et déplacer. C'est coûteux, incommode, et le rendement de la force transmise peut descendre jusqu'à 5 pour 100 de la force employée. Avec un fil qui se déroulera à mesure des besoins, on transportera la force au front de taille relativement sans frais, et avec un rendement de 50 pour 100. La perforatrice de l'Exposition donnait très bien une idée des avantages que l'on obtiendra dans ce cas avec le système électrique.

Les différents ventilateurs du Palais, notamment le ventilateur de MM. Geneste et Herscher, qui amenait l'air dans les salons hermétiquement clos des auditions téléphoniques, étaient mus par transmission électrique. En un mot, tout, à l'Exposition, fonctionnait électriquement. L'électricité y régnait sans partage.

Une application intéressante frappait surtout le visiteur : l'ascenseur électrique installé au sud-est du Palais, imaginé par MM. Siemens frères de Berlin. On peut décrire l'ascenseur en quelques lignes.

On voyait, s'élevant au milieu de la cage de l'ascenseur et dans toute sa hauteur, une solide tige de fer ressemblant à une crémaillère. Cette tige traverse à frottement la plate-forme, où prennent place dix personnes. Une petite machine dynamoélectrique est cachée sous le plancher de la plate-forme. On lui envoie de l'électricité par un fil; elle se met à tourner, et elle entraîne dans son mouvement deux pignons dentés, symétriquement disposés, qui engrènent les dents de la crémaillère; la plate-forme se hisse ainsi le long de la tige centrale; comme l'électricité arrive continuellement le long de la tige à la machine, la plate-forme monte jusqu'à ce qu'on l'arrête. Pour redescendre, on renverse le sens du courant; la machine tournant en sens contraire, le pignon engrène dent par dent, et s'abaisse comme on descendrait une par une les marches d'un escalier. La plate-forme suit et ramène au rez-de-chaussée les dix personnes qu'elle avait emportées. Si le courant n'arrive plus, soit qu'il soit interrompu volontairement ou involontairement, la roue dentée crochet reste engrenée avec les deux crémaillères, et la plate-forme se maintient suspendue. Plus d'accident à redouter, plus de piston profond, plus besoin d'eau ! »

L'application de l'électricité au labourage, faite à la sucrerie de Sermaize par MM. Chrétien et Félix, devait conduire à essayer la traction, par le même système, des convois de chemins de fer. Cette innovation ne tarda pas à être réalisée.

C'est à M. Werner Siemens, de Berlin, qu'est dû l'honneur de la première tentative de ce genre.

M. Werner Siemens avait préludé à l'application de la traction électrique sur les voies ferrées, par une autre invention, plus modeste, et pour ainsi dire préparatoire. Nous voulons parler du *chemin de fer électrique postal*, qui fut réalisé à Berlin, en 1880, d'après l'idée qu'avait émise, en 1879, M. Ch. Bontemps, employé des télégraphes français. C'était une sorte de petit chemin de fer portatif, dont l'électricité était le moteur. Une bobine Siemens, tournant de son propre mouvement, établie sur le remorqueur, entraînait les roues d'un petit chariot sur les rails, et avec lui, une série de boîtes, où l'on déposait les lettres et les petits paquets.

Le *chemin de fer postal* de M. Werner Siemens était destiné, dans la pensée de l'inventeur M. Ch. Bontemps, et de M. Werner Siemens, qui avait réalisé cette idée, à faire le service du transport des lettres dans les villes, avec plus d'avantages que ne le font les tubes pneumatiques. Cependant cette ingénieuse invention ne fut pas appliquée à Berlin, à cause de quelques difficultés d'installation, et de la place que l'appareil aurait exigée. On ne doit pas, toutefois, la considérer comme abandonnée. Elle trouvera un jour ou l'autre son application.

La figure suivante donne l'idée du petit *tramway postal* disposé par M. Werner Siemens.

Fig. 105. — LE PETIT TRAMWAY ÉLECTRIQUE POSTAL DE M. WERNER SIEMENS.
R, remorqueur électro-magnétique, composé d'une bobine Siemens; WW, petits wagons portant les lettres et les paquets.

Il faut dire, toutefois, qu'avant même M. Siemens, M. Marcel Deprez avait réalisé le projet de M. Ch. Bontemps, de concert avec ce dernier.

Un petit chemin de fer postal avait été installé, à titre d'essai, par M. Marcel Deprez, dans la cour de l'administration des télégraphes, et le résultat de cet essai n'avait rien laissé à désirer. Cependant, pas plus à Paris qu'à Berlin, le projet de remplacer les tubes pneumatiques, dans le service postal, par une petite locomotive électrique, ne fut adopté par l'administration.

Arrivons au *chemin de fer électrique* de M. Werner Siemens.

C'est à l'Exposition d'électricité de Berlin, en 1879, qu'apparut, pour la première fois, le système de transport électrique des convois sur les voies ferrées, réalisé par M. Werner Siemens. Ce spécimen était, toutefois, de proportions très réduites. Ce n'était qu'une sorte de joujou. Cependant le principe était posé. On voyait pour la première fois un moteur électrique se déplacer, entraînant un convoi de chemin de fer.

Chacun comprend immédiatement quels sont les avantages d'une telle disposition pour les voies ferrées. Avec les locomotives, le moteur est obligé de dépenser une grande partie de sa force à traîner son énorme masse, à se remorquer lui-même. Avec la traction électrique, rien de pareil ; la voiture ne supporte que le poids de la machine électro-magnétique réceptrice ; le générateur d'électricité est en un point quelconque, et l'électricité, grâce à sa merveilleuse faculté de transport, court le long d'un fil conducteur, pour venir animer le moteur. Si l'on considère qu'une locomotive pèse autant à elle seule qu'un convoi entier, on comprendra de quel avantage est l'électricité employée comme moteur dans les chemins de fer. Débarrassé de l'énorme poids qu'il lui fallait traîner, le moteur gagne le double en puissance.

Le système de transport sur les voies ferrées de M. Werner Siemens, se composait d'une machine dynamo-électrique montée sur des roues, et en rapport avec une machine dynamo-électrique fixe, qui lui fournissait l'électricité. Les véhicules que remorquaient cette *locomotive électrique* étaient de petits chariots très bas, portant une banquette à deux faces.

Le conducteur qui amenait l'électricité à la machine dynamo-électrique, était une barre de fer placée entre les deux rails, isolée au moyen de blocs de bois, et sur laquelle frottaient, en passant, des lames flexibles reliées à la machine réceptrice.

Ce n'était encore là que l'embryon du système de traction électrique sur les voies ferrées, mais l'embryon devait se développer. Avant même l'Exposition d'électricité de Paris, c'est-à-dire au mois de mai 1881, un véritable service de tramways électriques fut inauguré à Berlin, entre l'École des Cadets et Lichtenfeld, sur une distance de 2450 mètres. Ce service existe encore aujourd'hui ; la ligne a même été prolongée. Seulement, le train n'est plus tiré sur les rails par une machine commune. Chaque voiture porte sa machine réceptrice, et marche d'une manière indépendante. La voiture est munie, d'ailleurs, d'organes très précis, qui règlent sa vitesse.

Dans ce second système le courant électrique arrivait à la machine dynamo-électrique placée dans la voiture par l'intermédiaire de l'un des

Fig. 194. — TRAMWAY ÉLECTRIQUE DE M. WERNER SIEMENS A L'EXPOSITION D'ÉLECTRICITÉ DE PARIS, EN 1881.

rails, et elle revenait par l'autre rail; ce qui évitait la nécessité d'un conducteur spécial isolé placé au milieu de la voie, comme on l'avait fait au début.

Nous ne devons pas négliger de dire que la construction du tramway électrique de Lichterfelde ne se fit pas sans difficulté. La population de Berlin était remplie de préventions contre cette invention nouvelle. On tremblait à l'idée de voir un chemin de fer électrique traverser les rues de la ville, et l'on fit si bien que l'Empereur Guillaume lui-même, entraîné par les préjugés publics, fut un des adversaires de l'entreprise. Mais le créateur du tramway électrique était habitué, dès son jeune âge, à la lutte. Il surmonta toutes les résistances, et en dépit du mauvais vouloir de l'Empereur, il prononça, aux applaudissements d'un public impartial et émerveillé, le *Surge et ambula* (Lève-toi et marche).

Le *tramway électrique* de M. Werner Siemens apparut à l'Exposition d'électricité de Paris en 1881. Seulement, on fut obligé de le modifier, par des raisons que l'on va comprendre.

La ligne ferrée partait du bas de l'avenue des Champs-Élysées, devant les chevaux de Marly (place de la Concorde), où l'on avait construit un petit chalet servant pour le départ, et elle aboutissait à l'intérieur du palais.

La force motrice était produite par une puissante machine dynamo-électrique, dont le courant était conduit jusqu'au wagon. Ce wagon, beaucoup plus grand et beaucoup plus lourd que celui du chemin de fer électrique de Berlin, n'était qu'un simple omnibus de la Compagnie des tramways, dans lequel, on avait placé une machine dynamo-électrique, ou *bobine* Siemens.

La police municipale de Paris avait exigé que les rails fussent disposés comme ceux des tramways, c'est-à-dire en rainures; par suite de cette injonction, on ne put se servir des rails pour conduire le courant. La boue et la rouille empêchèrent même de les employer comme communication à la terre; de sorte qu'il fallut installer sur des poteaux, deux fils et deux tubes à rainures, qui suivaient la voie à hauteur de l'omnibus, pour obtenir la liaison entre la machine génératrice et la machine réceptrice placée sur le véhicule. Cette liaison était effectuée par l'intermédiaire de deux frotteurs à roulettes, qui glissaient à l'intérieur des tubes, et d'une double corde (renfermant les conducteurs métalliques) qui suivait l'omnibus, en passant à travers les rainures des tubes.

Le moteur dynamo-électrique entraînait la voiture avec une vitesse de 15 kilomètres à l'heure.

L'aspect général du *tramway électrique* de l'*Exposition de Paris* en 1881 est donné par la figure 194.

Quelques jours après son inauguration, le tramway électrique fonctionnait parfaitement, malgré les difficultés qui s'étaient présentées au moment de l'installation.

Notons, en passant, qu'un jour, pour montrer sa vaillance, il renversa et tua un homme sur le Cours la Reine. Le tramway prussien prouvait, à sa manière, qu'il était capable de rivaliser avec nos tramways; mais on aurait préféré un autre argument.

Le système de traction électrique des convois de chemin de fer par une machine dynamo-électrique, est déjà parvenu à un tel point de perfection, que l'on s'étonne généralement qu'il ne soit pas encore entré dans la pratique. L'explication de ce fait, c'est que les chemins de fer électriques, pour être avantageux, exigent que les stations où se trouve la force génératrice ne soient pas trop multipliées. Il faut, pour réussir, opérer un véritable transport électrique de la force à grande distance. Or, à l'époque des premiers essais de M. Werner Siemens, et jusqu'à ces derniers temps, comme on le verra plus loin, les transports d'électricité à grande distance n'étaient pas réalisables. Aujourd'hui, au contraire, et depuis les travaux de M. Marcel Deprez, dont nous allons parler, le transport à toute distance, avec un fil conducteur quelconque, est devenu possible. Il faut donc s'attendre à voir, dans un intervalle plus ou moins prochain, les chemins de fer à traction électrique prendre un essor considérable. Ce n'est qu'une question de temps. En principe, la locomotive à vapeur est destinée à faire place, un jour ou l'autre, au remorqueur électrique.

Il existe actuellement en Europe les chemins de fer électriques suivants : de Berlin à Lichterfelde, 2520 mètres; de Sandwort à Kostverloren (Hollande), 2400 mètres, de Bush à Bushaven (Irlande), 10 kilomètres, et un dernier tramway électrique dans les mines de charbon de Zankerode.

A ces lignes il faut en ajouter quelques autres, de moindre importance, comme celles de Portrush, de Brighton, etc.

Tout récemment, la compagnie du chemin de fer métropolitain de Londres a décidé d'établir la traction électrique sur une partie de son réseau. Le parlement anglais a autorisé, au mois d'octobre 1883, la construction d'une ligne, en partie souterraine, qui partira de l'extrémité Nord de Northumberland, passera sous cette avenue, sous le quai Victoria, et le lit de la Tamise, pour aboutir à la station de Waterloo. Le trajet total se fera en trois minutes et demie. Le courant sera fourni par une machine dynamo-électrique unique, placée à poste fixe, à la station de Waterloo. La construction et les appareils de la ligne sont concédés à MM. Siemens frères.

Ainsi, le mouvement est donné, et il n'est pas probable qu'il se ralentisse. On peut dire que, grâce au progrès de la traction par l'électricité, les jours de la locomotive à vapeur sont, dès aujourd'hui, comptés.

La création du chemin de fer électrique de Berlin aurait suffi pour rendre célèbre le nom de M. Werner Siemens. Mais cette invention n'est qu'une des nombreuses créations, dans l'ordre mécanique, que l'on doit à M. Werner Siemens, ou plutôt aux frères Siemens. En effet, la famille Siemens forme, dans la science et dans l'industrie, une sorte de dynastie, qui s'étend à l'Allemagne, à l'Angleterre et à la Russie. L'inventeur du chemin de fer électrique est M. Werner Siemens, le *Siemens de Berlin*, comme on l'appelle, par opposition au *Siemens de Londres*, ou William Siemens. Le *Siemens de Russie* est M. Carl Siemens. Un autre, Frédéric Siemens, est directeur de très importantes verreries en Bohême, et d'établissements industriels à Dresde.

Le chef de cette famille justement célèbre, M. Werner Siemens, est né le 13 décembre 1816, à Lenthe (Hanovre), dans cette ville où, un siècle auparavant, mourait l'illustre Leibniz. Sa famille ne négligea rien pour faire de lui un homme utile et distingué. On l'envoya de bonne heure au gymnase de Lubeck, où il fit toutes ses études universitaires. Il en sortit à l'âge de dix-huit ans, pour entrer dans l'artillerie prussienne. En 1837, M. Werner Siemens fut nommé officier dans cette arme, ce qui lui permit de satisfaire, dans une certaine mesure, sa passion naturelle pour les sciences physiques et leurs applications.

M. Werner Siemens resta jusqu'en 1849 dans l'armée active, qu'il quitta alors définitivement, pour se consacrer exclusivement à la mise en pratique des nouvelles découvertes en électricité.

Il était encore au service lorsqu'il établit en Prusse les premières lignes télégraphiques dont ce pays fût pourvu, et dont l'exécution avait été confiée à l'État-major prussien.

M. Werner Siemens avait déjà, en 1847, proposé l'emploi de la gutta-percha pour la conservation des lignes télégraphiques souterraines. Un an plus tard, il faisait, dans le port de Kiel, à l'aide de fils de gutta-percha, d'intéressantes expériences sur un nouveau système de torpilles.

Ces divers travaux, entrepris avec une supériorité de vues incontestable et une singulière dextérité pratique, avaient attiré l'attention de l'Académie de Berlin, qui, en 1850, admettait dans ses rangs leur laborieux auteur. Quelques années plus tard, M. Werner Siemens devenait correspondant étranger de l'Académie des sciences de Paris.

M. Werner Siemens ayant quitté l'armée, en 1850, fonda à Berlin l'importante usine *Siemens et Halske*, qui figure au premier rang des établissements consacrés à la fabrication des machines et engins se rapportant à l'électricité. En 1865, M. Werner Siemens créa en Russie le système de l'expédition

M. WERNER SIEMENS.

des dépêches par l'air comprimé. Son frère, M. William Siemens, l'établissait, en 1870, en Angleterre.

Parmi les autres inventions qu'on doit à M. Werner Siemens, nous signalerons sa *poulie-signal*, à l'usage des chemins de fer, — un alcoomètre particulier, — enfin sa lampe électrique *à compensation*, dont nous avons parlé dans le cours de ce volume et qui éclaire, à Paris, l'Éden-Théâtre.

Ce célèbre physicien-constructeur appartient à la plupart des Académies de l'Europe. Il fut, pendant quelque temps, membre du parlement de Berlin.

La fortune s'est montrée libérale pour le fécond inventeur. Mais M. Werner Siemens, guidé par un cœur excellent, sait faire un emploi intelligent et généreux de sa fortune. Il a présidé seul à l'éducation de ses frères, dont l'un, M. William Siemens, occupe aujourd'hui en Angleterre une position considérable.

M. William Siemens, qui est aujourd'hui naturalisé Anglais, est né à Lenthe (Hanovre) en 1823. Il entra à l'École polytechnique de Magdebourg, ensuite à l'Université de Gôttingue. Chargé par son frère, Werner, de faire connaître et breveter en Angleterre un nouveau procédé de dorure galvanique, il finit par créer en Angleterre un établissement analogue à celui de Berlin.

M. William Siemens imagina, en 1851, son *compteur à eau*, qui est encore très répandu en Angleterre et dans d'autres pays. Son fourneau à *gaz régénérateur*, imaginé de concert avec son frère, Frédéric, fut une précieuse innovation, car il amena la découverte d'un nouveau procédé de fabrication de l'acier au moyen de ce fourneau, et ce procédé rend les plus grands services à la métallurgie de la Grande-Bretagne.

M. William Siemens est une des premières autorités dans les questions de lumière électrique. Personne n'a autant que lui contribué au progrès et à la diffusion des industries ayant l'électricité pour base.

C'est M. William Siemens qui fit tous les plans pour la construction et pour la pose du premier câble sous-marin transatlantique. Il fit construire à Newcastle, chez M. Mitchell, le steamer *le Faraday*, pour les études relatives à ce grand travail.

C'est M. Carl Siemens, son frère, qui exécuta l'entreprise difficile de la pose au fond de l'Océan du premier câble sous-marin allant de l'Irlande aux États-Unis. C'est enfin dans l'usine télégraphique de MM. Siemens frères, à Woolwich, que fut construit le câble sous-marin pour la ligne Indo-européenne.

En reconnaissance des services qu'il a rendus à la science et à sa patrie d'adoption, la reine d'Angleterre a conféré à M. William Siemens le titre de chevalier, et la plupart des sociétés savantes de l'Europe ont tenu à honneur d'inscrire son nom sur la liste de leurs membres, titulaires ou correspondants.

M. William Siemens, comme son frère de Berlin, réunit en lui le génie de la recherche scientifique à celui de l'application pratique. Il appartient à cette classe d'ingénieurs, dont le nombre tend à s'accroître aujourd'hui, et qui, après de profondes recherches dans le domaine de la théorie, démontrent la justesse de leurs vues par la construction de machines et d'appareils, où prennent visiblement corps toutes les conceptions de leur pensée.

XII

M. Marcel Deprez, sa vie et ses travaux. — Les appareils de M. Marcel Deprez pour le transport de la force par l'électricité à l'Exposition d'électricité de Paris en 1881.

C'est à l'Exposition d'électricité de Paris, en 1881, que l'on eut, pour la première fois, en France, une idée du résultat des travaux de M. Marcel Deprez sur le transport de la force à grande distance par l'électricité. Beaucoup de systèmes analogues se voyaient à cette même Exposition; mais, plus que tout autre, celui de M. Marcel Deprez attirait les regards du public et l'attention des savants. Comme dans tous ces systè-

Fɪɢ. 196. — MACHINE DISTRIBUTIVE DU COURANT ÉLECTRIQUE, DE M. MARCEL DEPREZ.

mes, on trouvait, à l'origine, une machine dynamo-électrique mise en mouvement par un moteur; seulement, dans l'installation de M. Marcel Deprez, le moteur électrique était complexe, et composé de deux machines associées, l'une, analogue à la machine Gramme et produisant l'électricité, l'autre pourvue d'organes particuliers, fonctionnant partie mécaniquement, partie à la main, et dont la description nous mènerait trop loin.

La figure 196 donne l'idée de cet ensemble. On voit la machine dynamo-
électrique, A, assez semblable à la machine Gramme, mais qui en diffère par

M. MARCEL DEPREZ.

le mode d'enroulement du fil conducteur autour de la bobine. Sur la table
plane, B, qui surmonte la machine productrice d'électricité, est la série

68

d'organes destinés à distribuer le courant dans telle ou telle direction, au moyen de petites *bornes* de cuivre, *b*, *b'* *b''*.

De ce générateur de force partait, comme dans toutes les installations de ce genre, un système de deux fils emportant le courant électrique; mais, et c'est là la différence absolue, le point caractéristique qui rendait l'exposition de M. Marcel Deprez extrêmement remarquable, au lieu d'aller à une seule machine mise en mouvemeut par le courant, on voyait tout le long de ces fils conducteurs, sur une étendue d'environ 1800 mètres, des fils secondaires se détacher, pour aller animer, chacun, son petit moteur électrique et sa machine-outil. La machine principale donnait ainsi le mouvement et la vie à une série d'environ vingt-sept appareils distincts, tous indépendants et représentant autant d'ateliers ou de domiciles particuliers. C'était là le premier exemple de la distribution électrique de la force.

Avant d'exposer les travaux de M. Marcel Deprez sur le transport de la force, nous donnerons quelques renseignements biographiques sur ce physicien éminent; et cela d'autant plus que M. Marcel Deprez est Français et qu'il représente la tête d'une génération d'électriciens qui, continuant les travaux d'Ampère et d'Arago, conserveront à la France, dans la science électrique, la brillante place qu'elle conquit pendant les premières années de notre siècle.

M. Marcel Deprez est né le 19 décembre 1843, à Châtillon-sur-Loing, qui est également le lieu de naissance du physicien Antoine César Becquerel (de l'Institut), père de M. Edmond Becquerel, et dont les travaux sur l'électricité furent si nombreux et si appréciés.

On peut dire de M. Marcel Deprez qu'il est l'incarnation du génie mathématique, particulièrement appliqué aux questions de mécanique.

Sa vocation spéciale pour la mécanique se révéla, chez lui, dès le commencement de ses études. Et quand nous parlons de mécanique, nous n'entendons pas cette science banale, qui consiste seulement à combiner des leviers ou des roues; mais cette science, immense par son étendue, qui comprend l'étude entière de la force et du mouvement, depuis le calcul de révolutions célestes jusqu'aux mouvements intimes et moléculaires des corps; qui embrasse la marche des astres, comme celle de la plus humble machine. Cette science en suppose beaucoup d'autres. Elle exige une possession approfondie des mathématiques supérieures, une compréhension complète des parties de la physique où l'on étudie les agents qui se rattachent à la force, tels que la chaleur et l'électricité, et bien d'autres connaissances encore.

M. Marcel Deprez, dès sa jeunesse, comme il devait le faire plus tard, dans le complet développement de ses facultés, aima d'un amour exclusif cette belle science de la mécanique; elle fut le sujet unique de ses travaux.

Mais sa passion dominante ne lui laissait pas le temps de se livrer à la diversité d'études qu'exigent les examens scolaires. Aussi ne prit-il point la voie des écoles. Il s'affranchit, comme Ampère l'avait fait de tout enseignement officiel. Il voulait s'avancer librement dans le chemin qu'il s'était choisi.

Vers sa vingtième année, il entra, comme secrétaire, auprès de M. Combes (de l'Institut), directeur de l'École des mines et ingénieur d'un rare mérite. Il trouvait là un milieu scientifique propre à favoriser ses études, sous la protection assurée d'un savant éminent.

L'esprit inventif de M. Marcel Deprez se montra dès cette époque.

Il convient de dire tout de suite que ses travaux peuvent être rangés en trois séries : les premiers, relatifs aux machines à vapeur, les seconds relatifs à l'étude des pressions élevées, des mouvements très rapides et très peu étendus, les derniers concernant l'électricité.

Nous n'essayerons pas d'énumérer les nombreuses solutions données par l'inventeur dans les deux premières séries de ses travaux. Disons seulement, pour la première, qu'il indiqua des modes nouveaux et très avantageux de distributions de la vapeur ; pour la seconde, qu'il créa des appareils permettant de mesurer et d'enregistrer les prodigieuses pressions produites par les gaz détonant dans l'âme d'un canon, ainsi que les vitesses énormes imprimées au projectile dans un temps excessivement court.

Des mêmes principes mathématique, maniés avec une admirable habileté, il fit sortir un mode de mesure des pressions et des vitesses dans les chemins de fer. Comme application de ces données, il construisit un *wagon-dynamomètre*, qui est aujourd'hui en usage sur le réseau de l'Est, à l'aide duquel on peut se rendre compte de tous les éléments de la marche du train, vitesse, travail dépensé, etc., et les enregistrer automatiquement.

M. Marcel Deprez avait préludé à ses recherches sur le transport de la force, par des travaux spéciaux en électricité. On lui doit, entre autres inventions, dans le domaine de l'électricité, une série d'instruments de mesure, fondés sur un principe nouveau, très commodes, très pratiques, et sans lesquels, peut-être, les belles découvertes qu'il a faites plus tard eussent été difficiles, ou au moins entravées de travaux préalables, lents et incommodes.

Voilà, pour un homme jeune encore, une carrière remplie d'une façon brillante. Après avoir énuméré les travaux de M. Marcel Deprez, on est heureux de se dire qu'une telle somme de résultats acquis n'est même qu'une promesse, et qu'il reste à un savant si bien doué toute une moitié, et la plus active de sa vie, à remplir de découvertes et d'inventions, qui seront les dignes sœurs de leurs aînées.

XIII

Difficultés propres au transport de l'électricité à grande distance. — Travaux de
M. Marcel Deprez. — Expérience faite à l'Exposition de Munich, en 1881. — Expérience faite à Paris, en 1883, à la gare du chemin de fer du Nord. — L'expérience
de Grenoble.

Le principe de la *réversibilité* des machines dynamo-électriques étant le
point essentiel du transport de la force par l'électricité, et ce principe ayant
été présenté au public dès l'année 1873, on se demande quelles sont les
difficultés qui ont empêché le transport de la force d'entrer dans la pratique ; comment il n'a pas été appliqué dès l'abord, et quels progrès il
restait à accomplir pour le faire adopter dans l'industrie.

Ces difficultés, les voici.

Dès les premières expériences que l'on fit sur ce sujet, on reconnut que le
transport électrique de la force entraînait une perte notable, et que l'on ne
pouvait jamais recueillir tout ce qu'on avait dépensé. Il n'y a, du reste, là
rien de surprenant. En mécanique, comme dans l'ordre social, tout service se paye ; ce n'est qu'au prix d'une certaine perte que l'on obtient un
avantage quelconque. La proportion entre la force effective que l'on recueille
et celle que l'on perd, est ce que l'on nomme le *rendement*. Votre moteur, à
son point de départ, développe une puissance de 20 chevaux-vapeur ; à l'arrivée, votre récepteur électrique ne permet d'en utiliser que 10 : le *rendement* est de 50 pour 100.

Les premières expériences faites, après le célèbre labourage électrique de
la ferme-sucrerie de Sermaize, firent reconnaître que dès que la distance
entre les deux machines devenait un peu grande, le *rendement* s'abaissait rapidement ; si bien qu'au bout de quelques centaines de mètres, on ne récupérait plus qu'une fraction insignifiante de la force primitive, et que,
dans ces conditions, le transport électrique devenait un véritable leurre.

On sut bientôt ce qui occasionnait cette perte. Pour se rendre d'une des
machines à l'autre, l'électricité doit suivre un fil conducteur. Pendant ce
trajet, elle rencontre dans le fil une certaine résistance, qui entrave sa
marche ; en sorte qu'elle dépense son énergie en chemin, et qu'au bout

d'une certaine distance, elle n'est plus en état de fournir du travail. Plus le fil est long, plus .a résistance au passage de l'électricité est grande, et par conséquent, plus le transport perd de son efficacité.

On possède, il est vrai, le moyen de triompher de la résistance du conducteur. Tous les physiciens savent que plus un conducteur est gros, moins il oppose de résistance au passage de l'électricité: c'est pour cela que la terre est le meilleur de tous les conducteurs, en raison de son énorme masse. Il suffirait donc de prendre un fil assez gros pour supprimer, ou au moins pour diminuer à volonté, la résistance que rencontre l'électricité dans son voyage d'une machine à l'autre. Ceci est de toute évidence : en employant un conducteur d'une grosseur suffisante, on pourrait opérer le transport de la force à une distance quelconque. Seulement, pour grossir ainsi le fil, il faut employer des quantités considérables de métal, ce qui devient excessivement cher. Avec un gros conducteur le transport n'aurait aucun avantage; car, on le comprend bien, si l'on recueille des forces, c'est pour les utiliser; et si leur transport est par trop coûteux, il faut y renoncer. Pour que l'opération soit rémunératrice, il faut nécessairement faire usage. de fils fins et peu coûteux.

D'autre part, les transports à petite distance, tels que ceux dont nous avons parlé, et qui ont été tentés depuis l'année 1873, seraient, dans la pratique industrielle, tout à fait inutiles. En effet, si une grande force, une puissante chute d'eau, par exemple, se trouve à peu de distance d'un centre de fabrication, les usines iront bien la trouver; elles s'établiront à ses alentours. Ce n'est que dans le cas où la source d'énergie mécanique est très éloignée qu'il est utile d'amener la force à l'usine. Dans ces conditions seulement, le transport électrique trouve sa véritable utilité, et s'impose, pour ainsi dire.

Il faut donc accepter ces deux conditions : grande distance et fil fin, c'est-à-dire forte résistance entre les deux machines, résultant de cette double obligation.

Tel était l'obstacle qu'avaient rencontré les auteurs des premières expériences sur le transport de la force, et ils n'avaient jamais pu en triompher. La question n'avançait pas; on commençait même à mettre en doute l'exactitude des principes sur lesquels reposait l'entreprise, lorsque M. Marcel Deprez commença à s'occuper de cette question. M. Marcel Deprez parvint à trouver la solution cherchée, et il ouvrit ainsi à cette belle application de l'électricité la carrière immense qu'elle est appelée à parcourir.

On peut dire, en un seul mot, par quel moyen M. Marcel Deprez triompha de la difficulté qui nous occupe : ce fut en employant l'*électricité à haute tension.* L'électricité se comporte, en effet, comme le ferait un corps peu compressible, l'eau par exemple. Si l'on veut transmettre beaucoup de force au moyen de l'eau, comme dans la presse hydraulique, il faut en employer peu, en lui faisant supporter de fortes pressions. On ne saurait dire au juste ce que c'est que la *tension* de l'électricité, mais il est certain que l'électricité se comporte comme un liquide soumis à une pression; en sorte qu'une petite quantité d'électricité fortement tendue peut transmettre beaucoup de travail. Or, la perte d'électricité qu'on est obligé de subir quand on transporte la force par un fil conducteur, ne dépend pas de la *tension*, elle dépend seulement de la quantité d'électricité qui passe. Pour augmenter à volonté la force qu'on recueille sans augmenter la perte, il faut donc accroître le degré de la *tension* électrique.

Arrêtons-nous un instant sur ce qu'il faut entendre par la *tension électrique*. Nous avons comparé la tension de l'électricité à la compression de l'eau, et l'assimilation est exacte. Quel travail peut-on obtenir d'un mètre cube d'eau? Personne ne peut le dire. Cela dépend de la hauteur de la chute, qui rendra ce mètre cube d'autant plus puissant en effets mécaniques, qu'il tombera d'une plus grande hauteur. Une certaine quantité d'électricité peut, de même, suivant la façon dont elle est produite ou accumulée, se présenter avec une pression plus ou moins grande. Prenons une machine électrique à frottement, donnant de l'électricité statique, et essayons d'en tirer une étincelle; nous en obtiendrons à 1 millimètre d'abord, puis à 1 centimètre, ensuite plus loin. Toutes les étincelles sont à peu près pareilles, il n'y a pas plus d'électricité dans l'une que dans l'autre; mais pour franchir une distance d'un centimètre il faut à l'électricité plus de *tension* que pour franchir un millimètre.

Dans les machines dynamo-électriques, qui sont aujourd'hui nos producteurs industriels d'électricité, la tension, dans une machine donnée, s'accroît avec la vitesse de rotation. Seulement, cela se conçoit, on ne peut augmenter indéfiniment la vitesse de cette machine. Les premières machines qui furent construites ne donnaient pas de tensions élevées, même en accélérant leur mouvement jusqu'à leur limite. Pour dépasser ces résultats, il fallut modifier l'appareil lui-même, dans un sens alors ignoré.

Voilà donc ce que les physiciens entendent par la *tension* de l'électricité.

L'influence de la *tension* sur le transport était vaguement aperçue avant les travaux de M. Marcel Deprez, lesquels furent entrepris par lui en 1879. Seulement, on n'était pas pour cela très avancé, car si l'on comprenait qu'il fallait marcher vers la haute tension, on ne savait ni comment l'employer, ni même comment la produire.

M. Marcel Deprez commença par étudier les lois du transport électrique de la force, et il les formula d'une façon simple et claire. Il posa en fait que le *rendement* ne devait pas forcément s'affaiblir avec l'accroissement de la distance, et formula ce principe, devenu célèbre, que le *rendement* est, théoriquement, *indépendant de la distance*. Ensuite, en s'appuyant sur les seules et peu nombreuses expériences faites jusque-là avec les machines dynamo-électriques; trouvant, avec une admirable facilité, le moyen de se passer des lois encore inconnues, et de rester mathématiquement sur le terrain qui lui était imposé, il montra avec précision quelles devaient être les dispositions nouvelles des machines dynamo-électriques pour donner, à coup sûr, une tension déterminée au courant.

Ces vues simples et ces limpides théories, qui apportaient un si grand progrès dans une matière de telle importance, auraient dû être accueillies dans le monde savant avec une joie sans mélange. Il n'en fut rien, et l'on ne saurait se figurer la nuée de contradictions qui s'éleva autour des affirmations de l'inventeur, lorsqu'il les formula en public, pour la première fois. C'était au Congrès international d'électricité de Paris, en 1881. La plupart des membres de ce Congrès repoussèrent les idées du novateur. Quelques théoriciens, déjà engagés dans la même voie, ne considéraient pas sans ennui le hardi coureur qui les distançait si aisément. La résistance et l'incrédulité furent donc générales. Mais ces brouillards ne devaient pas tarder à se dissiper aux lumières de la vérité.

Aujourd'hui la victoire est restée à M. Marcel Deprez, mais ce n'a pas été sans efforts.

Plus exigeant pour lui-même que les théoriciens qui, satisfaits d'avoir posé un principe, ou mis en lumière une idée, s'arrêtent, se croyant au bout de leur tâche, M. Marcel Deprez s'engagea dans le chemin abrupt et pénible de l'expérience et de la pratique. Il voulut faire passer dans les faits ce qu'il avait si bien conçu dans son esprit.

Après celle de Paris, une Exposition d'électricité s'était ouverte à Munich. C'était en 1882. M. Marcel Deprez venait d'exposer devant la commission officielle de cette Exposition ses théories sur le transport de la force. On lui demanda de les appliquer immédiatement et du premier coup. On lui proposa, dans ce but, une ligne télégraphique qui n'avait pas moins de 50 kilom. de longueur. Rien d'analogue n'avait encore été fait; la distance qu'il s'agissait de franchir dépassait tout ce qui avait été vu jusque-là. De plus, on n'avait jamais opéré avec les fils télégraphiques qui, placés à l'air, et isolés sans aucuns soins spéciaux, pouvaient faire surgir de graves difficultés.

Malgré les hasards, malgré les craintes de ses amis, sûr de lui-même,

M. Marcel Deprez accepta. Il accepta dans des conditions d'autant plus difficiles qu'il ne possédait alors, en fait d'appareils, que des machines dynamo-électriques d'anciens types, transformées tant bien que mal, selon ses idées.

Deux de ces machines furent donc envoyées de Paris en Bavière. L'une fut placée à Miesbach, village à 57 kilomètres de Munich ; l'autre fut in-

FIG. 198. — MACHINE DYNAMO-ÉLECTRIQUE GÉNÉRATRICE D'ÉLECTRICITÉ, DE M. MARCEL DEPREZ, AYANT FONCTIONNÉ
A MIESBACH, POUR LE TRANSPORT DU COURANT ÉLECTRIQUE A MUNICH, EN 1882.

stallée au Palais de Cristal, dans cette capitale. Un fil télégraphique de 4^{mm} de diamètre, amenait le courant ; un fil semblable le ramenait à la machine génératrice.

La figure 198 représente la machine génératrice de Miesbach, avec le petit local où elle fonctionnait.

Lorsque vint l'heure de cette grande et décisive expérience, tous les membres de la commission allemande se trouvaient réunis; et il faut bien le dire, tout en ayant demandé l'expérience à l'ingénieur français, ils croyaient peu à son succès. Aussi lorsque, au signal de M. Marcel Deprez, la machine de Munich entra en mouvement, y eut-il un moment de grande anxiété. Mais bientôt éclata un grand et profond enthousiasme : la transmission était parfaite!

La machine de Munich était employée à faire marcher une pompe, qui actionnait une cascade. La figure 199 donne l'idée de cette belle et intéressante expérience.

En raison de son importance considérable, cet essai, fut jugé sans réplique. La commission allemande envoya à l'Académie des sciences de Paris un télégramme, pour lui signaler le succès obtenu par notre compatriote.

On se proposait de mesurer avec exactitude les résultats ; mais divers accidents entravèrent les opérations. On put, toutefois, constater un travail reçu d'un tiers de cheval-vapeur, et un *rendement* d'environ 50 pour 100.

Un pareil succès, un résultat si nouveau, devaient encourager l'inventeur, qui se mit immédiatement à faire construire des machines dynamo-électriques conformes à ses théories, c'est-à-dire produisant de l'électricité à haute tension et capables de transmettre de sérieuses forces.

Ces machines n'étaient point, d'ailleurs, imaginées uniquement pour servir à des expériences. Elles devaient être consacrées à des applications pratiques, à un service régulier, dans lequel le travail serait de quelque importance, la distance de leur portée utile étant moins grande qu'à Munich, et comprise entre dix et vingt kilomètres.

On construisit d'abord une seule nouvelle machine dynamo-électrique. Elle devait servir de *génératrice*, c'est-à-dire engendrer le courant électrique par l'action du moteur.

La figure 200 représente ce type nouveau de *machine génératrice*.

Comme toutes les machines dynamo-électriques, elle se compose de deux bobines électro-magnétiques, A B, A' B', mais le mode d'enroulement du fil diffère essentiellement de celui qui est en usage dans les machines Gramme et Siemens. Le récepteur des courants D, ainsi que les balais, E E', ont également été modifiés par M. Marcel Desprez, pour s'adapter à cette machine génératrice, dont l'objet spécial est de produire de l'électricité à haute tension.

Pour machine *réceptrice*, on prit une ancienne machine de Gramme, du plus grand type, que l'on transforma, comme on avait fait déjà. Cette dernière resta naturellement médiocre, mais enfin elle pouvait servir à un essai.

Cet essai, cette nouvelle expérience, se fit dans les ateliers du chemin de fer du Nord, au mois de mars 1885. Les deux machines *génératrice* et *réceptrice* dont il vient d'être question, étaient côte à côte. Seulement, le fil qui les réunissait allait jusqu'au Bourget, pour revenir ensuite à Paris, et

Fig. 200. — MACHINE DYNAMO-ÉLECTRIQUE DE M. MARCEL DEPREZ.

présentait ainsi une longueur totale de 17 kilomètres. Le transport s'opérait donc comme si les machines eussent été à 8 kilomètres et demi l'une de l'autre.

L'expérience du chemin de fer du Nord fut poursuivie par la malechance. La machine de Gramme transformée n'était pas en très bon état, et

FIG. 201. — EXPÉRIENCE DU TRANSPORT DE L'ÉNERGIE MÉCANIQUE FAITE PAR M. MARCEL DEPREZ DANS LES ATELIERS DU CHEMIN DE FER DU NORD, AU MOIS DE MARS 1883.

l'on n'avait pas eu le temps de la réparer. La machine génératrice nouvelle, à son arrivée à la gare du Nord, reçut une averse énorme ; elle fut complètement trempée, condition néfaste pour un tel appareil, dont la conductibilité perd sensiblement, si on le laisse inonder par l'eau.

Cependant, une commission avait été nommée par l'Académie des
sciences, pour assister à l'expérience du chemin de fer du Nord ; la commission avait fixé le jour : il fallut opérer, bon gré mal gré.

En dépit de ces conditions défectueuses, la commission de l'Institut constata un travail reçu de quatre chevaux-vapeur et demi, avec un *rendement*
de 48 pour 100.

Le progrès était manifeste. On avait obtenu un rendement supérieur à
celui de Munich.

L'aspect général de l'expérience du chemin de fer du Nord est reproduit
par la fig. 201.

Après ce succès, qui eut un grand retentissement, les demandes d'application commencèrent à arriver. Elles devinrent bientôt plus nombreuses et plus pressantes. On accepta celle qui était formulée par la
ville de Grenoble, pays extrêmement riche en forces naturelles, et on résolut de réaliser là une expérience qui fût une véritable application pratique, c'est-à-dire dans laquelle, au lieu d'avoir, comme à Paris, les deux
machines génératrice et réceptrice côte à côte, on se placerait dans les
véritables conditions de la nature, à savoir : la force mécanique au loin
et la réception de cette force à une grande distance.

Les machines qui avaient servi à Munich furent employées à Grenoble,
seulement bien remises en état. La machine génératrice fut installée à
Vizille, près d'une puissante chute d'eau ; l'autre à Grenoble (distance
14 kilomètres). Les fils conducteurs n'étaient pas les fils du télégraphe électrique, mais des fils en bronze siliceux, qui n'avaient que 2^{mm} de diamètre.

C'est dans ces conditions qu'au mois de mai 1883, le transport de la
force résultant de la chute d'eau de Vizille fut fait à la ville de Grenoble.
Une commission municipale, nommée à cet effet, constata un travail reçu
de sept chevaux-vapeur, avec un rendement de 62 pour 100.

Les expériences durèrent deux mois, en travaillant deux heures chaque
jour, ce qui constituait un véritable travail industriel. La population de
Grenoble était émerveillée de voir la chute d'eau de Vizille venir faire
marcher une cascade et alimenter des becs d'éclairage électrique, dans le
Hall public. Le succès fut donc, cette fois, définitivement acquis, et tous
les doutes s'évanouirent.

Nous ajouterons, d'ailleurs, qu'on reprit à Grenoble la *distribution élec-trique de la force*, déjà essayée à l'Exposition de Paris, en 1881, seulement en y joignant, cette fois, l'élément de la distance.

Dans le journal *La Lumière électrique*, du 15 septembre 1883, M. le docteur Cornélius Herz rendait compte sommairement, en ces termes, du résultat des expériences de Vizille à Grenoble :

« Depuis plus de deux mois, des expériences nouvelles de transport et de distri-bution électrique de la force ont été faites par Marcel Deprez, de Vizille à Gre-noble, à la distance de 14 kilomètres. Le conducteur reliant les deux stations était un fil en bronze silicieux de *deux millimètres* de diamètre, la force reçue à Grenoble s'est élevée à sept chevaux, et le rendement mécanique industriel a atteint *soixante-deux pour cent*.

Voilà des faits précis, extraordinaires, qui ont été portés, lundi dernier, à la connaissance du monde savant dans la séance de l'Académie des sciences, où a été lu le rapport de la Commission nommée par la municipalité, et composé d'in-génieurs des ponts et chaussées, d'ingénieurs des mines, des télégraphes et d'ingé-nieurs civils, ayant comme président M. le capitaine du génie Boulanger.

Le transport de la force n'a que quelques années d'existence. Au Congrès d'Élec-tricité, en 1881, des contradictions, des doutes entourèrent l'exposé des doctrines de M. Marcel Deprez, alors appuyées à peine sur des essais de laboratoire. Deux années ne sont pas écoulées, et nous voyons aujourd'hui les machines marcher dans des conditions réellement pratiques. Les conséquences de cette découverte sont appré-ciées de tous : l'accroissement immense de richesse qui résultera de la récolte et de l'apport dans les villes d'une quantité illimitée de force, les heureuses modifi-cations sociales, l'agrandissement de l'initiative individuelle, en seront les pre-miers effets.

La municipalité de Grenoble, qui exploite elle-même son usine à gaz et qui pos-sède, dans les belles montagnes du Dauphiné, des forces naturelles d'une puissance inépuisable, a suivi, avec le plus vif intérêt, le développement de la découverte de M. Marcel Deprez dans ses progrès successifs à l'Exposition Internationale d'électricité en 1881, puis à Miesbach-Munich, en Bavière, en 1882, ensuite au chemin de fer du Nord, à Paris, en 1883.

Le maire, M. Édouard Rey, a voulu créer une œuvre utile à ses concitoyens, et c'est aux frais de la ville que toutes les installations ont été effectuées. Les démons-trations qui viennent d'avoir lieu ont enthousiasmé les populations de l'Isère.

Aussi, dans la séance du 10 septembre de l'Académie des sciences, tout en faisant ressortir le caractère industriel de ces expériences, qui ont duré deux mois, M. Bertrand, secrétaire perpétuel, a-t-il pu dire, au milieu de l'approbation una-nime de ses collègues :

« *Ces nouvelles expériences ont eu un succès complet et la ville de Grenoble peut réclamer l'honneur d'avoir fait le premier pas dans une voie signalée à plusieurs reprises par les encouragements et les espérances de l'Académie des sciences.* »

La voie est donc désormais ouverte aux applications les plus générales du transport électrique des forces naturelles. On verra bientôt des machines génératrices d'une puissance considérable absorber des centaines de chevaux-vapeur, les transformer, les faire courir le long d'un fil, et des machines réceptrices les rendre, sous la forme d'un travail mécanique, à une grande distance. Les chutes d'eau qui, aujourd'hui, coulent, inutiles, aux flancs des montagnes, enverront leur puissance au centre des cités ou dans des usines très éloignées. Sur toutes les côtes de l'Océan, les incessantes dénivellations liquides, c'est-à-dire les marées quotidiennes, représentent des milliards de kilogrammètres de force, qui retombent sans utilité le long des rivages. Quand on saura recueillir ces énergies perdues, et les transporter, grâce à l'électricité, aux lieux où l'on pourra les utiliser, on disposera d'un total de forces, qui remplacera avec avantage celles que nous fournit, non sans bien des opérations préalables et dispendieuses, le charbon extrait du sein de la terre.

De cette masse énorme d'énergie mécanique ainsi transportée, chacun prendra sa part, chez lui, pour l'utiliser à sa fantaisie. On la consacrera à faire agir les outils et mécanismes dans les usines ; à donner le mouvement à des tours, à des métiers ; à animer les ateliers les plus divers ; ou bien à produire l'éclairage, soit par l'arc électrique, soit par des lampes à incandescence. Dans les pays montagneux où abondent torrents et cascades, ces forces naturelles pourront à l'avenir être utilisées, et un grand nombre de villes, de localités, de régions industrielles, trouveront un bénéfice inespéré à remplacer la machine à vapeur par cette force libéralement donnée par Dieu, stérilisée jusqu'ici, et que le génie de l'homme a su reconquérir.

On se fera une idée, en jetant les yeux sur la figure 202, du mode général d'utilisation d'un torrent ou d'une chute d'eau, par le secours de l'électricité. Une turbine immergée dans le lit du torrent, et mise en action par la chute d'eau, vient faire marcher une machine dynamo-électrique, et l'électricité fournie par le mouvement de cette machine, va, à grande distance, faire agir des mécanismes destinés au travail de la construction de maisons ou aux opérations des ateliers. Une autre partie du courant est consacrée à produire l'éclairage. Comme il a été suffisamment établi dans le cours de ce volume, l'électricité jouit, en effet, du double privilège de produire à volonté la *force* ou la *lumière*.

XIV

La science se venge de ses détracteurs par de nouveaux bienfaits.

Après tout ce que nous venons de dire, on pourra envisager avec moins d'anxiété qu'autrefois la question de l'épuisement possible, ou probable, des provisions de houille accumulées dans le sein de la terre. Les géologues et les métallurgistes calculent depuis longtemps, sur des bases plus ou moins sûres, pour déterminer l'époque où les mines de houille actuellement connues cesseront de nous fournir le combustible qui forme l'aliment fondamental de l'industrie moderne. Il est maintenant certain que bien avant l'épuisement de nos gisements houillers, on aura trouvé dans l'électricité le moyen de produire de la force sans recourir au charbon.

On peut même croire que l'électricité employée comme force motrice, transformera un jour le mode général d'emploi de la houille. Que de frais ne faut-il pas faire pour transporter le charbon du carreau de la mine dans les usines qui le consomment! Serait-il impossible de brûler la houille aux environs des houillères, pour produire une force, qui serait dirigée, au moyen d'un fil conducteur, dans les ateliers et manufactures? Dès lors, plus de transport par les canaux et les voies ferrées. On brûle le charbon sur place, et on en extrait la quintessence, c'est-à-dire la force, que l'on expédie ensuite partout où elle est demandée. C'est l'histoire des alcaloïdes que l'on retire du Quinquina, la quinine et la cinchonine, qui concentrent sous un faible volume les propriétés médicinales de l'écorce du Pérou.

Pourquoi voit-on tant de verreries aux environs des houillères, dans le Nord de la France et en Belgique, ou dans les forêts de la Bohême? Parce qu'en établissant au voisinage des gisements de houille et au sein des forêts, la fabrication du verre, qui n'exige que du combustible et des matières premières sans valeur, on supprime les dépenses et les embarras qu'entraîne le transport du charbon ou du bois. C'est ce qui arrivera un jour pour

la force. On la fera naître au pied même des gisements de houille, afin
d'éviter les voyages du charbon.

Autre innovation. Il faut aujourd'hui élever la houille des profondeurs
de 500 à 600 mètres, pour l'amener hors de la mine. Cette manœuvre ne
se fait pas sans frais. Ne pourrait-on brûler la houille à l'intérieur
des galeries, au point même où on l'arrache à sa roche schisteuse, et
expédier de là, par un fil conducteur, la force motrice provenant de sa
combustion?

Le mode général d'emploi du charbon, et son mode particulier d'ex-
traction au sein de la mine, seraient ainsi profondément modifiés.

Quelles échappées imprévues, quels horizons nouveaux nous ouvre la
découverte dont nous venons de retracer l'histoire et les procédés! Quelle
révolution elle présage dans l'industrie, et consécutivement, dans le milieu
social!

Ainsi se trouve justifiée la pensée placée en tête de cette Notice : *la révolution par la science*. Tout annonce que la science est appelée à boule-
verser la situation présente des hommes et des choses, et que la société se
réveillera, un beau matin, absolument transformée, renouvelée des pieds à
la tête, retournée, comme un gant. Par suite du bas prix de chaque chose,
il n'y aura plus ni classe, ni démarcations hiérarchiques, ni richesse
extrême, ni pauvreté reconnue. Les talents naturels et le travail feront
seuls les distinctions entre les individus. Celui qui, maintenant, est marchand de peaux de lapin, sera archi-millionnaire; tandis que cet autre qui,
de nos jours, trône au faîte des grandeurs, ramassera des bouts de cigares et
ouvrira les portières aux abords des théâtres. Ce sera la bonne, la vraie
révolution sociale, celle que personne ne soupçonne, chez nos aveugles et
ingrats contemporains.

Ne remarquez-vous pas, en effet, ami lecteur, avec quel sentiment d'indifférence et souvent de mépris ou d'hostilité, la science est accueillie et
traitée par le commun des hommes de nos jours? N'est-il pas vrai que le
titre de savant est, en France, le synonyme d'un être parfaitement ennuyeux,
d'un bonhomme qui prend du tabac à priser et qui se mouche dans un
mouchoir à carreaux; en un mot, d'un personnage assommant. qu'il faut
fuir comme la peste, et laisser à ses bouquins?

Quand un auteur dramatique met en scène un savant, le représente-t-il
jamais autrement que bête et ridicule? Pailleron, Gondinet, Labiche, Meilhac
et Halévy, n'introduisent sur la scène un membre de l'Académie française,
de l'Académie des sciences ou d'une société savante, que pour en faire un
pitre ou un âne bâté.

Ecoutez cette définition du savant donnée par le prince des poètes français contemporains :

> . . . . Il n'est pas d'animal,
> Pas de corbeau goulu, pas de loup, pas de chouette,
> Pas d'oison, pas de bœuf, pas même de poète,
> Pas de mahométan, pas de théologien,
> Pas d'échevin flamand, pas d'ours et pas de chien,
> Plus laid, plus chevelu, plus repoussant de formes,
> Plus caparaçonné d'absurdités énormes,
> Plus hérissé, plus sale et plus gonflé de vent
> Que cet âne bâté qu'on appelle un savant[1].

Et si un auteur de ma connaissance entreprend de produire sur la scène les grands hommes de la science, pour intéresser le public aux aventures émouvantes de leur carrière, pour faire apprécier leur génie et mêler l'enseignement de la science à l'intérêt d'une action dramatique ; s'il fait représenter *Denis Papin*[2] ou s'il écrit *Jean Keppler*, une coalition générale s'élève de toutes parts. Au lieu de l'acccueil sympathique et de l'appui qu'il espérait, il n'entend que des cris de colère ou de dérision. Pas une parole d'encouragement ou d'approbation ! Rien que le blâme et d'amères critiques. Aucune main ne se tend vers lui. Tout se réunit pour l'accabler, et ensuite un silence de mort ! Il faut faire la nuit et l'oubli sur une tentative d'exaltation littéraire de la science et des savants. Il faut effacer jusqu'au souvenir, jusqu'au nom, du *Théâtre scientifique*.

Songez donc ! vouloir faire d'un physicien ou d'un chimiste un héros de théâtre ; vouloir répandre la science par une voie nouvelle ; se flatter d'attendrir ou d'amuser le spectateur avec les péripéties de la vie d'un astronome, quel crime abominable ! La tradition veut qu'un savant soit toujours désigné, non à l'admiration, mais aux risées de la foule assemblée, et malheur à celui qui ose remonter l'irrésistible courant du préjugé universel.

Nos journaux accordent-ils à la science une place proportionnée à l'importance des services qu'elle rend à chacun ? Ce n'est que dans un petit nombre de journaux que l'on trouve un compte rendu périodique des séances de l'Institut, de l'Académie de médecine ou de la Société des

1. Victor Hugo, *Le Roi s'amuse*, acte I, scène IV.

2. *Denis Papin*, drame en 5 actes 8 tableaux, par Louis Figuier, représenté pour la première fois à Paris, sur le théâtre de la Gaîté, le 5 juin 1882. Imprimé à Paris, chez Calmann-Lévy, in-12, 1882.

ingénieurs civils. Quant à ce que l'on appelle, dans le style du journalisme, les *Variétés scientifiques*, c'est une affaire d'État pour les faire accepter par le directeur.

Il y a toujours place dans un journal pour la politique et les racontars, presque jamais pour la science et l'industrie, c'est-à-dire pour ce qui est la force et la vie des peuples modernes.

Quand je rédigeais, dans la *Presse* de Girardin, le feuilleton scientifique, l'administrateur, qui ne pouvait digérer l'appointement mensuel qu'il était forcé de me compter, avait coutume de me dire :

« Mon Dieu, mon cher Figuier, que votre feuilleton de samedi dernier était ennuyeux ! »

Et moi de lui répondre : « Celui de samedi prochain le sera bien davantage. »

Entrez à la Chambre des Députés au moment où le Président annonce une loi d'affaires, ce qui signifie une question de chiffres et de faits, aussitôt la salle se vide, et le rapporteur rapporte dans le désert.

Hélas ! tel est l'esprit français. Il fuit tout ce qui paraît devoir exiger de lui quelque attention. Combien de personnes se font une gloire de ne rien entendre aux mathématiques, et se déclarent, avec orgueil, incapables de faire une addition. Ces braves gens jouent au casse-tête des échecs ; ils comprennent l'intrigue du *Mariage de Figaro*, et même le livret de la *Flûte enchantée*, c'est-à-dire ce qu'il y a de plus difficile au monde, et ils se croient impropres à faire la preuve de la division, à arpenter un champ, ou à comprendre la machine à vapeur, ce qui n'exige que trois minutes d'attention.

C'est par suite de cette paresse d'esprit que la plupart de nos contemporains accablent la science de leurs dédains, et mettent, pour ainsi dire, les savants hors la loi.

Amis, laissons dire, et aux injures opposons des bienfaits. Les savants sont aujourd'hui ce qu'étaient les Chrétiens des premiers siècles. Les nouveaux convertis apportaient à la société de leur temps la plus admirable des révolutions. Ils transformaient la religion, les mœurs et les rapports mutuels des hommes ; ils bouleversaient l'ancienne société par le seul secours de la morale et de la charité, et leurs contemporains ne leur accordaient, en retour, que dérision et mépris. Le titre de Chrétien était un outrage. Loin de s'irriter de tant d'ingratitude, les sublimes néophytes répondaient aux colères de leurs ennemis en continuant de travailler en silence à leur bonheur : ils se vengeaient d'eux par des bienfaits. Imitons ce grand exemple, et pour nous confirmer dans ces nobles dispositions des âmes généreuses, répétons les vers sublimes d'un poète français :

> Le Nil a vu sur ses rivages
> Les noirs habitants des déserts
> Insulter par leurs cris sauvages
> L'astre éclatant de l'univers.
> Cris impuissants, fureur impie!
> Tandis que la troupe ennemie
> Jetait d'insolentes clameurs,
> Le Dieu, poursuivant sa carrière,
> Versait des torrents de lumière
> Sur ses obscurs blasphémateurs.

FIN DE L'ÉLECTRICITÉ FORCE MOTRICE.

L'EXPOSITION D'ÉLECTRICITÉ

DE PARIS EN 1881

La plupart des inventions, créations et découvertes qui sont consignées dans ce volume, ont fait pour la première fois leur apparition, ou se sont manifestées avec un éclat particulier, à l'Exposition internationale d'électricité qui se tint à Paris pendant l'été et l'automne de 1881. Cette Exposition a été un des événements scientifiques les plus importants du dix-neuvième siècle. Elle éblouit le vulgaire et les savants eux-mêmes par le nombre et l'importance des découvertes nouvelles, dans le domaine de l'électricité, dont elle présentait les résultats, sous la forme d'instruments et d'appareils divers. Enfin, elle donna le signal et le modèle d'un grand nombre d'expositions analogues qui s'ouvrirent pendant les années suivantes, à Londres, à Munich, à Vienne, etc.

A ces titres divers, nous croyons devoir donner une description générale de l'Exposition internationale d'électricité de Paris de 1881.

Dans les Expositions universelles de Londres (1862), de Paris (1867 et 1878) de Vienne (1873) et de Philadelphie (1876) toutes les branches de l'industrie étaient largement représentées, mais l'électricité n'y jouait qu'un rôle bien secondaire. La télégraphie et quelques machines dynamo-électriques y figuraient seules pour rappeler les applications pratiques de cette branche de la science, qui tient tant de place aujourd'hui.

A Londres, en 1862, l'électricité, englobée dans la classe des instruments de précision, ne comprenait encore que les appareils de télégraphie et leurs accessoires, les horloges et chronographes et quelques régulateurs de lumière électrique. La galvanoplastie n'était guère représentée qu'accessoirement, dans la classe des bronzes d'art, ou dans celle des applications typographiques.

Mais à notre Exposition de 1867 tout le matériel de la télégraphie formait déjà une classe particulière; la galvanoplastie constituait une section dans la classe des arts usuels; les phares électriques trouvaient leur place dans celle des travaux maritimes, et les autres appareils étaient réunis aux instruments de physique générale.

Ils ne comprenaient encore, il est vrai, comme machines dynamo-électriques, que celle de Ladd; cependant le développement commençait à se manifester. Il se prononça encore à l'Exposition de Vienne, en 1873, où parut, pour la première fois, la machine Gramme, et où fut réalisée la célèbre expérience du transport de la force à distance, au moyen de l'électricité.

En 1876, à l'Exposition de Philadelphie, le téléphone fit une brillante apparition; mais ce n'est qu'à l'Exposition universelle de Paris, en 1878, que les applications de la science nouvelle commencèrent à être largement représentées. Le téléphone vint étonner le monde européen, et c'est à ce même moment que l'avenue de l'Opéra, nouvellement ouverte, s'illuminait dans toute sa longueur par les bougies Jablochkoff.

A partir de cette époque l'élan était donné. De tous les côtés, inventeurs et hommes de science s'étaient mis à l'œuvre, et produisaient chaque jour les appareils les plus divers, en même temps qu'ils trouvaient de nouvelles théories destinées à faire progresser les applications de l'électricité. Aussi, vers le commencement de 1880, l'idée d'une Exposition internationale exclusivement consacrée à l'électricité, commença-t-elle à prendre de la consistance et à se répandre parmi les pionniers de l'industrie savante. Mais comme toutes les idées fécondes, celle-ci avait besoin, pour prendre corps et arriver à sa réalisation, d'un esprit actif et déterminé, qui surmontât les hésitations du plus grand nombre, et sût vaincre les difficultés qui se présentaient dans une entreprise aussi nouvelle.

Le docteur Cornelius Herz, propriétaire et directeur du journal *la Lumière électrique*, était, par excellence, l'homme qui convenait à la situation.

Comme M. Graham Bell, comme M. Édison, le docteur Cornelius Herz est citoyen américain, mais il n'est pas natif d'Amérique; il est né en France, à Besançon, en 1845. Il fut emmené fort jeune, par sa famille, aux États-Unis d'Amérique, et fit en ce pays son éducation et son instruction littéraire et scientifique.

Le docteur Cornelius Herz revint en France, pour y faire ses études médicales. Pendant la guerre franco-allemande de 1870, il prit du service dans notre armée, et fit la campagne de la Loire, parmi l'état-major du général Chanzy; ce qui lui valut la décoration de la Légion d'honneur. Pendant l'année qui suivit nos désartres, le docteur Herz regagna l'Amérique, et s'établit à San Francisco, où il fit partie du Conseil de santé, et devint bientôt le membre le plus influent de tout le corps médical.

LE DOCTEUR CORNELIUS HERZ

Mais la pratique médicale ne satisfaisait qu'imparfaitement une nature si ardemment tourmentée par les grands problèmes de la science industrielle moderne. Les préocupations du docteur Herz étaient sans cesse tournées vers les progrès de l'électricité, science naissante, dont il prévoyait déjà l'immense développement.

Pendant son séjour à San Francisco, le docteur Herz avait fondé l'une des usines les plus importantes des États-Unis, et il se trouvait intéressé dans toutes les grandes entreprises électriques du Nouveau Monde. Aussi, après les Expositions de Vienne et de Philadelphie, qui avaient commencé la réputation de la machine Gramme, se décida-t-il à venir en Europe, pour se rendre acquéreur du brevet de cette machine, et pour étudier de près les progrès accomplis chez nous dans la science électrique.

C'est un an avant l'Exposition de 1878 que le docteur Herz arriva à Paris, et put acquérir la propriété du brevet de la machine Gramme pour les États-Unis. Il se lança alors dans le courant des entreprises électriques européennes, qui commençaient à devenir très sérieuses, et sut transformer et rendre pratiques plusieurs inventions qui, sans lui, n'auraient jamais pu voir le jour.

Le docteur Herz obtint la première concession pour l'exploitation des téléphones, et bientôt après, il se mit à étudier avec passion cette partie si intéressante des applications de l'électricité. Dans une autre Notice de cet ouvrage, nous avons parlé des travaux du docteur Herz en téléphonie. Tous les téléphones connus avaient le grave inconvénient d'être troublés par le voisinage d'une ligne télégraphique ou d'une autre ligne téléphonique, c'est-à-dire qu'ils étaient influencés par le phénomène de l'induction; et en outre, ils ne pouvaient pas transmettre la parole à de grandes distances. Le docteur Herz s'appliqua, avec une ardeur sans égale, à résoudre ces deux problèmes. Il obtint des gouvernements de l'Europe la libre disposition des réseaux télégraphiques; ce qui lui permit d'arriver aux remarquables résultats que nous avons rapportés en traitant de la transmission des ondulations télégraphiques à grande distance au moyen des appareils de ces physiciens.

Aussi, l'idée d'une Exposition internationale d'électricité à Paris, ne pouvait-elle trouver de plus chaud partisan que le docteur Cornelius Herz. Dès qu'il en eut bien considéré tous les immenses avantages, au point de vue du progrès de la science nouvelle, il se dévoua à la réalisation de cette idée.

Le journal *La Lumière électrique* entama une campagne en faveur de l'Exposition projetée, et contribua puissamment à amener son succès.

Au début, l'initiative privée devait se charger de tous les détails d'exécution et fournir les fonds nécessaires. Dans ce but, le docteur Cornelius

Fig. 204. — FAÇADE PRINCIPALE DU PALAIS DE L'INDUSTRIE.

Herz avait provoqué la formation d'un comité, composé notamment de MM. Hébrard, sénateur, directeur du journal *le Temps*; Jules Bapst, directeur du *Journal des Débats;* baron Jacques de Reinach, Georges Berger, qui devint ensuite le commissaire général, et le docteur Cornelius Herz. Ce comité élabora le plan d'ensemble du projet d'Exposition internationale d'électricité, et il était tout disposé à se charger lui-même de son exécution. Ce projet, présenté au Gouvernement, ayant été très chaudement accueilli, par M. Varroy, alors ministre des Travaux publics, puis par son successeur, M. Sadi Carnot, fut adopté par le conseil des ministres. Le Gouvernement, jaloux de s'approprier cette création, demanda à se substituer à l'initiative privée, et à faire de l'Exposition d'électricité une entreprise de l'État. Le ministre des Postes et Télégraphes, M. Cochery, fut chargé d'en diriger l'exécution.

L'ouverture officielle de cette Exposition, d'un genre absolument nouveau, se fit le 10 août 1881, en présence du Président de la République, avec une solennité qui convenait à une manifestation aussi importante, au point de vue des progrès de la science électrique. On ne se doutait guère que dans ce vaste Palais de l'Industrie, construit il y avait trente ans à peine, pour renfermer des Expositions universelles et générales, s'ouvrirait un jour une Exposition, non pas même d'une science, mais d'une branche restreinte d'une seule science. Ce fut là un phénomène bien remarquable, et qui montre d'une façon bien frappante le développement qu'a pris de nos jours l'application des sciences à l'industrie.

L'Exposition de 1881 réussit, comme on le sait, au delà de toutes les espérances. Aussi, dans l'année qui suivit, le Gouvernement français voulut-il témoigner sa reconnaissance à l'initiateur d'une manifestation si heureuse pour notre pays, en nommant M. le docteur Herz officier de la Légion d'honneur.

Depuis plusieurs années déjà, le docteur Herz était le correspondant du ministère de l'Instruction publique de France, et au moment de l'Exposition d'électricité il fut le représentant officiel du Gouvernement des États-Unis, ainsi que du Gouvernement français.

La grande question du transport de la force au moyen de l'électricité était considérée par le docteur Herz comme une des plus importantes de notre siècle. Aussi dès que cette idée commença à se faire jour, se dévoua-t-il entièrement à son succès. En 1881, les expériences du transport et de la distribution de la force, organisées sous son influence, à l'Exposition, avaient déjà donné une idée de ce que l'on pourrait obtenir plus tard avec un esprit aussi supérieurement doué que M. Marcel Deprez. Depuis cette époque, tous les efforts du docteur Herz ce sont tournés vers la solution de cet immense problème industriel. Rien n'a été ménagé pour fournir à l'inventeur tous les moyens d'appliquer ses théories, si élevées et si précises. Les belles expériences de Munich, en 1881, puis celles du chemin de fer du Nord en 1883, et enfin celles qui ont eu lieu à Grenoble, sur la demande de la municipalité, ont prouvé que la question était mûre pour entrer maintenant dans la pratique industrielle, et sont venues confirmer la confiance inébranlable de celui qui n'avait pas craint d'employer toute son énergie et une grande partie de son avoir à faire triompher unedes applications de l'électricité dont les bienfaisantes conséquences sont incalculables.

Revenons à l'Exposition d'électricité de 1881.

Les savants n'ont pas été les seuls à profiter de l'enseignement qu'apportait l'Exposition du Palais de l'Industrie. Le public étranger aux sciences a trouvé un plaisir extrême et une instruction réelle à ce spectacle, si nouveau pour lui.

Les innombrables visiteurs qui ont parcouru le Palais de l'Industrie, pendant cette fête de la science, ne pourront jamais oublier l'aspect merveilleux que présentait, dans son ensemble, la grande nef, où se trouvait un entassement de petits édifices, tous encombrés d'objets les plus divers. Le spectacle était étrange, plein d'animation et d'intérêt. Et le soir, lorsque les foyers électriques inondaient tout l'édifice de leur resplendissante lumière, on se serait cru transporté dans un de ces palais féeriques que rêve l'imagination des poètes.

Des appareils moteurs montrant quelle révolution mécanique nous réserve l'avenir, — un système d'éclairage qui laisse bien loin derrière lui la flamme du gaz, — les accumulateurs d'électricité, — le transport de la force à distance par le courant électrique, — des instruments, en nombre infini, représentant les applications les plus variées de l'électricité, — en un mot, tout ce qu'avait pu réaliser l'habileté et la sagacité d'inventeurs et de constructeurs de premier mérite, dans le domaine immense de l'électricité, s'offrait aux regards des visiteurs.

Nous allons faire connaître l'ensemble des appareils qui étaient réunis dans le Palais de l'Industrie. Pour cela, nous commencerons par entreprendre, avec le lecteur, une sorte de promenade dans l'intérieur de la nef, ensuite dans les galeries du premier étage.

Quand on entrait dans le Palais des Champs-Élysées par la porte princi-

pale de la façade (exposée au nord), on se trouvait, au milieu du rez-de-chaussée, en face d'un phare électrique de première classe, appartenant au ministère des Travaux publics. Ce phare, entouré d'un bassin qui recevait l'eau en jets et en cascades, est le type des nouveaux phares à éclairage électrique qui doivent être installés le long de nos côtes. Ses feux tournants sont de diverses couleurs; il doit produire son effet maximum à une certaine distance; mais dans le palais il éblouissait la vue, et l'on ne se rendait pas exactement compte de sa puissance.

En prenant à droite, du côté de l'ouest, on trouvait le pavillon du ministère des Postes et des Télégraphes, précédé d'un autre pavillon, réservé à la ville de Paris.

On voyait dans le pavillon du ministère des Postes et des Télégraphes, un grand nombre d'instruments télégraphiques, le circuit horaire qui remet à l'heure de l'Observatoire les horloges de précision distribuées dans la ville de Paris. Un service d'avertissement des sapeurs-pompiers, service d'une importance exceptionnelle, était exposé dans le même pavillon.

Immédiatement en entrant, à droite, on rencontrait successivement les appareils de MM. Gaston Planté, Bréguet, Siemens frères, l'exposition du ministère de la Marine, puis l'exposition du ministère de la Guerre, etc.

La porte du côté de l'est était maintenue ouverte, pour donner entrée à la voiture du tramway électrique, qui fonctionnait entre le Palais de l'Industrie et la place de la Concorde.

Dans le côté sud du Palais étaient installées les machines à vapeur et les moteurs à gaz, qui produisaient une force totale de 1600 chevaux-vapeur. Cette force était divisée, transformée de mille façons, par l'intermédiaire de fils électriques, qui sillonnaient l'Exposition dans tous les sens. La même force engendrait la lumière, pour alimenter les becs et arcs éclairants disséminés dans les diverses salles ou galeries, et pour servir à la galvanoplastie, l'électro-chimie, etc.

Montons maintenant au premier étage, par l'escalier monumental placé à l'ouest. Nous arrivons d'abord, en prenant à gauche, à une série de salles. La première était une salle de théâtre, renfermant la scène, les décors, et les accessoires, le tout éclairé par les becs électriques.

Dans la même salle, des cors de chasse téléphoniques, du système Ader faisaient entendre des fanfares arrivant de plus d'un kilomètre de distance. À côté, une galerie de tableaux était magnifiquement éclairée par la *lampe-soleil*.

Venaient ensuite un salon, une salle à manger, une antichambre, un autre salon renfermant des ustensiles ou engins se rapportant à l'électricité. Une salle entière appartenait au bec Jamin. Près de là, une cuisine et une salle de bains, puis une salle de vente, l'exposition du système aéronautique de la Société des aéronautes, etc., etc.

En parcourant les galeries du nord qui longent toute la façade, on rencontrait des exibitions variées de téléphones et d'appareils accessoires pour l'éclairage.

De petites guérites, disséminées en grand nombre au premier étage et dans la nef, recevaient le visiteur qui voulait faire connaissance avec le téléphone. Il lui suffisait d'appliquer à son oreille le récepteur. Il recevait aussitôt la réponse à ses paroles, et se retirait enchanté d'avoir été si vite initié au fonctionnement pratique du téléphone.

La *salle des auditions* de l'Opéra et du Théâtre-Français, le musée rétrospectif, l'horlogerie, la bibliothèque et salle de lecture, un buffet, la salle des conférences et la salle du Congrès, ainsi que les deux pièces occupées par les inventions de M. Edison, étaient attenantes à cette même galerie du nord. On admirait, dans cette partie du Palais, un nombre prodigieux d'appareils de précision ayant pour base l'électricité.

N'oublions pas la salle de billard et le mobilier d'appartement, qui permettaient de juger de quelle utilité l'électricité peut être dans la vie privée; car, outre l'éclairage, les sonneries, les avertisseurs, etc., tout était desservi par cet agent.

Un grand nombre d'appareils scientifiques étaient distribués dans une série d'autres salles du premier étage. Ils comprenaient : les piles, les bobines d'induction, les machines d'électricité statique, les électromètres, les applications de l'électricité à la médecine et à la chirurgie, les appareils pour la galvanoplastie, pour les précipitations métalliques et l'électro-chimie.

La télégraphie privée, la galvanoplastie la téléphonie, les *avertisseurs d'incendies* et *d'inondations*, avaient également leur place dans ce réceptacle, infiniment varié des inventions électriques.

Au fond des galeries du premier étage se trouvaient, ainsi que nous l'avons dit, les deux salles occupées par l'exposition de M. Edison. Indépendamment de son système d'éclairage, on voyait là son phonographe, ainsi que son télégraphe quadruple, qui envoie à la fois plusieurs dépêches par un seul fil, ces dépêches pouvant se croiser en sens inverse.

Les appareils scientifiques exposés dans cette partie du Palais de l'In-

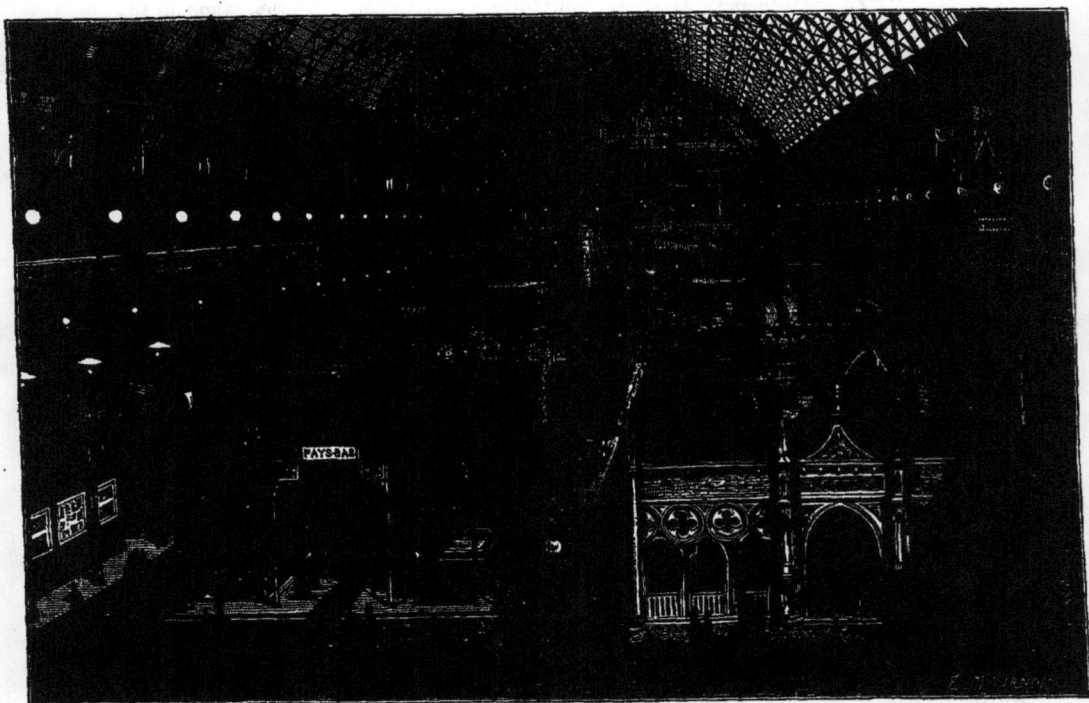

Fig. 206. — VUE D'ENSEMBLE DE JOUR DE LA GRANDE NEF DE L'EXPOSITION D'ÉLECTRICITÉ, PRISE DE L'EXTRÉMITÉ EST.

dustrie n'étaient pas tous du même intérêt, ni tous d'invention récente. Nous distinguerons ceux qui se signalaient par un caractère particulier. A ce titre, il faut citer les appareils du colonel Sébert et ceux du commandant de vaisseau Trève, exposés par le ministère de la Marine.

Les appareils du colonel Sébert, d'une précision vraiment admirable, concernent la balistique, la chronographie, les vélocimètres, les projectiles enregistreurs, les interrupteurs électriques, la cible disjonctrice, etc. On voyait là le modèle d'une bouche à feu coupée en deux exactement sur toute sa longueur, et montrant le projectile inscrivant lui-même sa vitesse dans l'âme de la pièce, en ses divers points.

Dès l'année 1859, le commandant Trève avait abordé les applications de l'électricité. A cette catégorie se rapporte l'invention de ce savant concernant les signaux faits à distance au moyen de l'électricité, afin de donner l'heure aux navires qui passent en vue du port, sans s'y arrêter.

Un appareil d'induction par le magnétisme terrestre, dû au même physicien, figurait encore dans cette section.

Dans une vitrine, à côté de l'appareil de M. Trève, étaient placées les torpilles électriques du même physicien.

Peu de personnes savent que ces engins furent utilisés en 1870, par M. Trève, pour la défense de Paris assiégé. Il avait fait installer à Châtillon, avant l'investissement, une série de grenades (petites bombes sphériques) reliées électriquement entre elles. Quand l'étincelle partait, ces petites grenades éclataient toutes ensemble, semant le ravage et la mort au milieu des ennemis. Il est probable que les torpilles qui éclatèrent à Châtillon firent croire aux Prussiens que les environs des fortications étaient minés, ce qui dut contribuer à les empêcher d'avancer.

Des appareils destinés à montrer l'action du magnétisme sur les gaz et sur leurs spectres optiques, figuraient dans cette même vitrine. M. Trève y avait encore exposé un embrayeur électrique, un appareil destiné à opérer la transformation du son en lumière, etc.

Enfin, des échantillons d'aciers étaient classés sous le rapport du magnétisme. M. Trève s'est servi des variations de la force coercitive pour classer industriellement les aciers. C'est de 1869 à 1870 qu'il entreprit, avec la collaboration de M. Durassiers, ingénieur en chef des travaux chimiques du Creuzot, une série de recherches sur l'acier, qui amenèrent des résultats pratiques et industriels très importants.

Le contrôleur d'alarme de M. Collin, en usage au grand Opéra et dans d'autres théâtres et établissements, est un appareil d'une grande utilité. Le veilleur qui s'aperçoit d'un commencement d'incendie, n'a qu'à abattre le bouton de l'alarme, et tout aussitôt, au poste, ou chez le concierge, une aiguille indique sur un cadran le lieu d'où le signal d'alarme est parti. Un

FIG. 207. — LE PHARE ÉLECTRIQUE DE L'EXPOSITION D'ÉLECTRICITÉ.

timbre électrique ne cesse sa sonnerie que quand l'aiguille a été remise au zéro.

Les horloges de M. Collin, donnant l'unification de l'heure par l'électricité, des modèles de paratonnerres, des contrôleurs de ronde, complétaient cette exposition.

Continuant notre promenade à travers les galeries du premier étage, nous rencontrons, non loin de la pièce consacrée aux appareils d'éclairage de M. Jamin, et près de la grande salle qui servait de réunion aux membres du Congrès des électriciens, l'intéressante installation pour les auditions téléphoniques des représentations de l'Opéra.

Cette application si extraordinaire du téléphone, consistant à faire entendre à distance des sons musicaux et autres, fut la surprise, la merveille, e grand événement de l'Exposition de 1881, pour le public, et l'on peut ajouter, pour les savants eux-mêmes. Mais comme nous nous sommes longuement étendu sur ce sujet, dans le cours de ce volume, nous n'insisterons pas davantage. Disons seulement que jamais la science n'avait produit pareille merveille; et que l'on s'explique parfaitement la vogue immense dont ces auditions ont joui pendant toute la durée de l'Exposition. On inaugurait ainsi l'une des plus étonnantes conquêtes de la physique de tous les temps.

Redescendons maintenant le même escalier monumental qui nous a conduit aux galeries du premier étage, et revenons au rez-de-chaussée, c'est-à-dire dans la nef, pour entrer dans quelques-uns des pavillons les plus intéressants qui remplissaient cette partie du palais.

Il faut citer ici, en première ligne, le pavillon du ministère des Postes et des Télégraphes. En jetant un coup d'œil sur la série d'appareils réunis dans ce pavillon, on pouvait refaire l'histoire de la création et des progrès successifs de la télégraphie électrique jusqu'au moment actuel.

Là se voyaient les appareils télégraphiques de Morse et de Hughes, ainsi que le télégraphe à cadran, encore en faveur chez les Anglais.

Dans le système Wheatstone, aujourd'hui en usage aux États-Unis, les signaux sont tracés d'avance par des trous percés sur une bande de papier, laquelle est engagée dans un transmetteur, qui la fait marcher avec rapidité. Lorsqu'un trou du papier vient à rencontrer un certain point où se trouve une aiguille à ressort, celle-ci remonte, pour donner un contact, qui lance le courant dans le fil. Le transmetteur peut envoyer jusqu'à trois dépêches préparées d'avance par trois personnes, au moyen de ces bandes perforées.

Les systèmes de Meyer et de Baudot permettent à plusieurs employés d'expédier ensemble les signaux de chacun d'eux. En outre, l'appareil Baudot imprime les dépêches en caractères ordinaires, ce qui économise le temps de la traduction.

Avec le procédé dit *duplex*, les employés peuvent parler à la fois aux deux extrémités de la ligne. Les dépêches se croisent, sans se mêler ; elles sont reçues en même temps. Ce système a été employé par M. Edison pour transmettre simultanément quatre dépêches.

La télégraphie sous-marine trouve naturellement sa place ici. Les câbles sous-marins exigent des courants très faibles. C'est pour cela que le récepteur est formé d'une toute petite aiguille aimantée, portant un miroir microscopique, sur lequel on projette un rayon de lumière, qui va se réfléchir sur un tableau plan. La tache brillante ainsi produite oscille sous l'influence des passages du courant, et ces signaux représentent les lettres d'un alphabet de convention. Si la ligne a une longueur moyenne, on se sert du *siphon recorder*, — inventé, ainsi que l'appareil précédent, par sir W. Thomson, — qui trace une ligne pointillée dont les sinuosités forment les signaux.

Une série d'appareils, tant nouveaux que déjà connus et expérimentés, représentait l'art de la galvanoplastie.

Continuant notre inspection, nous signalerons, dans l'exposition du ministère de la Guerre, les appareils mis en œuvre par le colonel Mangin pour les projections lointaines de la *télégraphie optique*.

En revenant sur nos pas, nous trouvons une machine, ou *presse à plomb*, pour la fabrication des câbles électriques. Cette machine, construite par MM. Berthoud et Borel, permet de produire des câbles électriques d'après un mode particulier d'isolement du fil conducteur. Le cuivre constituant l'*âme* est isolé au moyen de coton imbibé de paraffine et de résine. Le câble est recouvert d'une couche protectrice de plomb, au moyen d'une presse hydraulique. Cette enveloppe de plomb, pressée d'une manière continue, entraîne le câble, qui s'enroule sur une bobine, au fur et à mesure de sa fabrication.

L'emploi de l'électricité pour les signaux des chemins de fer a pris aujourd'hui une grande extension. Tous les appareils actuellement en service sur nos voies ferrées figuraient à l'Exposition, dans le pavillon des chemins de fer.

Les applications de l'électricité à l'économie domestique étaient représentées par quantité de spécimens. Nous ne ferons qu'indiquer les principaux.

Les sonneries électriques sont assez répandues pour que chacun puisse les apprécier. Les appareils pour la surveillance des opérations de science ou d'industrie, au moyen de signaux fournis par l'électricité, sont aujourd'hui très nombreux. Citons, en particulier, les *enregistreurs de température*, à l'aide desquels on peut maintenir une étuve ou une serre à un degré constant. On peut encore, avec un appareil de ce genre, arrêter un métier à filature ou à tissage, dont un fil s'est cassé.

Fig. 299. — VUE D'ENSEMBLE DE NUIT DE LA GRANDE NEF DE L'EXPOSITION D'ÉLECTRICITÉ, PRISE DE L'EXTRÉMITÉ EST.

On a, avec l'électricité, un excellent moyen pour avertir qu'un incendie commence à se produire en un certain lieu. Les *avertisseurs d'incendie* actionnés par l'électricité étaient en grand nombre au Palais de l'Industrie.

L'électricité ne sert pas seulement aux correspondances particulières; elle facilite la surveillance municipale. On a alors un *télégraphe de quartier*, composé d'un cadran, dont l'aiguille se porte sur différentes cases, à indications spéciales.

Les applications de l'électricité à l'art militaire sont nombreuses. Avec la lumière électrique projetée au loin, on surveille la situation et les mouvements de l'ennemi. Dans la *télégraphie optique*, nouvelle acquisition de la science transportée dans l'art de la guerre, on se sert des signaux lumineux produits par le soleil ou par la lumière électrique. On a fait, en 1881, dans la Tunisie, un usage continuel de la télégraphie solaire et électrique.

Nous n'en finirions pas si nous voulions parler de toutes les inventions utiles et curieuses que l'on rencontrait dans une simple promenade à travers les galeries de cette Exposition, vraiment unique en son genre.

Nous avons terminé cette course rapide, mais méthodique, qui nous a permis de signaler à peu près tout ce que le visiteur rencontrait sur son passage. Pour résumer, nous dirons que les questions qui ont reçu le plus d'éclaircissements utiles de ce mémorable concours de travaux, représenté par une immense réunion d'appareils, sont les suivantes :

1° La production de l'électricité par le mouvement; c'est-à-dire les machines dynamo-électriques ;

2° Les piles secondaires et les accumulateurs ;

3° L'éclairage électrique ;

4° Le transport de la force par l'électricité ;

5° Le téléphone.

Nous avons consacré ce volume à traiter, avec étendue, ces diverses questions. Il nous reste donc seulement à faire ressortir les conséquences générales, les résultats d'ensemble, de l'Exposition d'électricité de 1881.

Cette Exposition était bien mieux qu'un spectacle brillant, elle était le champ d'instruction le plus complet, l'enseignement le plus clair qu'on pût imaginer; et cela non seulement pour les hommes spéciaux, mais aussi, surtout peut-être, pour les personnes étrangères à la science. Depuis cette grande exhibition, le nom, la forme, l'utilité des principaux appareils électriques, sont connus de tous. On ne saurait passer dans une rue, un téléphone à la main, sans entendre à côté de soi nommer l'appareil. Sans doute, celui qui le reconnaît ainsi n'en sait pas la construction, n'en donnerait pas la théorie — qui la sait d'ailleurs? — mais il en connaît l'existence et les effets. Il l'a entendu à l'Exposition. N'est-ce pas quelque chose? Il a vu tourner une machine dynamo-électrique, et sait comment se fait l'électricité. Il a l'idée d'un foyer électrique. Il n'était pas allé à l'Exposition celui qui demandait des bougies Jablochkoff pour les lanternes de sa voiture! Tous les passants ont vu rouler le tramway, et ont déjà l'idée du transport de la force par l'électricité. Tous ceux qui sont entrés au Palais de l'Industrie, et ils se comptent par centaines de mille, ont emporté une notion sur l'électricité, petite ou grande, claire ou obscure, mais en tous cas nouvelle, et d'ailleurs acquise avec plaisir. C'est là le résultat le plus immédiat de l'Exposition, et il n'est pas sans importance.

Pour les gens de science, l'enseignement à retirer de l'Exposition était certain et attendu. Ils comptaient faire là ample moisson de connaissances nouvelles et importantes; mais on peut dire que la récolte fut plus grande encore qu'on le pensait. Le côté historique des inventions relatives à l'électricité s'est considérablement éclairci. On voyait dans les expositions de divers physiciens français et étrangers, les premiers instruments qui avaient fourni les données fondamentales de la science; on retrouvait les formes premières de nombreux appareils qui sont, depuis, entrés dans la pratique, sous des figures différentes. Des machines peu ou point connues, se sont révélées comme ayant réalisé, bien avant l'heure de la faveur publique, des idées devenues célèbres plus tard. On a senti, touché du doigt, cette grande vérité que toute invention procède d'inventions précédentes. En suivant ainsi la filiation des idées, on est arrivé à mettre mieux chaque chose à sa place; à concevoir une admiration plus haute pour les hommes vraiment illustres qui ont, de temps en temps, apporté ces vues de génie qui renouvellent la science, tout en conservant une estime respectueuse pour les travailleurs de second ordre qui, après eux, ont tiré les conséquences et construit les appareils.

La question de l'éclairage électrique, encore si mal connue avant l'Exposition de 1881, fut complètement élucidée par les nombreux systèmes d'éclairage, tant par l'arc voltaïque que par l'incandescence, qui étaient distribués partout. C'est à dater de cette époque que chacun a été convaincu des avantages et de l'avenir immense réservé à l'éclairage par l'électricité.

C'est encore l'Exposition qui a fait pénétrer dans les esprits cette vérité, que nos machines électriques actuelles sont infiniment trop petites, et qu'il en faut établir de beaucoup plus grandes. Il suffisait, pour en être convaincu, de contempler un instant la galerie des machines et les formidables batteries de générateurs d'électricité, avec leurs fleuves de courroies, toujours courantes.

Fig. 210. — VUE D'ENSEMBLE DE NUIT DE LA GRANDE NEF DE L'EXPOSITION D'ÉLECTRICITÉ PRISE DE L'EXTRÉMITÉ OUEST.

Chacun s'écriait : « Quelle effrayante complication ! Quel soin il a fallu pour faire marcher ensemble tant de machines ! Voilà évidemment comment il ne faut pas faire. » C'est là un mode de démonstration connu : la démonstration par l'absurde; quoique détourné, il n'en est pas moins convaincant.

Cet ensemble formidable d'appareils mécaniques eut au moins l'avantage de montrer quelle extension avait prise l'industrie électrique. L'Exposition dans son ensemble en était déjà un frappant témoignage, mais le fait était plus apparent encore dans la section des machines dynamo-électriques. On doit se souvenir, en effet, que les premières machines pratiques furent inventées vers 1870; encore n'étaient-elles qu'à l'état d'embryon. Environ dix ans après, l'Exposition montrait un nombre considérable de types et une fabrication très étendue, très florissante; preuve nouvelle du besoin si vivement ressenti dans le public, de bons générateurs d'électricité. De ce côté, l'Exposition a posé la question, plutôt qu'elle ne l'a résolue.

Enfin, l'Exposition montra combien l'on était allé plus loin qu'on ne le pensait dans une voie nouvelle ouvrant à l'électricité une carrière sans bornes : celle du transport et de la distribution de la force. On pensait généralement que, de ce côté, on en était à des essais plus ou moins informes et timides. On était resté sous l'impression des premières tentatives assez limitées et datant de 1879 : on se trouva, avec un joyeux étonnement, en présence de tout un ensemble d'appareils spéciaux de transport de forces importantes. Des lois précises furent données, qui renversaient des barrières qu'un tâtonnement timide croyait infranchissables. Enfin, résultat plus frappant, un premier exemple sérieux et complet de distribution de l'électricité à des appareils divers et indépendants, fonctionnait sous les yeux du public surpris, et sous le contrôle des gens de science.

L'Exposition d'électricité de 1881 n'eût-elle donné que ce résultat, il devrait lui être compté comme un mérite suffisant. D'autres expositions semblables sont venues après celle de Paris, mais on ne doit pas oublier qu'elles sont la suite de cette dernière. Les problèmes qu'elles ont résolus avaient été posés dans celle-ci; les chiffres qu'on y a déterminé avaient été rendus nécessaires par la précédente. L'Exposition de Paris, quelles que soient les suivantes, aura donc été la première, et pour longtemps la plus brillante. Nous lui en souhaitons une nombreuse lignée, s'il se peut, plus riche et plus fructueuse encore qu'elle-même; mais personne n'oubliera celle qui marqua l'origine de ce brillant mouvement scientifique.

Il nous reste, pour finir, à parler du *Congrès des électriciens*, qui s'est réuni dans une des salles du premier étage du Palais de l'Industrie et qui s'était donné la mission d'étudier les questions qui se présentaient comme les plus importantes pour l'avenir et pour l'harmonie de la science nouvelle.

Le *Congrès des électriciens* tint ses séances du 15 septembre au 5 octobre 1881.

Le 15 septembre, M. Cochery, ministre des Postes et des Télégraphes, ouvrit la séance, par un discours, qui fut suivi d'allocutions de MM. Warren de la Rue et Daubrée, présidents de sections. Ensuite, les délégués étrangers procédèrent à l'élection des vice-présidents du Congrès. Furent élus : MM. Gilbert Govi, professeur de physique à l'université de Naples, commissaire général de l'Italie à l'Exposition d'électricité; le docteur Helmholtz, conseiller intime du gouvernement, à Berlin; sir William Thomson, professeur à l'université de Glascow.

Le Congrès s'occupa alors de régler le programme de ses travaux. Il fut décidé que l'on tiendrait trois espèces de séances : d'abord, des séances plénières, consacrées à l'examen des questions que l'on supposait susceptibles d'être suivies d'un vote du Congrès; puis des séances de section, destinées à des échanges d'idées; enfin, des séances publiques, dans lesquelles les membres du Congrès feraient des conférences.

Le Congrès international des électriciens a été l'un des traits les plus caractéristiques de l'Exposition. Afin de pouvoir étudier toutes les questions qui leur étaient proposées, les membres du Congrès s'étaient répartis en trois sections, consacrées : la première aux unités électriques, — la deuxième, à la télégraphie internationale, — la troisième, aux applications diverses de l'électricité.

Les travaux des sections, communiqués et discutés dans les séances plénières, occupèrent sept de ces réunions; mais nous ne voulons pas nous attacher à rendre compte des différentes séances et à reproduire la physionomie spéciale de chacune d'elles. Il nous suffira, pour donner une idée générale du Congrès, et faire ressortir son importance, de passer en revue les diverses questions qui ont occupé l'attention de ses membres.

Une question surtout domina les travaux du Congrès: c'est celle des unités électriques. Jusqu'en 1881, chaque pays avait ses unités propres. En Allemagne, les trois principales unités électriques étaient: le *weber*, le *daniell* et l'*unité Siemens*. En Angleterre, où l'*Association britannique* avait établi un système coordonné et rationnel d'unités, on avait le *weber* (un autre *weber* que celui des Allemands), le *volt* et le *ohm*. En France, les uns avaient adopté les unités anglaises, les autres conservaient encore d'anciennes unités, fort variables et peu définies, telles que le *mètre de fil*

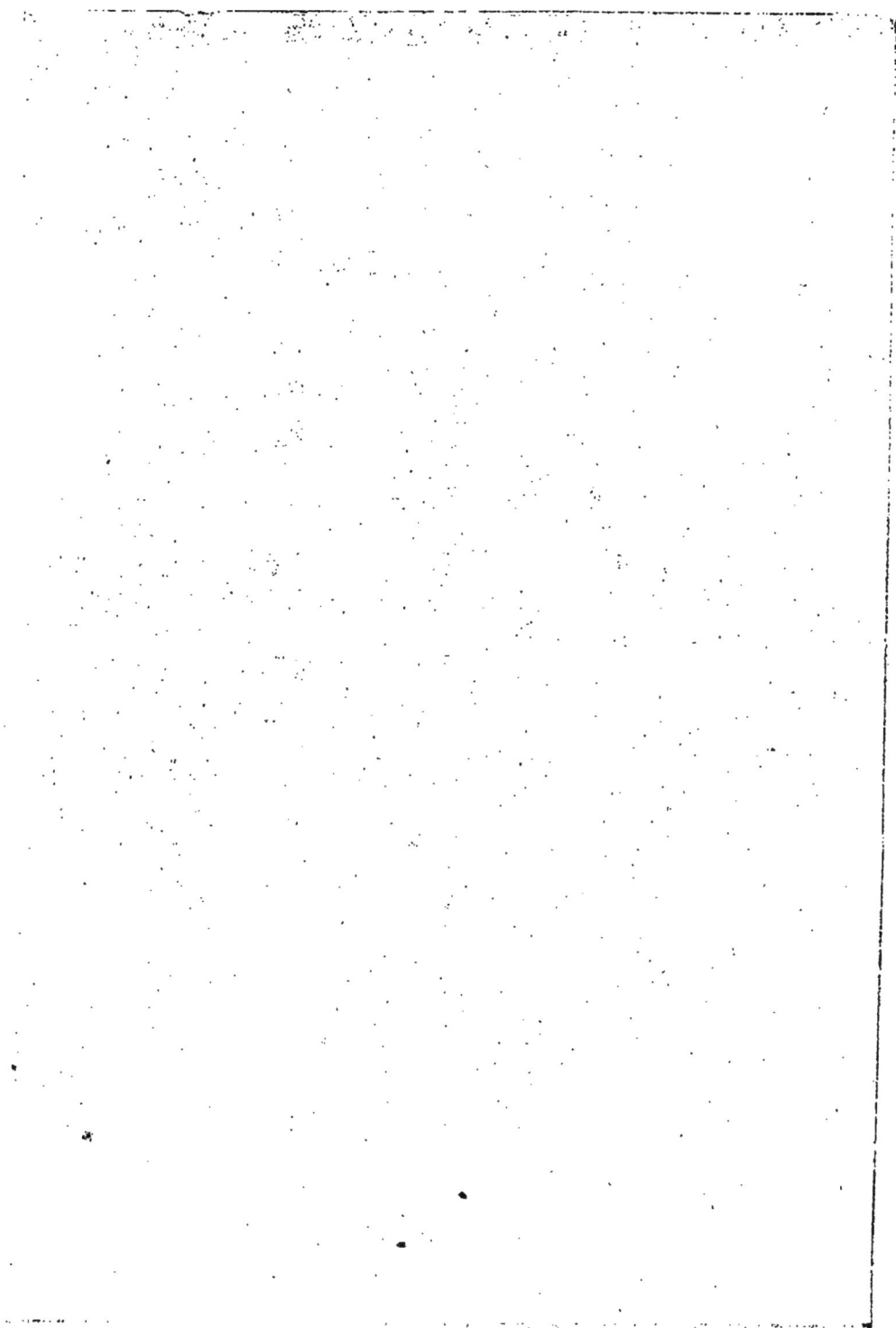

télégraphique ou de *fil de cuivre de* 1ᵐᵐ pour la résistance, le *damell*, le *bunsen* ou *la pile à cadmium*, pour la force électro-motrice, les centimètres cubes de gaz dégagé dans un voltamètre, ou les degrés d'une boussole donnée, pour l'intensité. Il a appartenu au Congrès de 1881 de provoquer l'étude internationale de cette question, et de faire adopter d'une manière générale un système d'unités ayant pour bases le centimètre, le gramme et la seconde. Ce système fut défini ainsi qu'il suit par le Congrès :

1° On adoptera pour les mesures électriques, les unités fondamentales : centimètre, masse du gramme, seconde (C. G. S.);

2° Les unités pratiques, le *ohm* et le *volt*, conserveront leurs définitions actuelles : 10⁹ pour le *ohm* et 10⁸ pour le *volt*;

3° L'unité de résistance (*ohm*) sera représentée par une colonne de mercure d'un millimètre carré de section, à la température de 0° centigrade;

4° Une Commission internationale sera chargée de déterminer, par de nouvelles expériences, pour la pratique, la longueur de la colonne de mercure d'un millimètre carré de section à la température de 0° centigrade, qui représentera la valeur du *ohm*;

5° On appelle *ampère* le courant produit par un *volt* dans un *ohm*;

6° On appelle *coulomb* la quantité d'électricité définie par la condition qu'un ampère donne un coulomb par seconde;

7° On appelle *farad* la capacité définie par la condition qu'un *coulomb* dans un *farad* donne un *volt*.

Il est possible que ces unités aient, par la suite, à subir quelques modifications, mais elles n'en constituent pas moins la base d'un système international ; et la création, qui a été décidée, d'une Commission internationale des unités, par la généralité même de son action, ôtera tout inconvénient aux modifications qui pourraient être reconnues nécessaires dans la suite.

Une autre question intéressante, au point de vue purement scientifique, est l'étude des variations et perturbations du magnétisme terrestre. Liées intimement aux aurores boréales et aux courants terrestres, ces perturbations ont été jusqu'à présent difficiles à étudier, non seulement en elles-mêmes, mais encore dans leurs rapports avec deux autres phénomènes. Le Congrès a, sur ce point, posé les bases d'un système universel d'observations, sous le patronage d'un Comité international, et avec le concours des administrations télégraphiques.

Une étude qui exigerait aussi des observations nombreuses exécutées dans tous les pays, est celle de l'électricité atmosphérique, et de l'efficacité des paratonnerres. Malgré des observations intéressantes, on a dû reconnaître qu'on ne pouvait formuler sur ces points de conclusions nettes, et leur étude a été remise aux mains d'une Commission internationale.

Dans le même ordre d'idées, les progrès accomplis dans ces dernières années ont fait naître une question toute nouvelle aujourd'hui. Un grand nombre d'habitations servent maintenant de support aux fils destinés aux communications téléphoniques, et il y a lieu de se demander si ces fils sont, pour les édifices, une protection ou un danger. La discussion ne put éclaircir complètement ce point. Si, d'après quelques membres, la statistique montre que les maisons portant des fils ne sont pas plus souvent que les autres frappées par la foudre, on a cité, d'autre part, quelques cas de foudroiement dans lesquels les fils semblent avoir joué un rôle funeste. Aussi le Congrès, tout en pensant qu'on ne doit pas considérer les fils téléphoniques et télégraphiques placés sur les édifices comme présentant un danger sérieux, a-t-il réservé l'examen de ce point.

Cet examen du danger ou de l'innocuité des fils électriques amène tout naturellement les questions qui concernent l'établissement des lignes. Cette étude provoqua de la part du Congrès deux vœux importants. Le premier vœu se rapporte aux lignes qui appartiennent à la fois à plusieurs territoires. Il a pour objet l'établissement d'une entente entre les divers pays, à l'effet d'instituer des expériences périodiques de mesure sur les fils internationaux. Le second a été émis dans le but de faire disparaître la confusion résultant de l'emploi, dans les divers pays, de mesures différentes pour les fils métalliques. Il a été énoncé ainsi : « Dans les marchés et les publications on ne désignera désormais les fils que par leur diamètre exprimé en millimètres, à l'exclusion de tout autre indication de jauge.»

Un autre vœu, non moins important, a été émis relativement à la propriété des lignes sous-marines. Le Congrès a exprimé le désir que les gouvernements des différents pays s'occupent, à l'avenir, de régler les questions de droit international et de droit privé que soulèvent la propriété et l'usage de ces lignes.

Les méthodes employées pour mesurer l'intensité de la lumière électrique fournirent également au Congrès le sujet d'une longue discussion. La difficulté de comparer la lumière blanche des foyers électriques avec la lumière jaune du bec Carcel ou de la bougie, fut, tout d'abord, facilement admise; mais les nouveaux étalons mis en avant ne parurent pas présenter des garanties suffisantes. Le Congrès se trouva amené à reconnaître que l'on doit encore recommander provisoirement, comme terme de comparaison d'intensité lumineuse, la lampe Carcel et la bougie; mais il a émis le vœu qu'une Commission internationale soit chargée de déterminer l'étalon définitif de lumière, et d'indiquer les dispositions à observer dans les expériences de comparaison.

La Commission des méthodes photométriques fut chargée aussi d'étudier la question suivante : « Déterminer les moyens pratiques les plus exacts d'évaluer la force transmise par une courroie à une machine magnéto ou dynamo-électrique. »

Une des plus importantes questions d'électricité appliquée qui aient occupé le Congrès, est celle de la distribution de l'électricité et du transport électrique de la force à distance. Cette grande question est trop connue de nos lecteurs pour que nous nous y attardions. Nous croyons cependant devoir rappeler les doutes qui furent émis au Congrès des électriciens, au sujet de cette assertion de M. Marcel Deprez, que le rendement, dans le transport de la force par l'électricité, est indépendant de la distance. Toute la discussion qui se produisit à ce sujet n'était qu'une querelle de mots. Le principe ci-dessus énoncé ne voulait pas dire, en effet, comme on a persisté à le comprendre, que si l'on éloigne les deux machines, génératrice et réceptrice, sans autre changement que l'allongement du fil intermédiaire, la force transmise reste la même; il signifiait, au contraire, que si l'on augmente la distance entre une machine génératrice et une machine réceptrice d'un type donné, on peut, *en modifiant leurs enroulements*, leur conserver le rendement et la force totale qu'elles donnaient précédemment. Une expérience faite en 1881 a confirmé ce principe en réalisant le transport, d'une force de 12 chevaux, d'une distance d'environ 60 kilomètres et avec un rendement de 60 pour 100.

Dans un autre ordre d'idées, le Congrès consacra un certain temps aux applications de l'électricité à la médecine. Il s'agissait de définir d'une façon scientifique les courants dont on fait usage dans les opérations chirurgicales et d'en rattacher la mesure aux unités électriques. Sur cette question le Congrès ne put guère que poser des bases provisoires, et donner aux médecins et aux physiologistes un certain nombre de conseils pratiques. Il n'en a pas moins jeté un jour utile sur une branche de l'électricité jusqu'alors assez confuse.

Nous citerons enfin la proposition faite au nom de l'Observatoire royal de Bruxelles, d'établir un système de *télé-météorographie* internationale, qui remplacerait avec avantage les télégrammes de service actuellement en usage. L'utilité d'une pareille organisation a été facilement reconnue, mais on a pensé que l'on devait, avant toute application, en renvoyer l'examen à un comité international.

Le Congrès des électriciens a été clos, le 5 octobre 1881, par un discours de M. Dumas. Nous ne saurions mieux terminer cette Notice qu'en mettant sous les yeux de nos lecteurs les éloquentes paroles de l'illustre secrétaire perpétuel de l'Académie des sciences de Paris.

Voici le discours de M. Dumas :

« Une force qui circule aujourd'hui dans toutes les parties du globe, dont les organes, transportant la pensée ou la parole à travers les airs, sous la terre, au fond des mers, bravant toutes les distances et tous les obstacles, devait donner naissance à une vaste industrie.

« L'intensité de cette force, sa puissance de jet, la résistance que les agents de transmission opposent à son passage, autant de conditions qu'il était indispensable de définir et de préciser, pour rendre comparables les divers appareils en usage aujourd'hui.

« Cependant les mesures employées dans les divers pays pour désigner cette intensité, cette puissance de jet, cette résistance, ne se ressemblaient pas. Sous le même nom, on désignait autant de valeurs différentes qu'il y avait autrefois de pieds, de livres, de quintaux, de boisseaux, avant l'établissement du système métrique. En passant d'un pays à l'autre, il fallait changer de dictionnaire, et pour mettre d'accord les appareils de deux contrées entrant en communication télégraphique, il fallait se livrer à de longs et inutiles calculs.

« Non seulement chaque nation, mais chaque électricien, semblait se plaire à imaginer de nouvelles unités de mesure pour les effets de l'électricité. Le désordre allait croissant, lorsque l'heureuse initiative de l'*Association britannique pour l'avancement des sciences* s'est appliquée à le faire cesser. Il appartenait, en effet, à cette réunion de tous les hommes éminents de l'Angleterre, de prendre en main les intérêts de l'immense réseau télégraphique sous-marin, dont on doit la création à sa puissante industrie, et de faire servir les vues purement scientifiques de Gauss et de Weber aux besoins de la pratique.

Prenant pour bases les découvertes des grands géomètres et des illustres physiciens, l'honneur de notre siècle, dont les noms survivront aux noms plus retentissants, célèbres par la politique ou les armes, l'*Association britannique* parvint, après de longs travaux, à instituer un système de mesures électriques étroitement coordonnées.

« Qu'il fût question de force mécanique, de pouvoir magnétique, de courants électriques, d'électricité statique, de développement de chaleur ou de décomposition chimique, toutes ces modifications, manifestations de la puissance électrique, pouvaient être rapportées désormais à une mesure commune, dérivant de trois unités absolues, et pouvaient être formulées en termes clairs et précis, ne laissant prise à aucun malentendu.

« En présence d'un tel monument scientifique, digne de tous les respects et de tous les hommages, la tâche du Congrès était tracée. Il n'a pas hésité un seul instant à adopter les principes posés par l'*Association britannique*. De leur côté, les représentants illustres que l'Angleterre avait délégués au Congrès, n'ont pas hésité non plus à accepter les changements de détail que l'état de la science indiquait, et à souscrire à toute modification de nature à rendre plus facile l'adoption universelle du système.

« La décision que le congrès a prise à ce sujet n'est pourtant pas le résultat de concessions réciproques motivées par l'esprit de conciliation, à laquelle aucune lumière n'a manqué.

« Les savants les plus autorisés, dont la parole est écoutée avec respect dans le monde entier, ces savants dont le nom est sur vos lèvres, y ont pris tous une part animée et convaincue. Si l'esprit de concorde et le sentiment de la plus délicate courtoisie n'ont jamais cessé de régner dans ces profonds débats, croyez bien cependant que la science, dans son expression la plus absolue, et la pratique dans son sens le plus élevé, se sont trouvées en présence, défendant avec une égale vigueur, et pied à pied, leurs territoires respectifs.

« L'accord s'est fait, et par une décision unanime, vous avez rattaché d'une part les mesures électriques absolues au système métrique, en adoptant pour bases le centimètre, la masse du gramme et la seconde; *de l'autre, vous avez institué des unités usuelles, plus voisines des grandeurs qu'on est accoutumé à considérer dans la pratique* et vous les avez rattachées par des liens étroits aux unités absolues. Le système est complet.

« *L'Association britannique* avait eu l'heureuse idée de désigner ces diverses unités par les noms des savants auxquels nous devons les principales découvertes qui ont donné naissance à l'électricité moderne : vous l'avez suivie dans cette voie, et désormais les noms de Coulomb, de Volta, d'Ampère, de Ohm et de Faraday demeureront étroitement liés aux applications journalières des doctrines dont ils furent les heureux créateurs.

« L'industrie, en apprenant à répéter chaque jour ces noms. dignes de la vénération des siècles, rendra témoignage de la reconnaissance due par l'humanité tout entière à ces grands esprit dont les bienfaits se répandent sur les plus ignorants et les plus humbles, et dont le génie et les efforts ne peuvent être appréciés que par l'élite des générations qui se succèdent. N'est-il pas juste que ceux qui reçoivent en quelques heures, des pays les plus lointains, des nouvelles d'un être aimé, sachent que Volta, Ampère et Faraday ne sont pas étrangers à cet outillage merveilleux, dont la puissance fait battre les cœurs à l'unisson, aux deux extrémités de la terre. Coulomb, Volta, Ampère, Ohm, Faraday, ont appliqué leurs forces, sacrifié leur bien-être et voué leur vie entière à ces travaux dont nous recueillons les fruits, et si leur existence modeste et désintéressée n'a réclamé, pour de si grands bienfaits, d'autre profit qu'un peu de gloire, soyons assez justes pour en faire mesure large à leur souvenir.

« Les représentants de la France, dans cette assemblée, ne sauraient oublier avec quelle unanimité et quel empressement leurs collègues de tous les pays se sont réunis pour demander que les unités électriques nouvelles fussent rattachées aux unités anciennes du système métrique. Cette décision du Congrès forme le complément de l'œuvre accomplie, il y a bientôt un siècle, par la Convention nationale. L'adoption universelle des mesures électriques contribuera sans doute à décider les nations qui hésitent encore, à introduire dans leur législation l'usage du système métrique. Ce sera un grand bienfait. Ce n'est pas aux savants ou aux industriels seuls que son usage est nécessaire : c'est à la population la plus humble qu'il offre des conditions claires pour toutes les transactions et rapides pour tous les calculs

« En présence du merveilleux spectacle que l'initiative hardie de M. le ministre des postes et des télégraphes a réuni sous nos yeux, a-t-on besoin d'insister pour justifier l'importance que le Congrès a mise au choix des unités électriques et à leur universelle adoption par une convention internationale? Comment se reconnaître au milieu de ces appareils si puissants, si délicats, si divers, où se déploient toutes les ressources de la force mécanique, toutes les splendeurs de l'éclairage, toutes les magies des actions chimiques et tous les mystères de l'acoustique, si on ne peut comparer entre elles toutes ces manifestations d'une même force et en rapporter tous les phénomènes aux mêmes étalons..

Le Congrès dote la science et l'industrie de ces mesures communes de toutes les grandeurs dont l'influence apparaît dans les actions électriques les plus diverses. Il ouvre à l'espèce humaine une ère nouvelle de progrès et de fécondité, dont le concours empressé de toutes les nations à l'Exposition a révélé l'importance, par l'infinie variété des moyens matériels mis au service de l'électricité, par la profondeur des débats que les savants les plus illustres sont venus enrichir libéralement des résultats les plus précieux de leurs travaux.

« La mythologie grecque, personnifiant avec bonheur les forces de la nature, avait rangé les vents, les flots et le feu sous les ordres de divinités secondaires; elle avait fait du dieu de la poésie et des arts le représentant céleste de la lumière; par une admirable prescience elle avait réservé la foudre à Jupiter.

« La science et l'industrie se sont emparées depuis longtemps des forces que l'air et les eaux mettent à la disposition de l'homme. La vapeur, animée par le feu, lui permet de franchir tous les obstacles et de dominer les mers.

« La lumière n'a plus de secrets pour la science, et les arts multiplient chaque jour ses plus surprenantes applications. Restait un dernier effort à accomplir : il fallait saisir entre les mains du maître des dieux la foudre elle-même et la plier aux besoins de l'humanité; c'est cet effort que le dix-neuvième siècle vient d'accomplir, et dont vous constatez le succès dans ce brillant Congrès.

« Cet effort restera comme une date mémorable dans l'histoire; au milieu du mouvement de la politique et des agitations de l'esprit humain, il deviendra l'expression caractéristique de notre époque. Le dix-neuvième siècle sera le siècle de l'électricité ! »

FIN DE L'EXPOSITION D'ÉLECTRICITÉ DE PARIS

L'EXPOSITION D'ÉLECTRICITÉ

DE MUNICH EN 1882

A peine le Palais de l'Industrie avait-il fermé ses portes, qu'une seconde Exposition d'électricité s'ouvrait en Angleterre, à Sydenham. Instituée sous la direction des propriétaires du palais de Cristal, cette Exposition eut, par cela même, un côté mercantile, qui diminua son importance.

Ce fut autre chose à Munich. Les organisateurs de cette entreprise créèrent, dans la capitale de la Bavière, une sorte de concours international d'appareils électriques, auquel on ne donna pas le titre d'Exposition, bien qu'elle en fût le type achevé. On l'appela *Essais électro-techniques dans le Palais de cristal*. Cette dénomination avait été choisie pour bien mettre en relief le caractère pratique et expérimental de ce nouveau concours. Ce que l'on voulait, en effet, c'était voir à l'œuvre les appareils électriques qui sont aujourd'hui à l'ordre du jour, c'est-à-dire la transmission de la force à grande distance, la téléphonie sur de longues lignes, la lumière électrique appliquée à l'éclairage des rues, des théâtres et des habitations, enfin les mesures, appliquées rigoureusement, des effets des courants électriques et de l'électricité statique. Tels furent, en effet, les points principaux sur lesquels portèrent les essais des physiciens et des industriels allemands.

Un trait tout particulier et bien caractéristique de l'Exposition de Munich, c'est qu'on n'y décerna pas de médailles. En revanche, les exposants obtinrent un rapport sur les expériences faites avec leurs appareils, et ce rapport, émanant d'un comité composé d'hommes très autorisés, vaut toutes les médailles et tous les diplômes possibles.

C'est dans la magnifique et spacieuse serre du jardin botanique de Munich (Fig. 215) que l'Exposition fut installée. La force motrice pour l'éclairage et pour le fonctionnement des différentes machines, était fournie en partie par la machine à vapeur du *Polytechnicum*, en partie par les chutes de l'Hirschau, distantes de cinq kilomètres du Palais de cristal.

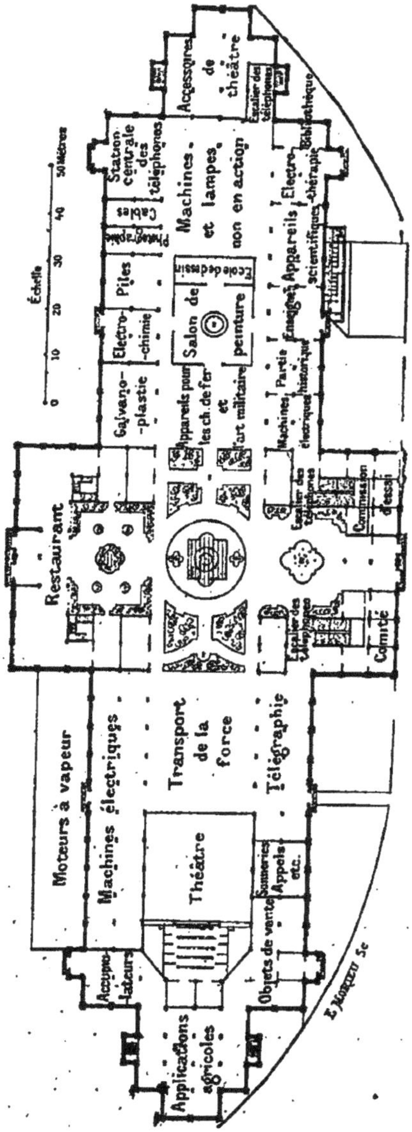

Fig. 212. — PLAN DE L'EXPOSITION DE MUNICH.

A l'intérieur du palais, éclairé par les foyers électriques les plus variés, fonctionnaient les divers appareils électriques, les auditions téléphoniques, les essais d'éclairage électrique des théâtres, exécutés sur une scène construite spécialement dans ce but. Le transport de la force par l'électricité et la distribution d'électricité de M. Marcel Deprez, affirmaient une fois de plus les merveilleux progrès accomplis par la science nouvelle.

FIG. 245. — PALAIS DE CRISTAL A MUNICH OU SE TENAIT L'EXPOSITION D'ÉLECTRICITÉ.

Cette Exposition s'ouvrit le 15 septembre 1882; le public y fut admis pendant un mois. Bien qu'elle occupât beaucoup moins d'espace que celle de 1881, à Paris, elle réunissait, néanmoins, un ensemble intéressant des machines. Le comité se trouvait ainsi dans d'excellentes conditions d'instruments nouveaux, qui présentaient, grâce à une décoration très artistisque, et un arrangement ingénieux des lampes, un aspect des plus agréables.

Nous allons passer en revue ce que présentait de plus original et de plus saillant l'Exposition bavaroise, à savoir :

1° Les expériences faites par un Comité spécial, pour mesurer les effets des divers appareils électriques;

2° Les machines dynamo-électriques exposées dans la Galerie des machines;

3° Les lampes électriques à arc et à incandescence, et leurs principales applications et dispositions;

4° L'éclairage électrique appliqué aux théâtres;

5° L'éclairage électrique appliqué aux salles de peinture et de sculpture;

6° Le transport de la force par l'électricité.

Mesures électriques. — Commencées dès l'ouverture, ces mesures furent poursuivies chaque jour, avec une grande activité. Les locaux affectés à ces travaux étaient installés d'une façon magnifique. Deux salles, très spacieuses, étaient destinées aux appareils de mesures. Chaque appareil était placé sur une colonne de pierre, traversant le plancher et reposant sur de solides fondations. Le long des murs, de grands commutateurs, ingénieusement combinés, servaient à relier, de diverses façons, les fils allant aux galvanomètres, rhéostats, etc. Dans des essais comme ceux auxquels se livrait le Comité, il était utile d'avoir un rhéostat dans lequel on pût faire passer impunément des courants intenses.

Les différentes mesures furent faites pour les machines et lampes électriques. Elles comprenaient : les mesures mécaniques du travail fourni par les moteurs à vapeur ou à gaz aux machines dynamo-électriques, ou celles du travail rendu par ces machines, lorsqu'elles fonctionnaient comme moteurs, enfin les mesures photométriques. Le dynamomètre d'Hefner-Alteneck ; ceux qui reposent sur le principe émis par le général Morin; celui de Richter, à Winterthur, avaient été adoptés par le Comité. Pour la mesure du travail fourni par un moteur électrique, on s'est servi du frein Prony. Pour les expériences du transport électrique de la force, avec les appareils de M. Marcel Deprez, c'est le frein funiculaire de M. Carpentier qui a été employé. Le laboratoire des mesures était complété par deux postes téléphoniques mettant en relation les laboratoires d'expérience du Comité avec la galerie

FIG. 214. — PARTIE CENTRALE DE L'EXPOSITION DE MUNICH. (COTÉ DROIT)

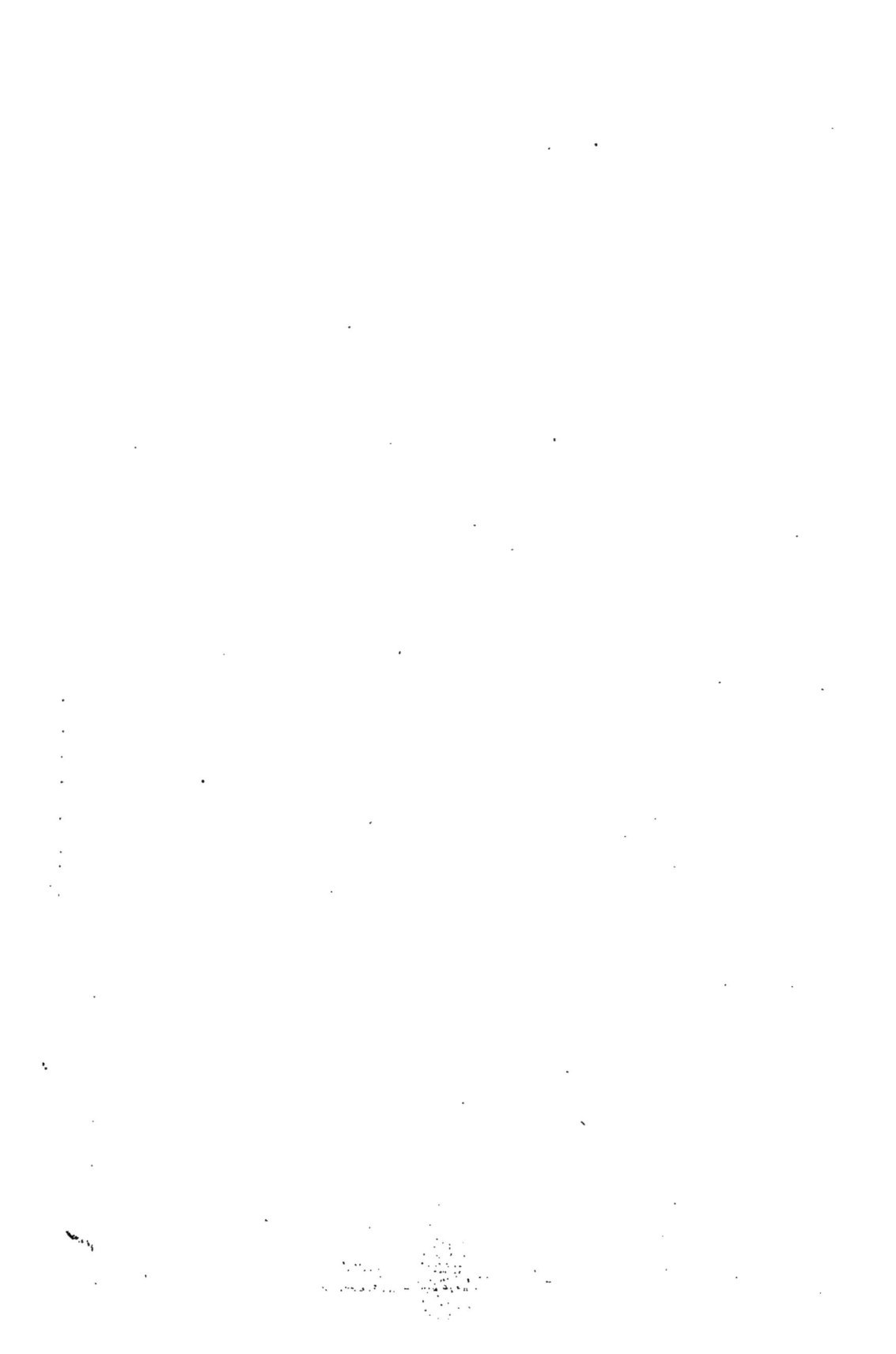

pour effectuer les comparaisons des différents genres de moteurs électriques.

Dans la salle du laboratoire s'effectuaient principalement les mesures concernant les machines, parce que c'est là que se trouvaient le commutateur général et la clef à déclanchement.

L'ensemble des méthodes de mesures adoptées par le Comité d'essais, étaient simples et bien étudiées; les quelques défauts provenant de l'emploi de certains appareils, signalés comme défectueux ou peu commodes, étaient largement compensés par les soins extrêmes apportés à l'organisation des laboratoires d'essais et par les dispositions nouvelles qu'elle a présentées. On peut dire que l'installation des appareils de mesure à l'Exposition de Munich est la première qui ait été faite d'une façon aussi complète et aussi pratique qu'on pût le désirer.

Machines productrices d'électricité, ou machines dynamo-électrique. —
La galerie des machines, que nous représentons dans la figure 215, occupait un long espace. Les machines à courants alternatifs étaient uniquement représentées par l'alternative de Gramme et par la machine bien connue de Siemens. Les machines à courant continu étaient représentées, d'abord par un type historique de machine Gramme, la première qui ait été utilisée pour l'éclairage électrique, c'est-à-dire la machine de Paccinotti, dont M. Gramme a reproduit la disposition dans son *anneau*. La machine Paccinotti n'était pas, à vrai dire, représentée par elle-même, mais on en rencontrait dans l'Exposition un certain nombre de modifications. Citons, en particulier, la *machine Schuckart*, qui est assez répandue en Allemagne, mais peu connue en France.

Une autre modification de la machine Gramme est la machine Frein, de Stuttgart, dans laquelle l'inventeur a cherché à faire agir les inducteurs sur la partie intérieure de l'anneau, aussi bien que sur la partie extérieure. On voyait encore une autre machine à anneau Gramme, celle de Scheward Schamweber.

La machine Siemens à courants continus était représentée par deux modèles Waston, exposés par M. Schœffer, de Grappingen.

La machine Edison, que l'on voit au premier plan de la figure 215, se rapproche beaucoup, en ce qui concerne son armature, de la machine Siemens. Dans la galerie se trouvaient deux grands appareils de ce type, à six électro-aimants chacun. Ils pouvaient alimenter, à eux deux, 500 lampes. Il y avait également une machine pour 64 lampes, et une petite pour 16 lampes.

Ces machines contribuaient à l'éclairage du théâtre, du restaurant, de la salle Edison, d'une salle de téléphones, de l'école de dessin et de l'*Arcis strasse* (rue de Munich).

En outre, deux machines Edison, une grande et une petite, étaient employées pour un transport de forces à quelques mètres de distance.

Les deux machines Bürgin, exposées par M. Crompton, de Londres, alimentaient des lampes à arc Crompton et des lampes à incandescence Swan et Maxim.

Enfin, la machine, bien connue, de Brush, était représentée par deux types.

Nous ne citons que pour mémoire les deux machines employées par M. Marcel Deprez, pour le transport de la force de Miesbach à Munich, cette importante question ayant été traitée dans un chapitre spécial de cet ouvrage.

On trouvait, en somme, à l'Exposition de Munich, les principaux types connus de machines dynamo-électriques.

Les lampes électriques à arc et à incandescence. — Dans la figure 215, qui présente l'aspect général de la galerie des machines, on ne voit aucun des moteurs à gaz ou à vapeur destinés à mettre en marche les appareils dynamo-électriques. Ces moteurs étaient placés en arrière de la galerie, dans une sorte d'annexe allongée, ajoutée au Palais de cristal. Là, chaque exposant avait un moteur spécial et indépendant. Les courroies de transmission traversaient la cloison, pour communiquer le mouvement aux axes correspondant à chaque installation.

Cette indépendance a beaucoup facilité l'exécution des mesures du Comité d'essais, relativement aux machines et aux lampes. En général, chaque machine dynamo-électrique correspond, comme on le sait, à une lampe particulière, et forme, pour ainsi dire, un ensemble avec elle. Il eût été certainement original de voir, dans la galerie des machines, figurer à côté de chacune d'elles la lampe correspondante. L'éclairage eût été ainsi très varié, peu harmonieux peut-être, mais on eût plus aisément comparé les effets obtenus avec chaque mode d'éclairage. On avait cependant préféré adopter un éclairage uniforme, et l'on n'avait disposé dans la galerie des machines que des lampes différentielles de Siemens.

Parmi les brûleurs à arc, la bougie Jablochkoff ne figurait que comme pièce historique. La lampe différentielle de Siemens, de Brush, de Piette et Krizik, ou lampe de Pilsen, etc., etc., éclairaient diverses parties de l'Exposition, en même temps que les nombreux modèles de lampes à incandescence d'Edison, Swan, Maxim, Muller, Nothomb.

Du reste, l'Exposition de Munich a présenté, au point de vue de la déco-

Fig. 215. — GALERIE DES MACHINES, A L'EXPOSITION DE MUNICH.

ration artistique des lampes, une différence marquée avec l'Exposition d'électricité de Paris. Là, l'effort fait pour donner aux lustres et supports des lampes un aspect agréable à l'œil, semblait général. Il s'appliquait aussi bien aux lampes à arc voltaïque qu'aux lampes à incandescence. La plupart des brûleurs à arc étaient renfermés dans d'élégantes lanternes, et nous avons représenté, dans le cours de ce volume, le lustre des lampes Siemens, qui ornait l'entrée de l'Exposition, ainsi que les dispositions variées auxquelles avait donné lieu la lampe Werdermann. Pour les lampes à incandescence, les solides montures d'Edison et ses lustres en cristaux taillés à facettes, rivalisaient avec l'élégant lustre en verre soufflé de Swan.

A Munich, au contraire, fort peu de chose avait été fait pour l'ornementation des lampes à arc voltaïque. Tous les efforts semblaient s'être portés sur les lampes à incandescence; comme si l'on eût admis qu'elles seules fussent destinées à pénétrer dans les intérieurs, et qu'elles seules eussent besoin d'être ornementées.

Il semblait que pour les lampes à arc voltaïque on n'eût cherché qu'à exposer des systèmes, sans rien faire pour la décoration des lampes; et nous n'avons guère à citer à ce point de vue que la suspension de lampes Crompton, une lampe Schuckart, exposée par la maison Zettler et Soller, de Munich, et un candélabre à abaissements pour lampes Schuckart, analogue à ceux employés par M. Jaspar, exposé par MM. Anspach Fœrdereuther.

Pour les lampes à incandescence, le contraire avait eu lieu; les dispositions ornementales étaient en grand nombre. La chose est, d'ailleurs, facile à expliquer. Donner un aspect artistique à une lampe à arc voltaïque, ou en réunir plusieurs ensemble, pour former un lustre élégant, est chose difficile, tandis que les lampes à incandescence, par leurs petites dimensions, se prêtent admirablement aux combinaisons les plus diverses.

D'un autre côté, les lampes à incandescence peuvent s'adapter aisément sur les supports construits pour le gaz ou la bougie; et la faculté qu'elles ont de pouvoir brûler dans toutes les positions, rend encore leur installation plus facile.

C'est ainsi que l'on avait pu disposer dans le jardin du restaurant, un éclairage des plus originaux et des plus pittoresques. Des lampes Swan étaient suspendues dans les feuillages des arbres verts et autour des plantes grimpantes. Attachées sans raideur, à l'aide de leurs fils conducteurs, et jouissant d'ailleurs, par leur mode même de montage, d'une certaine flexibilité, elles participaient au mouvement des feuilles; si bien que le jardin ainsi illuminé semblait, comme dans un conte des *Mille et une Nuits*, éclairé par les fruits lumineux d'arbres magiques.

Mais ce n'est là qu'une disposition ingénieuse qui montre toute la facilité d'emploi que présentent les lampes à incandescence. Pour revenir aux appareils d'éclairage proprement dits, nous aurions à considérer d'abord les supports et appliques destinés aux lampes isolées; mais on les retrouvait à Munich tels qu'on les avait vus à l'Exposition de Paris, en 1881. Bien étudiés à cette époque, ils sont restés tels qu'ils étaient. Nous n'avons donc pas à y revenir, et nous nous occuperons surtout des dispositifs, plus compliqués, des *lustres électriques*, pour lesquels l'imagination des constructeurs s'était donné largement carrière.

Les lustres électriques étaient fort nombreux dans le Palais de cristal de Munich. L'Exposition d'électricité ayant été rattachée à une Exposition d'art décoratif, de nombreux fabricants avaient tenu à montrer qu'ils pouvaient disposer des appareils d'éclairage pour l'électricité aussi bien que pour le gaz et les autres modes d'éclairage. De là une grande profusion de modèles variés.

Parmi ces modèles, les uns n'étaient que des lustres à gaz, légèrement modifiés pour la circonstance; les autres avaient été dessinés spécialement pour les lampes électriques. Mais ce qui frappait particulièrement, c'est que presque tous avaient un grand cachet artistique.

Munich, on le sait, est un centre artistique; mais cette capitale ne se contente pas de donner l'hospitalité à de nombreux peintres et sculpteurs, et de recueillir, dans ses musées de peinture et de sculpture, les chefs-d'œuvre des maîtres anciens. Elle a, en outre, fait son industrie spéciale de la reproduction des objets d'art. Meubles, ustensiles, fers forgés du Moyen âge, sont reproduits, avec beaucoup d'habileté et de goût, par les artisans bavarois, qui ne manquent pas, d'ailleurs, pour cela, de modèles. Le Musée national de Bavière, sorte d'immense musée de Cluny, contient, non pas entassées, mais classées de la manière la plus méthodique, d'innombrables richesses artistiques, qui sont pour l'ouvrier autant de modèles à consulter.

On conçoit que dans un pareil milieu et avec de telles ressources, les exposants de Munich aient pu allier à l'éclat de la lumière électrique l'élégance de leurs lustres. On pouvait s'en faire une idée en examinant la grande variété de dispositions données par les fabricants aux appareils d'éclairage électrique. Cet examen suffisait pour comprendre que l'artiste peut tirer des appareils d'éclairage par incandescence un excellent parti. Moins lourdes que les becs de gaz, les lampes électriques par incandescence peuvent s'adapter à des lustres d'une grande légèreté, et comme elles ne

FIG. 216. — PARTIE CENTRALE DE L'EXPOSITION DE MUNICH (CÔTÉ GAUCHE).

dégagent qu'une quantité de chaleur très faible, on peut les disposer de toutes les façons possibles, sans avoir à craindre, comme cela a lieu pour le gaz, que les ornements placés directement au-dessus des foyers, soient endommagés par les émanations et produits provenant de la combustion de l'hydrogène carboné.

C'est là un des avantages de l'éclairage électrique, et un des éléments qui militent pour lui dans sa lutte contre le gaz. L'éclairage électrique, lorsqu'on se sert des lampes à arc voltaïque, est, pour la plupart des installations, bien supérieur au gaz, au point de vue du prix de revient, à intensité égale s'entend.

En revanche, les effets ornementaux sont plus difficiles à obtenir avec les foyers à arc voltaïque; mais on doit considérer qu'ils sont surtout destinés à éclairer de grands espaces, soit des ateliers pour lesquels la question artistique disparaît, soit de vastes salles, comme celles des théâtres ou autres lieux de plaisir, et là l'espace dont on dispose permet de résoudre plus aisément la question d'ornement.

Mais c'est surtout avec les lampes à incandescence, comme on vient de le voir, que cette dernière difficulté est aisément résolue; et cette facilité d'ornementation vient s'ajouter aux résultats déjà obtenus du côté du prix de revient de l'éclairage électrique.

La lampe à incandescence avait paru, dès l'abord, devoir être d'un prix de revient fort élevé. Le peu de renseignements que l'on possédait sur ce sujet, l'indécision relative à la durée que l'on doit assigner à une lampe, avaient contribué à affermir le public dans cette opinion. Peu à peu, cependant, les installations se sont multipliées, les renseignements ont été obtenus progressivement, et l'on est arrivé à se rendre compte de ce fait qu'il n'est pas difficile aujourd'hui d'installer un éclairage à incandescence revenant sensiblement au prix que coûte actuellement le gaz. On peut même dire qu'avec une fabrication soignée, la vie des lampes à incandescence peut être prolongée et que lorsqu'il s'agira d'installations un peu considérables, leur prix de revient sera certainement inférieur à celui du gaz. La nouvelle lumière aura, de plus, ses avantages bien connus, relativement à sa fixité et au peu de chaleur dégagée; et puisqu'elle se prête admirablement à des dispositions décoratives, elle est dès à présent prête, sous tous les rapports, à entrer en lutte avec le gaz.

Une des particularités que présente la lampe à incandescence, c'est la grande facilité avec laquelle on peut modifier la dimension des foyers. Les constructeurs ont généralement deux types de ces lampes, doubles l'un de l'autre, et l'on a pu, dans ces derniers temps, faire des lampes à incandescence presque microscopiques, de véritables petits joujoux lumineux, qui se prêtent admirablement à différents effets décoratifs. C'est ainsi que dans un des théâtres de Londres, on a vu de ces petites lampes alimentées par des accumulateurs portatifs, orner la tête des danseuses, dans un ballet, disposition des plus curieuses, que M. Trouvé, à Paris, en 1883, a su réaliser, de son côté, de la manière la plus charmante, dans des espèces de diadèmes lumineux, destinés à briller au front des danseuses des ballets et féeries. A Munich, quelques vitrines d'objets d'art étaient éclairées à l'intérieur, de la façon la plus agréable, par des lampes à incandescence de très faibles dimensions, et l'on a vu des lampes à incandescence supportées par une statuette en bronze.

Reste une application des lampes à incandescence dont nous n'avons pas encore parlé. Il s'agit de l'éclairage des rues. Cette application semblait tout d'abord impossible, car pour l'éclairage d'une voie publique, il semble plus logique d'avoir recours aux foyers à arc, qui sont moins coûteux que les lampes à incandescence. Cependant, la lumière blanche de la bougie Jablochkoff semble désagréable à un certain nombre de personnes, et la Société Edison avait tenu, à Munich, à démontrer la possibilité d'éclairer une rue au moyen de lampes à incandescence. Elle avait établi cet éclairage dans l'*Arcis-strasse*. Les candélabres supportaient à leur partie supérieure un réflecteur, et au-dessous une sorte de coupe en verre, dans laquelle se trouvaient trois lampes.

L'effet obtenu était très agréable et rappelait un vif éclairage au gaz; mais il est certain qu'éclairer les rues de cette façon, serait fort coûteux.

Quoi qu'il en soit, l'installation de l'*Arcis-strasse*, fort bien combinée par la Société Edison, pourra servir de type dans des cas particuliers, et elle mérite, en ce sens, de fixer l'attention.

Éclairage électrique des théâtres. — Pendant l'Exposition de Munich, on a étudié avec un soin particulier la question de l'éclairage des théâtres

Nous avons longuement insisté, dans le cours de ce volume, sur les dangers qui sont inhérents à l'emploi du gaz pour l'éclairage des lieux publics, des salles de réunion et de spectacle, et nous avons fait connaître l'état actuel de cette question, en citant les principaux théâtres de l'Europe où l'éclairage électrique a été substitué à l'éclairage au gaz. Enfin, nous avons décrit les moyens aujourd'hui usités pour appliquer, avec économie et sécurité, les lampes électriques à l'illumination de la scène et de la salle d'un théâtre. Nous n'avons pas à revenir sur ces questions. Tout ce que nous avons rapporté à cet égard prouve que la question de l'application de

FIG. 217. — SALON D'OBJETS D'ART ÉCLAIRÉ PAR UN LUSTRE DE LAMPES A INCANDESCENCE.

l'éclairage électrique aux théâtres a fait de grands progrès et qu'elle excite un intérêt général.

Les organisateurs de l'Exposition de Munich avaient, dans le but d'étudier cette application spéciale de l'électricité, fait élever dans la nef une salle de théâtre, dont l'intérieur est représenté dans la figure 219.

Le théâtre de l'Exposition pouvait contenir six cents spectateurs, en dehors de l'espace réservé aux musiciens. Son éclairage était fait, d'une part, au moyen d'un plafond transparent, au-dessus duquel se trouvaient six lampes Schuckart. L'intensité de la lumière projetée pouvait être modifiée au besoin en excluant plusieurs lampes du circuit et les remplaçant par des résistances équivalentes.

Outre cette lumière tamisée, la salle recevait encore celle de guirlandes de lampes d'Edison, disposées le long des murs, comme cela avait été fait à l'Exposition de 1881, dans la grande salle du Congrès, et les deux lumières combinées produisaient un effet fort agréable.

La scène était éclairée uniquement, mais d'une façon complète, avec des lampes Edison. La rampe, les portants, les herses, en étaient munis.

Les lampes étaient disposées de manière à pouvoir éclairer avec leur lumière naturelle, ou à projeter sur les objets environnants, pour la production de certains effets spéciaux, des rayons rouges ou bleus. Ce dernier résultat était obtenu en faisant passer la lumière de chaque lampe à travers un écran de gélatine colorée, qu'il était facile de faire arriver devant la lampe, au moment voulu.

Pour la rampe, chaque lampe était entourée à sa base d'une poulie horizontale, dont la circonférence pouvait être considérée comme divisée en trois parties. Un premier tiers restait libre, le second portait verticalement un écran de gélatine rouge, à courbure cylindrique; le troisième était muni d'un semblable écran, en gélatine bleue. Une corde passait alternativement devant et derrière toutes les lampes consécutives; de sorte que si l'on tirait cette corde, elle imprimait à deux lampes voisines des mouvements inverses. Mais les écrans étaient placés de façon que, toutes les lampes se trouvant d'abord à nu, un seul et même mouvement de la corde amenait devant elles tous les écrans rouges ou tous les écrans bleus.

Pour les lampes des herses, la disposition des écrans était inverse : les lampes étant renversées. En outre, la corde de commande agissait d'une façon différente. Le mouvement de l'un des écrans entraînait de proche en proche celui de tous les autres, et de chaque écran partaient deux cordes, qui permettaient d'amener devant la lampe la gélatine bleue ou la gélatine rouge, suivant le côté que l'on tirait.

Pour les portants les écrans de gélatine, au lieu d'être parallèles l'un à l'autre, dans le sens vertical, étaient superposés et glissaient sur deux tiges verticales. Une corde passant sur une poulie les entraînait tous, d'un même mouvement. A l'état normal, ils dégageaient les lampes ; en tirant plus ou moins la corde, on amenait devant elles les écrans rouges ou les écrans bleus.

Dans ces écrans, pour les trois installations, la gélatine était soutenue par un quadrillé de fils.

L'éclairage de la scène comportait encore des appareils destinés à projeter sur certains points, sur la toile de fond par exemple, une plus vive lumière. Ces appareils consistaient en trois rangées de quatre lampes Edi-

Fig. 218. — APPAREIL POUR LE RÉGLAGE DE LAMPE ÉLECTRIQUE PAR INCANDESCENCE, AU THÉATRE DE L'EXPOSITION DE MUNICH.

son, montées dans une sorte de caisse inclinée, faisant fonction de réflecteur.

Le système était enfin complété par des lampes à arc voltaïque muni de réflecteurs.

Pour le réglage des lampes à incandescence, on avait recours à un jeu de résistances fort bien disposé, que représente la figure 218. Les fils de résistance, placés dans une grande caisse à jour, pouvaient être introduits progressivement dans chaque circuit, à l'aide d'une série de poignées, placées sur une table, C, D, au-dessus de la caisse. Sur la table, des inscriptions indiquaient à quel circuit correspondait chaque poignée. En outre, les extrémités de toutes les poignées s'appuyaient sur une même barre, E F, à l'aide de laquelle on pouvait les manœuvrer toutes ensemble, soit à la main, et d'un seul coup, soit progressivement, à l'aide d'une vis fixée sur le bord de la table.

La figure 220 montre comment étaient placés les différents appareils que nous venons de passer en revue; elle représente une coupe verticale de la scène et de la salle.

Pendant la durée de l'Exposition de Munich, des représentations de ballet eurent lieu tous les soirs, dans ce théâtre; et le 26 septembre, après de nombreuses expériences, le Congrès des directeurs de théâtre émit une opinion favorable à l'éclairage des salles de spectacle par l'électricité, surtout en ce qui concerne l'absence de danger d'incendie.

« L'éclairage par incandescence, dit à ce sujet le rapport officiel de l'Exposition de Munich, en dehors de la sécurité qu'il présente, au point de vue du danger d'incendie, possède toute une série d'avantages qui sautent aux yeux. Ainsi, avant tout, la chaleur produite par les lampes à incandescence, relativement à celle que dégagent les becs de gaz, est excessivement faible. D'autre part, elles ne consomment pas d'oxygène, et ne fument pas, et ce sont là des avantages qu'apprécieront particulièrement les artistes qui ont à produire des effets à l'aide des poumons et de la gorge. Un fait très important est que l'allumage des lampes à incandescence et leur réglage soit pour l'ensemble, soit pour les diverses parties, peuvent être faits d'un point unique par un seul homme, sans présenter les dangers qui résultent de l'allumage des herses de gaz. En outre, l'éclairage par incandescence a certaines propriétés infiniment précieuses au point de vue décoratif, si important pour les scènes de théâtre. On peut le disposer partout sans aucun danger, il donne une teinte plus chaude et plus ensoleillée que l'éclairage au gaz, ce qui est important pour la peinture des décors; il est particulièrement fixe, ce qui fait que le ton des décors reste toujours le même; il n'exerce pas d'influence, comme cela a lieu avec les lampes à arc, sur la couleur des costumes et des décors, exécutés pour l'éclairage au gaz. Combiné avec des projecteurs à arc voltaïque, l'éclairage par incandescence permet d'atteindre à une intensité inconnue jusqu'ici, et il permet aussi d'aller jusqu'à l'obscurité complète, que l'on n'obtient jamais avec le gaz. On pourra ainsi, grâce à son emploi, dans un lever de soleil, obtenir par des gradations insensibles toutes les teintes de la nuit, de l'aurore et du plein soleil, ou bien, dans un orage, produire des effets subits de lumière, comme ceux des éclairs. »

En somme, le théâtre installé dans le Palais de Cristal de Munich, a montré, une fois de plus, la possibilité d'employer dans les théâtres les lampes à incandescence, en les combinant, pour l'éclairage de la salle et pour certains effets de scène, avec les grands foyers à arc voltaïque.

La question de l'éclairage électrique des théâtres en est arrivée à un point tel que l'on peut dès aujourd'hui formuler une opinion au sujet de son avenir.

L'éclairage des théâtres par les lampes à incandescence, combinées avec les lampes à arc voltaïque, est appelé à prendre de plus en plus de développement. Le fait que la plupart des salles de spectacle sont aujourd'hui munies d'une installation de gaz fort complète et très bien entendue, retardera ce progrès; mais il sera, d'un autre côté, favorisé par deux autres circonstances : la facilité avec laquelle on peut aujourd'hui écarter d'une installation électrique tout danger d'incendie, et le besoin croissant de lumière, besoin qui se fait sentir dans les théâtres, aussi bien que dans tous les endroits publics et même dans nos habitations.

Cette dernière circonstance est aujourd'hui un fait incontestable. Elle est, d'ailleurs, une conséquence de la progression toujours croissante que suit le luxe de la décoration. Si l'on augmente les dorures, les peintures, les ornements de toutes sortes, il faut nécessairement plus de lumière pour les faire valoir, et les théâtres subiront forcément cette loi. Mais, dans ces établissements, si l'accroissement de l'éclairage est obtenu au moyen du gaz, on verra s'augmenter et croître dans une fâcheuse proportion tous les inconvénients de ce dernier. En adoptant l'éclairage électrique, au contraire, on augmentera l'éclairage en supprimant ces inconvénients.

Éclairage électrique des musées et salons de peinture et de sculpture. — Après la question de l'éclairage des théâtres, celle de l'éclairage des ateliers de peinture et de sculpture, ainsi que des salons d'objets d'art, a été étudié avec grand soin, à l'Exposition de Munich. La vieille capitale de la Bavière, si célèbre par ses écoles de peinture et de sculpture et ses immenses richesses artistiques, ne pouvait manquer de réserver, dans son premier concours électro-technique, une large place aux applications des nouveaux procédés d'éclairage dans les diverses manifestations de l'art.

On sait que Munich, depuis sa fondation en 1168, vit successivement s'élever ses divers monuments, qui semblent construits pour une immense cité, quoiqu'elle ne possède pas aujourd'hui deux cent mille habitants, en comptant la population des faubourgs. C'est surtout vers le dix-septième siècle, pendant le règne de Maximilien Ier, que commença sa réputation artistique. Ce prince ayant passé plusieurs années de sa jeunesse en Italie, en avait rapporté un goût très prononcé pour les arts. Il s'empressa, dès le commencement de son règne, de donner à sa capitale un aspect de grandeur et d'élégance, qui faisait déjà l'admiration des étrangers. Les souverains du siècle dernier, et le roi Louis en particulier, ont continué avec ardeur les constructions de cathédrales, de palais et de musées, et c'est déjà sous Joseph-Maximilien IV que fut tracé le plan du faubourg Maximilien, qui est devenu la ville nouvelle, et où sont réunis à peu près toutes

les grandes constructions modernes. C'est de 1825 à 1848, sous le règne du roi Louis, que la plupart de ces édifices ont été construits. On peut admirer, à divers points de vue, le nouveau Palais, l'église de Saint-Louis, la Basilique, la Glyptothèque, la Pinacothèque, l'Odéon, la Bibliothèque, l'Université, la Manufacture de peinture sur verre, la Duhmeshalle, la Nouvelle Pinacothèque, le Siégistor, l'Isarthor, la Feldhernhalle, la maison d'éducation pour les demoiselles nobles, etc., etc. Presque tous ces monuments renferment des collections uniques au monde, qui ont attiré, dans ce milieu si bien fait pour entretenir le feu sacré de l'art, une multitude de travailleurs, dont quelques-uns ont acquis une grande célébrité.

Les antécédents de la ville de Munich et le culte des beaux-arts qu'elle continue à honorer avec tant d'empressement, étaient de sûres garanties des efforts qui seraient tentés, pendant l'Exposition de 1882, pour étudier l'application de l'éclairage électrique, soit aux classes de dessin le soir, soit pour les cours de peinture, soit enfin pour permettre d'étudier les chefs-d'œuvre des maîtres à des heures beaucoup plus commodes, et sans être limité, comme on l'a été jusqu'ici, par la durée si variable de la lumière du jour.

Aussi, dès que l'on commença à installer les diverses parties du Palais de Cristal pour l'ouverture de l'Exposition d'électricité, quelques salles furent-elles spécialement réservées pour montrer aux visiteurs les applications de la lumière aux productions artistiques. Une galerie de tableaux, un modèle d'école de dessin, une chapelle, avec ses effets de boiseries sculptées, ses ornements gothiques et ses accessoires de toute sorte, avaient été disposés par le comité d'organisation.

La galerie de peinture, dont nous donnons, dans la figure 221, une vue d'ensemble, devait au peintre Gedon l'heureuse disposition qu'elle présentait. Des tentures rouges couvraient tous les panneaux de la grande salle, et formaient un fond très bien compris pour faire ressortir les larges bordures dorées des tableaux et surtout les œuvres peintes qu'elles entouraient.

Il y avait, pour les communications avec les salles voisines, trois riches portes en simili-marbre, d'une architecture grandiose et sévère, qui s'harmonisait on ne peut mieux avec la décoration générale un peu sombre. Au centre de la pièce, un large bassin rectangulaire portait, en son milieu, une vasque de laquelle s'échappait un jet d'eau, des plantes vertes et des arbustes. Des figures décoratives, empruntées à la collection des plâtres de l'Université, complétaient cet ensemble, que les rayons intenses des lampes électriques à arc animaient et faisaient valoir avec un éclat incomparable. Du reste, ce n'étaient là que les parties accessoires, car dans cette galerie on avait pu réunir une série de toiles des premiers artistes de

Munich, parmi lesquels nous citerons : Gabriel Max, Franz von Lenbach, Fritz Aug. Kaulbach, Piglhein, Hermann Schneider, Albert Keller, Joseph Brandt, Gedon, Neubert, V. Miller, V. Cramer, qui avaient gracieusement envoyé leurs œuvres. Les maisons Humpel-Mayr et Fleischmann de Munich, Lehmann de Prague, avaient aussi mis des tableaux fort intéressants à la disposition du Comité.

Quoique des expériences suivies n'aient pas pu être organisées pour apprécier les effets de lumière dans le salon de peinture, on a pourtant pu se rendre compte des services que rendrait le nouvel éclairage, en remplaçant la lumière du jour, et il a été démontré que les grands foyers à arc voltaïque pouvaient parfaitement suppléer la clarté solaire. M. Franz Van Langbach s'était mis, dans son atelier, à la disposition du Comité, pour prouver qu'il était possible de peindre à la lumière électrique. Le célèbre peintre, chez lequel on avait installé une lampe à arc voltaïque, fit des séances de peinture, et montra qu'en dirigeant les rayons lumineux directement sur la toile par la gauche et en arrière, on peut travailler comme en plein jour. Il exécuta un portrait pendant ces intéressantes expériences, et on put se convaincre que les modelés avaient la même finesse de tons que dans les œuvres du même artiste accomplies pendant la journée.

Le Comité put ainsi acquérir la certitude que l'on peut, avec la lampe à arc voltaïque de M. Schukart, qui fut employée dans cet essai, distinguer sur la palette les plus délicates nuances et exécuter un mélange de couleurs quelconques, pour produire tous les tons des carnations les plus tendres. Dans l'atelier, de dimensions relativement restreintes et tout rempli d'ébauches et d'études aux couleurs encore fortement accentuées, la lumière électrique ne paraissait pas, comme on aurait pu s'y attendre, d'un ton bleuâtre et froid ; elle était chaude comme la lumière solaire, surtout quand on était resté dans la pièce pendant un certain temps.

Ces résultats montrent donc nettement qu'il serait possible de rendre accessibles, le soir, les galeries et les musées ; ce qui constituerait un immense avantage pour ceux qui se livrent aux études du dessin et de la peinture, et activerait encore la production artistique.

D'après le rapport officiel de l'Exposition, les meilleures méthodes pour obtenir un éclairage électrique convenant aux galeries d'art, seraient les suivantes, qui, pour différentes raisons, n'ont pu être mises en pratique au Palais de Cristal bavarois :

« La première méthode, dit ce rapport, était celle qu'avait mise en avant M l'ingénieur Oscar von Miller suivant le système de Jaspar; elle ne put être employée, parce qu'on n'avait pas à sa disposition assez de lumière.

FIG. 221. — LE SALON DE PEINTURE A L'EXPOSITION D'ÉLECTRICITÉ DE MUNICH, ÉCLAIRÉ PAR L'ÉLECTRICITÉ.

Il proposait d'éclairer le salon de peinture au moyen d'une lampe à arc voltaïque d'au moins 10000 bougies, placée de telle façon que le foyer restât caché aux yeux des spectateurs et éclairât les tableaux par double réflexion. Une fontaine avec bassins, élevée au milieu de la salle, aurait servi à supporter cette lampe et sa partie supérieure aurait été construite en forme de réflecteur. La lumière émise par cette lampe et celle renvoyée par le réflecteur auraient été reçues et réfléchies par un plafond blanc et or auquel, pour donner un ton plus chaud à la lumière, on aurait pu mêler une pointe de jaune. C'est par ce plafond que la lumière aurait été renvoyée sur les murs et les parties basses de la salle. On aurait obtenu par ce mode d'éclairage une lumière très régulière impressionnant agréablement l'œil et qui, vraisemblablement, comme la lumière diffuse en général, aurait fait un très bon effet sur les tableaux. On pouvait craindre cependant que cet éclairage n'eût pas assez d'éclat pour donner aux tableaux toute leur valeur. Des essais préliminaires, faits avant l'Exposition par la maison Riédinger, en présence de plusieurs artistes, dans la grande salle des trois maures d'Augsbourg, ont montré, comme cela avait été reconnu dans l'atelier de Lenbach, que la lumière électrique directe augmente essentiellement l'effet des tableaux.

Une autre méthode d'éclairage de la galerie de peinture eût été de construire dans cette salle un double plafond et de disposer dans l'intervalle un certain nombre de réflecteurs dans l'intérieur desquels se trouveraient des lampes à arc. La forme de ces réflecteurs est très importante, car on sait que la lumière à arc envoie son cône de lumière surtout en arrière, et des réflecteurs placés au-dessus de ce cône seraient complètement inutiles. Si l'on veut donc éclairer d'une façon intense les murs d'une galerie de tableaux, il faut d'abord que la section transversale du réflecteur soit placée obliquement à la muraille, en outre le profil de la section doit être calculé de telle façon que la plus grande fraction possible du cône de lumière soit embrassée par lui.

Cette méthode aurait l'avantage que la lumière vive n'éclairerait directement que les murs destinés à être garnis de tableaux, tandis que, comme dans la première méthode, le spectateur est complètement à l'abri de la lumière intense directe de l'arc, de sorte qu'il peut se livrer sans trouble à l'examen des œuvres d'art. »

A côté de la galerie de peinture qui avait été aménagée pour montrer combien les œuvres d'art peuvent être appréciées à la lumière électrique, et quels services l'application des nouveaux procédés rendrait au public en doublant la durée du temps pendant lequel les galeries et les musées resteraient ouverts, on avait aussi voulu disposer un modèle d'école de dessin.

Le peintre Langbach fit dans son atelier un grand dessin, pour prouver que les dessinateurs n'auraient plus, à l'avenir, à compter avec les difficultés d'éclairage qui sont souvent si graves pour eux, lorsque des œuvres importantes, commencées dans la période des courtes journées, doivent être prêtes, comme chez nous, par exemple, pour le Salon annuel, dans le courant du mois de Mars. Aujourd'hui que les procédés sont devenus suffisamment pratiques, les installations électriques ne tarderont pas à se multiplier dans les ateliers particuliers, et ces terribles journées d'hiver pendant lesquelles la nuit vient si vite, et qui ne permettent souvent que des séances très médiocres, par suite des brouillards ou des nuages obscurcissant le ciel, ne seront plus un obstacle insurmontable à l'achèvement des travaux artistiques.

Comme l'Exposition de Munich avait été conçue dans un but tout à fait pratique, il était naturel que cette importante question de l'éclairage artistique fût étudiée avec soin, au point de vue expérimental; ce que n'a pas manqué de faire le Comité d'organisation. Nous donnons dans la figure 222 la vue perspective d'une salle disposée en école de dessin, avec ses tables pour les élèves, ses modèles d'ornementation et divers spécimens de moulages de la statuaire antique, tout cela éclairé par une série de lampes à incandescence et n'attendant que les artistes en herbe et leurs professeurs pour faire apprécier la valeur du nouvel éclairage.

Cette démonstration a, du reste, été complète, comme on peut le voir dans les lignes suivantes, que nous empruntons encore au Rapport officiel :

« Les essais faits en prenant en considération l'importance de nos écoles du soir ont été particulièrement appuyés par la direction de l'école des beaux-arts et de l'industrie de Munich, et le professeur Strähuber a sacrifié une partie de ses vacances pour s'occuper de l'organisation de la salle de dessin. Les résultats obtenus furent très satisfaisants, car on reconnut qu'avec la lumière Edison, employée après que la maison Siemens et Halske eut retiré son concours, on pouvait faire les dessins les plus délicats sans fatigue des yeux. Cela était dû en partie au faible dégagement de chaleur et à la fixité complète de la lumière. Des essais de dessin furent faits chaque soir par les élèves de l'école des beaux-arts et de l'industrie, et dans ce cas onput réunir un nombre d'expériences suivies qui, comme nous l'avons dit, sont on ne peut plus favorables aux projets d'établissement d'écoles de dessin du soir éclairées par les nouveaux procédés que fournit l'électricité. Des salles d'école et des amphithéâtres éclairés de cette façon constitueraient un véritable bienfait, et plus tard, quand les prises d'installation de la lumière électrique auront subi la réduction naturelle qui ne peut manquer de se produire, et que l'application générale de cet éclairage aura fait son chemin, on ne pourra plus comprendre comment on a pu si longtemps laisser compromettre, dans des salles éclairées au gaz, la santé et la vue des enfants ainsi que celles des professeurs. A l'heure qu'il est, même le prix du nouvel éclairage n'est pas trop élevé relativement à ses précieuses qualités, pour que l'on ne s'empresse de l'adopter dans tous les cours du soir où se réunit la jeunesse studieuse. »

Les considérations hygiéniques auxquelles se livre le rapporteur ne sont certainement pas à négliger, la vue des enfants devant s'altérer bien vite dans les études du dessin, si ces études sont continuées avec le triste éclai-

rage dont nous disposions jusqu'ici. C'est donc une amélioration capitale qui serait introduite dans tous les centres importants où se réunissent des élèves pour les écoles de dessin du soir, pour les classes de modèle vivant en peinture. Ce n'est plus même seulement une amélioration : c'est une vraie création, puisqu'on rendra ainsi possible ce qui ne pouvait avoir lieu dès que le soleil était descendu au-dessous de l'horizon.

Éclairage électrique des églises. — Nous avons souvent rappelé que toutes les installations de l'Exposition électro-technique de Munich avaient été organisées à un point de vue essentiellement pratique. Aussi, après s'être occupé de l'art dans les musées et galeries, ainsi que dans les salles d'école pour le dessin et la peinture, aussi bien que des travaux des peintres à domicile, s'est-on préoccupé des effets à produire dans la mise en scène religieuse, qui peut trouver dans les cérémonies du culte catholique de puissants moyens pour frapper l'imagination des foules.

On avait construit, dans ce but, une chapelle, au caractère mystérieux, avec des voûtes à ouvertures ogivales, portant des vitraux dans le genre ancien. Dans l'intérieur, l'autel, aux sculptures gothiques, s'élevait majestueusement au-dessus de quatre marches, et se trouvait entouré de grands arbustes verts, qui faisaient ressortir, sous le rayonnement des rayons électriques, la blancheur de la nappe, aux riches broderies. En avant, des stalles en boiseries sombres, puis, sur les côtés, des écussons, des étendards et l'armure de quelques preux chevaliers, formaient un décor des plus réussis, comme couleur locale. Sur l'autel, un candélabre à sept branches et des flambeaux étaient allumés, tandis que sur les dalles, un de ces appareils en fer forgé destinés à supporter les cierges que les fidèles viennent offrir en *ex-voto* au saint du lieu, ornait le premier plan, comme le montre notre dessin, qui a été fait d'après une photographie. Pour compléter l'illusion, on avait voulu aller plus loin encore. Comme il eût été difficile de placer à demeure, dans cette intéressante chapelle, un prêtre officiant devant le public, un mannequin habilement drapé et représentant un prince de l'Église, revêtu de ses riches vêtements sacerdotaux, était agenouillé au pied des marches de l'autel, et semblait lire le livre sacré.

Pour fournir des renseignements plus précis sur ce dernier ordre d'application de l'éclairage électrique, nous reproduirons les détails contenus dans le Rapport de la Commission officielle, en ce qui concerne la partie électrique appliquée à l'exercice du culte :

« L'éclairage de la chapelle était opéré, du dehors à l'aide d'une lampe à arc Crompton. Il n'y a à priori aucun doute que l'on ne puisse éclairer de cette façon une église aussi bien qu'une gare ou tout autre grand édifice. En effet, l'emploi

direct de l'arc a quelque chose de prosaïque et de profane, et l'on avait voulu essayer comment on pourrait éclairer de l'extérieur un espace de ce genre avec des
foyers à arc, sans nuire à son caractère mystique.

M. Gedon avait organisé l'essai d'éclairage, de façon que la source ne vînt agir
en plein que sur les parties où des effets marqués étaient justifiés au point de vue
artistique. Le reste de la nef se trouvait alors, relativement aux parties éclairées,
dans une sorte de demi-jour permettant parfaitement la lecture et portant à cette
concentration intérieure de l'esprit qui est nécessaire pour éveiller les sentiments
religieux. M. Gedon n'avait pas non plus perdu de vue que la lumière électrique ne doit pas supprimer l'emploi liturgique des cierges, comme le montre
le cierge votal brûlant dans la chapelle.

Un accroissement de cet éclairage au moyen de lampes à incandescence aurait sans
doute produit un bon effet, car ces lampes se prêtent très bien à des effets décoratifs. Ce qui le prouve, c'est la couronne votive suspendue à l'entrée de la chapelle
qui était munie de lampes Greiner et Friedricks, et qui produisait un très bel
effet.

L'éclairage de cette chapelle n'était qu'un essai, mais il a bien démontré la
possibilité d'éclairer dignement les églises au moyen de la lumière électrique.

L'intérieur de la chapelle a été photographié, ajoute le rapport de la Commission
allemande, à la lumière électrique par voie humide et a donné un bon résultat
après cinq quarts d'heure d'exposition. Le cliché obtenu fut ensuite soumis au
procédé d'*autotypie* de MM. G. Meisenbach et Van Schmadel.

Dans ce procédé, destiné à utiliser la photographie directement pour l'imprimerie, les tons du négatif sont transformés par une méthode purement mécanique en lignes et en points et transportés ensuite sur une plaque de métal que
l'on fait mordre par un acide, mais ce transport exige une lumière très intense.
Lorsqu'il fait du soleil, la lumière du jour est suffisante, mais quand le ciel
est couvert il faut se servir d'une source artificielle. Il était tout naturel alors
de songer à la lumière électrique, et les essais faits ont montré qu'avec une
exposition de cinq heures à cinq heures et demie on pouvait fixer complètement
les traits et les points sur la plaque de métal. L'exposition au soleil n'exige que
deux heures et demie à trois heures, mais comme pour les essais avec
les lampes à arc on n'avait à sa disposition qu'environ 1200 bougies, on peut
admettre avec certitude qu'en employant une plus grande intensité lumineuse,
on pourrait réduire la durée de l'exposition au même temps qu'avec le soleil.

L'atelier d'autotypie de la fabrique d'art de M. Meisenbach travaille depuis cette
époque à la lumière électrique, provisoirement avec les lampes Schukart, de
1200 bougies chacune. Mais on s'occupe de remplacer ces foyers par d'autres
plus intenses. La majeure partie des reproductions autotypiques contenues dans
ce rapport a été transportée sur métal à la lumière électrique, et pour ce qui
concerne la vue intérieure de la chapelle (fig. 223), il est bon de faire remarquer
qu'elle est entièrement produite par l'électricité. » .

Éclairage des places publiques et des rues. — Nous avons déjà dit que
dans les rues et places de la ville de Munich, six différents systèmes avaient

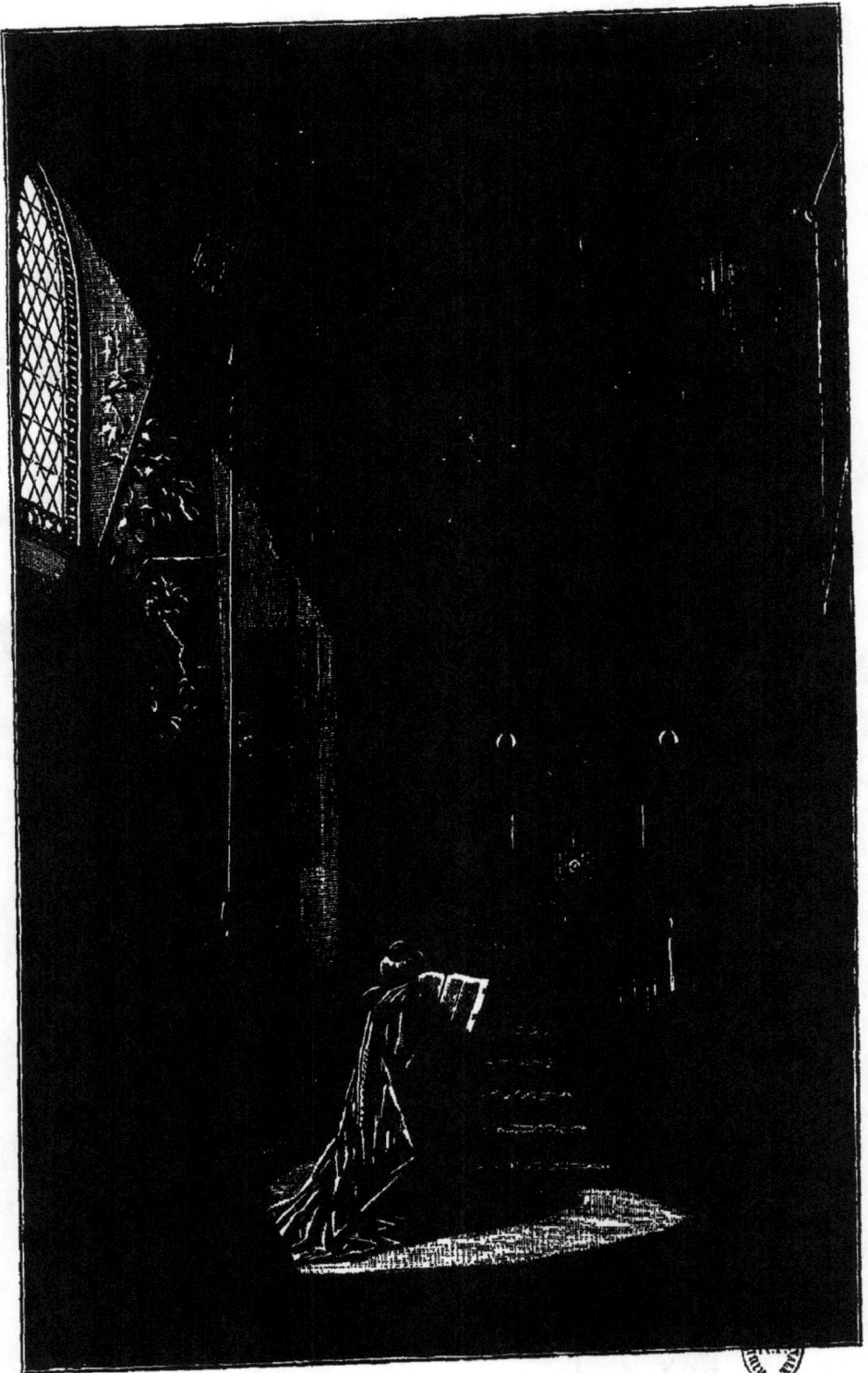

FIG. 223. — INTÉRIEUR DE CHAPELLE ÉCLAIRÉ DU DEHORS PAR LA LUMIÈRE ÉLECTRIQUE.

permis de faire des études comparatives d'éclairage électrique. La Briem-
rerstrasse, si riche en constructions monumentales, avait de grands foyers
à arc voltaïque, d'environ mille bougies chacun. Les rues Arcis, Karl et
Sophie étaient éclairées par des foyers à incandescence. Dans la première se
trouvaient les lampes Edison ; dans les deux autres, divers autres systèmes.
Dans le Palais de cristal, pour la salle du restaurant, le jardin, la bibliothèque et la salle de lecture, c'était aussi les lampes à incandescence qui
produisaient l'éclairage.

Transport de la force par l'électricité. — Les expériences faites à l'Exposition de Munich, par M. Marcel Deprez, pour le transport de la force du
village de Miesbach à Munich, furent l'événement capital de l'exposition bavaroise. Mais comme nous nous sommes largement étendu sur cette question
dans la Notice sur *l'Électricité force motrice*, nous ne pourrons que mentionner ici pour mémoire la belle expérience de notre illustre compatriote.

Nous venons de passer en revue tout ce que présentait d'intéressant
l'Exposition de Munich, au point de vue des applications scientifiques et
artistiques, et nous avons constaté que les résultats obtenus étaient des plus
notables. L'Exposition électro-technique a donc pleinement justifié ses
prétentions, indiquées dans le journal *La Lumière électrique*, au moment de
l'ouverture, par M. le docteur Cornelius Herz, qui disait :

« L'Exposition de Munich a un caractère spécial. Bien que faisant appel aux
électriciens de tous les pays, elle a été conçue en partie dans un but local. Frappés
des importants progrès réalisés dans ces dernières années à l'aide du courant électrique, les organisateurs allemands ont songé à en faire profiter la capitale de la
Bavière avec d'autant plus de raison que cette ville se trouve à portée de grandes
chutes d'eau, d'une force d'environ 7000 chevaux, susceptibles d'être utilisées
pour la production du courant. Habitant une ville où les applications de l'électricité étaient encore très rares, ils ont voulu se rendre compte par eux-mêmes de
ce que peut faire ce merveilleux agent; mais ils ont voulu aussi que les expériences
faites pussent profiter à tout le monde. »

FIN DE L'EXPOSITION D'ÉLECTRICITÉ DE MUNICH.

ÉPILOGUE

Dans les Notices que ce volume renferme, *l'Éclairage électrique*, — *le Téléphone et le Microphone*, — *l'Électricité force motrice*, — nous avons étudié avec détails, conformément au titre de cet ouvrage, les applications récentes de l'électricité. Dans les revues que nous avons faites des deux Expositions d'électricité de Paris et de Munich, nous avons trouvé l'occasion de signaler rapidement un grand nombre d'instruments et d'appareils représentant des applications très variées du même agent physique. Mais nous n'avons pas la prétention d'avoir épuisé le sujet, et tracé le tableau complet des récentes applications de l'électricité. La télégraphie, — la galvanoplastie et l'électro-chimie, — la médecine et la chirurgie, — la mécanique générale de l'électricité appliquée aux divers besoins de l'industrie et des arts, — les chemins de fer, — l'agriculture, — se sont enrichis de quantité d'appareils utiles et pratiques fonctionnant par la pile voltaïque ou les machines dynamo-électriques. Nous n'avons pu mentionner ces divers appareils, n'ayant pas l'intention d'écrire un traité complet des applications récentes de l'électricité, mais voulant seulement faire connaître les plus importantes et les plus usuelles des nouvelles acquisitions de la science dans l'ordre de faits qui nous occupe.

Combien notre tâche eût été plus longue et plus difficile encore, si, au lieu de nous borner aux acquisitions récentes de la science électrique, nous avions voulu embrasser l'ensemble des découvertes faites dans le domaine de l'électricité en mouvement, depuis l'origine de cette science, c'est-à-dire depuis l'année 1800. Un écrivain et un savant que nos lecteurs connaissent bien, M. Th. du Moncel, a entrepris et exécuté l'œuvre considérable consistant à faire connaître toutes les applications de l'électricité, et cinq volumes in-8 ne lui ont pas suffi pour achever son magistral *Exposé*.

C'est que l'électricité est véritablement un agent universel, qui se manifeste dans les milieux les plus divers, dans l'air, dans la terre et dans l'eau, que l'on trouve intimement mêlé à la vie des êtres organisés, comme aux actions du monde minéral. La chaleur, la lumière, le son, le magnétisme, apparaissent sous son influence. Agent puissant et sans rival de décompositions chimiques, l'électricité provoque aussi, par une apparente et bizarre contradiction, les combinaisons des corps entre eux. Ajoutez qu'elle a le privilège de franchir l'espace avec la rapidité de la pensée. Toutes ces modifications profondes qu'elle produit dans la substance des corps, bruts, ou vivants, la chaleur, la lumière, le son, l'aimantation, elle peut les provoquer, grâce à un simple fil conducteur, d'un bout du monde à l'autre!

Quel est donc ce Protée mystérieux, ce sylphe aux mille bras, cet être aux mille formes? Quelle indéchiffrable énigme il pose à la sagacité du philosophe et du penseur, comme aux entreprises de l'expérimentateur et du chercheur! L'esprit humain aura-t-il jamais la puissance d'éclaircir ce prodigieux mystère, jeté comme un défi à sa curiosité?

Considérez maintenant que nous connaissons l'électricité depuis bien moins d'un siècle. C'est sur le phénomène de l'induction que reposent ses plus extraordinaires applications, c'est-à-dire la télégraphie électrique, le téléphone, le microphone, le transport de la force, l'éclairage électrique. Or, le physicien à qui l'on doit la découverte de l'induction, Michel Faraday, est mort en 1868. Si, d'ailleurs, on voulait remonter à l'origine même, à la naissance de la science de l'électricité en mouvement, on ne pourrait aller plus loin que l'année 1800, date célèbre de la construction, par

Alexandre Volta, de l'admirable instrument qui porte son nom. L'époque de la naissance de l'électricité dynamique est si peu éloignée de la nôtre, qu'un savant contemporain, le chimiste Chevreul, a assisté à la lecture du mémoire d'Alexandre Volta sur son « électro-moteur » à l'Académie des sciences de Paris, et qu'il vous dira lui-même qu'il a vu, en 1801, « M. Volta » montrer les effets physiques et chimiques de son appareil à la foule des visiteurs et des curieux qui se pressait dans l'amphithéâtre du Muséum d'histoire naturelle.

Si un intervalle aussi court a suffi pour nous révéler tant d'attributs merveilleux et d'applications extraordinaires de l'électricité, que n'avons-nous pas à attendre de cette même science, dans l'avenir? Tout annonce que nous ne sommes qu'au début de nos surprises, et que des phénomènes d'un ordre absolument inconnu aujourd'hui, nous seront révélés un jour, par une étude plus approfondie du même agent, grâce aux mille et un expérimentateurs qui, dans les deux mondes, s'attachent à l'envi, et avec une ardeur non pareille, à ce genre d'études.

Nous, cependant, chers lecteurs, estimons-nous heureux et montrons-nous fiers d'assister à cette splendide évolution scientifique, d'être les contemporains, les témoins, les spectateurs, de tant de merveilles. Que cette circonstance soit pour nous motif de nous attacher davantage et d'un plus ferme cœur à la science et à son culte, de lui consacrer nos forces, de lui sacrifier nos convenances et notre bien-être, et de travailler, dans la mesure de notre pouvoir, à faire progresser une science, appelée certainement à produire une véritable révolution dans les conditions d'existence de l'humanité.

FIN DES APPLICATIONS NOUVELLES DE L'ÉLECTRICITÉ.

TABLE DES MATIÈRES

L'ÉCLAIRAGE ÉLECTRIQUE

LE TÉLÉPHONE ET LE MICROPHONE

M. Graham Bell à l'Institution des sourds-muets de Boston. — Ses premiers essais pour
la transmission de la parole à distance. — Travaux des physiciens des deux mondes
qui ont mis M Graham Bell sur la voie de la création du téléphone. — Helmholtz

L'ÉLECTRICITÉ FORCE MOTRICE

FIN DE LA TABLE DES MATIÈRES
DES APPLICATIONS NOUVELLES DE L'ÉLECTRICITÉ

CORBEIL. — IMPRIMERIE D. RENAUDET.